지형학의 기초

지형학의 기초

초판 1쇄 발행 2019년 10월 15일
초판 3쇄 발행 2023년 2월 28일

지은이 김종욱

펴낸곳 서울대학교출판문화원
주소 08826 서울 관악구 관악로 1
도서주문 02-889-4424, 02-880-7995
홈페이지 www.snupress.com
페이스북 @snupress1947
인스타그램 @snupress
이메일 snubook@snu.ac.kr
출판등록 제15-3호

ISBN 978-89-521-2046-5 93980

지형학의 기초

김종욱 지음

Fundamentals of Geomorphology

서울대학교출판문화원

머리말

머리에 서리 내린 지 제법 되었지만, 난 여전히 지형과 관련된 생각들을 떠올리며 행복한 시간을 보낸다. 아마도 그것이 지금까지 세상을 살아온 방법이고 어쩌면 나의 삶 그 자체인지도 모르겠다. 그러나 기억을 더듬어 보니 학부 시절에는 지형학이란 학문이 의문투성이의 블랙박스와 같았다. 지리학도로서 이런 의문들을 그냥 넘길 수도 없었지만, 의문이 있기에 오히려 더 도전하고 싶은 욕구가 있었고, 나름대로 이를 풀기 위해 노력하다 보니 어느 결에 지형학을 배우고 가르치는 것이 삶의 전부처럼 되었다.

그렇게 일생을 살아오면서도 늘 마음 한구석에는 지형학을 알고자 하는 사람들에게 내가 겪은 어려움을 대물림하고 싶지는 않았다. 이 책을 쓰게 된 주된 이유도 바로 거기에 있었다. 이런 생각이 마음 근저에 있었기에 집필할 때 자칫 어려울 수 있는 내용이라도 경험을 토대로 쉽게 풀어서 기술하였고, 지형은 시각적으로 파악되는 존재이니만큼 적절한 사진과 그림 자료를 설명에 곁들여 제시하였다.

사실 이 책은 단기간에 집필한 것은 아니다. 이 책은 지난 수십 년간 대학 강단에 서서 지형학을 강의하면서 자료를 접하기 쉽지 않은 수강생들을 위하여 조금씩 제작 배포해온 것들을 한데 모으고, 이를 다시금 기초적인 학문 내용 중심으로 수정 보완하여 묶은 것이다. 집필과정에서 학부생 등 지형학을 처음 접하는 사람은 물론이고, 깊이 있는 지형 지식을 필요로 하는 대학원생이나 일선 학교의 교사 등 여러 분야의 사회인들에게도 지형의 폭넓은 이해를 위해 기본적으로 요구되는 기초지식 중심으로 책의 내용을 구성하고 기술하려고 노력하였다.

이 책 『지형학의 기초(*Fundamentals of Geomorphology*)』는 총 13개 장으로 구성하였으

며, 내용상 크게 세 영역으로 나눌 수 있다.

첫째 영역은 지형학의 입문에 해당되는 장들(제1장과 제2장)로, 그 안에 지형학에서 중시하는 접근방법과 개념, 그리고 발달사를 포함하고 있다. 접근방법에서는 역사성인적인 접근과 기능적인 접근을 중심으로 기술하였으며, 각각의 연구 절차는 물론, 관련된 연구 사례를 더불어 소개하였다. 주요 개념에서는 현대 지형학의 이해를 위해 꼭 필요한 개념들인 체계, 평형, 시간과 공간 규모 등의 개념을 사례로 들어 기술하였다. 발달사에서는 근대 지형학의 태동기와 현대 지형학의 발달 시기로 나누어 기술하였다. 그러나 연대기적으로만 기술하지는 않았으며, 괄목할 만한 업적을 남긴 학자들의 연구 결과를 중점적으로 소개하여 지형학이 어떤 과정을 거쳐 오늘에 이르게 되었는지 일목요연하게 알아볼 수 있도록 배려하였다.

둘째 영역은 외인적 작용과 관련된 장들(제3장~제10장)이다. 현대 지형학에서는 특히 외인적 작용과 그 결과물인 지형에 관한 연구와 교육에 역점을 두고 있다. 따라서 이 책에서도 이에 관한 내용을 기술하는 것에 많은 지면을 할애하였다. 외인적 작용에 의한 지형은 풍화와 지형(제3장), 산지지형(제4장), 하천지형(제5장), 해안지형(제6장), 바람지형(제7장), 빙하지형(제8장), 주빙하지형(제9장), 카르스트 지형(제10장)으로 나누어 기술하였다.

풍화와 지형(제3장)에서는 물리적 풍화와 화학적 풍화로 나누어 풍화에 대한 기본적인 이해를 도모하였으며, 풍화가 빚어내는 지형들을 풍화침식지형, 풍화퇴적지형, 풍화복합지형으로 나누어 각각의 지형 사례와 함께 소개하였다. 산지지형(제4장)에서는 지형체계의 틀 속에서 사면형성과정을 이해할 수 있도록 구성하였으며, 매스무브먼트에 의한 것과 물에 의한 것으로 나누어 지형형성과정은 물론 그 결과물인 지형들을 유형화하여 기술하였다. 하천지형(제5장)은 다른 장들보다 더 많은 지면을 할애하였다. 그 이유는 육지의 상당 부분이 하천에 의해 변화되고 있을 뿐만 아니라, 지형학에서 가장 중시하는 분야 중 하나가 바로 하천지형이기 때문이다. 하천지형은 크게 세 부분, 즉 유역분지, 하도지형, 주요 하천지형으로 나누어 기술하였다. 유역분지에서는 분지의 지형학적인 분석과 하계망, 하도지형에서는 하천의 수리기하학적인 특성과 하도유형에 관한 것을 소개하는 데 역점을 두었다. 주요 하천지형에서는 전통적으로 지형학에서 다루어온 지형들인 범람원, 충적선상지, 페디먼트, 삼각주 등을 사례로 들어 기술하였다. 삼면이 바다인 우리나라의 사정도 그렇지만, 지형학에서는 해안지형(제6장) 역시 상당한 비중으로 다루는 것이 필요하다. 따라서 해안지형에서는 해빈, 간석지, 사주 등의 해안퇴적지형과 파식대, 해식애 등의 해안침식지형은 물론, 해안 분류와 범세계적인 해수면 변동에 이르기까지 해안에서 일어나는 제반 지형형성작용과 그에 의한 지형들을 망라하여 소개하였다.

이들 지형에 비하여 비중은 작은 편이지만, 바람지형(제7장), 빙하지형(제8장), 주빙하지형(제9장), 카르스트 지형(제10장) 역시 외인적 작용에 의한 지형들의 소개에서 결코 소홀히 다룰 수는 없다. 바람지형(제7장)에서는 사구, 뢰스 등의 바람퇴적지형과 야당, 삼릉석 등의 바람침식지형, 그리고 건조기후 지역에서의 일반적인 지형발달을 다루었다. 빙하지형(제8장) 역시 같은 맥락에서 U자곡, 양배암 등의 빙하침식지형과 모레인 등의 빙하퇴적지형을 소개하였다. 그러나 빙하에 대한 기본 이해가 전제되어야 이러한 지형들을 알 수 있으므로, 장의 첫머리에 빙하의 종류와 유동, 나아가 빙하의 유동과정에서 발생하는 지형형성과정을 자세히 기술하였다. 주빙하지형(제9장)에서는 수분의 동결 및 융해와 관련된 서릿발 포행, 솔리플럭션 등의 지형형성작용과 이로 인하여 생겨나는 얼음쐐기, 구조토, 암괴원 등의 지형들을 소개하는 데 역점을 두었다. 카르스트 지형(제10장)은 대부분 석회암의 용식작용으로 생겨난다. 따라서 석회암의 용식과정인 탄산염화작용을 아는 것은 카르스트 지형 이해의 기본이므로 이를 먼저 소개하였으며, 이어서 돌리네, 카크핏, 석회동굴 등의 지형 사례를 상세히 기술하였다.

셋째 영역은 내인적 작용과 관련된 장들(제11장~제13장)이다. 내인적 작용은 지형형성작용을 일으키는 힘이 지구 내부에서 비롯되는 것으로, 근래에는 지각판의 이동에 의해 발생하는 지형형성작용을 특히 중시하여 다룬다. 따라서 이 책에서도 판구조론과 세계의 대지형(제11장)을 가장 먼저 소개하였으며, 이어서 지각운동과정에서 생겨난 지형들인 단층지형, 습곡지형 등을 한데 묶어 구조지형(제12장)에 포함하여 다루었다. 우리나라에도 화산지형이 분포하는 만큼, 화산지형(제13장) 역시 지형을 이해하기 위해서는 반드시 알아야 하는 내용이다. 화산지형에서는 분화 형식과 주요 화산지형들을 중심으로 적지 않은 페이지를 할애하여 기술하였다.

참고로 이 책에서는 산지지형, 카르스트 지형, 화산지형을 다룬 장(章)에서 예외적으로 우리나라 지형에 관한 것을 별도의 절(節)로 묶어 장의 말미에 소개하였다. 그럼으로써 교육현장에서 이들 지형을 배우거나 가르칠 때 실질적으로 도움을 받을 수 있도록 배려하였다. 다른 장(章)에서 그러하지 않은 것은 그곳에서는 절(節)로 분리하지 않고 지형 일반론과 더불어 그 사례의 하나로서 우리 지형을 소개하는 것이 더 효과적이라고 판단했기 때문이다.

끝으로 이 책을 집필하는 데 여러분의 도움을 받았다. 원고의 검토와 수정 보완에 도움을 준 김종연 교수(충북대학교), 최광용 교수(제주대학교), 성영배 교수(고려대학교), 이찬주 박사(한국건설기술연구원), 최광희 교수(가톨릭관동대학교), 김진관 교수(전남대학교), 변종민 교수(서울대학교), 홍성찬 교수(한국교원대학교), 한민 박사(한국지질자원연구원), 임영신 박사(서울대학교), 최영선 석사(서울대학교, 박사과정), 신원정 박사(서울대학교), 그리고 좋은 사진을 제공하거나 게재를 허락해준 최정헌 박사(한국기초과학지원연구원), 버클랜드(Birkeland) 교수(Colorado University), 윌리엄스(Williams) 박사(Geoscience Information Services), 착한여행사, 네이버 및 구글사에도 이 자리를 빌려서 심심한 감사의 말을 전한다. 또한 이 책의 출판을 허락해준 서울대학교출판문화원과 양질의 책을 만들기 위해 헌신적으로 노력해준 문화원 관계자 여러분, 그리고 평소에 작은 심부름도 마다하지 않고 도와준 신원정 씨에게 각별한 감사 인사를 전한다. 무엇보다 일생을 나와 함께하면서 묵묵히 내조해온 아내의 도움이 없었더라면 이 책의 집필도 불가능했을 것이다. 이 책이 그간의 고생에 대한 작은 보답이라도 되었으면 좋겠다.

2019년 9월

차례

제1장

지형학 입문

그림 1.1 남산에서 바라본 서울의 도심(종로구, 중구 일대)과 주변 산지

사진을 보면 조선시대에 도읍지로 정할 때나 과학기술이 발전한 오늘날이나 여전히 지형조건이 도시 발전에 영향을 미치고 있음을 알 수 있다. 이처럼 지형은 우리의 과거 삶이 투영된 역사이고, 현재 삶의 모습이며, 후손의 미래가 담겨질 그릇이다.

1. 지형학의 정의

학제적인 연구가 활발한 오늘날에는 한 학문의 경계를 명확히 정하고 단 몇 줄의 말로써 학문을 간략히 규정짓는 것은 쉽지 않다. 그런 만큼 지형학의 정의도 다양하게 제시되고 있다(Thorn, 1988, pp.24-32; Rhoads and Thorn, 1996, p.118; Bauer, 2004). 그럼에도 지형학의 학문적인 성격을 규정짓는 여러 정의에서 공통적인 내용을 추려낸다면, 지형학(地形學, geomorphology)[1]은 지표면의 형태적인 특성(form characteristics)과 그것의 변화과정(changing processes)을 연구하는 학문이라고 말할 수 있다. 이를 달리 말하면, 지형학의 학문적인 목표는 정태적(靜態的)인 측면에서 파악되는 지표면의 기하학적인 특성과 동적(動的)인 측면에서 파악되는 지형형성과정을 구명하는 데 있다고 할 것이다.

여기서 기하학적인 특성이란 말 그대로 점, 선, 면 등으로 구성되는 지형의 형태적인 특성을 말한다. 이러한 형태적인 특성은 구성물질의 특성과도 불가분의 관계에 있으므로, 정태적인 측면에서 파악되는 지형이란 지표면의 단순한 기하학적인 특성뿐만 아니라, 그것의 물질 특성까지도 포함하게 된다.

그러므로 정의에 포함된 수식어가 다양하고 이와 관련된 설명이 조금씩 다를지라도, 지형학이 지표면의 형태(form), 구성물질(material), 그리고 형성과정(process)을 연구하는 학문이라는 점에서는 이의가 없다고 본다. 이런 관점에서 볼 때, 형태, 구성물질, 형성과정은 지형학을 이끄는 삼두마차라 할 것이다.

그러나 지형 연구의 중점은 연구목적과 접근방법에 따라 다르다. 이들을 토대로 지형학을 분류한다면, 지표형태분류학(morphography), 기능지형학(functional geomorphology), 그리고 역사성인지형학(historic-genetic geomorphology)으로 나눌 수 있다(Ahnert, 1978; 김종욱, 1989).

지표형태분류학은 지표면의 형태와 구성물질 특성에 관한 기술(記述)이나 그를 토대로 한 지형의 분류, 기능지형학은 형태, 구성물질, 형성과정 간에 성립되는 상관

1 영어의 geomorphology는 그리스어 ge(=earth), morphe(=form), logos(=a discourse)를 결합한 것으로, 지표면의 형태를 연구하는 학문이라는 뜻이 함축되어 있다.

관계의 분석, 그리고 역사성인지형학은 장시간에 걸친 지형발달사를 구명하는 것에 연구 중점을 둔다. 지표형태분류학은 지형학의 한 분야로 분류되기는 하나, 독립적인 경우보다는 다른 연구의 기초 자료로서 기능하는 경우가 많다. 그러나 기능지형학과 역사성인지형학은 단순한 학문 분류 이상의 의미가 있다. 이 두 분야는 지형에 대한 인식 방법과 이를 토대로 한 지형분석기법에서 상당한 차이가 있으므로 이에 대해서는 잘 알아둘 필요가 있다.

2. 지형학의 접근방법

1) 지표형태분류학

지표형태분류학(地表形態分類學, morphography)적인 접근이란 지형의 형태, 공간분포, 구성물질, 그리고 지형형성과정을 조사하여 이를 토대로 지형을 분류하고 지도화하며 이와 관련된 내용을 상세히 기술하는 방식으로 지형을 연구하는 것을 말한다. 지형학도(地形學圖, detailed geomorphological map)[2]를 제작하는 것은 그 좋은 예이다(Gardiner and Dackombe, 1983, pp.13-20; Gustavsson *et al.*, 2006; 김종연, 2013). 지도의 명칭이 '지형학도'여서 시중에서 사용하는 지형도를 연상하지만 지형 현상만을 대상으로 연구하여 그 결과를 지도화한 점에서 지표상의 주요 자연 및 인문 현상을 다함께 기입해놓은 지형도와는 다르다(그림 1.2). 지형학도를 제작하기 위해서는 야외조사는 물론이고 지형도, 항공사진, 인공위성사진 등을 활용하며, 기존의 연구결과들을 참조하기도 한다.

이러한 지표형태분류학적인 연구는 지형에 대한 기능적인 연구 또는 역사성인적인 연구의 기초가 될 뿐만 아니라, 지형학의 실생활 응용 가능성을 높이는 데에도 기여하고 있다. 사회에서 지형학도가 널리 활용되는 분야는 토목사업, 광산개발에서부터 지역개발이나 환경관리 등에 이르기까지 광범하다.

---

2 '지형도'라 지칭하는 것이 적절하지만, 국토지리정보원에서 발간하는 1 : 25,000 및 1 : 50,000 지도를 흔히 지형도라 부르고 있으므로 구분하기 위하여 '지형학도'라 하였다.

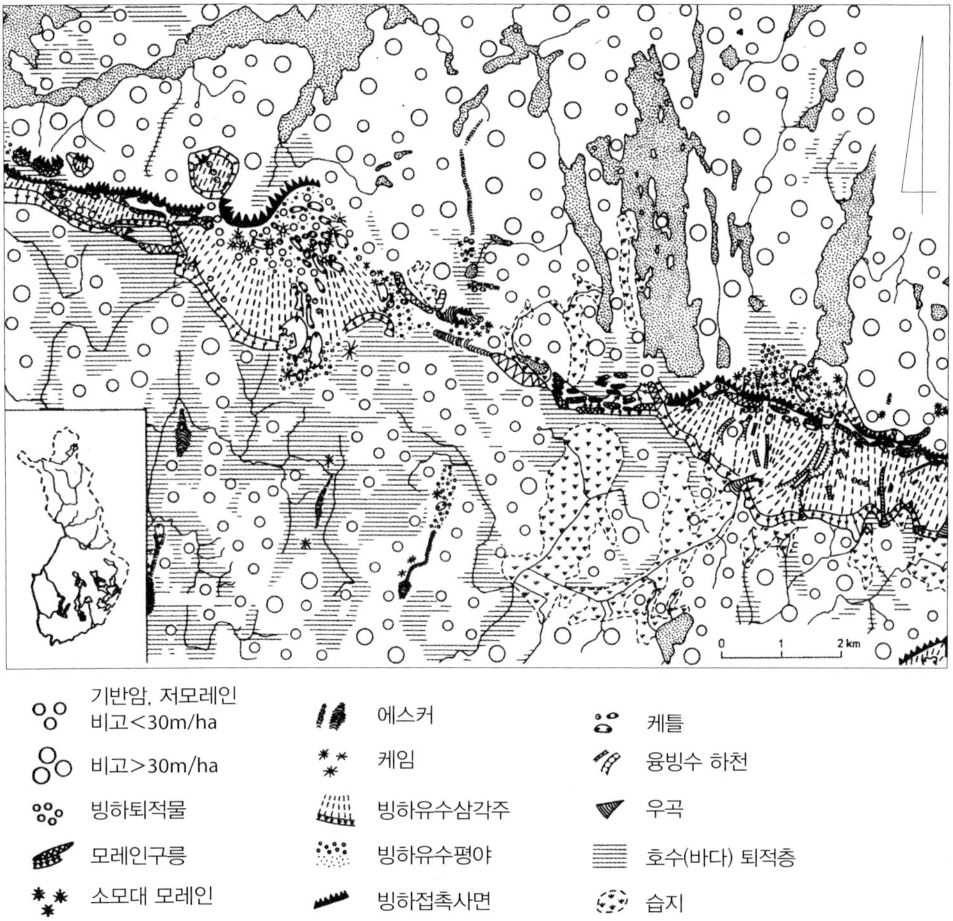

그림 1.2 지형학도(地形學圖)의 사례

사례지역: Salpausselkä, 핀란드 남부의 빙하지역(Embleton, 1984, p.67. 원자료: Forgelberg, 1970).

2) 기능지형학

기능지형학(機能地形學, functional geomorphology)[3]은 제2차 세계대전 이후 새로이 발달한 지형학으로 지표면의 역동적인 변화과정을 규명하는 데 유용한 접근방법이어서 오늘날 매우 중요시된다(그림 1.3). 기능지형학에서는 글자 그대로 지형형성에 관여

3 지형형성과정의 분석에 역점을 두는 과정지형학(process geomorphology)도 큰 틀에서 볼 때 기능지형학의 범주에 속한다고 볼 수 있다.

그림 1.3 물과 퇴적물이 이동하면서 역동적으로 변화하는 하천지형(동강, 덕천리, 정선)

하천지형의 변화과정을 좀 더 과학적으로 규명하기 위해서는 변화에 관여하는 변수들(유속, 하폭, 수심 등)에 관해 실측조사를 행하고, 이를 토대로 그들 간에 성립되는 상관관계, 즉 기능적인 관계를 알아내야 한다. 이러한 일련의 접근방법을 기능적인 접근이라 한다.

하는 3대 요소, 즉 형태, 구성물질, 그리고 형성과정 사이의 기능적인 관계(functional relationship)를 연구한다. 여기서 기능적인 관계란 수학의 함수관계와도 같은 의미로 볼 수 있다. 이에서도 짐작하듯이, 기능지형학에서는 지형변화에 관여하는 각 요소들 간의 상관관계를 분석할 때 정성적인 방법보다는 계량적인 방법을 주로 사용한다.

기능적 접근의 주된 특징의 하나는 대상 지형을 체계론(system theory)적인 관점에서 파악한다는 점이다. 지형체계는 대체로 형태체계(morphological system), 과정체계(process system, cascading system), 과정반응체계(process-response system)로 나눌 수 있다. 이들 체계가 나름대로 다 유용한 것이지만, 지형 연구의 궁극적인 목표가 지형의 형태 및 물질 특성과 그것의 변화과정을 알아내는 것에 있으므로, 특히 과정반응체계의 관점에서 지형을 해석하고 연구하는 것은 무엇보다 중요하다.

기능적인 접근을 위주로 하는 지형 연구는 흔히 체계구성요소들에 관한 야외 측정 및 실내외 실험, 자료의 수치화, 구성요소들 간의 상관관계 분석, 지형체계에 관한 정성적인 해석 또는 예측(혹은 이론) 모델 수립의 순으로 이루어진다(표 1.1). 이밖에도 기능적인 접근에서 다루는 시간은 전통적인 지형학에서 중시하는 시간과는 성격이 다르다. 다시 말하여 지형학적인 사건이 일어난 시점을 중시하는 시간이 아니라, 지표면의 변화율을 계측하기 위한 시간이 더 중시된다. 시간 규모도 작아 지질시간보다는 평형시간(平衡時間, graded time)[4] 또는 정상시간(定常時間, steady time)[5]이 더 중요하다(표 1.2). 이와 같이 평형시간이나 정상시간 범위 내에서 변화하는 지형을 주로 다루기 때문에 연구대상 지형들의 공간규모도 작은 것이 일반적이다.

3) 역사성인지형학

역사성인지형학(歷史成因地形學, historic-genetic geomorphology)은 오랜 역사와 전통을 지닌 지형학으로 장기간(때로는 백악기 이래의 시간)에 걸친 지형 발달을 연구한다.[6] 그러므로 기능지형학과는 달리, 지형 해석에서 지각운동과 기후변동을 중시한다. 예를 들어 큰 규모의 하곡(河谷)을 대상으로 형성과정을 조사할 경우, 그곳에서 발생하였던 지반운동이나 제4기의 기후변동을 고려하지 않는다면, 그 결과에 큰 의미를 부여하기 어려울 것이다. 이러한 이유로 독일의 유명한 지형학자인 뷔델(Büdel, 1968)은 지형학 최고수준의 목표는 현재의 지형 경관 속에서 과거에 탁월했던 지형형성작용과 그것에 의해 생성된 지형들을 하나씩 순서대로 가려내서 이를 토대로 지형 발달의 역사를 규명하는 것에 두어야 한다고 주장하였다. 뷔델은 이러한 관점에 입각하여 라인강 하곡에서 발생하였던 주요 지형형성과정들과 그 결과로 남겨진 지형들을 시기별로 구분하고 이를 도식화하기도 하였다(그림 1.4).

이와 같은 역사성인적 접근방법은 몇 가지 점에서 지형학 발달에 적지 않은 공헌을 해왔다. 첫째, 지형을 발달사적인 입장에서 다룸으로써 역사적인 시간을 중시하는 지리학 및 지질학과의 연계가 더 강화될 수 있는 기반을 마련해주었다. 둘째, 대상 지형의 시간 및 공간 규모가 대체로 크므로, 지형을 보다 대국적인 견지에서 파악하도록 이끌었다. 이밖에도 이 접근은 지형이 단순한 물리적인 객체 혹은 과학의

4 지형변화가 있지만, 평균적으로 볼 때 지형의 일정한 형태가 유지되는 시간규모(예, 수년 동안)이다.
5 에너지와 물질의 흐름은 있으나 지형의 형태 변화가 일어나지 않는 시간규모(예, 수 시간 동안)이다.
6 뷔델(Büdel)은 백악기 이래의 시간에 대하여 지형시대(geomorphic era)라 부르기도 하였다. 그 이유는 백악기 이전에 일어난 지형학적인 사건은 현재의 지형에 간접적인 영향을 주는 데 그쳤지만, 그 이후, 즉 신생대의 제3기와 제4기에 일어난 지형학적인 사건은 현재의 지형 속에 그 직접적인 증거를 남기고 있기 때문이다.

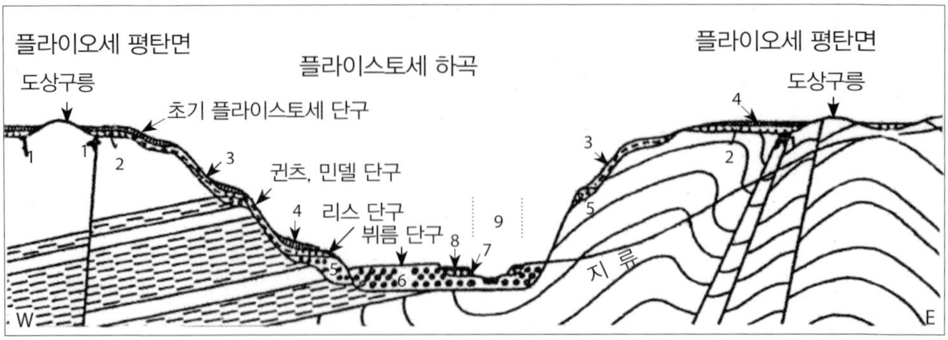

I단계: 플라이오세(제3기) 평탄면 생성. 1: 카르스트(적색 · 갈색토로 채워짐)
II단계: 초기 플라이스토세(제4기) 단구 생성
III단계: 플라이스토세 하곡 생성. 2: 동결교란층, 3: 솔리플럭션층, 4: 뢰스층, 5: 권츠, 민델, 리스 단구 자갈층, 6: 초기 뷔름 단구 자갈층
IV단계: 최종 빙하기 후기 및 선사시대(홀로세), 7: 후기 뷔름 단구
V단계: 경작농업시대. 8: 후기 뷔름 단구면 위 토양층, 9: 현 하천과 범람원

그림 1.4 중부유럽(라인강 하곡)에서의 하곡 발달

뷔델은 라인강 하곡을 대상으로 지형 형태 및 물질 특성, 그리고 형성과정을 토대로 여러 개의 단위지형으로 나눈 후, 이들 지형을 5개의 단계로 구분하여 그 발달과정을 설명하였다. 뷔델은 이러한 사례를 들어 지형학의 목표는 현재의 지형 속에 중첩되어 나타나는 과거의 지형형성과정과 그 결과물들을 하나씩 순서대로 밝혀내는 것에 있다고 주장하였다. 이러한 연구방법이 전형적인 역사성인적인 접근방법이다(Büdel, 1968, p.421).

연구대상일 뿐만 아니라, 역사성을 지닌 존재로 인식되어야 함을 일깨워주고 있다. 이와 같은 관점은 지형 분류에도 유용한 것일 뿐만 아니라, 지형 경관을 토대로 지역 특성을 밝히는 것에도 기여해왔다. 반면에 역사성인적인 접근은 지형변화에 관여하는 변수를 파악하는 방법이 대체로 정성적(定性的)이고, 때로는 입증하기 어려운 추론에 의거하여 지형을 해석한 경우가 많았기 때문에 학문의 체계화 내지 과학화를 도모하는 데에는 부정적인 영향을 끼쳐왔다고 볼 수 있다.

역사성인적 접근을 위주로 하는 지형 연구들을 보면, 대개 지형 해석의 실마리가 되는 단위지형(예를 들면 침식면, 하안단구 등)의 존재를 파악하는 것에서부터 출발한다(그림 1.5, 표 1.1). 야외조사 등을 토대로 단위지형의 존재를 확인하면, 정밀한 지형조사를 행하여 퇴적물 및 토양 특성을 밝히는 한편, 다른 장소의 동일한 단위지형들과 비교하여 차이점이나 공통점을 찾아내 연구대상인 단위지형에 대한 상대편년(또는 절대편년)을 시도하는 것으로 연구를 마무리한다. 이 과정에서 필요한 경우 퇴적물 및 토양의 물리화학적인 특성을 실험분석을 통하여 밝히기도 한다. 이러한 실험분석

그림 1.5 범람원과 하안단구(오대천)

범람원: 사진의 왼쪽 계단상 지형, 하안단구: 오른쪽 계단상 지형. 하곡 내에서 이들 지형(특히 하안단구)의 생성과 변화는 때로는 만 년도 넘는 오랜 세월에 걸쳐 일어나는 것이므로, 이에 관한 지형 연구는 기후변화와 지반운동까지도 포함하는 역사성인적인 접근이 더 유효하다.

표 1.1 기능지형학과 역사성인지형학

	기능지형학	역사성인지형학
연구목적	지형형성요소들 간의 기능적인 관계 분석을 토대로 지형형성체계 규명	역사성인적인 측면에서 지형 발달 해석
연구방법	지형형성체계의 인식 → 체계구성요소들에 관한 야외 측정 및 실내외 실험 → 자료의 수치화 → 계량적인 방법으로 구성요소들 간의 기능적인 관계 분석 → 지형형성체계에 관한 정성적인 해석(경우에 따라 예측 및 이론 모델 수립)	단위지형의 인식 → 지형 관찰을 토대로 퇴적물 및 토양 조사 → 형태, 고도, 퇴적물 및 토양의 비교를 통한 지형 대비 → 단위지형의 상대적(또는 절대적) 편년 → 단위지형에 관한 지형 발달 해석
연구대상	비교적 짧은 시간 동안에 변화하는 지형. 따라서 대상 지형의 공간적인 규모가 크지 않다	장시간 동안에 걸쳐 변화하는 지형. 따라서 대상 지형의 공간적인 규모가 크다
기타(시간, 암석, 기후변화, 지각운동에 관한 인식)	• 시간: 지형변화율 산정을 위한 물리적인 시간 • 암석: 형태체계의 구성요소 • 기후변화, 지각운동: 지형체계 외부조건	• 시간: 편년을 위한 역사적인 시간 • 암석, 기후변화, 지각운동: 단위지형의 지형 발달을 해석하는 데 필수적이며, 시간 및 공간 조건에 따라 다르다

김종욱, 1989.

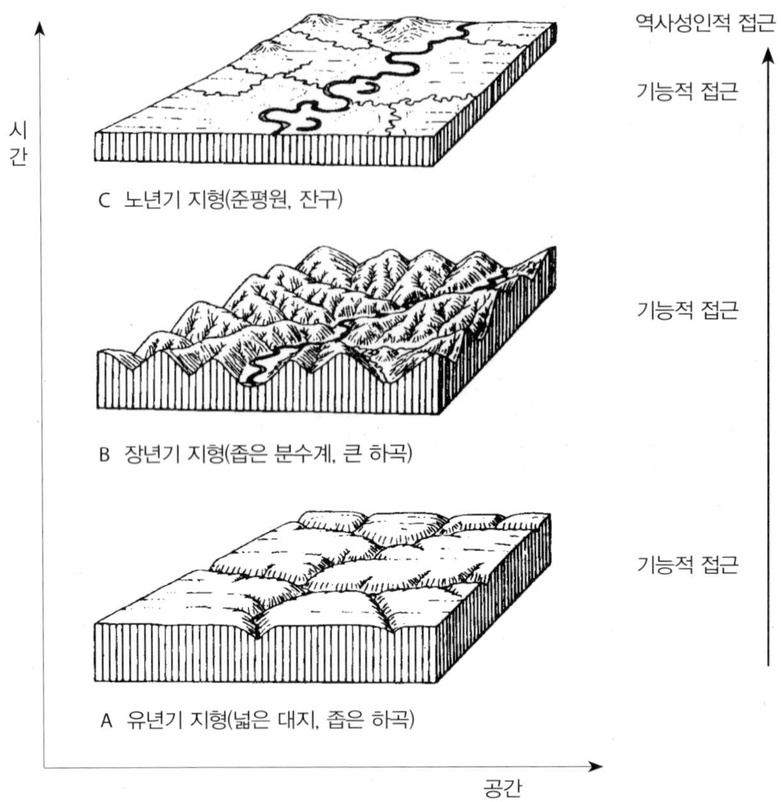

그림 1.6 역사성인적 접근과 기능적 접근과의 관계

A, B, C 각 단계에서의 하곡, 산지 및 평탄면 지형형성과정은 기능적 접근이 유효하며, A에서 B를 거쳐 C에 이르는 지형발달과정은 역사성인적 접근으로 구명해야 한다. 이런 점에서 볼 때 양자의 접근은 상호보완적이다(A, B, C의 그림: Chorley *et al.*, 1984, p.18의 Figure 2.1에서 발췌).

은 대체로 지형변수들 간의 상관관계를 규명하기 위한 것이 아니고, 물질 특성 그 자체를 분석하는 것에 국한되는 경우가 많았다.

이밖에도 역사성인적인 접근에서 중시하는 시간은 기능적인 접근에서와는 달리, 지형발달단계를 구분하기 위한 시간 또는 지형학적인 사건과 연계된 시간인 경우가 대부분이다(표 1.2). 따라서 지형편년을 위한 역사적 시간으로서의 의미를 지닌다. 시간규모는 지질시간 정도의 규모가 대부분이며, 이에 상응하여 관심 대상인 지형도 공간규모가 큰 것이 보통이다.

이상에서는 편의상 주요 접근방법을 그 특징에 따라 간략히 살펴보았다. 그러나 보다 진일보한 지형 연구를 위해서는 이들 접근방법이 대립적이 아니라 상호보완적

표 1.2 지형학의 접근방법과 시간

	기능적 접근	역사성인적 접근
시간의 역할과 기능	지표면의 변화율을 계측하기 위한 시간	• 지형발달단계를 구분하기 위한 시간 • 특징적인 지형 형태 또는 지형학적인 사건과 연계된 시간 • 편년을 위한 역사적인 시간
시간의 규모	평형시간(平衡時間) 또는 정상시간(定常時間)	지질시간(地質時間)

김종욱, 1993.

으로 기능하는 방향에서 지형학적인 과제를 풀어나가는 것이 바람직하다(그림 1.6). 그런 관점에서 볼 때, 장단기간에 걸친 지형변화를 규명하기 위한 지형발달모형 연구들은 그 가능성의 일단을 열어가는 것들이라 볼 수 있다(Kooi and Beaumont, 1996; Lane *et al.*, 1998; Hergarten and Neugebauer, 1999; Byun *et al.*, 2015).

3. 지형학의 분류

지형학은 지형 발달에 관여하는 지배적인 지형형성작용을 기준으로 그 하위 분야를 세분할 수 있다. 지형형성작용은 물(하천물과 바닷물), 빙하, 바람에 의해 일어나는 지표물질의 침식, 운반, 퇴적 과정이므로, 이를 기준으로 지형학을 분류한다면, 하천지형학(fluvial geomorphology), 빙하지형학(glacial geomorphology), 해안지형학(coastal geomorphology), 바람지형학(aeolian geomorphology) 등으로 분류할 수 있다.

하천지형학은 지표면 위를 흘러내리는 유수 및 하천에 의한 침식, 운반, 퇴적 작용과 그로 인해 생겨나는 각종의 지형들을 다룬다. 그러나 지형변화에서 하천의 역할이 특히 더 중요하기 때문에, 하천지형학에서는 대체로 하천과 관련된 지형들에 역점을 두는 경향이 있다. 유역분지, 하도, 범람원, 삼각주, 선상지, 하안단구 등은 하천지형학의 주요 연구대상이다.

해안지형학은 바닷물에 의한 침식, 운반, 퇴적 작용과 그 결과로 생성되는 지형들을 다룬다. 해안지형학 분야에서는 전통적으로 해빈, 사주, 간석지, 파식대, 해안단구 등을 주된 연구대상으로 다루어왔다. 이와 더불어 근래에는 해수면 변동이나 인위적인 간섭에 의한 지형변화도 적지 않은 비중으로 다루는 경향이다.

빙하지형학은 빙하에 의한 침식, 운반, 퇴적 작용과 이로 인해 생성되는 지형들을 연구하는 분야이다. 과거에는 '빙하 및 주빙하 지형학'이라 하여 빙하지형 이외에도 수분의 동결과 융해가 반복되면서 생겨나는 주빙하지형들을 함께 묶어 다루기도 하였다. 그러나 지형형성과정이 서로 같지 않으므로, 근래에는 이들을 분리하여 다루는 추세이다. 주요 빙하지형으로는 모레인(moraine), U자곡, 권곡(cirque), 양배암 등, 그리고 주빙하지형으로는 솔리플럭션(solifluction), 암괴원(block field), 애추(talus) 등이 주요 관심 대상이다.

바람지형학은 바람에 의한 침식, 운반, 퇴적 작용과 그 결과로 생겨나는 지형들을 연구대상으로 한다. 이들 지형은 건조기후하에서 전형적이므로 대체로 '건조 및 반건조 지형(arid and semi-arid landforms)'에 포함하여 다루기도 한다. 그러나 바람에 의한 지형변화는 해안사구에서 보듯이 건조기후하에서만 발생하는 것이 아니므로, 그와는 별개로 바람지형학을 지형학의 한 분야로 설정하기도 한다. 주요 바람지형의 예로 사구, 뢰스 등을 들 수 있다.

이상과 같은 지형학의 분류 이외에도 기후환경이나 암석조건을 기준으로 구조지형학(structural geomorphology), 기후지형학(climatic geomorphology), 카르스트 지형학(karst geomorphology) 등을 별개의 학문 분야로 구분하기도 한다.

구조지형학은 암석 및 지층의 구조, 지반운동 등에 규제되어 생성된 지형들을 다루는 분야이다. 지반운동과 관련된 지형을 특히 더 강조하여 다룰 경우에는 '지각변동지형학(tectonic geomorphology)'이라는 용어를 사용한다. 또한 화산 분화에 의해 생긴 화산지형(volcanic landforms)을 다루는 전문 분야를 이와는 별개로 구분한다.

기후지형학은 지형형성에 다른 어떤 것보다 기후가 더 큰 영향을 미친다는 관점에서 기후에 의한 지형형성과정이나 그 결과물인 지형을 주된 연구대상으로 한다. 그러나 나라마다 역점을 두는 것이 같지 않다. 영국, 미국 등 주로 영어권 국가에서는 기후요소와 지형형성작용의 관계를 규명하는 것에 관심이 많았고(Derbyshire, 1976), 프랑스, 독일 등 유럽대륙의 국가들에서는 주로 각 기후지역에 고유한 지형형성작용과 그것에 의한 지형들을 성인적인 관점에서 연구해왔다(Tricart and Cailleux,

1972; Büdel, 1981). 지형의 성인 규명을 강조하는 이와 같은 기후지형학에 대하여 '기후성인지형학(氣候成因地形學, climato-genetic geomorphology)'이라 부르기도 한다.

카르스트 지형학은 석회암이 물과 탄산가스에 의해 용식되어 나타나는 각종의 지형들을 주된 연구대상으로 한다. 석회암의 용식작용 역시 기후에 지배되는 것은 사실이지만, 본질적으로 지형의 성인이 석회암 특성과 관련된 것으로 보기 때문에 기후지형학과는 별개로 구분하여 카르스트 지형학을 다루는 것이 일반적이다. 카르스트 지형학에서는 돌리네, 우발라, 석회동굴, 동굴 내 2차생성물 등이 주요 관심 대상이다.

이 밖에도 근래에는 지형학의 연구결과를 국가 사회적인 제반 문제의 해결에 이용하는 응용지형학(applied geomorphology)의 비중이 점점 더 높아지고 있다. 응용지형학적인 연구는 이미 1950년대에 시작되었지만, 학계의 주목을 받기 시작한 것은 1970년대 이후 환경문제가 국제사회의 현안이 되면서부터이다. 그러나 응용지형학의 학문적인 기초가 결국은 순수 지형학적인 연구에서 비롯되는 것이기 때문에 학문 수준이 나라마다 같지 않듯이 응용지형학의 발달 정도도 나라마다 편차가 작지 않다. 응용지형학에서는 환경관리, 자연재해 등과 관련된 연구를 주로 행한다.

4. 현대 지형학의 주요 개념

1) 체계

지형학의 연구대상인 지형을 상호유기적인 관련을 맺는 변수들 또는 지형구성요소들의 조직체, 즉 체계(体系, system)로 보고 그에 기초하여 지형을 해석하려는 시도는 스트랄러(Strahler)에 의해 처음 이루어졌다(Strahler, 1950). 그러나 이를 좀 더 발전시키고 체계화시킨 것은 초올리(Chorley)이다. 초올리의 논문 「지형학과 체계론(Geomorphology and general systems theory)」(1962), 초올리와 케네디(Kennedy)의 저서 『자연지리: 체계론적 접근(*Physical Geography: a systems approach*)』(1971)은 체계론에 입각하여 지형을 연구하는 초석을 마련하였던 것으로 평가된다.

초올리와 케네디(1971)에 따르면 체계는 기능과 구조에 따라 여러 가지로 구분

가능하며, 지형학에서 주로 관심을 가지고 있는 것은 형태체계, 과정체계, 과정반응체계, 통제체계이다. 이와 같이 체계론의 관점에서 지형을 파악하는 것은 지형을 이해하는 데 기초가 되므로 이에 대해서는 잘 알아둘 필요가 있다.

형태체계(形態体系, morphological system)는 형태요소와 물질요소 간에 성립되는 유의미한 상관관계를 의미한다. 산지지형에서 암석구조(물질요소)와 사면각(형태요소)과의 관계, 사면 퇴적층(물질요소)과 사면각(형태요소)과의 관계 등, 그리고 하천지형에서 하상단면형태(형태요소)와 하천 길이(형태요소), 하상단면형태(형태요소)와 하안물질(물질요소)과의 관계, 퇴적물의 점·이토 함량(물질요소)과 투수성(물질요소)의 관계 등은 형태체계에 속하는 것들이다(그림 1.7). 이와 같이 형태체계는 정(靜)적인 상태의 물질이나 형태로 구성되어 있는 것이 특징이다. 이런 관점에서 형태체계를 정적체계(靜的体系, static system)라고도 부른다.

그러나 지형변화를 포착하기 위해서는 체계 내의 물질이나 에너지 흐름을 알지 않으면 안 된다. 따라서 물질이나 에너지 흐름을 중심으로 또 다른 체계를 구성할 수 있으며, 이러한 체계를 과정체계(過程体系, process system, cascading system)라 부른다. 과정체계는 흔히 시간 단위로 계측되는 물질이나 에너지의 변화율 사이의 상관관계로 표현된다. 예를 들면 하천유량(m^3/시간)과 운반물질량(m^3/시간), 강수량(mm/시간)과 유출량(m^3/시간)의 관계 등은 좋은 예이다.

이상과 같은 과정체계와 형태체계는 지형을 특정한 관점, 즉 정적인 측면이나 동적인 측면에서만 인식하고 있으므로, 완전한 지형체계라 보기는 어렵다. 좀 더 완전한 체계란 양자의 관점을 다 포괄한 것인데, 그러한 체계가 바로 과정반응체계(過程反應体系, process-response system)이다. 과정반응체계는 형태체계와 과정체계 요소들을 포함한 세 가지 요소, 즉 형태요소, 물질요소, 형성과정요소 상호간의 기능적 관계들로 구성된다(그림 1.8). 현대 지형학에서 중시하는 기능적인 접근은 바로 이러한 과정반응체계 구성변수들 간의 관계를 규명하는 것에 학문적인 목표를 두고 있다.

통제체계(統制体系, control system)는 가장 상위의 체계로 과정반응체계의 체계외부조건 변화, 즉 기후변화나 지각운동을 포함한다. 따라서 통제체계는 장시간에 걸친 지형발달과정을 밝히기에 적합한 체계이다. 그런 의미에서 역사성인체계(historic-genetic system)라고도 부른다. 기후변화나 지반운동은 통제체계의 구성요소이지만, '통

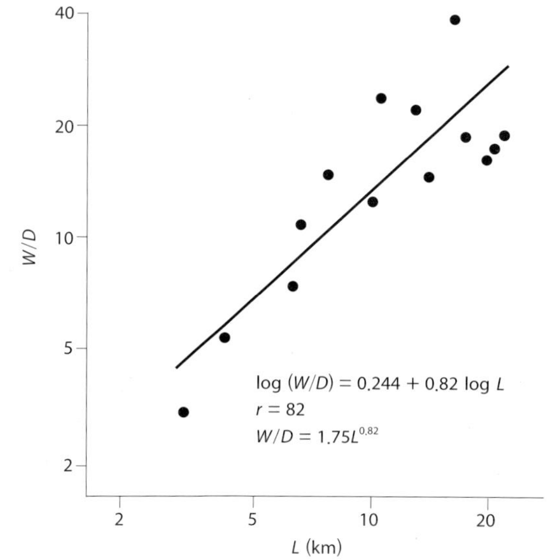

그림 1.7 형태체계의 사례

하상단면형태(*W/D*, 하폭/수심, 형태요소)와 하천길이(*L*, 형태요소)의 유의미한 상관관계(독일의 Kall 하천, Ahnert, 1998, p.155. 원자료: Kim, 1989)

제(control)'라는 말이 의미하듯이 체계외부조건, 즉 독립변수로 기능하는 것이므로 이들과 체계 내의 구성변수들 간에 기능적인 관계는 성립되지 않는다. 다시 말하여 과정반응체계의 구성요소들이 지반운동이나 기후변화에 역방향으로 영향을 미치는 부(負)의 피드백(negative feedback)[7] 관계를 상정할 수는 없다. 이런 점에서 통제체계는 체계 내의 변수들 간에 성립되는 기능적인 관계로 구성되는 과정반응체계와는 본질적으로 다르다. 체계의 본질적인 속성이 기능적인 관계라면, 통제체계는 엄밀한 의미에서 체계의 하나로 보기 어려운 측면도 있다. 그러므로 기능적인 접근에 중점을 둔 연구에서는 통제체계를 고려하지 않는 경우도 있다.

그럼에도 과정반응체계의 관점과 마찬가지로, 지형을 통제체계로 파악하는 것은 지형 연구에서 필수적이다. 다시 말하여 지질시간에 걸친 지형 발달을 구명하고자 할 때, 평형시간 규모에서 성립되는 과정반응체계만으로는 지형 해석이 완전할 수가 없기 때문이다. 심지어 백악기 말엽까지도 거슬러올라가는 시간 규모에서는 거의 모든 지형이 크든 작든 지각운동의 영향을 받았고, 이와 더불어 상당한 정도의 기후변

7 외부에서 가해지는 힘을 상쇄하려는 방향으로 작동하는 지형체계의 변화를 말한다. 이러한 부의 피드백에 의해서 평형이 유지되는 것을 동적평형이라 한다.

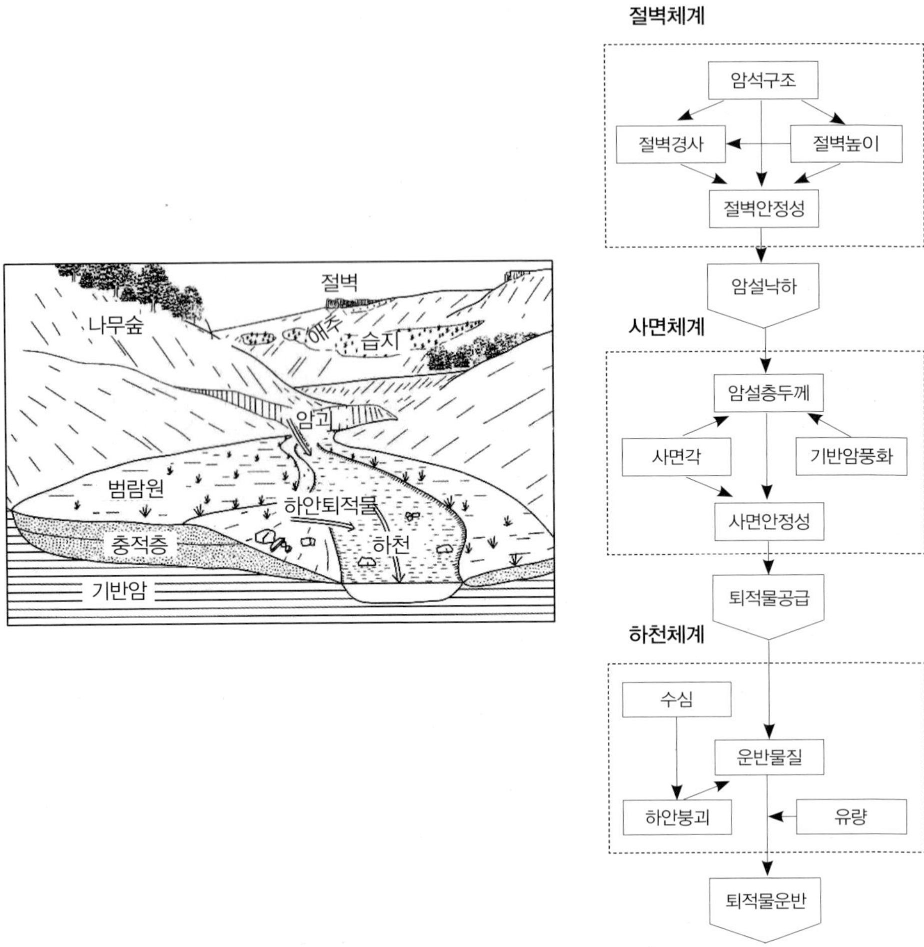

그림 1.8 절벽, 사면, 하천을 중심으로 구성한 과정반응체계

오른쪽 그림에서 형태체계의 한 사례를 들어보면, 암석구조와 절벽경사(절벽체계), 암설층 두께와 사면각(사면체계)의 관계 등이다. 이와는 달리 과정체계는 각 체계(절벽체계, 사면체계, 하천체계)에서 다른 체계로 유출되는 물질(절벽에서 낙하하는 암설, 사면에서 하천에 유입되는 물질, 하천의 운반물질 등)의 양을 중심으로 구성된다. 과정반응체계는 이들 형태체계와 과정체계를 전부 포함한 체계이다. 이러한 과정반응체계는 현재의 지형조건하에서 발생하는 물질 이동과 그로 인한 형태 변화를 파악하기 위한 것이며, 체계외부조건인 지각운동이나 기후변화 등을 포함하지 않는다(Briggs *et al*., 1997, p.2, p.6).

화를 겪어왔기 때문이다. 그러므로 지형의 성인(成因) 연구를 지향하는 통제체계와 지형변화의 역동성을 분석하기에 적합한 과정반응체계는 각기 대립적이 아니라 상호보완적으로 기능하는 것이라 하겠다.

2) 평형

평형(平衡, equilibrium)은 길버트(Gilbert, 1877) 이래 지형학에서 중시해온 개념이다. 그러나 학자마다 그 정의가 조금씩 다르고, 평형의 종류 또한 다양하게 제시되어왔다(그림 1.9, Chorley and Kennedy, 1971, pp.201-209; Ahnert, 1994). 초올리와 케네디는 평형이란 수지(收支) 균형이 이루어진 상태를 말하며, 관점에 따라 정적(靜的, static), 정상상태(定常狀態, steady state), 준안정(準安定, metastable), 동적(動的, dynamic) 평형 등 8가지 유형이 있을 수 있다고 밝혔다. 그러나 이들 평형 개념 모두가 지형 해석에 유용한 것인지는 의문이다. 아너트(Ahnert, 1994)에 따르면, 평형과 정상상태평형만이 유용한 개념이며, 다른 평형 개념들은 불필요하거나 부적절한 것이므로 지양되어야 한다고 주장한다. 아너트는 평형이란 체계 내로 투입되는 물질의 양과 체계 밖으로 유출되는 양 사이에 수지균형이 이루어진 상태를 말하며, 만일 외부로부터 가해지는 힘에 대하여 이러한 평형상태가 부(負)의 피드백(negative feedback)을 포함한 자기조절작용(self-regulation)에 의하여 유지된다면, 그것은 동적평형상태라고 한다.

이때의 동적평형이란 순전히 물질수지의 측면에서 정의된 것으로 형성과정변수들 간의 평형을 의미한다. 과정반응체계란 바로 이러한 동적인 평형을 전제로 성립된다. 나아가 동적인 평형하에 있는 과정반응체계란 물질 이동은 활발하게 일어날지라도 체계 구성요소들의 실질적인 변화가 초래되지는 않으므로 정상상태, 즉 평형에 있는 것으로 간주할 수 있다.

다시 말하여 정상상태평형하에 있는 지형이란 체계 외부에서 지형학적인 사건을 통하여 물질과 에너지가 체계 내로 투입된다 하더라도 이들이 그 투입량만큼 다시금 체계 밖으로 유출되면서 동적평형이 일어나지만 지형의 형태변화는 수반되지 않는다. 이에도 알 수 있듯이, 동적평형이란 형성과정의 측면에서 정의된 것인 데 비하여, 정상상태평형이란 동적평형상태에 있는 체계 그 자체를 의미한다.

이와 같이 학자에 따라서 평형을 다양한 관점에서 해석하고 있는데, 어찌 보면 평형이란 임의의 지형체계에서 그 체계 외부로부터 힘(물질이나 에너지)이 가해질 때 이로 인하여 일어나는 체계의 변화가 궁극적으로 지향하는 이론적인 상태를 말한다고도 할 수 있다.

체계변화는 외부의 힘을 상쇄시키는 '부(負)의 피드백'과 그 힘을 더욱 조장하는

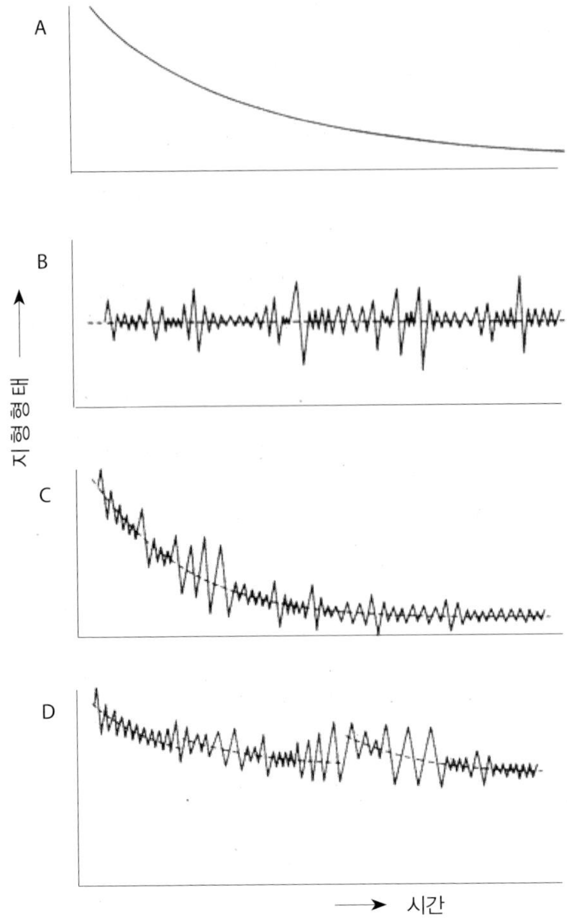

그림 1.9 평형의 종류

A: 감쇠평형(減衰平衡, decay equilibrium), B: 정상상태평형(定常狀態平衡, steady state equilibrium), C: 동적평형(動的平衡, dynamic equilibrium), D: 동적준안정평형(動的準安定平衡, dynamic metastable equilibrium)(Chorley *et al*., 1984, p.11. 원자료: Chorley and Beckinsale, 1980, p.130).

'정(正)의 피드백'으로 나누어진다. 부(負) 피드백의 예는 무수히 많다. 임의의 하도(河道)에서 상대적인 지반융기와 침강을 수반하는 단층이 발생한 경우, 단층 발생 직후 그 지점의 상류, 즉 지반이 융기된 하도에서는 하도경사가 더 완만해져 퇴적이 단층 이전보다 더 활발하게 진행된다. 이와 같은 지형변화는 융기를 수반한 단층이라는 지형학적인 사건에 의해 직접적으로 촉발된 것이다. 그러나 이러한 변화와 더불어 단층 발생 지점의 직하류에서는 단층으로 인하여 하도경사가 더 커졌기 때문에 하천 침식이 더 활발해진다. 그러므로 일정시간이 경과되면 단층에 의해 유발된 하도경사의 변화가 결국은 그것을 상쇄하려는 방향으로 작용하는 변화, 즉 부(負)의 피드백에 의해 해소되는 결과를 가져온다. 다시 말하여 단층 발생 이전의 하천 상태를 회복하게 된다.

소위 평형하천(平衡河川, graded stream)도 부(負)의 피드백이 작용하여 평형을 유지하는 하천인 것으로 이해하면 된다. 여기서 평형하천이란 상류에서 공급되는 퇴적물과 유량을 효과적으로 하류로 운반할 수 있도록 하도경사가 조절된 하천을 말한다. 체계외부조건에 상응하여 하천이 그 자신의 경사를 조절한다는 것은 달리 말하면 부(負)의 피드백적인 하천 변화를 통하여 외부에서 가해지는 힘을 상쇄시켜 원래의 하천 상태를 유지한다는 것을 말한다.

이러한 부(負)의 피드백적인 변화와는 달리, 체계 외부에서 주어지는 힘에 의해서 지형체계의 변화가 일어나되 그 변화는 외부 힘을 상쇄시키는 것이 아니라 오히려 그것이 계기가 되어 다른 변화가 연쇄적으로 일어나는 경우를 상정할 수 있다. 이러한 변화를 정(正)의 피드백이라 부른다. 예를 들어 강우로 인하여 지표유출(overland flow)이 발생하면, 지표유출로 인하여 1차로 투수성이 높은 표토층이 유실되면서 그 하부의 투수성이 낮은 토양층이나 풍화층이 노출된다. 이처럼 지면의 투수성이 낮아지면 스며드는 물의 양이 감소하기 때문에 지표유출이 상대적으로 많아져 지면침식은 더욱 가속될 수 있다. 이러한 것은 강우라는 체계외부조건에 의해 표토층이 침식되고, 이것이 계기가 되어 그 하부의 물질인 토양층이나 풍화층이 연쇄적으로 침식받는 것이므로, 지형변화에서 정(正)의 피드백적인 변화가 일어난 것으로 볼 수 있다. 그러나 이러한 정(正)의 피드백적인 지형변화는 부(負)의 피드백적인 지형 변화에 비하여 대체로 제한된 범위와 시간 내에서만 존속하는 경향이 있다.

3) 양과 빈도

체계론적인 관점에서 본다면, 지형변화는 외부조건과 그에 반응하는 체계 자체의 속성에 의하여 결정되는 것으로 간주된다. 주요 외부조건들로는 체계 내부로 물질과 에너지를 투입시키는 조건들인 기후 및 기상현상, 지각운동 등이 있다. 지형체계의 변화는 우선 일차적으로 이들 체계외부조건, 즉 지형학적인 사건의 양(量, quantity)과 빈도(頻度, frequency)에 의해 영향받는다. 이런 이유로 과정분석을 지향하는 지형 연구들에서는 지형학적인 사건의 양과 빈도가 지형변화에 미치는 영향을 조사해왔다. 이와 같은 지형 연구는 시간에 토대를 둘 수밖에 없는데, 대체로 특정 시간 동안에 발생한 지형학적인 사건을 조사하는 것이므로, 조사 시간의 길이와 조사 시기는 연구 결과에 중대한 영향을 미친다(Thornes and Brunsden, 1977).

지형학적 사건의 양과 빈도가 지형에 미치는 영향에 대한 연구는 월만과 밀러(Wolman and Miller, 1960)가 처음 시도하였다. 이들에 따르면 하상퇴적물은 누적적으로 볼 때 드물게 발생하는 대형 홍수 시보다는 유량은 적지만 빈도가 높은 하천의 유량에 의하여 더 많이 운반된다고 한다. 다시 말하면 하천지형 변화가 주로 중간 크기의 빈도와 양을 갖는 체계외부의 지형학적인 사건들에 의하여 가장 큰 영향을 받는다. 이러한 사실은 아너트(Ahnert, 1982)의 연구에서도 확인된다. 아너트에 따르면 지면침식력(=유출량×빈도)의 최대치는 빈도가 낮은 최대 유출량 발생 시가 아니라 그보다 빈도는 높지만 양은 적은 유출량 발생 시에 나타난다(그림 1.10).

지형체계의 변화는 이와 같이 지형학적인 사건의 양과 빈도에 의해 촉발되는 것은 사실이지만 체계가 지닌 속성에 따라 그 변화 양상은 다양하다. 지형체계의 속성이 복합적이므로 일반화하기는 어려우나, 지형학적인 사건에 의해 일어나는 지형체계의 변화과정은 지형변화에 소요되는 시간(반응시간, 이완시간, 특징적인 형태시간)과 연계지어 단순화할 수 있다(그림 1.11, Graf, 1977).

여기서 반응시간(反應時間, reaction time)이란 외부조건의 변화에 지형체계가 반응하여 지형의 형태적인 변화가 일어나기 전까지 소요되는 시간을 말한다. 이에 대하여 이완시간(弛緩時間, relaxation time)이란 지형의 형태적인 변화가 일어나기 시작하여 새로운 평형상태에 도달하기 전까지의 시간을 말한다. 지형이 평형상태에 도달하면, 이를 특징적인 지형 형태(characteristic form)라 하며, 그 지형이 또 다른 외적인 조건에 의하여 변화되기 전까지의 시간을 특징적인 지형형태시간(characteristic form time)이라고 한다. 체계 외부에서 물질과 에너지가 지형학적인 사건을 통하여 체계 내로 유입된다 하더라도 그로 인한 변화는 반응시간을 거친 후에야 일어나며, 그 변화는 평형지형에 도달될 때까지, 즉 이완시간 동안 지속된다. 이때의 반응시간과 이완시간의 길이는 체계 속성뿐만 아니라 체계의 외적 조건에 의해서도 결정된다.

체계외부조건에 대한 지형체계의 반응 정도는 간단한 수식으로도 파악이 가능하다. 브런스던과 손스(Brunsden and Thornes, 1979)에 따르면 지형의 민감도 지수(敏感度

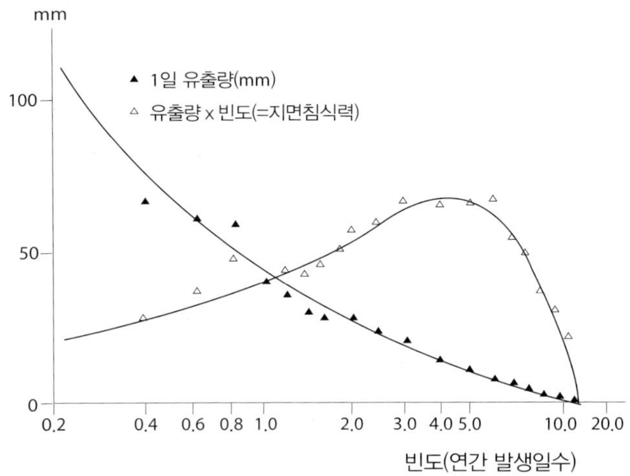

그림 1.10 유출량과 빈도의 누적효과

지면침식력은 유출량에 빈도를 곱한 값으로 나타낼 수 있다. 케냐를 대상으로 조사한 바에 의하면(장소: Machakos, 기간: 1960~1964), 연간 4~6회의 빈도를 보이는 유출량에 의하여 지면이 가장 크게 침식을 받는 것으로 알려진다(Ahnert, 1982).

指數, transient-form ratio, TFr)는 지형학적인 사건의 평균재현시간(Tc)과 평균이완시간(Tx)을 이용하여 아래와 같은 식으로 표현된다.

TFr = Tx/Tc

위의 식에서 TFr의 값이 1보다 크면 지형학적인 사건에 의해 지형변화가 일어나고 있음을 의미하며, 1보다 작다면 체계 내부에서 반응은 일어나고 있지만 외형으로는 지형변화가 일어나지 않은 상태, 즉 특징적인 지형의 형태가 유지되고 있는 경우이다.

슘(Schumm, 1979)에 따르면, 지형체계가 반응시간을 거쳐 형태 변화를 수반하는 이완시간으로 돌입하는 행태는 점진적이 아니라 단속적이며 우연적인 특성을 보인다. 즉, 체계 외부에서 주어진 에너지와 물질에 대응해 체계 내부에서는 그것을 상쇄하는 방향으로 내적인 변화가 일어나다가 그를 견딜 수 있는 최저한계값을 넘게 되면 지형의 급격한 형태 변화가 수반된다. 따라서 이때의 지형변화는 대체로 우연적이며 단속적일 수밖에 없다.

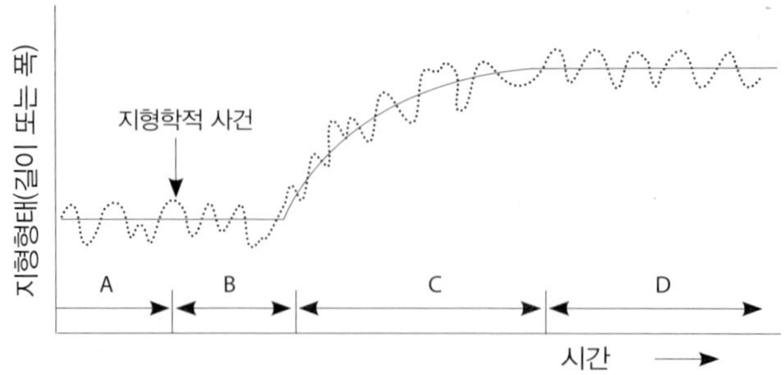

그림 1. 11 에너지와 물질이 투입되는 지형학적 사건에 의한 지형체계의 변화
A: 사건이 발생하기 이전의 평형상태, B: 반응시간, C: 이완시간, D: 특징적인 형태시간(새로운 평형상태)
(Graf, 1977 부분 수정)

초올리와 케네디(Chorley and Kennedy, 1971, pp.201-205)에 따르면, 이와 같이 최저한계를 넘으면서 급격히 지형이 변화되면서 지향하는 평형상태는 준안정평형(準安定平衡, metastable equilibrium)과 동적준안정평형(動的準安定平衡, dynamic metastable equilibrium)으로 나눌 수 있다. 슘(Schumm, 1976)은 이들 중 동적준안정평형 개념을 적용하여 지질시간(또는 윤회시간) 동안의 지형 발달을 설명하였다(그림 1.9의 D). 이는 데이비스(Davis, 1909)가 점진적 침식을 전제로 한 감쇠평형(減衰平衡, decay equilibrium)을 바탕으로 윤회시간 동안의 지형 발달을 추론한 것보다는 진일보한 것으로 평가된다.

4) 최저한계

최저한계(最低限界, threshold)란 체계 외부로부터 가해지는 힘에 대응하여 최초로 체계의 외형 변화, 즉 지형변화가 일어날 때의 한계값을 말한다. 이러한 최저한계는 외적최저한계(外的最低限界, extrinsic threshold)와 내적최저한계(內的最低限界, intrinsic threshold)로 구분할 수 있다.

외적최저한계란 체계로 유입되는 외적인 힘에 의해 직접적으로 지형이 규제될 때 그 지형변화의 한계값이다. 하천수의 유속에 상응하여 하상 및 하안의 지형변화가 일어나는 것을 그 좋은 예로 들 수 있다. 다시 말하여 하상 및 하안의 지형변화가 일어나는 순간의 유속을 외적최저한계값이라 할 수 있다.

이에 대하여 내적최저한계란 체계 외형에는 변화가 없지만 체계 내부에서 변형이 진행되다가 어느 시점에 이르러 급격한 지형변화가 일어날 때의 한계값이다. 내적최저한계는 풍화층이 두꺼운 산사면 위에서 강우에 의해 촉발되는 매스무브먼트(mass movement)에서 그 좋은 사례를 찾아볼 수 있다. 사면 위에서 장기간에 걸쳐 풍화가 진행되면 비록 사면의 형태가 크게 변하지 않더라도 구성물질의 응집력이 서서히 약화되므로 어느 시점에 이르러서는 강우량이 극대치에 달하지 않더라도 물질이 사면 위에 머무를 수 있는 한계값, 즉 내적최저한계값을 넘게 되어 급격한 매스무브먼트가 발생한다. 이런 경우 사면체계의 외부조건에 커다란 변화가 없어도 매스무브먼트가 발생한 것이므로 지형이 지닌 내적최저한계값에 의해 규제되어 변화가 일어난 것으로 볼 수 있다. 우리 주변의 지형들 중에는 이와 같이 지형이 지닌 내적최저한계값이 서로 다르기 때문에 동일한 지형학적인 사건(강우 등)이 일어날지라도 그 속성에 따라 지형변화의 양상이 같지 않은 경우가 많다.

5) 시간과 공간 규모

지형학에서 다루는 시간 규모는 흔히 지질시간, 평형시간 및 정상시간으로 구분할 수 있다(그림 1.12). 지질시간(geologic time)이란 지표면의 변화가 일정 방향으로 지속적으로 그리고 장기간에 걸쳐 일어나 원래의 지형과는 형태상 분명히 구분되는 지형이 생성되는 데 걸리는 시간을 말한다. 데이비스의 침식윤회 모델에서 제시한 유년기에서 노년기에 이르는 단계별 내지 시기별 지형변화는 바로 이러한 지질시간 범위에서 일어나는 것이라 할 수 있다. 지질시간은 이처럼 단계별 지형 윤회를 포함하는 것으로도 볼 수 있기 때문에 때로는 윤회시간(cyclic time)이라고도 부른다. 평형시간(graded time)이란 지형변화가 일어난다 하더라도 평균적으로 볼 때 일정한 지형의 형태가 유지되는 동안의 시간 규모를 말한다. 지형이 이와 같은 일정 형태를 유지한다는 것은 체계 외부조건과 내부조건 사이에 평형이 이루어질 때 가능하다. 정상시간(steady time)이란 지형체계 내에서 에너지와 물질의 흐름은 있으나 형태 변화가 일어나지 않는 동안의 시간 규모를 말한다.

이상에서 살펴본 바와 같이 지질시간, 평형시간, 정상시간 등의 시간 구분은 수치로서 표현되는 물리적인 시간 길이를 기준으로 정한 것이 아니라 지형학적인 개념을 토대로 구분한 것이다. 그럼에도 절대적인 시간 길이로 굳이 이들을 구분한다면, 지질시간은 대체로 수만~수백만 년, 평형시간은 수년~수십 년, 그리고 정상시간은

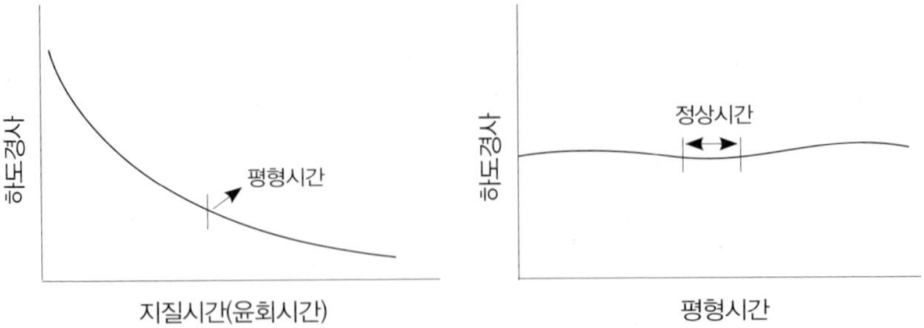

그림 1.12 지질시간(윤회시간), 평형시간 및 정상시간 동안의 지형(하도경사)변화

위 그림은 각 시간 동안에 하도경사가 어떻게 변화되는지를 보여준다. 왼쪽 그림에 의하면, 지질시간(윤회시간) 동안에는 하도경사가 점진적으로 감소되나, 평형시간 동안에는 하도경사의 변화가 없다. 오른쪽 그림에 의하면, 평형시간 동안에는 하도경사가 평균값보다 크거나 작은 변화를 보이지만, 정상시간 동안에는 변화가 없다. 이처럼 시간 길이에 따라 지형변화의 양상이 달리 나타난다(Schumm and Lichty, 1965).

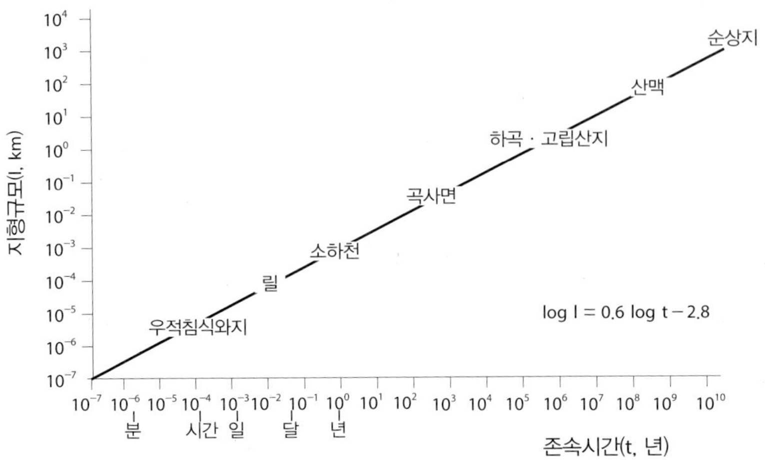

그림 1.13 지형규모와 존속시간과의 관계

빗방울 침식으로 생기는 손톱 크기 정도의 우적침식와지는 존속시간이 불과 수 시간 내지 수일 정도지만, 대륙 규모의 순상지는 존속시간이 수억 내지 수십억 년이다. 이처럼 지형규모와 존속시간은 정(正)의 상관관계에 있다(Ahnert, 1981, 부분 수정).

수 시간~수일 정도의 시간 길이를 가지는 것으로 볼 수 있다.

지형형성시간의 규모가 지질시간에서 평형시간, 그리고 정상시간으로 달라지면, 이와 연계된 지형의 공간규모(spacial scale)도 달라질 뿐만 아니라, 관련 변수들의 역할도 변화된다. 지금까지의 연구에 의하면, 지형의 존속이나 생성에 요구되는 시간과 지형의 공간규모 간에는 일정한 정(正)의 상관관계가 성립되며(그림 1.13, Ahnert,

표 1.3 시간규모에 따른 하천지형변수들의 역할 변화

주요 변수	지질시간	평형시간	정상시간
1. 시간	독립	– (변화율)	– (변화율)
2. 초기 지형(고도 및 기복)	독립	–	–
3. 지질(암석 및 지질 구조)	독립	독립	독립
4. 古기후 및 古수문	독립	독립	독립
5. 유역분지(고도 및 기복)	종속	독립	독립
6. 現 평균기후 및 평균수문	*	독립	독립
7. 하도지형	*	종속	독립
8. 하천수의 수리	*	*	종속

독립: 독립변수, 종속: 종속변수, –: 非관련변수, *: 不확정변수.

Schumm and Lichty, 1965 부분 수정.

1981), 지형체계에 영향을 미치는 변수들의 역할이나 기능도 이에 상응하여 달라진다(Schumm and Lichty, 1965; 김종욱, 1993). 지형의 공간적인 규모가 클수록 형태 변화가 일어나기 위해서는 더 많은 물질이 이동되어야 하는 것이므로 당연히 지형의 공간규모와 시간 사이에는 정(正)의 상관관계가 성립된다.

문제는 지형의 시간 및 공간 규모에 따라 관련된 지형 변수들의 역할과 기능도 달라진다는 점이다. 유역분지를 예로 들면, 유역분지의 고도와 기복을 포함하여 하계망, 하곡, 종단곡선 등 유역분지의 지형 특성은 지질시간에서 보면 시간, 초기지형, 지질, 고(古)기후 및 고(古)수문에 의해 종속적으로 영향을 받는다(표 1.3). 그러나 평형시간의 규모에서 본다면, 이들 유역분지의 지형 변수들은 하도유형, 하도경사, 하상횡단면 등의 하도지형에 대하여 독립변수로 작용한다. 이러한 사례에서 보듯이, 지형의 시간 및 공간 규모에 따라 지형 생성에 관여하는 변수들의 기능이나 역할이 달라지므로, 지형 연구에서는 지형의 시간 및 공간 규모에 대한 고려가 필수적이다.

5. 지형형성작용

현대 지형학의 주된 특징의 하나는 지형 연구에 있어서 지형형성과정을 구명하는 일에 종전보다 더 많은 힘을 기울인다는 점이다. 지형의 형태적인 특징이나 물질 특성을 파악하는 것이 중요하지 않은 것은 아니지만, 현재 우리의 눈앞에 형태와 물질로 존재하는 지형이란 끊임없이 변화해가는 과정 중의 한 단면이므로, 지형이 변화하는 과정, 즉 지형형성과정을 밝혀내야 현재의 지형이 거쳐온 과거의 변천사를 알아낼 수 있을 뿐만 아니라 미래의 지형변화까지도 예측할 수 있기 때문이다.

지형형성작용(地形形成作用, geomorphic processes)은 말 그대로 지형이 변화되는 과정, 즉 지형이 만들어지는 과정을 의미한다. 이는 흔히 지형변화를 촉발하는 힘의 원천을 기준으로 내인적 작용과 외인적 작용으로 구분한다.[8] 내인적 작용(內因的 作用, endogenic processes)은 지형변화를 일으키는 힘, 즉 에너지가 지구 내부에서 비롯되는 지형형성작용인 반면, 외인적 작용(外因的 作用, exogenic processes)은 지형변화를 야기하는 에너지가 지구 외부, 즉 태양에너지에서 비롯되는 지형형성작용을 말한다(그림 1.14).

1) 내인적 작용

내인적 작용은 지구 내부로부터 에너지와 물질이 지표면으로 전달되는 과정에서 발생하는 지형형성작용이다. 지각운동과 화산활동에 의한 지형변화가 이에 속한다(그림 1.15, 1.16의 오른쪽 사진).

지각운동(地殼運動)은 지구 내부의 에너지에 규제되어 발생하는 지각의 움직임 일체를 말한다. 지각운동은 흔히 조산운동과 조륙운동으로 나눈다. 조산운동(造山運動, orogeny)[9]이란 지각에 습곡, 단층, 마그마의 관입, 화산 활동 등이 일어나면서 융기되어 산맥이 되는 지각운동을 말한다. 신기습곡산지인 알프스, 히말라야, 로키, 안데스 산맥이나 고기습곡산지인 애팔래치아, 우랄 산맥 등은 이와 같은 조산운동을 받

8 내적영력(또는 내적작용), 외적영력(또는 외적작용)이라고도 한다.

9 조산운동은 하나의 독립된 산이 아니라 여러 개의 줄기를 지닌 산맥이 만들어지는 운동이다.

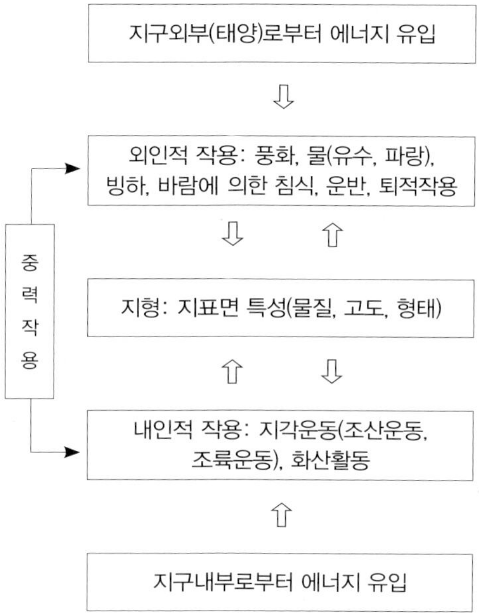

그림 1.14 지형형성체계
(Ahnert, 1981, 부분 수정)

은 산맥이다. 조산운동을 받은 산맥을 이처럼 습곡산지라고 부르는 것도 지각에 압축력이 작용하면서 조산운동이 일어나므로, 압축력이 작용할 때 생기는 지각구조인 습곡은 다른 어떤 것보다 확실한 조산운동의 증거이기 때문이다.

조륙운동(造陸運動, epeirogeny)은 지각의 큰 변란을 수반하지 않는 가운데 일어나는 지각의 상하운동으로 넓은 범위에 걸쳐 일어나는 경우가 많다. 조산운동이 일어난 곳의 지각은 주로 압축력의 영향을 받지만 조륙운동이 일어난 곳의 지각은 대체로 지표면이 확장되는 힘, 즉 인장력(引張力)에 영향을 받는다. 그러므로 지각운동에 기인한 지질구조나 지각운동이 직접적으로 영향을 미쳐 생성된 지형들은 그 특성이 서로 같지 않다. 즉 지각이 조산운동을 받으면 산맥이 생성되는 것 이외에 습곡이나 오버스러스트(overthrust) 단층과 같은 지질구조의 변형이 수반되지만, 조륙운동을 받게 되면 대륙대지나 고원과 같이 높고 평탄한 지형들이 생기며, 융기로 인하여 지각이 확장되는 과정에서 정단층(正斷層)이 많이 발생한다.

대륙대지는 선캄브리아기 이래로 조산운동은 없었지만, 조륙운동, 즉 지각의 수직적인 상하운동을 받았기 때문에 대체로 기반암인 선캄브리아기의 결정질 암석 위에 고생대에서 신생대에 이르는 동안에 퇴적된 지층들이 쌓여 있다. 이들 지층은 조

그림 1.15 그랜드 캐년과 콜로라도 고원

중 · 고생대 퇴적층으로 이루어진 콜로라도 고원은 지난 천만년 이래 융기하면서 콜로라도강에 의해 침식받아 사진에서와 같은 장대한 계곡을 만들었다. 이처럼 지형은 대체로 내인적 작용과 외인적 작용을 동시에 받고 있다. 그렇다고 해서 이들 지형형성작용이 같은 강도로 지형 발달에 영향을 미쳤다는 것은 아니다. 지형에 따라 지배적으로 작용한 지형형성작용이 다르다. 예를 들어 콜로라도 고원은 지각융기(내인적 작용), 그리고 그랜드 캐년은 하천침식작용(외인적 작용)이 지배적인 지형형성작용이었다.

산운동에 의해 크게 변형되지 않았기 때문에 러시아 대륙대지에서 보듯이 지표면의 형태도 대체로 기복이 작은 평원을 이룬다. 대륙대지와 마찬가지로 규모가 큰 고원 역시 조륙운동에 의해 생성되는 경우가 대부분이다. 콜로라도 고원은 지난 천만년 이래 지각이 융기되는 조륙운동을 받아 현재 해발 2,000~3,000m에 달하는 광대한 고원이 되었다(그림 1.15). 이 밖에도 스칸디나비아 반도 일대에서 대륙빙하의 소멸 이후 지속된 지반융기운동이나 한반도에서 제3기 이래 있었던 요곡융기운동도 조륙운동의 범주에 속하는 것들이다.

이와 같은 지각운동들이 지형에 영향을 미치는 것은 대체로 두 가지 경로를 통해서이다. 첫째, 직접적으로 지반을 상하 또는 수평으로 이동시킴으로써 지형을 변화시키는 것이며, 둘째, 지각운동과정에서 암석이나 지질구조에 변화가 일어나 이것에 의해 지형이 달라지는 것이다.

지각운동이 일어나면 융기 또는 침강과 더불어 지질구조와 암석의 특성이 변화된다. 따라서 지각운동은 정지된다 하더라도 이미 변화된 지질구조와 암석은 지속적으로 지형 발달에 영향을 미치게 된다. 예를 들면 한반도에서 쥐라기 말엽에 있었던 대보조산운동은 당시에는 습곡산맥이 생성되었을지라도, 그 이후 백악기와 제3기를 거치면서 침식을 받아 낮아져 준평원과 같은 모습의 지형으로 변모되었다. 이와 같이 쥐라기 때 있었던 산맥은 사라졌지만, 당시의 조산운동이 암석과 지질구조를 변화시켰기 때문에, 이것이 후일 제3기 마이오세(Miocene)에 이르러 요곡융기운동이 일어나는 과정에서 지형 발달에 영향을 미치게 되었다. 다시 말하여 대보조산운동 시에 생겨난 단층선들이 있는 곳을 중심으로 제3기 마이오세 이래 하천침식이 집중된 결과 골짜기가 깊게 패이고, 그 사이의 곡간산지(谷間山地)는 상대적으로 비고가 증가하면서 소위 중국 방향의 산맥들이 생겨났다. 이들 산맥의 산줄기와 하곡이 대체로 동일한 방향성을 보이는 것도 이와 같은 지형변화과정을 거쳤음을 시사한다. 이러한 예에서 알 수 있듯이, 조산운동이 지반을 직접 융기시켜 산맥을 만드는 경우도 있지만, 암석이나 지질 구조를 변화시킴으로써 지형 발달을 간접적으로 유도하기도 한다.

2) 외인적 작용

외인적 작용은 그 힘의 원천이 태양복사에 비롯되는 지형형성작용으로 풍화작용, 그리고 물(유수, 파랑), 빙하, 바람에 의한 침식, 운반, 퇴적 작용을 말한다. 흔히 물, 빙하, 바람 그 자체가 지형형성작용인 것처럼 잘못 알기도 한다. 그러나 이들은 지형변화를 일으키는 지형형성기구(地形形成機構, geomorphic agent)이며, 지형형성작용은 아니다. 이들 기구에 의해 지면이 침식되고, 침식에 의해 지면에서 분리된 지표물질이 물, 빙하, 바람 등의 기구에 의해 운반, 퇴적됨으로써 지형이 달라지는 것이므로, 외인적 작용은 위에 말한 기구들에 의해 발생하는 침식, 운반, 퇴적 작용을 의미한다.

내인적 작용은 예외가 있기는 하지만, 대체로 산맥, 고원과 같이 규모가 큰 지형을 만드는 지형형성작용이다. 이에 비하여 외인적 작용은 규모가 작은 지형, 즉 우리가 주변에서 한눈으로 관찰할 수 있는 산이나 골짜기, 해빈 등을 만드는 지형형성작용이다(그림 1.16의 왼쪽 사진). 그러나 외인적 작용과 내인적 작용은 별개로 작용하는 것은 아니며, 모든 지형은 정도만 다를 뿐 양자의 영향을 동시에 받고 있다. 히말라

그림 1.16 외인적 작용과 내인적 작용에 의한 지형

왼쪽 사진: 미국 북서부 해안(사빈과 해안사구: 외인적 작용), 오른쪽 사진: 제주도의 산방산(화산: 내인적 작용)

표 1.4 지형형성기구와 지형

기구	외인적 작용	지형 분류	주요 지형
기온, 물 등	물리적 · 화학적 풍화작용	풍화지형	타포니, 나마
지표유출, 하천수	지표유출 및 하천수에 의한 침식, 운반, 퇴적	하천지형	유역분지, 하곡, 범람원, 충적선상지
연안류, 조류, 파랑	바닷물에 의한 침식, 운반, 퇴적	해안지형	해빈, 사주, 간석지, 파식대, 해식애
바람	바람에 의한 침식, 운반, 퇴적	바람지형	사구, 뢰스, 야당
빙하	빙하에 의한 침식, 운반, 퇴적	빙하지형	모레인, 빙식곡, 권곡

야 산맥과 같은 대지형을 예로 들면, 지형의 기본 골격은 조산운동에 의해 생겨난 것이지만, 산맥을 구성하는 산 사면이나 계곡의 형성은 그곳에 작용하는 외인적 작용에 의한 것이 많다.

지형의 이해에서 내인적 작용과 외인적 작용 모두 다 중요하지만, 특히 외인적 작용과 그것에 의한 지형변화는 우리가 생활하면서 직접 체험하고 또 그것에 의해 우리의 주거생활이 직접적으로 영향을 받고 있기 때문에 현대 지형학에서는 보다 중시하는 경향이 있다. 오늘날 대부분의 지형학 관련 전문서적 역시 내인적 작용보다는 외인적 작용에 관한 것을 다루는 데 더 많은 지면을 할애하는 경우가 많다. 이 책 역시 이러한 학문 경향을 고려하여 외인적 작용에 의한 지형변화를 기술하는 데 더 큰 비중을 두었다. 참고로 주요 외인적 작용과 그에 의해 지배되어 생겨나는 지형들을 간략히 소개하면 표 1.4와 같다.

참고문헌

권혁재, 1980, 지형학, 범문사, 1-20.

김종연, 2013, 유럽 국가들의 국가 지형 분류도에 대한 연구, 한국지도학회, 13(2), 37-53.

김종욱, 1989, Functional geomorphology의 연구방법론, 지리교육논집, 서울대학교 사범대학 지리교육과, 22, 15-27.

김종욱, 1993, 지형학에서의 시간의 역할과 기능, 지리교육논집, 서울대학교 사범대학 지리교육과, 30, 1-15.

김종욱, 1998, 지형학에서의 이론적 접근, 사회과학교육, 서울대학교 사회교육연구소, 23-48.

Ahnert, F., 1978, Gegenwärtige Forschungstendenzen der physischen Geographie, *die Erde*, 109, 49-80.

Ahnert, F., 1980, A note on measurements and experiments in geomorphology, *Zeitschrift für Geomorphologie, Supplement*, 35, 1-10.

Ahnert, F., 1981, Über die Beziehung zwischen quantitativen, semiquantativen Methoden in der Geomorphologie, *Zeitschrift für Geomorphologie, Supplement*, 39, 1-28.

Ahnert, F., 1982, Untersuchungen über das Morphoklima und die Morphologie des Inselberggebietes von Machakos, Kenia, *Catena Supplement*, 2, 1-72.

Ahnert, F., 1994, Equilibrium, scale and inheritance in geomorphology, *Geomorphology*, 11, 125-140.

Ahnert, F., 1998, *Introduction to Geomorphology*, London, Arnold.

Bauer, B. O., 2004, Geomorphology, in Goudie, A. S.(ed.), *Encyclopedia of Geomorphology*, New York, Routledge, 428-435.

Briggs, D. and Smithson, P., 1985, *Fundamentals of Physical Geography*, New Jersey, Rowman & Littlefield, 7-15.

Briggs, D., Smithson, P., Addison, K. and Atkinson, K., 1997, *Fundamentals of Physical Environment*, London, Routledge, 1-9.

Brunsden, D. and Thornes, J. B., 1979, Landscape sensitivity and change, *Transactions of the Institute of British Geographers New Series*, 4, 463-484.

Büdel, J., 1968, Geomorphology-Principles, in Fairbridge, R. W.(ed.), *The Encyclopedia of Geomorphology*, Stroudsburg, Dowden, Hutchinson & Ross, 416-421.

Büdel, J., 1981, *Klima Geomorphologie*, Berlin, Gebrüder Borntraeger.

Byun, J., Heimsath, A. M., Seong, Y. B. and Lee, S. Y., 2015, Erosion of a high-altitude, low-relief area on the Korean Peninsular: implications for its development processes and evolution, *Earth Surface Processes and Landforms*, 40, 1730-1745.

Chorley, R. J., 1962, Geomorphology and general systems theory, *United States Geological Survey Professional Paper*, 500-B.

Chorley, R. J. and Beckinsale, R. P., 1980, G. K. Gilbert's geomorphology, *Geological Society of America Special Paper*, 183, 129-142.

Chorley, R. J. and Kennedy, B. A., 1971, *Physical Geography: a systems approach*, London, Prentice-Hall.

Chorley, R. J., Schumm, S. A. and Sugden, D. E., 1984, *Geomorphology*, London, Methuen, 3-16.

Davis, W. M., 1909, *Geographical Essays*, Boston, Ginn.

Derbyshire, E.(ed.), 1976, *Geomorphology and Climate*, London, John Wiley & Sons.

Easterbrook, D. J., 1999, *Surface Processes and Landforms*, New Jersey, Prentice Hall.

Embleton, C.(ed.), 1984, *Geomorphology of Europe*, Basel, Verlag Chemie, 66-67.

Forgelberg, P., 1970, Geomorphology and deglaciation at the Second Salpausselkä between Vääksy and Vierumäki, southern Finland, *Communicationes Physico-Mathematicae, Societas Scientiarum Fennica*, 38, 1-99.

Gardiner, V. and Dackombe, R., 1983, *Geomorphological Field Manual*, London, Allen & Unwin, 13-20.

Gilbert, G. K., 1877, *Report on the Geology of the Henry Mountains*, Geographic and Geologic Survey of the Rocky Mountain Region, US Washington DC.

Graf, W. L., 1977, The rate law in fluvial geomorphology, *American Journal of Science*, 277, 178-191.

Gustavsson, M., Kolstrup, E. and Seijmonsbergen, A. C., 2006. A new symbol-and-GIS based detailed geomorphological mapping system: renewal of a scientific discipline for understanding landscape development, *Geomorphology*, 77(1-2), 90-111.

Hergarten, S. and Neugebauer, H. J.(eds.), 1999, *Process Modelling and Landform Evolution*, Berlin, Springer.

Kim, J. W., 1989, Funktionale Fluvialmorphologie der Kall, *Aachener Geographische Arbeiten*, 21.

Knighton, D., 1984, *Fluvial Forms and Processes*, London, Edward Arnold, 178-184.

Kooi, H. and Beaumont, C., 1996, Large-scale geomorphology: classical concepts reconciled and integrated with contemporary ideas via a surface processes model, *Journal of Geophysical Research*, 101, 3361-3386.

Lane, S. N., Richards, K. S. and Chandler, J. H., 1998, *Landform Monitoring, Modelling and Analysis*, Chichester, John Wiley & Sons.

Rhoads, B. L. and Thorn, C. E.(eds.), 1996, *The Scientific Nature of Geomorphology*, Chichester, John Wiley & Sons.

Ritter, D. F., Kochel, R. C. and Miller, J. R., 1995, *Process Geomorphology*, Iowa, Wm. C. Brown.

Schumm, S. A., 1976, Episodic erosion: a modification of the geomorphic cycle, in Melhorn, W. N. and Flemal, R. C.(eds.), *Theories of Landform Development*, Publications in Geomorphology, Binghamton, State University of New York, 69-85.

Schumm, S. A., 1977, *The Fluvial System*, New York, John Wiley & Sons, 1-39.

Schumm, S. A., 1979, Geomorphic thresholds: the concept and its applications, *Transactions of the Institute of British Geographers New Series*, 4, 485-515.

Schumm, S. A. and Lichty, R. W., 1965, Time, space, and causality in geomorphology, *American Journal of Science*, 263, 110-119.

Strahler, A. N., 1950, Equilibrium theory of erosional slopes, approached by frequency distribution analysis, *American Journal of Science*, 248, 673-696, 800-814.

Summerfield, M. A., 1991, *Global Geomorphology*, Essex, Longman Scientific Technical, 3-30.

Thorn, C. E., 1988, *Introduction to Theoretical Geomorphology*, Boston, Unwin Hyman.

Thornes, J. B. and Brunsden, D., 1977, *Geomorphology and Time*, London, Methuen, 2-10.

Tricart, J. and Cailleux, A., 1972, *Introduction to Climatic Geomorphology*, London, Longman.

Wolman, M. G. and Miller, J. P., 1960, Magnitude and frequency of forces in geomorphic processes, *Journal of Geology*, 68, 54-74.

제2장

지형학 발달사

그림 2.1 빙하퇴적물(로키국립공원, 미국)

과거에는 사진과 같은 퇴적물을 보면 홍수퇴적물로 여겼지만, 오늘날에는 빙하퇴적물로 해석한다. 이처럼 한 학문의 연구내용은 언제든 새로운 연구방법이나 연구기법이 등장하면, 그 일부 또는 전부가 수정되기도 한다. 그럼에도 과거의 연구는 당시에 풍미하던 연구방법이나 사물의 인식방법을 대변하는 것이므로 그것대로 소중한 가치가 있으며, 이를 되돌아보는 것은 학문의 미래 발전을 위해서도 필요한 일이기도 하다.

1. 근대 지형학의 태동

지형은 인간의 생활 무대이기 때문에 지형학이 학문의 한 영역으로 자리 잡기 이전부터 많은 사람들의 관심 대상이었다. 우리나라의 풍수지리만 하더라도 지형의 중요성을 일찍부터 인지하고 전통 철학의 토대 위에서 지형을 해석하고 그 결과를 주민 생활에 응용한 것이라 볼 수 있다. 이러한 사례는 지형을 파악하고 활용하는 방식이 다를 뿐 세계 어느 지역에서든 어렵지 않게 찾아볼 수 있다. 풍수지리와 같이 주민의 문화나 전통 철학에 토대를 둔 지형 해석은 나름대로 소중한 가치를 지니고 있음에 틀림없다. 그러나 그것은 과학적인 체계를 갖추어 발달한 것이 아니었기 때문에 불행히도 오늘날 우리가 알고 있는 지형학과는 접목되지 못하였다.

지형학의 학문체계가 성립된 시기를 명확하게 말할 수는 없다. 학문체계가 확립되기 위해 필요한 접근방법이나 그것에 관련되는 개념들이 정립되기 시작한 시기를 지형학의 태동기로 본다면, 그것은 대체로 18세기 후반이다. 이 시기에 가장 중요한 공헌을 한 학자는 제임스 허튼(James Hutton)이다.

허튼은 1785년 영국 에딘버러의 왕립학회(Royal Society of Edinburgh)에 논문을 발표하면서 지표면은 격변적인 사건에 의해 급작스럽게 생겨난 것이 아니라, 오랜 기간에 걸쳐 물에 의해 서서히 침식을 받아 이루어진 것이며, 지구의 역사는 시작도 끝도 없이 반복되는 것이라 하였다. 이러한 허튼의 주장은 지구가 창조주의 격변적인 사건에 의해 일시에 창조되었다고 믿고 있었던 당시의 많은 학자들에게 큰 충격을 주었다.

이와 같은 허튼의 주장은 후일 동일과정설(同一過程說, uniformitarianism, gradualism)이란 이름으로 널리 알려졌다. 그러나 허튼의 생전에는 학계에서 그의 연구 결과가 크게 인정받지는 못하였다. 허튼 사후 그의 이론이 주변으로 확산되는 데에는 허튼 그 자신보다는 친구였던 에딘버러대학의 수학교수 존 플레이페어(John Playfair)의 공이 크다. 플레이페어는 『지구에 대한 허튼 이론 해설(*Illustrations of the Huttonian Theory of the Earth*)』(1802)이란 저서를 통하여 허튼의 이론을 명쾌하고 유려한 문장으로 소개함으로써 허튼의 이론이 세상에 널리 알려지는 계기를 마련하였다. 플레이페어의 저서 내용 중 특히 하천의 본류 및 지류 계곡의 상관관계를 기술한 다음의 문장은 허튼의 생각을 잘 대변하는 것으로 종종 인용되고 있다.

> Every rivers appears to consist of a main trunk, fed from a variety of branches, each running in a valley proportioned to its size, and all of them together forming a system of valleys, communicating with one another, and having such a nice adjustment of their declivities, that none of them join the principal valley, either on too high or too low a level, a circumstance which would be infinitely improbable if each of these valleys were not the work of the stream which flows in it." (Thornbury, 1969, p.7에서 재인용)

위 글에 의하면, 한 하천의 본류와 그 지류들의 계곡은 하천의 규모에 비례할 뿐만 아니라 커다란 고도차(경사 변화) 없이 조화롭게 연결된 하나의 하곡체계를 이루고 있는데, 이는 이들 하곡이 하천침식에 의해 생성되지 않고서는 나타날 수 없는 현상이라고 하였다. 즉 허튼은 지형이 창조주의 의도에 따라 일시에 생성된 것이 아니라 오랜 시간에 걸쳐 서서히 침식을 받아 생성된 것이라고 주장한다.

허튼의 이론은 그의 사후 여러 학자들에게 계승되면서 한층 더 구체화되고, 체계화되었다. 특히 찰스 릴(Charles Lyell)은 저서 『지질학의 원리(*Principles of Geology*)』(1830~1833)에서 허튼이 제기한 동일과정설을 네 가지 관점에서 구체화하였다. 자연법칙의 동일성(uniformity of law), 지형형성과정의 동일성(uniformity of process), 지형변화율의 동일성(uniformity of rate), 지표형태의 동일성(uniformity of state)이 그것이다.

자연법칙의 동일성에 의하면, 자연법칙은 시간이나 공간이 달라져도 변하지 않는다. 이와 같이 자연법칙이 불변인 것처럼 이것에 의해 발생하는 지형형성과정 또한 시간이 경과된다 해도 달라지지 않는다. 즉 지형형성과정의 동일성이 존재한다. 그러므로 현재의 지형형성과정은 과거의 지형형성과정을 규명하는 열쇠가 될 수 있다. 지형변화율의 동일성에 의하면, 지형변화는 점진적으로 서서히, 그리고 변화율의 큰 진폭이 없이 진행된다고 한다. 또한 지표 형태의 동일성에 의하면, 지형변화는 특정 방향을 지향하지 않으며, 현재의 지형은 시작도 끝도 없이 변화하는 과정 중의 한 단면이기 때문에, 현재의 지형 모습이 과거에도 그대로 있었다고 주장한다.

이와 같은 릴(Lyell)의 동일과정설은 후일의 지형 연구에 적지 않은 영향을 미쳤다. 그러나 릴의 주장이 전적으로 다 옳았던 것은 아니다. 특히 지형변화율의 동일성과 지표형태의 동일성에 관한 주장은 오늘날 설득력 있는 주장으로 받아들여지지 않는다. 지형변화율의 동일성을 예로 든다면, 우리는 지형변화율이 환경 변화에 따라 달라질 수 있다는 것을 잘 알고 있다. 즉 동일한 장소의 동일한 지형일지라도 빙하기 때와 간빙기 때 작용하는 지형형성과정이 같지 않기 때문에 지형변화율 또한 다를 수밖에 없다. 이와 동일한 맥락에서 지표형태의 동일성도 맞지 않는 측면이 있다. 지형변화율이 달라지면, 그 결과로 나타나는 지형의 기하학적인 형태 또한 동일한 모습일 수 없다는 것은 당연하기 때문이다.

이와는 달리, 자연법칙의 동일성이나 지형형성과정의 동일성에 관한 주장은 여전히 유효한 것으로 볼 수 있다. 제임스 허튼이나 찰스 릴 하면 머리에 떠올리는 "현재는 과거의 열쇠다(The present is the key to the past.)"라는 말 속에는 현재 진행되는 지형형성과정들과 그 이면에 담긴 자연법칙들을 안다면, 우리 주변에 펼쳐져 있는 지형들의 성인을 알아낼 수 있다는 의미가 함축되어 있다. 현재의 지형형성과정들과 자연법칙의 본질은 예나 지금이나 변함이 없기 때문이다.

2. 현대 지형학의 발달

지형학의 성립과 발달이 서양에서 비롯된 것이기 때문에, 지형학의 학문 발달도 대체로 서양 중심으로 이루어졌다. 그러나 영국과 미국을 중심으로 한 영어권 국가들과 프랑스, 독일 등 비영어권이면서 유럽대륙에 위치한 국가들은 학문 내용이나 연구 경향이 서로 달랐다. 영국과 미국 중심의 영어권 국가들에서도 다 같은 방식으로 학문이 발달된 것은 아니었지만, 영어라는 공용어를 통하여 연구 내용이나 접근 방법이 손쉽게 전파될 수 있었기 때문에, 비교적 동질적인 연구 기반 위에서 학문 연구가 진행될 수 있었다. 이들 국가에서 어느 학자가 현대 지형학의 기초를 마련한 것인지에 대해서는 이견이 있을 수 있지만, 미국의 지형학자 길버트(Grove Karl Gilbert)가 그중 한 명이라는 점에서는 다 같이 동의한다.

길버트는 하천과 같은 지형형성기구에 의한 침식력과 이에 대응하는 지표물질의 저항력은 동적평형에 있으며, 그 결과로 생기는 것이 지형이라고 보았다(그림 2.2). 그러나 하천침식이 이와 같이 지형을 변화시키는 주역이라는 것은 길버트만이 가졌던 생각은 아니었다. 최초로 그랜드 캐년을 탐험한 포웰(Powell)은 콜로라도 고원이 콜로라도강과 그 지류들에 의해 장기간에 걸쳐 침식을 받으면 결국은 침식기준면(base level) 고도, 즉 해수면 고도까지 낮아질 것이라고 보았다. 길버트는 포웰이 제시한 이러한 침식기준면 개념을 지형 해석에 적용하였을 뿐만 아니라, 나아가 하천에 의한 침식작용과 그 결과로 나타나는 지형들에 관하여 보다 과학적이고 분석적인 방법으로 연구하였다. 길버트는 이러한 연구 활동을 토대로 평형하천(graded stream), 하계유형변화(evolution of drainage pattern) 등 오늘날 지형 연구에서 중시하는 다수의 원리와 개념을 정립하였다. 특히 상류로부터 주어지는 물과 운반물질을 효과적으로 운반할 수 있도록 하천경사가 조절되면서 평형에 이른다는 평형하천의 개념은 길버트 이후 매킨(Mackin, 1948)에 의해 학계에 더 자세히 소개되기도 하였다.

이와 같은 길버트의 지형에 대한 기본적인 생각과 연구 경험은 『헨리 산맥에 관한 지질 보고서(*Report on the Geology of the Henry Mountains*)』(1877)에 잘 정리되어 있다. 이를 포함하여 구릉 정부에서의 철형(凸形) 사면 형성에 관한 연구(Gilbert, 1909) 등 길버트의 많은 저작물은 오늘날에도 관련 학계에서 읽힐 정도로 영어권의 지형학 발달에 지대한 공헌을 하였다. 특히 길버트의 지형 연구는 현대 지형학에서 중시하는 과학적이고 체계적인 과정 분석의 효시를 이루었다는 점에서 높은 평가를 받는다. 과정 분석 중심의 현대 지형학의 출발점을 길버트로 잡고 있는 것도 같은 맥락에서 이해된다.

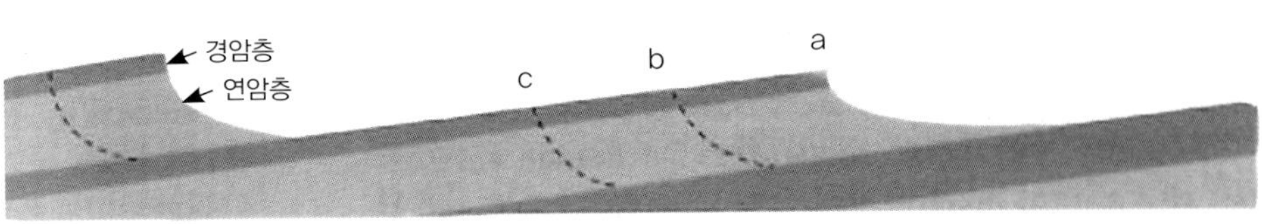

그림 2.2 길버트에 의한 평형사면 발달

그림은 연 · 경암층이 교대로 쌓인 채 완만하게 기울어져 있는 곳을 사례로 들어 사면 발달을 설명하고 있다. 특정 시점에서 지질특성(암질, 지층경사 등)과 지면침식작용이 상호작용한 결과로 생겨난 평형사면(equilibrium slope, 그림의 a)은 시간이 지남에 따라 b, c로 달라진다 하더라도 사면 형태가 대체로 그대로 유지된다(Ritter *et al.*, 1995, p.6).

길버트와 거의 동시대에 활동했던 미국의 지형학자로는 데이비스(William Morris Davis)를 들 수 있다. 데이비스는 침식윤회설(浸蝕輪回說, cycle of erosion)[1]을 주장했는데 이는 비단 지형학뿐만 아니라, 인접 학문 분야에도 널리 알려져 지형학의 대표적인 이론 중 하나로 여겨졌다. 데이비스의 침식윤회설은 1909년 「지리학 에세이(geographical essay)」를 통하여 널리 소개되었다. 침식윤회설에 의하면, 특히 온대습윤기후하에서는 지반이 급격히 융기한 후, 하천침식을 받아 생명체의 일생처럼 유년기, 장년기, 노년기에 이르는 지형 진화 및 윤회의 과정을 밟는다고 한다(그림 2.3). 이러한 데이비스의 주장은 지형에 대한 깊은 지식이나 소양이 없어도 쉽게 이해할 수 있도록 단순 명료하게 조직된 것이어서 관련 학계는 물론이고 일반인에게도 널리 유포될 수 있었다. 그러나 오늘날 침식윤회설은 그대로 수용되기보다는 더 많은 비판을 받기도 한다. 이런 이면에는 아래와 같은 여러 가지 이유가 있다.

데이비스가 주장한 바와 같이, 지반운동은 침식에 영향을 받지 않을 정도로 단기간 내에 급격하게 일어나지 않으며, 한 번 지반운동이 일어난 이후 침식윤회가 완성될 때까지 지반이 안정된 경우란 실제로 존재하지 않는다. 또한 지형은 그것에 영향을 미치는 내·외인적인 지형형성작용에 따라 달라지므로 유년기에서 장년기를 거쳐 노년기에 이르는 단계적인 지형변화과정을 밟지만은 않는다. 이밖에도 데이비스의 주장처럼 단계적인 지형변화를 거치는 것인지를 입증하는 후속 연구들이 없었기 때문에 지형이 침식윤회한다는 그의 주장 자체가 실증성이 결여된 허구라는 혹평을 받기도 하였다.

그럼에도 데이비스의 침식윤회설은 여러 나라의 학계를 풍미하여, 일제강점기에 우리나라에도 일본인 학자를 통하여 소개되기도 하였다. 우리 주변에서 한때 널리 사용했던 윤회성 산지, 준평원(準平原, peneplain), 잔구(殘丘, monadnock) 등의 용어들도 데이비스의 침식윤회설에서 비롯된 것이다(그림 2.4). 물론 오늘날에는 서해안 일대에 널리 분포하는 준평원과 같은 모습의 지형이 유년기, 장년기, 노년기의 발달 단계를 거치면서 생성된 것이라고 여기지는 않는다. 즉 준평원이라는 용어를 사용한다 할지라도 그것은 지형의 형태만 데이비스가 말하는 준평원의 모습이고, 태백산지 중심의

1 지형윤회설(geomorphic cycle)이라고도 한다.

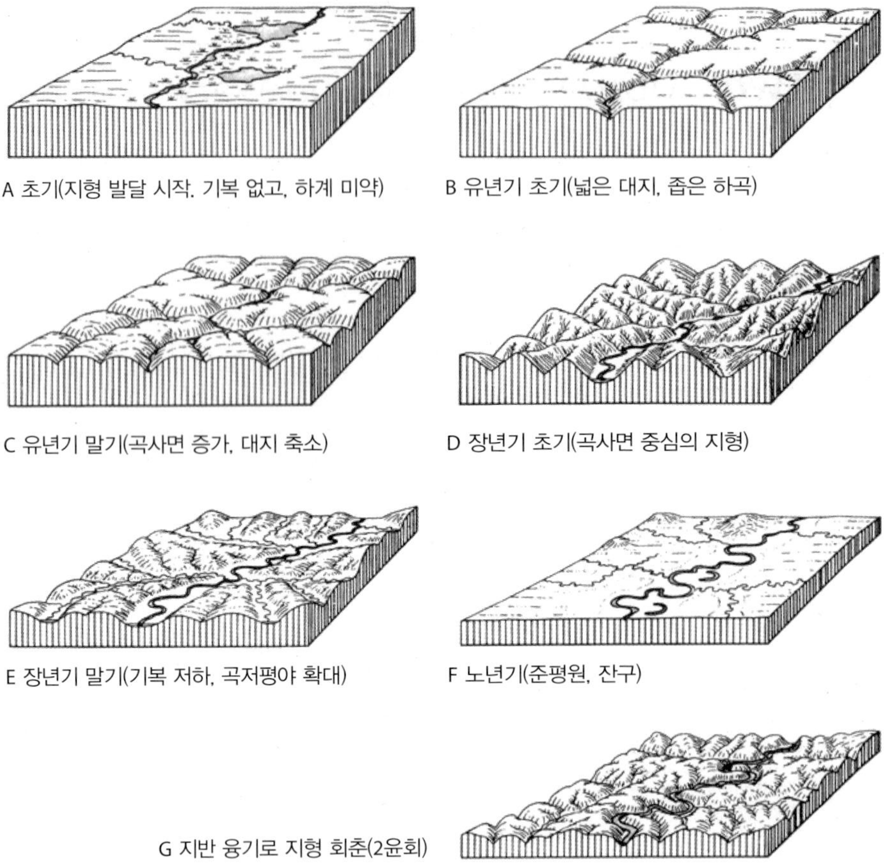

그림 2.3 데이비스의 침식윤회설

유년기 지형: 대지면 넓고, 골짜기 폭 좁음. 장년기 지형: 좁은 분수계와 비고가 큰 산지. 노년기 지형: 준평원, 넓은 범람원과 잔구. 그림에서는 유년기를 2단계(B, C), 장년기를 2단계(D, E)로 세분하였으며, 준평원이 발달한 노년기(F) 이외에도 준평원이 다시 융기되어 지형이 회춘되는 2윤회 지형(G)을 소개하고 있다(Chorley *et al.*, 1984, p.18. 원자료: Strahler, 1965, p.304).

동쪽 지역에 비하여 지반융기율 자체가 작았기 때문에 그런 지형이 생성된 것이라 해석한다(김상호, 1973). 또한 근래의 연구에 의하면 고위침식면도 데이비스적인 지형 발달단계를 거친 지형이 아니라, 제4기 기후하에서도 생성될 수 있는 지형임이 알려지고 있다(Byun *et al.*, 2015; Kim *et al.*, 2016).

이와 같은 영어권의 지형학과는 달리, 독일, 프랑스 중심의 유럽 대륙에서는 데이비스의 침식윤회설조차 학계에 널리 알려지지 않는 등 영어권과는 분명히 다른 연

그림 2.4 우리나라의 침식면(평탄면)

왼쪽 사진: 고위침식면(평창), 오른쪽 사진: 저위침식면(고창). 우리나라에서는 과거 한때 데이비스의 침식윤회설에 입각하여 고위침식면은 융기준평원, 저위침식면은 준평원이라 불렀다. 또한 저위침식면(준평원)은 지반융기 이후 유년기, 장년기를 거쳐 지형윤회의 종말단계에 이른 지형이며, 고위침식면(융기준평원)은 이전의 윤회를 거쳐 생긴 준평원이 지반융기로 인하여 다시금 높은 고도에 놓인 것으로 해석하였다. 그러나 오늘날에는 저위침식면은 데이비스가 말하는 것처럼 지형발달단계의 종말지형이 아니라 지반융기율이 작았기 때문에 그런 형태의 지형으로 변화된 것이며, 고위침식면은 과거의 평탄면이 융기되면서 그 일부가 변형되어 오늘에 이른 것으로 보고 있다.

구 경향을 보여왔다. 영어권에서는 데이비스의 주장이 한때 설득력을 지닌 것으로 평가받았지만, 독일, 프랑스 등 유럽 대륙에서는 지지를 받지 못하였다. 유럽의 지형학자들은 데이비스의 가설이 지나치게 이론화되었으며, 지반운동이나 기후가 지형에 미치는 영향을 과소평가하고 있다고 생각하였다. 특히 펭크(Walther Penck)는 급격한 지반 융기 후 데이비스가 말하는 유년기, 장년기, 노년기 등의 지형단계를 다 거칠 만큼 장시간 동안 지반이 안정될 수 있다는 사실을 전혀 믿지 않았다. 펭크는 1924년 저서 『지형분석(*Die morphologische Analyse*)』을 통하여, 지반운동과 지형의 관계를 분석하면서, 데이비스의 주장과는 달리, 지형의 전반적인 형태는 지반융기율에 따라 결정된다고 주장하였다. 다시 말하여 지형은 지반융기율에서 침식률을 뺀 것으로 파악되는데, 지반융기율이 침식률보다 크면 점차 비고가 커지면서 철형(凸形)의 산 사면을 지닌 지형이 생성되는 반면, 지반융기율이 침식률보다 작으면 점차 비고가 작아지면서 요형(凹形)의 산 사면을 지닌 지형이 발달된다고 한다. 만일 지반융기율과 침식률이 같다면, 지형은 물질 이동이 있다 하더라도 직선형 사면이 유지된다고 한다.

이상에서 살펴본 것은 대체로 19세기 말에서 20세기 초엽에 걸쳐 등장한 학자들과 그들의 이론에 관한 것이다. 이후 지형학은 20세기 중엽에 이르면서 그 이전과는 다른 모습으로 발전하게 된다. 이러한 변화의 계기가 된 것은 제2차 세계대전이다. 학문 선진국으로 분류되는 나라 대부분은 제2차 세계대전의 회오리에 휩싸이게 되었다. 전쟁 중에는 지형 이론이나 개괄적인 지형정보보다는 군사적인 행동을 펴나가는 데 필요한 과학적이고 정확한 정보를 필요로 하였다. 비행기, 탱크, 선박을 비롯하여 각종 중화기를 동원하는 전쟁을 수행하기 위해서는 그러한 지형정보가 필수적이었기 때문이다. 이러한 사회 현실적인 요구에 부응하여 지형 연구 역시 적지 않은 변화가 일어났다. 주된 변화의 하나는 종전처럼 관찰과 추론에 토대를 둔 정성적인 방법이 아니라, 실측과 실험을 위주로 한 정량적인 방법을 선호하는 연구 경향이 두드러진 점이다.

이와 같이 계량화 내지 과학화를 지향하는 지형학의 새로운 연구 경향은 하천 관련 분야부터 시작되었다. 특히 호튼(Horton)은 「하천과 유역분지의 침식 발달: 수문지리적인 접근을 토대로 한 계량지형학(Erosional development of streams and their drainage basins: hydrophysical approach to quantitative morphology」(1945)이라는 논문을 발표하여 계량적인 지형 연구의 새로운 이정표를 세웠다. 호튼의 논문은 하천과 유역분지의 수문학적인 특성을 계량적 방법으로 분석한 것인데, 호튼 이후 미국, 영국 등 영어권을 중심으로 지형형성과정을 야외에서 실측 조사하고, 지형의 형태적인 특성을 계량적으로 분석하는 연구 경향이 두드러지게 되었다. 특히 호튼이 제시한 하계망 분석(河系網 分析, drainage network analysis) 방법은 스트랄러(Strahler)에 의해 수정 발전되어 학계에 널리 알려지게 되었다. 오늘날 소위 '스트랄러의 하계망 분석'이라고 알려진 것은 그 시작이 호튼에서 비롯된 것이다.

호튼 이후 지형학에서는 역사성인적 접근보다는 지형형성과정을 과학적 · 체계적으로 분석하는 기능적 접근이 더 강조되었다. 이러한 지형 연구는 출발이 그러하였듯이, 하천지형 분야에서 두드러졌다. 레오폴드와 머독(Leopold and Maddock, 1953), 슘(Schumm, 1956), 초올리(Chorley, 1962), 스트랄러(Strahler, 1964), 레오폴드 외(Leopold *et. al.*, 1964), 그레고리와 월링(Gregory and Walling, 1973) 등은 기능적 접근을 취하는 연구의 좋은 사례들이다.

레오폴드와 머독(1953)은 유량과 하폭, 수심, 유속 등의 지형변수들과의 상관관계를 토대로 하천의 수리기하학적인 특성을 규명하여 하천지형 연구가 보다 계량화되는 데 큰 기여를 하였다. 레오폴드 외(1964)는 과정 분석을 지향하는 각종 하천 연구들을 집대성한 저서로 하천지형학 분야에서는 성경처럼 널리 읽혀왔던 책이다. 이 밖에도 초올리(1962)는 체계론이 지형학 분야에 도입되는 초석을 마련하였으며, 그레고리와 월링(1973)은 유역분지를 지형 단위(geomorphic unit)로 보고, 유역분지의 지형 특성과 형성과정을 실측 조사하는 방법은 물론, 그것의 지형학적인 해석까지 상세히 소개함으로써 수문학이 하천지형학과 접목되는 데 공헌하였다. 이와 같은 하천지형에 관한 연구는 1980년대 이후에도 여전히 실측을 토대로 한 계량적인 연구로 이끌어졌으며(Richards, 1982; Schumm *et al*., 1987), 지형학적인 지식이 공학 등 인접 학문 분야로 확산되는 계기를 마련해주었다(Thorne *et al*. 1987; 1997).

이와 같이 제2차 세계대전 이후 과정 분석을 지향하는 상당수의 지형학자들이 하천지형에 더 많은 관심을 기울였던 것은 하천지형의 역동성 때문이다. 하천은 짧은 시간 동안에도 모습이 달라지기 때문에 지형변수들, 즉 유량, 하폭, 수심, 유속 등에 관한 장단기의 실측 조사가 가능하고, 이를 토대로 계량화하거나 모델화하기가 비교적 용이한 장점이 있다.

이에 대하여 사면지형은 변화의 속도가 느리기 때문에 역동적인 변화과정을 추적하기 쉽지 않다. 물론 폭우 시 발생하는 사태와 같은 것은 비록 드물지만 단시간 동안에 사면의 모습을 크게 변화시키기도 한다. 그러나 점진적인 사면 변화를 고려한다면, 하천보다는 사면의 변화속도가 느린 것만은 분명하다. 이러한 사면지형의 특성 때문에 이에 관한 연구는 실측보다는 이론 연구가 상대적으로 더 많았다. 그러므로 제2차 세계대전 이후 지형학이 계량화되는 과정에서도 실측에 토대를 둔 계량적인 사면 연구는 그 출발이 늦을 수밖에 없었다. 그런 중에도 카슨과 커비(Carson and Kirkby, 1972), 영(Young, 1972), 아너트(Ahnert, 1976) 등의 사면지형 연구는 과정 분석 중심으로 연구가 보다 계량화되고 과학화되는 기초를 닦았다고 평가된다. 이들과 더불어, 또는 이들 이후에 등장한 사면지형 연구들은 대체로 사면발달 모델을 수립하거나, 사태 등과 관련하여 사면 안정성 또는 사면 불안정성을 규명하는 연구들이 주류를 이루었다(Brunsden and Prior, 1984). 그러나 지형 연구의 모델화 경향은 비단 사면지형에 국한된 것은 아니다. 현재 하천지형, 해안지형, 바람지형, 구조지형 등 대부분의 학문 분야에 걸쳐 연구의 모델화가 광범위하게 이루어지고 있으며, 이는 현대 지형학의 주된 특징 중 하나이다.

이상에서 살펴본 것은 주로 영어권의 선진국들인 영국과 미국을 중심으로 살펴본 것인데, 이와는 달리 독일, 프랑스 중심의 유럽에서는 제2차 세계대전 이후 기후지형학[2]이 더 중시되었다(Goudie, 2004). 기후지형학 발달에 기여한 학자들은 많지만 독일의 뷔델(Büdel, 1957), 프랑스의 트리카와 카이유(Tricart and Cailleux, 1972) 등의 공헌은 남다르다.

뷔델은 이중평탄면이론(二重平坦面理論, double planation theory)을 발표하여 학계에 널리 알려졌다(Büdel, 1957). 이중평탄면이란 지표면과 풍화기저면(weathering front, basal surface of weathering)이 평탄하다는 것을 강조한 용어이다. 뷔델에 따르면, 화학적인 풍화가 활발한 열대기후하에서는 조립질보다 세립질의 풍화산물이 많이 생산되기 때문에, 지표면을 흘러내리는 유수에는 자갈과 같은 지면침식 도구가 많이 포함되어 있지 않다. 따라서 지표면을 선상(線狀)으로 개석(開析, dissection)하기보다는 면상(面狀)으로 침식한다. 이때의 침식은 물리적인 힘을 지면에 가해 지표물질을 분리해내는 기계적인 침식보다는 화학적 풍화로 이미 느슨해진 세립물질을 탈거(脫去, stripping)하는 방식의 침식, 즉 삭박(削剝, denudation)이 우세하다. 이와 같이 삭박에 의한 지면침식이 탁월할 경우 지형은 높낮이가 크지 않은 평탄한 지형, 즉 삭박면(削剝面, etchplain)으로 변화되며, 지하의 풍화기저면 역시 이와 마찬가지로 대체로 평탄하게 형성된다는 것이다(그림 2.5). 풍화기저면이 땅속에 있음에도 불구하고 평탄성을 보이는 것은 지표면이 평탄하듯이 지하수면 또한 그와 비슷하게 평탄한 고도를 유지하기 때문이다. 지하수면 변동이 풍화의 진전속도에 결정적인 영향을 미친다는 점을 알고 있다면, 이러한 뷔델의 주장을 이해하는 데는 별 무리가 없을 것으로 본다.

이와 같은 기후지형학적인 사고는 우리나라의 지형 해석에도 적지 않은 영향을 미쳤다. 예를 들면 중 · 남부지방의 산록완사면이 심층 풍화된 채 평탄한 모습을 보이는 것에 대하여 뷔델의 이중평탄면 이론을 원용하여 그러한 산록완사면 역시 열대에서와 같은 기후조건하에서 평탄면이 생성되는 지형발달과정을 겪은 것으로 해석

2 정확히는 기후성인적지형학(climato-genetic geomorphology)이라 할 수 있다.

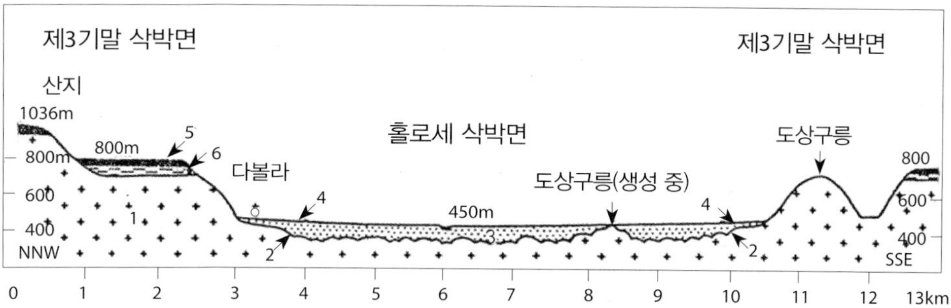

1. 기반암　2. 풍화기저면　3. 적색토층(10～30m)
4. 삭박면　5. 라테라이트층(2～4m)　6. 보크사이트층(10～15m)

그림 2.5 삭박면 형성과정

뷔델에 의하면, 열대기후지역에서는 심층풍화로 생성된 풍화산물이 사면류에 의해 삭박 제거되면서 평탄한 삭박면(그림의 4)이 생겨난다. 삭박면의 지하에서는 풍화기저면(그림의 2) 또한 삭박면의 침식 저하에 상응하여 대체로 평탄하게 생성된다. 즉 열대기후지역에서는 이중평탄면(지표면과 풍화기저면)의 구조하에서 삭박면이 생성되고 변화된다(Tinkisso valley, Dabola, Guinea. Büdel, 1968, p.420).

하였다(그림 2.6). 산록완사면 위에서 관찰되는 하천 및 산록 퇴적물은 평탄면 형성 이후 기후조건이 달라지면서, 즉 보다 한랭한 기후환경으로 변화되면서 평탄면의 침식과 더불어 그 위에 쌓인 것으로 설명한다. 물론 이때의 지형형성과정은 평탄면의 면적을 확대하는 것이 아니라, 이를 침식 해체하는 작용이었으므로, 산록면 위의 퇴적물은 침식과정 중에 잔류한 것으로 본다. 그러하기에 퇴적층의 두께도 수 m 정도에 불과한 경우가 많다. 그러나 이처럼 독일, 프랑스 등의 유럽 국가들에서 비롯된 기후지형학적인 사고에 입각하여 지형 발달을 해석할 경우, 자칫 암석 및 지질 구조의 특성이 지형에 미치는 영향을 경시할 수 있기 때문에 이를 경계하는 학자들의 주장도 있다(Twidale and Lageat, 1994).

이상에서 살펴본 바와 같이, 나라와 지역마다 지형 연구의 역사가 서로 같지 않으므로, 연구 경향의 공통적인 분모를 찾아내기란 쉽지 않다. 그럼에도 연구 경향의 주요 내용을 추려낸다면, 오늘날에는 지형 연구가 보다 계량화 · 과학화 · 이론화되고 있다는 것이다(Hutton, 2012; Dietrich *et al.*, 2003). 이를 뒷받침한 것은 여러 가지지만, 무엇보다 컴퓨터를 활용한 지형 자료의 분석 기법들이 더 정교해졌고, 탄소동위원소를 활용한 연대측정법은 물론, 광여기 루미네선스(Optically Stimulated Luminescence, OSL) 연대측정(최정헌 외, 2004; 홍성찬, 2016)이나 우주기원 동위원소를 활용한 연대측

그림 2.6 산록완사면의 형태와 노두단면

산록완사면: 위쪽 사진, 흰색 점선 부분(횡계, 평창), 노두단면: 아래쪽 사진(위쪽 사진의 흰색 원 부분). 우리나라의 산록완사면 중에는 기반암이 심층풍화를 받았으며, 풍화층 위에 매스무브먼트 퇴적물이 수 m 정도로 쌓인 것들이 많다. 이런 지형에 대해 간빙기와 같은 온난기후하에서 심층풍화가 이루어지면서 포상류 등의 삭박작용에 의해 평탄면이 생성되었으며, 이후 빙하기 때 솔리플럭션 등에 의해 조립퇴적물이 그 위에 쌓인 것으로 해석하였다. 이러한 사례에서 볼 수 있듯이, 유럽이나 미국에서 잘 알려진 지형 이론이 우리나라의 지형 연구에 적지 않은 영향을 미쳐왔다.

정 등 절대연대측정기법(Seong and Kim, 2003)이 비약적으로 발전한 것에 힘입었다고 할 수 있다(Burbank and Anderson, 2001). 지형학의 본질이 무엇인지를 탐색하는 로드와 손(Rhoads and Thorn, 1996)의 저서는 이러한 과학적인 지형 연구를 지향하는 현대 지형학의 한 단면을 잘 보여준다.

근래에는 이와 같은 연구 경향에 상응하여 지형학적인 지식의 응용 가능성을 제고하는 연구들이 많아지는 추세이다. 응용지형학적인 연구는 이미 1950년대에 시작되었지만, 본격적인 응용 연구가 이루어진 것은 1970년대 이후부터이다. 이와 같은 응용지형학(applied geomorphology)의 발달은 환경문제에 대한 관심이 1970년대 이후 세계적으로 고조되어온 것에 힘입었다. 지형은 자연환경을 구성하는 주요 요소의 하나이므로 환경문제에 대한 연구가 증가하면서 많은 지형학자들이 자연스럽게 환경문제와 관련된 응용 지형 연구를 하게 된 것으로 보인다. 쿡과 도른캄프(Cooke and Doornkamp, 1974; 1990)는 환경관리에서 지형학적 지식이 어떻게 응용될 수 있는지를 잘 보여준 것으로 응용 지형 연구의 경계표가 되는 저서를 저술하였다. 또한 파니자(Panizza)의 저서 『환경지형학(*Environmental Geomorphology*)』(1996)이나 알리슨(Allison)의 저서 『응용지형학(*Applied Geomorphology*)』(2002)은 응용지형학적인 연구들이 오늘날 어떤 방식으로 이루어지고 있는지를 잘 보여주고 있다. 아직은 괄목할 만한 발전이 있는 것은 아니지만, 우리나라에서도 근래에는 지형경관의 보존과 활용 등 여러 학문 분야에 걸쳐 응용지형학적인 연구에 대한 관심이 많아지는 추세이다(김종욱, 1991; 김창환, 2011).

참고문헌

김상호, 1973, 중부지방의 침식면 지형연구, 서울대 논문집, 이공계, 21, 85-114.

김종욱, 1983, 사천 와룡산 서쪽 산록면의 형상과 형성과정에 관한 연구, 지리학논총, 서울대학교 사회과학대학 지리학과, 10, 359-369.

김종욱, 1989, Functional geomorphology의 연구방법론, 지리교육논집, 서울대학교 사범대학 지리교육과, 22, 15-27.

김종욱, 1991, 응용지형학의 전망과 과제, 지리학논집, 공주대학교 사범대학 지리교육과, 17(1), 75-83.

김창환, 2011, 한국의 응용지형학, 한국지형학회지, 18(3), 107-119.

장재훈, 1984, 한국의 산록완사면에 관한 지형연구, 경희대학교 박사학위논문.

최정헌, 정창식, 장호완, 2004, 석영을 이용한 OSL(Optically Stimulated Luminescence) 연대측정의 원리와 응용, 지질학회지, 40(4), 567-583.

홍성찬, 2016, 암석 표면 루미네선스 연대측정의 원리와 지형학적 적용, 한국지형학회지, 23(4), 127-136.

Ahnert, F., 1976, Brief description of a comprehensive three-dimensional process-response model of landform development, *Zeitschrift für Geomorphologie, Supplement*, 25, 29-49.

Allison, R. J., 2002, *Applied Geomorphology*, Chichester, John Wiley & Sons.

Brunsden, D. and Prior, D. B.(eds.), 1984, *Slope Instability*, Chichester, John Wiley & Sons.

Burbank, D. W. and Anderson, R. S., 2001, *Tectonic Geomorphology*, Massachusetts, Blackwell Science.

Büdel, J., 1957, Die Doppleten Einebnungsflächen der feuchten Tropen, *Zeitschrift für Geomorphologie*, N. F., 1, 201-228.

Büdel, J., 1963, Klima-genetische Geomorphologie, *Geographische Rundschau*, 15, 268-285.

Büdel, J., 1968, Geomorphology-Principles, in Fairbridge, R. W.(ed.), *The Encyclopedia of Geomorphology*, Stroudsburg, Dowden, Hutchinson & Ross, 416-421.

Büdel, J., 1981, *Klima Geomorphologie*, Berlin, Gebrüder Borntraeger.

Byun, J., Heimsath, A. M., Seong, Y. B. and Lee, S. Y., 2015, Erosion of a high-altitude, low-relief area on the Korean Peninsular: implications for its development processes and evolution, *Earth Surface Processes and Landforms*, 40, 1730-1745.

Carson, M. A. and Kirkby, M. J., 1972, *Hillslope Form and Process*, Cambridge, Cambridge

University Press.

Chorley, R. J., 1962, Geomorphology and general systems theory, *United States Geological Survey Professional Paper*, 500-B.

Chorley, R. J., Schumm, S. A. and Sugden, D. E., 1984, *Geomorphology*, London, Methuen, 17-42.

Cooke, R. U. and Doornkamp, J. C., 1974, *Geomorphology in Environmental Management*, Oxford, Clarendon Press.

Cooke, R. U. and Doornkamp, J. C., 1990, *Geomorphology in Environmental Management: a new introduction*, Oxford, Clarendon Press.

Davis, W. M., 1909, *Geographical Essays*, Boston, Ginn.

Dietrich, W. E., Bellugi, D. G., Sklar, L. S., Stock, J. D., Heimsath, A. M. and Roering, J. J., 2003, Geomorphic transport laws for predicting landscape form and dynamics, prediction in geomorphology, *Geophysical Monograph Series*, US Washington DC, 135, 103-132.

Gilbert, G. K., 1877, *Report on the Geology of the Henry Mountains*, Geographic and Geologic Survey of the Rocky Mountain Region, US Washington DC.

Gilbert, G. K., 1909, The convexity of hilltops, *Journal of Geology*, 17, 344-351.

Goudie, A. S., 2004, Climatic geomorphology, in Goudie, A. S.(ed.), *Encyclopedia of Geomorphology*, 162-164.

Gregory, K. J. and Walling, D. E., 1973, *Drainage Basin Form and Process: a geomorphological approach*, London, Edward Arnold.

Horton, R. E., 1945, Erosional development of streams and their drainage basins: hydrophysical approach to quantitative morphology, *Bulletin of the Geological Society of America*, 56, 275-370.

Hutton, C. J., 2012, Modelling geomorphic systems, in Cook, S. J. *et al.*(eds.), *Geomorphological Techniques*, online edition, chap. 5, Sec. 2, 1-13.

Kim, D. E., Seong, Y. B., Byun, J. M., Weber, J. and Min, K., 2016, Geomorphic disequilibrium in the eastern Korean Peninsula: possible evidence for reactivation of a rift-flank margin, *Geomorphology*, 254, 130-145.

King, C. A. M., 1976, *Landforms and Geomorphology: concepts and history*, Dowden, Hutchinson & Ross.

Leopold, L. B. and Maddock, T., 1953, The hydraulic geometry of stream channels and some physiographic implications, *United States Geological Survey Professional Paper*, 252.

Leopold, L. B., Wolman, M. C. and Miller, J. P., 1964, *Fluvial Processes in Geomorphology*, San Francisco, W. H. Freeman.

Lyell, C., 1830-1833, *Principles of Geology*, London, Murray.

Mackin, J. H., 1948, Concept of the graded stream, *Bulletin of the Geological Society of America*, 59, 463-512.

Panizza, M., 1996, *Environmental Geomorphology*, Amsterdam, Elsevier.

Penck, W., 1924, *Die morphologische Analyse*, Stuttgart, Engelhorn.

Playfair, J., 1802, *Illustrations of the Huttonian Theory of the Earth*, Edinburgh, Creech.

Powell, J. W., 1875, *Exploration of the Colorado River of the West and its Tributaries*, Washington D. C., Government Printing Office.

Rhoads, B. L. and Thorn, C. E.(eds.), 1996, *The Scientific Nature of Geomorphology*, Chichester, John Wiley & Sons.

Richards, K., 1982, *Rivers: form and process in alluvial channels*, London, Methuen.

Ritter, D. F., Kochel, R. C. and Miller, J. R., 1995, *Process Geomorphology*, Iowa, Wm. C. Brown, 5-7.

Schumm, S. A., 1956, Evolution of drainage systems and slopes in badlands at Perth Amboy, *Bulletin of the Geological Society of America*, 67, 597-646.

Schumm, S. A., Mosley, M. P. and Weaver, W. E., 1987, *Experimental Fluvial Geomorphology*, New York, John Wiley & Sons.

Seong, Y. B. and Kim, J. W., 2003, Application of in-situ produced cosmogenic 10Be and 26Al for estimating erosion rate and exposure age of tor and block stream detritus: case study from Mt. Maneo, South Korea, *Journal of the Korean Geographical Society*, 38(3), 389-399.

Strahler, A. N., 1964, Quantitative geomorphology of drainage basins and channel networks, *Transaction of the American Geophysical Union*, 38, 913-920.

Strahler, A. N., 1965, *Introduction to Physical Geography*, New York, John Wiley & Sons, 304.

Summerfield, M. A., 1991, *Global Geomorphology*, Essex, Longman Scientific & Technical, 3-7.

Thorne, C. R., Bathurst, J. C. and Hey, R. D., 1987, *Sediment Transport in Gravel-Bed Rivers*, Chichester, John Wiley & Sons.

Thorne, C. R., Hey, R. D. and Newson, M. D., 1997, *Applied Fluvial Geomorphology for River Engineering and Management*, Chichester, John Wiley & Sons.

Thornbury, W. D., 1969, *Principles of Geomorphology*, New York, John Wiley & Sons, 1-33.

Tricart, J. and Cailleux, A., 1972, *Introduction to Climatic Geomorphology*, London, Longman.

Twidale, C. R. and Lageat, Y., 1994, Climatic geomorphology: a critique, *Progress in Physical Geography*, 18(3), 319-334.

Young, A., 1972, *Slopes*, Edinburgh, Oliver & Boyd.

제3장

풍화와 지형

그림 3.1 풍화지형(브라이스 캐년, 미국)

퇴적암(석회암 등)이 풍화와 침식을 받게 되면 때로는 석탑(hoodoo)이 만들어지기도 한다. 이곳의 석탑은 지층이 융기하면서 수직절리가 생기고, 이를 따라 풍화와 침식이 진행되어 생겨난 것이다.

1. 풍화와 지형 연구

지표에 있는 모든 물질은 각기 처한 환경조건에 따라 변화된다. 이러한 물질 변화의 한 유형이 풍화(風化, weathering)이다. 풍화는 지표 또는 지표 가까이에 있는 암석이 놓인 그 자리에서 물리·화학적인 성질이 달라지는 과정이라고 정의할 수 있다. 쉽게 말하여 암석이 쪼개지고, 녹거나 썩는 작용이 풍화이다. 풍화를 정의하면서 굳이 '지표 또는 지표 가까이'라고 한 이유는 암석의 생성작용인 속성작용, 변성작용, 용융작용 등에서 보듯이, 지하의 깊은 속에서도 물질의 물리·화학적인 변화가 일어나며, 그러한 것들에 대해서는 풍화라고 하지 않기 때문이다.

풍화는 흔히 물질의 물리적인 성질이 달라지는 물리적 풍화와 화학적인 성질이 변화되는 화학적 풍화로 구분한다(Birkeland, 1984, pp.60-94). 때로는 생물에 의한 풍화를 별도로 구분하기도 하지만(Bland and Rolls, 1998, pp.149-161), 물리적인 풍화나 화학적인 풍화의 범주에 포함시킬 수 있으므로 여기서는 별개로 구분하지 않았다.

지형학에서는 풍화가 지표의 최상부, 즉 지형의 토대 위에서 일어나는 물질의 변화일 뿐만 아니라, 풍화의 결과가 지형형성작용에 직간접적인 영향을 미치기 때문에 중요시한다. 암석이 풍화를 받게 되면, 고화(固化)되지 않은 풍화산물이 생겨나므로 대체로 침식에 취약한 상태로 변화된다. 따라서 다른 조건이 동일하다면, 풍화를 많이 받은 암석은 유수, 해수, 바람, 빙하 등의 침식기구에 노출될 경우, 그렇지 않은 암석보다 더 쉽게 침식을 받는다. 즉 풍화에 기인한 암석의 경연도가 지형의 형태적인 특징을 결정하기도 한다. 이런 관점에서 볼 때, 대부분의 지형이 풍화와 밀접한 상관관계를 맺으면서 형태 및 물질 특성이 변화된다고 해도 지나친 말이 아니다.

이런 이유로 지형학에서는 전통적으로 풍화를 중시해왔다. 풍화는 지형학뿐만 아니라, 지화학(geochemistry), 토양학(soil science) 등 여러 학문 분야에서 관심을 가지고 있다. 그러나 학문 분야마다 관심의 초점은 같지 않다. 지형학에서는 풍화 현상 그 자체보다는 풍화와 지형 발달과의 관계를 분석하는 것에 더 많은 관심이 있다. 화학적인 풍화를 예로 든다면, 화학적인 풍화가 이루어지는 과정을 밝히는 것보다는 풍화가 어떠한 지형적인 조건하에서 발생하며, 풍화로 인하여 지표면의 변화가 어떻게 일어나는 것인지를 규명하는 데 더 역점을 둔다. 그렇다 해도 풍화에 대한 자연과

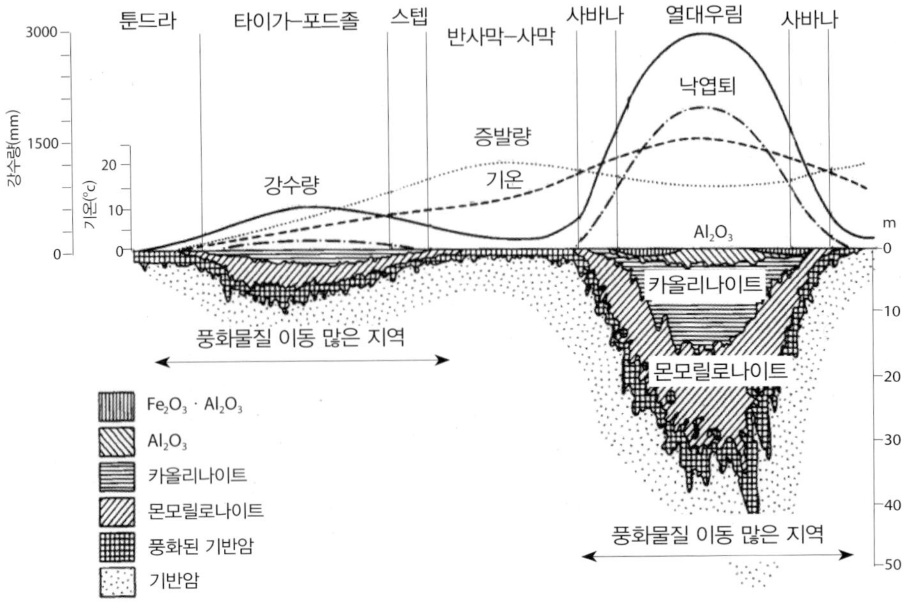

그림 3.2 기후와 풍화

열대지역에서는 화학적 풍화가 활발하며, 풍화층이 두꺼워 수십 m 이상에 달한다. 또한 풍화층의 상부에는 산화철과 산화알미늄의 집적이 많다. 건조지역에서는 수분이 많지 않으므로 풍화가 활발하지 않아 풍화층이 두껍지 않다. 온대 및 냉대 습윤지역은 기온은 낮지만, 습한 환경이므로 건조지역보다 풍화층이 더 두껍고 풍화층에는 고령석(kaolinite)이 많이 포함되어 있다(Chorley *et al.*, 1984, p.225. 원자료: Strakhov, 1967, p.6).

학적인 지식이 바탕이 되지 않는다면, 풍화와 지형과의 관계를 풀어내기 어렵기 때문에 때로는 풍화에 대한 자연과학적인 분석까지도 상당한 수준에서 이해할 필요가 있다.

풍화에 관한 지형학적인 연구는 전통적으로 기후지형학(氣候地形學, climatic geomorphology)[1]에서 더 중시해왔다. 그런 이유는 기후지형학에서는 지형변화에 가장 중요한 요인이 기후라고 보고 있으며, 기후가 지형변화에 영향을 미치는 과정에서 풍화의 역할이 매우 크다고 믿었기 때문이다(그림 3.2). 예를 들어 뷔델(Büdel)이 제시한 열대사바나 기후하에서의 지형발달모델, 즉 이중평탄면이론을 보면(Büdel, 1957; 1981), 열대사바나 기후의 영향으로 기반암이 심층 풍화되며, 그 결과로 지표면에서

1 지형변화에 관여하는 여러 요인 중 특히 기후의 영향을 중시하여 다루는 지형학의 한 분야이다.

평탄면, 그리고 지하에서도 마찬가지로 지표면에서의 깊이가 대체로 일정한 풍화기저면(風化基底面, basal surface of weathering)[2]이 발달된다고 한다(그림 2.5). 다시 말하면 열대사바나 기후하에서는 기후와 풍화의 영향으로 지표면이 평탄하고, 그와 더불어 풍화기저면도 평탄한 지형이 생성된다는 것이다.

뷔델에 의하면, 화학적인 풍화가 우세한 환경에서는 풍화산물이 대부분 세립질이므로 침식 도구로 작용할 수 있는 자갈이 적기 때문에 강우에 의해 지표 유출이 발생하면 특정 장소가 선택적으로 더 많이 침식을 받는 선상(線狀)의 침식이 아니라, 넓은 범위에 걸쳐 비교적 고르게 침식을 받는 면상(面狀)의 침식이 우세하게 작용한다. 이런 침식작용이 장기간에 걸쳐 반복적으로 일어나면 지표면은 대체로 평탄한 모습으로 변모된다. 지하의 풍화기저면이 평탄한 것도 이와 같이 지표면이 평탄하기 때문이다. 지표면이 평탄하면 땅속의 지하수위도 평탄하게 마련이며, 지하수위의 변화에 민감한 영향을 받는 화학적인 풍화 역시 비슷한 속도로 지하를 향하여 진행된다. 그 결과 풍화층과 기반암의 경계부인 풍화기저면 역시 비슷한 깊이에서 형성되는 것이다. 이런 사실에서도 알 수 있듯이, 풍화는 지형 발달을 이끄는 중요한 전제조건이 된다.

암석의 풍화로 생성되는 풍화산물은 굳지 않은 물질로 시간이 지남에 따라 놓인 장소의 기후 및 식생 조건에 적응한 토양으로 변화된다. 침식, 운반, 퇴적으로 대변되는 지형형성작용은 많은 경우 바로 이러한 풍화산물 내지 토양물질에 가해지는 것이므로 이들의 특성에 따라 지형형성작용의 양태와 그 결과물인 지형이 달라질 수 있다. 그런 점에서 뷔델은 토양의 그러한 역할을 강조하여 토양을 지형 발달을 이끄는 토양, 즉 지형형성토양(relief forming soil, 독일어 Arbeitsböden)이라고까지 표현하였다(Büdel, 1981, p.30).

그러나 오늘날 풍화와 지형에 관한 연구는 이러한 역사성인적인 것에 국한하지 않으며, 현 기후하에서 일어나는 풍화와 그것에 영향을 받는 지형변화에도 많은 관심을 기울이고 있다(Derbyshire, 1976; Robinson and Williams, 1994; Bland and Rolls, 1998). 역사성인적인 관점을 강조한 기후지형 연구는 주로 독일, 프랑스 등의 유럽 국가에

---

2 풍화기저면을 풍화전선(weathering front)이라고도 한다.

서 주도해왔다면, 현생의 풍화와 지형에 대한 연구들은 주로 영국, 미국 등 영어권에서 더 많이 진행해왔다.

2. 풍화의 주요 요인

풍화(W, Weathering)에 영향을 미치는 주요 요인들은 모재(P, Parent materials), 기후(C, Climate), 생물(O, Organism), 지형(R, Relief), 시간(T, Time)이며, 이들 간의 관계는 아래와 같은 수식으로 간단히 표현할 수 있다(Jenny, 1941; Embleton and Thornes, 1979, p.73).[3]

$$W = f(P, C, O, R, T)$$

이들 중에 어떤 변수가 풍화에 더 큰 영향을 주는지는 국지적인 조건에 따라 다르므로 일반화할 수는 없다. 그러나 풍화작용은 모재(母材)와 그 외부로부터 투입되는 에너지와 물질 사이의 상호작용이므로 이들 풍화변수들을 편의상 체계내부변수와 체계외부변수로 나누어 생각할 수 있다. 여기서 체계내부변수란 모재를 구성하는 물질의 특성, 즉 암석 및 구성광물의 특성이며, 체계외부변수란 체계 내로 에너지와 물질이 투입되는 외부조건과 관련된 변수들인 기후, 생물, 지형, 시간이다.

풍화체계 내부변수, 즉 암석 및 구성광물의 특성이 풍화에 영향을 미친다는 것은 어렵지 않게 짐작할 수 있다. 조암광물의 종류에 따라 풍화에 대한 경연도가 다를 뿐만 아니라, 이들이 조합된 상태, 즉 암석의 조직, 층리 및 절리가 수분과 공기의 이동에 영향을 미치므로, 결국 이런 조건들에 따라 풍화가 달라질 수밖에 없다. 절리를 예로 들면, 동일한 종류의 암석일지라도 절리가 촘촘히 발달된 암석은 갈라진 틈이 많기 때문에 수분이나 공기가 쉽게 드나들 수 있다. 따라서 그렇지 않은 암석보다 더 쉽게 풍화된다(그림 3.3).

---

3 토양이 생겨나기 위해서는 지표물질이 풍화되는 과정을 거치게 되므로 풍화나 토양은 동일한 변수들에 의해 영향을 받는 것으로 볼 수 있다.

그림 3.3 서릿발 풍화

왼쪽 사진: 양산, 오른쪽 사진: 관악산. 암석의 절리를 따라 물이 스며들어 동결과 융해가 반복되면 암석이 쪼개진다. 절리는 암석이 냉각 수축되거나 지각운동을 받을 때, 또는 덮고 있던 피복물질이 제거될 때 생겨난다. 이렇게 쪼개진 암석의 틈새는 물과 공기가 쉽게 침투할 수 있는 곳이므로 절리가 많은 암석일수록 풍화가 더 활발하다.

또한 화성암의 주요 조암광물인 규산염 광물 중에서는 감람석, 휘석, 각섬석, 흑운모 등 어두운 색 광물(철-마그네슘 광물, mafic minerals)이 석영, 정장석 등 밝은색 광물(규장질 광물, felsic minerals)보다 쉽게 풍화된다.[4] 광물이 지표에서 풍화되는 것은 지표의 환경이 광물 생성 당시의 조건과는 다르기 때문이다. 따라서 지표의 환경에 보다 가까운 조건, 즉 저온저압하에서 생겨난 밝은색 광물은 안정적이지만, 고온고압하에서 생성된 어두운 색 광물은 지표의 환경에 불안정하기 때문에 쉽게 풍화되는 것이다. 우리 주변의 토양이나 모래 중에 석영 입자는 많지만, 감람석 입자는 찾아보기 어려운 것도 바로 그런 이유이다. 이런 관점에서 본다면, 풍화는 지표에 놓인 물질이 주어진 환경조건에 적응해가는 과정에서 나타나는 물질의 변화라고 할 수 있다.

풍화체계의 외부변수들 중 기후는 무엇보다 중요한 변수이다(그림 3.2). 기후가 풍화에서 중요한 의미를 갖는 것은 모재가 부스러지고 쪼개지며, 녹거나 썩는 과정이 기후조건에 의해 지배되기 때문이다. 예를 들어 기온변화에 따라 모재에 포함된 물이 얼고 녹는 과정이 되풀이되는 것이나, 모재가 수분으로 포화 또는 불포화되는 상태가 반복하여 일어나는 것은 모두 모재의 풍화를 재촉하는 결과를 가져온다.

4 규산염광물의 생성순서와 풍화경연도는 정반대인데, 풍화에 강한 것부터 열거하면 석영, 백운모, 정장석, 조장석(albite), 흑운모, 각섬석, 휘석, 회장석(anorthite), 감람석의 순이다.

이처럼 암석의 풍화에서 기후가 중요한 것은 기온 및 토양 수분의 변화가 풍화 특성이나 풍화의 진행속도에 영향을 미치기 때문이다. 기온변화는 수분의 동결과 융해뿐만 아니라, 풍화의 진전속도와도 관련이 있다. 석회암이 탄산수에 의해 용식되는 과정을 예로 들면, 기온이 낮을수록 석회암의 용식률이 증가한다. 또한 기온은 풍화에 영향을 미치는 생물의 번식률과도 밀접한 관련이 있다. 대체로 기온이 높고 습한 환경하에서는 그렇지 않은 곳보다 생물의 번식과 생육이 더 왕성하다. 따라서 풍화도 대체로 그런 곳에서 더 빠른 속도로 진행된다. 이와 같은 기온변화 못지않게 토양수의 조건 또한 풍화에 미치는 영향이 크다. 물은 동결과 융해뿐만 아니라, 광물과 화학반응하거나 결합하여 물질의 물리·화학적인 성질이 달라지게 만들며, 그런 과정에서 생겨난 풍화산물을 이동 제거하여 풍화가 지속적으로 일어나게 만들어준다.

그러나 기후와 풍화와의 관계는 그리 단순하지 않다. 그럼에도 일반화한다면, 강수가 많고 기온이 높은 기후하에서는 화학적 풍화가 우세하며 풍화의 진행속도가 빠르다고 할 수 있다(그림 3.2). 이와는 달리 강수가 적은 건조한 기후나 기온이 낮은 한랭한 기후에서는 물리적 풍화가 지배적이며, 풍화의 진행속도가 느리다.

풍화체계 외부변수의 하나인 생물이 풍화에 영향을 미치는 것은 여러 경로를 통해서이다(그림 3.4). 동물은 서식처를 마련하거나 먹이활동하는 과정에서 모재에 구멍을 뚫어 수분이나 공기가 쉽게 드나들게 만들어 풍화를 촉진한다. 또한 동물의 분비물이나 죽은 유체가 분해되는 과정에서 이산화탄소가 방출되기 때문에 이로 인하여 화학적 풍화가 활발해진다. 식물은 지표물질에 뿌리를 뻗어 영양분을 섭취하거나 호흡하는 과정에서 물질의 변화를 가져오며, 나뭇가지나 잎이 땅에 떨어져 썩는 과정에서 이산화탄소, 유기산 등이 생겨나 이들에 의한 화학적 풍화가 일어난다. 그뿐 아니라 암석의 틈새에 뿌리를 뻗으며 자라는 나무는 강풍이 불 때 흔들리기 때문에 결과적으로 암석의 틈새를 더욱 벌리는 지렛대 역할을 한다. 이와 같이 식물은 모재의 화학·물리적인 변화를 이끌기 때문에 식물이 많은 지역에서는 그렇지 않은 지역보다 대체로 풍화가 더 활발하게 일어난다.

지형 또한 다른 풍화체계 외부변수들 못지않게 풍화에 큰 영향을 미친다. 지면경사, 고도 등 모재가 놓인 장소의 지형조건에 따라 기후와 생물이 다를 뿐만 아니라, 지표유출과 지하수의 이동, 그리고 풍화산물의 침식제거율도 달라지기 때문이다. 다

그림 3.4 식물에 의한 풍화(앙코르와트, 캄보디아)

식물은 뿌리를 뻗어 영양을 섭취하거나, 죽어 썩는 과정에서 이산화탄소, 유기산 등이 생겨나므로 이들에 의한 화학적 풍화가 일어난다. 또한 나무가 강풍에 흔들리면서 암석의 틈새를 더욱 벌리는 지렛대 역할을 한다.

른 조건이 동일하다면, 고도가 낮은 곳일수록 물의 공급이 많거나 물이 머무는 시간이 길어질 가능성이 높기 때문에 그렇지 않은 곳보다 풍화가 더 활발하다. 또한 경사가 완만한 곳은 급한 곳보다 생산된 풍화산물이 지표에 머물러 있을 가능성이 높기 때문에 대체로 풍화층이 더 두껍다. 산정부에서 평지와 맞닿는 사면의 하단부로 내려가면서 풍화층의 두께가 두꺼워지는 것도 바로 그러한 이유이다.

시간도 풍화의 한 변수이다. 그것은 다른 변수들이 다 동일하다 할지라도 시간의 경과에 따라 풍화의 진행 정도가 달라지기 때문이다. 그러나 시간에 비례하여 풍화가 반드시 더 가속적으로 진행되는 것은 아니다. 암석이 풍화를 받아 지표면에 풍화산물이 생겨나면 수분이 땅속에 더 머물 수 있는 조건이 되어 풍화가 가속적으로 일어난다. 그러나 풍화층이 일정한 두께에 달하면 풍화의 진행속도는 오히려 둔화된다. 다시 말하면 기존의 풍화산물이 침식으로 제거되지 않는다면 시간에 비례하여 풍화의 진행속도가 더 빨라지지는 않는다.

3. 물리적 풍화

물리적 풍화(物理的 風化, physical weathering, mechanical weathering)는 모재의 물리적인 성질이 변화되는 것, 다시 말하여 모재가 잘게 부스러지고 쪼개지는 현상을 말한다. 모재가 부스러지거나 쪼개지면 모재의 표면적이 더 증가한다(그림 3.5). 이처럼 모재의 표면적이 커지면 그만큼 물과 공기가 모재에 접촉하는 면적이 늘어나는 것이므로 결과적으로 물과 공기를 매개로 일어나는 화학적인 풍화가 촉진된다. 다시 말하여 물리적인 풍화가 일어남으로써 화학적인 풍화가 더 활발해진다. 이러한 관계에서도 알 수 있듯이 물리적인 풍화와 화학적인 풍화는 많은 경우 별개로 발생하는 것이 아니라 서로 밀접한 관계를 맺고 있다.

이처럼 물리적인 풍화와 화학적인 풍화는 불가분의 관계에 있지만, 풍화과정이 서로 다르므로 환경조건에 따라 각각의 진행률은 같지 않다. 대체로 순수한 물리적

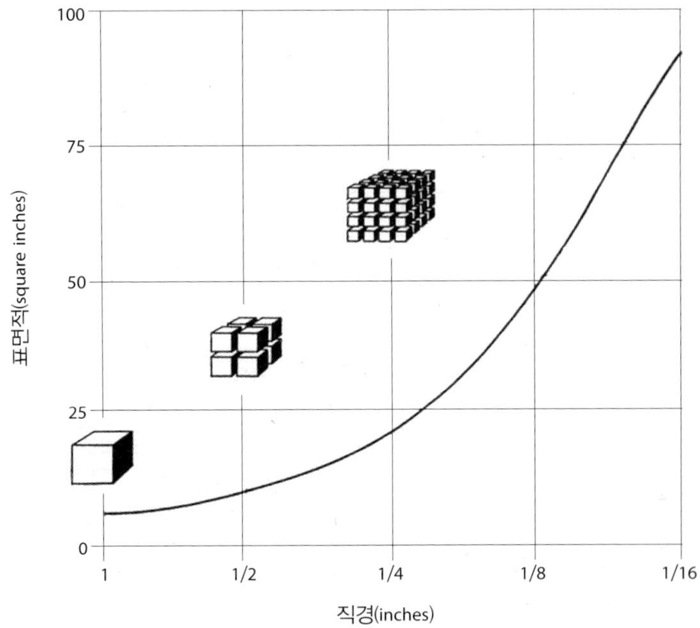

그림 3.5 물리적 풍화에 따른 암석의 표면적 증가

암석이 쪼개지면, 그림에서처럼 표면적이 기하급수적으로 증가한다. 표면적이 증가하면 암석이 물과 공기에 접촉하는 면적이 그만큼 더 늘어나 풍화가 가속적으로 진행된다(Chorley *et al*., 1984, p.221).

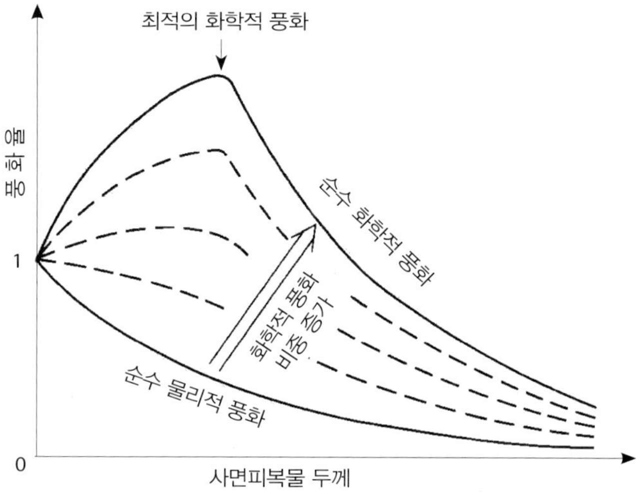

그림 3.6 사면피복물 두께와 풍화진행률

순수한 물리적 풍화의 진행률은 사면피복물이 두꺼워질수록 감소되지만, 순수한 화학적인 풍화의 진행률은 일정 깊이까지 증가하다가 다시 감소된다. 화학적 풍화의 이러한 변화는 사면물질 속에 포함된 수분과 밀접한 관계가 있다. 지면에서 지하수면까지는 대체로 풍화의 진행률이 빠르지만, 지하수면 이하에서는 공기를 통하여 공급되는 산소의 공급량이 줄어들기 때문에 풍화의 진행속도가 둔화된다(Chorley *et al.*, 1984, p.220. 원자료: Ahnert, 1976).

인 풍화의 진행률은 지면 하부일수록 감소된다(그림 3.6). 물리적인 풍화란 주로 암석이 쪼개지는 것이므로 땅속 깊은 곳일수록 주변으로부터 더 큰 압력을 받게 되어 쪼개짐이 제한되기 때문이다. 이와는 반대로 순수한 화학적인 풍화의 진행률은 땅속으로 들어가면서 일정한 깊이까지는 빨라진다. 지면에서는 화학적인 반응이 일어나기 전에 수분이 증발될 확률이 높지만, 지하에서는 증발이 제한되므로 수분이 보다 긴 시간 동안 모재에 머물러 있어 화학적인 반응이 잘 일어나기 때문이다. 그러나 모재와 물 사이의 화학반응은 수분으로 완전히 포화된 모재 내에서는 공기 중의 산소 공급이 원활하지 않기 때문에 오히려 활발하지 않다. 풍화는 이보다는 물로 포화되지 않는 지하수면 위, 즉 통기대에서 더 활발하게 일어난다. 다시 말하여 물로 포화된 지하수면 이하의 땅속 깊이에서는 화학적인 풍화의 진행률이 오히려 느려진다. 이런 이유로 화학적인 풍화의 진행률은 일정 깊이, 즉 지하수면 정도의 깊이까지는 빨라지지만 그 이하의 깊이에서는 감소되는 경향을 보인다.

그러나 자연에서는 물리적 풍화나 화학적인 풍화가 단독으로 발생하지는 않으며, 정도의 차이가 있지만 대부분 동시에 발생한다. 물리·화학적인 풍화를 모두 다

함께 포함하여 생각한다면, 풍화의 진행률은 대체로 풍화층이 두꺼워질수록 진행속도가 느려진다고 할 수 있다(그림 3.6). 이와는 달리 풍화층이 침식을 받아 두께가 얇아질수록 풍화의 진행속도는 더 빨라질 수 있다. 이처럼 풍화층의 두께와 풍화의 진행률은 부(負)의 피드백을 중심으로 한 동적평형 관계에 있다.

물리적인 풍화를 모재가 쪼개지는 원인에 따라 세분하면, 서릿발 풍화(frost weathering), 염풍화(鹽風化, salt weathering), 하중(荷重)제거에 의한 풍화(unloading), 열풍화(熱風化, thermal weathering) 등으로 나눌 수 있다.

1) 서릿발 풍화

서릿발 풍화(frost weathering)[5]는 수분의 동결과 융해가 반복되면서 일어나는 암석의 물리적인 변화를 말한다. 암석의 갈라진 틈새에 스며들어간 물이 얼게 되면, 체적이 9% 증가하므로 주위의 암석에 압력을 가하게 된다. 이러한 일들이 무수히 되풀이되면, 결국 암석은 쪼개진다(그림 3.3).

물이 얼면서 암석에 가하는 힘은 조건에 따라 달라진다. 만일 암석 속의 밀폐된 공간에 물이 가득 차 있는 상태에서 -22℃까지 냉각된다면, 물이 얼면서 주변의 암석에 가하는 힘은 무려 2,100kg/cm^{2}에 달한다. 이런 압력이면 거의 모든 암석이 쪼개진다. 그러나 실제로는 그런 조건을 갖춘 곳이 드물고, 대부분 완벽하게 밀폐되지 않은 암석의 틈새에서 얼기 때문에 암석에 가해지는 압력이 그런 정도까지 크지는 않다. 물이 암석의 틈새에 스며들어 얼게 되는 경우, 대체로 대기와 접하는 표면부터 얼고, 나머지는 한동안 0℃ 이하의 온도에도 얼지 않은 물, 즉 과냉각 상태의 물로 머물러 있다. 이런 과냉각 물은 밀폐된 공간에 있으므로 더 저온에서 얼게 되며 기온이 낮아질수록 주변의 암석에 가하는 힘은 그만큼 더 증가하게 된다. 또한 물이 얼지 않은 상태에서 압력이 증가하므로 가해지는 압력이 틈새 주변의 암석 표면에 고르게 분산되며 틈새의 깊은 곳까지도 그 힘이 전달되어 이 때문에 암석이 쪼개지기도 한다. 이러한 풍화는 수분의 동결에 의한 직접적인 암석 붕괴를 뜻하는 서릿발 풍화와는 다르므로 수성파쇄(水性破碎, hydrofracturing)라고 부르기도 한다.

---

5 frost action, frost wedging, frost shattering 등으로도 불린다.

어느 정도의 힘이 가해져야 암석이 쪼개지는지에 대해서는 암석의 강도가 같지 않기 때문에 분명하게 말할 수는 없다. 이론적으로 보면, 암석이 쪼개지는 것은 가해지는 힘이 암석이 버틸 수 있는 힘, 즉 장력(張力, tensile strength)을 초과할 때인데, 암석의 장력은 대체로 250kg/cm^2 이하인 것으로 알려져 있다. 쉽게 말하여 엄지손톱만 한 넓이에 250kg 이상의 힘이 가해지면 대부분의 암석은 쪼개진다. 물이 한 번 얼면서 암석에 가하는 힘이 이러한 장력 이하의 것에 불과하다 하더라도 자연에서는 물이 얼고 녹는 일이 한 번이 아니라 무수히 반복적으로 일어날 수 있기 때문에 그 힘이 누적적으로 작용하여 결국 암석이 쪼개지는 것으로 볼 수 있다.

서릿발 풍화가 활발한 곳은 수분의 동결과 융해가 반복적으로 일어나는 환경인 고산지방이나 고위도 지방이다. 따라서 그런 곳에서는 서릿발 풍화로 생긴 암설(岩屑, debris)[6]이나 암괴들이 지표에 많다. 이들은 대체로 돌의 모서리가 날카롭게 각진 것이 특징이다. 이와 같은 각진 돌들이 집단적으로 모여 생겨나는 지형으로는 애추(崖錐, talus, debris scree), 암괴원(岩塊原, block field) 등을 들 수 있다.

2) 염풍화

염풍화(鹽風化, salt weathering)는 암석의 갈라진 틈새에서 염정(鹽晶, salt crystals)이 성장함에 따라 암편(岩片)이 떨어져나가는 물리적인 풍화이다(그림 3.7). 암석의 틈새에 스며든 물은 때로는 염분을 포함하며, 이러한 물이 증발되면 염정이 생겨난다. 이처럼 염정이 생기면 부피가 커져 주위에 압력을 가하게 되고, 이로 인하여 암석이 부서진다. 이런 풍화는 암석의 구성광물과는 다른 종류의 결정이 새롭게 생겨나면서 일어나는 풍화이기 때문에 이질(異質)결정체의 성장에 의한 풍화라고도 한다. 염풍화를 일으키는 염으로는 탄산칼슘($CaCO_3$), 황산칼슘($CaSO_4$), 염화나트륨(NaCl) 등이 있다.

이와 같이 염정이 생성되는 과정에서 암석의 풍화가 일어나지만, 이미 만들어진 염정이 다시금 수화(水和, hydration)되면서도 풍화가 일어난다. 수화란 물이 분자인 채로 광물과 결합하는 것인데, 물 분자의 부피만큼 광물 결정의 부피가 커지는 것이므로 광물 주변에 가하는 압력이 더불어 커지게 된다. 예를 들면 무수(無水)석고

6 debris는 암석(기반암, 암괴 등)이 쪼개져서 생긴 돌 조각으로 흔히 암설(岩屑) 또는 암편(岩片)이라 부른다.

그림 3.7 건조기후 지역의 염풍화

왼쪽 사진(Bonneville Salt Flats, 유타, 미국)은 모세관 현상에 의해 땅속에서 수분이 전신주(나무)를 타고 올라와 증발되는 과정에서 소금이 생겨나 전신주의 하단이 쪼개진 모습, 오른쪽 사진(사해, 이스라엘)은 암석에 스며든 수분이 증발되면서 소금이 생겨나 이 때문에 암석이 쪼개진 모습이다(Birkeland and Larson, 1989, p.291).

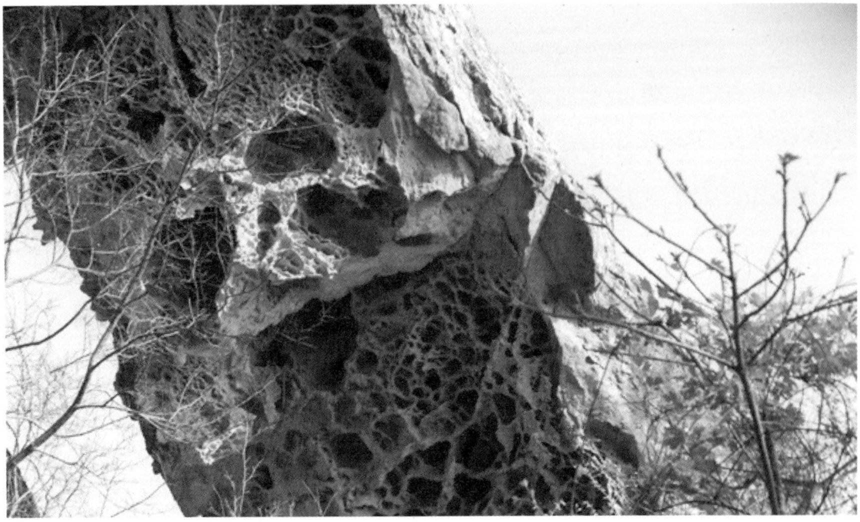

그림 3.8 염풍화와 타포니(조면암, 산방산, 서귀포)

타포니는 수직면에 수평으로 파여들어간 풍화 구멍이다. 산방산의 남사면은 해풍의 바람받이로 염분을 포함한 수분이 바람에 실려와 암벽에 흡착된 후 증발되면 염정이 생겨나기 때문에 풍화가 활발하다. 사진에서처럼 타포니는 일사에 노출된 암벽보다는 음지에서 더 잘 생긴다. 일사에 면한 곳은 물이 암석과 물리 · 화학적인 반응을 일으키기도 전에 증발하기 때문이다.

(anhydrite, 황산칼슘, $CaSO_4$)가 물과 결합하여 석고(gypsum, $CaSO_4 \cdot H_2O$)가 될 경우, 그만큼 부피가 증가하기 때문에 주변의 암석에 압력을 가하게 되어 암석이 부서지기도 한다. 이러한 이유로 수화작용을 물리적인 풍화의 하나로 보기도 한다.

염풍화는 강수량에 비하여 증발량이 많은 건조기후하에서 전형적이다. 이밖에도 해염(海鹽) 입자의 공급이 활발한 해안지방이나, 공해물질의 배출이 많은 산업도시에서도 이러한 풍화가 활발히 일어난다. 해안가의 암벽에 타포니(tafoni, 일종의 풍화구멍)가 발달되는 것이나(그림 3.8), 도시에서 석조 건물의 벽이 부식되는 현상은 모두 염풍화와 관련된 것이다.

3) 하중제거에 의한 풍화

하중(河重)제거에 의한 풍화(unloading)는 무거운 압력으로 내리누르던 지표의 피복물질이 지면 침식 등의 원인으로 제거되면 그 반작용으로 암석이 팽창하면서 쪼개지는 풍화이다. 채석장에서 채석 후에 암반에 균열이 생겨 암벽이 무너져내리는 것도 이러한 풍화와 관련이 있다.

하중제거로 인한 암석의 쪼개짐, 즉 절리는 대체로 지표면에 평행한 판상절리(板狀節理, sheeting joint)이다(그림 3.9, 3.10). 판상절리의 두께는 지표면에서는 수 cm에 불과할 정도로 절리 간격이 조밀한 경우도 많지만, 지하로 들어가면서 점점 절리 간격이 커져 때로는 수 m 이상에 달하기도 한다. 판상절리는 지하 30m 이상까지도 발달하는 것으로 알려져 있다.

암석에 판상절리가 생겨난 후 절리의 틈새가 점점 더 벌어져 마치 양파껍질 벗겨지듯 판자 모양의 바위 조각이 모암에서 떨어져나가는 현상을 박리(剝離, exfoliation)라 부른다(그림 3.11). 소규모로 일어나는 박리는 지면에 노출된 핵석 등 독립된 암괴나 기반암의 표면에서도 생겨난다(그림 3.12, 3.13). 암석의 표면에서 이렇게 박리가 일어나면 점차 암석의 모습이 둥글게 변화되기도 하는데, 이러한 유형의 풍화를 구상풍화(球狀風化, spheroidal weathering)라 한다. 다시 말하면 암석의 표면이 양파껍질처럼 벗겨져나가는 현상은 박리, 그 결과로 암석의 형태가 구체(球体)처럼 둥글게 달라지는 풍화는 구상풍화이다.

그림 3.10에서 보듯이 지반이 융기하는 과정에서 지표를 덮고 있는 물질들이 침

그림 3.9 하중제거에 의한 풍화

왼쪽 사진: 요세미티, 화강암. 오른쪽 사진: 설악산, 화강암. 화강암(심성암)이 하중제거에 의한 풍화를 받으면 암석이 지면과 평행하게 쪼개지는 판상절리가 발달한다.

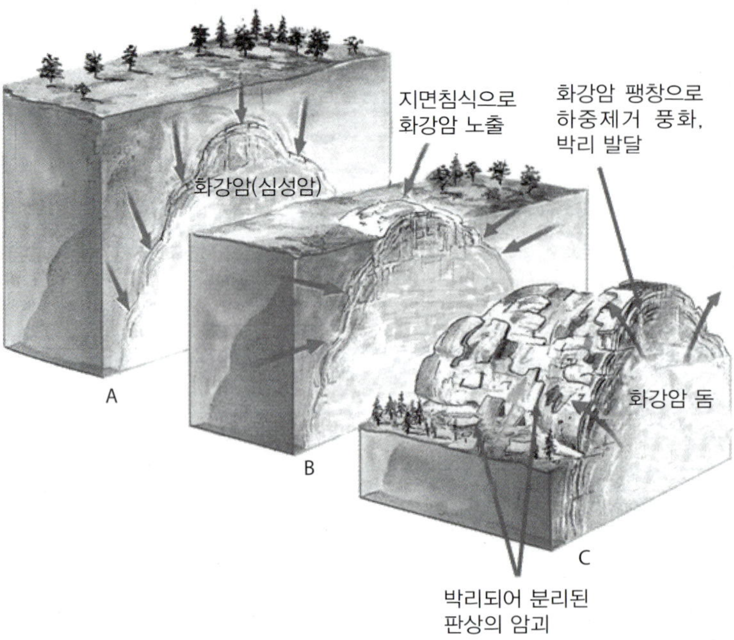

그림 3.10 화강암 돔(dome)의 생성과 하중제거에 의한 풍화

지하의 화강암 돔이 그 위를 덮고 있던 풍화층이 제거됨에 따라 지표 가까이에 놓이게 되면(A → C로 지형변화), 암체 표면에 판상절리가 발달하며, 지표에 완전히 노출된 이후에는 판상의 암괴들이 박리되어 떨어져나간다(Chernicoff, 1999, p.133).

그림 3.11 박리(화강암, 요세미티, 미국)

박리는 양파껍질 벗겨지듯 암석의 표피층이 떨어져나가는 현상으로 화강암 등에서 잘 발달한다.

그림 3.12 암괴 표면에서의 박리와 구상풍화(화강암 핵석, 서생, 울산)

박리는 기반암뿐만 아니라 핵석과 같은 암괴 표면에서도 찾아볼 수 있다. 이러한 박리는 구상풍화의 형태를 보이는 경우가 많다.

그림 3.13 기반암 표면에서의 박리(화강암, 관악산)

지면에 노출된 화강암 암체가 대체로 둥근 모습을 띠는 것도 암석의 표면에서 이러한 박리가 일어나기 때문이다.

식 제거되면, 그 아래에 파묻혀 있던 화강암이 지표로 드러나면서 암석의 표면에서 판상절리가 발달한다. 이후 계속적으로 지반이 융기하고, 그와 더불어 판상절리로 조각난 암석들이 박리되어 떨어져나가게 되면, 화강암 암체는 때로는 하나의 거대한 돔 형상의 산지, 즉 돔 인젤베르크(inselberg, 島狀丘陵)를 이루기도 한다. 우리나라의 백운대, 불암산 등이나 미국 요세미티의 하프돔(Half Dome)은 그러한 산지의 좋은 예이다.

4) 열풍화

열(熱)에 의해 팽창과 수축이 반복되어 암석이 쪼개지는 현상을 열풍화(熱風化, thermal weathering, thermal expansion and contraction)라 부른다. 암석이 열을 받아 쪼개지는 것은 구성광물들의 열에 의한 팽창계수가 같지 않고, 암석의 열전도율이 낮아 열을 직접 받는 표면과 그렇지 않는 암석의 내부 사이에 온도차가 크기 때문이다.

한 실험에 의하면, 300℃ 이상의 열로 암석(화성암)을 가열하고 다시 냉각하기를 반복하면 암석이 쪼개진다(Blackwelder, 1927). 또 다른 실험에서는 암석을 32℃에서 176℃의 온도에 이르도록 5분간 가열하고, 이후 환풍기를 이용하여 10분간 냉각하는 일을 89,400번 반복했지만, 즉 자연 상태라면 244년 동안 일어날 수 있는 기온변화를 반복했음에도 암석에는 아무런 변화가 없었다(Griggs, 1936). 그러나 환풍기 대신에 물을 뿌려 냉각시킨 결과 약 2년 반 정도에 해당되는 냉온의 반복에도 암석에 균열이 가거나 표피가 벗겨지는 변화가 일어났다고 한다. 이러한 실험 결과는 단순한 열적인 변화가 암석의 풍화에 미치는 영향은 그리 크지 않지만, 수분이 게재되면 풍화의 효과가 더 크다는 것을 말해준다(Easterbrook, 1999, pp.19-20).

그러나 자연 상태에서 태양열에 의한 가열과 냉각의 효과가 암석의 풍화에 어느 정도 기여하는 것인지는 아직도 논란이 있다. 이와 같은 논란이 있지만, 대체로 기온이 높으면서도 일주기적인 기온변화가 매우 큰 열대건조기후하에서는 열풍화의 영향이 다른 기후지역보다도 더 큰 것으로 본다. 이밖에도 우리 주변에서 산불 후에 암석이 터지거나 갈라진 것을 많이 볼 수 있는데, 이것 또한 열풍화의 또 다른 예라고 할 수 있다.

4. 화학적 풍화

화학적 풍화(化學的 風化, chemical weathering)는 암석 등 지표물질의 화학적인 성질이 달라지는 현상이다. 흔히 암석이 썩는다는 것은 이를 두고 일컫는 말이다. 화학적 풍화에는 암석이나 토양 중에 포함된 수분과 대기 및 지중(地中)의 온도가 중요한 역할을 한다. 대체로 수분이 많고, 온도가 높은 곳일수록 화학적 풍화가 활발하다.

수분은 물질과 결합하여 화학적인 변화를 일으킬 뿐만 아니라, 풍화의 결과로 생겨난 풍화산물을 용탈(溶脫, leaching) 또는 세탈(洗脫, eluviation)[7]하여 풍화가 지속적으

7 풍화물질이 용액 상태로 제거되는 것은 용탈, 풍화물질이 토양수에 의해 씻겨 제거되는 것은 세탈이다. 그

로 일어나게 만들어준다. 온도는 물질의 화학반응속도뿐만 아니라, 화학적인 풍화와 직간접적인 관련을 맺고 있는 생물의 활동에도 영향을 미친다. 암석에 일어나는 화학적인 풍화에는 산화작용, 탄산염화작용, 가수분해, 수화작용 등이 있다.

1) 산화작용

산화작용(酸化作用, oxidation)은 철, 망간, 티타늄 등 금속광물과 산소 간에 발생하는 화학반응이다. 특히 지각 구성의 4대 원소인 철의 산화는 지표물질의 풍화나 토양의 생성에서 중요한 역할을 한다. 우리 주변의 토양이 대체로 적색 혹은 황색을 띠는 것도 그 속에 포함된 철분이 산화되었기 때문이다(그림 3.14). 철의 산화는 아래와 같이 이온화된 철이 산소와 결합하여 산화제2철(Fe(III), ferric oxide, Fe_2O_3)[8]로 변화되는 과정이다.

$$2Fe^{+2} + 4HCO_3^- + 1/2O_2 + 2H_2O \rightarrow Fe_2O_3 + 4H_2CO_3$$

산화작용은 대기 중의 산소가 쉽게 공급될 수 있는 환경인 지표면이나 지하수면 이상의 땅속, 즉 토양의 통기대(通氣帶)에서 활발하다. 이와는 달리 저습지나 지하수면 이하, 즉 통기대 하부의 깊은 땅속에서는 산소의 공급이 많지 않기 때문에 환원작용(還元作用, reduction)이 더 우세하다. 산화작용과는 달리 철이 환원작용을 받게 되면 회색(또는 청회색)을 띤다(그림 3.15). 저습지 하부나 땅속 깊은 곳의 토양이 회색인 경우가 많은 것도 그런 환경하에서는 철의 환원작용이 활발하게 일어나기 때문이다. 지하수위의 변화로 산소의 공급이 많아지거나 차단되는 일이 반복되면 그와 더불어 철의 산화작용과 환원작용도 되풀이되기 때문에 토양 중에는 회색과 적색의 반문(班紋, mottle)들이 생겨난다(그림 3.14의 오른쪽 사진). 반문은 이토, 점토 등 세립물질이 많은 토양에서 잘 발달하며, 반문이 발달한 토양층은 마치 호피(虎皮) 무늬처럼 회색과 적색의 반문들이 얼룩덜룩 어우러진 문양을 보여준다.

러나 이들이 동시에 일어나기 때문에 엄밀하게 구분하지 않고 혼용하기도 한다.

8 토양이 적색을 띠는 것은 산화제2철 때문이며, 이것으로 구성된 광물이 적철석(赤鐵石, hematite)이다.

그림 3.14 산화작용과 환원작용

왼쪽 사진: 삼척, 오른쪽 사진: 강릉. 땅속이라 하더라도 지하수위 이상의 깊이에서는 산소 공급이 원활하므로 산화작용이 활발하다. 따라서 산화철이 많이 생겨나므로 풍화층은 전반적으로 적색을 띤다(왼쪽 사진). 그러나 지하수로 포화된 땅속에서는 산소 공급이 줄어들어 환원작용이 우세해져 풍화층은 회색을 띤다. 또한 산화작용과 환원작용이 반복되는 환경에서는 풍화층에 회색과 적색 무늬가 어우러진 반문(班紋)이 생겨난다(오른쪽 사진).

그림 3.15 산화작용과 환원작용을 받은 해안단구 퇴적층(흥해, 포항)

지하수면 이상의 땅이어서 주로 산화작용을 받은 퇴적층은 황색 내지 황갈색이 우세하지만, 지하수면 이하의 땅이어서 환원작용을 받은 퇴적층은 대체로 회색을 띤다. 회색 퇴적층 위의 검은색 물질은 토탄이다. 이는 이곳이 과거 한때 습지였음을 말해준다.

지하수면 이상의 땅속이라 하더라도 유기물질이 풍부하게 공급되면 산화작용보다는 환원작용이 우세하게 일어날 수 있다. 그것은 유기물질이 분해되면서 생겨나는 황화수소 때문이다. 아래의 식은 유기물질이 공급되는 환경에서 일어나는 철의 환원 과정을 보여준다(Bland and Rolls, 1998, p.75).

$$8Fe^{3+} + H_2S + 4H_2O \rightarrow 8Fe^{2+} + SO_4^{2-} + 10H^+$$

철이 환원된 채로 지하수에 포함되었다 할지라도, 지하수가 지표로 흘러나오게 되면 그 안에 이온 상태로 포함된 철이 대기 중의 산소와 결합하여 산화제2철로 산화되는 과정을 밟게 된다. 따라서 이런 환경하에 놓인 토양은 적색 내지 황색을 띤다.

2) 탄산염화작용

탄산염화작용(炭酸鹽化作用, carbonation)은 탄산과 광물 간의 화학반응이다. 석회암의 주요 조암광물인 방해석(calcite, $CaCO_3$)과 탄산(H_2CO_3) 간에 일어나는 탄산염화작용이 대표적이다. 석회암이 기반암인 곳에서 돌리네, 석회동굴과 같은 카르스트 지형이 발달하는 것도 바로 이러한 탄산염화작용의 결과이다. 탄산염화작용에 의한 지형 변화는 카르스트 지형에서 상세히 다루기로 하고, 중복을 피하는 의미에서 여기서는 풍화의 기본 원리만을 간략히 소개한다.

탄산칼슘($CaCO_3$)과 탄산(H_2CO_3) 간의 탄산염화작용은 다음의 식과 같다.

$$CaCO_3 + H_2CO_3 \rightleftarrows Ca^{2+} + 2HCO_3^-$$

위의 식에 의하면 탄산칼슘과 탄산이 화학적으로 결합하면, 칼슘이온(Ca^{2+})과 탄산이온(HCO_3^-)이 남는다. 다시 말하여 탄산칼슘이란 고체 광물이 탄산에 의해 녹으면 더는 고체가 아니라 이온화되어 사라진다. 탄산(H_2CO_3)은 물(H_2O)과 이산화탄소(CO_2)의 결합으로 생겨난다. 장소에 따라 정도의 차이는 있지만 자연 대기나 토양 중에는 일정량의 이산화탄소가 포함되어 있다. 따라서 빗물은 물론이고 지표수나 지하수에는 이산화탄소와 물이 결합된 탄산이 함유되어 있다. 탄산칼슘은 순수한 물에도 녹지만 이러한 탄산이 포함된 물에서는 수십 배 더 잘 녹는다. 이러한 이유로 탄산이 많이 포함된 물이 풍부한 곳을 중심으로 카르스트 지형이 널리 발달한다.

위 식의 화학반응은 역(逆)방향으로도 일어난다. 석회동굴 내에 생성되는 종유석, 석순 등의 스펠레오템(speleothems)은 이러한 역방향으로의 화학반응 결과이다. 탄산을 포함한 지하수가 석회암 내의 공극이나 절리를 통과하면 석회암의 주성분인 탄산칼슘을 녹여내는 탄산염화작용이 일어난다. 그러나 이렇게 탄산칼슘을 녹인 지하수가 동굴 내의 빈 공간에 이르면 석회암 암반을 통과할 때와는 정반대로 물, 이산화탄소, 그리고 탄산칼슘이 각각 분리되면서 탄산칼슘이 집적된다. 이런 변화가 일어나는 것은 지하수의 이산화탄소 용해량(溶解量)이 동굴 대기의 이산화탄소 용해량보다 더 크기 때문이다.

탄산염화작용이 활발하게 일어나는 곳은 대체로 고온다습한 기후지역이다. 고온다습한 지역일수록 물도 풍부하지만 생물이 많아 이들이 호흡하거나 죽어 부패하는 과정에서 이산화탄소가 많이 발생하기 때문이다. 이와는 달리 건조기후하에서는 이산화탄소의 생산량이나 물이 많지 않은 곳이므로 탄산염화작용이 활발하지 않다.

3) 가수분해

가수분해(加水分解, hydrolysis)는 물과 광물 사이의 화학반응으로 물은 수소이온(H^+)과 수산기이온(OH^-)으로 분리되어 각각 화학반응에 관여한다. 가수분해는 화성암의 주요 조암광물인 규산염광물(硅酸鹽鑛物, silicate minerals)[9]의 풍화에 특히 중요하다. 규산염광물이 가수분해를 받으면, 광물에 포함된 금속이온이 분리되며, 그 대신 수소이온으로 대체된다. 이러한 변화는 수소이온이 공급되는 조건, 즉 새로운 물이 흘러들고 그와 더불어 유기산이 만들어지는 환경이라면 지속적으로 일어나게 된다.

규산염광물이 가수분해를 받으면, 점토광물만이 잔류하고, 금속이온을 포함한 나머지 일체는 용액 상태로 제거된다. 아래의 화학식은 규산염광물의 한 종류인 정장석(正長石, orthoclase)이 가수분해를 받아 고령석(高嶺石, kaolinite)으로 변하고, 나머지는 이온화되어 제거되는 과정을 보여준다.

9 규산염광물은 산소와 규소의 화합물(SiO_2)로 대체로 1개 또는 그 이상의 금속원소(Ca, Na, K, Al, Mg, Fe)를 포함한다. 석영, 정장석, 사장석, 흑운모, 각섬석, 휘석, 감람석 등이 이에 속한다.

$$2KAlSi_3O_8 + 2H^+ + 9H_2O \rightarrow H_4Al_2Si_2O_9 + 4H_4SiO_4 + 2K^+$$

정장석　　　　　　　　　　　　고령석

가수분해는 열대습윤지역에서 더 활발하다. 이곳에서는 가수분해로 생겨나는 규산(SiO_2와 H_2O의 화합물, 위 식의 H_4SiO_4)은 물에 의해 대부분 녹아서 제거되는 반면, 점토광물과 더불어 산화철이나 산화알미늄은 토양 중에 다량으로 집적되면서 적색을 띤 라테라이트 토양이 생성된다. 이와 같이 규산이 용탈되는 작용을 규산용탈작용(硅酸溶脫作用, desilication),[10] 그리고 라테라이트 토양이 생성되는 작용을 라테라이트화 작용(laterization)이라 한다.

가수분해는 토양수의 수소이온 농도와 밀접한 관련이 있다. 즉, 수소이온 농도가 높을수록 가수분해는 활발하다. 물질에 포함된 수소이온 농도는 pH로 나타내며, 이는 다음의 식과 같이 정의된다.

$$pH = -\log_{10}[H_3O^+]$$

산성도 알칼리성도 아닌 순수한 물은 25°C에서 pH 값이 7이다.

$$pH = -\log_{10}10^{-7} = 7$$

pH 값 7을 기준으로 이보다 크면, 즉 수소이온 농도가 낮아지면 물질은 알칼리성을 띠는 반면, 7보다 작아지면 수소이온 농도가 높아져 산성을 띤다. 참고로 내리는 비는 빗물에 다소의 이산화탄소가 섞여 있기 때문에 5.6의 값, 그리고 저습지의 물은 산도가 높아 3~4의 값을 보인다.

기반암이 오랜 시간에 걸쳐 가수분해를 받게 되면, 풍화로 인하여 암석의 구조와 전체적인 외형은 거의 그대로지만 손가락의 힘으로도 부서질 만큼 침식에 취약한 암석으로 달라지기도 한다. 이렇게 심하게 풍화를 받은 소위 썩은 돌을 새프롤라

---

10 탈규산작용(脫硅酸作用)이라고도 한다.

그림 3.16 입상붕괴, 새프롤라이트, 핵석

왼쪽 사진(관악산)은 화강암이 심하게 풍화되어 2~4mm 크기의 왕모래(granule), 또는 수 cm 내외의 작은 자갈로 붕괴되는 모습을 보여준다. 이러한 붕괴현상을 입상붕괴, 그리고 입상붕괴로 암석으로부터 떨어져나온 물질을 그러스(grus)라 한다. 오른쪽 사진(횡계, 평창)은 화강암 새프롤라이트와 그 안에 풍화되지 않은 채 남아 있는 핵석을 보여준다.

이트(saprolite)라 부른다(그림 3.16, 3.17). 예를 들어 규산염광물이 주성분인 화강암이나 화강편마암이 가수분해를 받게 되면 풍화에 약한 흑운모 등이 가장 먼저 점토광물로 변하면서 암석에서 빠져나간다. 또한 철을 함유한 광물들의 산화작용도 이와 동시에 일어나기 때문에 결과적으로 구성광물 간의 결속력은 크게 약화된다. 그러나 석영 등 풍화에 강한 광물들은 그 자리에 그대로 남아 있으므로 암석은 원래의 구조를 대체로 유지한다. 암석이 이와 같이 원래의 체적을 유지하면서 풍화가 진행되는 것을 등체적 풍화(等体積 風化, isovolumetric weathering)라고 한다. 화강암과 같이 주로 조립의 조암광물로 이루어진 새프롤라이트는 지면에 노출되면 구성광물이 낱개 또는 몇 개가 결합된 입상(粒狀)의 물질, 즉 그러스(grus)가 되어 암체로부터 떨어져나가는 방식으로 붕괴된다. 이러한 암석의 풍화를 입상붕괴(粒狀崩壞, granular disintegration)라 부른다(그림 3.16의 왼쪽 사진).

암석의 풍화는 절리를 따라 보다 빠른 속도로 진행되기 때문에 절리들이 교차하는 곳과 그렇지 않은 곳은 풍화 진전속도의 차이가 있다. 따라서 화강암과 같이 수직 및 수평 절리가 발달된 암석은 심층풍화를 받게 되면 때로는 마치 풍화되지 않은 암석이 풍화된 새프롤라이트 내에 박혀 있는 것처럼 남아 있기도 한다(그림 3.16의 오른쪽 사진). 이런 암괴를 핵석(核石, corestone)이라 부른다. 핵석은 하천의 큰 자갈처럼 대체로 모서리가 둥근 모습이어서 놓인 그 자리에서 생성된 것임에도 마치 물에 의해 먼

그림 3.17 화강암 새프롤라이트(관악산)

새프롤라이트(saprolite)는 암석의 형태를 유지하고는 있지만, 손가락 힘으로도 부서질 만큼 풍화된 암석이다. 암석이 이처럼 풍화되는 데에는 규산염 광물의 가수분해가 주된 역할을 한다. 사진의 화강암 새프롤라이트에는 흑운모 등 철-마그네슘 광물은 풍화를 받아 빠져나가고, 풍화에 더 강한 석영 등 규장질 광물이 주로 남아 있다.

곳으로부터 운반되어 쌓여 있는 것처럼 보이기도 한다.

4) 수화작용

수화작용(水和作用, hydration)은 가수분해와는 달리 물이 분자인 채로 광물과 결합하는 경우를 말한다. 이 과정에서 광물의 부피가 팽창되므로 결국 암석이 부서지게 된다. 수화작용의 좋은 예로는 무수석고(無水石膏, anhydrite)가 석고(gypsum), 적철석(hematite)이 침철석(goethite)이나 갈철석(limonite)으로 달라지는 것 등을 들 수 있다.

$CaSO_4 + 2H_2O \rightarrow CaSO_4 \cdot 2H_2O$

무수석고 + 물 → 석고

$Fe_2O_3 + H_2O \rightarrow Fe_2O_3 \cdot H_2O$

적철석 + 물 → 침철석

이 밖에도 점토광물로 이루어진 셰일(shale)이 물을 머금어 팽창하는 것도 수화작용이다. 점토광물은 층상구조로 되어 있어 층과 층 사이에 물을 간직할 수 있기 때문이다. 이처럼 점토광물은 습윤해져 물을 머금으면 팽창하고, 건조해져 물이 빠져나가면 수축하는 성질이 있다. 점토광물 중에는 몬모릴로나이트(montmorillonite)나 버미큘라이트(vermiculite)와 같은 3층 광물(three-layer mineral)은 카올리나이트(kaolinite)와 같은 2층 광물(two-layer mineral)보다 물을 많이 포함할 수 있어 팽창하는 정도가 더 크다.

카올리나이트를 보면, 실리카(silica, SiO_2) 4면체와 알루미나(alumina, Al_2O_3) 8면체가 각기 판상(板狀)의 층을 이루어 1:1로 결합된 구조인데, 이들 층(실리카층과 알루미나층)이 결합한 판상조직과 인접한 다른 판상조직 간의 공간이 좁고 조직 상호간의 결속력이 매우 강하여 물이 침투할 여지가 많지 않다(Ritter *et al.*, 1995, pp.60-61). 따라서 카올리나이트가 많은 토양은 물을 매개로 일어나는 양이온교환 또한 활발하지 않아 토지의 비옥도가 낮다. 이에 대하여 몬모릴로나이트는 2개의 실리카층 사이에 1개의 알루미나층이 결합된 2:1 구조를 보인다. 또한 이들 조직과 인접한 다른 조직 간의 공간이 넓고 결속력이 약해 조직 간의 틈새로 물이 쉽게 침투할 수 있다. 즉 물에 의한 광물의 팽창이 잘 일어난다. 이와 더불어 양이온교환도 왕성하게 일어나므로 몬모릴로나이트가 많은 토양은 대체로 비옥하다. 우리 주변에서 가뭄 끝에 논바닥이 거북이 등처럼 갈라지는 것도 논 흙 중에 몬모릴로나이트와 같이 팽창력이 큰 점토광물이 많이 섞여 있기 때문이다.

5. 주요 풍화지형

지형은 다양한 변수에 의해 영향을 받으므로 풍화에 의해서만 영향을 받는 지형이란 생각하기 어렵다. 다만 풍화가 다른 요인보다도 더 지배적인 영향을 미치는 경우는 있다. 석회암의 용식에 의해 생겨나는 카르스트 지형은 그 대표적인 경우이다.

풍화지형은 풍화를 받아 암석의 구성물질이 제거되어 생기는 풍화침식지형, 풍화산물이 퇴적되어 생기는 풍화퇴적지형, 그리고 풍화뿐만 아니라 다른 지형형성작용의 영향도 함께 받아 생기는 풍화복합지형으로 나눌 수 있다. 풍화침식지형은 타포니(tafoni, weathering pits), 나마(gnamma) 등, 풍화퇴적지형은 애추(talus), 암괴원(block field) 등, 그리고 풍화복합지형은 토르(tor), 도상구릉(inselberg) 등이다.

1) 풍화침식지형: 타포니와 나마

타포니(tafoni)는 암석의 수직면이 풍화를 받아 수평적으로 깊게 패여나간 구멍 지형이다(그림 3.18, 3.19, Twidale, 1982, pp.280-300). 이와는 달리 암석의 수평면에 수직적으로 패여나간 풍화 구멍은 나마(gnamma)이다(그림 3.20). 그러나 타포니와 나마의 구분이 애매한 경우도 적지 않고, 형성과정도 거의 동일하므로 각각을 별개로 구분하지 않고 총칭하여 풍화 구멍(風化穴, weathering pits)이라 부르기도 한다.

타포니는 우리나라에서는 수락산, 인왕산, 마이산, 산방산 등 곳곳에서 흔하게 찾아볼 수 있다. 타포니가 발달된 암괴들 중에 타포니들로 인하여 암괴 전체가 기괴한 모습을 띠고 있는 경우는 거의 예외 없이 주민들의 주술 신앙 대상이 되기도 한다. 인왕산의 선(禪)바위는 그 좋은 예이다(그림 3.18).

타포니는 염풍화, 서릿발 풍화 등의 물리적 풍화와 가수분해 등의 화학적 풍화가 함께 게재된 복잡한 풍화과정의 결과로 생성된다. 타포니의 형성과정이 그리 단순하지 않다는 것은 타포니의 형태가 매우 다양하다는 사실에서도 짐작할 수 있다. 어떤 것은 마치 벌집을 연상시키는 벌집 타포니(honeycomb tafoni)가 있는가 하면(그림 3.8), 사람이 들어가 앉을 수 있을 만큼 큰 풍화 구멍이 뚫린 것도 있다(그림 3.19). 어떤 요인에 의해서건 암석 표면에 조그만 와지가 생기면, 그곳은 햇빛으로부터 보호받게 되어 보다 음습한 환경에 놓이게 된다. 따라서 물이 게재된 화학적인 풍화나 물리적인 풍화가 계속해서 일어날 수 있는 조건이 된다. 이 밖에도 암석에 발달된 절리나 층리를 따라 풍화 구멍이 길게 선상으로 배열된 경우도 있는데, 이는 절리나 층리를 따라 지하수가 이동하면서 풍화를 일으키기 때문이다(그림 3.19의 왼쪽 사진).

석조건물이 있는 곳에서는 돌에 생기는 풍화 구멍 때문에 건물은 물론이고 외벽에 부착된 석조의 조각 작품들이 훼손되는 경우도 있다. 특히 산업도시의 건물들에서 그러한데, 그런 곳일수록 대기 중에 오염물질이 많아 황산염 등이 건물의 표면에 잘 집적되기 때문이다. 대기오염물질인 황산화물 등은 빗물에 섞여 내려와 암석

그림 3.18 민간 신앙의 대상인 타포니(인왕산 선바위, 화강암, 서울)

풍화 구멍인 타포니는 눈길을 끄는 특이한 모습 때문에 민간 신앙의 대상이 된 곳도 많다. 선바위란 이름은 바위 모습이 스님이 참선(參禪)하는 것과도 같다고 해서 붙인 것이다.

그림 3.19 화강암 타포니

왼쪽 사진: 고석정, 철원. 오른쪽 사진: 덕숭산, 예산. 사진의 타포니들은 내륙에 발달된 경우로 염풍화 이외에도 서릿발 풍화나 화학적 풍화의 영향을 받아 생성된 것이다. 판상절리가 있는 곳은 왼쪽 사진처럼 절리면을 따라 수평적으로 타포니가 발달한다.

의 절리나 층리 또는 광물입자 간의 틈새에서 용액 상태로 머물러 있다가 건조해지면 수분이 증발하면서 고체인 염정으로 변하게 된다. 이렇게 염정이 생기거나 기존의 염정이 물을 머금게 되면 물질의 부피가 증가하여 틈새 주변에 압력을 가하게 되기 때문에 암석 조각이나 광물입자들이 분리된다. 이런 과정이 암체의 특정 부위에서 반복되면 그곳에는 풍화 구멍이 생겨나게 된다.

타포니는 암질(岩質, lithology)[11]과도 관련이 있다. 퇴적암에서는 사암, 석회암 등, 그리고 화성암에서는 화강암, 조면암 등의 암석에서 흔하게 관찰된다. 그러나 드물지만 마이산에서 보듯이 역암[12]에서도 타포니가 발달하기도 한다(그림 3.24). 역암은 자갈과 자갈 사이를 메우고 있는 모래, 실트 등 기질물질(基質物質, matrix materials)[13]이 먼저 풍화를 받아 제거되고, 뒤이어 자갈들이 암체에서 분리되는 과정으로 타포니가 생긴다. 따라서 역암의 타포니는 다른 암석의 타포니에 비하여 풍화 구멍의 내부가 거친 것이 특징이며, 벌집 형태의 작은 풍화 구멍들은 찾아보기 어렵다.

나마는 타포니와 마찬가지로 풍화로 생기는 구멍 지형이지만 그것이 생겨나는 위치와 형태가 다소 다르다. 나마를 풍화 구멍이라 하지만 실제로는 평평한 암반 위에 생긴 와지(窪地)에 가까운 풍화 구멍으로 깊이보다는 직경이 더 넓고 외형이 대체로 둥근 형태를 지니고 있다(그림 3.20). 나마의 규모와 형태는 다양하지만, 개중에는 가마솥 모양인 것도 적지 않아 우리나라에서는 가마솥 바위라 부르는 곳도 있다. 나마는 우리나라 곳곳에서 드물지 않게 볼 수 있는데, 그중 설악산의 울산바위에 발달한 나마는 잘 알려졌다(그림 3.20 아래쪽 사진). 나마와 형태가 비슷한 지형으로는 포트홀(pothole)[14]을 들 수 있다(그림 5.97, 5.98). 그러나 포트홀은 물에 의해 자갈이 운반되는 과정에서 암반이 자갈에 의해 마식을 받아 생긴 구멍 지형으로 나마와 외형은 비슷해 보여도 성인이 같지 않다. 다시 말하여 나마는 풍화지형이지만, 포트홀은 물에 의한 침식지형이다. 나마는 에너지를 가지고 흘러내리는 물에 의해 거의 영향을 받지 않는 산지의 정상부에서도 생겨나지만, 포트홀은 물이 흘러내리면서 자갈을 운반하는 하상이나 해안의 암반 위에서 발달한다.

---

11 광물의 조직, 입자크기 등을 포함한 암석의 성질을 말한다.

12 역암(礫岩, conglomerate)은 자갈의 비중이 높은 암석으로 여러 종류가 있는데, 그중 물에 의해 자갈이 운반 퇴적되어 생겨난 역암은 자갈들 사이가 모래, 실트 등의 세립물질들로 채워져 있다.

13 다양한 크기의 물질들이 혼재한 암석이나 퇴적물에서 바탕을 이루는 세립물질을 일컫는다.

14 포트홀(pothole)은 흔히 도로 위에 패여나간 구멍을 뜻하기도 하지만, 지형학에서는 물에 의한 마식작용으로 생긴 마식구멍(또는 돌개구멍)을 말한다.

그림 3.20 나마

위 사진: 사암, 미국의 캐년랜드. 아래 사진: 화강암, 설악산의 울산바위. 나마는 수평 암반에 수직적으로 파인 풍화 구멍이다. 풍화 등의 원인으로 암반에 작은 와지가 생기면 수분이 긴 시간 그곳에 머물 수 있기 때문에 풍화가 가속적으로 일어나면서 나마와 같은 풍화 구멍이 생긴다

2) 풍화퇴적지형: 애추, 암괴원, 암괴류

애추는 암벽에서 서릿발 풍화로 떨어져나온 암설(岩屑, debris)들이 자유낙하(free fall)하여 절벽 하단부에 쌓인 산록퇴적지형이다(그림 3.21). 그런 조건을 갖춘 곳은 동결과 융해가 빈번하게 반복될 뿐만 아니라 식생이 빈약한 곳이므로 수목선 고도 이상의 고산지방이거나 주빙하기후가 지배하는 고위도 지방에서 애추가 잘 생긴다. 그러나 애추의 분포 범위는 꼭 그런 지방에 국한된 것만은 아니다. 애추는 암석의 물리적인 풍화가 잘 일어날 수 있는 곳이면 어디서나 발달할 수 있다.

애추의 형성과정을 보면, 먼저 급사면의 암벽이 생긴 후 물리적인 풍화를 받아 암벽으로부터 암설들이 떨어져내려 암벽의 하단부에 쌓여 애추가 생겨난다. 급사면의 암벽은 여러 가지 원인으로 생겨난다. 하천이나 빙하에 의해 계곡이 침식받을 때 흔히 암벽이 잘 생기지만, 지표의 풍화산물이 사면류 등에 의해서 차별적으로 침식 제거될 때도 암벽이 생길 수 있다. 산지의 정상부 인근에 돌출한 암벽들은 대체로 이러한 차별적인 지면 침식의 결과로 생겨난 것들이다.

암벽의 하단부에 애추가 발달하는 것은 암벽으로부터 공급되는 암설의 양이 제거되는 암설의 양보다 많을 때이다. 이처럼 공급되는 암설의 양이 지속적으로 많아질 경우 애추의 규모가 커지면서 결국은 암설 공급지인 암벽마저 애추의 암설들로 뒤덮이게 된다. 그런 단계에 이르면 암벽으로부터의 암설의 생산과 공급이 더는 지속되지 않는다. 우리 주변의 산지에서 상부 사면에 암벽이 없는데도 애추가 있는 것은 대부분 원래는 암벽이 있었지만 애추가 커지면서 암설들로 덮였기 때문이다. 암벽에서 암설이 공급되는 양보다 암벽의 하단부에서 제거되는 암설의 양이 많다면 애추는 생기지 않는다. 또한 공급되는 양과 제거되는 양이 같다면 애추의 규모는 그대로 유지된다. 이런 것처럼 애추의 생성과 변화는 암석의 물리적인 풍화뿐만 아니라 암벽이 생성되는 지형조건은 물론이고, 공급되거나 제거되는 암설의 양과도 밀접한 관련이 있다.

우리나라에서는 거의 전 지역에서 애추를 볼 수 있다. 특히 고도가 높은 산간지방일수록 애추가 더 널리 분포한다. 애추의 형성 시기는 대체로 지난 빙하기로 보고 있다. 빙하기 때는 현재보다도 기온이 낮았기 때문에 물리적인 풍화가 더 빈번하게 일어나고, 그에 따라 애추의 형성 작용도 더 활발했을 것이기 때문이다. 그러나 영서 산간지방을 비롯하여 고산지방의 기후조건을 볼 때, 지난 빙하기만큼은 아니더라도 현재도 특히 겨울에서 봄에 이르는 동안에 수분의 동결과 융해가 빈번하게 일어나고 있으므로 애추를 구성하는 암설들의 일부는 현 기후의 산물인 것으로 볼 수 있다. 고산지에서 급사면의 암벽 하단부에 목본과 식생의 피복이 거의 없이 암설들만이 쌓여 있는 애추가 특히 그러한 예에 속한다. 나무가 거의 자라지 않는다는 것은 달리 말하면 현재도 그만큼 암설이 빈번하게 떨어져 쌓인다는 것을 의미하기 때문이다.

암괴원(岩塊原, block field)은 각진 암괴들이 대체로 평탄하고 완만한 산 사면에 집단을 이루어 분포하는 지형을 말한다(그림 3.22 오른쪽 사진). 이러한 암괴원과 유사한

그림 3.21 애추(규암, 동면, 정선)

애추는 암벽 하단부에 암설들이 쌓여 생기는 사면퇴적지형이다. 사진에서 암벽 하단부에 나무들이 자라는 것을 보면 현재는 암석낙하가 활발하지 않다.

지형으로 암설들이 모여 있는 모습이 마치 하천의 물줄기처럼 보이는 암괴류(岩塊流, block stream)도 있다(그림 3.22의 왼쪽 사진).

암괴원의 구성 암괴들은 대체로 수십 cm 이상이며, 모서리가 각진 것이 많다. 암괴의 모서리가 각진 것은 물리적인 힘에 의해 파괴될 때 나타나는 현상이다. 따라서 암괴원의 구성 암괴들이 주로 서릿발 풍화와 같은 물리적인 풍화를 받아 생겨났고, 암괴의 생성 이후 멀리 이동되지 않았기 때문에 각진 모서리가 유지된 것으로 볼 수 있다. 그러나 암괴들이 모여 집단을 이룬다는 것은 풍화작용만으로는 설명하기 어려우며, 암괴들이 생겨난 장소로부터 특정의 장소를 향해 이동해야만 가능하다. 이와 같은 암괴 이동은 지표 유출 등 유수의 영향도 전혀 배제할 수는 없지만, 그보다는 주로 서릿발 포행(frost creep), 솔리플럭션(solifuction) 등 느린 매스무브먼트에 의한 것이다. 암괴원의 사면 경사가 3~12° 로 완만한 것도 이처럼 느린 매스무브먼트에 의해 생성되었기 때문이다. 암괴의 생성에 중요한 역할을 하는 서릿발 풍화는 수분의 동결과 융해가 자주 반복되는 이른바 주빙하기후하에서 가장 전형적이므로, 암괴원은 빙하 주변부나 고산 지방에 널리 분포한다. 그러나 우리나라 중·남부지방의 여러 암괴원에서 보듯이, 현재 이러한 기후가 나타나지 않은 지역에서도 암괴원이 분포하는

그림 3.22 암괴류와 암괴원

왼쪽 사진: 암괴류, 만어사 인근, 양산. 오른쪽 사진: 암괴원, 장산, 부산. 암괴원과 암괴류는 다 같은 암괴 집단이지만, 암괴류는 마치 하천 줄기처럼 보이는 반면, 암괴원은 그렇지 않다.

경우가 드물지 않다. 이는 과거 빙하기 때 생겨난 것이 현재까지 남아 있는 것으로 볼 수 있다.

암괴류는 암괴원과 마찬가지로 암괴들이 집단을 이루고 있는 지형이지만 멀리서 보면 마치 산지를 흘러내리는 하천처럼 보이는 점에서 암괴원과는 형태적으로 구분된다. 이처럼 형태는 달리 보여도 주빙하기후 지역의 암괴류와 암괴원은 생성과정이 크게 다르지 않다. 그러나 암괴류나 암괴원 중에는 온난습윤한 기후조건하에서 발달하는 것도 있다. 이들의 구성암괴 중에는 둥글게 생긴 것이 많은데 대체로 핵석에서 비롯된 것이다. 이런 핵석들이 모여 암괴류나 암괴원이 생성되는 과정은 아래와 같다. 즉 초기에 온난습윤한 기후하에서 땅속에 두꺼운 풍화층과 함께 많은 핵석이 생겨나고, 이후 기후가 한랭해지면서 핵석을 덮고 있던 풍화층이 침식 제거되어 핵석들이 지표에 드러나게 되었다. 이렇게 지면에 노출된 암괴들은 매스무브먼트를 받아 점차 고도가 낮은 곳으로 이동을 하게 된다. 또한 그런 과정에서 지표유출에 의해 암괴 주변의 토양물질이 제거되어 지면 고도가 더욱 낮아지기 때문에 시간이 지나면서 그곳으로 점점 더 많은 암괴들이 모여들어 암괴류나 암괴원이 생겨나는 것으로 보고 있다.

3) 풍화복합지형: 도상구릉, 토르

도상구릉은 주변의 낮은 산지나 평지에 비하여 마치 섬처럼 돌출해 있어 '섬 모양으

그림 3.23 돔 도상구릉(화강암, 요세미티, 미국)

돔 도상구릉은 지하의 화성암(화강암 등) 돔이 지반융기에 따라 지표에 드러난 것이다. 돔의 표면에는 하중제거에 의한 풍화로 생긴 판상절리가 발달해 있다.

그림 3.24 돔 도상구릉과 타포니(마이산, 진안)

마이산은 역암이지만 타포니가 발달하였다. 이곳의 타포니는 기질물질인 모래나 실트가 풍화로 제거되면서 자갈이 떨어져나가는 방식으로 생겨났다.

로 솟은 구릉'이란 뜻을 지닌 도상구릉(島狀丘陵, inselberg, bornhardt)[15]이란 이름이 붙었다(그림 3.23, 3.24). 미국 요세미티의 하프돔이나 브라질 리오데자네이로의 슈가로프산(Mt. Sugarloaf)도 이에 속한다.

도상구릉은 형태적인 특징을 기준으로 돔 도상구릉(domed inselberg)과 암괴 도상구릉(tor, boulder inselberg)으로 나눌 수 있다. 돔 도상구릉은 말 그대로 거대한 암괴가 돔 산체를 이루어 주변의 낮은 산지나 평야 위로 돌출한 산지이다. 우리나라의 백운대, 마이산 등도 돔 도상구릉의 전형적인 경우이다.

돔 도상구릉과 유사한 뜻을 지닌 것으로 '잔구(殘丘, monadnock)'라는 용어가 있다. 잔구의 어원은 미국의 뉴햄프셔(New Hampshire)에 있는 모나드낙(Mt. Monadnock)에서 비롯되었는데, 데이비스의 지형윤회설과 연계되어 사용되는 경우가 많아 근래에는 잘 사용하지 않고 있다. 즉, 데이비스에 따르면, 지형발달단계의 종말기에서는 침식에 견뎌 남은 잔구와 넓은 범람원이 지배적인 준평원이 생겨난다. 이와 같은 데이비스의 주장이 지닌 지형학적인 문제는 다른 장에서 언급했으므로 여기서는 생략한다. 하지만 데이비스가 말하는 준평원이나 잔구 등의 개념은 한때 우리의 지형 해석에도 널리 쓰였던 것도 사실이다.

---

15 도상구릉을 우리말로 '섬산'이라 부르는 것도 좋다.

그러나 오늘날에는 이 용어들을 데이비스적인 개념으로 사용하지는 않으며, 단순히 그런 형태적인 특징을 지닌 지형이라는 의미로 사용한다. 여기서 한 가지 유의할 점은, 우리 주변에서 소위 잔구로 보이는 낮은 산지 혹은 구릉에 대하여 '오랜 침식을 받아 낮아진 것'이라고 생각하는 경우가 많다는 사실이다. 이런 해석은 데이비스적인 사고에서 비롯된 것으로서, 높은 산지에서 출발하여 침식을 받아 낮아졌다는 증거가 우리 주변 어디서에도 관찰되지 않으므로 지양하는 것이 바람직하다. 입증된 바는 없으나, 오늘날에는 우리나라의 서해안 지방에서 관찰되는 낮은 산지에 대하여 데이비스식의 유년기, 장년기 등의 단계를 겪은 산지가 아니라 애초부터 지반 융기량이 크지 않았기 때문에 지반 융기와 더불어 곧바로 그런 형태의 산지로 달라졌던 것으로 해석한다. 그러나 이 역시 평탄면 지형에서 출발하여 그런 지형으로 달라졌다는 전제 조건을 달고 있으므로 평탄면이 존재했다는 증거를 밝히기 전까지는 하나의 가설에 불과한 것이다. 그렇지만 높은 산지에서 낮아졌다는 주장보다는 진일보한 해석인 것만은 분명하다.

도상구릉이 생겨나는 과정은 여러 가지로 해석할 수 있지만, 대체로 지반 융기와 더불어 풍화층이 제거되면서 기반암이나 땅속의 암괴들이 지면에 노출되어 생성되는 것으로 설명한다. 기반암에 절리 간격이 넓게 발달된 곳에서 풍화침식이 진행되면, 기반암은 물론이지만 핵석에서 비롯되는 암괴들도 규모가 크기 때문에 많이 움직이지 않고 대체로 지면에 노출된 그 자리에 남아 도상구릉이 된다. 기반암 암괴가 일단 지면 위로 돌출하면 암괴의 풍화침식에 대한 저항도가 풍화층이나 토양으로 덮인 주변 지역보다 더 높기 때문에 쉽게 침식 제거되지 않으며, 점차 더 비고가 커지면서 도상구릉의 형태를 지니게 된다. 도상구릉과 그 주변 지역의 경사각은 대체로 큰 경우가 많다. 이는 노암(露岩)이 많은 도상구릉으로부터 그 주변 지역으로 지표유출로 공급되는 수분이 많아 그곳에서는 풍화의 진행속도가 도상구릉보다 더 빠를 뿐만 아니라, 생겨난 풍화산물도 쉽게 물에 씻겨 제거되기 때문이다.

열대기후하에서는 평탄면이 삭박을 받아 낮아지는 과정에서 때로는 풍화층 하부의 풍화기저면의 일부가 도상구릉이 되어 지면에 드러나기도 한다. 이러한 도상구릉은 고도가 높지 않은 방패 모양의 것들이 많다. 또한 이러한 도상구릉과 평탄한 삭박면 사이에는 페디먼트가 발달하기도 한다.

그림 3.25 토르(화강암, 관악산)

관악산 능선에는 곳곳에 이와 같은 토르가 분포한다. 그 주변에서 새프롤라이트(그림 3.17)가 관찰되는 것을 보면, 토르를 구성하는 암괴들은 지하에서 핵석의 형태로 생성된 후, 피복 풍화층이 제거되면서 지표에 드러난 것으로 추정된다.

토르(tor)는 도상구릉의 일종인 암괴 도상구릉(boulder inselberg)으로 암괴들이 집단을 이루어 쌓여 탑, 성채 등의 모습을 하고 있다. 구성 암괴의 크기는 돔 도상구릉보다 작지만, 형성과정은 돔 도상구릉과 크게 다르지 않다(그림 3.25). 토르는 세계 여러 지역에서 볼 수 있다. 그중 잘 알려진 것으로는 영국 잉글랜드 남서부 다트무어(Dartmoor) 일대의 토르를 들 수 있다(Linton, 1955). 우리나라에서도 관악산, 북한산, 설악산 등 특히 화강암 분포 지역에서 토르를 어렵지 않게 찾아볼 수 있다(권동희, 1987).

참고문헌

강영복, 1978, 한국의 적색토 풍화과정의 특성, 지리학, 18, 1-12.

권동희, 1987, 한국산지에 발달한 Tor에 관한 연구, 동국대학교 박사학위논문.

권동희, 2007, 한국의 화강암 풍화지형 연구 성과와 과제, 한국지형학회지, 14(2), 21-31.

권순식, 2009, 풍화작용과 지형, 한국학술정보(주).

김영래, 2012, 한반도 남서부 영암의 화강암 구릉대 적색토의 화학적 풍화 특색, 대한지리학회지, 47(3), 315-327.

김종연, 2013, 강원 북부 해안 화강암 구릉에 발달한 풍화 와지의 특성과 암석 강도에 대한 연구, 한국지형학회지, 20(2), 83-101.

김종연, 양동윤, 김종욱, 신원정, 2014, 해안 풍화지형의 기원과 성격 고찰: 풍화와지 내의 암분과 암체의 화학조성 분석을 통하여, 한국지형학회지, 21(3), 63-83.

박경, 2017, 풍화지형에 대한 지형학적 분석과 고고민속학적 접근에 관한 비교 연구: 타포니와 나마, 감실과 알터를 중심으로, 한국지형학회지, 24(3), 119-131.

성영배, 이진한, 조석주, 이홍종, 2013, 범람원에서 발견된 적색밴드에 대한 미세구조 특성: 고고학 유적층을 사례로, 한국지형학회지, 20(2), 41-52.

양재혁, 기근도, 김영래, 2015, 동결-융해작용에 따른 암석풍화의 특성: 사암, 이암, 셰일을 중심으로, 한국지형학회지, 22(2), 41-59.

오경섭, 1989, 화강암 풍화층의 점토조성과 풍화환경, 지리학, 40, 31-42.

장재훈, 2002, 한국의 화강암 침식지형, 성신여자대학교출판부, 27-42.

홍성찬, 최정헌, 김종연, 2016, 강릉-동해에 분포하는 해안단구 퇴적물의 지화학적 풍화 특성, 한국지형학회지, 23(2), 95-108.

Ahnert, F., 1976, Description of a comprehensive three-dimensional model of landform development, *Zeitschrift für Geomorphologie, Supplement*, 25, 29-49.

Birkeland, P. W., 1984, *Soils and Geomorphology*, Oxford, Oxford University Press.

Birkeland, P. W. and Larson, E. E., 1989, *Putnam's Geology*, Oxford, Oxford University Press, 282-309.

Blackwelder, E., 1927, Fire as an agent in rock weathering, *Journal of Geology*, 35, 135-140.

Bland, W. and Rolls, D., 1998, *Weathering: an introduction to the scientific principles*, London, Arnold.

Büdel, J., 1957, Die Doppleten Einebnungsflächen der feuchten Tropen, *Zeitschrift für*

Geomorphologie, N. F., 1, 201-228.

Büdel, J., 1981, *Klima Geomorphologie*, Berlin, Gebrüder Borntraeger.

Chernicoff, S., 1999, *Geology*, Boston, Houghton, Mifflin, 129-151.

Chorley, R. J., Schumm, S. A. and Sugden, D. E., 1984, *Geomorphology*, London, Methuen, 203-229.

Derbyshire, E.(ed.), 1976, *Geomorphology and Climate*, London, John Wiley & Sons.

Easterbrook, D. J., 1999, *Surface Processes and Landforms*, New Jersey, Prentice Hall, 13-55.

Embleton, C. and Thornes, J., 1979, *Process in Geomorphology*, London, Edward Arnold, 73-129.

Griggs, D., 1936, The fatigue in rock exfoliation, *Journal of Geology*, 44, 783-796.

Jenny, H., 1941, *Factors of Soil Formation*, New York, McGraw-Hill.

Linton, D. L., 1955, The Problem of Tors, *Geographical Journal*, 121, 470-487.

Ollier, C., 1984, *Weathering*, London, Longman.

Ritter, D. F., Kochel, R. C. and Miller, J. R., 1995, *Process Geomorphology*, Iowa, Wm. C. Brown, 49-135.

Robinson, D. A. and Williams, R. B. G., 1994, *Rock Weathering and Landform Evolution*, New York, John Wiley & Sons.

Strakhov, N. M., 1967, *Principles of Lithogenesis*, Edinburgh, Oliver & Boyd.

Trudgill, S. T., 1976, Rock weathering and climate: quantitative and experimental aspects, in Derbyshire, E.(ed.), *Geomorphology and Climate*, London, John Wiley & Sons, 59-99.

Twidale, C. R., 1982, *Granite Landforms*, New York, Elservier, 280-300.

제4장

산지지형

그림 4.1 태백산맥(평창과 강릉 사이)

태백산맥은 지반융기율의 차이에 의해 분수계를 기준으로 동쪽에는 급사면(사진의 급사면, 강릉), 서쪽에는 평탄한 고원(사진 상단의 산정부, 고위침식면, 평창)이 발달되어 있다.

1. 사면 분류와 사면지형체계

지형학에서 사면(斜面, slope)은 말 그대로 경사진 지표면을 말한다. 경사진 지표면은 대부분 산이나 구릉지의 사면이므로, 사면은 좁은 의미에서 산지사면(hillslope)을 의미하기도 한다(그림 4.1, 4.2).

육지는 하천에 의해 형성된 평탄한 지형인 범람원이나 하안단구 등을 제외하고는 대부분 경사와 물질이 다른 여러 종류의 사면으로 구성되어 있다. 따라서 사면의 형태가 거의 그대로 지표면의 모습이며, 사면의 변화과정 또한 지표면의 변화과정이라 해도 지나친 말이 아니다. 이런 이유로 일찍부터 많은 지형학자들은 사면의 형태를 분류하고, 그 변화과정을 밝히는 것이 지형발달과정을 규명하는 핵심적인 일인 것처럼 여겨왔다. 그만큼 지형학에서는 사면에 대한 연구를 중시해왔다. 그러나 사면지형은 하천지형이나 해안지형에 비하여 변화가 역동적인 것은 아니므로, 실측과 과정 분석을 중시하는 연구들에서는 제약이 많았다. 따라서 그간 사면지형 분야에서는 사면변화과정을 역동적으로 파악해내는 실증적인 연구보다도 이론적인 관점에서 사면지형 변화에 관한 모델을 수립하려는 연구가 많았다.

그림 4.2 산지의 사면형(관악산 동사면, 사진 중앙: 우면산)

사면에는 나무가 자라고 암괴도 돌출해 있어 그 형태가 장소마다 같지 않다. 그럼에도 사면형을 일반화한다면, 우리나라와 같은 온대습윤지역에서는 분수계에서 계곡으로 내려가면서 철형(凸形), 직선형, 요형(凹形) 사면형이 많다.

1) 사면 분류

사면은 흔히 사면단면(斜面斷面, hillslope profiles)을 토대로 분류한다(그림 4.3). 사면단면은 야외에서 실측하거나 지도의 등고선을 이용하여 파악할 수 있다. 실측도 그 원리는 마찬가지지만, 등고선 지도를 이용할 경우, 흔히 측선을 정하여 산의 분수계 능선 또는 정상부에서 계곡을 향하여 내려가면서 단면을 그린다. 이때 측선이 등고선에 직각을 유지하도록 그려내는 것이 일반적이다. 그런 이유는 사면물질이 최대 경사 방향을 취하면서 높은 곳에서 낮은 곳으로 이동하기 때문이다. 그렇게 파악한 사면단면은 선으로 표현되는 2차원적인 것이므로 실제의 사면이 아니라 엄밀히 보면 지

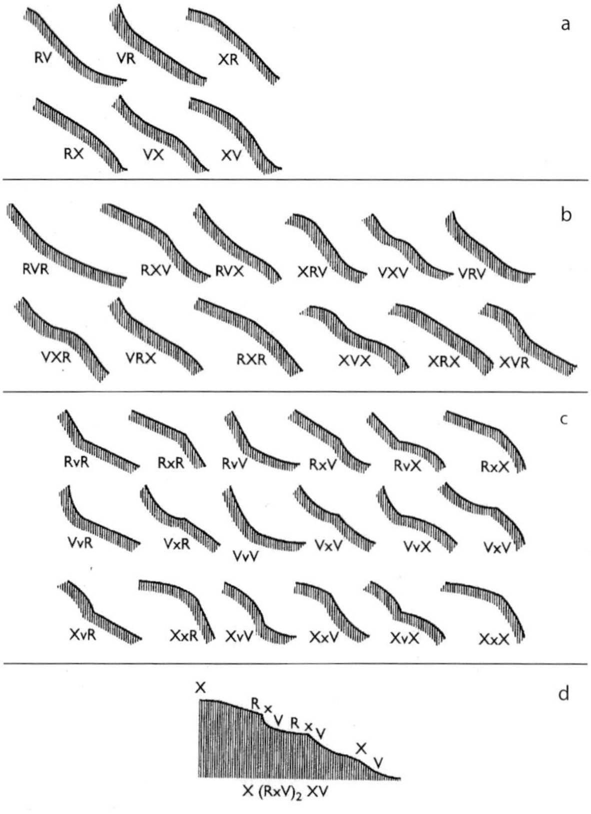

그림 4.3 사면형 분류

a: 2개 사면형의 조합(예, RV: 상부사면은 직선형, 하부사면은 요형). b: 3개 사면형의 조합(예, RVR: 상부사면은 직선형, 중간사면은 요형, 하부사면은 직선형). c: 경사 변환점을 포함한 2개의 사면형 조합(예, RvR: 상부사면과 하부사면 모두 직선형이고 그 중간에 요형의 경사 변환점 있음). d: 복합적인 사면단면(예, $X(RxV)_2XV$: 사면의 상부에서 하부로 가면서 철형, 직선형, 철형(경사 변환점), 요형, 직선형, 철형(경사 변환점), 요형, 철형, 요형 사면형이 나타남)(Ahnert, 1998, p.127. 원자료: Ahnert, 1970).

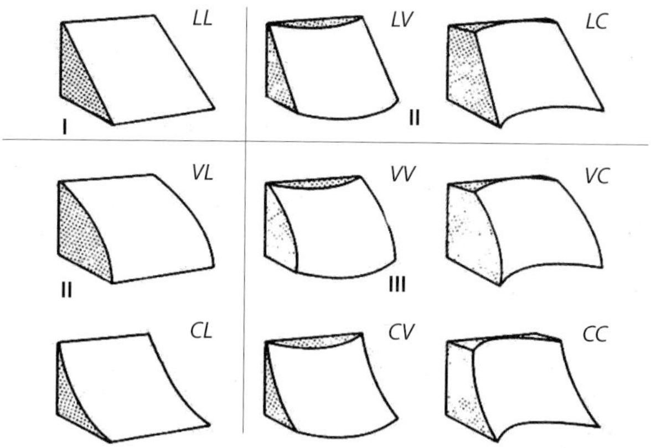

그림 4.4 3차원적인 사면형 분류

L: 직선형, V: 철형, C: 요형. 그림에서 가장 단순한 사면형은 그룹 I(LL, 사면종단과 횡단이 직선형)이며, 가장 복잡한 사면형은 그룹 III(예, CC, 사면종단과 횡단이 요형)이다(Chorley *et al.*, 1984, p.257. 원자료: Ruhe, 1975, p.100).

형의 한 측면만을 파악한 것에 지나지 않는다. 따라서 이러한 한계를 극복하기 위하여 진일보한 3차원적인 사면분류방법이 그 대안으로 제시되었다(그림 4.4). 그러나 이 또한 복잡하게 나타나는 실제의 사면을 그대로 재현한 것은 아니며, 그 유용성 역시 마찬가지로 제한적이다. 이런 등의 이유로 불완전하기는 하지만 사면의 특성을 2차원적인 사면단면을 통하여 파악하는 방법이 여전히 사면연구에서 널리 활용되고 있다.

2차원적인 사면단면의 기본형은 철형(凸形)사면(convex slope, ⌒), 요형(凹形)사면(concave slope, ⌣), 직선형사면(straight slope, /)이다. 그러나 실제에 있어서는 사면의 구성물질과 지형형성과정이 장소마다 같지 않으므로, 기본형만으로 구성된 사면은 거의 관찰하기 어렵다. 아너트(Ahnert, 1970)에 따르면, 단순한 사면일지라도 최소 2개의 기본형이 결합된 것이 대부분인데, 상부의 직선형(R)과 하부의 요형(V), 상부의 요형(V)과 하부의 직선형(R), 상부의 철형(X)과 하부의 직선형(R) 등 6개 유형으로 분류할 수 있다(그림 4.3의 a).[1] 그러나 분수계로부터 골짜기에 이르는 길이가 긴 사면은 이보다 더 복잡하여 3개의 기본형이 여러 방식으로 조합된 것이 대부분이다(그림 4.3의 b, c, d).

1 여기서 V는 요형사면(concave slope), X는 철형사면(convex slope), R은 직선형사면(straight slope)을 의미한다.

2) 사면지형체계

사면의 지형변화가 어떠한 과정에 의해서 일어나는지를 이해하기 위해서는 우선 사면 중심의 간략한 지형형성체계를 설정할 필요가 있다. 체계의 관점에서 살펴본다면, 지형변화는 지형체계 그 자체의 속성과 체계 내로 유입되는 물질이나 에너지 조건에 의해 규제되어 발생한다고 할 수 있다. 다시 말하면 사면은 형태(사면고도, 사면각 등)와 구성물질(두께, 입경, 광물학적·화학적 조성 등), 그리고 사면의 지형변화를 초래하는 원인인 지형형성과정(풍화작용, 사면에서의 침식·운반·퇴적 작용, 사면하단부에서의 하천침식·퇴적작용 등)에 의해 변화된다(그림 4.5).

사면발달에 관여하는 이들 주요 변수, 즉 형태, 구성물질, 그리고 지형형성과정은 하나의 변수가 일방적으로 체계 전체 또는 다른 변수들을 결정하지 않으며, 국지적인 조건에 따라 그 정도는 다를지라도 상호간에 영향을 주고받는 기능적인 관계에 있다. 예를 들어 사면물질의 풍화가 활발하게 일어나 풍화층이 두꺼워지면, 두꺼워진 풍화층이 역으로 풍화의 진전속도를 늦추게 된다. 또한 침식에 취약한 풍화층이 두꺼워지면 침식작용이 활발해지면서 풍화물질의 사면하방이동이 많아져 풍화층은 얇아진다. 이와 동시에 사면하단부에서는 침식 운반된 퇴적물이 두껍게 쌓여 사면경사가 감소된다. 사면하단부에 하천이 있는 경우에는 하천침식작용의 강약에 따라 사면하단부의 경사가 달라지며, 그 영향은 비단 하천과 접촉하는 사면하단부에만 국한되지 않고 시간이 지남에 따라 점차 상부사면 방향으로 확대된다.

이와 같이 사면변화에 관여하는 변수들은 서로 기능적으로 밀접하게 연계되어 있다. 여러 변수 중 하나인 사면피복층(斜面被覆層, regolith)을 예로 든다면, 그 두께는 풍화율 이외에도 상방사면으로부터 공급되는 물질의 양이나 하방사면으로 빠져나가는 물질의 양에 영향을 받는다. 이러한 관계는 아래와 같은 수식으로도 표현할 수 있다(Ahnert, 1998, pp.127-129).

$$C = A + W - R$$

C: 임의 지점의 사면피복층 두께, A: 상방사면으로부터 공급되는 물질의 양, W: 임의 지점의 풍화율(풍화산물), R: 하방 사면으로 빠져나가는 물질의 양

위 식에서 보듯이 사면퇴적층은 사면의 물질 수지에 직접적으로 영향을 받기 때문에 그 수지에 영향을 미치는 또 다른 변수인 사면경사(상방 및 하방)와도 유의미한 관계에 있다. 이들의 관계를 도식화하여 표현하면 그림 4.6과 같다. 그림에서 +는 정(正)의 상관관계, -는 부(負)의 상관관계, 화살표는 영향이 미치는 방향을 의미한다. 예를 들면 임의의 지점에서 사면피복층이 두꺼워지면, 이로 인하여 그 지점의 상방사면(upslope)은 경사가 완만해지므로, 사면피복층이 상방사면경사에 -관계로 영향을 미치지만, 그 지점의 하방사면(downslope)은 그와는 반대로 경사가 급해지므로 사면피복층이 하방사면경사에 +관계로 영향을 미친다.

사면지형은 풍화작용을 포함한 물, 바람, 빙하에 의한 외인적 작용은 물론, 지각

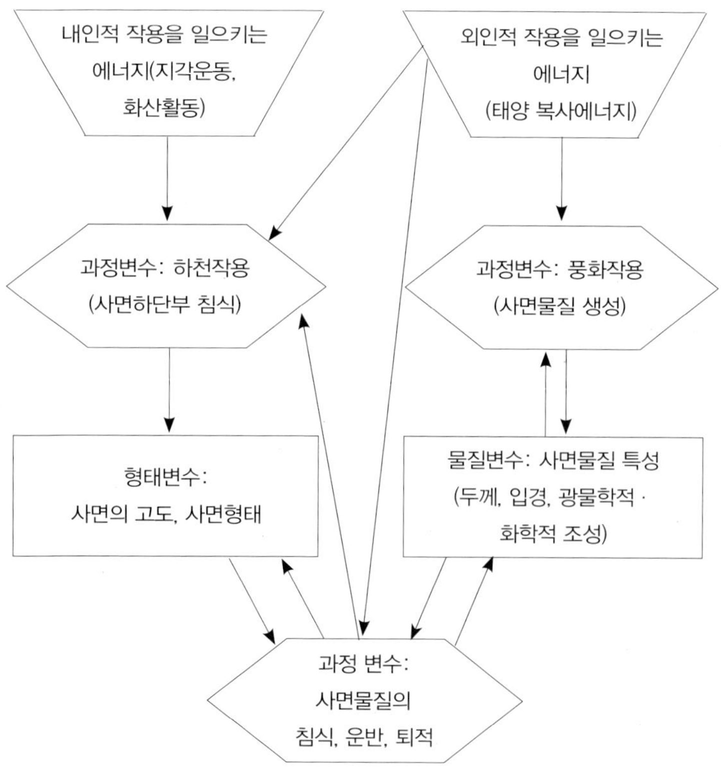

그림 4.5 사면지형체계

사면의 과정반응체계는 형태변수, 물질변수 및 과정변수 간의 상호작용으로 구성되어 있다. 사면은 이들 변수의 상호작용에 따라 다양한 형태의 사면으로 변화한다. 이들 변수와는 달리, 지각운동이나 화산활동, 그리고 태양에너지는 체계 외부에서 영향을 미치는 변수이므로 사면의 과정반응체계변수에 의해서는 영향을 받지 않는다(Ahnert, 1980).

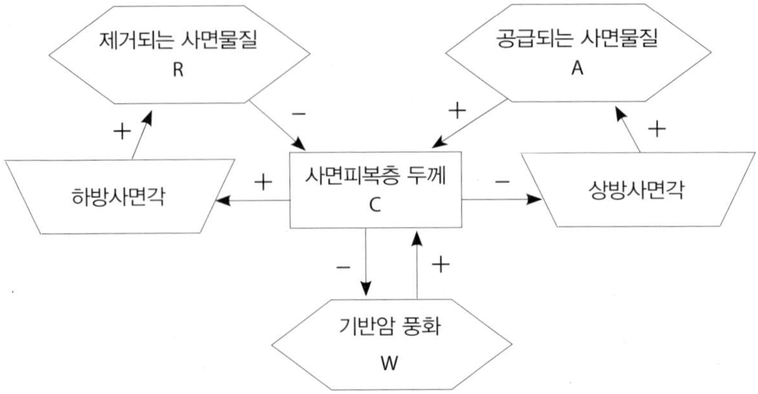

그림 4.6 사면의 물질수지체계

사면피복층(regolith)의 두께(C)는 풍화(W)가 활발하고, 상방사면으로부터의 물질공급량(A)이 많을수록 증가하며, 그 반대로 하방사면으로 제거되는 물질의 양(R)이 많을수록 감소한다(Ahnert, 1998, p.128).

운동이나 화산활동에 의한 내인적 작용에 의해서도 영향을 받는다. 그렇다고 해서 모든 사면이 이들 지형형성작용을 동시에 다 같은 정도로 받는다는 것은 아니다. 그 중에는 특정의 지형형성작용이 다른 것들보다 더 큰 영향을 미치기도 한다. 이처럼 사면 위에서 일어나는 지형형성작용은 그 종류와 강도가 다양하지만, 공통적인 지형형성작용들을 두 그룹으로 유형화하면, 대체로 매스무브먼트에 의한 지형형성작용과 사면 위를 흘러내리는 물에 의한 지형형성작용으로 나눌 수 있다. 아래에서는 편의상 이들을 나누어 기술하되, 매스무브먼트에 의한 지형형성작용은 중력이 지배적으로 작용하여 발생한다는 점에서 다른 지형형성작용들과는 구분되는 특성이 있으므로 별개로 다루고, 물에 의한 지형형성작용은 산지지형에 관한 전반적인 내용을 소개할 때 그에 포함하여 기술한다.

2. 매스무브먼트

1) 매스무브먼트의 정의와 주요 변수

(1) 매스무브먼트의 정의

매스무브먼트(mass movement)[2]란 중력(gravity force)에 의해 토양, 암설 등의 사면물질이 경사 방향을 따라 개별적으로 또는 집단을 이루어 이동하는 현상을 말한다(그림 4.7). 이러한 매스무브먼트를 때로는 '사태(沙汰, landslide)'라 부르는 경우도 있지만, 사태는 활동(滑動, slide)을 위주로 하는 매스무브먼트를 일컫는 용어이므로 그보다는 상위의 개념 용어인 매스무브먼트를 사용하는 것이 바람직하다.

그림 4.7 백두산 천지 호안(湖岸)의 외륜산지사면

외륜산지의 절벽에서는 암석낙하, 그리고 절벽 하단부의 산지사면에서는 암석포행, 솔리플럭션, 암설류 등의 매스무브먼트가 활발하게 일어나면서 지형이 변화되고 있다.

2 때로는 'mass wasting'이라고도 한다. 그러나 'mass movement'란 용어를 더 널리 사용하므로 여기서는 'mass movement'로 기술한다.

매스무브먼트는 그것을 일으키는 근본적인 힘이 중력에 있다는 점에서 물질 이동을 일으키는 주요 기구(機構)들인 물, 바람, 빙하 등과는 또 다른 특징이 있다. 그러나 매스무브먼트를 지배하는 원동력이 중력이라 하더라도, 사면물질의 종류와 특성, 그리고 물질 속에 포함된 물, 얼음, 공기의 함량에 따라 매스무브먼트의 유형이나 이동속도 등이 달라진다.

(2) 매스무브먼트 주요 변수: 전단력, 전단응력, 사면경사

매스무브먼트는 사면물질에 가해지는 힘, 즉 전단력(剪斷力, shear stress)이 움직이지 않고 그 자리에 그대로 머물러 있으려는 힘인 전단응력(剪斷應力, shear resistance)을 능가함에 따라 사면이 불안정해져 발생하는 것이다. 이는 아래와 같은 사면안정도(F, safety factor)로 나타낼 수 있다.

F = 전단응력 / 전단력

위 식에서 F = 1은 전단응력과 전단력이 평형을 이룰 때이다. F > 1, 즉 전단응력이 크면 사면은 안정적인 반면, F < 1, 즉 전단력이 크면 사면은 불안정해져 매스무브먼트가 일어날 수 있는 조건이 된다. 그러나 실제로는 F의 값이 1보다 다소 클 때, 즉 이론적으로 사면이 안정적일 수 있는 조건인 1~1.3의 경우에도 매스무브먼트가 발생하는 것으로 알려져 있다. 실제의 사면에는 토양수 등 사면의 불안정성을 보다 높일 수 있는 요인이 많기 때문이다. 사면에서 전단력을 강화시켜 사면을 불안정하게 만드는 요인들은 대체로 사면 경사와 고도를 높이거나, 사면의 하단부를 침식하는 것들, 그리고 지진, 발파 작업 등으로 진동을 일으켜 사면을 흔들어놓는 것들이다(Chorley *et al.*, 1984, p.247).

매스무브먼트도 마찬가지지만, 사면에서 물질 이동이 일어나는 것은 사면에 놓인 물질이 중력의 영향을 받아 하방 이동하기 때문이다(그림 4.8). 사면에서 질량 m인 물질이 중력(g)의 영향을 받을 때, 무게(W)는 아래와 같다.

W = m · g

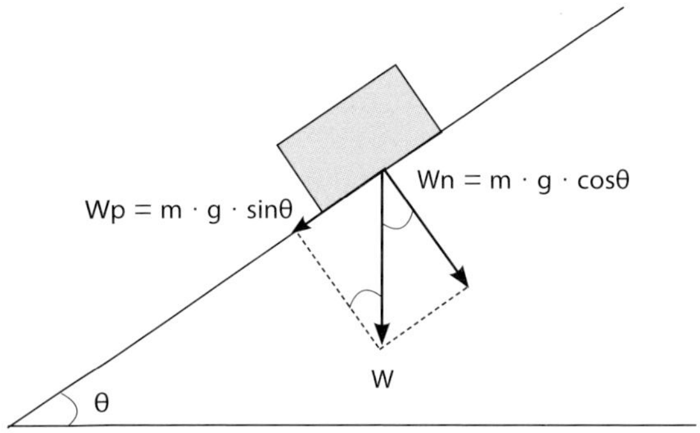

그림 4.8 사면 위의 물질

물질의 무게(W = m · g)는 사면에 수직으로 힘을 가하며, 이는 사면에 직각인 힘(Wn)과 평행한 힘(Wp)으로 나누어진다. 따라서 Wp의 값이 커질수록 물질의 사면하방이동은 증가한다.

사면위에서 W는 사면에 직각으로 작용하는 힘(Wn)과 사면에 평행하게 작용하는 힘(Wp)으로 나누어지며, 그 각각은 아래와 같이 구할 수 있다(그림 4.8).

$$Wn = m \cdot g \cdot \cos\theta$$

$$Wp = m \cdot g \cdot \sin\theta$$

사면위의 물체는 Wp 값에 영향을 받아 하방 이동하게 된다. 즉, 하방 이동하는 힘은 사면각의 사인(sine) 값에 비례한다. 사인 값은 각의 크기에 비례하므로 사면각이 클수록 물체는 하방 이동하는 힘이 커진다. 그러나 이것은 사면과 물체 사이에 발생하는 마찰력을 고려하지 않은 것이며, 실제의 사면에서는 마찰력이 없는 경우란 있을 수 없다. 마찰력(f)은 아래와 같이 마찰계수(μ)와 수직항력(N)의 곱으로 나타난다.

$$f = \mu \cdot N$$

또한 마찰계수는 마찰력을 수직항력으로 나눈 값으로 나타낼 수 있다.

$$\mu = f / N$$

여기서 N = m · g · cosθ 그리고 f = m · g · sinθ이므로, 이를 위 식에 대입하면 μ = tanθ가 된다. 따라서 마찰력은 아래와 같다.

$$f = N \cdot \tan\theta$$

이에 의하면 마찰력은 수직항력 값에 사면각의 탄젠트 값을 곱하여 얻을 수 있다. 그러나 실제의 사면에서는 물질 특성에 따라 점성이 같지 않기 때문에 마찰에 작용하는 힘이 같지 않다. 따라서 점성까지도 고려해야 사면에 가해지는 마찰력을 좀 더 실제에 가깝게 파악하는 것이 된다. 사면물질의 점성(C)을 포함한 마찰력은 다음의 식과 같다.

$$f = C + N \cdot \tan\theta$$

2) 매스무브먼트 분류

매스무브먼트의 고전적인 분류로는 샤프(Sharpe, 1938)의 분류를 들 수 있다(표 4.1). 이후 허친슨(Hutchinson, 1968), 바니스(Varnes, 1958; 1978) 등이 새로운 분류방식을 제안하였는데, 특히 바니스의 분류는 영어권에서 잘 알려졌다(그림 4.9, Selby, 1982, pp.117-121). 이들 분류는 조금씩 다르기는 하지만, 대체로 이동방식, 이동속도, 이동방향, 이동매체, 이동물질특성 등을 기준으로 하고 있다(그림 4.10).

표 4.1 샤프(Sharpe)의 매스무브먼트 분류

이동방식	이동속도	얼음 함량 증가 ←	암석, 토양	→ 물 함량 증가
유동	매우 느림	솔리플럭션	포행	솔리플럭션
	느림~빠름	암설애벌런치(빠름)		토양류, 이류 암설애벌런치(빠름)
활동	느림~빠름		슬럼프, 암석활동	

이 분류에 의하면, 이동방식을 크게 유동과 활동으로 구분한 후, 유동은 이동물질에 포함된 물 또는 얼음 함량과 이동속도, 그리고 활동은 이동속도를 고려하여 분류하였다(Selby, 1982, p.119 부분 수정. 원자료: Sharpe, 1938).

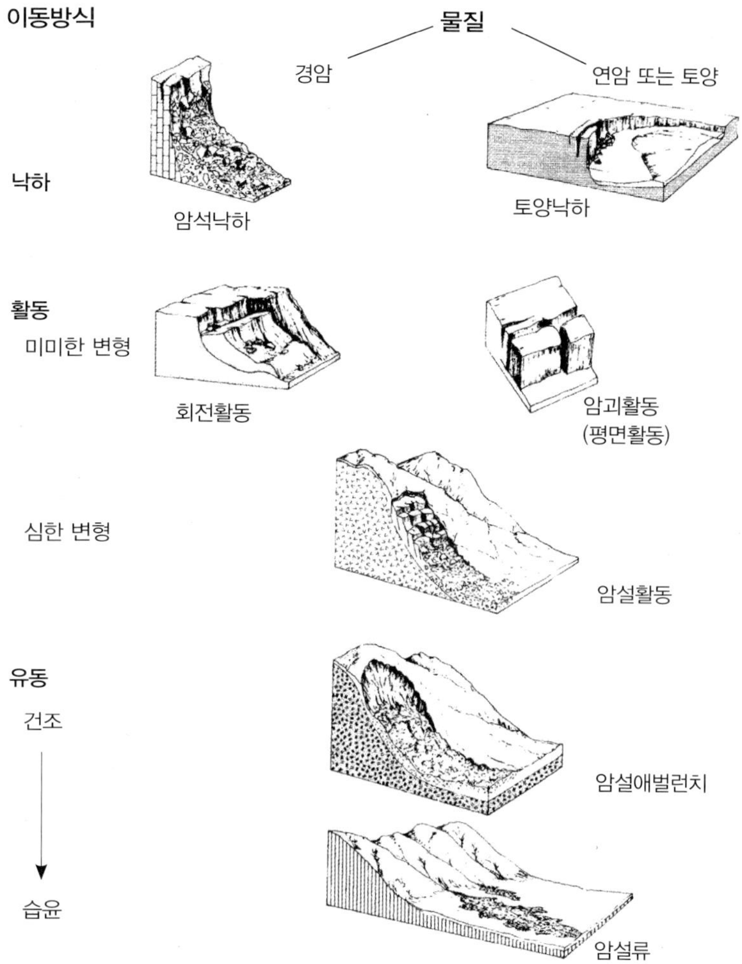

그림 4.9 바니스(Varnes)의 매스무브먼트 분류

이 분류에 의하면, 낙하는 물질을 기준으로 암석낙하(rock fall)와 토양낙하(soil fall), 활동은 이동물질, 내부변형, 이동방식을 기준으로 회전활동(slump), 암괴활동(block glide) 및 암설활동(debris slide), 그리고 유동은 수분 함량을 기준으로 암설애벌런치(debris avalanche)와 암설류(debris flow)로 나눌 수 있다(Selby, 1982, p.118. 원자료: Varnes, 1958).

매스무브먼트의 이동방식은 낙하(落下, fall, 떨어짐), 활동(滑動, slide, 미끄러짐), 유동(流動, flow, 흘러내림), 포행(匍行, creep, 기어가듯 느리게 이동함)[3] 등으로 구분할 수 있다. 낙하는 바윗돌이 경사 급한 암벽면에서 분리되어 떨어져내리는 것처럼 개개의 물질들

3 creep(포행)의 주요 기제가 물질이 지면에서 들려지고 내려앉는 과정이므로 'heave(들려짐)'라고도 한다.

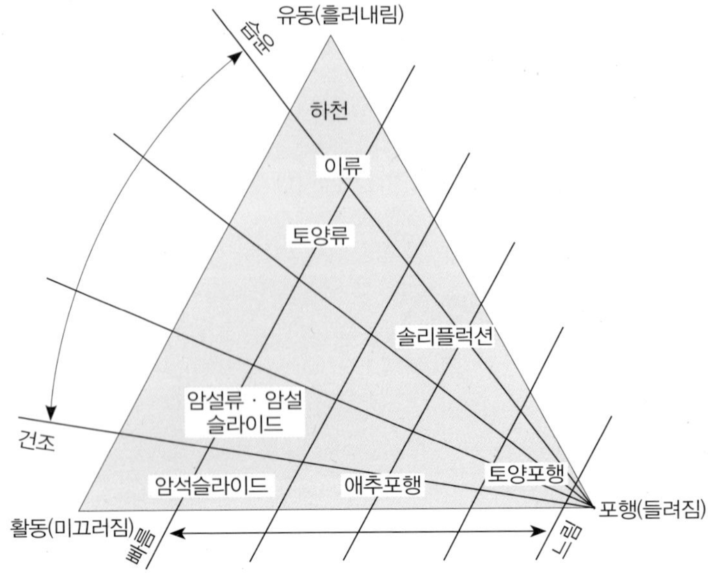

그림 4.10 카슨(Carson)과 커비(Kirkby)의 매스무브먼트 분류

이 분류는 사면물질의 이동방식(flow, slide, heave), 이동속도(fast, slow), 건습상태(wet, dry)를 고려하여 분류하였다. 솔리플럭션(solifluction)을 예로 들면, 수분함량은 이류(泥流, mud flow)와 마찬가지로 높지만, 이동속도는 그보다는 느리고, 토양포행(soil creep)보다는 빠르다. 이동방식은 유동(flow)과 포행(들려짐, heave)의 중간적인 특성을 보인다(Ritter *et al*., 1995, p.106. 원자료: Carson and Kirkby, 1972).

이 이동 과정에서 다른 물질들과 지속적으로 접촉하는 일이 없이 공중을 날아 지면에 떨어져내리는 현상을 말한다.

이에 대하여 유동과 활동은 다 같이 이동하는 물질이 개별적으로 또는 집단을 이루어 지면과 접촉하면서 사면 하방 이동하는 경우이다. 유동과 활동은 이동과정에서 발생하는 물질 내부의 구조변형을 기준으로 구분 지을 수 있다. 유동은 이동과정에서 물질의 뒤섞임이 수반되면서 이동물질의 내부구조가 크게 변형되지만, 활동은 그렇지 않다. 다량의 토사가 마치 죽처럼 지면 위를 흘러내리는 현상은 유동의 대표적인 예이다. 이에 대하여 활동은 이동물질이 사면과 접촉하면서 미끄러져내리는 것이기 때문에 이동물질이 심하게 뒤섞이는 내부구조의 커다란 변형은 일어나지 않는다. 그러나 실제로는 유동과 활동이 거의 동시에 발생하기 때문에 이들의 구분이 애매한 경우도 많다. 유동과 활동이 다양한 조건에서 발생하므로 일반화하기는 어렵지만, 대체로 상부 사면에서 활동에 의해 사면으로부터 분리된 물질이 하방 이동하면서 유동 형태의 매스무브먼트로 달라지는 사례가 많다.

매스무브먼트의 이동속도는 육안으로 식별하기 어려운 것이 있는가 하면, 고속도로를 질주하는 차량처럼 빠른 속도로 움직이는 것이 있다. 대표적인 느린 매스무브먼트인 토양포행(soil creep)은 1년에 불과 수 cm 정도만이 이동하기 때문에 이동과정을 눈으로 관찰할 수 없는 것은 물론이고 단기간에는 관측조차 쉽지 않다. 이와 같이 느린 매스무브먼트는 물질 이동에 의해 지표면이 변형된 모습을 보고, 비로소 그곳에서 매스무브먼트가 일어났음을 알 수 있다. 이와는 달리, 가장 빠른 매스무브먼트에 속하는 암석 애벌런치(rock avalanche)는 무려 시속 100km 이상에 달하는 가공할 속도로 곤두박질치듯이 쏟아져내리기도 한다.

매스무브먼트의 이동 방향은 수직, 수평, 대각선 방향 등으로 나누기도 한다. 수직적인 이동으로는 암석낙하(rock fall), 암설낙하(debris fall), 쓰러짐(toppling), 수평적인 이동으로는 암괴슬라이드(block slide), 대각선 이동으로는 포행(creep), 솔리플럭션(solifluction), 암석슬라이드(rock slide), 암설류(debris flow), 이류(mudflow), 애벌런치(avalanche) 등을 들 수 있다

이동매체는 물, 얼음, 공기 등이다. 물의 함유량이 비교적 많은 매스무브먼트로는 이류, 얼음과 물이 다 같이 많은 것으로는 솔리플럭션, 눈사태(snow avalanche) 등을 들 수 있다. 이들 이외에도 공기 또한 이동매체로서 중요한 역할을 한다. 암석 애벌런치의 경우, 사면물질이 가공할 속도로 이동하는 것은 물질이 이동하면서 물질의 하부와 사면 사이의 공기가 압축되어 마치 공중에 뜬 물체처럼 지면과의 마찰이 크지 않은 가운데 사면 아래로 이동하기 때문이다.

이동물질에는 암석(rock), 암설(岩屑, debris), 토양(earth, 또는 soil) 등이 있다.[4] 그러나 실제로는 이들이 혼재되어 있는 경우가 많다. 매스무브먼트의 분류에서는 이동 방식과 더불어 이러한 이동물질의 특성을 중요 분류기준으로 삼는 경우가 많다. 암석낙하(rock fall), 암설류(debris flow), 토양포행(soil creep) 등에서 보듯이 이동물질(rock, debris, soil 등)과 이동 방식(fall, flow, creep 등)을 결합하여 매스무브먼트의 종류를 구분하는 것

4 정해진 구분 기준은 없지만 대체로 암석(rock)은 규모가 큰 돌 덩어리(암괴, 岩塊), 그리고 암설(debris)은 작게 쪼개진 돌(암편, 岩片)을 말한다.

이 그 좋은 예이다.

3) 주요 매스무브먼트

(1) 낙하

낙하(落下, fall)는 절벽과 같은 급경사 사면에서 암석이나 암설(岩屑, 돌조각) 또는 토양의 일부가 떨어져나와 공중을 날아 아래쪽 지면을 향해 떨어져내리는 현상이다. 암석낙하(岩石落下, rockfall)는 그 대표적인 예이다. 암석낙하가 잘 발생하는 곳은 절리 등으로 갈라진 틈새가 많은 암석이 절벽처럼 급경사를 이루는 곳이다. 이처럼 급경사 사면의 암석에 절리가 많으면, 절리를 따라 물이 스며들어 수분의 동결과 융해에 의한 서릿발 풍화가 잘 일어나기 때문에 암석 틈새가 더욱 벌어져 암석의 일부가 절벽 사면에 붙어 있지 못하고 결국은 지면을 향하여 떨어져내리게 된다.

이런 과정으로 급사면에서 분리되어 낙하하는 암석은 지면과 충돌하면서 쪼개지고 깨어진다. 대체로 큰 것들은 무게가 있는 만큼 운동력 또한 커서 절벽에서 멀리 떨어진 곳에 쌓이는 반면, 작은 것들은 바로 절벽 하단부에 쌓이는 경향이 있다. 암석낙하가 한 장소에서 장기간 반복되면, 절벽 하단부에는 급사면에서 떨어져 내린 돌들이 수북이 쌓여 애추(崖錐, talus)[5]라 불리는 지형이 만들어진다(그림 3.21, 4.11). 애추의 경사는 구성 암설의 특성이나 애추 하단부의 침식에 의해 영향을 받는다. 대체로 구성 암설이 클수록 그리고 애추 하단부의 침식이 활발할수록 애추의 경사는 급하다. 이와 같은 애추는 물리적 풍화와 암석낙하가 빈번한 곳에서 잘 생성되므로 고산지나 극지방 등 주빙하 기후가 지배적인 곳에서 널리 나타난다. 이들 지역에서 급사면이 수평적으로 길게 이어진 곳에서는 급사면 하단부를 따라 애추가 측면으로 연속된 애추사면(talus slope)이 잘 발달한다(그림 4.12). 이러한 애추사면은 우리나라의 강원 산간 등지에서도 어렵지 않게 찾아볼 수 있다(그림 3.21).

(2) 포행

포행(匍行, creep)은 중력의 영향을 받아 사면에 놓인 토양이나 암설이 매우 느리게

5 '너덜겅' 또는 '돌서렁'이라 부르며, 영어로는 'scree slope', 'debris scree'라 부르기도 한다.

하방 이동하는 현상이다(그림 4.13, 4.14). 포행은 이동물질을 기준으로 토양포행(soil creep)과 암석포행(rock creep)으로 나눌 수 있다.

토양포행은 계절에 따라 건습과 냉온의 반복, 또는 토양수의 동결과 융해가 되풀이되는 환경에서 잘 발생한다. 이런 이유로 토양포행을 계절포행(seasonal creep)이라고도 한다. 토양포행에 영향을 주는 또 다른 요인들로는 토양의 점토 함량이나 동식물에 의한 토양 교란을 들 수 있다. 대체로 점토 함량이 높을수록 그리고 동식물에 의한 교란이 심한 곳일수록 토양포행이 잘 일어난다. 점토가 많은 토양일수록 수분을

그림 4.11 애추(밴프, 캐나다)

물리적 풍화를 받아 생겨난 암설들이 암벽에서 분리 낙하하여 암벽 하단부에 쌓임으로써 애추가 생겨난다.

그림 4.12 애추사면(백두산 천지)

천지 일대는 서릿발 풍화가 활발하게 일어나는 곳이므로 급경사인 천지의 외륜사면에는 거의 예외 없이 애추사면(talus slope)이 발달되어 있다.

그림 4.13. 토양포행에 의한 사면 변화(골지천 하안사면, 정선)

사면 하단부가 하천침식을 받게 되면, 토양포행이 더 빠른 속도로 진행된다. 사진 중앙부에서 맨땅이 드러난 곳을 보면, 토양포행에 의해 토양 표층이 하방으로 밀려나면서 식물 뿌리들이 공기 중에 드러나 있으며, 포행이 가장 활발한 곳의 나무는 몸통 줄기가 휘어져 자라는 것을 볼 수 있다.

머금을 경우 팽창하면서 내부 강도가 약해져 토양포행이 쉽게 일어나기 때문이다. 또한 동물의 서식 활동이나 식물 뿌리에 의해 토양에 공극이나 틈새가 많아지면 그런 곳으로 물이나 공기가 유입되어 이 때문에 포양포행이 더 쉽게 발생한다.

토양포행이 일어나는 과정을 보면, 대체로 토양물질이 들려지고 내려앉는 일이 반복되면서 사면의 경사 방향으로 서서히 하방 이동한다(그림 4.15). 토양물질이 지면에서 들려지는 것은 수분을 머금어 팽창할 때이거나, 서릿발과 같은 얼음이 토양 중에 생길 때이다. 특히 얼면서 토양이 들려질 때의 방향은 대체로 지표면에 대해 직각을 유지한다. 날씨가 따뜻해져 얼음이 녹게 되면 들려진 토양을 떠받들고 있던 힘이 사라지면서 중력의 영향을 받아 들려질 때와는 달리 수직 방향으로 내려앉는다. 그러나 토양물질은 자유 낙하하는 것이 아니며, 주변의 토양 입자들에 의해 간섭을 받기 때문에 실제로는 수직 방향이 아니라 그보다는 다소 사면의 상부에 내려앉는다(그림 9.9).

이와 같은 일들이 무수히 되풀이되면, 토양은 사면 하방을 향하여 조금씩 이동하며, 그 속도는 1년에 수 cm를 넘지 않는 경우가 대부분이다. 따라서 이동하는 모습이

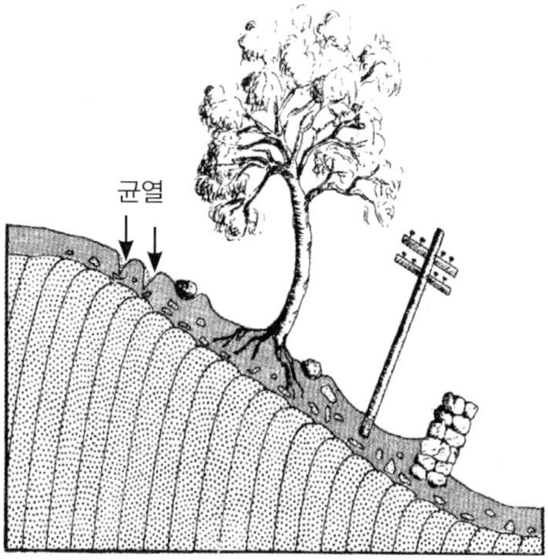

그림 4.14 토양포행의 증거

토양포행이 있는 곳에서는 지표면(초지)에 균열(cracks)이 가고, 때로는 끊어져 도르르 말린 모습을 보이며, 나무는 몸통 줄기가 휘어져 자란다. 또한 전신주, 돌담, 축대, 토양층 하부의 기반암 등이 사면 경사 방향으로 기울어지기도 한다(Selby, 1982, p.122).

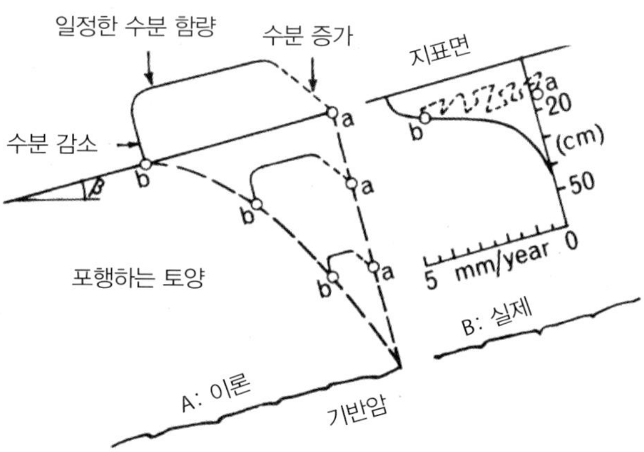

그림 4.15 토양수분의 변화와 물질 이동

우기에 토양이 물을 머금게 되면, 토양물질(그림의 a)이 팽창하면서 들려져 하방 이동한 후, 건기가 되어 토양이 건조해지면, 토양물질이 다시 수직적으로 내려앉는 방식으로 물질 이동(그림의 a에서 b로 이동)이 일어난다(그림 A). 그러나 실제로 토양물질이 이동한 경로를 보면 그리 단순하지는 않으며, 물질 이동은 대체로 땅속 40cm 이내에 국한된다. 또한 이동속도는 표층일수록 빠르다(그림 B)(Selby, 1982, p.121).

나 이동 순간을 눈으로 볼 수는 없다. 단지 토양포행의 결과로 생겨난 지표면의 변화만을 관찰할 수 있을 뿐이다. 지표에 균열이 생기고, 축대와 담장이 무너지거나, 나무가 휘어져 자라는 것 등은 모두가 토양포행 때문에 일어나는 현상이다. 나무가 휘어져 자라게 되는 것은 토양이 하방 이동하면서 그 위의 나무가 경사 방향으로 기울어지면 나무는 그대로 있지 않고 해를 향하여 다시금 직립하려는 성향이 있기 때문이다.

암석포행은 이동하는 물질이 주로 암설인 경우이다. 애추 사면에서의 물질 이동은 주로 암석포행에 의해 이루어진다. 암석포행의 이동 방식은 토양포행과 크게 다르지 않다. 다만 건습의 반복보다는 수분의 결빙과 융해가 암설의 이동을 주도한다는 점에서 차이가 있다. 따라서 서릿발포행(frost creep)이라고도 하며, 특히 주빙하 환경하에서는 이러한 포행이 빈번하게 발생한다.

토양포행이든 암석포행이든 이들 대부분은 지면 또는 땅속 수 m 이내의 깊이에서 발생하는 것이 특징이다. 그러나 포행 중에는 때로는 땅속 수십 m 내지 수백 m 이상의 깊이에서 발생하는 것도 있다. 지속포행(deep-seated creep, continuous creep)이 바로 그것이다. 이는 계절 변화와는 무관하게 주로 중력에 의해 발생한다는 점에서 기후에 영향을 받는 계절포행과는 차이가 있다.

지속포행은 사면물질의 무게 때문에 서서히 내부구조의 변형이 일어나면서 사면의 경사 방향으로 매우 느리게 이동하는 현상이다. 이는 사면물질이 암석이든 굳지 않은 물질이든 구분 없이 다 발생할 수 있다. 대체로 구성물질 중에 점토의 함량이 많을수록 더 쉽게 움직이며, 지면보다는 깊은 땅속일수록 더 큰 압력을 받기 때문에 지속포행이 잘 발생한다. 또한 사면물질에 수분이 많이 포함되어 있을수록 포행의 이동속도가 더 빨라진다. 원래의 위치로부터 수십 km 이상 이동한 것으로 밝혀진 알프스 산맥 일대의 나페(nappe)도 조산운동과 더불어 지각에 가해진 횡압력 이외에도 바로 이러한 형태의 지속포행이 작용한 때문인 것으로 알려진다. 이밖에도 사암층 또는 석회암층 하부에 셰일이 있는 곳에서 다량의 지하수가 유입되면 셰일의 상부면이 마치 미끄러운 활주면처럼 작용해 지속포행이 더욱 가속적으로 일어나 때로는 이것이 도화선이 되어 대규모 산사태가 발생하기도 한다.

(3) 솔리플럭션

솔리플럭션[6]은 수분으로 포화된 사면물질이 중력의 영향을 받아 집단적으로 느리게

---

6 이 용어를 처음 사용한 이는 앤더슨(Andersson, 1906)이다. 그는 물로 포화된 사면물질이 느리게 하방 이

그림 4.16 천지 외륜사면에서의 매스무브먼트와 지형

가: 젤리플럭션에 의한 젤리플럭션 단구(gelifluction terrace). 나: 건조유동(dry flow)에 의한 암설추(debris cone). 다: 암석낙하에 의한 애추사면(talus slope). 라: 암설류, 소하천에 의한 충적추(alluvial cone).

하방 이동하는 현상을 말한다. 토양층 하부에 셰일과 같은 불투수층이 있으면 지표면에서 스며든 토양수가 지하로 잘 빠져나가지 않아 토양이 쉽게 포화된다. 주빙하기후 환경에서는 영구동토층이 셰일과 같은 불투수층 역할을 한다. 즉, 짧은 여름 동안에 지표 가까이에 놓인 토양층, 즉 활동층이 녹아 토양수가 많아지지만, 그 하부에 있는 영구동토층은 얼어 있는 채로 그대로 있어 토양수가 스며들지 못하기 때문에 활동층이 수분으로 포화되어 영구동토층 위를 서서히 흘러내리게 된다. 주빙하기후하에서 일어나는 이러한 솔리플럭션을 젤리플럭션(gelifluction)이라고도 한다. 주빙하기후 환경하에서는 융빙수에 의한 물질 이동과 더불어 이러한 젤리플럭션이 사면물질의 이동을 주도한다.

솔리플럭션은 사면경사가 1° 이하의 아주 완만한 사면에서도 잘 발생한다. 이동

동하는 현상(slow flowing from higher to lower ground of waste saturated with water)을 solifluction이라 불렀다.

속도는 토양포행보다는 빠르지만, 평균 연간 수십 cm 정도로 매우 느리기 때문에 물질이 움직이는 모습을 눈으로 관찰할 수는 없다. 솔리플럭션이 이처럼 매우 느린 매스무브먼트인 것은 사실이지만 물질의 이동과정에서 솔리플럭션 귓불(solifluction lobe)이나 솔리플럭션 단구(solifluction terrace) 등 눈에 띄는 지형들이 생겨나기 때문에 이를 통하여 물질 이동이 일어나고 있음을 알 수 있다(그림 4.16, 4.17, 9.25).[7]

(4) 유동: 토양류, 암설류, 이류, 애벌런치

사면이 활발한 수분 공급으로 포화되어 토양, 암설 등의 물질이 중력의 힘을 더는 이기지 못하게 되면, 급작스럽게 힘의 균형이 깨지면서 집단적으로 낮은 곳을 향하여 빠른 속도로 흘러내린다. 이동 물질은 흐르는 동안에 더 작게 쪼개지고 물, 얼음 등과 더불어 뒤섞이게 된다. 이러한 매스무브먼트를 유동(流動, flow)이라 부른다. 유동하는 물질은 공기와 접하는 표면의 속도는 빠르지만, 지면에 가까울수록 마찰력의 영향으로 느려지는 점에서 활동(滑動, slide)과는 차이가 있다. 유동의 속도는 포행이나 솔리플럭션보다는 훨씬 빠른데, 느려도 걷는 속도 이상이며 때로는 시속 100km의 가공할 속도에 달하기도 한다. 이렇게 빠르게 이동하는 매스무브먼트는 인명과 재산 피해를 초래하는 자연재해의 원인이 되기도 한다. 유동은 사면물질 특성, 물·얼음·점토의 함량, 이동속도 등을 기준으로 토양류(earthflow), 암설류(debris flow), 이류(mudflow), 애벌런치(avalanche) 등으로 세분할 수 있다(그림 4.17).

토양류(土壤流, earthflow)는 사면 위의 세립질 토양물질이 수분으로 포화되면서 중력에 의해 하방 이동하는 매스무브먼트이다. 강수가 많거나, 토양 중의 얼음이 녹게 되면, 증가하는 토양수에 의하여 토양의 내부구조에 변형이 일어나는 동시에 토양입자 간의 결속력이 약화되면서 토양이 집단적으로 이동하게 된다. 토양류의 이동속도는 시속 0.2~15km 정도로 솔리플럭션보다는 훨씬 빠르지만, 유동 중에서는 느린 편에 속한다. 토양류가 발생하면, 상방 사면은 침식에 의해 요(凹)형, 그리고 하방 사면은 퇴적에 의해 귓불형의 모습이 나타나기도 한다. 이러한 토양류는 굳지 않은 토양

7 주빙하 지역에서 생성되는 지형에 대해서는 '젤리플럭션 귓불(gelifluction lobe)', '젤리플럭션 단구(gelifluction terrace)'라 부르기도 한다.

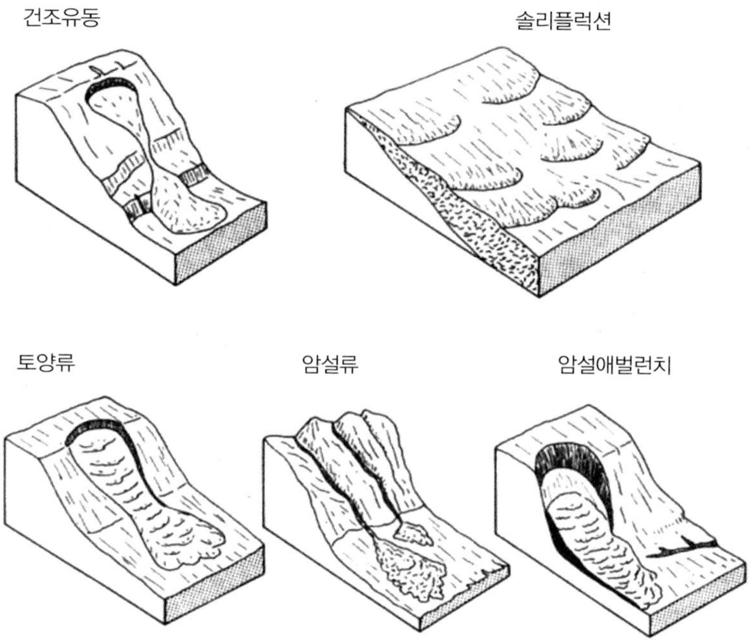

그림 4.17 유동의 종류

그림에서는 솔리플럭션을 유동의 한 종류로 분류하였다(Summerfield, 1991, p.171). 그러나 이동속도가 매우 느리다는 점에서 다른 유동과는 다소 다른 특징이 있기 때문에, 흔히 토양포행과 더불어 솔리플럭션을 또 다른 유형의 매스무브먼트로 분류하기도 한다.

층이 두꺼운 산지 사면을 절개하여 도로를 건설한 곳에서 잘 발생한다.

암설류(岩屑流, debris flow)는 자갈, 암괴 등 조립물질의 비율이 높은 유동인 데 비하여, 이류(泥流)는 모래, 이토, 점토 등 세립물질의 비율이 높은 유동을 말한다(그림 4.18). 암설류나 이류 모두 경사가 급한 곳이거나 굳지 않은 풍화층이 두꺼운 곳, 그리고 수분 공급이 많은 환경에서 잘 발생한다. 유동의 원인이 되는 수분은 흔히 집중호우 등의 강우나 지면의 얼음이 녹아 생기는 융빙수의 형태로 공급된다.

데스밸리(Death Valley) 등 건조지역에서 발생하는 암설류를 보면, 처음에는 물이 많은 하천처럼 흘러내리지만, 점차 수분이 증발하거나 지면에 스며들어 유동속도가 느려지면서 암설류가 되어 멈추게 된다(그림 4.19). 이런 과정에서 암설류의 가장자리에는 뚝 모양, 그리고 말단부에는 귓불 모양의 암설퇴적지형이 생겨나기도 한다. 암설류의 유동속도는 초속 1~15m로 비교적 빠른 편이다. 암설류의 운반력은 점토의

그림 4.18 암설류(군선강 하안, 강릉)

하천침식에 의해 하안의 공격사면에 급사면이 생겨날 경우, 사면이 불안정해지면서 암설류가 잘 발생한다.

그림 4.19 암설류에 의한 물질 퇴적(데스밸리, 미국)

건조지역에서 호우가 있으면, 물과 사면물질(자갈, 모래 등)이 뒤섞인 탁류가 발생한다. 탁류는 계곡을 빠져나와 평지에 이르면 퍼져 흐르기 때문에 유속이 떨어지고, 수분이 스며들거나 증발하기 때문에 멀리 흘러가지 못하고 계곡 입구 주변에 운반물질을 쌓아놓는다. 이러한 물질은 흔히 하천퇴적물과 사면퇴적물(암설류 내지 이류퇴적물)이 혼재하는 특징을 보인다. 사진에서는 주로 암설류가 반복적으로 쌓인 모습을 보여준다.

함량과 관련 있다. 점토가 30% 이상에 달하면 암설류의 밀도가 커져 비교적 큰 암괴도 손쉽게 운반된다.

이류(泥流, mudflow)는 암설류와 유사한 유동 특성을 보인다. 다만 유동하는 물질의 점토 함량이 높아 때로는 80% 이상에 달하며, 물의 함량 또한 높은 것이 특징이다. 따라서 이류는 사면물질 중에 점토가 많고, 강수량이 많은 곳에서 잘 발생한다.

사면물질의 이동속도가 가장 빠른 것은 애벌런치이다. 애벌런치는 암설 애벌런치(debris avalanche)와 눈사태(snow avalanche)[8]로 나눌 수 있다. 애벌런치는 사면에 놓인 다량의 암설이나 눈이 중력의 영향을 받아 급작스럽게 무너져 가공할 속도로 사면 하방 이동하는 현상을 말한다. 그 속도가 빠른 것은 심지어 시속 수백 km 이상에 달하기도 한다. 이와 같이 엄청난 속도를 보이는 것은 무너져내리면서 이동물질과 전단면(剪斷面), 즉 지면 사이에 놓인 공기가 압축되면서 쿠션 역할을 하여 이동물질의 마찰력을 감소시키기 때문이다. 공기뿐만 아니라 이동하면서 수분이 분리되어 그로 인하여 점토 등 세립물질이 액화되는 것도 애벌런치의 속도를 높이는 데 기여하는 것으로 알려진다.

유동속도가 빠른 애벌런치는 심각한 재앙을 초래하기도 한다. 예를 들어 페루의 안데스 산지에서는 1962년과 1970년에 발생한 애벌런치로 수만 명의 희생자가 발생하였다.[9] 1970년의 애벌런치는 1962년의 애벌런치와 거의 동일한 경로를 따라서 발생하였는데, 암설, 얼음, 물이 뒤섞인 사면물질이 무려 시속 200km 이상의 속도로 약 16km를 이동한 끝에 사람들이 많이 사는 마을을 덮쳤다고 한다.

(5) 활동: 평면활동, 회전활동

활동(滑動, slide)은 사면물질이 전단면 또는 활주면 위를 미끄러져 하방 이동하는 현상을 말한다(그림 4.9, 4.20). 활동은 이동 중에 물질이 뒤섞이는 유동과는 달리, 이동물질이 크게 변형되지 않아 물질 표면이나 하부가 거의 동일한 속도를 보인다. 그러나 실제로는 움직이면서 물질이 깨지고 섞이기 때문에 종국에는 유동하는 경우가 많다.

활동은 이동 방식을 기준으로 평면활동(平面滑動, translational slide)과 회전활동(回轉

8 'snow avalanche'를 번역하면 '눈 애벌런치'라 하는 것이 맞지만, 눈사태라는 용어가 널리 사용되고 있으므로 눈사태라 기술하였다.

9 1962년은 화산사면의 빙하가 붕괴되면서, 그리고 1970년은 지진으로 바위와 만년설이 붕괴되면서 애벌런치가 발생하였다. 희생자는 1970년에 특히 많아 2만 명 이상에 달했다.

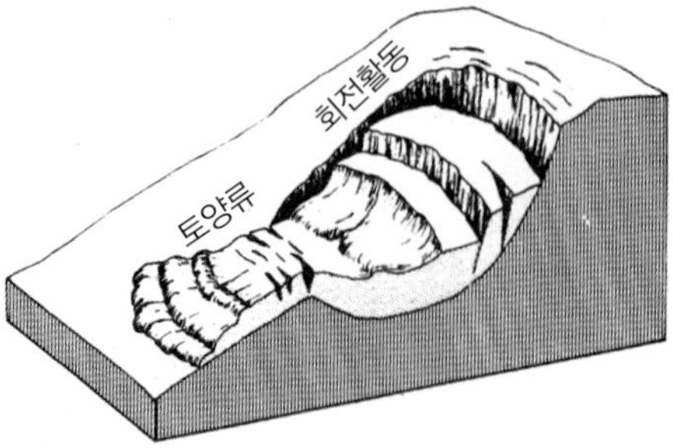

그림 4.20 회전활동

사면 상단부에서 회전활동(rotational slump)이 일어나면 사면물질과 더불어 토양수가 하방으로 집중되기 때문에 사면 하단부에서는 토양류(earthflow)가 발생한다(Selby, 1982, p.124).

滑動, rotational slide, slump)으로 나눌 수 있다. 평면활동은 사면에서 분리된 물질이 대체로 사면과 평행하게 미끄러져내리는 것인데, 기반암의 절리나 층리가 사면과 평행한 구조를 이루고 있을 때 잘 발생한다. 이에 대하여 회전활동은 사면물질이 중력 방향으로 끊어져 분리되면서 이동물질이 전단면을 따라 회전하듯이 이동하는 현상이다.

평면활동은 이동물질 특성에 따라 암석 슬라이드(rock slide), 암설 슬라이드(debris slide), 암괴 슬라이드(block glide) 등, 그리고 회전활동은 암석 슬럼프(rock slump), 암설 슬럼프(debris slump), 토양 슬럼프(earth slump) 등으로 구분한다. 이러한 활동들은 대체로 암질, 구조 등의 물질 특성에 지배되어 이동 방식이 달라진다. 암석 슬라이드를 예로 들면 사면물질의 층리, 절리, 엽리 등에 의해 영향을 받으며, 이동 중에 암설 애벌런치로 발전되는 경우도 있다.

4) 매스무브먼트가 잘 발생하는 곳

매스무브먼트는 사면의 불안정성을 높이는 요인이 많은 곳에서 잘 발생한다. 그런 장소란 비고가 높고, 경사가 급하며, 풍화층이 두껍고, 지진이 잦은 곳이다(표 4.2). 사면 경사가 클수록 매스무브먼트가 잘 발생할 수 있는 조건인 것은 분명하지만, 대형의 매스무브먼트는 사면경사가 26~45°인 곳에서 가장 잘 발생한다. 이보다 더 급한 곳, 즉 절벽 같은 곳에서는 풍화 등으로 사면에서 물질이 분리되는 대로 곧바로 하방 이동하기 때문에 사면 위에 이동 가능한 물질이 큰 규모로 축적되지 않아 대형의 매스무브먼트는 드물게 발생한다.

풍화층의 특성도 매스무브먼트의 유형에 영향을 미친다. 지반이 핵석과 새프롤라이트 중심의 풍화층으로 구성된 곳에서는 암설류나 암석 애벌런치가 많이 발생한

표 4.2 사면물질의 전단력과 전단응력에 영향을 미치는 요인들

전단력을 증가시키는 요인	전단응력을 감소시키는 요인
사면 지지력 감소 – (자연) 침식(하천, 파랑, 빙하) – (인공) 도로절개, 채광, 채석 등 사면물질의 증가 – (자연) 강우, 사면이동물질 – (인공) 건축물, 물질(광물)야적 지진 지각운동	사면물질의 풍화 – 수화작용(점성 감소) – 용식 – 건조 사면물질의 수분 증가 사면구조 변화 – 쪼개짐 – 변형

Ritter *et al*., 1995, p.106 부분 수정.

다. 이에 대하여 핵석은 드물고, 주로 새프롤라이트가 대부분인 풍화층이 분포하는 곳에서는 슬럼프나 토양류 중심의 매스무브먼트가 잘 발생한다.

강수가 많은 곳이나 지진이 잘 발생하는 곳도 매스무브먼트가 잘 일어난다. 강수가 많게 되면, 땅속으로 스며드는 물의 양이 증가되면서 사면물질 중의 공극이 물로 채워지기 때문에 결과적으로 물질의 응집력이 약화되어 매스무브먼트가 발생할 수 있는 조건이 된다. 지진은 땅을 흔들어놓기 때문에 역시 사면물질의 응집력을 약화시켜 매스무브먼트가 일어나게 만든다. 대규모의 매스무브먼트는 대체로 진도 5 이상의 지진에 의해 촉발된 경우가 많다.

이밖에도 사면 구성 암석에 층리와 절리가 많은 곳, 불투수층인 셰일이 분포하는 곳, 도로에 인위적인 절개부가 많은 곳, 경사진 사면에 나무가 뿌리째 뽑혀 넘어져 있는 곳에서도 매스무브먼트가 잘 발생한다.

3. 사면지형

1) 물에 의한 사면침식작용

물은 사면 위를 흘러내리면서 지표물질들을 침식 제거함으로써 사면 형태를 변화시킨다(그림 4.21). 이러한 물에 의한 사면침식작용은 주로 빗방울, 지표유출, 복류수, 지하수에 의해 일어난다.

그림 4.21 물에 의한 사면침식(데스밸리, 미국)

산 사면이 무수한 우곡(雨谷, gulley)으로 해체되고 있다. 사진 하단의 골짜기들은 하곡이라기보다는 대부분 우곡이다.

빗방울 침식(雨滴浸蝕, rainsplash)은 실생활에서도 관찰할 수 있다. 비 오는 날 흙길을 걷게 되면, 구두 위나 바짓가랑이에 흙 입자들이 달라붙은 것을 보게 된다. 이는 빗방울이 지면에 충돌하면서 흙 입자가 더불어 튀어오르기 때문이다. 모슬리(Mosley)의 실험에 의하면, 사면물질이 모래인 경우, 경사가 클수록 물질의 하방 이동률이 증가한다(그림 4.22). 이러한 물질 이동이 지속되면 사면은 철(凸)형으로 변화된다. 그러나 사면각이 25° 이상에 달하여 모래의 안식각을 넘게 되면 사면은 붕괴된다(Mosley, 1973; Chorley *et al*., 1984, p.262).

사면은 빗방울보다는 지표유출(地表流出, overland flow)에 의해 더 많이 침식된다. 지면에 내린 비는 우선 먼저 증발하거나 땅속으로 스며들고 남은 물은 지표면 위를 흘러내린다. 이와 같이 지표면 위를 흘러내리는 물을 지표유출이라 한다. 특히 사면 위에서 발생하는 지표유출에 대해서는 사면류(斜面流, slope wash)라고도 부른다. 지표유출은 처음에는 지면을 넓게 덮어씌우듯 흐르는 포상류(布狀流, sheet flow)의 형태를

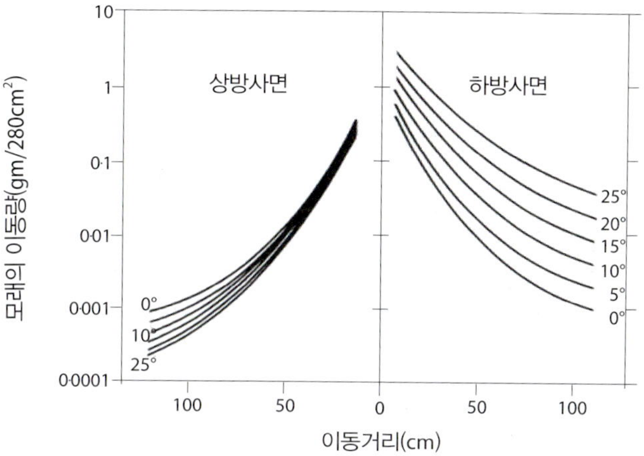

그림 4.22 빗방울 침식(rainsplash)

그림은 실험모래밭(모래입자 크기, 0.4mm)의 경사를 0~25°까지 달리하면서 각각 인공강우(시간당 35mm)를 30분간씩 쏟아지게 했을 때 빗방울 침식에 의해 발생하는 모래 이동량을 측정한 것이다. 이에 의하면 모래밭의 경사가 클수록 빗방울 침식에 의한 모래 이동량은 사면상방보다는 사면하방으로 증가한다. 참고로, 모래밭 한가운데를 중심(그림의 x축에서 0)으로 왼쪽이 상방사면(upslope), 오른쪽이 하방사면(downslope)이다(Chorley *et al*., 1984, p.262. 원자료: Mosley, 1973).

그림 4.23 릴과 우곡(배드랜드, 미국)

사진에서 선처럼 보이는 것이 릴, 계곡처럼 보이는 것이 우곡이다.

그림 4.24 릴 침식으로 생겨난 우곡(사진의 중앙부, 동면, 정선)

릴 침식은 봄철에 가장 심하다. 농가에서는 흔히 작물의 파종 전에 성토하여 우곡들을 메운다.

띠지만, 물은 낮은 곳을 향해 모이므로 점차 선상(線狀)의 물줄기로 달라진다. 이러한 선상의 물줄기가 바로 릴류(rill flow, 斜面細流)이다. 지표유출이 이처럼 릴류로 달라지면 포상류에 비하여 물이 흐르는 지면은 좁아지지만, 수심은 더 깊어진다. 지면 침식력은 수심에 비례하여 증가하므로 릴류는 포상류에 비하여 지면침식력이 더 크다. 릴류의 침식력이 큰 또 다른 이유는 대체로 포상류의 발생 위치는 분수계와 같이 보다 상부 사면인 반면, 릴류는 그보다는 낮은 위치에서 발생하므로, 그만큼 집수지역이 더 넓어져 많은 양의 물이 모이기 때문이기도 하다.

릴류는 선상의 물 흐름이므로 이로 인하여 생긴 침식지형 역시 선형으로 패인 작은 도랑이다. 이러한 도랑 지형이 릴(rill), 그리고 그중 규모가 큰 것이 우곡(雨谷, gulley, master rill)이다(그림 4.23, 4.24). 릴은 폭과 깊이가 수 cm 내지 수십 cm 이내이며, 단 한 번의 강우에도 생성과 소멸이 반복될 만큼 작은 것이 있는 가하면, 비 그친 후 수주일 이상 존속하는 큰 것도 있다. 이에 대하여 우곡은 대체로 폭과 깊이가 수십 cm 내지 수 m에 이르며, 때로는 완연한 골짜기 형태를 이루기도 한다. 큰 규모의 우곡 중에는 하천의 하곡과 구분하기 어려운 것도 있다.

과도한 경작이나 목축으로 인하여 릴 침식이 가속화될 경우, 토지 곳곳에 릴과 우곡이 생겨 경작지가 악지(惡地, badland)로 변모되기도 한다. 이러한 악지는 경작에는 적합하지 않지만, 릴, 우곡, 하곡 등이 어우러져 때로는 독특한 지형 경관을 보여주기도 한다. 그런 곳 중에는 자연 그대로의 야생 생태계를 잘 간직한 곳도 있어 보존지구 내지 관광명소로 알려진 곳이 있다. 미국의 배드랜드 국립공원(Badland National Park)은 그 대표적인 곳이다(그림 4.23).

사면 침식은 지면 위를 흘러내리는 지표유출에 의해서만 이루어지는 것은 아니며, 지하유출(地下流出, subsurface flow)에 의해서도 발생한다. 지하유출은 복류수 유출(伏流水 流出, throughflow, interflow)과 지하수 유출(地下水 流出, ground water flow, base flow)로 나눌 수 있다.

빗물이 지표면을 침투(浸透, infiltration)하면, 서서히 토양입자 사이의 공극을 채우면서 중력에 의해 보다 낮고 깊은 땅속으로 이동하게 된다. 이러한 땅속의 물 이동을 투수(透水, percolation), 그리고 투수로 유출되는 물 흐름을 복류수 유출이라 한다(그림 4.25). 복류수 유출은 정확히는 지표면과 포화대(飽和帶, saturated zone) 사이, 즉 통기대(通氣帶, zone of aeration)에서 발생하는 유출을 말한다. 여기서 포화대란 사면물질이 지하수에 의해 포화된 땅속의 공간, 그리고 통기대는 지하수로 포화되지 않아 물질의 공극에 공기가 많이 남아 있는 공간으로 포화대와 지표면 사이를 말한다.

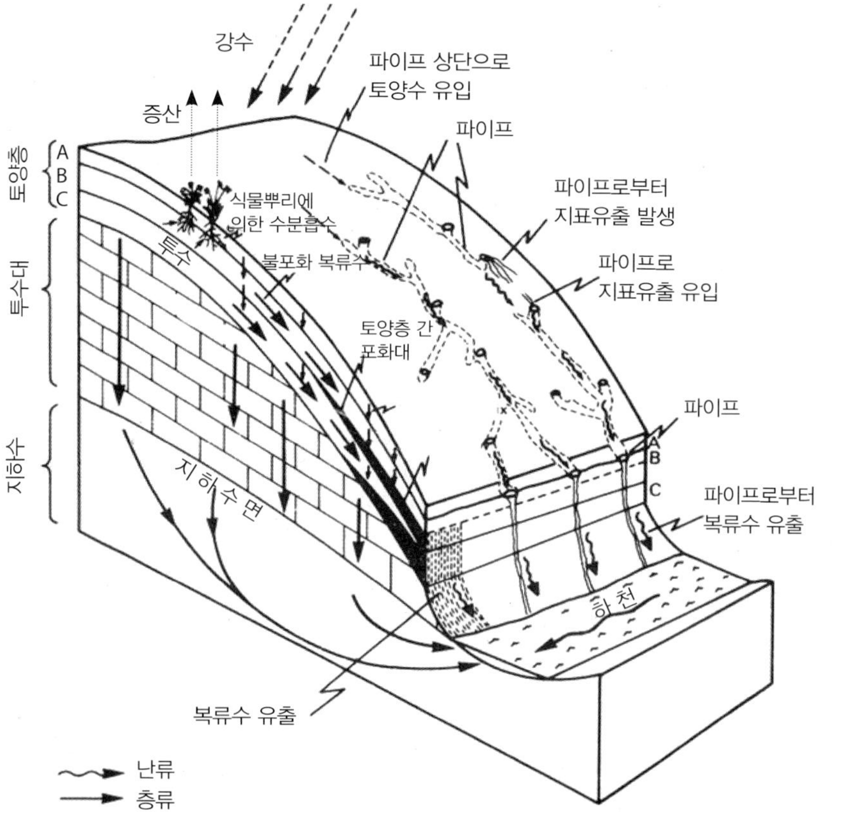

그림 4.25 사면 위에서의 지하유출

지하유출 중에 통기대(그림의 토양층과 투수대)를 흐르는 것이 복류수 유출, 포화대(지하수면 이하)를 흐르는 것이 지하수 유출이다(Summerfield, 1991, p.176. 원자료: Atkinson, 1978).

복류수 유출은 흔히 공극이 많아 토양수의 이동이 활발한 토양의 A층과 이보다는 공극이 적어 토양수의 이동이 제한되는 B층 사이를 흐르면서 용해물질은 물론, 작은 토양입자를 침식 제거한다.[10] 이러한 침식이 활발하면, 때로는 토양 속에 물의 이동통로, 즉 파이프(pipe)가 생기기도 한다. 파이프의 직경은 5~10cm의 것이 대부분이지만, 1m 이상인 것도 있다. 파이프는 시간이 지나면서 그 천장이 무너져 상부의 지면이 함몰되기도 하는데, 그럴 경우 지면에서는 릴이나 우곡이 생긴다. 이러한

10 토양층은 지면에서 하부로 가면서 O층(유기물층), A층(용탈층), B층(집적층), C층(모재층)으로 이루어져 있는데, 물질이 빠져나가는 A층에 비하여 물질이 집적되는 B층이 고결도(固結度)가 높다.

파이프의 생성은 복류수 유출이 1차 원인이지만, 동물이 파놓은 굴이나 여러 요인으로 인하여 토양에 틈새가 생긴 경우에도 파이프가 잘 생긴다.

지하수 유출은 복류수 유출보다는 더 깊은 땅속, 즉 토양의 포화대에서 발생하는 물 흐름이다. 지하수 유출은 이동속도가 느려 1년에 1m 정도에 지나지 않으며, 이로 인하여 이동되는 물질은 용해물질이 대부분이다. 그러므로 대부분의 지역에서 지표 유출이나 복류수 유출보다는 지하수 유출이 지표면의 변화에 기여하는 정도가 작다고도 볼 수 있다. 그러나 카르스트 지형에서 보듯이 화학적인 풍화가 활발한 환경에서는 사면물질의 상당량이 용해물질로 침식 제거되는 곳도 있다. 이러한 용식(溶蝕)은 투수 및 복류가 일어나는 초기 단계에서 가장 빠르게 진행되며, 이후 점차 감소되어 평형 상태에 도달한다. 또한 용식은 물의 공급이 상대적으로 적은 상부 사면보다는 많은 물이 모이는 하부 사면에서 더 활발하다.

2) 사면형과 지형형성작용

사면은 가해지는 지형형성작용에 따라 형태가 달라진다. 지형형성작용은 복합적이지만 단순화하면 매스무브먼트에 의한 것과 물에 의한 것으로 나눌 수 있다.

매스무브먼트는 물질 이동이 느린 매스무브먼트(slow mass movement)와 빠른 매스무브먼트(rapid mass movement)로 나누어지며, 이들은 각기 특징적인 사면형을 생성한다. 지금까지의 연구에 의하면, 토양포행, 솔리플럭션 등 느린 매스무브먼트가 지배적인 사면은 철(凸)형을 보인다. 길버트(Gilbert, 1909)는 사면의 정상부에서 하부 사면으로 가면서 이동물질의 두께가 동일하게 유지되려면, 물질의 이동속도가 하부 사면으로 가면서 더 빨라져야 하고, 그러기 위해서는 하방으로 가면서 사면의 경사가 더 커져야 한다고 설명하였다. 이와 같이 하부 사면일수록 경사가 크다는 것은 사면이 철(凸)형이라는 것을 의미한다. 이를 달리 말하면, 철(凸)형 사면은 하부 사면일수록 경사가 급하기 때문에 물질이 사면 위를 끊임없이 이동하면서도 사면의 전 구간에서 이동물질의 두께가 동일한 상태를 유지할 수 있다는 것이다.

아너트(Ahnert, 1987)의 사면 발달에 관한 컴퓨터 모델을 보면, 느린 매스무브먼트가 지배적인 사면은 전반적으로 철(凸)형을 유지하지만, 시간이 지남에 따라 점차 정상부의 고도가 낮아지고 경사가 완만해져 철형의 모습이 불분명해지는 것을 알 수 있다. 이와 같은 철형은 흔히 사면정상부에서 잘 발달된다. 그런 곳에서는 느린 매스무브먼트 이외에도 빗방울 침식이 활발하다. 빗방울 침식은 나지에서 가장 활발하므로 특히 식생이 빈약한 건조 내지 반건조기후 지역에서 전형적이다.

느린 매스무브먼트와는 달리, 빠른 매스무브먼트는 짧은 시간 동안에 사면을 급격하게 변화시키며, 이로 인하여 생겨난 사면은 대체로 직선형이다. 그러나 완벽한 직선사면은 드물며, 평형 상태에 이른 사면이 또 다른 평형을 향하여 변화하는 과정에서 발생하는 일종의 과도기적인 경우가 많다.

물에 의한 지형형성작용, 즉 사면류(slope wash)가 지배적인 곳에서는 요(凹)형 사면이 발달한다. 이러한 사면을 사면류 침식사면(wash denudation slope)이라고도 부른다. 사면류는 포상류나 릴류 형태의 지표유출을 총칭하는 것으로 강우가 많은 사면은 주로 사면류에 의해 침식받아 모습이 달라진다. 요형 사면이 발달하는 것은 사면의 하부로 갈수록 유량은 증가하는 반면, 물질입자 크기는 감소하므로, 결과적으로 사면류의 운반력이 커지게 되어 완만한 경사로도 물질을 원활하게 침식 제거할 수 있기 때문이다.

하부 사면일수록 경사가 급해지는 철형 사면과는 달리, 이와 같이 하부 사면일수록 경사가 완만해지는 사면형이 바로 요형이다. 이는 하도 내에 물이 상시적으로 흐르는 영구하천의 경우 그 종단곡선이 요형을 유지하는 경우와 별반 다르지 않다. 요형 사면이 전형적인 곳은 연중 물 공급이 많은 습윤기후 지역이거나 반건조기후 지역과 같이 간헐적이지만, 강우 시 강도가 높아 짧은 시간 내에 상당량의 지표유출이 발생하는 곳이다. 그러나 반건조기후 지역에서는 강우에 의해 발생한 물이 사면 위를 흘러내리는 과정에서 대기 중으로 증발되거나 땅속으로 스며들기 때문에 유출량이 줄어들면서 어느 지점에 이르면 더 이상 물이 흐르지 않게 된다. 이와 같이 지표유출이 처음 발생한 분수계로부터 지표유출이 소멸되는 지점까지의 거리를 유효유출거리(effective runoff distance)라 한다(Ahnert, 1998, p.114). 이론적으로 보면, 강우에 의해 발생한 지표유출이 지면을 침식하는 것은 유효유출거리 이내라고 할 수 있다. 또한 요형 사면은 물에 의한 침식력이 커지는 조건하에서만 생성되는 것이므로 기후가 어떤 조건이든 간에 지표유출이 많고, 사면 하부로 가면서 유량이 증가되는 조건이라야 요형 사면이 발달된다고 하겠다. 그러나 하천이 요형 사면의 하단부를 가로질

그림 4.26 온대습윤기후 지역의 산지(남한산성 주변 산지, 하남)

온대습윤기후 지역에서는 상부사면이 철형, 하부사면이 요형인 S자형 사면 또는 철형과 요형 사이에 직선형 사면이 전형적이다.

그림 4.27 건조기후 지역의 산지(모뉴먼트 밸리, 미국)

사면의 상부에서 하부로 가면서 철형사면, 절벽, 암설사면, 요형사면이 전형적으로 나타난다. 사진 왼쪽과 오른쪽의 고립 구릉이 뷰트이며, 중앙의 탁상지는 메사이다.

러 흐르면서 사면물질의 공급량 이상을 침식 제거한다면 사면형은 요형에서 점차 직선형으로 변화되기도 한다.

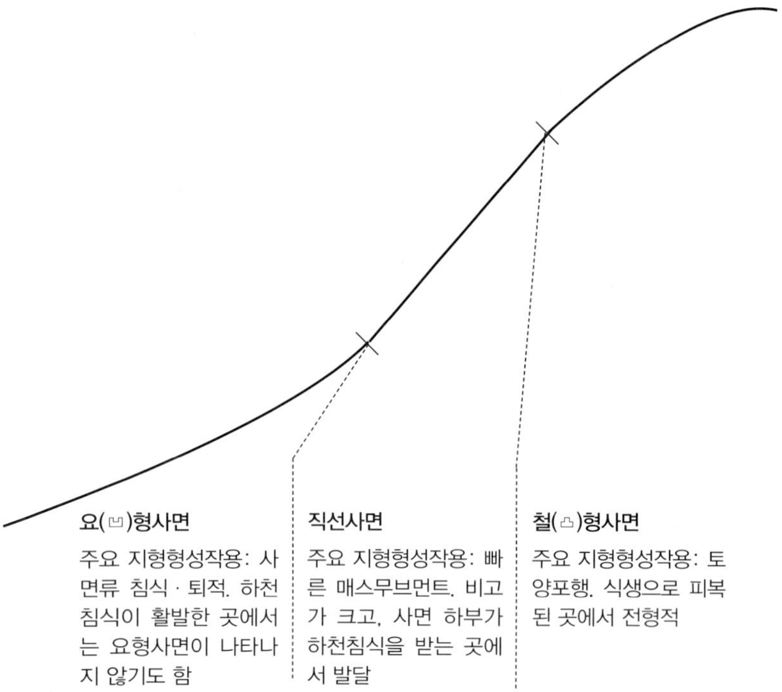

그림 4.28 온대습윤기후 지역의 전형적인 사면형과 주된 지형형성작용

온대습윤기후하에서는 상부에 철형, 하부에 요형사면이 전형적이며, 비고가 큰 산지에서는 철형과 요형 사이에 직선형이 발달한다(Finlayson and Statham, 1980, p.183).

아너트의 사면모델 연구(Ahnert, 1987; 1998, pp.130-133)에 의하면, 느린 매스무브먼트와 사면류가 동시에 영향을 미치는 경우, 정상부에는 철형, 그리고 하부 사면에는 요형이 발달한다. 분수계에서 철형이 나타나는 것은 토양포행과 같은 느린 매스무브먼트는 있지만 지표유출이 많지 않기 때문이며, 하부 사면에서 요형이 발달하는 것은 지표유출이 하부로 가면서 증가하기 때문이다. 그러나 보다 뚜렷한 요형은 사면 하단부에서 하천 침식의 영향이 줄어들 때 나타난다. 이처럼 사면 정상에서 철형, 그리고 하부에서 요형이 나타나는 S자형 사면단면(sigmoid slope profile)은 중위도의 습윤기후 지역에서 가장 전형적이다(그림 4.26).

사면 위에서 전개되는 지형형성작용은 그 유형이 무엇이든 간에 기후와 직간접적인 관련을 맺고 있다. 따라서 특정 기후하에서는 특정의 사면들이 보다 전형적으로 발달하는 것으로 추정할 수 있다. 예를 들어 우리나라와 같은 온대습윤기후 지역

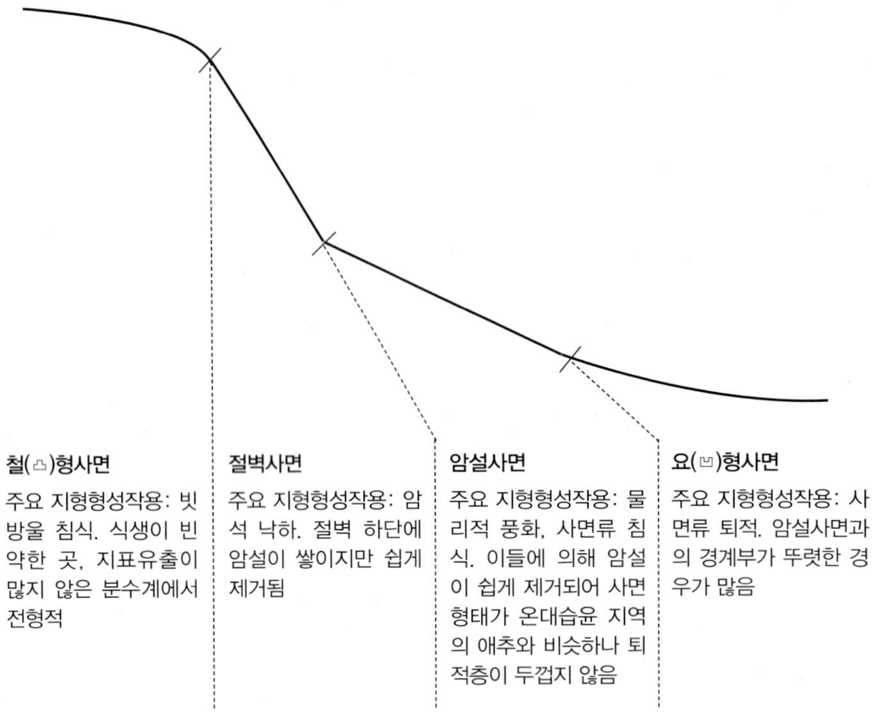

그림 4.29 반건조기후 지역의 전형적인 사면형과 지형형성작용

반건조기후하에서는 상부에서 하부로 가면서 철형, 절벽사면, 암설사면, 요형사면이 순차로 나타나는 경우가 많다(Finlayson and Statham, 1980, p.184).

에서는 S자형 사면형 이외에 상부는 철형, 하부는 요형, 그리고 그 사이는 직선형을 이루는 사면이 많다(그림 4.26, 4.28). 이에 대하여, 반건조기후 지역에서는 상부에서 하부로 가면서 철형사면, 절벽(cliff face), 암설사면(debris slope), 요형사면이 차례로 나타나는 경우가 많다(그림 4.27, 4.29). 그러나 이는 사면을 보편적인 특징 중심으로 단순화한 모델일 뿐이며, 실제의 사면형은 이보다 더 복잡하다.

사면의 특징을 이보다 정교하게 모델화한 것은 달림플(Dalrymple *et al*., 1968)이다(그림 4.30). 그에 의하면 산정부로부터 계곡으로 내려가면서 특징에 따라 분수계(interfluve), 침투사면(seepage slope), 포행사면(convex creep slope), 절벽(fall face), 중간사면(transportational midslope), 녹설(麓屑)말단사면(colluvial footslope), 충적(沖積)말단사면(alluvial toeslope), 하안(channel wall), 하상(channel bed) 등 9개의 단위지형으로 나눌 수 있다. 이들 중 하안과 하상은 사실상 하부사면을 가로질러 흐르는 하천에 의해 생성

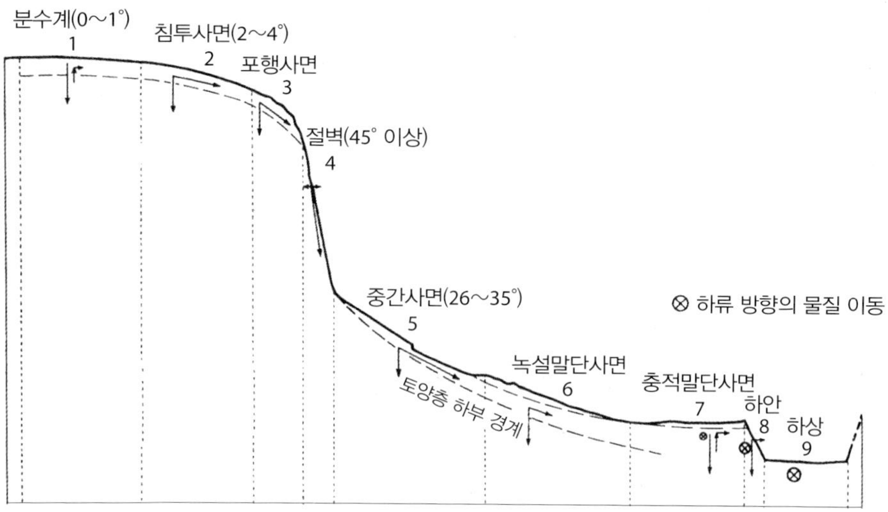

그림 4.30 사면분류모델

1. 분수계(interfluve): 토양수 수직이동. 2. 침투사면(seepage slope): 용탈, 세탈 및 토양수의 수평이동. 3. 포행사면(convex creep slope): 토양포행. 4. 절벽(fall face): 암석낙하, 활동. 5. 중간사면(transportational midslope): 유동, 활동, 슬럼프. 6. 녹설말단사면(colluvial footslope): 매스무브먼트 퇴적. 7. 충적말단사면(alluvial toeslope): 사면류 퇴적. 8. 하안(channel wall): 하천침식. 9. 하상(channel bed): 하천 퇴적 및 침식. 화살표: 지형형성작용에 의한 물질의 이동 방향과 강도(Summerfield, 1991, p.181; Dalrymple *et al*., 1968).

되는 하천지형이므로, 산지 사면만을 대상으로 지형을 분류할 경우 이를 제외할 수 있다. 이와 같은 달림플 모델에서 단위지형은 각기 그곳에 고유한 지형형성작용이 있다고 가정하고 있다. 즉 분수계는 수직적인 토양수 이동, 침투사면은 용탈, 세탈 및 토양수의 수평적인 이동, 포행사면은 토양포행, 절벽은 암석낙하, 활동 등의 빠른 매스무브먼트, 중간사면은 유동, 활동, 슬럼프, 포행 등의 매스무브먼트, 녹설말단사면은 매스무브먼트에 의한 퇴적작용, 충적말단사면은 사면류에 의한 퇴적작용이 그것이다.

3) 사면발달이론

사면이 어떻게 변화하는지를 규명하고자 하는 것은 지형학의 오랜 연구 주제 중 하나였다. 그간 여러 가설이 제시되었지만, 그중 잘 알려진 것은 데이비스(W. M. Davis)의 사면감쇠(斜面減衰, slope decline)설, 펭크(W. Penck)의 사면대체(斜面代替, slope replacement)설, 킹(L. C. King)의 사면평행후퇴(斜面平行後退, parallel slope retreat)설이다(그림 4.31).

데이비스는 융기한 지형이 하천침식을 받게 되면 초기에는 사면경사가 급하지만 점차 완만하게 변화되는데, 경사 급한 상부 사면이 완만한 하부 사면보다 빠르게 침식받으며 상부 사면은 철형, 그리고 하부 사면은 요형을 유지하면서 고도가 낮아진다고 설명한다(그림 4.31의 A). 이러한 데이비스의 주장은 산지의 고도가 낮아지면서 사면경사가 전반적으로 감소되는 방향으로 사면 발달이 진행되는 것이기 때문에 사면감쇠설이라 부른다.

이와는 달리 펭크는 경사 급한 상부 사면이 보다 완만한 하부 사면으로 대체되는 방식으로 사면 발달이 진행되며, 그 결과 사면은 요형에 가까운 형태로 변화된다고 주장하였다. 이러한 펭크의 가설은 시간이 지남에 따라 결국 급경사 사면이 완경사 사면으로 대체되는 방향으로 사면 변화가 일어나는 것이므로 사면대체설이라 할 수 있다(그림 4.31의 B). 우리 학계에서는 한때 펭크가 사면평행후퇴설을 주장한 것처럼 잘못 소개되기도 하였다.

그러나 사면평행후퇴설은 펭크가 아니라, 킹이 제시하였다. 킹에 따르면, 절벽은 주로 풍화와 사면류에 의해 침식받아 후퇴하지만, 후퇴과정에서 경사가 낮아지는 것이 아니라 그 경사가 그대로 유지된다고 한다(그림 4.31의 C). 더 정확히는 최대경사를 보이는 상부 사면은 시간이 경과하더라도 직선형을 그대로 유지하며, 경사 완만한 하부의 요형 사면은 시간이 지나면서 그 규모가 더 커진다. 이러한 킹의 주장은 데이비스나 펭크의 주장과는 달리 사면 발달이 경사가 완만해지는 방향으로 진행되는 것이 아니라, 그 경사가 그대로 유지되면서 사면 길이 등 규모만 달라지는 것이므로 사면평행후퇴설이라 부른다. 이러한 킹의 사면발달 모델은 온대습윤기후보다는 건조기후 내지 반건조기후하에서의 사면 발달을 설명하는 데 유효하다(그림 4.32).

이와 같은 사면발달이론들은 대체로 가설적인 수준에서 제시된 것이므로 사면발달에 관한 개괄적인 이해에는 도움이 될 수는 있다. 그러나 이들 이론은 지형형성과정을 실증적으로 연구한 결과가 아닐 뿐만 아니라, 지형 연구의 과학화가 진전되기 이전에 제시된 것들이기 때문에 그 적용에는 한계가 있을 수밖에 없다.

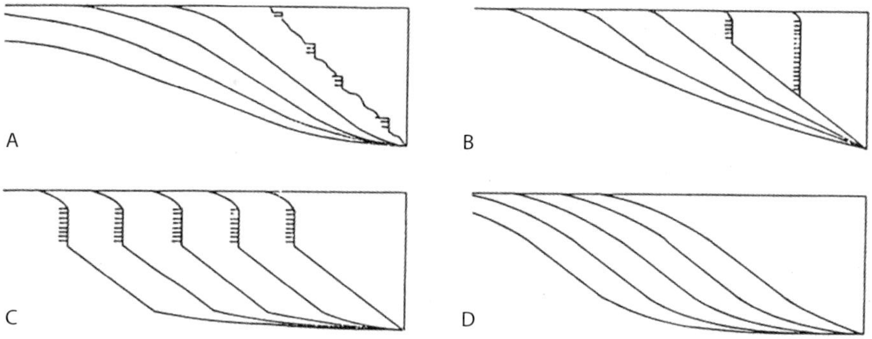

그림 4.31 사면발달모델

A: 사면감쇠(slope decline). B: 사면대체(slope replacement). C, D: 사면평행후퇴(parallel slope retreat) (Young, 1972, p.39).

이와 같은 사면 연구와는 달리, 오늘날에는 지형형성과정에 대한 정량적이고 이론적인 연구 결과를 바탕으로 수치지형발달 모델(numerical landscape evolution model)을 구현하고 이를 활용하여 기존의 사면 발달에 관한 이론들을 검증하려는 시도들이 활발하다. 그 좋은 예가 쿠이와 뷰몽(Kooi and Beaumont, 1996)의 연구이다. 이들은 컴퓨터 기반의 수치모의(數値模擬, numerical simulation)를 통하여 지반융기율과 사면 발달과의 상관관계를 규명하고자 하였다. 이에 의하면, 데이비스(Davis)의 침식윤회설에서와 같이, 지반융기가 급속하게 일어난 후 융기율이 급격히 감소하는 조건에서는 융기율이 큰 초기에는 기복이 큰 산지가 생겨난다. 그러나 점차 활발한 침식에 의해 사면의 감쇠가 일어나면서 기복이 작아져 데이비스의 준평원과도 유사한 형태의 지형으로 변화된다(Kooi and Beaumont, 1996, Fig.8).

이와는 달리 지반융기율이 일정한 조건에서는 사면의 고도와 기복이 점진적으로 증가하면서 종국에는 높은 고도와 큰 기복을 유지한 채 지형이 정상상태(定常狀態, steady state)에 도달하였다. 다시 말하여 지반융기율이 일정하다면 핵(Hack, 1960)이 주장한 것과 같은 동적평형(動的平衡, dynamic equilibrium)에 달한 산지가 생겨났다(Kooi and Beaumont, 1996, Fig.3a). 이러한 연구 결과는 데이비스의 사면감쇠설, 핵의 동적평형설 등을 포함하여 우리에게 잘 알려진 고전적인 사면이론들이 어느 조건에서나 동일하게 산지지형의 해석에 적용될 수 없다는 것을 말해준다.

최근의 사면 발달에 관한 모델 연구들은 구현이 비교적 간단한 토양포행뿐만 아

그림 4.32 사면의 평행후퇴(캐년랜드, 미국)

경암인 사암과 연암인 셰일이 수평적으로 층층이 쌓인 곳에서는 사암 절벽이 암석낙하 등으로 무너져내리면서 사면이 평행후퇴하는 방식으로 침식이 진행된다. 그럼에도 절벽 하단에 쌓인 암설층은 두껍지 않다. 그 이유는 사진에서와 같은 건조지역에서는 쌓인 암설들이 빠른 속도로 풍화되면서 간헐적인 강우에 의해 사면에서 씻겨 제거되기 때문이다.

니라 활동(滑動, shallow landslide, deep-seated landslide 등)을 경험적 또는 연역적으로 수식화하고, 장기간의 사면발달과정을 모의하기도 한다(Roering, 2008). 또한 땅다람쥐(pocket gofer)와 같은 생물의 활동이 사면에서의 토양생성과 물질 이동에 어떤 영향을 미치는지를 정량화하여 파악하고, 이를 토대로 사면 발달을 규명하려고 노력하기도 한다(Yoo *et al.*, 2005). 이러한 국제적인 사면 연구 동향에 상응하여 최근 우리나라에서도 사면발달모델을 활용한 연구가 행해지고 있다(변종민, 2015). 변종민의 연구는 지반 융기율이 높고 지면침식량이 큰 곳에서 관찰되는 암석사면이 한반도와 같이 지반이 안정된 지역에서도 생성될 수 있음을 사면발달모델을 통해 잘 보여주고 있다.

4) 한국의 산지지형

(1) 지각운동과 산지의 형성

신생대 이전에 한반도에서 발생하였던 주요 지각운동으로는 송림변동, 대보조산운

그림 4.33 인젤베르크(울산바위, 백악기 화강암, 태백산맥)

인젤베르크(inselberg)는 주변의 낮은 산지에 비하여 마치 섬처럼 솟아 있는 산지, 즉 섬산을 말하며, 도상구릉(島狀丘陵)이라고도 한다.

동 및 불국사변동을 들 수 있다. 송림변동은 중생대 트라이아스기, 대보조산운동(大寶造山運動)은 중생대 쥐라기, 그리고 불국사변동은 중생대 백악기에 있었다. 그러나 이들 지각운동이 동일한 강도로 한반도의 전 지역에 걸쳐 발생했던 것은 아니다. 이들 중 비교적 넓은 범위에 걸쳐 가장 크게 영향을 미쳤던 지각운동은 대보조산운동인데, 이것의 영향을 가장 크게 받았던 지역은 중·남부지방이다. 이에 대하여 송림변동은 북부지방, 불국사변동은 영남지방에 주로 영향을 미쳤던 것으로 알려져 있다.

이와 같은 지각운동은 마그마의 관입을 수반하므로 지각운동이 있었던 지역에는 지각운동 시에 생겨난 화강암이 널리 분포한다(그림 4.33, 4.34). 즉 북부지방의 낭림육괴, 관모봉육괴 등지에 분포하는 화강암은 송림변동(松林變動), 그리고 중·남부지방의 경기육괴, 영남육괴 등지에 분포하는 화강암은 대보조산운동 시에 생겨난 것이 많다. 또한 경상분지의 화강암은 불국사변동 시에 생긴 것이 많다.

그러나 이들 지각운동은 지각이 변형되던 당시에는 지표면의 높낮이를 바꾸는 등의 지형변화를 일으켰을지라도 현재의 지형에 직접적으로 영향을 미친 것은 아니다. '조산운동'이라는 명칭을 사용하는 대보조산운동만 하더라도 조산운동이 있었던 중생대 쥐라기에는 아마도 습곡, 단층, 마그마의 관입 등이 일어나면서 산맥이 형성되었을 것으로 추정된다. 그러나 당시에 생겨난 산맥은 이후 백악기와 신생대 제3기 초엽을 지나면서 육상침식을 받아 원래의 모습을 잃어버렸을 가능성이 높다. 다시

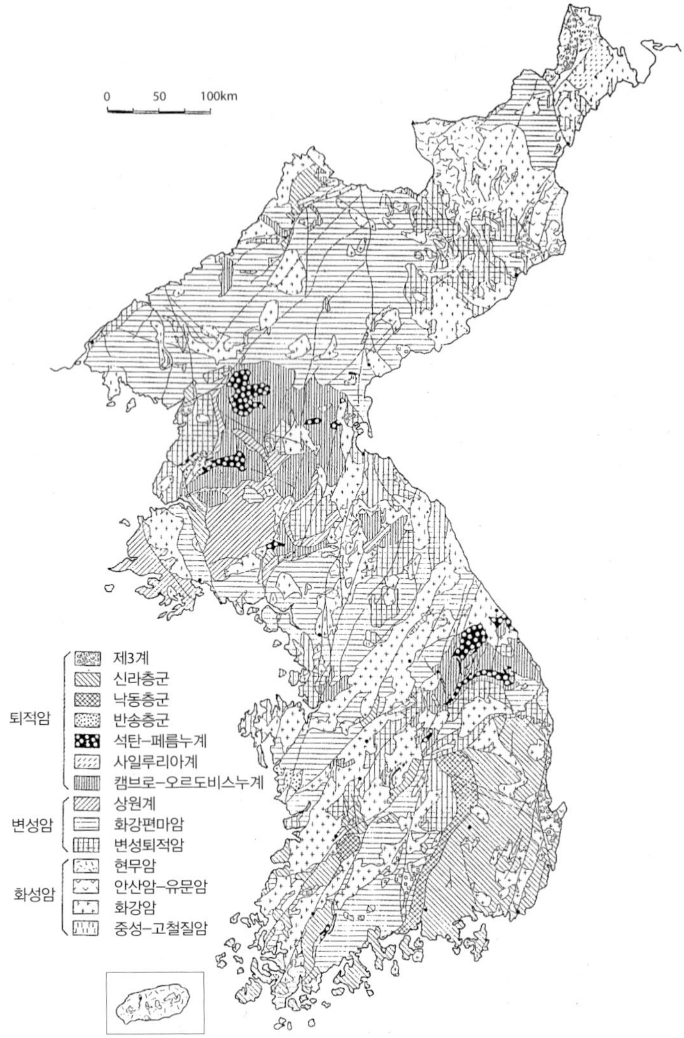

그림 4.34 한국의 지질

트라이아스기 화강암: 북부지방. 쥐라기 대보화강암: 대상 분포, 중부 및 남부 지방. 백악기 불국사화강암: 남부지방. 자세한 최신의 지질 정보는 한국지질자원연구원(www.kigam.re.kr)에서 제공하는 자료를 참조하기 바람(정창희, 1986. 원자료: 1981년 발간의 한국지질도).

말하여 산맥이라고 부를 수 없는 낮은 산지 또는 구릉지로 변화되었을 것으로 본다.

조산운동 전후에 어떠한 지질 및 지형 변화가 일어나는지는 그림 4.35의 모식도가 잘 설명하고 있다. 그림 4.35의 5단계에서 보듯이 조산운동 이후 지면 침식을 받아서 습곡산맥은 사라졌어도 암석이나 지질구조에는 당시에 조산운동이 있었다는

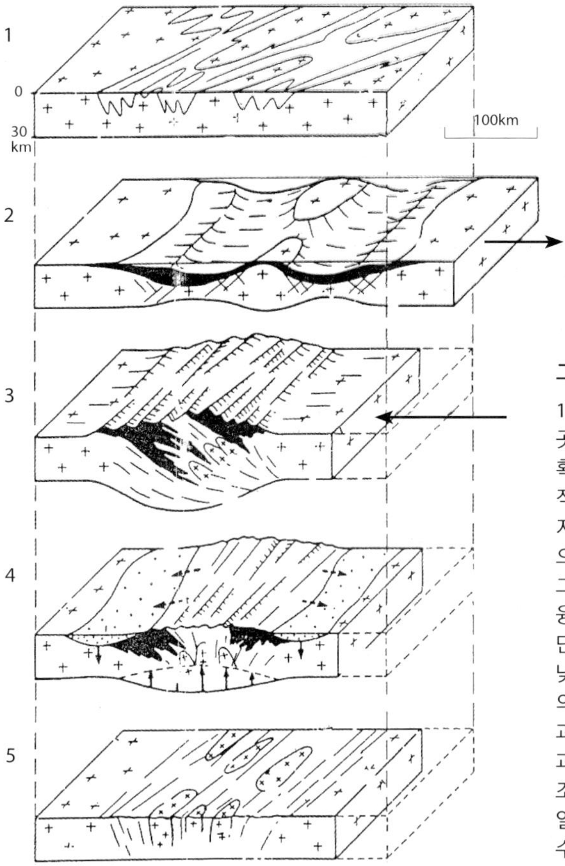

그림 4.35 조산운동과 지형 발달

1단계: 평탄한 원지형. 그림에서 '+'로 표시한 곳은 화강암. 2단계: 화살표 방향으로 지각이 확장되면서 얕은 바다 또는 호수가 생겨나 퇴적(그림에서 검은색 부분)이 활발해짐. 퇴적분지 내지 지향사 생성단계. 3단계: 화살표 방향으로 지각에 압축력이 작용하여 습곡, 단층, 마그마의 관입, 화산활동 등이 수반되면서 땅이 융기하여 습곡산맥이 생겨남. 조산운동단계. 4단계: 지각이 안정되면서 산맥이 침식을 받아 낮아지고 그 과정에서 생성된 퇴적물이 주변의 낮은 곳으로 운반되어 쌓임. 5단계: 원지형과 유사한 모습의 평탄한 지형. 그러나 원지형과는 달리 지각운동과정에서 생겨난 단층선(구조선)과 화강암이 대상 분포를 보임. 자료: 독일 아헨공과대학교 지질학과 발터(Walter) 교수의 일반지질학 강의자료(1985년)에서 발췌.

흔적이 남게 된다. 우리나라에서 대보화강암이 대상(帶狀) 분포를 보이고, 그것과 동일한 방향성을 보이는 구조선들이 발달한 것도 같은 맥락에서 이해할 수 있다. 다시 말하여 중·남부지방에서 대보화강암이 북동-남서 방향을 취하면서 대상으로 분포하는 것이나 그것과 동일한 방향을 보이는 구조선(단층선)들은 과거에 조산운동이 일어났을 때 생겨난 것이다(그림 4.34, 4.36).

대보조산운동이 그러했던 것처럼 송림변동이나 불국사변동도 마찬가지로 현재의 지형에 직접적으로 영향을 미친 것은 아니다. 즉 이러한 지각변동이 그대로 지형에 반영된 것은 아니다. 대보조산운동과는 달리 송림변동이나 불국사변동에 대하여 '조산운동'이라고 부르지 않는 것은 화강암이 관입되어 있는 등 지각변동의 증거는 있으나, 조산운동을 입증하는 습곡 등의 구체적인 증거들이 많지 않은 때문이다.

대보조산운동이나 송림변동 및 불국사변동이 있었음에도 불구하고 그것들이 지형발달에 직접적인 영향을 미치지 않았다는 의미를 잘 이해할 필요가 있다. 지각운동이 지형에 직접적인 영향을 미친다는 것은 지각을 융기 또는 침강시키거나 수평적으로 이동시킴으로써 지표의 모습, 즉 지형이 달라지는 것을 뜻한다. 위에 소개한 지각운동은 신생대 이전에 일어났던 것들이므로 지각운동이 일어났던 당시에는 지형의 변화를 직접적으로 일으켰을지라도 그 이후 장기간에 걸쳐 침식작용이 가해져 원래의 지형 모습이 달라졌기 때문에 현재의 지형에 직접적인 영향을 미친 것으로 보기는 어렵다.

그렇다면 이와 같은 지각운동들은 한반도의 지형 발달에 전혀 영향을 미치지 않았던 것인가? 물론 그것은 아니며, 지각운동과 더불어 단층 등 지각구조의 변화가 일어났고, 화강암이나 변성암이 새로이 생겨나는 등 구성물질의 변화가 일어났기 때문에 이로 인하여 지형이 달라졌다. 그러나 이러한 지형변화는 한반도의 지반을 직접적으로 움직여 산맥과 골짜기를 만드는 등 지형의 근간을 형성한 지각운동과는 다른 종류의 것이라 하겠다.

한반도 지형의 근간은 이와 같은 지각운동이 아니라 이보다 후일에 일어났던 지각운동, 즉 신생대 제3기 마이오세(Miocene, 中新世) 이래의 경동성 요곡융기(傾動性 撓曲隆起, tilted upwarping)[11]에 의해 결정된 것으로 본다. 이러한 요곡운동은 일종의 조륙운동으로서 습곡 등 심한 지층의 교란이나 화강암의 관입을 수반한 지각운동은 아니다. 습곡운동과 요곡운동을 혼동하는 경우가 흔히 있다. 습곡운동은 조산운동에 수반되는 것으로 지각에 횡압력이 가해져서 지층에 주름이 잡히면서 지표면의 면적이 대체로 감소되는 지각운동인 데 비하여, 요곡운동은 융기의 중심축을 기준으로 주변으로 가면서 융기율이 작아져 결과적으로 지각이 휘어져 올라오는 조륙운동 형태의 지각운동을 말한다(그림 4.37). 이러한 요곡운동을 일으키는 힘의 원천은 지각판 충돌,

---

11 요곡운동은 융기율 또는 침강률이 중심부에서 크고, 외곽으로 가면서 작아지기 때문에, 결과적으로 지각이 휘어지게 되는 지각운동이다. 흔히 상방(上方)요곡운동(up warping)과 하방(下方)요곡운동(down warping)으로 구분한다. 상방요곡운동의 예로서는 태백산지 이외에도 로키산맥의 융기운동, 그리고 하방요곡운동의 예로는 지향사(geosyncline)를 들 수 있다.

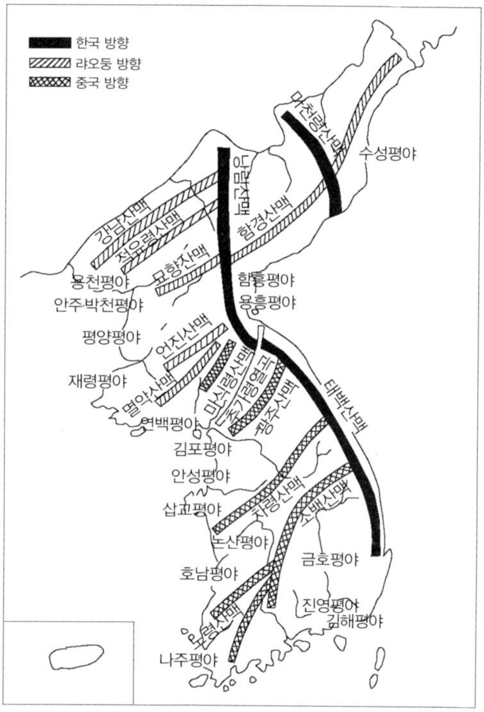

그림 4.36 산맥 분포

산맥 주향과 구조선 방향을 고려하여 산맥들을 한국 방향(남북 내지 북북동–남남서), 랴오둥 방향(동북동–서남서), 중국 방향(북동–남서)으로 나누었다. 구조선 생성 시기는 한국 방향은 신생대 제3기, 랴오둥 방향은 중생대 트라이아스기, 중국 방향은 중생대 쥐라기이다. 산맥들 중 낭림, 태백, 함경, 소백산맥은 직접적인 지반 융기에 의해 생겨난 반면, 서해를 향하여 뻗어 있는 산맥들(강남산맥에서 노령산맥에 이르는 산맥)은 지반 융기와 더불어 그 이전에 생겨난 구조선을 따라 침식이 진행된 결과 곡간산지가 산맥의 형태로 남게 된 것이다(정장호, 1986, p.24).

해저 확장 등의 지각판 이동에서 발생하는 압력이나 빙하 소멸 등의 원인으로 발생하는 지각의 평형운동에서 찾을 수 있다. 한반도에서 일어난 요곡운동은 동해가 생성 확장되는 과정에서 발생한 힘이 한반도에 전달되면서 일어난 것으로 추정된다.

지각에 요곡운동이 일어나면 지표면이 인장력을 받아 확장되고 그런 과정에서 지각이 끊어지는 정단층이 수반된다. 이러한 점은 횡압력으로 인하여 역단층이나 오버스러스트, 습곡이 수반되는 조산운동과는 크게 다른 것이다. 한반도에 있었던 요곡운동에 '경동(傾動, tilting)'이란 수식어를 붙인 것은 융기의 중심축이 한쪽으로 치우친 관계로 지각이 비대칭적으로 기울어지면서 휘어져 올라온 지각운동이라는 점을 강조하기 위해서이다.

경동성 요곡융기운동은 특히 수도권과 강원도를 포함한 중부지방의 지형 해석에 유효하다. 김상호(1973)에 따르면 태백산맥을 중심으로 지반 융기의 중심축이 놓여 있었기 때문에 그와 같은 높은 산지가 형성되었으며, 이곳으로부터 영서 및 경기지방, 그리고 영동 지방으로 갈수록 융기율이 작아져 점점 산지의 고도가 낮아진 것

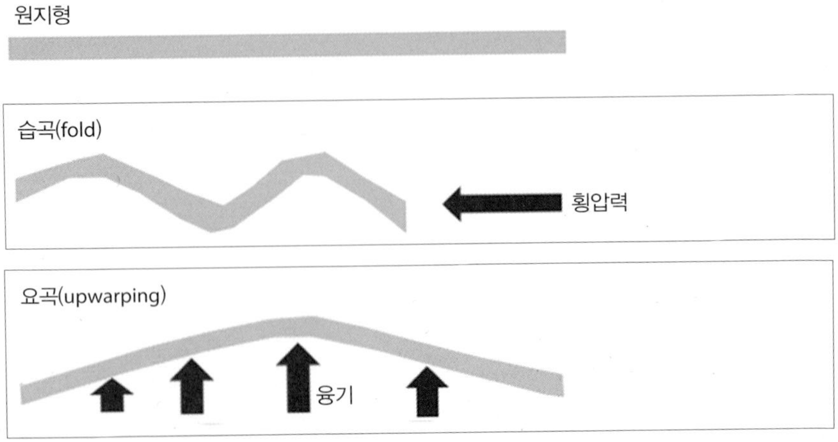

그림 4.37 요곡(撓曲)과 습곡(褶曲)의 차이

요곡은 융기율의 차이로 인하여 지각이 확장되면서 휘어져 올라오는 지각운동인 반면, 습곡은 횡압력을 받아 지각이 주름 잡히듯 줄어드는 지각운동이다.

으로 보고 있다. 그러나 융기의 중심축이 한반도의 중앙부가 아니라 다소 동쪽으로 치우쳐 놓이는 바람에 태백산맥으로부터 영서 및 경기 지방으로 가면서는 지면경사가 대체로 완만하게 낮아지지만, 영동 지방으로는 급격하게 지면경사가 커진다.

이러한 지각운동이나 지형에 대한 해석은 여러 면에서 의미하는 바가 작지 않다. 태백산맥뿐만 아니라 함경산맥도 동해안에 근접하여 높은 산지가 있는 반면, 내륙으로 가면서 완만히 낮아지는 형국이므로, 태백산맥의 경우와 유사하다. 다시 말하여 함경산맥, 태백산맥으로 이어지는 한반도의 장대한 산맥들이 동해안에 근접하여 놓인 것은 신생대 제3기 이래의 요곡융기운동에 의한 것으로 추정한다. 이러한 산맥들과 마찬가지로 낭림산맥이나 소백산맥 또한 지각융기에 의해 생성된 것으로 보고 있다.

이와는 달리, 태백산맥에서 갈라져 대체로 중국 방향(북동-남서)을 취하면서 황해 쪽으로 뻗고 있는 마식령산맥, 광주산맥, 차령산맥은 지반의 직접적인 융기에 의한 산맥이라기보다는 제3기 이래 태백산맥을 중심축으로 요곡운동이 일어나는 과정에서 그 이전에 이미 있었던 구조선들을 따라 침식이 일어나면서 2차적으로 생겨난 것이다(그림 4.36). 태백산맥에서 멀어질수록 지반의 융기량이 작았기 때문에 서해 쪽으로 가면서 산지의 고도가 낮아지고, 산맥의 줄기가 흩어지는 등 산맥의 연속성이 약하다. 지금까지 마식령산맥, 광주산맥, 차령산맥 등에 대해서 중국 방향을 취하고 있으며, 이들 산맥의 산지 사이에 형성된 하곡 또한 대체로 동일한 방향성을 보인다고 해석해온 것 역시 위에 설명한 것과 궤를 같이하는 것이다.

이와 마찬가지로 융기의 중심축에서 멀리 떨어진 지역인 서해안 일대에 널리 분포하는 구릉지 또는 낮은 산지들도 애초부터 융기량이 많지 않아서 낮은 산지로 달라진 것으로 해석한다. 비유하자면 마치 유년기에서 장년기를 거치지 않고 곧바로 노년기로 접어든 것과 같은 지형인 것이다. 다시 말하여 이들 낮은 산지가 태백산맥 등의 높은 산지에 비하여 오랫동안 더 많은 침식을 받았기 때문에 낮은 산지가 된 것은 아니라는 것이다. 사실, 같은 조건이라면 해발고도가 더 높으면 더 많이 침식받을 수 있으므로 낮은 산지가 더 침식을 받았다는 것은 이치에도 맞지 않는다.

마식령, 광주, 차령 산맥 등과 마찬가지로 랴오둥 방향(서남서~동북동)의 강남, 적유령, 묘향, 언진, 멸악 산맥 또한 지반 융기와 더불어 그 이전에 생겨난 구조선들을 따라 침식이 강화된 결과 생겨난 산지이다. 그러하기에 이들 산맥은 융기의 중심축으로부터 멀어질수록 산지의 고도가 낮아져 때로는 산줄기조차 식별하기 어려울 정도의 낮은 산지로 달라진다. 다만 구조선이 생겨난 시기는 서로 다르다. 즉 랴오둥 방향의 구조선은 중생대 트라이아스기의 송림변동, 그리고 중국 방향의 구조선은 중생대 쥐라기의 대보조산운동 시에 생겨난 것이다.

(2) 침식면 지형

중부지방에서는 태백산지의 동·서사면을 따라 고도와 형태를 달리하는 침식면(浸蝕面, erosion surface)들이 발달하였다. 침식면은 주로 침식작용에 의해 생겨난 평탄한 지형을 말한다. 이러한 평평한 특징을 강조하여 침식면 대신에 평탄면(平坦面, planation surface)이라 부르기도 한다. 이처럼 침식면은 지형의 성인과 형태를 포함한 용어이지만, 평탄면은 성인을 고려하지 않고 지형의 형태만을 일컫는 용어이다. 중부지방의 침식면은 크게 고위침식면과 저위침식면으로 나눌 수 있다. 여기서 고위나 저위는 지형의 고도를 의미하지만, 이를 구분하는 고도 기준이 있는 것은 아니며, 다소 상대적인 개념이다. 즉 상대적으로 높은 고도의 것은 고위침식면, 그보다 낮은 고도의 것은 저위침식면이라 할 수 있다. 저위 및 고위 침식면은 이와 같이 분포 고도가 다를 뿐만 아니라, 지형의 형태적인 특징도 차이가 있다. 고위침식면(高位浸蝕面)은 산 정상

그림 4.38 고위침식면(횡계, 평창)

산정부의 소기복 지형인 고위침식면은 이곳에서는 해발 900~1,300m에 널리 분포하며, 현재 상당 부분이 목장으로 활용되고 있다.

그림 4.39 중간침식면(사진 중앙의 완경사 산록면, 횡계, 평창)

중간침식면은 고위침식면이 침식 해체되는 과정에서 생겨난 산록면으로, 이곳에서는 분지 또는 계곡 내의 산록완사면 형태로 분포한다.

부를 중심으로 나타나며 지형의 높낮이가 크지 않은 소기복(小起伏)의 평탄한 산지인데 비하여(그림 4.38, 4.40, 4.41), 저위침식면(低位浸蝕面)은 산지의 가장자리, 즉 산록 중심으로 나타나는 완경사 산록면이다(그림 4.39, 4.43).

고위침식면은 제3기 마이오세 이래 지각이 요곡 융기하기 이전의 지표면 모습을 간직한 일종의 유물지형으로 그 형태는 위에 기술한 바와 같이 산정부 중심의 파랑상(波浪狀)의 소기복 지형이다. 이를 달리 표현한다면, 고위침식면은 산봉우리가 비교적 평평한 평정봉(平頂峰)들과 평정봉 사이의 깊지 않은 계곡들이 마치 바다의 물결 모양으로 넓은 범위에 걸쳐 발달한 지형이다.[12] 이런 형태의 고위침식면은 해발 500m 이상이 되면 나타나기 시작하며 해발 900m 이상의 고도에서는 비교적 넓은 범위에 걸쳐 분포한다. 특히 태백산맥의 산줄기를 따라 광역 분포하는데, 오대산에서 대관령을 거쳐 태백산에 이르는 지역에서 가장 전형적으로 나타난다. 황병산,[13] 육백산, 매봉산 등지의 고위침식면은 그 대표적인 곳들이다.

고위침식면은 백악기 또는 제3기 초엽에 존재했을 것으로 추정되는 침식면의 유

---

12 영어로 표현한다면, 'wavelike landscape(파랑상의 경관)'라 할 수 있다.

13 오대산 인근에 있어 김상호는 '오대산면'으로 분류하였으며, 현재 목초지(삼양축산)로 이용되고 있다.

그림 4.40 고위침식면(매봉산, 태백)

고위침식면은 산정부 중심의 소기복 지형인데, 매봉산에서는 해발 1,000~1,300m 고도에서 나타난다(지도: 국토지리정보원, 1:50,000)

그림 4.41 고위침식면의 토지 이용(매봉산, 태백)

고위침식면은 대체로 해발 1,000m를 넘는 고산지이지만, 경사가 그리 가파르지 않고, 기후가 여름채소(특히 배추) 재배에 적합하기 때문에 1970년대 이래 농경지로 개간하였다. 이곳의 배추 출하 시기는 여름이므로 그 시기가 가을인 평야지보다 앞서기 때문에 수익성이 높다.

물지형인 것은 사실이지만, 당시의 지형이 그대로 존속된 것은 아니다. 지반이 융기되면서 지표면이 풍화와 침식을 활발하게 받았을 뿐만 아니라 침식면의 규모도 축소되면서 오늘에 이른 것으로 볼 수 있다. 그렇다고 보면 침식면의 모습이 비교적 평탄하다 할지라도 그것은 옛날 지형이 그대로 남아 있는 것이 아니라 단지 평탄한 모습으로만 유전되어 잔존하는 것으로 보는 것이 옳다. 다시 말하여 고위침식면의 지표에서는 풍화와 침식이 일어나기 때문에 끊임없이 그 구성물질이 제거되어왔지만 지표면의 형태가 옛날의 평탄한 모습을 간직한 채 고산지의 산정 일대에 남아 있는 것이다.

고위침식면은 학교 운동장처럼 평탄한 지형이 아니라 비록 비고가 작지만 분명히 높낮이가 있는 소기복(小起伏)의 지형이다. 이와 같은 소기복의 지형이 융기 이전에도 그러한 모습이었는지 아니면 융기과정에서 소기복의 지형으로 변화된 것인지는 알기 어렵다. 그러나 고도가 비슷한 산지들이 넓은 범위에 걸쳐 분포한다는 점을 감안하면, 융기 이전에도 평탄한 지형 내지 소기복의 지형이 존재했을 가능성이 높다. 이러한 형태의 고위침식면에 대하여 김상호(1973)는 핵(Hack, 1960)의 연구를 준용하여 온대습윤기후하에서 오랜 침식 끝에 생성되는 종말지형이었을 것이라 추정하였다. 지형은 침식 에너지의 변화에 상응하여 동적평형을 유지하면서 달라지는 것이므로 이와 같은 종말지형은 침식 에너지의 커다란 변화가 일어나지 않는 한 오랜 시간이 경과되더라도 그 모습을 그대로 유지할 수 있다고 한다. 만일 그렇다면 고위침식면과 같은 지형은 데이비스가 주장하듯 유년기, 장년기, 노년기 등의 단계를 거치면서 생성된 것이 아닐 가능성이 높다고 할 것이다.

고위침식면이 연속적으로 넓게 분포하는 일대는 대체로 고원이다. 태백산지의 서쪽 사면인 강원고원, 함경산맥과 낭림산맥 및 마천령산맥의 내륙 쪽 사면인 개마고원, 그리고 소백산맥과 노령산맥 사이에 위치한 무주-진안 일대의 고원은 그 좋은 예들이다. 그런 고원과는 달리 용암이 덮여 지면 고도가 높은 대지를 이룬 곳도 있다. 백두, 철원-평강, 신계-곡산 용암대지가 그것이다. 이러한 용암대지는 침식면보다 더 평탄한 지형을 이루는 것이 특징이다. 이와 같은 고위침식면 또는 고원이나 용암대지는 대개 해발 고도가 높고, 평야지역에 비하여 인구밀도가 낮으며, 주로 밭농사가 발달하였다. 그러나 철원 일대는 예외적으로 논농사가 발달하였다. 이는 무엇보다도 관개시설을 잘 갖춘 덕분이지만, 용암대지의 표층, 즉 현무암 위에 하천이나 사면류에 의해 운반 퇴적된 세립퇴적물이 두껍게 쌓인 곳이 많아 토지의 보수력이 그리 나쁘지 않기 때문이다.

저위침식면은 지반융기와 더불어 지표면이 풍화와 침식을 받는 과정에서 새롭게 생겨난 평탄면이다. 지반융기와 더불어 보다 쉽게 침식 해체되어 평탄면이 생겨날 수 있는 곳은 융기량이 작았던 서해안 일대의 지역이다. 따라서 저위침식면은 고위침식면과는 달리 주로 서해안 일대에 널리 분포한다(그림 4.42). 해발고도는 대체로 300m 이하의 지역에 많다. 인천(계양산), 충주(계명산 및 남산), 와부(예봉산)에 발달된 산록면은 저위침식면의 좋은 예들이다.

저위침식면은 형태적으로는 고립된 산지의 급경사 하단부에 발달된 완경사 산록면의 형태를 취하거나 봉고동일성(峰高同一性)을 보이는 구릉지의 형태를 띠고 있다. 이러한 완경사 산록면은 줄여서 산록완사면(山麓緩斜面, piedmont)[14]이라 부른다(그림 4.43). 산록완사면이 다시금 침식을 받아 해체되면 그 하단부 주변 일대에 고도가

14 산록말단부에 위치해 있으면서 배후산지와는 경사를 크게 달리하는 '완경사의 산록면'을 말한다. 이는 산사면의 형상을 지칭하는 용어이며, 지형의 성인을 함축하는 용어는 아니다.

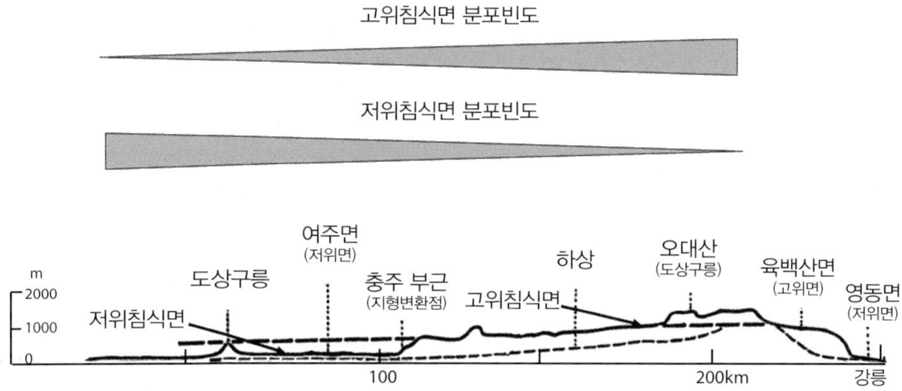

그림 4.42 한반도 중부지방의 횡단면 모식도

저위침식면은 서해안 지방, 고위침식면은 태백산맥에 근접할수록 널리 분포한다. 저위침식면은 여주, 충주, 강릉(영동면) 일대의 산록완사면 등 그리고 고위침식면은 육백산, 황병산, 매봉산 등지의 산정에 발달된 소기복 지형이다(조화룡, 1980, p.162 부분 수정. 원자료: 小林貞一, 1931).

비슷한 구릉들이 생겨나기도 한다. 이러한 구릉지나 산록완사면은 침식받기 이전에는 동일한 지형면[15]이었던 것으로 볼 수 있기 때문에 같은 종류의 저위침식면으로 볼 수 있다. 그러나 엄밀히 말하면 이들 산록완사면이나 구릉지가 그대로 저위침식면은 아니기 때문에 김상호(1973)는 이들 지형보다 더 높은 고도에 있는 평탄면, 즉 산록면이 침식되기 이전에 존재했을 것으로 추정되는 평탄면에 대하여 저위침식면이라 부르기도 하였다. 그러나 저위침식면이나 산록완사면이 성인과 형태가 크게 다른 별개의 지형은 아니므로 이들을 달리 구분하는 것보다는 동일한 지형으로 보는 것도 무방할 것이다.

산록완사면 중에는 피복퇴적물의 두께가 2~4m로 비교적 두껍지 않으며, 산록면의 전체적인 형태가 기반암의 모습과 유사한 것이 많다. 이러한 산록완사면에 대해 지형의 성인적인 측면을 고려하여 페디먼트(pediment)라 해석한다(김종욱, 1983; 장재훈, 1984). 페디먼트는 정의 자체가 다소 혼란스러운 면도 있지만, 형태로 보면 산록완사

15 지형면(geomorphic surface)이란 지형발달과정을 밝힐 수 있는 증거들을 간직하고 있는 평탄면을 말한다. 평탄면(planation surface)은 퇴적 또는 침식작용에 의해 생겨나며, 침식면(erosion surface)은 퇴적보다는 침식작용이 우세하게 작용하여 생겨난 평탄면이다.

그림 4.43 산록완사면(대산, 남원)

산록완사면은 가파른 배후산지와는 달리 완경사를 보이는 산록면이다. 사진 속 산록완사면은 하천 및 사면퇴적층이 있지만 그 두께가 두껍지 않다. 이는 기반암이 침식받아 산록면으로 변화되는 과정에서 산록면 위에 쌓인 것이다. 따라서 산록면은 퇴적지형이라기보다는 침식지형이며, 페디먼트라 할 수 있다.

면, 그리고 성인을 보면 기반암이 침식받아 생겨난 침식지형이다(White, 2004). 페디먼트의 성인에 관해서는 두 가지 견해가 있다. 즉, 건조기후하에서 포상홍수(布狀洪水, sheet flood)에 의한 면상(面狀)침식, 하천의 측방침식, 풍화에 의한 사면 후퇴 등이 결부되어 발달한다는 것과 열대 사바나기후와 같은 열대기후하에서 심층풍화가 일어나고, 그 산물이 사면류(斜面流, slope wash) 등에 의해 탈거(stripping, 일종의 침식작용)되면서 발달한다는 것이 그것이다. 전자는 미국 중심의 지형학자들, 그리고 후자는 뷔델(Büdel)로 대표되는 독일 지형학자들의 주장이다. 이처럼 페디먼트는 건조기후 지역뿐만 아니라 열대습윤기후 지역에서도 발달한다.

우리나라에서도 종전에는 페디먼트를 주로 건조기후하에서 포상홍수 등의 침식작용에 의해 생겨난 지형으로 보았으나 뷔델의 주장과 같이 간빙기 또는 제3기와 같은 온난습윤한 기후하에서 심층풍화를 받으면서 평탄한 산록면이 생기고 이것이 다시금 빙하기와 같은 한랭한 기후를 겪으면서 일부 수식 변형되어 오늘에 이른 것으로 해석하기도 한다(Büdel, 1981, pp.140-143). 김종욱(1983)은 이와 같은 관점에서 경남 사천의 산록완사면에 대하여 뷔델이 말하는 소위 '계승페디먼트(traditional pediment)'인 것으로 해석하기도 하였다. 이와는 달리 산록완사면을 충적선상지로 해석하는 관점도 있는데, 이는 산록면이 주로 하천에 의한 퇴적작용이 우세하게 작용하여 생성

표 4.3 우리나라의 침식면 구분

<table>
<tr><th></th><th>小林貞一
(1931)</th><th>多田文男
(1941)</th><th colspan="2">吉天虎雄
(1947)</th><th colspan="2">김상호
(1973)</th></tr>
<tr><td>고위면</td><td>육백산면</td><td>육백산면</td><td colspan="2">육백산면</td><td>고위면</td><td>육백산면
오대산면</td></tr>
<tr><td rowspan="4">저위면</td><td rowspan="4">여주면</td><td rowspan="4">여주면</td><td rowspan="4">여주면</td><td>대관령면</td><td rowspan="2">중간면</td><td rowspan="2">제천, 대화, 평창, 정선, 하진부, 횡계 등</td></tr>
<tr><td>하진부면</td></tr>
<tr><td>제천면</td><td rowspan="2">저위면</td><td rowspan="2">충주면
김포면</td></tr>
<tr><td>충주면</td></tr>
</table>

침식면을 처음 연구한 일본인 학자 고바야시(小林貞一, 1931)는 데이비스의 윤회설을 준용하여 2윤회의 입장에서 여주면은 준평원, 그리고 육백산면은 과거의 준평원이 융기된 융기준평원으로 해석하였다. 그러나 김상호(1973)는 이를 수정 보완하여 저위침식면을 중간면과 저위면으로 나누는 한편, 고위 및 저위 침식면이 윤회의 종말지형이 아니라 지반융기율의 차이에 의해서 생겨난 지형인 것으로 해석하였다(정장호, 1986, p.30 부분 수정).

된 지형이라고 보기 때문이다.[16]

저위침식면(低位浸蝕面) 중에는 해발고도 300~700m의 침식분지 내에 발달된 것들도 있다. 이것에 대하여 김상호(1973)는 고위침식면과 저위침식면의 중간적인 특징을 보인다고 해서 중간침식면(中間浸蝕面)이라 불렀다(그림 4.39). 중간침식면은 제천, 대화, 평창, 정선, 하진부, 횡계 등지에서 분지 내에 발달된 산록면들을 말한다(표 4.3). 이들 중간침식면의 일부는 분포하는 곳이 고위침식면에 인접한 곳이라서 고위침식면에 속하는 것으로 잘못 알려지기도 하였다. 특히 대화, 하진부, 횡계 등지의 중간침식면을 고위침식면이라 오인하는 경우가 많은 것 같다. 그러나 이들 침식면은 그보다 더 높은 고도에 있었던 고위침식면이 침식 해체되면서 새롭게 생겨난 것이므로 당연히 중간침식면에 해당된다. 대관령 인근 지역을 예로 들면, 삼양목장이 자리잡고 있는 황병산 주변 일대의 소기복 지역은 고위침식면이며, 대관령 면소재지 일대의 산록완사면은 중간침식면이다(그림 4.38, 4.39).

중간침식면의 생성과정은 저위침식면과 동일하게 이해할 수 있다. 즉, 다 같이

16 산록완사면을 페디먼트 또는 충적선상지로 해석하는 것과 관련하여 더 자세한 내용은 이 책 5장 「하천지형」에서 '페디먼트', '충적선상지'의 절을 참조하기 바람.

원래의 지형이 풍화침식받는 과정에서 2차적으로 새롭게 생겨난 침식면이다. 따라서 저위침식면과 중간침식면은 본질상 같은 유형의 침식면이다. 차이가 있다면, 저위침식면은 지반융기량이 적었던 곳에서 발달되었기 때문에 대체로 고립 구릉이나 산지 주변에 분포하는 특징을 보이는 데 비하여, 중간침식면은 지반융기량이 더 많았던 곳에서 생성되었기 때문에 비고가 큰 산간 분지 또는 산지 계곡 내에 산록면의 형태로 분포한다는 점에서 다를 뿐이다.

참고문헌

권혁재, 1987, 한국지리, 범문사, 43-61.

김민석, 김진관, 정안철, 정관수, 2015, 수문지형학적 모형을 이용한 토양 점착력 값 보정과 이를 통한 산사태 모의: 강원도 진부면을 사례로, 한국지형학회지, 22(3), 17-30.

김상호, 1973, 중부지방의 침식면 지형연구, 서울대 논문집, 이공계, 21, 85-114.

김상호, 2016, 한반도 지형의 형성, 1-3권, 두솔.

김종욱, 1983, 사천 와룡산 서쪽 산록면의 형상과 형성과정에 관한 연구, 지리학논총, 서울대학교 사회과학대학 지리학과, 10, 359-369.

김종욱 외, 2012, 한국의 자연지리, 서울대학교출판문화원, 1-39.

김진관, 김민석, 백봉현, 양동윤, 2007, 점토함량, 경사, 그리고 토양수분변화가 우곡간 침식에 미치는 영향: 단일크기복합인공강우기를 이용하여, 한국지형학회지, 14(3), 115-121.

박노욱, 지광훈, 장동호, 2004, 통계적 공간통합 모델을 이용한 태풍 루사로 발생한 강릉지역 산사태 취약성 분석, 한국지형학회지, 11(4), 69-80.

박수진, 손일, 2008, 한국 산맥론(III): 새로운 산맥도의 제안, 대한지리학회지, 43(3), 276-295.

변종민, 2015, 지반융기율이 낮은 지역에서의 암석사면 형성: 1차원 사면발달모형을 이용한 모의실험 결과를 중심으로, 한국지형학회지, 22(2), 61-74.

신영규, 김종욱, 2004, 대관령 지역의 토지이용이 오염물 유출부하량에 미치는 영향: USLE계열 모형 및 CN법의 적용, 한국지형학회지, 11(1), 91-104.

이수연, 정관용, 박수진, 2015, 산사태 발생예측을 위한 지형분류기법의 비교평가, 대한지리학회지, 50(5), 485-503.

임영신, 김종욱, 김진관, 박병익, 2012, 레이저-옵티컬 디스드로미터를 활용한 대전지역의 강우에너지 특성 평가, 한국지형학회지, 19(2), 133-143.

장동호, 2007, 산사태 재해에 대한 삼림지 위험평가 분석모델 개발, 한국지형학회지, 14(4), 57-67.

장재훈, 1984, 한국의 산록완사면에 관한 지형연구, 경희대학교 박사학위논문.

정장호, 1986, 한국지리, 우성문화사, 17-29.

정창희, 1986, 지질학개론, 박영사.

조화룡, 1980, 지형발달사, 한국지지총론, 건설부 국립지리원, 160-165.

小林貞一, 1931, 朝鮮半島地形發達史と近生代地史との關係に就いての一考察(一), 地理學評論, 7, 523-550.

多田文男, 1941, 朝鮮の地形, 地理評, 17, 504-505.

古天虎雄, 1947, 朝鮮半島中部の地形發達史, 地質學雜誌, 53, 28-32.

Abrahams, A. D., 1986, *Hillslope Processes*, Boston, Allen and Unwin.

Ahnert, F., 1970, An approach towards a descriptive classification of slopes, *Zeitschrift für Geomorphologie, Supplement*, 9, 71-84.

Ahnert, F., 1980, A note on measurements and experiments in geomorphology, *Zeitschrift für Geomorphologie, Supplement*, 35, 1-10.

Ahnert, F., 1987, Process-response models of denudation at different spatial scales, *Catena, Supplement*, 10, 31-50.

Ahnert, F., 1998, *Introduction to Geomorphology*, London, Arnold, 126-134.

Atkinson, T. C., 1978, Techniques for measuring subsurface flow on hillslopes, in Kirkby, M. J.(ed.), *Hillslope Hydrology*, Chichester, John Wiley & Sons, 73-120.

Andersson, J. G., 1906, Solifluction, a component of subaerial denudation, *Journal of Geology*, 14, 91-112.

Brunsden, D., 1993, Mass movement: the research frontier and beyond: a geomorphological approach, *Geomorphology*, 7, 85-128.

Büdel, J., 1957, Die Doppleten Einebnungsflächen der feuchten Tropen. *Zeitschrift für Geomorphologie*, N. F., 1, 201-228.

Büdel, J., 1981, *Klima Geomorphologie*, Berlin, Gebrüder Borntraeger, 140-143.

Carson, M. A., 1976, Mass wasting, slope development, and climate, in Derbyshire, E. D.(ed.), *Geomorphology and Climate*, London, John & Wiley, 101-136.

Carson, M. A. and Kirkby, M. J., 1972, *Hillslope Form and Process*, Cambridge University Press.

Chorley, R. J., Schumm, S. A. and Sugden, D. E., 1984, *Geomorphology*, London, Methuen, 230-277.

Crozier, M. J., 1973, Techniques for morphometric analysis of landslips, *Zeitschrift für Geomorphologie*, 17, 78-101.

Dalrymple, J. B., Blong, R. J. and Conacher, A. J., 1968, A theoretical nine-unit land surface model, *Zeitschrift für Geomorphologie*, 12, 60-76.

Easterbrook, D. J., 1999, *Surface Processes and Landforms*, New Jersey, Prentice Hall, 56-95.

Finlayson, B. and Statham, I., 1980, *Hillslope Analysis*, London, Butterworths.

Gilbert, G. K., 1909, The convexity of hilltops, *Journal of Geology*, 17, 344-351.

Hack, J. T., 1960, Interpretation of erosional topography in humid temperate regions, *American Journal of Science*, 258-A, 80-97.

Hutchinson, J. N., 1968, Mass movement, in Fairbridge, R. W.(ed.), *The Encyclopedia of*

Geomorphology, New York, Reinhold, 688-695.

Kim, J. K., Onda, Y., Kim, M. S. and Yang, D. Y., 2014, Plot-scale study of surface runoff on well-covered forest floors under different canopy species, *Quaternary International*, 344, 75-85.

King, L. C., 1957, The uniformitarian nature of hillslopes, *Transactions Edinburgh of the Geological Society*, 17, Pt.1, 81-102.

Kirkby, M. J.(ed.), 1978, *Hillslope Hydrology*, Chichester, John Wiley & Sons.

Kooi, H. and Beaumont, C., 1996, Large-scale geomorphology: classical concepts reconciled and integrated with contemporary ideas via a surface processes model, *Journal of Geophysical Research*, 101, 3361-3386.

Mosley, M. P., 1973, Rainsplash and the convexity of badland divides, *Zeitschrift für Geomorphologie, Supplement*, 18, 10-25.

Ritter, D. F., Kochel, R. C. and Miller, J. R., 1995, *Process Geomorphology*, Iowa, Wm. C. Brown, 127-135.

Roering, J. J., 2008, How well can hillslope evolution models "explain" topography? Simulating soil transport and production with high-resolution topographic data, *Bulletin of the Geological Society of America*, 120(9-10), 1248-1262.

Ruhe, R. V., 1975, *Geomorphology: geomorphic processes and surficial geology*, Boston, Houghton Mifflin, 99-123.

Selby, M. J., 1982, *Hillslope Materials and Processes*, Oxford, Oxford University Press.

Sharpe, C. F. S., 1938, *Landslides and Related Phenomena*, New Jersey, Pageant.

Smith, K., 2001, *Environmental Hazards: assessing risk and reducing disaster*, London, Routledge, 180-208.

Strahler, A. H. and Strahler, A. N., 1992, *Modern Physical Geography*, New York, John Wiley & Sons, 281-295.

Summerfield, M. A., 1991, *Global Geomorphology*, Essex, Longman Scientific Technical, 163-189.

Ritter, D. F., Kochel, R. C. and Miller, J. R., 1995, *Process Geomorphology*, Iowa, Wm. C. Brown, 105-129.

Varnes, D. J., 1958, Landslide types and processes, *Highway Research Board Special Report*, Washington D. C., 29, 20-47.

Varnes, D. J., 1978, Slope movement types and processes, in Schuster, R. and Krizek, R.(eds.), *Landslides: analysis and control*, Washington D.C., National Academy of Sciences Transportation Research Board, 11-33.

White, K., 2004, Pediment, in Goudie, A. S.(ed.), *Encyclopedia of Geomorphology*, London, Routledge, 768-771.

Yoo, K., Amundson, R., Heimsath, A. M. and Dietrich, W. E., 2005, Process-based model linking pocket gopher (Thomomys bottae) activity to sediment transport and soil thickness, *Geology*, 33, 917-920.

Young, A., 1972, *Slope*, Edinburgh, Oliver & Boyd.

제5장

하천지형

그림 5.1 한강 하류(사진 왼쪽: 구리시, 오른쪽: 서울 강동구, 하남시)

북한강과 남한강은 양수리(양평)에서 만나 한강이 되어 예봉산과 검단산 사이를 동서로 가로질러 흐르면서 골이 깊은 팔당협곡을 만들었다. 팔당협곡을 벗어난 한강은 북쪽의 구리, 남쪽의 하남과 강동(서울) 일대에 토사를 쌓아 범람원을 만드는가 하면, 물길을 옮겨가면서 범람원을 하안단구로 변모시키기도 하였다.

1. 하천지형체계

크고 작은 물길, 즉 하도(河道, stream channel)로 연결된 조직체인 하천(河川, stream)은 유역분지에서 공급되는 물과 퇴적물을 실어나르면서 하도 및 그 주변의 땅을 끊임없이 침식하거나 운반해온 물질들을 쌓아놓는 과정을 되풀이한다(그림 5.1). 지형 변화의 측면에서 이러한 하천의 역할과 기능을 단순화하면, 유역분지는 물과 퇴적물을 생산하고, 하천은 이들을 모아 운반하여 호수나 바다로 흘려보내면서 그 하안과 하구의 지형을 변화시키는 것으로 요약할 수 있다. 하천지형(河川地形, fluvial landform)은 이와 같이 하천과 유역분지가 각자의 역할을 수행하면서, 또 그런 과정에서 이들을 구성하는 주요 요소들이 상호작용한 결과로서 생성된다(그림 5.2, 5.3).

하천과 유역분지, 그리고 이들의 합작으로 생성되는 하천지형과의 관계는 슘

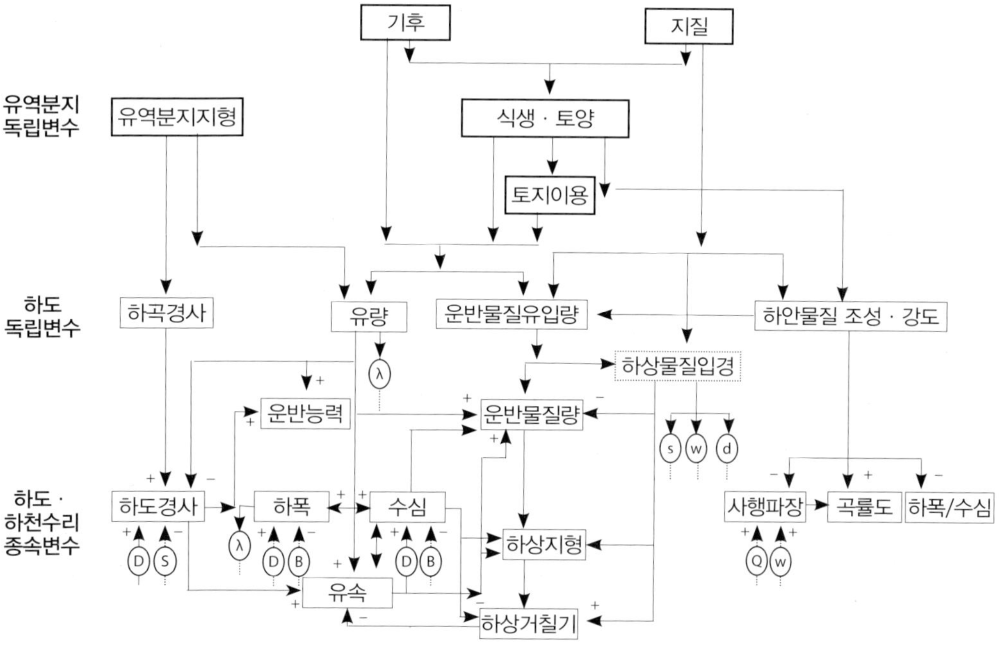

그림 5.2 하천체계를 구성하는 주요 변수들의 상호작용관계

+: 정(正)의 상관관계, −: 부(負)의 상관관계, s: 하도경사, w: 하폭, d: 수심, Q: 유량, D: 하상물질입경, B: 하안물질의 조성과 강도, S: 곡률도, λ: 사행파장(Knighton, 1998, p.2).

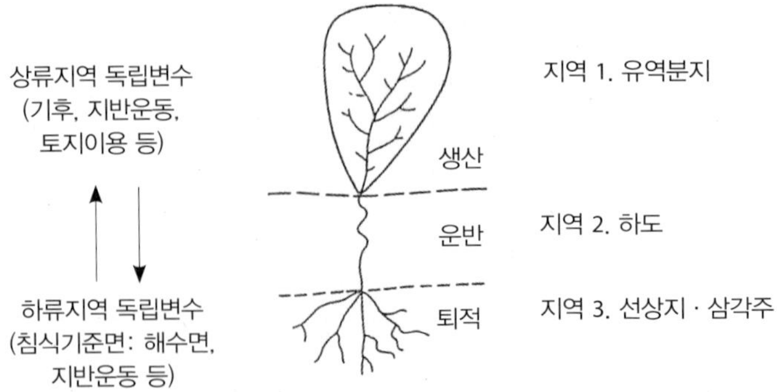

그림 5.3 하천체계 모식도

유역분지에서 생산된 물질이 하도를 통하여 운반되어 하천이 바다(또는 호수)에 흘러드는 하구 일대에 집중적으로 쌓여 퇴적지형이 만들어진다(Chorley *et al*., 1984, p.5. 원자료: Schumm, 1977, p.3).

(Schumm, 1981)의 모델이 간명하게 잘 보여준다(그림 5.4). 슘에 따르면, 생성된 지 오래되지 않은 건조 지역의 유역분지에서는 하계밀도가 높고, 하천은 망류하며, 하류에는 선상지 등의 퇴적지형이 발달한다. 또한 생성된 지 오래된 습윤지역의 유역분지에서는 하계밀도가 낮고, 하천은 자유사행하며, 삼각주 등의 지형이 발달한다. 이러한 단순한 설명 모델이 지형 해석에 그대로 다 적용된다고는 볼 수 없지만, 유역분지와 하천이 지역의 환경조건과 어떻게 긴밀하게 연계되어 있는지를 파악하는 데는 도움이 될 수 있다.

그러나 실제로는 하천지형의 변화에 관여하는 변수들의 종류가 많을 뿐만 아니라 그들 간의 상호작용 관계도 그렇게 단순하지는 않다. 유역분지만 하더라도 지질, 암석, 기후, 생물, 인간 활동 등 여러 조건에 따라 지형적인 속성(고도, 경사 등)이 변화된다. 하천 또한 유역분지에서 생산하는 물과 퇴적물에 의해 지배되어 유속은 물론이고 하도 형태(하폭, 수심, 하도경사, 곡률도 등)와 구성물질(입자 크기, 퇴적물 양 등)이 달라진다. 하천지형은 이와 같은 지형변수들의 상호작용 결과로 생성되는 것이므로 하천지형을 깊이 있게 이해하기 위해서는 이들 관계의 양태와 그것이 지형변화에 어떤 방식으로 영향을 미치는지를 잘 살펴볼 필요가 있다. 이를 위해서 아래에서는 하천의 그릇과 같은 지형인 유역분지를 먼저 다루고, 이어서 하도를 중심으로 하천이 일으키는 지형변화과정을 자세히 살펴보고자 한다. 하천의 지형형성작용 결과로 생성되는 주요 하천지형들은 장의 말미에 지형별로 나누어 소개한다.

독립변수: 발단단계 지형 기후	사례 1 유년기 지형 큰 기복 건조기후			사례 2 노년기 지형 작은 기복 습윤기후		
체계 종류	형태체계		과정체계	형태체계		과정체계
지역 1 유역분지: 운반물질생산	high D high S		high Q high Q_p low b high L	low D low S		low Q low Q_p high b low L
지역 2 하천: 물질운반	하상물질 운반하천 high S high w/d low P	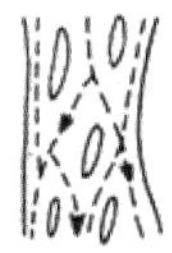	high L high bed load 유량변동 큼	부유물질 운반하천 low S low w/d high P	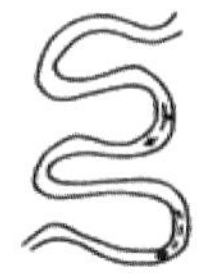	low L low bed load 유량 일정
지역 3 퇴적지형: 물질퇴적	충적선상지	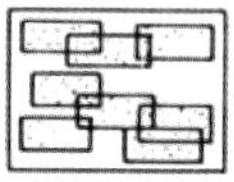	빠르지만 단속적 퇴적	충적평야 삼각주	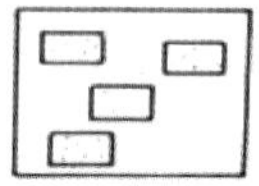	느리지만 지속적 퇴적

그림 5.4 하천체계의 변화

그림에서는 독립변수(발달단계, 지형, 기후)에 따라 하천지형(유역분지, 하천, 퇴적지형)의 형태체계와 과정체계가 어떻게 달라지는지를 잘 보여준다. D: 하계밀도, S: 경사, Q: 유량, Q_p: 첨두유량, b: 지하수 유출, L: 운반물질량, w/d: 하도형태(하폭/수심), P: 곡률도(Chorley *et al*., 1984, p.7. 원자료: Schumm, 1981, p.20).

2. 유역분지

1) 유역분지의 지형 분석

(1) 유역분수계와 측고도 분석

유역분지(流域盆地, drainage basin)[1]는 강수에 의해 발생하여 하천으로 흘러드는 지표유출의 공급 범위를 말한다(그림 5.5, 5.6). 여기서 굳이 지표유출이라고 한 이유는 하천에 흘러드는 물의 상당량은 지하유출로 유입되며, 이러한 지하유출 중에는 지질 조건에 따라 때로는 유역분지의 경계를 넘어선 지역에서도 공급되기 때문이다. 한 하천과 그것의 유역분지는 마치 물 담는 그릇이 유역분지이고, 그 물이 빠져나가는 배

1 집수지역(集水地域, catchment area)이라고도 한다.

그림 5.5 유역분지(해안분지, 양구)

해안분지(亥安盆地)는 화채 그릇(punch bowl)과 닮았다고 해서 펀치볼이라고도 불린다. 기반암을 보면, 분지 내의 저지대는 화강암, 그리고 분지 외곽의 높은 산지는 편마암이다. 이처럼 암석 분포와 지형 특성이 밀접한 상관관계에 있기 때문에 이곳의 분지는 암석의 경연차가 풍화와 침식에 지배적인 영향을 미쳐서 생겨난 전형적인 침식분지인 것으로 알려져 있다. 분지 내의 하천(만대천)은 수지상(樹枝狀) 하계를 보이며, 동쪽의 좁은 협곡(사진의 왼쪽)을 통하여 분지 밖으로 흘러나간다.

수로가 하천이라고 생각하면 된다.

유역분지와 그에 인접한 또 다른 유역분지는 유역분수계(drainage divide)를 경계로 나누어진다. 이와 비슷하게 곡간(谷間)분수계(interfluve)란 용어를 사용하는 경우가 있다. 이는 말 그대로 계곡과 계곡 사이의 분수계를 이르는 것으로 유역분수계 내에는 이러한 곡간분수계가 여러 곳에 분포한다(그림 5.6). 따라서 유역분수계와 정확히 일치하는 개념은 아니다.

하천지형의 관점에서 유역분지는 하천이 운반하는 물과 퇴적물의 공급원일 뿐만 아니라 그것의 지형조건이 하천의 특성을 직간접적으로 규제하기 때문에도 중요시된다. 유역분지의 지형조건 중 특히 경사조건은 하천 물과 퇴적물의 이동에 중요한 영향을 미친다. 유역분지의 경사조건은 최고 지점과 최저 지점 간의 고도차로서 간단히 파악할 수도 있다. 같은 면적이라면 고도차가 큰 곳이 작은 곳보다 경사가 크기 때문이다. 그러나 하천에 따라 유역면적이 같지 않을 뿐만 아니라, 유역분지 내에서도 장소에 따라 높낮이가 다른 지형들이 분포하므로 고도차만으로 유역분지의 지

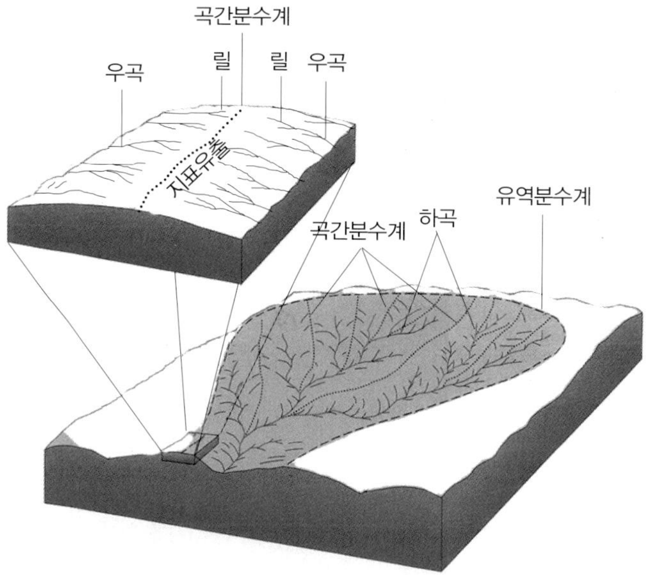

그림 5.6 유역분수계와 곡간분수계

유역분수계(drainage divide), 하곡(valley), 곡간분수계(interfluve), 우곡(gulley), 릴(rill), 지표유출(overland flow)(McKnight and Hess, 2005, p.446).

형조건을 대신할 수는 없다. 그래서 고안한 것 중의 하나가 측고도 분석(測高度 分析, hypsometric analysis)이다(그림 5.7).

측고도 분석은 유역분지 내 임의 지점의 고도비율과 면적비율을 파악하는 것으로 그 결과는 흔히 x축에 면적비율, y축에 고도비율을 표시한 측고도 곡선(hypsometric curve)으로 나타낸다. 이러한 측고도 곡선은 유역분지의 개략적인 지형조건을 시각적으로 표현한 것이라고도 할 수 있다. 침식이 진전되지 않은 소위 유년기 지형일수록 상류의 분수계 지역이 많이 남아 있으므로 측고도 곡선은 철형(凸形, convex)을 보인다(그림 5.7의 B에서 'young'으로 표시한 곡선). 이에 대하여 오랜 시간 동안 침식이 진행된 소위 노년기 지형일수록 고도가 낮은 하류 지역의 분포 범위가 넓으므로 요형(凹形, concave)곡선을 보인다(그림 5.7의 B에서 'old'로 표시한 곡선). 또한 다른 조건이 동일하다면 철형 지역은 요형 지역에 비하여 사면 경사가 대체로 더 큰 편이다. 따라서 하천 침식 또한 더욱 활발하게 진행될 가능성이 높다. 그러나 이는 어디까지나 유역분지를 개괄적으로 분석한 것에 지나지 않으며, 유역분지 내의 특정 장소에 대한 고도, 사면길이, 경사 등의 지형 정보를 얻고자 할 경우에는 별도의 야외 조사를 병행하여

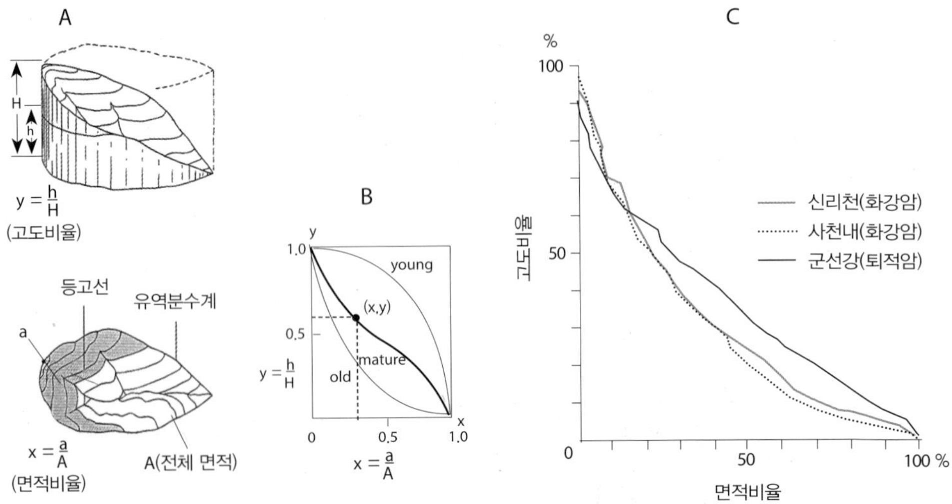

그림 5.7 측고도 분석

그림 A: 고도비율과 면적비율을 구하는 방법. 그림 B: 측고도 곡선. 유년기(young) 지형은 凸형 곡선, 노년기(old) 지형은 凹형 곡선을 보인다. 그림 C: 태백산맥에서 발원하여 동해로 유입하는 하천(신리천, 사천내, 군선강)의 유역분지를 측고도 분석한 그래프(왼쪽 그림: Ritter *et al*., 1995, p.155. 원자료: Strahler, 1952 부분 수정. 오른쪽 그림: 김종욱, 1991).

야 한다.

김종욱(1991)이 측고도 자료를 분석한 것에 의하면, 태백산맥에서 발원하여 동해로 유입하는 하천들(신리천, 사천내, 군선강)의 경우, 대체로 침식이 많이 진행된 요형 곡선을 보인다(그림 5.7의 C). 그러나 측고도 곡선을 자세히 살펴보면, 동일한 화강암 분포지역인 신리천과 사천내는 곡선 변화의 경향성이 거의 같지만, 퇴적암 분포 지역인 군선강은 그와는 다른 모습을 보여준다. 이것으로 미루어볼 때, 암석 차이가 유역분지의 지형에 어떤 방식으로든 영향을 미치고 있음을 알 수 있다.

(2) 유역분지형태

유역분지형태(drainage basin shape)는 하천지형 발달에 관여하는 주요 변수 중 하나인 유량에 직접적인 영향을 미친다. 예를 들어 한 하천의 하구에서 유량을 측정한다면, 유역분지 내의 어느 장소에서든 그곳의 물이 하구에 도달하는 거리가 최단일 경우, 즉 유역분지의 형태가 원형일 경우에 측정 지점에서의 시간당 유량은 가장 크다(그림

표 5.1 유역분지형태 분석방법

방법	산출식	출처
형태지수(F)	$F = \frac{\text{유역면적}}{\text{유역분지직경} \times \text{유역분지직경}}$ $= A/L^2$	Horton(1932)
원형도(C)	$C = \frac{\text{유역면적}}{\text{유역분지의 분수계 길이와 동일한 원주의 원 면적}}$ $= 4\pi A/\rho^2$	Miller(1953)
장경비(E)	$E = \frac{\text{유역분지와 동일한 면적의 원 직경}}{\text{유역분지 직경}}$ $= 2(A/\pi)^{1/2}/L$	Schumm(1956)

밀러(Miller)와 슘(Schumm)의 방법은 비슷해 보이지만, 밀러는 유역분지의 분수계 길이와 동일한 원주를 지닌 원의 면적에 대한 유역분지 면적의 비를 구하는 것이고, 슘은 유역분지와 동일한 면적을 가진 원의 직경을 유역분지 직경으로 나누어 유역분지의 길쭉한 정도, 즉 장경비(elongation ratio)를 구하는 것이다(Gregory and Walling, 1973, p.51).

5.12의 C). 이처럼 유역분지형태는 하천의 유량에 영향을 미치므로 기능적인 접근을 지향하는 하천지형학에서는 이에 대한 객관적인 분석을 중요시한다. 유역분지형태는 정성적인 방법과 계량적인 방법으로 파악할 수 있다. 그러나 객관적인 비교를 위해서는 계량적인 방법이 더 유리하다.

계량적인 방법에는 여러 가지가 있지만(표 5.1), 여기서는 그중 비교적 간명하면서도 의미가 있는 슘(Schumm, 1956)의 방법을 소개한다. 슘의 방법은 다음과 같이 유역면적과 동일한 면적을 가진 원의 직경(지름)을 유역분지의 직경으로 나누어 구한다.

$$E = 2 \cdot (A/\pi)^{1/2} / L$$

E: 장경비(長徑比, elongation ratio), A: 유역면적(km^2), L: 유역분지 직경(km)

위 식에서 $2 \cdot (A/\pi)^{1/2}$은 유역면적과 동일한 면적을 가진 원의 지름을 의미한다. 원의 면적(A)은 $\pi \cdot r^2$이므로, 반지름(r)은 $(A/\pi)^{1/2}$이 되고, 나아가 지름(2r)은 $2 \cdot (A/\pi)^{1/2}$이 되기 때문이다. 유역분지의 직경(直徑, L)은 하천 하구와 이로부터 가장 먼 곳에 위치하는 유역분수계 지점을 직선으로 연결하여 얻은 거리값이다. 따라서 유역분지의 장직경(長直徑)이라 할 수 있다. 다만 위의 식은 분지의 세부 형태를 파악하는 것이 아니라 원의 직경을 유역분지의 직경에 비교한 것으로 조사 대상인 유역분지가 가상의 원형(圓形) 유역분지에 비교할 때 어느 정도나 길쭉한 것인지를 알아내려는 것이라는 점에 유의할 필요가 있다. 그런 점에서 본다면, 슘의 방법은 유역분지의 장경비(長徑比, elongation ratio, E)를 구하는 것이라 할 수 있다.

위의 식에서 장경비 E는 0~1의 값을 보인다. 0에 가깝다는 것은 유역분지의 장직경이 긴 경우, 즉 유역분지가 길쭉한 모습, 그리고 1에 가깝다는 것은 유역분지가 원(圓)에 가까운 모습임을 의미한다. 그러나 실제의 유역분지는 원이 아니라 나뭇잎이나 서양 배처럼 길쭉한 것이 많으므로 원에 견주어 유역분지의 형태를 가름한다는 것은 현실적이지 않다는 한계도 있다. 그런 한계가 있음에도 불구하고 여러 유역분지를 형태적인 측면에서 객관적으로 비교하는 하나의 지표로서 장경비를 활용하는 것은 나름대로 의의가 있다.

2) 하계망의 계량적 분석

(1) 하계밀도

하계밀도(drainage density)란 일정 면적 내에 하천이 어느 정도나 밀집 분포하고 있는지를 가리는 지표이다. 하계밀도는 특히 유량과 운반물질의 양에 영향을 미치므로 하계망의 분석과 더불어 중요시되어왔다. 하계밀도는 여러 가지 방법으로 구할 수 있지만, 호튼(Horton, 1945)에 의해 제시된 아래의 방법이 가장 널리 알려졌다.

하계밀도 = 하천의 총 길이(km) / 유역면적(km^2)

위의 방법은 단위면적당 하천의 길이를 구하여 하계밀도 값으로 정하는 것이다. 호튼에 의하면, 강수가 많고 불투수층이 분포하여 하계 발달이 양호한 곳에서는 0.93~1.24의 값, 이와는 달리 투수율이 높아 하계가 불량한 지역에서는 거의 0의 값을 보인다. 김종욱(1991)이 영동지방의 소하천들을 조사한 것을 보면 1.23~1.28의 값을 보이고 있어, 지역마다 동일한 것은 아니겠지만, 우리나라는 대체로 하계 발달이 양호한 편에 속한다고 볼 수 있다.

하계밀도 이외에도 하천빈도(stream frequency)를 구하여 유역분지 내의 하천 발달

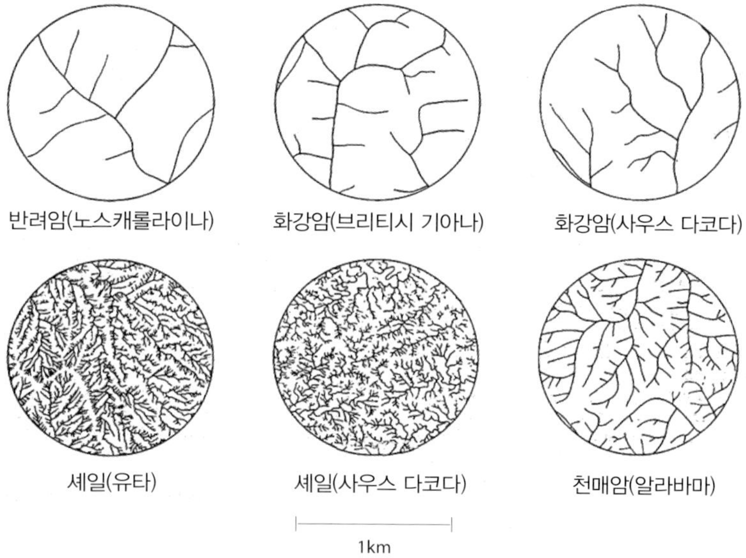

그림 5.8 암석과 하계밀도

셰일(shale)과 천매암(phyllite)은 풍화 · 침식에 약한 암석이므로 하계밀도가 높은 반면, 화강암(granite)과 반려암(gabbro)은 그에 비하여 풍화 · 침식에 강하므로 하계밀도가 낮다(Chorley *et al*., 1984, p.326. 원자료: Ray and Fischer, 1960, p.145).

정도를 가리기도 한다. 하천빈도는 다음과 같이 구한다.

하천빈도 = 하천 수 / 유역면적

그러나 이 방법은 하천 수를 정하는 방법이 자의적인 것이 될 수 있고, 하천의 수만을 알아내는 것이므로, 하천의 길이를 활용하는 하계밀도보다는 그 의미가 제한적이다.

이러한 하계빈도를 포함하여 하계밀도는 유역분지의 암석, 지형, 토양, 기후, 식생 등의 조건에 영향을 받는다. 그림 5.8은 이들 조건 중 특히 암석의 특성과 하계밀도의 관계를 잘 보여주고 있다. 이에 의하면 풍화와 침식에 약하지만 투수율이 낮은 암석인 셰일이나 천매암이 분포하는 곳이 그보다는 풍화와 침식에 강한 반면, 투수율이 높은 암석인 화강암이나 반려암이 분포하는 곳보다 하계밀도가 훨씬 더 높다(그림 5.9). 이처럼 하계밀도가 높다는 것은 달리 말하면 지표유출에 의한 지면침식이

그림 5.9 암석과 하계밀도(왼쪽 사진: 배드랜드, 미국. 오른쪽 사진: 요세미티, 미국)

왼쪽 사진 지역은 점토, 이토 등의 세립퇴적층, 오른쪽 사진 지역은 화강암이 기반이다. 하계밀도가 이처럼 차이 나는 것은 세립퇴적층은 사면류, 하천 등에 의해 쉽게 침식을 받지만, 화강암은 그렇지 않기 때문이다.

그런 곳에서 더 활발하게 일어난다는 것을 의미한다. 유역분지의 암석조건 이외에도 지면침식이 활발하게 일어날 수 있는 조건은 대체로 지면 경사가 급하며, 기후가 건조하여 식생이 빈약하고, 토양은 투수율이 낮은 곳이다. 이와는 달리 지면 경사가 완만하며, 기후가 습윤하여 식생이 많고, 토양의 투수율이 높은 곳에서는 하계밀도가 상대적으로 낮게 나타난다.

유역분지의 조건들 중 기후와 하계밀도의 관계는 주의하여 이해할 필요가 있다. 흔히 강수가 많을수록 지표유출이 많아지므로 지면침식도 활발해져 하계밀도가 높아질 수 있다. 그러나 강수가 많을수록 대체로 지표의 식생이 많아지게 되므로 지표유출에 의한 지면침식의 가능성도 그만큼 줄어드는 효과도 있다. 따라서 강수가 많은 지역이라고 해서 반드시 하계밀도가 높은 것은 아니다. 실제로도 하계밀도를 조사해보면, 습윤 지역보다도 오히려 건조 및 반건조 지역에서 하계밀도가 높게 나타난다. 그러나 여기서 하계밀도란 하천의 특성을 고려한 것이 아니라 단순히 단위 면적당 하천 길이의 총합을 구한 것이며, 하천의 정의나 성격 규정에 따라 그 값도 달라질 수 있다는 점에 유의할 필요가 있다. 사실 습윤 지역의 하천과 건조 및 반건조 지역의 하천은 유량조건도 다르고 하천의 형태도 다르기 때문에 이 두 지역의 하천을 하천 길이 값만으로 단순 비교한다는 것은 설명에 한계가 있다.

하계밀도를 구하려면 유역면적과 더불어 하천 길이의 값을 얻어야 한다. 여러 가지 방법이 있지만 컴퓨터의 활용이 쉽지 않을 때 가장 간편한 것은 지도 위에서 유역 면적은 구적계(planimeter), 하천 길이는 지도거리측정기(curvometer)를 이용하여 구하는 것이다. 그러나 이 경우 1차수 하천의 길이를 정하는 것과 사용하는 지도의 축척이 문제가 된다. 지도의 축척에 따라 1차수 하천의 길이가 다를 수 있으며, 1차수 하천의 길이 범위를 어떻게 정하느냐에 따라 하천의 총 길이가 달라지기 때문이다. 흔히 지도에 하천 표시가 된 것을 기준으로 1차수 하천의 길이를 정하거나, 하천 표시가 없어도 등고선의 구부러진 정도가 계곡의 존재를 말해주므로 그런 곳을 포함하여 1차수 하천으로 정하기도 한다.

(2) 하천차수와 하계망 분석

유역분지 내의 하천들이 그물처럼 연결된 구조를 하계망(河系網, drainage network)이라 한다. 하계망은 유역분지의 지형 및 지질 특성을 잘 반영하는 지표 중 하나이다. 이런 이유로 지형학자들은 일찍부터 지도 등을 이용하여 하계망을 분석하여 유형화하고, 이를 토대로 하천 일대의 지형이나 지질 특성을 파악하려고 시도하였다.

하계망은 정성적인 방법이나 계량적인 방법으로 분석할 수 있다. 1950년대 이전에는 주로 정성적인 방법에 의존하였으나, 그 이후에는 좀 더 계량적인 방법으로 하계망을 분석하여왔다. 이에 기여한 학자로는 호튼(Horton, 1945), 스트랄러(Strahler, 1952, 1964), 샤이데거(Scheigger, 1965), 쉬리브(Shreve, 1966) 등을 들 수 있다(그림 5.10).

지형학 분야에서는 호튼의 방법을 수정 발전시킨 스트랄러의 하계망 분석방법이 가장 널리 알려졌다. 이 방법은 간명하며 계량적이고, 회귀선으로부터 벗어난 정도를 통하여 연구지역의 지형 특성을 파악할 수 있다는 장점이 있어 오늘날까지도 교육 및 연구에 널리 활용되고 있다.

스트랄러의 하계망 분석은 하천차수(次數, order)를 정하는 것에서부터 시작된다. 스트랄러는 최상류 하천을 1차수 하천으로 정하고, 1차수와 1차수 하천이 합류하면 2차수 하천, 더 나아가 2차수와 2차수 하천이 만나면 3차수 하천이 되는 방식으로 하천차수를 분류하였다(그림 5.10, 5.11). 그러나 임의차수 하천에 그보다 더 낮은 차수의 하천이 흘러드는 경우에는 차수의 변화가 없는 것으로 정하였다. 예를 들어 2차수 하천에 1차수 하천이 유입하면 2차수 하천은 차수 변화 없이 그대로 2차수 하천

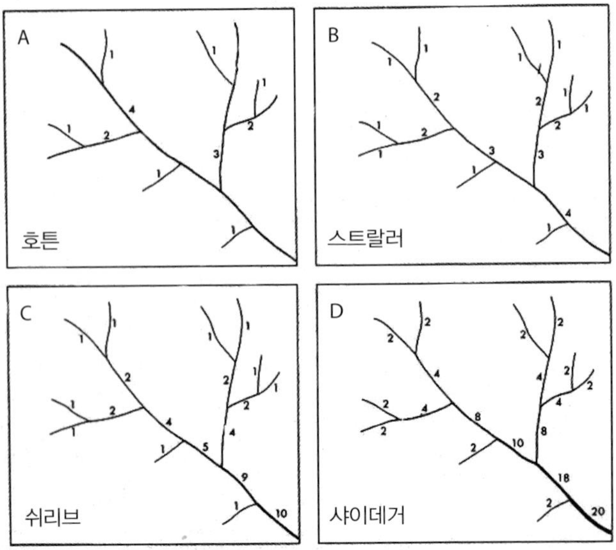

그림 5.10 하천차수를 정하는 방법

학자마다 하천차수를 달리 정하였는데, 호튼의 방법(그림 A)을 수정 발전시킨 스트랄러의 방법(그림 B)이 가장 널리 알려졌다(Gregory and Walling, 1973, p.43).

이다.

스트랄러의 방법에 따라 하천의 차수를 정하고, 하천의 수, 하천 길이, 유역면적, 하천경사 등을 구하여 이들 간의 관계를 조사해보면, 차수가 증가함에 따라 하천 길이, 유역면적은 규칙적으로 증가하는 반면, 하천의 수와 하천경사는 규칙적으로 감소한다. 스트랄러의 방법에 의한 하천의 수와 하천분기율의 관계는 다음의 수식과 같다.

$$N_u = R_b^{s-u}$$

s: 최고차수, u: 임의의 차수, R_b: 하천분기율, N_u: u차수 하천의 수

위 식에서 하천분기율(R_b, bifurcation ratio)은 다음과 같이 임의차수 하천의 수를 그보다 한 차수 높은 하천의 수로 나누어 얻는다.

$$R_b = N_u / N_{u+1}$$

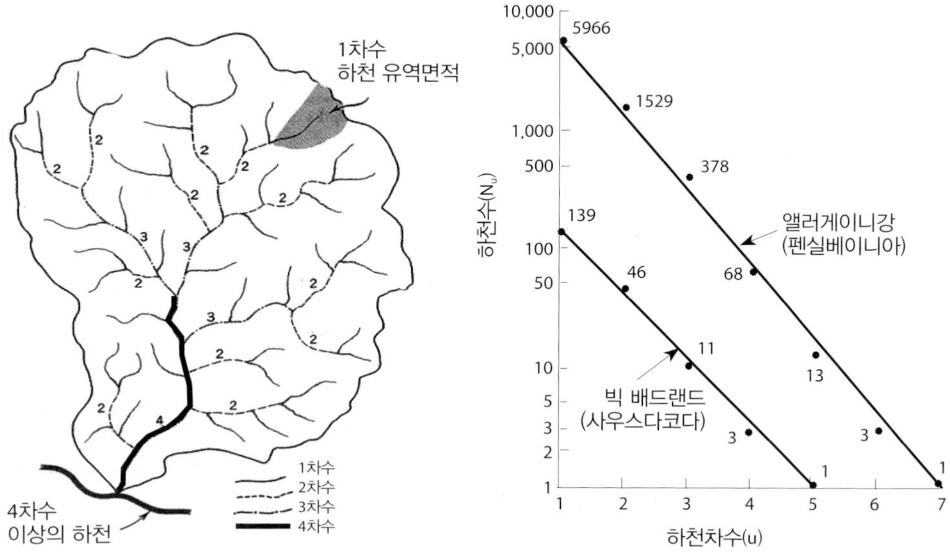

그림 5.11 스트랄러 방법에 의한 하계망 분석

왼쪽 그림: 하천차수 분류방법. 오른쪽 그림: 하천차수와 하천수의 상관관계. 차수가 낮을수록 하천수가 규칙적으로 증가한다(Strahler, 1969, pp.483–484).

하천분기율을 조사한 자료들에 따르면, 융기, 습곡, 단층 등 커다란 지각변동이 없이 지반이 안정된 곳에서 오랜 기간에 걸쳐 점진적으로 하계가 발달하면 분기율은 대체로 3~5의 값(평균값, 4)을 보인다. 이를 달리 말하면 차수가 감소됨에 따라, 즉 작은 지류일수록 그 수가 3~5배씩 증가한다(그림 5.11의 오른쪽 그래프). 이러한 경향성에 대하여 흔히 하천 수의 법칙이라 부른다. 그러나 하천차수는 스트랄러가 연구를 위해 임의로 설정한 것이므로, 엄밀하게 말하면 자연법칙과 같은 법칙이라고는 할 수 없다. 이와 같은 하천분기율은 유역분지형태와도 관련이 있다. 즉 동일한 면적이라면, 대체로 길쭉한 유역분지(그림 5.12의 A)가 원형의 유역분지(그림 5.12의 C)에 비하여 분기율이 더 높은 경향이 있다.

스트랄러 방법을 토대로 하천차수와 하천 길이(L), 하천차수와 유역면적(A), 하천차수와 하천경사(S)와의 관계를 각각 수식으로 나타내면 다음과 같다.

$$L_u = L_1 \cdot R_l^{u-1}$$

L_1: 1차수 하천 길이, L_u: 임의차수의 하천 길이, R_l: 길이 비율(L_u/L_{u-1})

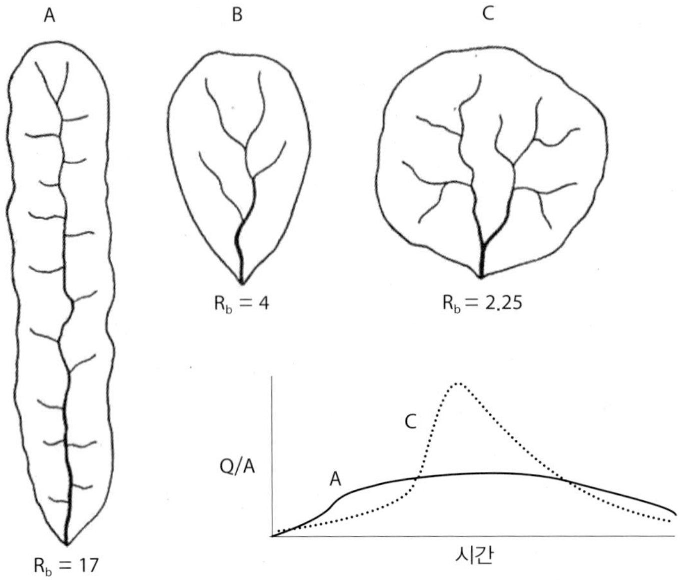

그림 5.12 유역분지형태, 하천분기율, 수문곡선 간의 상관관계

R_b: 하천분기율(임의차수의 하천수/임의차수보다 한 차수 높은 하천수). Q/A(단위면적당 유량): 유량/유역면적. 유역분지가 원형(그림 C)에 가까울수록 첨두유량이 증가한다. 이처럼 첨두유량값이 높아지면 하천의 범람 위험성은 그만큼 더 증가한다(Strahler, 1964).

$$A_u = A_1 \cdot R_a^{u-1}$$

A_1: 1차수 하천면적, A_u: 임의차수의 하천면적, R_a: 면적 비율(A_u/A_{u-1})

$$S_u = S_1 \cdot R_s^{u-1}$$

S_1: 1차수 하천경사, S_u: 임의차수의 하천경사, R_s: 경사 비율(S_{u+1}/S_u)

위 식들에 의하면, 하천차수가 높아질수록 하천 길이와 유역면적은 규칙적으로 증가하는 반면, 하천경사는 규칙적으로 감소한다. 사실 이러한 경향성은 번거로운 계량분석을 하지 않더라도 하천에 조금이라도 관심이 있다면 경험적으로 어렵지 않게 알아낼 수 있다. 차수가 높은 하천일수록 큰 하천이므로 차수 증가에 따라 하천의 길이와 유역면적이 커지는 것은 당연하다. 또한 산지의 작은 지류 하천과 평지의 큰 본류 하천을 관찰해보면, 지류인 작은 하천보다는 본류인 큰 하천의 경사가 더 완만하므로 차수 증가에 따라 하천경사가 감소한다는 것도 상식적인 일이다. 그러나 여러 하천들을 대상으로 경향성을 체계적으로 비교 조사하거나, 이를 토대로 과학적인 지형 해석을 도모하고자 할 때는 단순한 야외 경험이나 직관만으로는 문제를 해결할 수 없다. 이런 이유로 이상에서 살펴보았듯이 번거롭게 하천차수를 정하고, 차수별로 하천 길이, 유역면적, 하천경사 등의 하천 속성들을 계량적으로 분석하는 것이다.

3) 하계유형

임의의 유역분지에 발달된 하계의 특징은 호튼-스트랄러의 방법처럼 계량적인 방법으로 분석할 수도 있지만, 하계망의 전체적인 분포 패턴, 즉 하계유형(河系類型, drainage pattern)을 지도에서 파악하는 방법으로도 알아낼 수 있다. 다시 말하여 하계유형은 유역분지의 지형 및 지질 조건이 반영된 결과물이므로 실제로 현장 조사를 하지 않더라도 지도상에서 하계유형을 분석하는 것만으로도 유역분지의 지형 및 지질 조건을 개략적으로나마 알 수 있다.

하계유형에 관한 연구는 호워드(Howard, 1967)의 것이 잘 알려졌다. 호워드에 의하면, 기본적인 하계유형은 수지상(樹枝狀, dendritic), 격자상(格子狀, trellis), 직각상(直角狀, rectangular), 환상(環狀, annular), 방사상(放射狀, radial), 평행상(平行狀, parallel), 다분지(多盆地, multi-basinal), 비틀린(contorted) 유형 등으로 나눌 수 있다(그림 5.13).

수지상 하계는 나무의 본줄기에서 작은 가지들이 갈라진 것처럼 본류에서 지류들이 갈라진 하계유형이다(그림 5.13의 A, 그림 5.14). 이는 수평층 또는 동질의 결정질 암석(화강암 등)이 분포하는 곳, 그리고 지면 경사가 완만한 곳에서 잘 발달한다. 지반이 안정된 곳에서 오랜 기간에 걸쳐 하계가 발달된 경우에도 대체로 수지상 하계가 생긴다.

격자상 하계는 본류에서 갈라져 평행하게 뻗고 있는 여러 개의 지류 하천을 향해 더 작은 지류들이 거의 직각을 이루며 흘러드는 하계유형이다(그림 13의 C, 그림 5.15). 이와 같이 지류하천과 그보다 작은 지류하천들이 연결된 모습이 마치 격자 모양과 비슷하므로 격자상 하계라 부른다.

직각상 하계는 절리나 단층이 직각으로 교차하는 곳에서 잘 발달한다(그림 5.13의 D). 단층이나 절리는 지각이나 암석에 단열(斷裂)이 일어나 약해진 곳이므로 그런 곳을 중심으로 다른 곳보다 하천침식이 더 활발해진다(그림 5.17). 따라서 단층이나 절

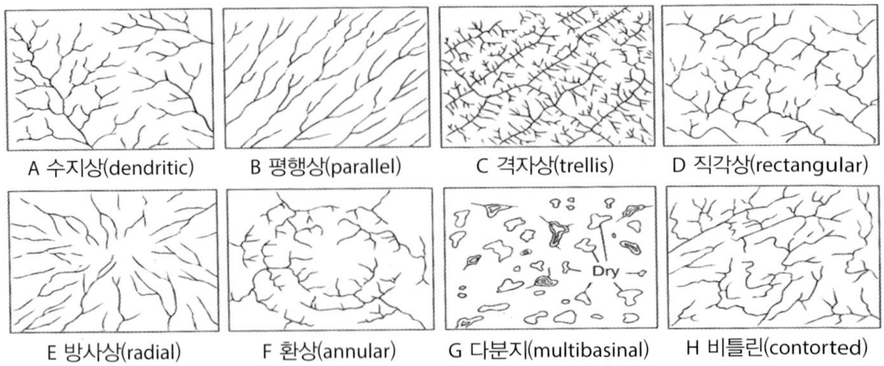

그림 5.13 여러 종류의 하계 유형

(Ritter *et al*., 1995, p.138. 원자료: Howard, 1967).

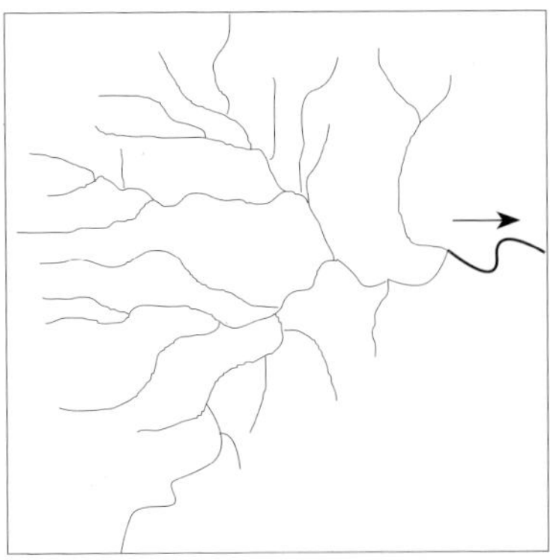

그림 5.14 수지상 하계(해안분지, 양구)

분지(화강암 기반) 내의 하천은 수지상 하계를 보인다(이진용, 2009 부분 수정).

리의 영향을 반영한 하계가 발달할 수 있다. 직각상 하계와 격자상 하계는 모두 유사하게 하천이 직각으로 만나는 모습이지만, 직각상 하계가 격자상 하계보다 규칙적이지 않고, 분포 범위가 넓지 않다. 이밖에도 격자상 하계는 대체로 습곡구조와 연계된 하계이기 때문에 지도나 영상사진에서도 습곡구조를 어렵지 않게 식별할 수 있으므로 이를 기준으로 양자의 하계를 구분할 수 있다.

환상 하계는 여러 개의 하천들이 마치 둥근 고리 모양으로 중앙부의 산지를 둘러싸듯 동심원을 이루는 하계 유형이다(그림 5.13의 F, 그림 5.16). 환상 하계는 심성암(화강암 등) 암주가 그 위를 덮고 있는 퇴적층들을 들어올려서 생긴 퇴적암 돔(sedimentary dome) 지역에서 잘 발달한다. 융기량이 많은 돔의 중앙부는 고도가 높아 침식이 활발

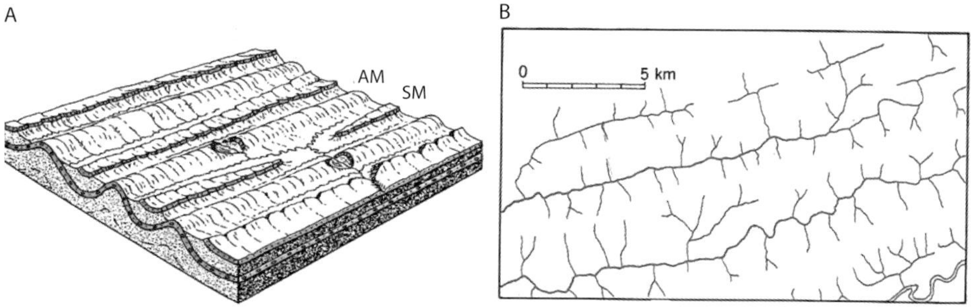

그림 5.15 격자상 하계

A: 습곡구조(AM: 배사산릉, SM: 향사산릉). B: 습곡구조가 있는 곳에서 잘 생기는 격자상 하계. 격자상 하계에서 큰 지류들은 습곡축선과 평행한 방향으로 발달한다. 이와는 달리 작은 지류들은 큰 지류에 직각으로 흘러든다. 큰 지류들이 합류하는 본류는 수극(水隙)이라 불리는 좁은 협곡을 통하여 습곡산지를 가로질러 흐른다(Strahler and Strahler, 1992, p.369).

하기 때문에 시간이 지나면 점차 상부의 퇴적층이 제거되면서 그 하부에 있는 심성암이 지표에 드러나게 된다. 그럴 경우 지표에 드러난 돔 중앙부의 심성암은 동질적이기 때문에 그곳에는 대체로 수지상 하계가 발달하게 된다. 따라서 퇴적암 돔의 외곽에는 환상 하계이지만 그 안의 돔 중앙에는 수지상 하계가 발달된 이중의 하계구조를 보인다(그림 5.16의 왼쪽 하계망).

방사상 하계는 중앙의 높은 산지에서 하천이 발원하여 주변의 낮은 평지를 향하여 하천들이 방사상으로 흩어져 흘러내리는 하계 유형이다(그림 5.13의 E, 그림 5.18). 이 하계는 제주도처럼 순상의 화산체, 또는 원추형의 화산체가 발달된 곳에서 잘 발달한다. 이러한 방사상 하계와는 정반대로 분지를 둘러싼 산지에서 발원한 하천들이 중앙의 저지대를 향해 모여드는 구심상(求心狀, centripetal) 하계도 있다. 구심상 하계는 칼데라 분지, 구조 분지 등에서 찾아볼 수 있다(그림 5.19).

평행상 하계는 비슷한 규모의 여러 하천이 합류하지 않은 채 일정 거리를 두고 평행하게 흐르는 유형이다(그림 5.13의 B). 평행상 하계는 지형 및 지질 조건이 동질적이면서 지표면 경사는 다소 급한 곳에서 잘 발달한다. 우리 주변에서는 새프롤라이트가 지면에 드러난 산록 절개지의 릴(rill) 또는 경사가 다소 있는 간석지의 갯골에서 이러한 하계 유형을 찾아볼 수 있다.

이 밖에도 빙하의 영향을 받은 곳이거나, 영구동토층 또는 석회암이 분포하는 곳 등에서는 다분지 하계(그림 5.13의 G), 그리고 지각운동을 심하게 받은 곳으로 변성암

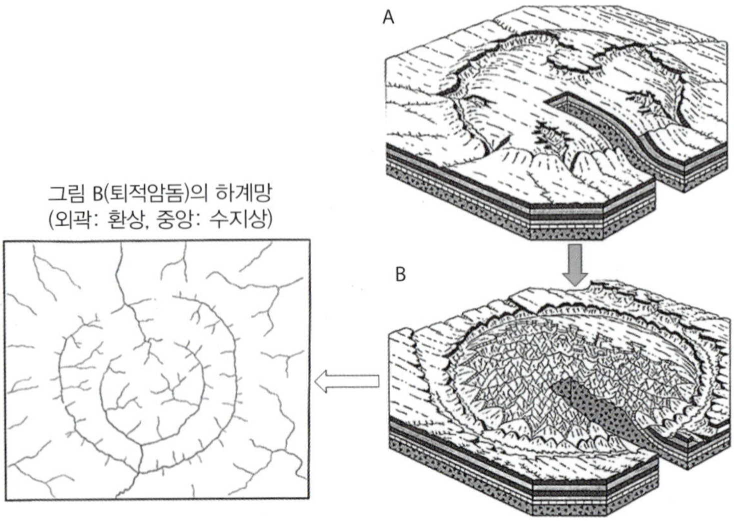

그림 5.16 환상 및 수지상 하계

심성암 돔이 융기하면서 퇴적층을 들어올린 퇴적암 돔에서는 심성암이 침식으로 드러난 중앙부에서 수지상 하계, 퇴적층이 호그백(hogback) 또는 케스타(cuesta)를 이루면서 둥근 고리 모양으로 둘러싼 돔의 외곽에서 환상 하계가 발달한다(Strahler and Strahler, 1992, pp.366–367 부분 수정).

그림 5.17 암석구조와 하천(화강암, 비선대, 설악산)

산지에서는 암석의 절리나 절리가 교차하는 곳이 상대적으로 침식에 약하므로 이들을 따라 하천이 흘러내리는 곳이 많다. 이처럼 절리, 단층 등의 지질구조는 하계 발달에도 영향을 미친다.

이 기반을 이루는 곳에서는 비틀린 유형(그림 5.13의 H)이 발달한다. 이들 하계는 불규칙적인 분포를 보이는 것이 공통된 특징인데, 이러한 불규칙적인 것들 중에는 무질서 하계(deranged pattern)도 있다. 무질서 하계는 여기저기 흩어져 분포하는 빙하호수

그림 5.18 방사상 하계

원추형(또는 순상)화산체가 있는 곳에서는 방사상 하계가 발달한다. 제주도의 동쪽과 서쪽에 큰 하천이 없는 것은 기공이 많은 현무암이 완만한 경사를 이루며 넓은 면적에 걸쳐 분포하기 때문이다(김태호, 2004, p.547).

그림 5.19 건조지역의 구조분지인 볼손(데스밸리, 미국)

사진의 왼쪽과 중앙의 흰색 부분: 소금. 이곳의 볼손은 해수면 이하의 땅으로 산지에서 흘러든 하천은 구심상 하계를 보이며, 기후가 건조하여 플라야(계곡 내의 저지대)에 고인 물은 짧은 시간 내에 증발되고 그 자리에는 소금이 쌓인다.

들을 하천이 마치 염주 엮듯이 잇고 있는 모습이다. 빙하가 사라진 직후에 생긴 다분지 하계가 시간이 지나면서 이런 유형의 하계로 달라지며, 이후에는 수지상 하계 등 또 다른 유형으로 변화되는 진화과정을 겪는다(그림 5.20).

위에서 소개한 하계유형들은 비교적 특징이 분명한 것들이다. 그러나 실제의 하천들은, 하나의 하천임에도 장소에 따라 다른 유형이 나타나거나, 여러 유형이 혼재된 하계유형이 많아 그 구분이 쉽지 않은 경우도 있다.

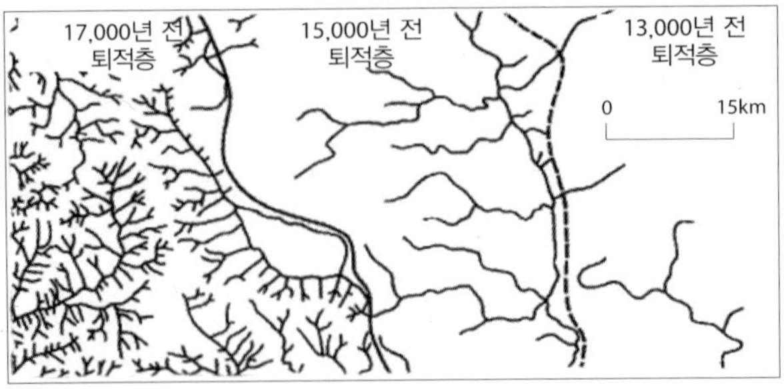

그림 5.20 빙하퇴적지형의 하계 변화

빙하퇴적층이 쌓인 후 시간이 경과함에 따라 하계밀도가 높아지며, 점차 수지상 하계로 달라진다(아이오와, 미국. Ahnert, 1998, p.206. 원자료: Gregory and Walling, 1973, p.398).

3. 하도지형

하천은 지표유출, 복류수 유출, 지하수 유출 등으로 공급된 물이 상대적으로 고도가 낮은 곳으로 모여들어 지면경사 방향으로 흘러내리는 선형(線形)의 물길, 즉 하도(河道, stream channel)로 이루어진 존재이다. 하도는 달리 말하면, 유역분지에서 생산된 물과 퇴적물의 이동통로이며, 하도의 물은 하류로 이동하는 과정에서 하도와 그 주변의 땅을 침식하거나 운반해온 퇴적물을 쌓아놓으면서 지형을 변화시킨다(그림 5.21). 하천에 의해 생성되는 지형은 결국 이러한 하도에서 일어나는 지형변화라고 해도 크게 틀린 말이 아니다. 그만큼 하도지형은 하천지형 연구에서 차지하는 비중이 높다. 이러한 하도의 지형적인 특성을 알기 위해서는 우선 형태적인 특성을 조사할 필요가 있다. 그림 5.22에서 보듯이, 하도의 기하학적인 형태는 흔히 하폭, 수심, 경사, 윤변(潤邊, wetted perimeter), 동수반경(動水半徑, hydraulic radius) 등의 관점에서 파악한다.

하도지형 변화에 관여하는 변수들을 중심으로 하천체계를 구성한다면, 유역분지의 지질, 기후, 지형, 식생, 토양, 토지이용, 그리고 하도 내로 유입되는 물과 퇴적물의 양을 주요 독립변수로 설정할 수 있다(그림 5.2). 따라서 하도지형을 파악하기 위해서는 이와 같은 변수들의 특성과 다른 변수들과의 상호작용에 관한 이해가 전제가 되어야 한다. 이들 변수 중에 특히 하도 내를 흘러내리는 물은 하도 및 하안의 물질을 침식, 운반, 퇴적하는 중요한 기구이므로 물에 관한 이해는 무엇보다도 중요하다.

1) 하천수의 수리학적 특성

(1) 하도 내의 물 흐름

하도 내를 흘러내리는 물은 층류(層流, laminar flow)와 난류(亂流, turbulent flow), 그리고 잔잔한 흐름(tranquil flow, streaming flow)과 빠른 흐름(rapid flow, shooting flow)으로 나눌 수 있다.

층류란 물 분자가 뒤섞이지 않고 마치 포개놓은 카드가 옆으로 밀려날 때처럼 물이 층을 이루어 흘러내리는 것을 말한다. 이러한 물에 색소를 풀어놓는다면 얇은 망사처럼 수평으로 퍼져 흐른다. 층류는 대체로 하도의 구성물질이 동질적이고, 유속이 빠르지 않은 곳에서 나타난다. 그러나 자연하천에서는 하상에 크기와 모양이 다른 퇴적물과 기반암이 있을 뿐만 아니라 물의 깊이도 일정하지 않기 때문에 층류는 거의 관찰할 수 없다.

자연하천의 물은 난류인 경우가 많다. 난류는 흔히 잔잔한 흐름과 빠른 흐름으로 구분한다(그림 5.21). 이들은 경험적인 공식을 이용하여 구분할 수도 있지만, 야외에서는 하천에 돌을 던져 물에 이는 파문(波紋, 물결)을 보고 판단할 수도 있다. 잔잔한 흐름은 파문이 나타나지만, 빠른 흐름은 파문을 관찰하기 어렵다.

경험적인 공식을 이용하여 물 흐름의 특성을 파악할 경우, 층류와 난류는 레이놀즈 수(數)(Reynolds number), 잔잔한 흐름과 빠른 흐름은 프라우드 수(數)(Froude number)로 구분할 수 있다. 레이놀즈 수(Re)는 다음과 같이 구한다.

$$Re = VR\rho/\mu$$

V: 평균유속, R: 동수반경(動水半徑, hydraulic radius, 평균수심으로 대체 가능), ρ: 밀도, μ: 점성계수

레이놀즈의 수식은 쉽게 말하면 앞으로 나아가려는 관성의 힘(VRρ)과 이를 저지하려는 점성의 힘(μ)의 비(比)라고 할 수 있다. 관성의 힘이 크면 클수록 물은 난류가 된다. 즉 유속이 빠르고 수심이 깊을수록 난류가 되며, 그와는 반대로 유속이 느리고 수심이 얕을수록 층류가 된다. 위 식에서 Re의 값이 500 이하이면 층류, 2500 이상이면 난류이다. 또한 그 중간인 경우, 즉 $500 < Re < 2500$는 층류와 난류의 점이적인 성격을 보이는 물 흐름이다.

그림 5.21 용암협곡(한탄강, 연천)

옛 한탄강은 그 하도를 따라 용암이 흘러내리면서 하곡을 메우는 바람에 사라졌으며, 이후 새롭게 생겨난 현재의 한탄강이 용암을 침식하여 골이 깊은 협곡을 만들었다. 사진에서 물거품이 이는 곳은 빠른 흐름(rapid flow)이 지배적인 여울(riffle)이며, 숲이 물에 비치는 곳은 잔잔한 흐름(tranquil flow)이 나타나는 소(pool)이다. 자연하천은 물길을 따라 이러한 여울과 소가 번갈아 나타나는 것이 특징이다.

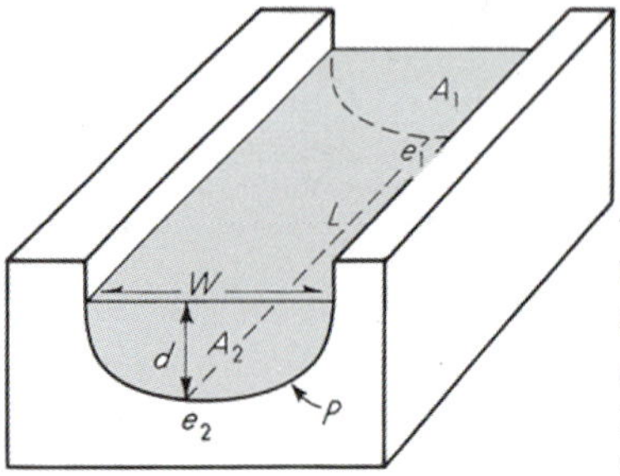

그림 5.22 하도의 기하학적 특징

W: 하폭, d: 수심, p: 물 접촉면 길이(wetted perimeter, 윤변), R: 동수반경(hydraulic radius, 하상단면적/물 접촉면 길이), A_1, A_2: 하상단면적(=하폭×평균수심), e_1, e_2: 고도, L: 두 지점(1과 2) 사이의 거리, S: 하상경사, $\tan\theta=(e_1-e_2)/L$(Morisawa, 1968, p.29).

난류는 흔히 다음의 프라우드 수(F)를 이용하여 잔잔한 흐름과 빠른 흐름으로 구분한다.

$$F = V/(g \cdot d)^{1/2}$$

V: 평균 유속, g: 중력, d: 수심

그림 5.23 하도 내에서의 물 흐름과 퇴적 및 침식 작용(골지천, 남한강 상류)

소(沼, pool)의 물이 깊은 이유는 침강하는 물 흐름이 있어 하상이 침식되기 때문이며, 여울의 물이 얕은 이유는 상승하는 물 흐름이 있어 하상에 퇴적물이 쌓이기 때문이다. 사진에서처럼 수위가 낮아진 평상시의 하천을 보면, 소보다는 여울의 유속이 빠르기 때문에 소보다는 여울에서 침식이 활발한 것처럼 생각할 수 있다. 그러나 하천 침식과 퇴적은 평상시보다는 홍수 때에 훨씬 더 활발하게 일어난다. 평상시와는 달리 홍수 때에는 여울보다는 소에 유속이 빠른 물이 다량으로 흘러들어 침강하면서 하상을 침식하고 이렇게 침식된 물질은 여울로 운반되어 쌓인다.

프라우드 수는 물의 유속(V)과 파문(물결)의 전진속도, 즉 $(g \cdot d)^{1/2}$의 비(比)라고 할 수 있다. 위의 식에서 물결의 전진속도가 유속보다 빠르면, 즉 F값이 1 이하이면 잔잔한 흐름이 되어 하천 물에는 물결이 일게 된다. 이와는 반대로 유속이 물결의 전진속도보다 빠르면, 즉 F값이 1 이상이면 빠른 흐름이 되어 물에는 물결이 일지 않게 된다. 또한 식에 의하면, 프라우드 수는 유속에 비례하지만, 수심에는 반비례한다. 즉 유속이 빠르고 수심이 얕으면 빠른 물 흐름이 생기지만, 그 반대로 유속이 느리고, 수심이 깊으면 잔잔한 물 흐름이 생긴다. 자연하천에서 수심이 얕은 여울(riffle)에서는 빠른 흐름, 수심이 깊은 소(沼, pool)에서는 잔잔한 물 흐름이 생기는 것도 같은 맥락에서 이해할 수 있다(그림 5.21, 5.23).

자연하도 내의 물은 난류하면서 대체로 하도경사 방향을 따라 하류로 흘러내린다. 그러나 자세히 살펴보면, 장소마다 수심도 다르고 하상물질이 동질적이지 않으

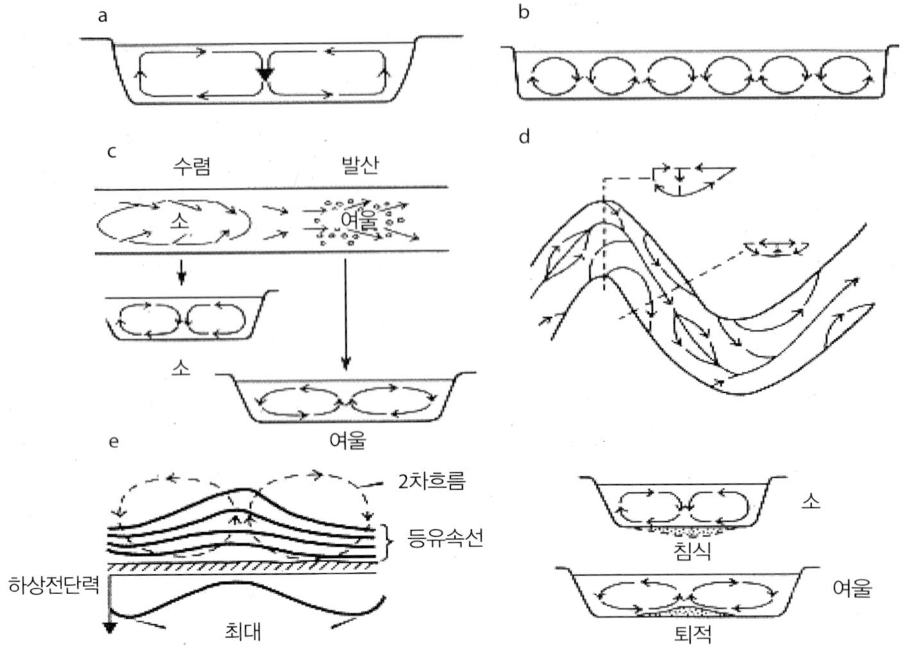

그림 5.24. 하도 내의 2차 흐름

a: 하폭이 좁고 수심이 깊은 하도의 2차 흐름. b: 수심에 비해 하폭이 매우 넓은 하도의 2차 흐름. c: 소에서 수렴 하강, 여울에서 상승 발산하는 2차 흐름. d: 사행하도에서의 유선(flow line). 소에서 수렴 하강한 물은 여울에 이르러 상승 발산한다. e: 하강 또는 상승하는 물 흐름과 이들의 전단력. 하강하는 곳에서 전단력이 최대, 상승하는 곳에서 전단력이 최저이므로 물이 하강하는 곳에는 침식이 일어나 소가 생기고, 상승하는 곳에는 퇴적이 일어나면서 여울이 생긴다(Richards, 1982, p.190).

며 하상단면의 형태 또한 같지 않기 때문에, 하도의 물은 하류를 향하여 직선으로만 흐르지는 않으며 세포 모양 또는 나선형의 물 흐름(helicoidal flow)도 생겨난다(그림 5.24). 하천에서 경사 방향의 물 흐름, 즉 하류를 지향하는 물 흐름을 1차 흐름(primary flow)이라 한다면, 나선형 흐름은 이를 가로질러 침강하거나 상승하는 물 흐름으로 2차 흐름(secondary flow)이라 할 수 있다. 나선형 물 흐름의 형태는 하상단면의 형태에 따라 달리 나타난다. 대체로 하폭이 넓은 곳에서는 물이 상승과 하강을 되풀이하는 여러 개의 세포가 나타나는 반면(그림 5.24의 b), 하폭이 좁은 곳에서는 1개 내지 2개의 세포만이 나타나기도 한다(그림 5.24의 a). 이러한 나선형의 흐름은 하상물질의 침식이나 퇴적과도 밀접한 관련이 있다. 즉, 나선형의 세포에서 하강하는 물이 있는 곳은 하상에 대한 전단력(剪斷力)이 커지므로 침식이 일어나며, 그와는 반대로 상승하는 곳에서는 전단력이 약화되면서 퇴적이 일어난다(그림 5.24의 e). 소에서 침식, 그리고 여울에서 퇴적이 일어나는 것도 이러한 나선형의 물 흐름과 관련이 있다.

(2) 유속

물의 유속(流速, flow velocity)은 하상물질을 침식 운반하는 힘과 직접 관련이 있다. 즉 유속이 클수록 하천의 하상침식이 더 활발해지고 물질의 운반능력도 더 커진다. 하도 내의 유속 분포는 하상단면의 형태에 따라 다르다(그림 5.25). 대체로 최대 유속은 마찰을 가장 적게 받는 부분인 하도 중앙부의 수면 또는 그에 가까운 수면 아래, 즉 수심을 1로 보았을 때 수면 아래 0.05에서 0.25의 지점에서 나타난다(그림 5.26).

유속은 유속계(current meter)로 계측하거나, 경험적인 공식을 이용하여 산출할 수 있다. 유속계를 사용하여 계측할 경우, 흔히 수면 아래 0.2 지점과 0.8 지점의 유속을 재서 평균값을 구하거나, 0.6 지점의 유속을 재서 그 지점의 평균 유속으로 정한다. 유속은 유속계가 없어도 나뭇가지, 빈병 등을 물에 띄워 보내 개략적으로 구할 수도 있다. 그러나 이 경우 물 표면의 속도를 잰 것이기 때문에 평균 유속보다는 크므로 그 값에 0.8을 곱하여 평균값을 얻는다.

유속을 구하기 위해 널리 이용하는 경험적인 공식으로는 다음과 같은 것들이 있다.

체지(Chézy) 공식 $V = C \cdot R^{1/2} S^{1/2}$

매닝(Manning) 공식 $V = \frac{1}{n} R^{2/3} S^{1/2}$

V: 평균 유속, C: 체지 상수, R: 동수반경(hydraulic radius)

n: 하상거칠기 계수(roughness coefficient), S: 하도경사[2]

여기서 동수반경(動水半徑, hydraulic radius)은 물 흐름의 효율성과 관련된 지표로 하상단면적(= 평균수심 × 하폭)을 물 접촉면 길이, 즉 윤변(潤邊, wetted perimeter)으로 나누어 얻는다(그림 5.22). 동일한 면적의 하상에 같은 양의 물이 통과한다 하더라도 하상

2 하도경사라 할 때는 흔히 하천 물 수면의 경사를 말한다. 경사는 tanΘ(또는 100×tanΘ) 값으로 표현하는 것이 일반적이다. 야외에서는 레벨(또는 핸드레벨), 트랜싯 등 측량장비를 이용하여 경사를 실측한다.

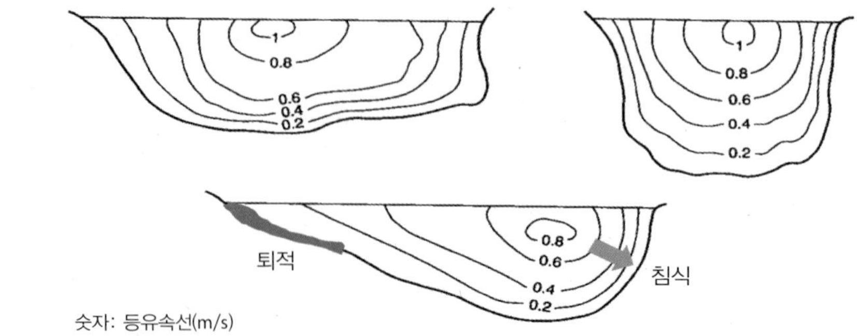

그림 5.25 하상단면형과 유속분포

등유속선(等流速線)의 간격이 좁은 곳은 하상침식이 일어나는 곳이다. 아래쪽 그림에서처럼 이러한 현상이 하상의 한쪽 가장자리에서 활발해지면 하상의 형태가 점차 비대칭으로 변화된다. 즉 등유속선이 집중되는 곳은 침식이 활발한 공격사면이며, 그 반대쪽인 활주사면은 그렇지 않아 퇴적이 활발하다(Knighton, 1984, p.50 부분 수정).

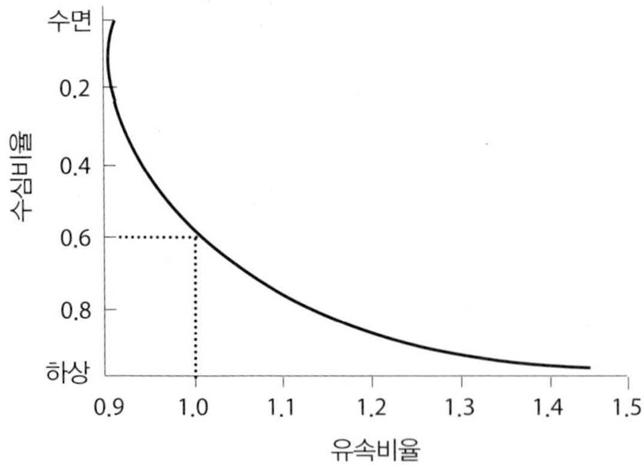

그림 5.26 유속분포

그림에서 평균유속이 나타나는 물의 깊이는 유속비율($\bar{u}/u_y$, 평균유속/수심 y 지점의 유속) 값이 1을 보이는 곳, 즉 수심비율이 0.6인 곳이다(Morisawa, 1968, p.34. 미시시피강, 빅스버그, 미국).

과의 접촉면이 크면 클수록 마찰력이 커져 물 흐름은 지체되고, 그 반대의 경우는 물 흐름이 보다 원활해져 유속이 커진다.

동수반경은 구하는 절차가 다소 번거롭기 때문에 때로는 평균수심 값으로 대체하여 사용하기도 한다. 그러나 동수반경과 평균수심은 그 값이 정확히 일치하는 것은 아니다. 우리나라의 하천과 같이 수심에 비하여 하폭이 넓은 하천일수록 평균수심 값이 동수반경의 값에 가까워 평균수심으로 동수반경을 대체해도 별 문제가 없다. 그러나 하폭에 비하여 수심이 깊은 하천은 평균수심으로 동수반경을 대체할 경우 실제보다는 평균유속 값이 작게 산정될 수 있다.

표 5.2 자연하천의 매닝 하상거칠기 계수

하천유형	최소	평균	최대
(a) 평지하천*			
i. 식생 없고 직류하며 깊은 소 없음	0.025	0.030	0.033
ii. 식생 없고 곡류하며 여울과 소 있음	0.033	0.040	0.045
iii. 식생 있고 유속이 느리며 깊은 소 있음	0.050	0.070	0.080
(b) 산지하천			
i. 하상: 중간 크기 이하의 자갈	0.030	0.040	0.050
ii. 하상: 중간 크기 이상의 자갈	0.040	0.050	0.070
(c) 범람원 하천			
i. 목초지	0.025	0.030	0.035
ii. 작물이 있는 경작지	0.030	0.040	0.050
iii. 겨울철 잡목림	0.045	0.070	0.110
iv. 여름철 잡목림	0.070	0.100	0.160

*홍수 시 하폭 < 30m

하상거칠기 계수(n)값이 크다는 것은 물의 원활한 흐름을 방해하는 물질(자갈, 식생 등)이 하도 및 하안에 많이 있다는 것을 뜻한다. 예를 들어 평지하천의 경우, 직류이면서 깊은 소가 없는 등 하상 기복이 작고, 하도 내에 식생도 없다면 0.03의 값을 적용한다. 그러나 하천 물이 느리게 흐르면서 깊은 소가 있는 등 하상 기복이 크고, 하도 내에 식생이 많다면 0.07의 값을 적용한다(Gregory and Walling, 1973, p.129. 원자료: Chow, 1959).

위의 수식에서 보듯이 체지(Chézy) 공식과 매닝(Manning) 공식은 유속을 구할 때 다 같이 하도경사와 수심(또는 동수반경)을 이용한다는 점에서 공통점이 있다. 그러나 매닝은 하상거칠기 계수, 그리고 체지는 체지 상수를 또 다른 변수로 포함한다는 점에서는 차이가 있다. 매닝 공식에서 하상거칠기 계수(n)는 차우(Chow)의 표(Chow, 1959)를 이용하여 구할 수 있다(Gregory and Walling, 1973, p.129). 예를 들면 하상에 조립의 큰 자갈이 많은 산지하천은 n값을 0.04~0.07, 평야의 직류하천은 하안에 식생이 없는 경우 0.025~0.033을 적용하는 것이 그것이다(표 5.2).

이와 같이 매닝의 n값을 구하면, 매닝과 체지의 공식은 하도경사와 수심을 공통의 변수로 가지고 있으므로 두 공식을 연계하여 체지 상수를 좌변에 두고 풀면 다음과 같이 체지 상수를 구할 수 있다.

$$C = R^{1/6}/n$$

이에 의하면 체지 상수는 하상거칠기에 반비례하며, 수심에 비례하는 경향을 보인다. 위의 매닝 식과 체지 식에 의하면, 유속은 수심이 깊을수록, 그리고 하도경사가 클수록 커진다. 이에서도 알 수 있듯이 같은 양의 물이 하도 내를 흐른다 하더라도 수심이 깊은 하천일수록, 그리고 하도경사가 큰 하천일수록 물의 유속이 크다. 따라서 그런 하천일수록 하상침식이 더 활발하게 일어난다. 예를 들어 넓은 평지를 흐르던 하천이 좁은 협곡을 통과하여 흐를 경우 물의 양이 달라진 것은 아니지만 평지의 하도보다는 협곡 내의 하도에서 하상 경사가 크고, 수심이 깊기 때문에 평지보다는 협곡 내에서 하상침식이 활발하게 일어난다. 이런 이유로 협곡에서는 대체로 하상이 침식을 받아 기반암이 그대로 드러나 있거나 유속이 빠른 곳에서만 운반되는 규모가 큰 자갈이나 암괴가 하도 내에 쌓여 있는 모습을 흔히 볼 수 있다.

2) 유량

(1) 유량 실측과 산정

유량(流量, discharge)은 하상단면적에 유속을 곱하여 얻을 수 있다. 유량은 유속과 마찬가지로 실측하거나 계산에 의하여 구할 수 있다. 야외에서 유속을 실측하여 이를 토대로 유량을 산정하는 방법은 다음과 같다(Gregory and Walling, 1973, p.132)(그림 5.27).

$$Q = \left(\frac{\bar{V}_1 + \bar{V}_2}{2}\right) \cdot \left(\frac{d_1 + d_2}{2}\right) \cdot b$$

위의 식에서 Q는 유량, $\bar{V}_1$과 $\bar{V}_2$는 조사지점의 유속, d_1과 d_2는 조사지점의 수심, 그리고 b는 조사지점 간의 하폭이다. 위의 계산식은 복잡해 보여도 결국은 하폭에 수심을 곱하여 단면적을 구한 후 그 값에 다시 유속을 곱하여 유량 값을 얻는 과정이라고 할 수 있다.

그러나 유량의 실측은 특별한 시설이나 장비를 필요로 하며, 공식을 이용하여 산정하는 경우에도 값의 신뢰도에 문제가 있어 유량에 관한 자료를 얻는 것이 쉽지 않다. 따라서 하천 연구에서는 유량을 대신하는 변수로 유역면적을 사용하기도 한다.

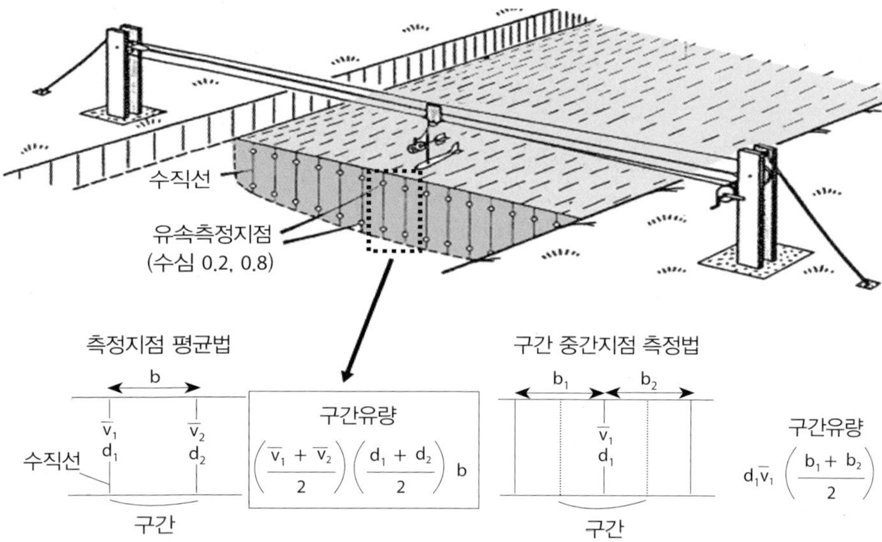

그림 5.27 유속 측정과 유량 산정

유속을 좀 더 정교하게 구할 경우에는 하천에 시설을 설치하여 일정 간격과 깊이로 측정하기도 한다. 그럴 경우 흔히 수면 아래 0.2와 0.8 깊이 지점에서 유속을 재서 이를 산술평균하는 방식으로 유속을 구한다. 유량은 단면적에 평균유속을 곱하여 얻을 수 있으며, 그림에서 보듯이 두 가지 방식으로 산출 가능하다. b: 하폭, d: 수심, v: 유속(Gregory and Walling, 1973, p.132).

유량과 유역면적은 비례하기 때문이다. 다시 말하여 흐르는 도중에 유량이 오히려 감소하는 건조지역의 일부 하천들을 제외하고 습윤지역의 하천들은 대체로 유역면적이 커지는 것에 비례하여 하천의 유량이 증가하는 경향을 보인다. 같은 맥락에서 하천의 길이가 길어질수록 유량이 증가하므로 유량을 대신하는 변수로 하천의 길이를 사용하기도 한다. 그러나 물의 생산에 직접 영향을 미치는 변수는 하천의 길이가 아니라 유역면적이라는 점을 고려할 때 그 함의는 크지 않다.

유량과 유역면적 간의 관계는 다음의 식으로 나타낼 수 있다.

$$Q = Ad^{0.75}$$

위 식에서 Ad는 유역면적, Q는 유량을 의미한다. 식의 지수 값 0.75는 어디서나 같은 것은 아니다. 레오폴드 외(Leopold *et al.*, 1964, p.251)에 의하면, 대체로 0.7 내지 0.75의 값을 보이지만, 습윤한 지역에서는 거의 1에 가깝다.

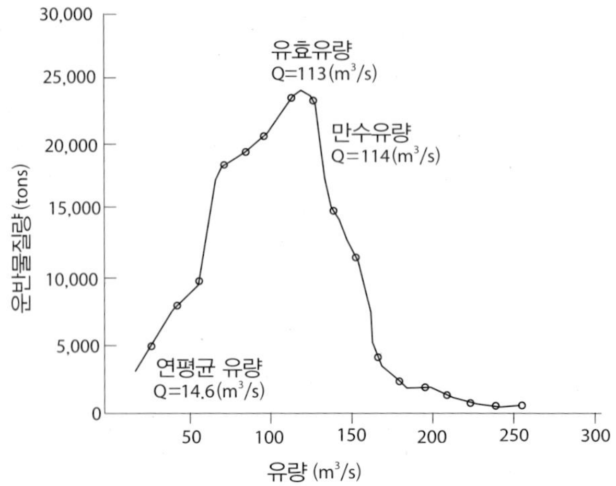

그림 5.28 유량과 퇴적물 운반량

만수유량은 재현빈도 1.5년(3년에 2번)을 보이는 유량을 말한다. 그림에서 가장 많은 퇴적물을 운반하는 유량, 즉 유효유량(effective discharge)이 초당 113m^{3}인데, 만수유량 또한 초당 114m^{3}으로 그 값과 거의 같으므로 만수유량 때 가장 많은 퇴적물이 운반된다고 볼 수 있다. 이는 장기간에 걸쳐 볼 때 하도지형을 가장 크게 변화시키는 유량은 바로 만수유량이라는 것을 의미한다(Little Snake River, 와이오밍, 미국. Leopold, 1994, p.127. 원자료: Andrews, 1980).

유량이 중요한 것은 유량의 변화가 하도지형 변화에 직접적인 영향을 미치기 때문이다. 지형변화에 가장 큰 영향을 미치는 유량은 1.5년의 재현 주기를 가진 만수유량(滿水流量, bankfull discharge)이다. 만수유량이란 하도를 가득 메워 흐르는 물, 즉 하안 제방의 높이만큼 수위를 유지한 채 흐르는 하천 물의 유량을 말한다. 만수유량의 수위는 야외에서는 하안의 계단 지형 또는 고수위 시에 퇴적된 하상퇴적물(모래, 자갈 등)의 존재로 식별이 가능하다.

미국의 리틀 스네이크강(Little Snake River)을 대상으로 조사한 자료에 따르면(Leopold, 1994, p.127), 장기간에 걸쳐 평균적으로 가장 많은 퇴적물을 운반하는 하천의 유량(effective discharge)과 만수위 때의 하천의 유량이 거의 일치하였다(그림 5.28). 즉 만수유량일 때 하천은 가장 많은 퇴적물을 운반하는 것으로 밝혀졌다. 이를 달리 말하면 하도와 하안의 지형을 가장 크게 변화시키는 것이 바로 만수유량이라는 것을 의미한다. 이와는 달리 만수유량보다 더 많은 물이 흐르는 경우, 즉 범람하는 물에 의해서는 오히려 그보다는 더 적은 양의 퇴적물이 운반되는 것으로 조사되었다. 그 이유는 유량과 빈도는 반비례하며, 퇴적물의 운반량은 유량에 빈도를 곱하여 얻

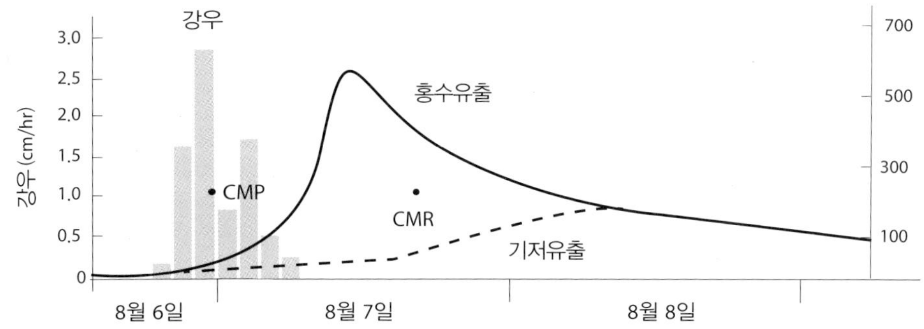

그림 5.29 강우수문곡선

CMP: 강우의 질량중심, CMR: 유량의 질량중심, 기저유출(지하수 유출, base flow)(Sugar Creek, 오하이오, 미국, Strahler and Strahler, 1992, p.303).

은 값에 비례하기 때문이다. 따라서 만수유량보다 더 큰 유량은 그만큼 발생 빈도가 낮기 때문에 장기적인 관점에서 보면 만수유량보다 지형변화에 미치는 영향이 크지 않은 것이다.

유량 변화는 흔히 수문곡선(水文曲線, hydrograph)[3]을 그려 표현할 수 있다(그림 5.29). 수문곡선에 영향을 미치는 요인으로는 강우 특성(강우의 공간분포 패턴, 강우 강도 및 지속시간)과 유역분지 특성(유역분지형상, 사면경사, 하계망, 기반암, 토양, 식생, 토지 이용)을 들 수 있다. 이러한 조건들에 따라 수문곡선이 달리 나타나지만, 강우에 의한 유량 변화를 나타낸 강우수문곡선(storm hydrograph)을 보면 대체로 첨두유량(尖頭流量, peak discharge)[4]에 이를 때까지는 가파른 상승곡선, 그리고 첨두유량에 이른 이후에는 완만한 하강곡선을 보인다.

유역분지의 형상은 첨두유량에 영향을 미친다. 유역면적이 동일한 두 개의 유역분지를 비교한다면, 원형의 유역분지가 길쭉한 유역분지에 비하여 첨두유량이 더 크다(그림 5.12). 원형의 분지일수록 강우 직후 불어난 하천 물이 하구의 유량관측 지점까지 도달하는 데 걸리는 지체시간이 짧기 때문이다. 이처럼 첨두유량이 크다는 것

3 수문곡선에는 수위수문곡선(x축: 시간, y축: 수위)과 유량수문곡선(x축: 시간, y축: 유량)이 있다.

4 수문곡선(그림 5.29)에서 최댓값을 보이는 유량을 말한다.

은 하천 물이 범람할 가능성이 그만큼 높다는 것이기도 하다.

하계망 역시 수문곡선에 영향을 미친다. 같은 조건이라면 하계망이 조밀한 경우에 첨두유량이 더 커진다. 잘 발달된 하계망은 배수로가 잘 구비된 것과 마찬가지로 유역분지의 물을 보다 짧은 시간 내에 효과적으로 배출하기 때문이다. 그러나 자연 상태의 유역분지에서는 유역분지형상이나 하계망 이외에도 기반암, 식생, 강우 패턴 등 또 다른 여러 변수들이 영향을 미치므로 각 변수들 간의 상관관계가 그리 단순하지는 않다.

수문곡선상의 첨두유량과 지체시간(lag time, 강우질량중심으로부터 유량질량중심까지의 시간, 그림 5.29에서 CMP에서 CMR까지의 시간)은 하천의 범람과 관련이 있다. 같은 조건이라면 첨두유량이 많고, 지체시간이 짧은 경우에 하천이 범람할 가능성이 높다. 이는 위에 기술한 바와 같이 자연적인 요인뿐만 아니라 사람들의 주거 및 산업 활동에 의해서도 결정된다. 예를 들어 유역분지가 도시화될 경우, 도로가 포장되고 건축물이 들어서기 때문에 지표유출량이 증가할 뿐만 아니라, 배수관로들을 설치하기 때문에 종전보다 단시간 내에 더 많은 양의 물이 하천으로 유입될 수 있다. 다시 말하여 도시화된 이후에 하천은 첨두유량이 더 많아지고, 첨두유량에 이르는 지체시간도 더 짧아져 하천관리를 소홀히 하면 전에는 경험하지 않았던 홍수 피해를 겪을 수도 있다.

(2) 우리나라 하천의 유량 변동

우리나라의 하천은 계절과 해(年)에 따라 유량 변동이 큰 편이다(그림 5.30). 즉 하상계수(최소유량과 최대유량의 비)가 크다. 또한 홍수유출량의 비중이 70% 이상에 달할 정도로 유량의 대부분은 홍수 형태로 유출된다.

이와 같이 유량 변동이 큰 주된 요인은 무엇보다 강수량의 계절 및 연 변동이 크기 때문이다(그림 5.31). 때로는 유역분지의 규모가 작기 때문에 유량 변동이 크다고 말하는 경우도 있으나 이것의 이해에는 주의가 필요하다. 유역분지가 크면 클수록 유량 변동이 작고 또 그 반대의 경우는 유량 변동이 크다는 것은 어느 나라 하천이든 모두 다 해당되는 일반적인 사실이기 때문이다. 이밖에도 한때 산에 나무가 빈약했던 시절에는 식생의 영향을 강조하여 홍수의 원인을 산에 나무가 적은 것에서 찾기도 했었다. 그러나 나무가 많은 오늘날에도 여전히 홍수가 발생하는 사실에서도 알

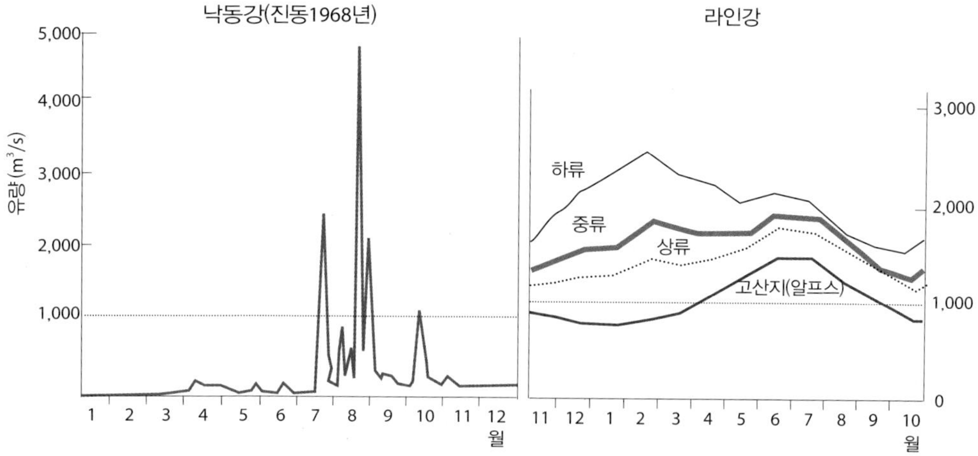

그림 5.30 하천의 유황(流況)

한강, 낙동강 등 우리나라 하천은 라인강 등 서부유럽의 하천에 비하여 유량 변동이 크다. 즉 하상계수(= 최소유량 : 최대유량)가 크다. 그런 이유는 우리나라는 특정 계절(여름)에 강수가 집중되지만 서부유럽은 그렇지 않기 때문이다. 우리나라에서 한때 라인강을 모델삼아 4대강(한강, 낙동강, 금강, 영산강)에 대운하를 건설할 계획을 세우기도 하였다. 그러나 우리나라 하천들은 유량 변동이 크기 때문에 라인강과는 달리 댐이나 운하를 건설할 경우 그로 인하여 발생하는 부작용을 감당하기 쉽지 않고 경제성도 크지 않다(낙동강: 한국의 물자원, 1970. 라인강: Disse and Engel, 2001).

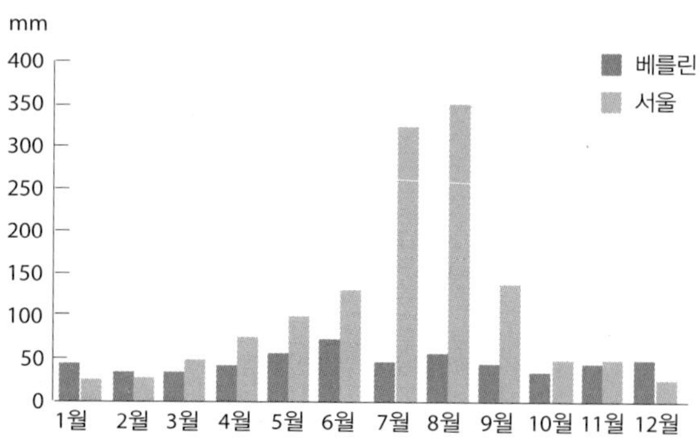

그림 5.31 서울과 베를린의 월별 강수량 비교

서울은 최습월 강수량이 최건월 강수량의 10배 이상이지만, 베를린은 그 차가 두 배에도 못 미친다(자료: 한국기상청, 1971~2000. 독일기상청, 1961~1990).

수 있듯이, 식생이 유량에 영향을 미친다는 사실은 부분적으로는 맞지만 유량 변동의 근본적인 원인은 역시 강수에 있다고 할 것이다.

이와 같이 우리나라 하천은 유량 변동이 큰 까닭에 각종 용수의 원활한 공급을 위해 예로부터 많은 댐과 저수지를 건설해야 했으며, 하천을 이용한 내륙 수운(水運) 또한 큰 역할을 하지 못하였다. 물론, 육상교통이 발달되기 이전, 즉 고려시대나 조선시대에는 내륙 수운의 역할이 컸던 것도 사실이다. 그러나 갈수기에는 한강 등 큰 하천일지라도 선박의 통행이 곤란할 정도로 유량이 줄어들고, 홍수 시에 자주 범람하는 바람에 항행(航行)에 적지 않은 문제가 있었다.

3) 하천 운반 물질

(1) 운반 물질의 종류

하천의 하상에는 자갈, 모래 등 다양한 종류의 퇴적물이 쌓여 있다(그림 5.32, 5.33). 이들 퇴적물은 하천 물에 의해 이동되는 운반양식에 따라 용해물질, 부유물질, 하상물질 등으로 구분할 수 있다[5](그림 5.34).

용해물질(dissolved load)은 물에 용해된 상태로 운반되는 물질이다. 따라서 물속의 개별 물질을 눈으로 볼 수는 없다. 용해물질의 종류는 중탄산(HCO_3^-), 규산(H_4SiO_4), 황산(SO_4^{2-}), 칼슘(Ca), 마그네슘(Mg), 나트륨(Na), 칼륨(K), 염소(Cl), 알미늄(Al), 철(Fe), 망간(Mn) 등 매우 다양하다. 이들은 주로 암석이나 토양이 화학적인 풍화를 받아 생성된 물질, 대기 중의 물질, 그리고 동식물 및 인간 활동에 의해 발생한 물질이다. 특히 인간의 산업 및 농업 활동 과정에서 발생한 오염물질은 오늘날 점차 증가하는 추세이다. 이와 같은 용해물질은 지표수로도 공급되지만, 그보다는 지하유출(복류수 및 지하수)로 공급되는 양이 더 많다.

하천 중에는 열대우림이나 툰드라 지대를 관류하는 하천들에서 용해물질의 비중이 높게 나타난다. 예를 들어 예니세이강(Yenisei River)은 하상물질을 제외한 총 운반물질 양의 80%가 용해물질로 바다에 유출된다(표 5.3). 이와는 달리 사막을 관류하는 하천이나 우리나라와 중국과 같이 강수 변동이 큰 지역의 하천들은 부유물질이나 하상물질의 비중이 높고, 용해물질의 비중은 낮다. 자료에 따르면, 중국의 황허강은 하상물질을 제외한 총 운반물질 양의 2%만이 용해물질로 운반되고, 나머지 98%는 부유물질로 운반된다. 용해물질은 하천의 유량이 증가하면 더불어 그 함유량도 증가

5 'load'를 직역하여 용해하중, 부유하중(뜬짐), 하상하중(밑짐)의 용어를 사용하기도 한다.

그림 5.32 자갈하상 하천(동강, 영월)

그림 5.33 모래하상 하천(미호천, 청주)

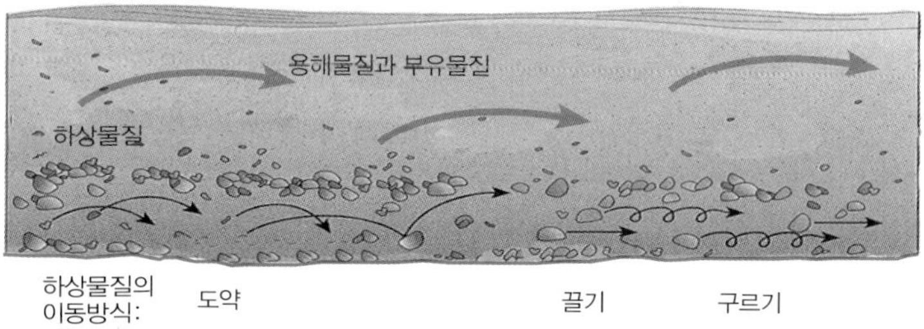

그림 5.34 하천 운반물질의 종류와 이동방식

운반물질은 용해물질, 부유물질, 하상물질로 나누어진다. 그중 하상물질은 부딪쳐서 튀거나, 구르고 이끌려서 이동된다(McKnight and Hess, 2005, p.449).

하지만 비중은 감소된다. 이와는 반대로 유량이 감소하면 함유량이 줄지만 그 비중은 오히려 증가하는 경향이 있다.

부유물질(suspended load)은 주로 입자 크기가 작은 점토, 이토, 세사(細砂) 등으로 물에 섞인 채 떠서 운반된다. 부유물질은 유량 증가에 비례하여 기하급수적으로 증가되며, 그 관계는 다음과 같이 수식으로 표현할 수 있다.

$$L = pQ^j$$

L: 부유물질의 양, Q: 유량, p와 j: 상수

레오폴드와 머독((Leopold and Maddock, 1953)의 연구에 따르면, 지수 j의 값이 2~3이다(그림 5.35). 어느 하천이든 이와 동일한 값은 아니지만, 대체로 지수 값이 1 이상

표 5.3 세계 주요 하천의 부유물질량과 용해물질량

하천명	유역면적 (10^3km^2)	유량 ($10^3m^3s^{-1}$)	부유물질량 ($10^6t\ y^{-1}$)	용해물질량 ($10^6t\ y^{-1}$)
황허강	752	1.1	900	22
메콩강	795	21.1	160	59
예니세이강	2500	17.6	15	60
나일강	3000	1.2	2	12
미시시피강	3267	18.4	210	142
다뉴브강	817	6.5	83	53

Knighton, 1998, p.82.

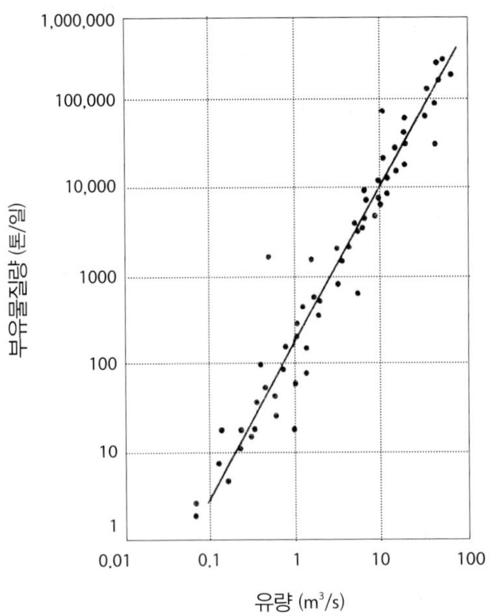

그림 5.35 유량과 부유물질(Powder River, 미국)

평균적으로 보면, 유량보다 부유물질의 증가율이 더 크다(Strahler and Strahler, 1992, p.329. 원자료: Leopold and Maddock, 1953).

인 것으로 알려진다. 이와 같이 j의 값이 1 이상이라는 사실은 하천 물이 불어날 때 유량의 증가율보다도 더 빠른 속도로 부유물질의 양이 증가한다는 것을 의미한다.

같은 하천의 유량이라도 물이 붇는 때가 줄어드는 때보다 더 많은 부유물질을 운반한다(Ritter *et al.*, 1995, p.229). 비가 내리면 지표면에 느슨한 채로 얹혀 있던 표토(表

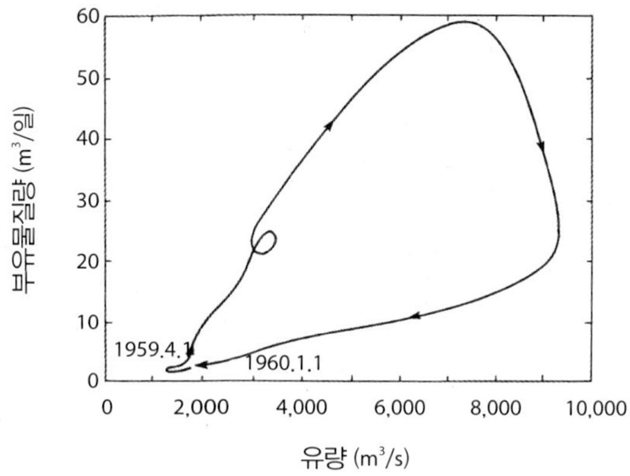

그림 5.36 유량 변화에 따른 부유물질량 변화

부유물질의 변화가 고리모양의 곡선을 보이는데, 이를 이력루프(hysteresis loop)라 한다(Forcados River, 나이지리아, 조사기간: 1959년 4월 1일~1960년 1월 1일. Chorley *et al.*, 1984, p.285).

土)의 세립물질이 먼저 물에 씻겨 하천에 흘러든다. 따라서 강우에 의해 불어나는 하천 물에는 부유물질의 양이 많다. 그러나 시간이 지나 표토의 세립물질이 제거되고 나면 그 하부의 보다 고화된 물질이 지표에 드러나기 때문에 동일한 양의 강우가 지속된다 하더라도 시간당 지면침식량은 오히려 줄어든다. 즉 하천에 공급되는 운반물질의 양은 감소된다. 따라서 동일한 양의 하천 물이 흘러내린다 하더라도 강수에 의해 하천 물이 불어날 때가 하천 물이 감소할 때보다 운반물질의 양이 더 많은 것이다.

이와 같은 하천의 유량 변화에 따른 부유물질량의 변화를 일정 기간 동안 조사하여 그래프로 표현하면 고리(loop) 모양의 곡선이 나타난다. 이러한 고리 모양의 곡선을 이력(履歷)루프(hysteresis loop), 그리고 이력루프가 나타나는 현상을 이력효과(hysteresis effect)라 부른다(그림 5.36).

하상물질(bed load)은 모래, 자갈 등 조립물질로 하상을 구르거나(rolling), 튀어서(saltation) 이동하는 물질을 말한다. 여기서 유의할 점은 같은 크기의 물질이라도 유속에 따라 운반양식이 달라진다는 사실이다. 즉, 유속이 증가하면, 구르거나 튀어서 운반되던 것들이 떠서 운반되기도 하며, 또 그와는 반대로 유속이 감소하면, 부유하던 물질이 구르거나 튀어서 운반된다(그림 5.37). 따라서 물질의 운반양식은 유속과의 상관관계에서 이해해야 한다.

그런 관점에서 볼 때, 율스트롬 곡선(Hjulström curve, Hjulström, 1935; Morisawa, 1968, p.50)은 의미하는 바가 크다(그림 5.38). 이에 의하면, 운반물질의 입자크기와 유속은 상관관계가 있는 것은 사실이지만 그 관계는 그리 단순하지 않다. 유속이 증가하면

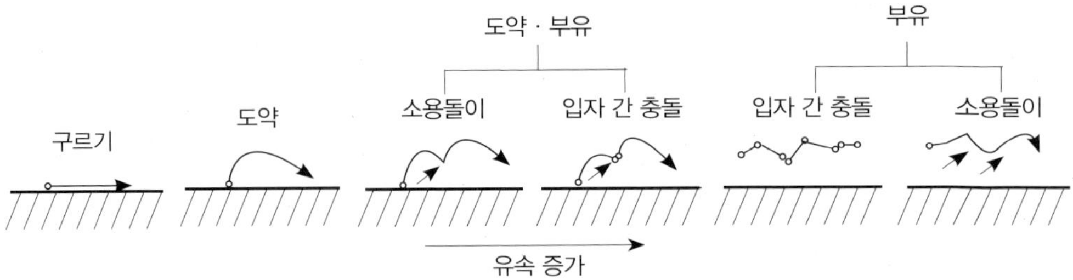

그림 5.37 유속 증가에 따른 하상물질의 운반 양식 변화

같은 크기의 물질이라도 유속에 따라 운반 양식이 달라진다(Richards, 1982, p.97 부분 수정. 원자료: Leeder, 1979).

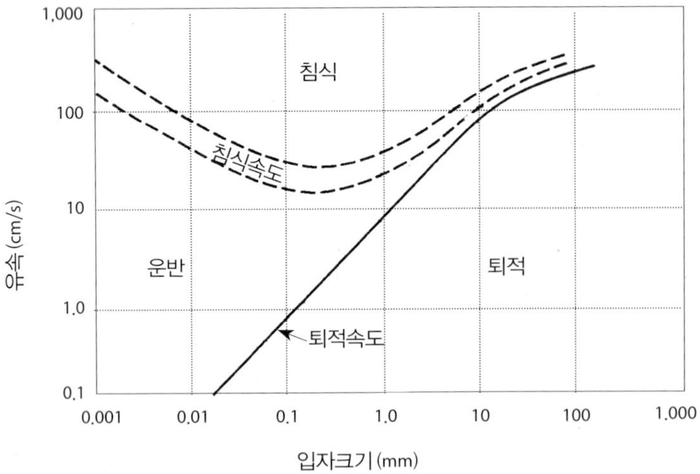

그림 5.38 운반물질 입자크기와 유속과의 관계

유속이 증가하면서 가장 먼저 침식을 받는 것은 입자가 작은 실트나 점토가 아니라, 그보다 큰 모래(약 0.1mm)이다(Morisawa, 1968, p.50. 원자료: Hjulström, 1935).

서 가장 먼저 침식을 받아 운반되는 것은 약 0.1mm 크기의 모래이다. 이보다 더 작거나 더 큰 물질은 더 높은 유속에서 침식 운반된다. 입자크기가 클수록 침식 운반에 더 높은 유속이 요구된다는 것은 상식에도 합치된다. 그러나 입자크기가 작은데도 침식 운반에 더 높은 유속이 요구된다는 것은 상식과도 다르기 때문에 주의가 필요하다. 입자가 큰 모래보다도 입자가 작은 점토가 오히려 더 높은 유속에서 침식을 받는 것은 모래는 점성이 낮지만 점토는 입자 간의 점성이 크기 때문이다. 점토는 이처럼 점성이 크기 때문에 한번 퇴적되고 나면 입자 간에 서로 들러붙어 쉽게 침식받지 않는다. 이와는 달리 퇴적속도는 입자크기에 비례한다. 특히 점토와 같은 세립물질은 한 번 침식을 받아 물에 실리면 유속이 없는 잔잔한 물에도 장시간 떠 있기 때문에 율스트롬 곡선에서도 퇴적속도가 표시되어 있지 않다.

(2) 하상퇴적물의 기원과 운반물질의 입자크기

하천의 하상물질은 유역분지의 기반암 또는 풍화산물이나 퇴적물에서 기원한다. 이들 물질이 하도에 유입되는 것은 여러 복잡한 과정을 거쳐 일어나지만, 대체로 두 경로로 요약된다. 그 하나는 하천침식이 진행되는 과정에서 하상 및 하안의 기반암이나 과거에 쌓인 하천퇴적물이 하천에 유입되는 것이고, 다른 하나는 하곡의 사면물질이 매스무브먼트, 사면류 등에 의해 하도에 유입되는 것이다. 이와 같이 퇴적물의 기원과 그것이 하도 내로 유입되는 과정이 서로 다를 수 있으므로, 동일한 장소에 함께 쌓인 하상퇴적물이라 할지라도, 암석의 종류가 같지 않고, 모양이나 크기도 같지 않다(그림 5.39).

그럼에도, 물질이 일단 하도 내로 유입되면, 운반되는 양태는 서로 달라도 결국은 하천에 의하여 하류 방향으로 이동되기 때문에, 하천의 상류와 하류 간에 입경(粒徑, 입자크기) 변화의 일정한 경향성이 나타난다. 또한 하천퇴적물 중에는 물 흐름과 관계가 있는 와상구조(瓦狀構造, 비늘구조, imbrication)나 사층리(斜層理, cross bedding) 등의 퇴적구조가 생겨나기도 한다(그림 5.40).

입경 변화의 경향성이 나타나는 것은 하천수에 의해 퇴적물이 하류 방향으로 운반되는 과정에서 마모되거나 풍화되어 입자의 크기가 줄어들고, 또 입자크기에 따라 작고 가벼운 것은 멀리까지 그리고 무겁고 큰 것은 짧은 거리를 이동하기 때문이다. 다시 말하여 하류 방향으로 물질의 분급(分級, sorting)이 일어나기 때문이다. 따라서 퇴적물의 평균적인 입경은 하류 방향일수록 감소되는 것이 일반적이며, 그 감소율은 흔히 지수(指數)적인 것으로 알려진다.

그러나 레오폴드(Leopold)와 로스겐(Rosgen)이 콜로라도의 산지 하천을 대상으로 하천수에 의해 자갈 등 조립물질이 운반된 거리를 조사한 바에 의하면, 일반적으로 기대하는 것과는 달리, 물질의 입경과 그것의 운반이동거리 간에는 별 상관이 없었다(Leopold, 1994, pp.215-216). 이런 연구는 하류 방향으로의 입경 감소가 물질의 분급

그림 5.39 다양한 크기의 하상퇴적물(두타연 하류, 양구)

사진 오른쪽 하단의 조립자갈은 지류하천에 의해 유입된 것이며, 중앙의 포인트바 퇴적물은 상류가 세립, 하류가 조립이다. 따라서 이 구간 내에서는 하류로 가면서 입자크기가 작아지는 일반적인 경향성이 나타나지 않는다. 이처럼 자연하천에서는 장소에 따라 퇴적물이 다양한 것이 특징이다.

그림 5.40 하상퇴적물의 와상구조(동강, 정선)

하상자갈들이 노란색 선(線) 방향으로 누운 채 쌓여 있다. 이러한 퇴적구조를 와상구조라 부른다. 물이 더는 흐르지 않더라도 와상구조는 남아 있기 때문에 이를 토대로 과거에 흘렀던 하천의 유향(流向)을 알 수 있다.

보다도 운반과정에서 일어나는 물질의 마모 및 풍화작용에 의해 더 크게 영향을 받을 수 있다는 것을 말해준다.

퇴적물의 입경이 하류 방향으로 감소되는 것이 일반적인 경향이라 할지라도, 자연 상태의 하천들은 각기 상이한 기후, 지형 및 지질 조건하에 있으므로, 한 하천의 상·하류 간에, 또는 서로 다른 하천들 간에는 입경 변화의 경향성이 매우 다양하다. 사실 상·하류뿐만이 아니라, 동일한 지점, 즉 같은 하상단면상에서도 위치에 따라 입자 크기가 다르다. 이것은 유속 분포와 이와 연관된 하천수의 흐름이 하상단면상의 위치에 따라 달라지기 때문이다. 때로는 동일한 하상단면상에서 나타나는 입경차가 단거리에 걸친 상·하류 간의 입경 차보다 더 큰 경우도 적지 않다.

이와 같이 하상퇴적물의 입경 변화가 일정한 경향성만을 보이는 것이 아니라는 것은 핵(Hack, 1957), 김종욱(Kim, 1989) 등의 연구에서도 알 수 있다. 이들에 의하면, 퇴적물의 입경은 하류 방향으로 반드시 감소되는 것만은 아니다. 때로는 일정 구간에 걸쳐 입경 변화가 거의 없거나 불규칙하며, 심지어 하류 방향으로 가면서 역으로 증가되기도 한다. 이는 지류, 계곡 사면, 하상, 하안 퇴적층으로부터 새로운 퇴적물들이 끊임없이 하도로 유입되기 때문인데, 이들의 특성에 따라 하상퇴적물의 특성도 더불어 달라지는 것이므로 불규칙한 하상퇴적물의 입경 변화는 어쩌면 지극히 자연스러운 것이라 할 수 있다.

(3) 퇴적물 입경과 하도경사

하도경사는 퇴적물이 쌓여 이루는 하도지형의 기하학적인 특성의 하나이다. 따라서 하도경사와 퇴적물 입경은 어떤 형태로든 관련이 있을 수밖에 없다. 핵(Hack, 1957)의 연구에 의하면, 퇴적물의 입경과 하도경사와의 관계는 동일한 지질조건이 전제된 경우를 제외하고는 상관관계가 매우 낮으며, 제3의 변수, 즉 유역분지를 포함할 경우에만 상관관계가 높다고 한다. 아래의 루베이(Rubey, 1952) 수식에서도 알 수 있듯이, 하도경사는 퇴적물 입경 이외에도 유량, 퇴적물의 양, 하상의 형태지수 등 여러 변수에 의해 영향을 받는다.

$$S^3 = kQs^2M/Q^2X$$

S: 하도경사, M: 퇴적물의 입경, Q: 유량, Qs: 퇴적물의 양, X: 형태지수(=수심/하폭), k: 상수

위의 식에 따르면, 퇴적물 입경이 크거나 그 양이 많을수록 하도경사가 커지고, 유량이 많아질수록 그와는 반대로 하도경사가 작아진다.

김종욱(1999)이 우리나라의 영동 및 영서 하천을 조사한 바에 의하면, 유역분지의 지형조건이 다른 것과 마찬가지로, 영서 하천과 영동 하천은 퇴적물 입경 및 하도경사의 변화 경향성이 서로 다르다. 영서 하천에서는 유역면적의 증대에 따라 퇴적물 입경 및 하도경사가 소폭으로 감소하는 경향을 보이지만 그 경향성은 뚜렷하지 않다. 이와는 달리, 영동 하천에서는 퇴적물 입경 및 하도경사가 유역면적의 증대에 따라 지수적으로 감소하며, 그 경향성 또한 매우 분명하다. 그러나 영서 및 영동 하천을 모두 고려한다면, 퇴적물 입경과 하도경사 간에 통계적으로 의미 있는 상관관계가 성립된다(그림 5.41). 즉, 입경 증가에 따라 하도경사가 지수적으로 증가한다. 이처럼 퇴적물 입경과 하도경사와의 상관관계는 영동 하천과 같이 높은 산지로부터 낮은 평야 지대로 급격하게 흘러내리는 하천에서 높게 나타난다.

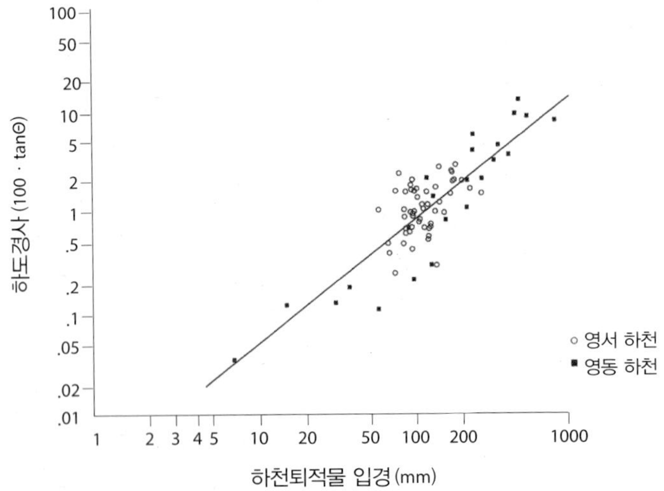

그림 5.41 하상퇴적물 입경과 하도경사와의 상관관계

전반적으로 볼 때 입경이 클수록 하도경사 또한 크지만, 영서 하천과 영동 하천을 나누어보면, 그러한 경향은 영동 하천에서 더 분명하게 나타난다(김종욱, 1999).

4) 하도의 수리기하학적인 특성

하도의 수리기하학(水理幾何學, hydraulic geometry)이란 유량 변화에 따라 하도의 수리기하학적인 특성, 즉 하폭, 수심, 유속, 하상의 거칠기 등이 어떤 관계하에서 변화되는지를 연구하는 하천지형학 분야를 말한다.

유량과 하폭, 수심, 유속은 아래의 식에서 보듯이 서로 깊은 연관이 있다.

$$w = aQ^b$$

$$d = cQ^f$$

$$v = kQ^m$$

w: 하폭, d: 수심, v: 유속, Q: 유량, a, c, k, b, f, m: 상수

여기서 유량(Q)은 단면적(=하폭×수심, w · d)에 유속(v)을 곱한 것이므로, $Q = w \cdot d \cdot v = {}_{a,c,k}Q^{b+f+m}$ 이다. 따라서 a · c · k = b+f+m = 1이 된다. 하도의 수리기하학적인 특성에 관하여 이정표가 되는 연구는 레오폴드와 머독(Leopold and Maddock, 1953)이 행하였다. 이들의 연구에 의하면, 하류 방향으로 갈수록, 즉 유량이 증가됨에 따라 하

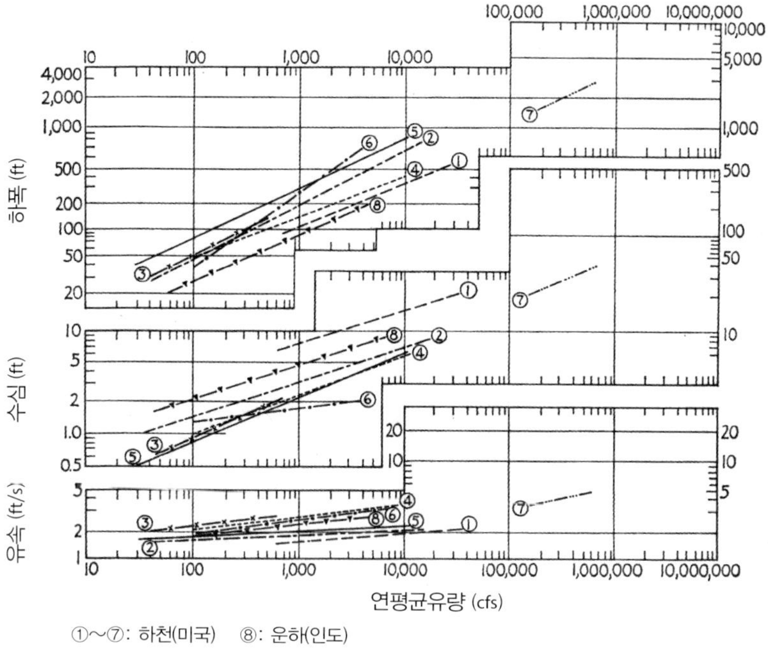

그림 5.42 유량과 하폭, 수심, 유속과의 관계

하류 방향으로 유량이 증가됨에 따라 하폭, 수심, 유속 모두 다 증가하며, 그 증가율은 하폭이 가장 크고, 유속이 가장 작다(Leopold *et al.*, 1964, p.242).

폭(b=0.5), 수심(f=0.4), 유속(m=0.1)의 순으로 증가한다. 그렇다면 유속 역시 하류 쪽으로 증가한다는 것인데, 하천 상류의 작은 산지하천을 보면 하류의 큰 하천보다 유속이 빠른 것으로 관찰된다. 이런 사실 때문에 이들의 연구 결과는 적지 않은 논란을 불러일으켰다. 과연 이 연구 결과는 잘못된 것인가? 산지 하천의 경우, 하상에 거력이나 암반이 노출되어 있기 때문에 소용돌이가 생겨 평균적으로 볼 때, 유속이 그리 빠른 것은 아니다. 또한 여러 하천을 대상으로 수리기하학적인 특성을 조사할 경우, 그것은 통계 처리 절차를 토대로 밝힌 평균적인 현상이기 때문에 특정 시점과 장소에서 직접 관찰한 내용과는 다를 수 있다.

하폭이 수심이나 유속보다 더 빠른 속도로 증가한다는 것은 여러 관련된 연구들에서도 확인된다(그림 5.42). 증가하는 지수 값은 연구마다 다소 다르지만, 평균적으로 0.5 정도이다. 0.5 이상의 값을 보이는 것은 대체로 하안이 침식에 약한 물질로 이루어진 경우이다. 그러나 임의의 지점에서 유량이 증가됨에 따라 하폭, 수심, 유속 등

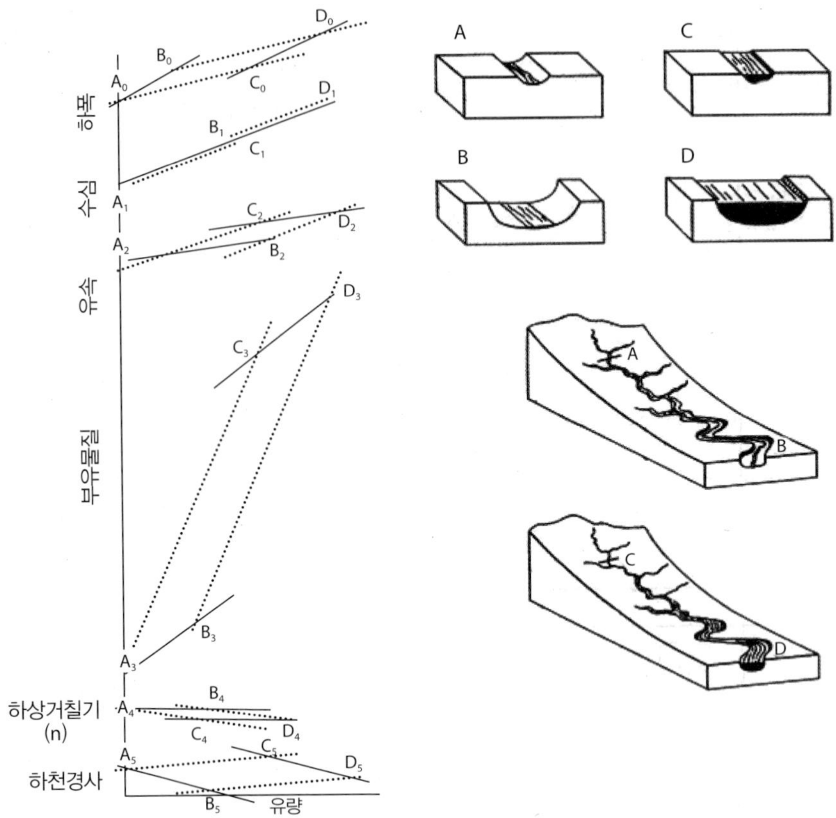

그림 5.43 하천의 수리기하학적인 특성

오른쪽 그림: A와 B는 평수위 하상단면, C와 D는 만수위 하상단면. 왼쪽 그래프: 실선은 하류 방향으로의 변화, 점선은 임의 지점에서의 변화. 하폭, 수심, 유속, 부유물질은 하류 방향으로 증가하지만, 하상거칠기와 하천경사는 하류 방향으로 감소되는 경향을 보인다(Leopold *et al*., 1964, p.245).

이 증가하는 양상을 보면, 상기의 결과와는 달리 나타난다. 즉, 수심, 유속, 하폭의 순으로 증가율이 크다. 하폭의 증가는 하안침식과 더불어 일어나는 것이지만, 수심은 하천 물이 증가함과 동시에 거의 즉각적으로 커지므로 하폭보다는 수심이 더 큰 폭으로 증가하는 것이다.

이러한 하폭, 수심, 유속뿐만 아니라, 부유물질의 양, 하상거칠기, 하천경사도 유량 변화에 상응하여 달라진다. 레오폴드 외(Leoplod *et al*., 1964, p.245)는 임의 지점과 하류로 가면서, 그리고 평수위와 만수위에 따라 이들 수리기하학적인 특성이 어떻게 달라지는지를 일목요연하게 그래프와 그림으로 제시하고 있다(그림 5.43). 이에 의

하면, 하류로 가면서 하폭, 수심, 유속이 증가하는 것과 마찬가지로 부유물질의 양도 증가하지만, 하상거칠기와 하천경사는 감소한다. 여기서 흥미로운 것은 하천경사이다. 하천경사는 하류 방향으로의 변화와 임의 지점에서의 변화가 서로 다르다. 다시 말하여 하천경사는 하류 방향으로는 완만해지지만, 임의 지점에서는 유량이 증가하면 하천경사가 오히려 증가한다. 이는 홍수 때 하천 물이 평상시보다 더 빠르게 흐른다는 것을 상기하면, 나아가 유속은 경사에 의해 지배된다는 것을 안다면 그리 어렵지 않게 이해할 수 있다.

5) 하상지형

하상(河床, channel bed)은 하도에서 물과 지면이 접촉하는 물 밑바닥을 말한다. 이러한 하상은 하천의 유량 및 퇴적물 변화에 상응하여 그 공간 범위는 물론이고 지형적인 특성이 민감하게 달라진다. 이와 같이 하상의 범위가 가변적이기는 하지만, 하천 물에 의한 지형변화의 실체를 규명하려는 관점에서 본다면, 하상은 평수위의 하상 이외에도 그보다 더 넓은 공간 범위인 만수위(滿水位, bankful stage)의 하상까지 다 포함하는 것으로 간주한다. 평균적으로 볼 때 만수위 때의 하천 물이 하도 및 하안 지형의 변화에 가장 큰 영향을 미치기 때문이다. 우리 주변에서 흔히 접할 수 있는 하천을 예로 들면, 평시에 물이 흐르는 하도뿐만 아니라 모래와 자갈이 쌓여 있는 하안톱(포인트 바), 그리고 그 너머의 고수위 하천부지까지 하상에 포함된다. 고수위 하천부지는 1년에 한두 차례 만수위의 물이 흐르면 모래나 자갈이 그 위에 쌓이지만, 나머지 기간 동안에는 뭍으로 드러나기 때문에 흔히 여러 종류의 식생으로 뒤덮이게 된다.

하상은 상류에서 하류로 가면서 높고 낮음이 반복되는 양상을 보인다. 이러한 특징은 하도 내에서 가장 깊은 지점들을 연결한 선, 즉 최심하상선(最深河床線, thalweg)을 토대로 하상 종단면을 그려보면 더욱 분명하게 드러난다(그림 5.44). 최심하상선에서 상대적으로 고도가 높은 곳이 여울(riffle), 반대로 낮은 곳이 소(沼, pool)이다. 이와 같은 번거로운 작업을 하지 않더라도 자연하천에서는 여울은 얕지만 급류, 그리고 소는 깊지만 잔잔한 물이 흐르는 등 확연히 달리 보이기 때문에 전문가가 아니라도 그 차이를 쉽게 알 수 있다.

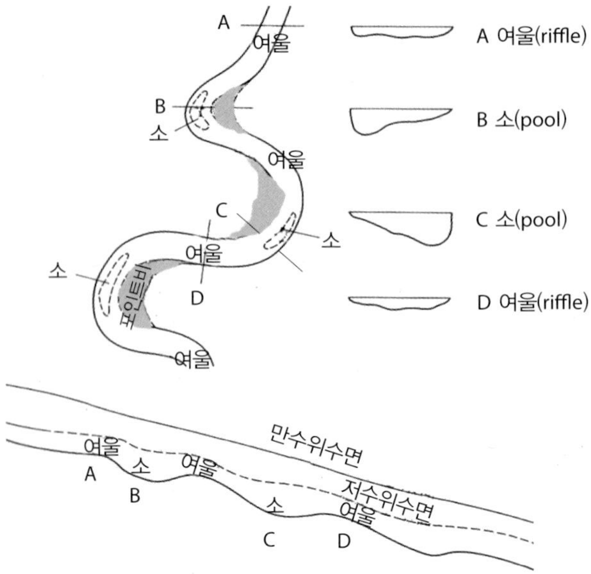

그림 5.44 여울과 소(沼)의 평면형, 횡단면 및 종단면

여울은 전반적으로 얕은 반면, 소는 공격사면에 가까운 곳이 깊기 때문에 비대칭이다. 여울과 소의 수면 경사를 보면, 평수위 때는 여울의 경사가 소에 비하여 더 크지만, 만수위 때는 소의 경사가 커져 그 차가 거의 없다(Morisawa, 1985. p.92).

여울과 소는 하천의 유량 변화에 따라 각기 서로 다른 지형변화가 일어난다. 평수위 시에는 여울의 경사가 크기 때문에 유속이 커서 여울의 바닥에는 이러한 유속에도 견딜 수 있는 자갈 등 조립퇴적물이 주로 남게 된다. 또한 이처럼 조립퇴적물이 하상에 남아 있기 때문에 하상은 높은 반면, 수심은 낮게 유지된다. 이와는 달리 소는 경사가 완만하기 때문에 유속이 작아져 여울보다는 상대적으로 세립퇴적물이 쌓이며, 이들은 많은 양이 아니므로 소의 수심은 깊은 채 남아 있게 된다.

그러나 여울과 소의 지형변화가 큰 폭으로 진행되는 것은 이러한 평수위 때가 아니라 만수위와 같은 고수위 때이다. 고수위 시에는 평수위 때와는 정반대로 여울보다는 소의 유속이 더 크기 때문에 소의 하상이나 하안에서는 침식이 일어난다. 다시 말하여 소의 규모가 더 커지고, 수심이 더 깊어진다. 그러나 여울은 소보다는 상대적으로 유속이 작기 때문에 소에서 침식받아 물에 실린 조립물질의 상당수는 여울로 이동되어 쌓인다. 여울에 조립물질이 많은 것도 이와 같이 고수위 때 상류에서 침식받은 물질이 그곳에 와 쌓이기 때문이다. 이러한 것은 평수위 때 급류가 흐르는 여

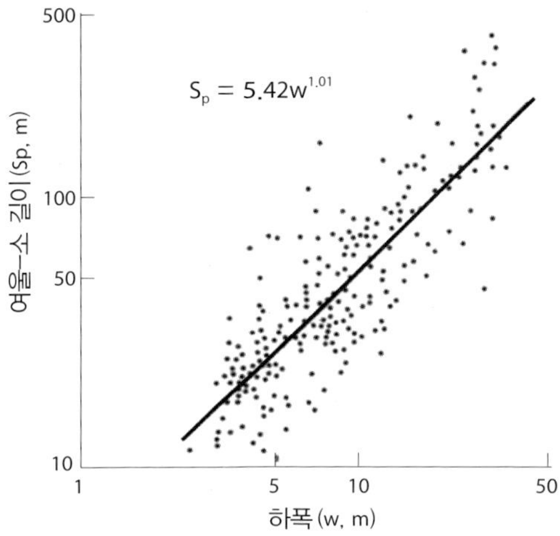

그림 5.45 여울–소 길이와 하폭

여울–소 길이는 하폭의 약 5~7배 정도이다 (Knighton, 1998, p.195).

울과 잔잔한 물이 흐르는 소를 보아온 이들에게는 쉽게 이해되지 않는 것일 수도 있다. 그러나 소가 여울보다 수심이 깊다는 것은 여울보다는 소에서 하천침식이 그만큼 활발하게 이루어졌다는 것이고, 그러한 침식이 일어나려면 물의 유속이 빨라야 한다는 사실을 상기한다면 어렵지 않게 이해할 수 있다.

하상에 여울과 소가 반복적으로 나타나는 현상은 어느 자연하천이든 다 관찰되지만, 그 폭과 길이는 하천의 규모에 따라 같지 않다. 대체로 하폭이 큰 하천, 즉 규모가 큰 하천일수록 여울과 소의 규모가 크다(그림 5.45). 즉 여울과 소의 종단 길이가 더 길게 발달된다. 조사에 의하면, 여울과 소 연속체(riffle-pool sequence)[6]의 평균적인 길이는 하폭의 5~7배에 이르는 것으로 알려진다(Keller and Melhorn, 1978).

여울과 소의 하상 높낮이가 다르듯이, 여울과 소의 하상 횡단면 또한 차이가 크다. 여울은 수심에 비하여 하폭이 넓고, 하상 횡단면을 보면 장소에 따른 수심 차이가 크지 않아 가장 깊은 곳을 가려내기 쉽지 않은 경우도 많다. 이와는 달리, 소는 공격사면 쪽이 활주사면 쪽에 비하여 수심이 현저하게 깊기 때문에 하상 횡단면이 비대칭적이다. 여울과 소가 규칙적으로 반복되면서, 이와 같이 하도 내의 위치에 따라 하상 횡단면의 차이가 있는 것은 물의 수리학적인 특성에서 비롯된 것이다. 특히 물속에서 발생하는 나선형의 물 흐름은 이러한 하상지형의 형성과 밀접한 관련이 있는

6 여울과 그에 바로 인접한 소의 길이를 말한다.

그림 5.46 보(洑)의 직하류에 발달한 하중톱(골지천, 정선)

보(洑)로 인하여 유속이 감소하면서 하상에 다량의 자갈이 쌓여 하도 내에 하중톱이 생겼다. 이러한 톱은 고수위 시에 쉽게 물에 잠기기 때문에 식생은 없거나 빈약하다.

것으로 알려진다.

여울도 그러한 곳의 하나이지만, 하천에 의한 운반물질의 이동이 장소에 따라 불균등하게 일어나기 때문에 하상과 하안에 퇴적물이 보다 많이 쌓여 때로는 저수위 시에 수면 위로 드러나는 퇴적지형이 생겨나기도 한다. 이러한 하상 및 하안의 퇴적지형이 바(bar)이며, 우리말로는 톱이라 부른다(그림 5.39, 5.44, 5.46). 톱은 구성물질의 종류에 따라 자갈톱(gravel bar)과 모래톱(sand bar), 그리고 하도 내의 위치에 따라 하안톱(point bar), 하중톱(mid-channel bar) 등으로 구분하기도 한다.

하안톱(포인트 바)은 하안의 활주사면에 생기는 퇴적지형으로 하도를 따라 좌안과 우안에 번갈아 발달한다(그림 5.39, 5.44, 5.47의 B). 이는 하천이 직류하든 사행하든 가장 큰 에너지를 지닌 물은 대체로 하도의 좌안과 우안을 번갈아가면서 곡류하기 때문이다. 즉 에너지가 큰 물이 영향을 미치는 하안에서는 침식이 일어나는가 하면, 그 반대편 하안에서는 에너지가 작은 물이 영향을 미치면서 하안톱이 생긴다. 하중톱은 저수위 시에 하상에 잔류한 조립물질의 주변으로 다른 퇴적물들이 덧쌓이면서 생기거나, 좁은 계곡을 흘러내리던 하천이 넓은 평지로 접어들면서 하폭이 급격하게 넓어질 때 잘 발달한다. 그런 곳은 유속이 감소되면서 조립물질이 잘 쌓이기 때문이다. 우리 주변에서는 물을 이용하기 위하여 하도에 보(洑)를 설치한 곳에서 보의 상류 또는 하류에서 이러한 하중톱을 찾아볼 수 있다(그림 5.46). 보(洑)가 하도경사를 감소시키기 때문에 결과적으로 물의 유속을 떨어뜨려 운반물질의 퇴적이 가속되기 때문이다.

6) 하도유형

하천은 유역분지의 지형, 지질 이외에도 유량과 퇴적물에 영향을 받기 때문에 이들 조건에 따라 하천의 물길인 하도 또한 장소마다 그 모습이 같지 않다. 이러한 하도의 형태를 평면형(plan form)의 특징에 따라 분류한 것이 하도유형(channel pattern)이다(그림 5.47). 실제의 하도유형은 매우 다양하지만 개략적으로 분류한다면 직류하도, 사행하도, 망류하도 등으로 나눌 수 있다.

(1) 직류하도와 사행하도의 구분

직류하도와 사행하도의 구분은 다음과 같은 곡률도(SI, sinuosity index)를 기준으로 구분할 수 있다.

$$SI = Lc / Lv$$

Lc: 하도 길이(thalweg length), Lv: 하곡 길이(valley length)

위에서 하도 길이는 하폭의 중간 지점이나 최심하상선을 기준으로 재는 것이 일반적이다. 지도에서는 하도가 대개 선으로 표시되므로 하도의 길이를 구하는 것은 문제가 되지 않는다. 그러나 하곡과 산지의 경계는 불분명하거나 그 경계선이 직선이 아닌 경우가 대부분이므로 하곡의 길이를 구하는 것은 쉽지 않다. 이런 이유로 조사대상이 되는 하도 구간을 정한 다음, 그 구간의 직선거리를 구하여 이를 하곡 길이로 대체하여 사용하기도 한다.

위의 곡률도 식을 이용하여 직류하도는 1.05 이하, 사행하도는 1.5 이상으로 구분한다. 곡률도 값이 그 중간인 1.05~1.5인 경우에는 곡류하도로 구분할 수 있다. 여기서 곡류하도란 직류하도와 사행하도의 중간적인 것으로 영어의 'sinuous channel'을 번역한 것이다.

(2) 직류하도

직류하도(straight channel)는 흔히 협곡을 관류하는 하천에서 잘 나타나지만, 평지의 충적하천에서도 직류하는 모습을 볼 수 있다(그림 5.47). 이와 같이 산지의 감입하천이 평야의 충적하천보다 상대적으로 직류가 많은 것은 감입하천의 경우 자유로운 유로이동이 하상과 하안의 기반암에 의해 제한되는 경우가 많기 때문이다(그림 5.93).

그러나 직류라 하더라도 하폭의 20배 이상의 길이에 걸쳐서 직류하는 경우는 드물다. 또한 직류하도일지라도 최심하상선은 곡류하는 경우가 많다. 최심하상선은 하도 내의 가장 깊은 지점들을 선으로 이은 것인데, 깊은 물인 소(沼, pool)에서는 그 위치가 비교적 분명하지만, 얕은 물이 넓은 여울(riffle)에서는 그렇지 않다. 최심하상선이 지나는 곳은 수심이 가장 깊은 곳이기 때문에 이를 중심으로 하상침식과 물질의 운반이 활발하게 일어난다.

직류하도에서도 최심하상선은 곡류하기 때문에 최심하상선이 하안에 접근하는 곳에서는 침식이 일어나는 반면, 이와는 반대쪽, 즉 최심하상선이 하안에서 멀어진 곳에서는 퇴적이 진행된다. 이러한 일들이 반복되면, 침식이 일어나는 곳에는 소, 그리고 퇴적이 일어나는 곳에는 하안톱이 생겨나면서 하도는 점차 곡류하게 된다. 이러한 모습을 평면도에서 보면, 하곡 또는 하상은 직선에 가깝지만 그 양안에는 하안톱이 서로 엇갈린 위치에서 교대로 분포하고, 하도의 물길은 이들을 마치 일부러 피하여 흐르는 것처럼 양안을 오가면서 흘러내리는 것을 볼 수 있다.

(3) 사행하도

사행하도(蛇行河道, meandering channel)는 곡률도 값이 1.5 이상으로 작은 규모의 하천은 야외에서도 심하게 구불거리는 모습을 관찰할 수 있다(그림 5.48, 5.49, 5.50). 사행하도는 평야의 충적하천은 물론 산지의 감입하천에서도 나타난다. 한자 '蛇行(사행)'이 하도 명칭에 붙은 것은 하도의 모습이 마치 뱀이 좌우로 구불거리며 나아가는 모양과 비슷하기 때문이다. 영어 'meandering'은 터키의 '미앤더(Meander)'강에서 유래한 용어이다.

사행하도는 심하게 구불거리는 모습이 눈길을 끌 뿐만 아니라, 사행의 규칙성 이면에 분명한 자연법칙이 있을 것으로 믿어왔기 때문에 많은 학자들이 관심을 가져왔

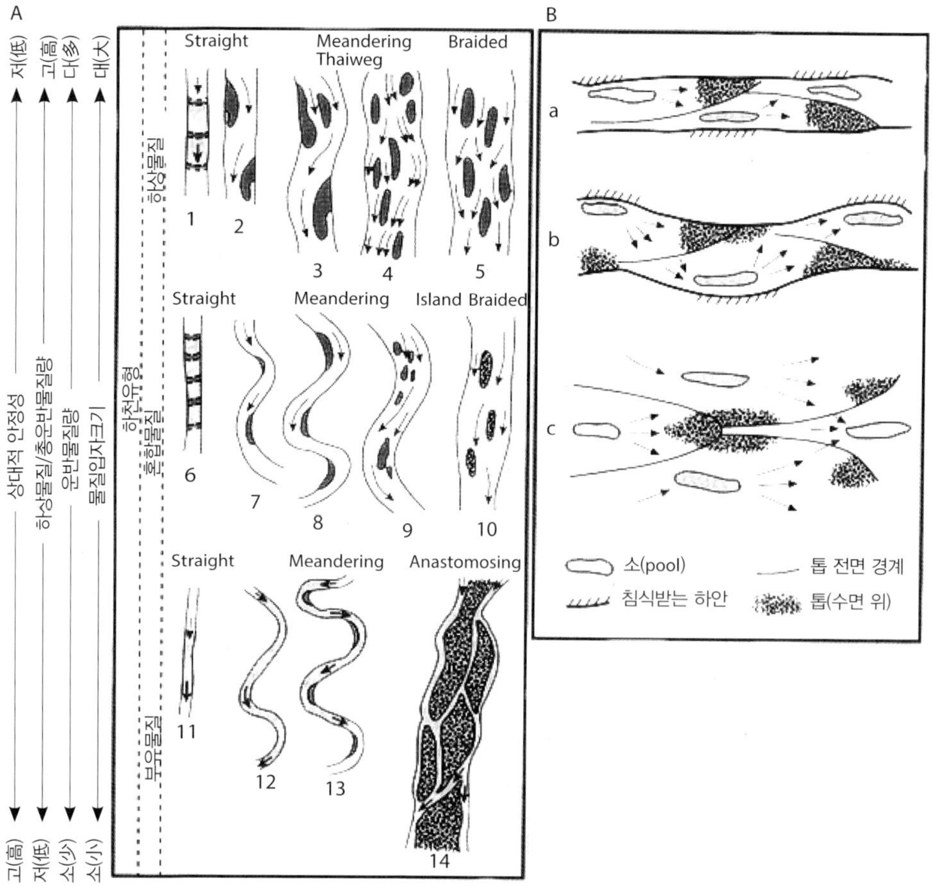

그림 5.47 하도유형과 톱의 발달

그림 A(원자료: Schumm, 1981, 1985): 하상물질 특성에 따라 서로 다른 하도유형이 발달한다. 예를 들면 부유물질이 많은 곳에서는 11, 12, 13, 14 유형의 하도, 하상물질이 많은 곳에서는 1, 2, 3, 4, 5 유형의 하도가 발달한다. 그림 B(원자료: Ferguson, 1993): 하도유형에 따라 톱의 발달 위치와 형태가 달라진다. a: 직류하도, b: 곡류하도, c: 망류하도(Knighton, 1998, p.206).

다. 그러나 가설 수준에서 물 흐름 기제나 퇴적물 특성 등과 관련하여 사행이 발달하는 것으로 이야기될 뿐 사행의 원인에 관해서 확립된 정설은 없다.

어떤 원인에서든 하도의 공격사면에서 침식이 일어나고, 활주사면에서 퇴적이 지속된다면 유로의 위치가 점차 달라지면서 곡류하는 것만은 분명하다. 소에 인접한 공격사면이 침식을 받는 것은 소에서 생겨나는 세포 모양의 2차적인 나선형 흐름 때문이다. 즉 여울에서는 물이 상승하면서 퇴적, 그리고 소에서는 물이 하강하면서 침식이 활발하다. 소에서의 하상침식은 하방침식뿐만 아니라 측방침식을 수반하는 것

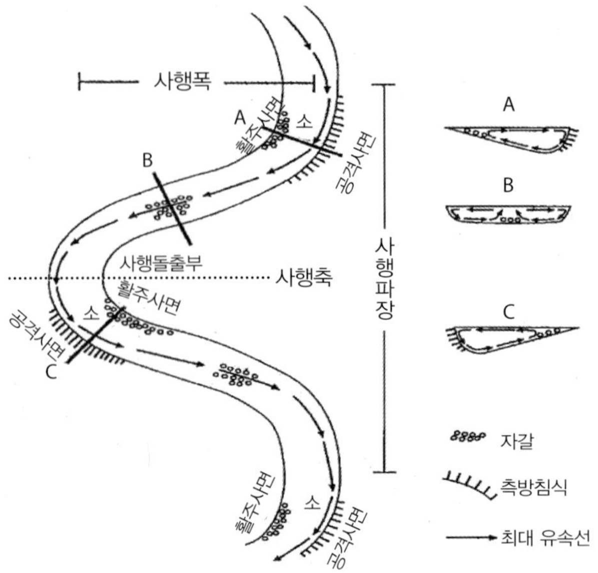

그림 5.48 사행하도

사행폭(meander amplitude), 사행파장(meander wavelength), 사행돌출부(meander spur, 포인트 바 발달), 활주사면(slipoff bank), 공격사면(undercut bank). A와 C: 소(沼)의 하상단면과 2차 흐름, B: 여울의 하상단면과 2차 흐름(Ahnert, 1998, p.167).

이므로 이러한 침식이 지속되면 하안의 공격사면은 후퇴하게 된다. 공격사면에서 이런 변화가 일어나는 동안에 물길을 사이에 두고 공격사면과 마주하는 활주사면에서는 그와는 반대로 퇴적이 활발하게 일어나면서 포인트 바의 규모가 커진다. 이와 같이 공격사면에서의 침식과 활주사면에서의 퇴적이 지속되면 결과적으로 하천은 곡률도가 커지면서 사행하게 된다. 이밖에도 사행하도에서 하천의 침식과 퇴적이 가장 활발한 곳은 사행축선상에 놓인 곳이 아니라 이보다 다소 하류에 위치한 곳이므로 시간이 지나면서 사행하도는 좀 더 하류를 향하여 유로 이동하게 된다(그림 5.48).

사행하천 중에는 넓은 범람원 위를 자유롭게 유로 이동하는 자유사행천과 산지 계곡 자체가 사행하는 감입사행천이 있다. 자유사행천(自由蛇行川, free meandering channel)은 하도 및 하안의 구성물질 중에 점토, 이토 등 세립물질의 함량이 높은 곳에서, 그리고 하천의 규모에 비하여 넓은 충적지가 있는 곳에서 잘 발달한다(그림 5.49). 넓은 충적지가 있는 곳에서 자유사행천이 발달하는 이유는 그런 곳이어야 하천의 이동 메커니즘에 의해 자유로운 유로 이동이 가능하기 때문이다. 넓은 충적지

그림 5.49 자유사행천(로키국립공원, 미국)

소하천이 넓은 퇴적평야 위를 자유사행하고 있다. 이 곳의 퇴적평야는 빙하가 만든 빙식곡에 퇴적물이 쌓여 만들어졌다. 평야 생성 초기에는 빙하퇴적물, 그리고 후기에는 하천퇴적물이 그 위에 덧쌓였다.

그림 5.50 회룡포(내성천, 낙동강 지류, 예천)

내성천은 이 구간에서 사행하면서 활주사면에 많은 퇴적물을 쌓아놓는 바람에 큰 규모의 하안톱이 발달하였다. 하천은 사진의 오른쪽에서 왼쪽으로 흐른다.

는 유역분지의 환경조건 변화로 보다 많은 퇴적물이 하천에 공급되거나, 하천이 더 큰 하천이나 호수(또는 바다)로 흘러들 때 잘 생긴다. 예를 들면 지류하천이 더 큰 본류하천으로 유입하는 곳은 두 하천의 퇴적물이 다 함께 쌓일 수 있기 때문에 넓은 충적지가 생겨난다. 이는 합류로 인하여 지류의 유속이 감소하면서 지류의 운반물질이 쌓이는 것이 그 첫째 이유이지만, 본류의 홍수로 본류 수위가 지류보다 더 높아질 경우에는 수위가 상대적으로 낮은 지류 하천으로 물과 퇴적물이 유입되는 것도 일정 부분 영향을 미친다. 우리나라에서는 한강의 하류에 유입하는 창릉천(서울), 굴포천(인천) 등지에서 이러한 사례를 찾아볼 수 있다. 하천이 바다나 호수로 유입할 경우에도 하천의 하류에 퇴적물이 쌓이는 원리는 이와 별반 다르지 않다. 특히 우리나라의 서해안처럼 조차가 큰 경우에는 만조 시 바닷물이 하천의 하류로 흘러들어 하천의 유속을 감소시키기 때문에 하도 주변에 퇴적물이 많이 쌓인다. 직강화 공사 등으로 하천이 변화되기 이전에는 만경강, 삽교천 등지의 하류에서 이런 과정으로 생겨난 넓은 충적지와 자유사행천을 찾아볼 수 있었다. 그간 인간에 의한 하천 개발은 그곳에만 있었던 것이 아니라 산지의 일부 하천을 제외하고 거의 모든 하천을 대상으로 행해졌기 때문에 현재는 우리나라의 어느 곳에서도 넓은 충적지 위를 자유사행하는 하천을 찾아볼 수 없다. 다만 과거의 사행을 유추케 하는 구(舊) 하도의 흔적이 곳에 따라 남아 있을 뿐이다.

자유사행천은 늘 같은 위치에서 사행하는 것이 아니라, 범람원 위를 끊임없이 유로 이동한다. 이런 과정에서 사행하도가 끊기기도 한다. 이렇게 절단된 구(舊) 하도는 작은 호소(湖沼)로 남기도 하는데, 이를 우각호(牛角湖, oxbow lake)라 부른다. 그런가 하면 활주사면인 사행돌출부(meander spur), 즉 하안톱에는 미앤더 스크롤(meander scroll)이 생겨나 사행이 측방, 즉 공격사면 방향으로 이동되었음을 알려주기도 한다(그림 5.51). 미앤더 스크롤은 수 m 이내의 높낮이를 보이는 일련의 퇴적구릉들과 그 사이의 와지들로 이루어진 지형이다. 미앤더 스크롤이 전형적으로 잘 발달된 하도는 하안톱에 생겨난 퇴적구릉들의 모습이 마치 키조개의 껍질 표면처럼 보이기도 한다. 이러한 미앤더 스크롤은 하도가 점진적으로 공격사면 방향으로 이동하면서 옛 하도와 하안의 일부가 하안톱에 남게 된 것이다(그림 5.51, 5.64).

감입사행천(嵌入蛇行川, incised meandering channel)은 하천뿐만 아니라 이를 포함하고 있는 계곡이 사행한다는 점에서 자유사행천과는 확연히 구분된다(그림 5.52, 5.53, 5.54). 따라서 계곡이 사행한다는 점을 특히 강조할 때는 감입사행하곡이라 부르기도 한다. 이러한 감입사행천은 지반 융기 또는 해수면 하강으로 인하여 하천의 하방침식 및 측방침식이 활발할 때 잘 생겨난다.

감입사행은 하곡사면이 대칭적인 굴삭사행(掘削蛇行, entrenched meander)과 비대칭적인 생육사행(生育蛇行, ingrown meander)으로 구분할 수 있다. 생육사행은 우리나라에서는 한강 등 큰 하천의 중·상류에서 잘 관찰된다(그림 5.54). 남한강의 지류인 평창강, 골지천, 동강 등이 좋은 예이다. 이 밖에도 서울 근교의 곡릉천 상류(장흥), 동해안의 오십천(삼척) 등지에서도 감입사행을 관찰할 수 있다.

굴삭사행은 콜로라도강 하곡에서 전형적인 모습을 찾아볼 수 있다. 특히 콜로라도강의 지류인 산후안강이 만든 구스넥(Gooseneck) 일대의 하곡은 굴삭사행의 백미를 보여준다(그림 5.53). 굴삭사행은 비교적 침식에 약한 암석이 기반을 이루고 있는 곳에서 잘 발달한다. 기반암이 침식에 약하면 하천은 측방침식하기보다는 원래의 유로를 따라 그대로 하방침식하기 때문이다. 그런 곳은 현재의 하천이 사행하듯이 과거에도 현재와 비슷하게 사행했던 것으로 추정할 수 있다. 다만 지반이 융기하기 이전에는 평지를 자유롭게 사행했다면, 현재는 마치 계곡 내에 갇힌 것처럼 사행한다는

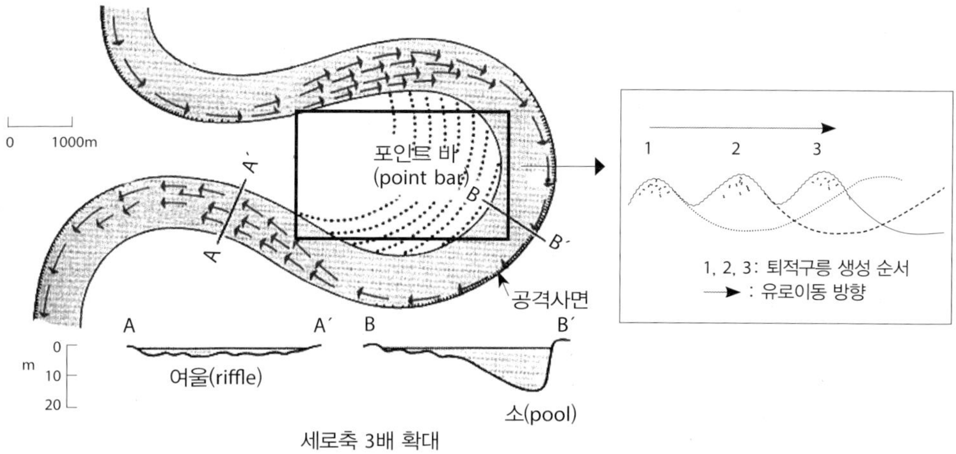

그림 5.51 하천의 사행과 미앤더 스크롤

미앤더 스크롤은 그림의 직사각형 안에 점선으로 표시된 부분이며, 퇴적구릉과 와지로 구성되어 있다. 이는 사행하도의 유로이동과정에서 생겨난다(Strahler and Strahler, 1992, p.337; Ritter *et al.*, 1995, p.233 부분 수정).

점에서 차이가 있다. 그러나 굴삭사행이라고 해서 측방침식이 전혀 일어나지 않는 것은 아니다. 시간이 지남에 따라 측방침식에 의해 유로이동이 일어나기도 하며, 때로는 그런 과정에서 좁아진 사행목(meander neck)이 침식을 받아 절단되기도 한다. 사행목의 절단은 먼저 동굴이 뚫리고 그 천장이 무너지는 방식으로 진행되기도 한다. 이와 같이 사행목이 절단된 모습은 미국의 자연교 국립기념물(Natural Bridges National Monument)에서 잘 살펴볼 수 있다(그림 5.52).

굴삭사행과는 달리 생육사행은 기반암이 침식에 강한 암석이거나 지반융기율이 크지 않은 곳에서 하천의 유로가 활주사면에서 공격사면 방향으로 서서히 이동하기 때문에 생겨난다. 하곡은 공격사면이 급사면인 반면, 활주사면은 완사면으로 하곡 횡단면이 비대칭인 것이 특징이다(그림 5.54). 생육사행은 지반 융기 이전에도 사행한 것인지 여부는 알기 어렵지만, 대체로 침식이 진행되면서 곡률도가 증가하여 사행하천으로 변화된 것으로 보고 있다. 그러하기에 생물이 생장하듯 시간이 지나면서 사행이 되었다는 뜻을 지닌 '생육(生育, ingrown)'사행이란 이름이 붙은 것이다.

자유사행천의 사행목이 끊겨나가면서 새로운 유로가 생겨나듯이, 생육사행 또한 공격사면이 점차 측방침식을 받으면서 사행목이 끊기기도 한다(그림 5.55). 사행목이

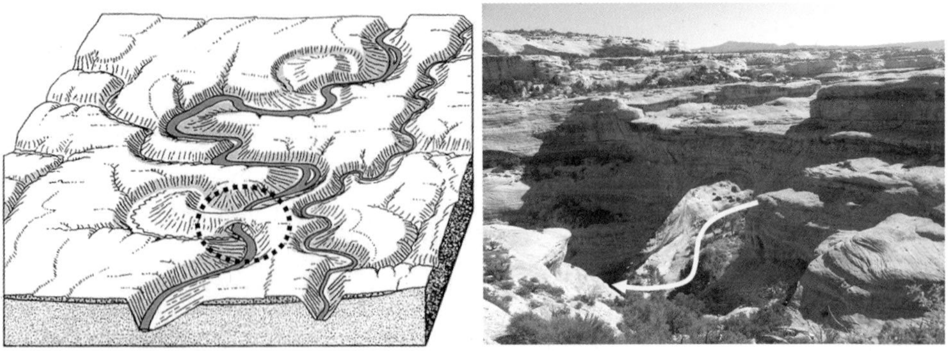

그림 5.52 감입사행의 사행목 절단과 자연교 생성

오른쪽 사진의 자연교는 사행목이 절단되면서 생겨난 것이다. 하천은 과거에는 자연교 위의 지면을 흘렀지만 현재는 자연교 아래에서 흰색 화살표 방향으로 흐른다(왼쪽 그림: Strahler and Strahler, 1992, p.341, 오른쪽 사진: 자연교 국립기념물, 미국).

절단되면 사행핵(蛇行核, meander core)과 구(舊) 유로가 뒤에 남게 되는데 시간이 지나면서 구 유로는 사면에서 공급되는 물질들로 메워지면서 그 자리에는 곡저평지가 생긴다. 우리나라에서는 한강, 낙동강 등 큰 하천의 상류에서 감입사행하도가 절단된 것을 찾아볼 수 있다. 낙동강 상류인 황지천(태백시 동점동 혈내촌),[7] 그리고 남한강 상류인 서강(영월의 청령포 인근, 방절리)은 사행핵이 절단된 대표적인 예이다.

그중 황지천은 사행목의 절단이 동굴 생성과 더불어 일어난 경우에 해당된다(그림 5.55). 이곳에서는 기반암이 용식에 약한 석회암인 것도 동굴의 생성에 영향을 미친 것으로 본다. 현재의 황지천은 더 이상 구 하도 방향으로 흐르지 않으며, 구 하도가 있는 계곡에는 사행목의 절단 이후 생겨난 작은 하천이 곡저평지에 적재된 상태로 흐르고 있다. 또한 황지천이 동굴로 유입하는 입구 일대에는 사행 절단 이후 하천 침식이 강화되면서 계단상의 캐스케이드 폭포가 생겨났으며, 하천이 동굴을 빠져나오는 출구에는 낙차가 큰 하천 물에 의해 하상침식이 활발히 일어나 구문소라 불리는 깊은 소가 생겨났다.

7 이러한 유형의 하도절단이 초기에 어떤 모습이었는지는 혈천동(임계, 정선)에서도 찾아볼 수 있다. '혈천동'이나 '혈내촌'은 모두 동굴에서 샘물이나 시내가 흘러나오는 곳이기 때문에 붙은 지명이다.

그림 5.53 굴삭사행(Gooseneck, 미국)

거위 목(gooseneck)이라 불리는 이곳은 콜로라도강의 지류인 산후안강에 의해 고원이 깊게 침식을 받아 생겨난 굴삭사행하곡이다.

그림 5.54 생육사행(동강, 정선)

제장마을이 위치한 활주사면은 높은 곳이 하안단구이며, 하안 주변의 낮은 곳이 범람원이다. 동강은 오른쪽 하안단구가 있는 곳에서 현재의 위치로 점진적으로 유로이동하였다.

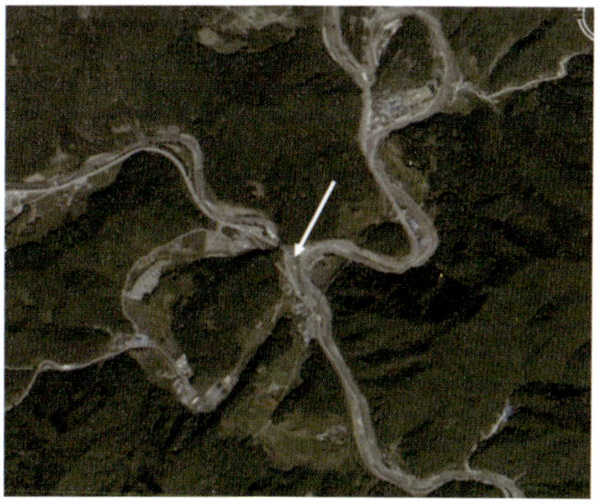

그림 5.55 감입사행과 사행목 절단(황지천, 낙동강 상류, 태백)

왼쪽: 2004년 9월 구글 영상, 오른쪽: 사행목 절단 장소(왼쪽 영상의 화살표 부분). 황지천은 사행목이 동굴로 절단되었는데, 하천이 동굴을 빠져나오는 출구에는 '구문소'라 불리는 깊은 소가 형성되었다. 그 반면 하천이 동굴로 흘러드는 입구에는 상류 방향으로 두부침식이 진행되면서 캐스케이드 폭포가 생겨났다.

(4) 망류하도

망류하도(網流河道, braided channel)는 하도 내에 퇴(bar)이나 하중도가 있어 여러 물줄기로 갈라진 하도를 말한다(그림 5.47, 5.58). 대체로 자갈, 모래 등 조립물질의 유입이 많고, 유량 변화가 심하며, 하안이 침식에 약한 물질로 이루어진 하천에서 망류하도가 잘 발달한다. 조립질 하상의 하천에서는 물질이 운반되는 도중에 유량이나 유속이 감소되면 입자가 큰 것들이 하상에 잔류하면서 그 주변에 다른 물질들이 덧쌓여 퇴이 생긴다. 일단 물속에 퇴이 생기면 다른 곳보다 퇴의 수심이 상대적으로 얕기 때문에 물의 유속이 떨어져 하상물질이 그곳에 더 많이 쌓여 톱은 수면 위로까지 성장한다. 하도 내에 이런 톱들이 생기면 원래 하나의 하도였던 것이 여러 물길로 갈라지면서 하천은 망류한다. 이와 같이 조립물질이 많은 하천은 대체로 하안의 구성물질 또한 조립물질이어서 점성도가 낮아 하천의 측방침식에 취약하다. 따라서 홍수 시에 하안이 쉽게 침식을 받아 하폭이 증가하고, 그로 인하여 하상의 수심이 전반적으로 낮아지기 때문에 톱을 중심으로 조립물질의 퇴적이 더 가속적으로 일어나게 된다.

그러나 망류하천이 사행하천에 비하여 물질의 운반능력이 떨어지는 것은 아니다. 대체로 망류하천이 사행하천에 비하여 하도경사가 더 크고(그림 5.56), 조립물질의 운반능력도 더 큰 것으로 알려진다(Schumm *et al.*, 1987, p.133의 Fig. 5.2.). 하도경사가 커야 그만큼 하천에너지가 커져서 상류에서 공급되는 다량의 조립물질을 운반할 수 있기 때문이다. 뉴질랜드의 라카이아(Rakaia)강 등 빙하유수성 퇴적평야 위에 발달된 망류하천은 그 좋은 예이다(그림 5.58). 이밖에도 선상지나 삼각주 위를 흘러내리는 하천들도 망류하는 경우가 많다. 특히 건조지역의 선상지 하천은 대체로 하상물질이 조립이며, 하도의 변화가 심하고, 강수 시에만 물이 흐르는 경우가 많다. 이에 대하여 삼각주는 강의 하구에 생기는 것이기 때문에 세립물질이 지배적이며, 상시 물이 흐르는 여러 개의 하도로 나누어진 모습을 보인다. 이러한 삼각주의 갈라진 하도를 분류(分流, distributary stream)라 부른다.

한강의 경우, 현재는 골재 채취와 4대강 사업 등으로 하도가 심하게 변형되었지만, 과거에는 여주와 양평 사이의 남한강에서 전형적인 망류하도를 찾아볼 수 있었다. 망류하도는 그곳에만 국한된 것은 아니며, 인위적인 하도 변화가 있기 전에는 낙동강 등 여러 하천에서 어렵지 않게 관찰할 수 있었다. 이는 우리나라의 하천들이 대체로 우기와 건기의 유량 변동, 즉 하상계수가 크다는 사실에서 그 원인을 찾을 수 있다. 고수위 시에 하나의 하도였던 곳이라도 저수위 시에는 물속의 톱들이 뭍으로 드러나면서 하천은 두 개 이상의 작은 물줄기로 갈라져 흐르는 하도 구간이 흔히 나타나기 때문이다. 그런 경우 톱은 큰물에 자주 잠기기 때문에 식생은 있어도 초본 식생이 대부분이며, 톱의 형태 변화가 심한 것이 특징이다.

망류하천은 평지뿐만 아니라 산지에서도 발달한다. 하상물질 중에 특히 자갈이 많은 설악산 신흥사 인근의 쌍천은 그 좋은 예이다(그림 5.59). 이곳의 쌍천에서는 목

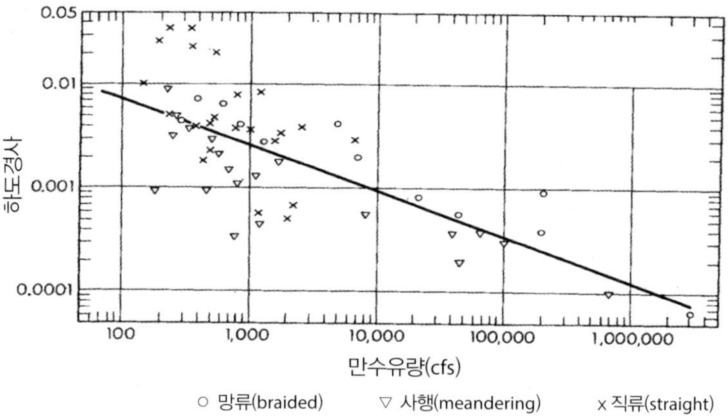

그림 5.56 만수유량과 하도경사

동일한 유량일 경우, 사행하도보다는 망류하도가 경사가 더 급하다(Morisawa, 1968, p.149. 원자료: Leopold and Wolman, 1957). cfs: cubic feet per second.

본 식생이 자라는 하중도를 사이에 두고 물길이 갈라지거나, 갈수기에 물줄기가 자갈 톱을 사이에 두고 두 개 이상으로 갈라져 흐르는 모습을 볼 수 있다. 망류하도는 산지 하천의 기반암 하상 위에서도 발달하며, 이런 망류를 침식망류(浸蝕網流, erosional braiding; Ahnert, 1998, pp.162-163)라 부른다. 침식망류가 생겨나는 것은 하상 암반의 침식 경연도가 다르기 때문이다. 다시 말하여 원래 하나의 하도였어도 기반암이 침식받는 과정에서 침식에 약한 곳과 그렇지 않은 곳이 있어 침식에 더 약한 암반 쪽으로 침식이 진행되면서 결과적으로 하폭이 확대되어 침식에 강한 암반을 사이에 두고 물줄기가 갈라지는 변화가 생겨난다. 그러나 시간이 지나면서 침식이 보다 활발한 하도 쪽으로 물이 점점 더 많이 몰리기 때문에 망류하천이 다시금 한 개의 유로를 지닌 하천으로 변모되기도 한다.

여기서는 별개의 하도유형으로 분류하지 않았지만, 여러 개의 물줄기로 나누어져 흐른다는 점에서는 망류하도와 유사하지만, 그 양상이 분명히 다른 다중하도(多重河道, anabranching, anastomosing channel)도 있다. 망류하도가 하나의 하도 내에서 톱이나 하중도 등에 의해 여러 개의 물줄기로 나누어진 유형이라면, 다중하도는 하도의 규모에 비하여 비교적 큰 하중도를 사이에 두고 두 개 이상의 하도로 나누어져 상당한 거리를 흘러내린 후 다시 합류하는 유형이다(그림 5.47 A의 14, 그림 5.57). 하안의 구성

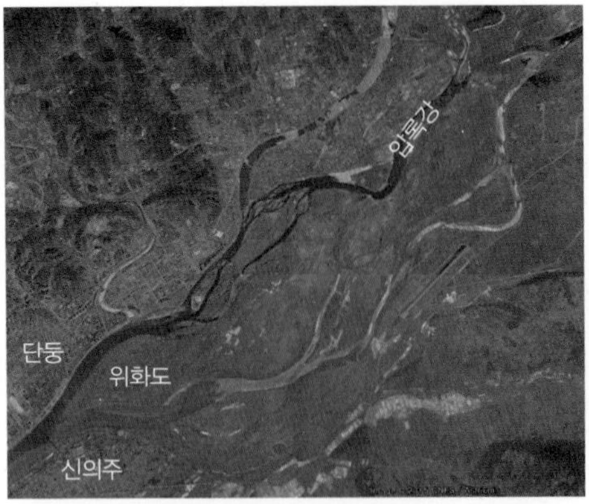

그림 5.57 다중하도와 망류하도(압록강 하류)

압록강은 하류에서 여러 줄기로 갈라져 흐르다가 위화도 인근에서 합류한다. 이런 유형이 다중하도이다. 다중하도의 하나인 위화도 북동쪽의 압록강은 하도 내에 톱들이 발달한 망류하도이다(사진: 2005년 5월 구글 영상).

그림 5.58 망류하도(라카이아강, 뉴질랜드 남섬)

라카이아강은 빙하퇴적물이 유입되는 하천으로 자갈 중심의 조립퇴적물이 많고, 유속이 빠른 망류하도가 발달하였다(사진: 2012년 12월 구글 영상).

물질도 두 유형 간에는 다소 차이가 있다. 망류하도의 하안물질이 보다 조립이어서 하안침식이 쉽게 일어나 하폭이 넓어질 수 있는 조건하에 있는 반면, 다중하도는 점성이 더 높은 물질로 이루어져 하안침식이 빈번하게 일어나지 않으며 대체로 고정된 유로를 유지하는 경향이 있다. 그럼에도 다중하도가 생기는 것은 평상시에는 대체로 안정적인 하도이지만, 큰 규모의 홍수가 발생할 때 하안의 한 부분이 일시에 붕괴되면서 새로운 유로가 생겨나기 때문이다. 이러한 하안 붕괴 현상을 하도붕괴(channel avulsion), 그리고 이로 인하여 새로운 유로가 생기면서 기존의 하도가 다중하도로 달라진 것이기 때문에 신하도망류(新河道網流, new channel braiding)라 부른다(Ahnert, 1998, p.165). 이밖에도 다중하도 구간의 하중도는 취락이 들어설 만큼 규모도 크고 안정적이어서 섬의 형태 변화가 그리 크지 않은 것도 그렇지 않은 보통의 망류하도와 다른 점이다.

망류하도와 다중하도가 이처럼 서로 특징이 다른 것은 사실이지만, 하나의 하천에서 동시에 함께 나타나기도 한다. 즉 크게 볼 때 하천이 다중하도를 이루어 흐르지만, 이를 구성하는 각 하천들은 사행하거나 망류하기도 한다. 이러한 유형의 다중하도는 위화도 인근의 압록강 하류에서 찾아볼 수 있다(그림 5.57). 이곳의 압록강은 전

그림 5.59 망류하도(쌍천, 설악산 신흥사 인근)

왼쪽 자갈밭이 주된 하도이지만, 하중톱(식생이 자라는 곳) 너머 오른쪽에도 작은 하도가 있다. 또한 하도의 또 다른 물줄기가 하중톱을 가로질러 흘렀던 흔적이 있다. 이와 같이 톱을 가로지르는 하도는 일종의 'chute channel'이다.

체적으로는 다중하도이지만, 그중 북동쪽의 한 하도를 자세히 살펴보면, 하도 내에 여러 개의 톱이 있어 물줄기가 여러 줄기로 나뉘어 흐르는 전형적인 망류하도임을 알 수 있다.

4. 주요 하천지형

1) 범람원

범람원(氾濫原, floodplain)[8]은 하천의 유로이동이 일어나거나, 홍수 시 하천 물이 범람하면서 운반물질을 하도 주변 일대에 쌓아놓음으로써 생겨나는 충적평야이다(그림 5.60, 5.61, 5.62).

유로이동이 범람원 형성에 기여하는 것은 두 경로를 통해서이다. 그 첫째는 점진적인 유로이동이 일어나는 경우이다. 즉, 하도의 공격사면에서 측방침식(lateral

8 순수한 우리말로는 '무너미 땅'이라 부른다.

그림 5.60 하천에 의해 생성되는 지형들(서강, 남한강 상류, 영월)

사진 왼쪽의 평탄한 대지: 하안단구, 오른쪽의 평탄지: 하안단구와 범람원(하안단구는 주거지 주변 일대, 범람원은 주거지에서 소로에 이르는 구간). 하천의 유로이동이 점진적으로 일어날 경우, 하안단구와 범람원의 구분이 명확하지 않다.

erosion), 그리고 활주사면에서 측방퇴적(lateral accretion)이 이루어지는 점진적인 유로이동이 장기간에 걸쳐 지속되면 활주사면의 규모가 점점 더 커지면서 범람원이 생겨난다. 이와는 달리, 큰 홍수가 발생하여 하천 둑이 터지면서 급작스럽게 또 다른 유로가 생길 때에도 범람원이 새로 생기거나 기존 범람원의 규모가 더 커질 수 있다. 이는 홍수로 새로운 유로가 생기면 옛 유로와 그 주변 일대에 더 이상 물이 흐르지 않고 점차 퇴적물로 메워지기 때문이다.

범람원은 하천의 유로이동 이외에도 홍수 시 하천 물이 둑을 주기적으로 흘러넘치면서 운반물질을 하도 주변에 쌓아놓기 때문에도 생겨난다. 하천 물이 둑을 넘어 범람하면, 넘치는 물에 실려온 운반물질이 하도 주변에 쌓인다. 이는 대체로 수직적으로 쌓여 지면 고도를 높이는 것이므로, 하안의 활주사면에 쌓이는 측방퇴적과는 구분하여 수직퇴적(垂直堆積, vertical accretion)이라 부른다(그림 5.61, 5.63).

하천의 운반물질이 이와 같은 수직퇴적에 의해 쌓일 경우, 물이 범람하면서 둑을 넘게 되면 유속이 급격히 떨어져 자갈, 모래 등 조립물질이 가장 먼저 하천 둑 언저리에 쌓인다. 그러나 점토, 실트 등 세립물질은 낮은 유속에도 물에 잘 떠 있기 때문

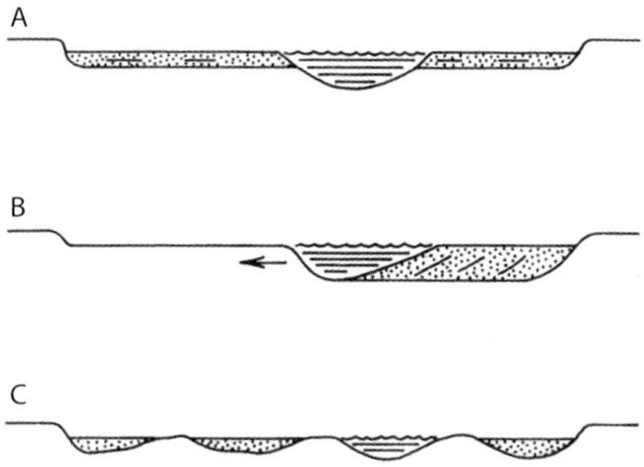

그림 5.61 범람원의 형성과정

A: 수직퇴적, B: 측방퇴적, C: 유로이동(island formation and side-channel abandonment) (Chorley *et al*., 1984, p.353).

에 둑에서 멀리 떨어진 곳까지 운반되어 퇴적된다. 따라서 대체로 하안에서 멀어질수록 퇴적물의 입자 크기가 줄어드는 경향을 보인다. 이러한 범람에 의한 하천퇴적 작용이 오랜 기간에 걸쳐 반복되면, 둑이 있는 하안 주변은 퇴적물의 양이 많기 때문에 지면 고도가 높아지는 반면, 하안에서 멀리 떨어진 곳은 그렇지 않아 상대적으로 고도가 낮은 땅이 된다.

이와 같이 생겨난 하안의 높은 땅이 자연제방(自然堤防, natural levee)이며, 하안에서 멀리 떨어진 곳에 있는 낮은 땅이 배후습지(背後濕地, back swamp) 또는 배후 저지대이다(그림 5.62, 5.65, 5.66). 이처럼 하안에 바로 인접하여 자연제방이 있기 때문에 인근의 하곡에서 본류로 유입하는 지류하천은 지면이 높은 자연제방을 우회하여 그 배후의 낮은 저지대를 따라 본류와 평행하게 일정거리를 흘러내리다가 지면 고도가 낮아진 곳에서 본류와 합류한다. 이런 유형의 하천이 야주하천(yazoo stream)인데, 자연제방이 잘 발달된 범람원에서 찾아볼 수 있다(그림 5.62).

위에서는 편의상 유로이동에 의한 측방퇴적과 범람에 의한 수직퇴적을 따로 설명하였다. 그러나 이들 퇴적작용은 별개의 것이 아니라, 대체로 한 장소에서 동시에 발생할 수 있는 현상들이다(그림 5.64). 따라서 범람원 퇴적층을 보면, 하부는 측방퇴적에 의한 자갈 중심의 하상역층(河床礫層), 그리고 상부는 수직퇴적에 의한 모래, 실트, 점토 등 세립퇴적층으로 이루어진 것이 일반적이다(그림 5.63). 범람원 퇴적층에서 상부층보다 하부층에 조립물질이 더 많은 것은 상부층은 물이 제방을 넘으면서 유속이 약화된 가운데 쌓인 것이지만, 하부층은 그보다는 유속이 큰 하도 내에서 쌓인 것이기 때문이다.

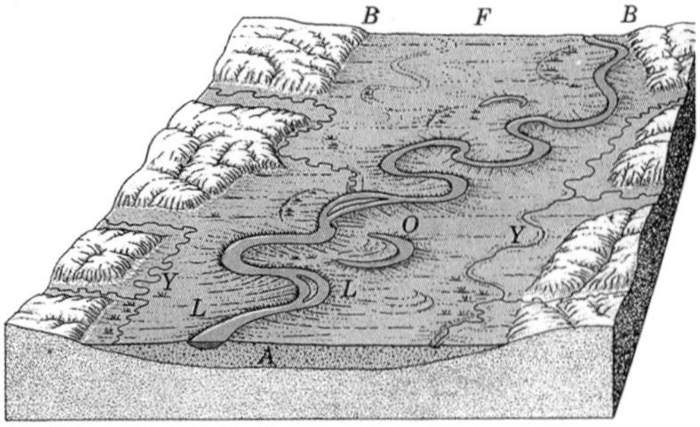

그림 5.62 충적하천과 범람원

L: 자연제방(natural levee), O: 우각호(oxbow lake), Y: 야주하천(yazoo stream), A: 충적층(alluvium), F: 범람원(floodplain), B: 하안급경사지(bluff)(Strahler and Strahler, 1992, p.336).

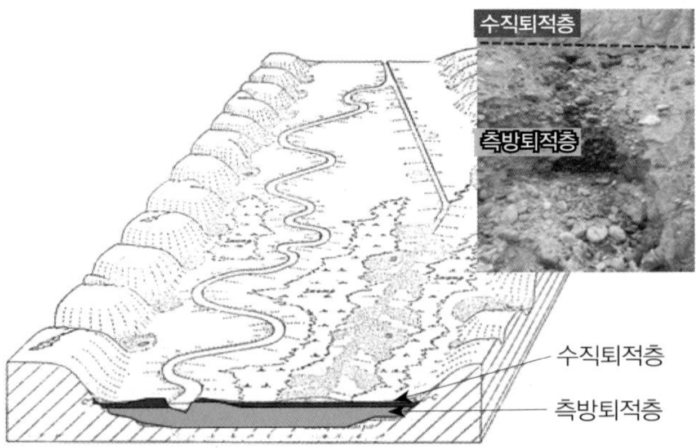

그림 5.63 범람원과 하안단구 퇴적층

범람원 퇴적층의 하부에는 측방퇴적층(자갈 등 조립물질, 하상역층), 상부에는 수직퇴적층(모래, 실트 등 세립물질)이 쌓여 있다. 하안단구는 옛 범람원이므로 범람원과 동일한 퇴적상을 보인다(사진: 한강 하류 단구퇴적층, 서울 강동구. 그림: Happ *et al.*, 1940 부분 수정).

규모가 큰 범람원은 자연제방과 배후습지(또는 배후저지대)로 구분할 수 있다. 한강 하류의 경우, 뚝섬, 잠실, 신천, 송파, 토평, 돌섬, 가래여울 일대는 자연제방이며, 한강의 지류인 중랑천 하류의 장안평, 또 다른 지류인 왕숙천의 구하도인 장자못 일대는 배후습지이다(그림 5.65, 5.66). 자연제방과 배후습지는 바로 인접하여 연속적으로 나타날 경우 지형 변화가 점진적이므로 그 경계 구분이 분명치 않다. 그러나 자연제방은 거북이 등처럼 지면 고도가 높고 모래 중심의 퇴적물이 우세한 반면, 배후습지는 그보다 고도가 낮고, 점토 중심의 퇴적물이 지배적인 점에서 차이가 있다. 배후습지가 생겨나는 것은 지면 고도가 낮아 지하수위가 높고 점토가 많은 세립퇴적물이 주로 쌓여 있어 배수가 불량하기 때문이다.

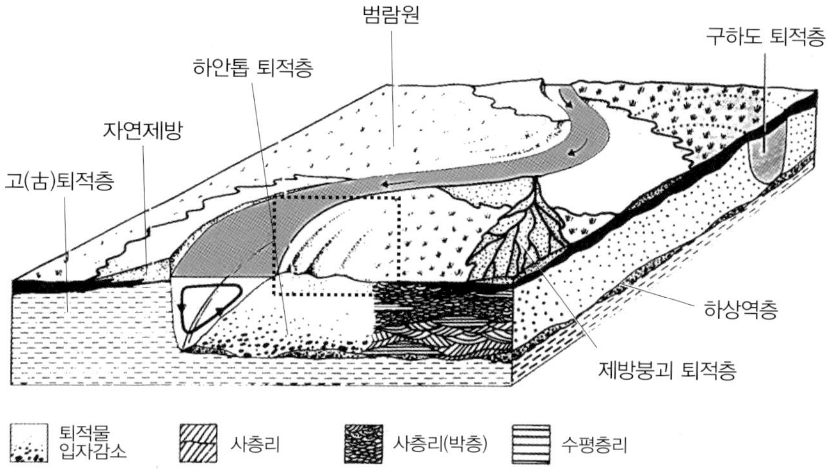

그림 5.64 하안톱과 범람원 퇴적층

하안톱에는 미앤더 스크롤(점선 안의 작은 퇴적구릉과 와지)이 발달하기도 한다. 이는 잠실 일대의 옛 지도(1910년대)에서도 찾아볼 수 있다. 하안톱 퇴적층에서는 사층리(cross bedding, cross lamination)가 나타난다. 흔히 하안톱이나 범람원의 하부는 조립질의 하상역층(channel lag deposits)이며, 그 위에는 세립퇴적물이 쌓여 있다. 제방붕괴 퇴적층: crevasse–splay deposits, 구하도 퇴적층: channel fill(Chorley *et al.*, 1984, p.352).

범람원의 취락은 수해 가능성이 적으며 배수가 양호한 자연제방 위에 입지하는 경우가 많다. 그러나 자연제방은 수해에서 완전히 자유로운 곳이 아니며, 큰 홍수 시에는 수해를 받기도 한다. 지역에 따라서는 수해 발생 시에 잠시 사람들이 피신하기 위한 피수대를 설치한 곳도 있다. 그러한 곳의 하나가 구리시 토평동에 남아 있는 피수대이다. 피수대는 돌섬(석도) 부락에 있는데, '섬'이라는 이름에서도 알 수 있듯이, 이곳은 한때 왕숙천[9]과 한강으로 둘러싸인 하중도였다(그림 5.65, 5.67).

자연제방과 배후습지는 인위적인 개발이 진행되기 전에는 주민들의 토지 이용 방식에서도 차이가 있었다. 자연제방은 주거지 이외에 대체로 밭으로 이용해왔다. 자연제방의 땅이 배수가 잘 되는 모래로 이루어져 있어 논으로 만들기에는 적당하지 않았기 때문이다. 이와는 달리, 배후습지(또는 배후저지대)는 주로 논으로 이용해왔다. 이곳은 지면 고도가 낮고 점토와 같은 세립물질이 많은 땅이어서 배수가 불량하기 때문이다. 따라서 조건이 좋은 곳은 논으로 개간했지만, 그렇지 않은 곳은 배수 장비

9 구리시를 남북으로 관류하여 한강으로 유입하는 한강의 지류하천이다.

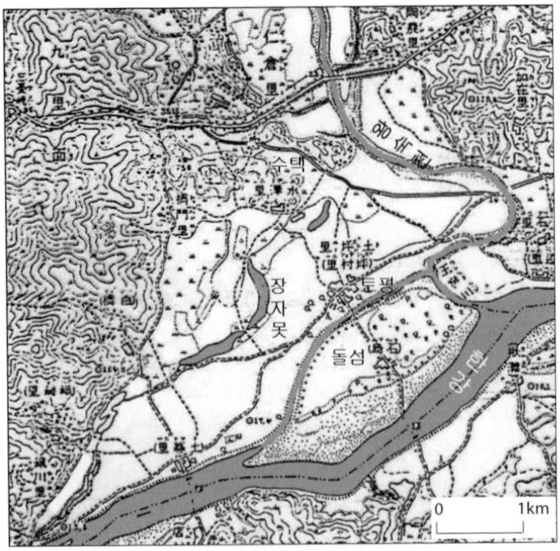

그림 5.65 한강 하류의 하천지형(1910년대, 구리 일대)

하중도: 돌섬. 우각호: 장자못. 자연제방: 돌섬, 토평 일대. 돌섬 부락에는 홍수 시 주민들의 피난처였던 피수대가 남아 있다.

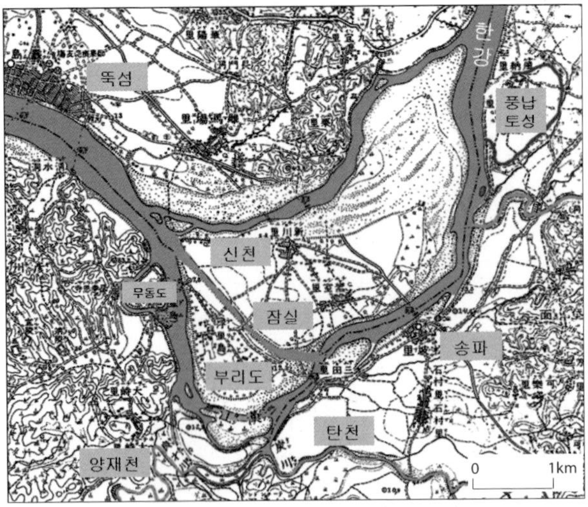

그림 5.66 한강 하류의 유로 변화(1910년대, 잠실 일대)

하중도: 잠실, 부리도, 무동도. 자연제방: 송파, 잠실, 신천, 뚝섬 일대. 신천(새내) 북쪽의 한강이 현재의 한강인데, 중종 15년(1520)에 생긴 것으로 알려진다. 잠실 남쪽의 옛 한강은 강남 개발과 더불어 메워지고 그 줄기의 일부가 석촌호수로 남아 있다.

나 시설이 마련되기 전까지 거의 버려둔 곳이 많았다. 그러나 근래에는 이곳의 낮은 땅을 메워 농경지로 개간하거나 주거지로 바꾼 곳도 많다.

그림 5.67 하중도와 자연제방(돌섬, 구리시 토평동)

돌섬은 하중도이며, 돌섬부락과 토평부락 일대는 자연제방이다. 토평과 돌섬 사이에 화살표(곡선) 방향으로 옛 왕숙천이 흘렀다. 화살표(직선)가 가리키는 곳에는 홍수 시에 주민들이 임시루 대피했던 피수대가 남아 있다.

2) 충적선상지와 페디먼트

(1) 충적선상지

충적선상지(沖積扇狀地, alluvial fan)는 산지에서 평지로 흘러내리는 하천이 하곡의 입구를 중심으로 운반물질을 쌓아 만든 부채꼴 모양의 산록퇴적지형이다(그림 5.68, 5.69, 5.70, 5.71). 충적선상지는 건조한 기후환경뿐만 아니라, 습윤한 기후환경에서도 발달한다. 건조기후 지역의 것은 건조선상지(dry fan) 그리고 습윤기후 지역의 것은 습윤선상지(wet fan)라 부른다. 미국의 데스밸리에 발달된 충적선상지들은 건조선상지, 그리고 일본의 충적선상지들은 습윤선상지의 대표적인 경우이다.

충적선상지를 구성하는 퇴적물들은 국지적인 조건에 따라 다르다. 대체로 하천퇴적물이 대부분이지만, 암설류(岩屑流, debris flow)나 이류(泥流, mudflow) 등 매스무브먼트 퇴적물이 그와 함께 퇴적된 경우도 많다. 이와 같이 퇴적물이 다양한 것은 특히 건조지역의 충적선상지이다. 건조지역에서는 강우가 간헐적이기 때문에 일시하천(ephemeral stream)이 대부분이다. 이러한 하천은 유로이동이 심할 뿐만 아니라 여러 줄기로 갈라져 흐르는 망류하천의 형태를 띠며, 때로는 하도를 흘러넘치면서 포상홍수(布狀洪水, sheet flood)가 되어 흐르기도 한다. 또한 건조하기 때문에 지표의 식생도 많지 않아서 강우 시에는 다량의 토사가 발생하여 하천에 흘러든다.

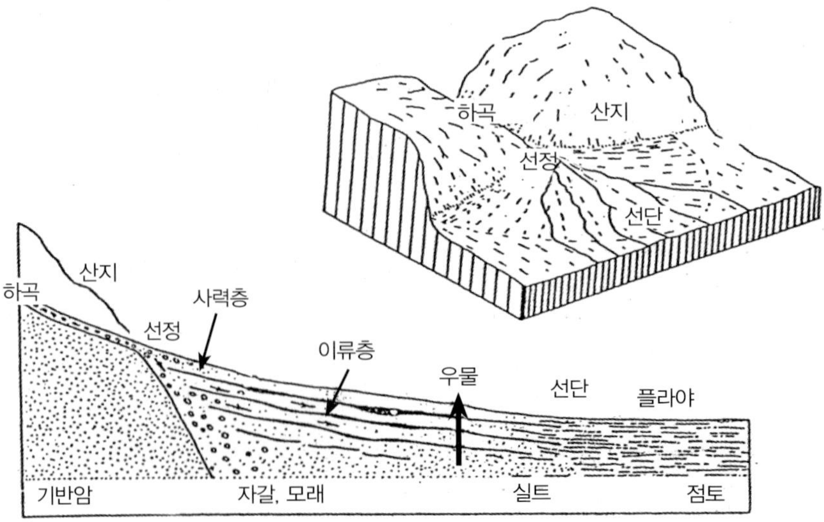

그림 5.68 충적선상지 퇴적층

사력층(투수층)과 이류층(불투수층)이 교대로 쌓인 경우, 골짜기를 빠져나온 하천 물의 일부는 선정(扇頂)에서 스며들어 지하수가 되어 투수층인 사력층을 통하여 하방 이동한다. 퇴적물의 입자크기는 선정에서 선단(扇端)으로 갈수록 작아진다(Strahler and Strahler, 1992, p.349 부분 수정).

이러한 하천은 좁은 하곡을 빠져나와 넓은 평지에 이르면 하폭이 넓어지는 동시에 물이 빠른 속도로 스며들고 증발하기 때문에 일정 거리를 흐르면서 하천이라기보다는 걸쭉한 상태의 암설류나 이류로 변한다. 암설류나 이류는 밀도와 점성이 높기 때문에 하천보다도 오히려 더 효율적으로 큰 자갈 내지 암괴를 멀리까지 운반할 수 있다. 포상홍수이든 암설류(또는 이류)이든 지면을 흘러내리는 동안 수분이 더욱 줄어들게 되면 물질의 점성이 점점 더 커지면서 결국 이동을 멈추게 된다. 이동을 멈춘 그 자리에는 귓불 모양의 퇴적지형(lobate deposits)이 남기도 한다. 충적선상지의 하천에 이러한 퇴적물이 많고 적음은 강우 조건과도 관련 있지만, 무엇보다도 선상지 배후 유역분지의 기반암 조건이 지배적인 영향을 미친다. 대체로 기반암이 풍화 및 침식에 약한 암석일수록 하천에 토사가 많이 흘러들어 암설류나 이류가 잘 발생한다.

충적선상지의 하천은 산지에서 발원하여 평지로 흘러들기 때문에 종단곡선상에 뚜렷한 경사변환점이 있는 것처럼 보인다. 그러나 실제로는 그렇지 않은 경우가 많다. 이러한 사실은 충적선상지 위에서의 활발한 퇴적작용이 산지와 평지 사이의 경사 변화 때문이 아니라 하천이 좁은 계곡을 빠져나와 넓은 평지로 흘러들면서 하폭

그림 5.69 충적선상지의 평면 형태(사진 중앙부의 부채꼴 모양의 땅, 데스밸리, 미국)

단층선이 통과하는 곳인 산지에서 평지로 접어드는 일대에는 선상지들이 연속적으로 발달되어 있다. 사진 상단의 흰 부분은 플라야에 소금이 퇴적된 곳이다.

그림 5.70 충적선상지의 측면 형태(데스밸리, 미국)

충적선상지는 산지와 평지가 맞닿는 일대에 발달된 부채꼴 또는 원추형의 산록퇴적지형이다. 하천퇴적은 계곡 입구에서 가장 활발하며, 이곳으로부터 멀어질수록 줄어든다. 따라서 퇴적층은 선정에서 선단으로 가면서 그 두께가 얇아진다.

이 갑자기 크게 넓어지는 데 더 큰 원인이 있음을 시사한다.

충적선상지의 하천은 하곡을 빠져나올 때는 한 줄기이지만 평지로 접어들면서 여러 줄기로 갈라진 채 흐르면서 평지의 여기저기에 운반물질을 쌓아놓기 때문에 계곡 입구를 중심으로 마치 부채꼴 모양으로 펼쳐진 퇴적지형이 생겨난다. 퇴적지형이 이런 모습이기에 '부채꼴 모양의 땅'이라는 뜻의 '선상지(扇狀地, fan)'라는 이름이 붙었다. 또한 선상지의 퇴적작용이 주로 하천에 의해 이루어지기 때문에 '충적(沖積, alluvial)'이란 말을 덧붙여 충적선상지(alluvial fan)라 부르게 되었다. 선상지 모양의 땅은 다양한 종류의 침식작용에 의해서도 생긴다. 그러나 이는 충적선상지와는 성격이 다른 암석선상지(rock fan)이다. 다시 말하여 충적선상지는 산록퇴적지형이지만, 암석선상지는 페디먼트라 불리는 산록침식지형이다. 이와 같이 두 지형은 형태는 비슷하

그림 5.71 충적선상지의 퇴적층(데스밸리, 미국)
퇴적층 단면을 보면 조립자갈과 세립모래가 교대로 쌓인 것을 볼 수 있다. 이는 하천의 유량 변동과 관계가 있다. 동일한 하천일지라도 유량이 많은 물이 흐를 때는 조립자갈, 그리고 적은 물이 흐를 때는 모래가 쌓이기 때문이다.

지만 성인은 다르다.

충적선상지가 잘 생겨나는 곳은 건조지역과 같이 퇴적물이 다량 공급되는 곳이거나, 평지와 산지 사이에 단층이 발생하여 평지의 기반은 침강하는 반면, 배후산지는 상대적으로 융기하는 곳이다. 산지가 융기하고 평지의 지반이 침강해야 산지에서는 퇴적물 생산과 운반이 활발해지고, 평지에서는 두꺼운 퇴적층이 지속적으로 쌓일 수 있기 때문이다(그림 5.73). 미국 서부의 데스밸리에서 단층선이 지나는 산록말단부를 따라 충적선상지들이 측면으로 이어져 널리 분포하는 것도 이 때문이다. 이와 같이 여러 개의 충적선상지들이 연결된 큰 규모의 산록퇴적지형이 바하다(bajada)이다(그림 5.72).

충적선상지는 주로 하천 퇴적에 의해 이루어지는 것이므로 하천의 유역면적이나 기반암 특성과도 밀접한 관련이 있다. 미국 서부의 충적선상지를 조사한 벌(Bull, 1964; 1968)에 의하면, 충적선상지의 면적(Af)과 하천의 유역면적(Ad) 간에는 다음과 같은 관계가 성립된다.

$$Af = cAd^n$$

그림 5.72 바하다(bajada, 데스밸리, 미국)

바하다(사진에서 산지 하단부의 완경사 산록면)는 여러 개의 충적선상지가 연합된 지형으로 데스밸리에서는 단층선이 통과하는 곳을 중심으로 형성되어 있다(그림 5.73 참조).

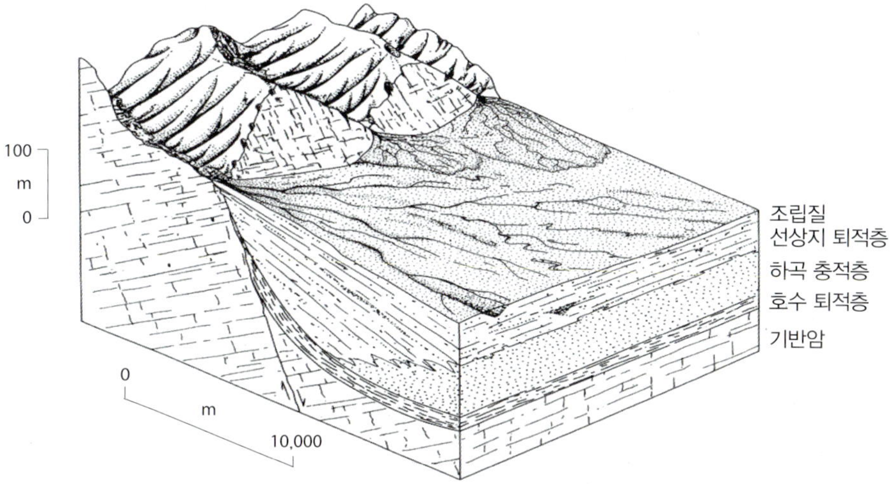

그림 5.73 충적선상지 퇴적구조

데스밸리(미국)에 분포하는 충적선상지의 경우, 단층으로 융기한 산지와 침강한 평지 사이의 접점을 중심으로 충적선상지가 분포한다. 그런 곳은 평지가 침강하는 곳이기 때문에 때로는 100m 이상의 퇴적층이 쌓일 수 있었다. 퇴적층의 가장 하부는 호수 퇴적층이며, 그 상부로 가면서 세립의 하곡 충적층과 조립의 선상지 퇴적층이 순차로 나타난다(Chorley *et al*., 1984, p.342. 원자료: Bull, 1977, p.241).

위 식의 c는 상수로 유역분지의 기반암, 기후 등의 조건에 따라 달라지며, n값은 미국 서부의 경우 평균 0.9이다. 식에 의하면, 배후의 유역분지가 클수록 충적선상지

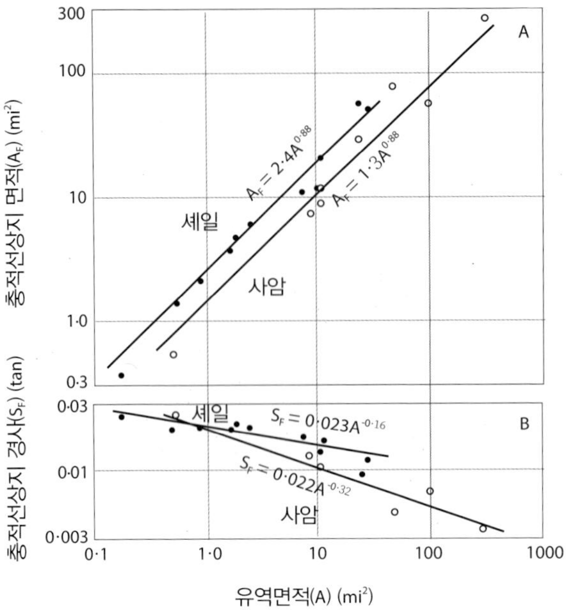

그림 5.74 충적선상지와 배후 유역면적과의 관계

배후 유역면적이 넓을수록 그 전면에 발달된 충적선상지는 넓고 완만하다. 또한 배후 유역분지의 기반암이 경암(사암)보다는 연암(셰일)인 경우에 충적선상지가 더 넓다(Fresno county, 미국. Chorley *et al*., 1984, p.345. 원자료: Bull, 1964. p.95).

의 면적도 이에 상응하여 커진다. 충적선상지는 배후의 유역분지에서 생산된 퇴적물이 하천에 의해 운반되어 평지에 쌓여 생기는 것이므로 이처럼 유역분지의 규모와 충적선상지의 규모가 정(正)의 상관관계인 것은 당연한 귀결이기도 하다. 그러나 유역면적이 동일하더라도, 기반암의 특성에 따라 충적선상지의 규모가 다른 것으로 알려진다(그림 5.74). 조사에 의하면, 유역분지에 이암(泥岩) 등 세립퇴적층이 분포하는 곳이 사암(砂岩) 등 조립퇴적층이 분포하는 곳보다 충적선상지의 규모가 더 크다. 즉, 위 식에서 n값은 같지만, c값이 사암층에서는 0.96인 반면, 이암층에서는 2.1로 차이가 있다.[10] 이처럼 c값이 크다는 것은 그만큼 충적선상지의 면적이 넓다는 것을 의미한다. 후크와 로러(Hooke and Rohrer, 1977)에 의하면, 기반암은 구성물질의 입자 크기보다는 암석에 발달된 쪼개짐이나 절리가 c값의 차이를 가져오는 것으로 보았다. 이들에 의하면, 쪼개짐이나 절리가 잘 발달된 이암이나 셰일은 그렇지 않은 사암보다 쉽게 풍화침식을 받기 때문에 c값이 커지게 된다고 한다.

충적선상지의 구성퇴적물은 전체적으로 조립질이 많기 때문에 하천은 복류(伏

10 c값은 mile 단위로 구한 것임.

그림 5.75 충적추(인제)

충적추(alluvial cone, 사진 중앙의 농경지로 개간된 산록 말단부)는 보통의 충적선상지보다 경사가 급하고 규모가 작다.

流)하는 경우가 많다. 그러나 하천이 계곡을 빠져나오는 곳인 선정(扇頂)이나, 충적선상지의 말단부인 선단(扇端)에서는 복류하지 않는다. 하천의 복류는 주로 충적선상지의 중앙부인 선앙(扇央)에서 나타난다. 따라서 농경지 개간은 선앙보다는 관개용수를 얻기 쉬운 선정이나 선단에서 시작되어 선앙으로 확대되는 과정을 밟는다.

충적선상지 중에 규모가 작고 경사가 급한 것을 충적추(沖積錐, alluvial cone)라 부른다. 충적추의 생성원리는 충적선상지와 마찬가지인데, 급경사의 산지 사면을 개석하면서 흘러내리는 소하천이 계곡을 벗어나는 일대에 운반물질을 원추형으로 쌓아놓기 때문에 생긴다. 따라서 충적추 위의 하천은 유로 변화도 심하고, 운반물질의 분급도 불량할 뿐만 아니라, 원마도(圓磨度, roundness)도 매우 낮은 것이 특징이다. 충적추는 우리나라의 산지에서도 널리 관찰되며, 규모가 큰 것은 대체로 밭으로 개간되고 있다(그림 5.75). 그러나 우리나라에서는 큰 규모의 선상지는 북한의 석왕사 선상지 등지를 제외하고는 많지 않다. 이처럼 규모가 큰 충적선상지가 많지 않은 것은 지반이 비교적 안정적이기 때문인 것으로 보고 있다. 우리나라와는 달리 지반이 불안정하여 단층이 많은 일본에서는 충적선상지가 널리 분포한다.

(2) 페디먼트

페디먼트(pediment)와 충적선상지는 형태도 크게 다르지 않고, 다 같이 산지와 평지가 맞닿은 산록을 중심으로 생겨나는 지형이라는 점에서 특징이 유사하다(그림 5.76). 이처럼 두 지형 모두 형태상 완경사의 산록면, 즉 산록완사면(山麓緩斜面, piedmont)이지만,[11] 충적선상지는 산록퇴적지형인 반면, 페디먼트는 산록침식지형이라는 점에서 성인이 서로 다르다.

페디먼트의 정의는 학자에 따라 조금씩 다르다. 그러나 공통적인 것은 페디먼트를 급경사의 배후산지 전면에 발달된 완경사의 산록침식면이라 정의하는 점이다. 페디먼트는 본질적으로 기반암 침식면이지만, 하천이나 사면류에 의해 기반암이 침식되는 과정에서 충적층이나 사면퇴적층도 그 위에 얇게 쌓이기도 한다. 바로 이러한 특징 때문에 동일한 지형을 두고 학자에 따라 페디먼트 또는 충적선상지라고 달리 부르는 경우도 있다.

우리나라에서도 곳곳에 충적선상지와 형태가 비슷한 산록완사면이 분포한다(그림 4.43, 5.78, 5.79). 이들의 상당수는 기반암을 덮고 있는 피복퇴적물이 두껍지 않아 기반암의 형태를 반영하는 경우가 많다. 이러한 지형에 대하여 그간 학계에서는 충적선상지 또는 페디먼트라 달리 불러왔다(김종욱, 1983; 장재훈, 1984; 윤순옥 외, 2010).

용어 사용의 혼란은 우리나라에서만 있었던 것은 아니다. 산록완사면이 많아 일찍부터 이에 대한 연구를 행해온 미국에서도 있었다. 사정이 이러하기에 도오링(Doehring, 1970)은 퇴적층의 두께를 기준으로 양자의 지형을 구분할 것을 제안하기도 하였다. 그러나 산록면의 규모와 무관하게 그 기준치가 일률적으로 적용된다고 볼 수 없으므로, 특정 수치로서 그 기준을 정하는 것보다는 충적으로 인하여 기반암의 형상과는 다른 형상의 산록면이 형성된 경우에는 충적선상지, 퇴적물이 있을지라도 기반암의 형상을 반영하는 경우에는 페디먼트로 구분하는 것이 바람직할 것이다. 참고로, 로키산맥(Front Range)과 그레이트 플레인스(Great Plains)와의 접점 일대에도 우리나라의 산록완사면과 형태가 비슷한 지형이 발달되어 있는데 대체로 페디먼트라 부르고 있다.[12]

그러나 페디먼트와 충적선상지는 각기 다른 장소에서 생성되는 것만은 아니며,

---

11 'pediment'를 'piedmont'와 혼동하는 경우도 있다. Piedmont는 지형의 형태적인 특징을 가리키는 용어로 번역하면 산록완사면이다. 이에 비하여 pediment는 지형의 형태와 성인을 포함한 용어로 산록침식면을 일컫는다. 우리나라에서는 pediment를 번역하지 않고 영어 그대로 '페디먼트'라 부른다.

12 일부 학자들은 하천퇴적물로 덮여 있으면서 형태상으로 볼 때, 완연히 부채꼴 모양을 하고 있는 일부의 산록면에 대해 충적선상지라고 부르기도 한다.

그림 5.76 페디먼트(데스밸리, 미국)

사진 중앙의 완경사 산록면이 페디먼트이다. 페디먼트는 산지 하단부가 침식받아 생겨난 산록침식면으로 곳에 따라서는 페디먼트의 하단부가 그대로 충적선상지(또는 바하다)로 연속되기도 한다. 그런 경우에는 산지로부터 평야로 가면서 배후산지, 페디먼트, 충적선상지(또는 바하다), 곡저평야의 순서로 지형이 분포한다(그림 5.80 참조).

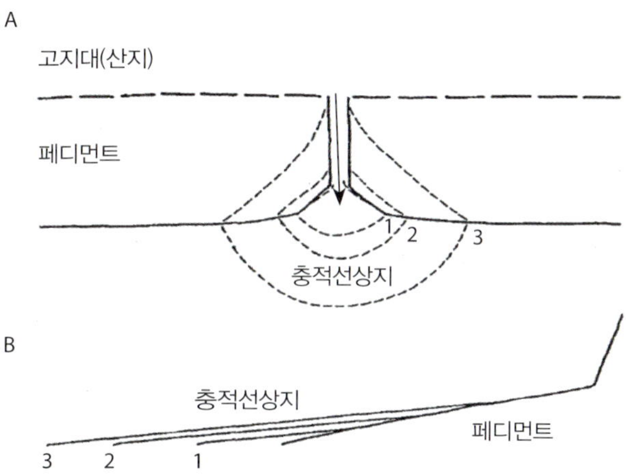

그림 5.77 페디먼트의 침식과 충적선상지의 생성

A: 평면도, B: 종단면. 기존의 페디먼트가 침식받으면서 충적선상지가 생겨나 그 규모가 점차 확대되는 과정을 보여준다(Bourne and Twidale, 1998).

때로는 동일한 장소 더 나아가 동일한 산록면의 연장선상에서 거의 연속적으로 발달하기도 한다(그림 5.80). 그럴 경우 산록면의 상부에서는 침식작용에 의한 페디먼트, 하부에서는 퇴적작용에 의한 충적선상지(또는 바하다)가 발달한다. 또한 기존의 페디먼트가 배후산지에서 흘러내리는 하천에 의해 침식 해체되면서 페디먼트의 전면에 충적선상지가 새롭게 발달하기도 한다(그림 5.77).

페디먼트는 작은 것은 $1km^2$ 정도이지만, 큰 것은 수백 km^2에 이른다. 형태는 선형(扇形)이 많지만, 산록 말단부를 따라 마치 앞치마 두르듯 길게 뻗어 있는 것도 있

그림 5.78 산록완사면(해안, 양구)

사진에서처럼 산록완사면은 배후산지에 비하여 경사가 완만하여 농경지로 개간된 곳이 많다. 이곳의 산록면과 분지 내의 저지대는 쥐라기 화강암인 데 비하여, 배후산지는 선캄브리아기의 편마암으로 이루어져 있다.

그림 5.79 산록완사면(구례)

이곳의 산록면(사진 중앙 하단의 넓은 평지)은 퇴적층이 두껍지 않고 기반암이 드러난 곳이 많다는 점에서 페디먼트라 부르는가 하면, 또다른 한편에서는 하천퇴적층이 수 m 이상 쌓인 곳이 많다는 점을 들어 충적선상지라 부르기도 한다.

다. 횡단면은 요형(凹形) 또는 철형(凸形) 등 다양하며, 종단곡선은 대체로 요형이지만, 국지적으로는 철형도 있다. 페디먼트 산록면은 전체적으로는 평탄하지만, 이와 같이 세부적으로는 다소 기복이 있는 경우가 많다. 이는 페디먼트 생성과정에서 기반암 침식이 불균등하게 진행되기 때문인데, 그 과정에서 때로는 풍화와 침식에 강한 기반암이 잔류구릉(殘留丘陵, residual hills) 형태로 페디먼트 위에 남기도 한다. 이러한 잔류구릉을 도상구릉(島狀丘陵, 섬산, inselberg)이라고도 한다. 페디먼트는 종단 경사

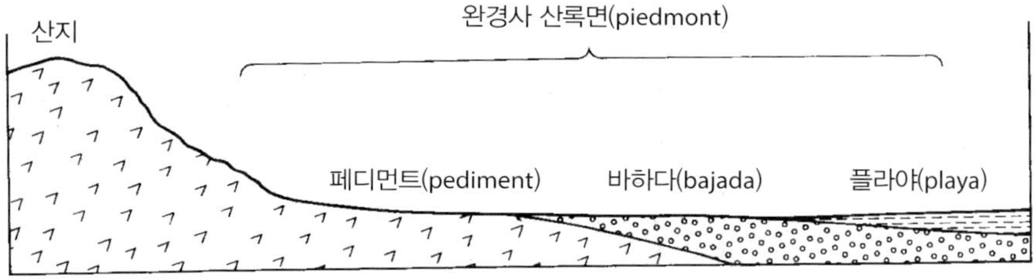

그림 5.80 페디먼트, 바하다, 플라야

건조 지역에서는 배후산지의 하단부에 페디먼트, 바하다, 플라야가 순차로 나타난다. 그런 전형적인 사례는 데스밸리에서 찾아볼 수 있다(Sparks,1972, p.334).

가 0.5~11°의 범위이며, 평균 2~4°에 불과할 정도로 경사가 매우 완만한 지형이다.

이와 같이 페디먼트는 완경사인 반면, 그 배후산지는 급경사이므로, 이들 간에는 경사변환점을 중심으로 완사면각(緩斜面角, piedmont angle)이 존재한다. 완사면각은 기반암이 화강암이나 편마암인 곳에서 큰 편이다. 이들 암석은 풍화를 받아 붕괴되면, 주로 모래 또는 거력(巨礫)을 이루는 반면, 그 중간 크기의 것들이 적기 때문에 배후산지에 인접한 곳에서는 주로 거력, 그리고 페디먼트 위에는 주로 모래가 쌓이게 되어 완사면각이 큰 것으로 설명하기도 한다. 이 밖에도 배후산지와 페디먼트 간에 기반암의 절리 밀도나, 풍화 진전에 있어 차이가 있는 것도 완사면각이 크게 만들어지는 원인이 될 수 있다. 특히 페디먼트의 배후에 생경한 암반이 돌출한 산지, 즉 도상구릉이 있는 경우에는 도상구릉과 페디먼트의 접촉 부위에 지표수와 지하수가 집중되므로 풍화가 더 빠른 속도로 진행되어 완경사각이 커질 수 있다. 페디먼트와 배후산지의 경사변환점을 이은 선은 폭 100m 이내의 점이지대로 대체로 직선이지만, 때로는 계곡 방향으로 구부러진 모습을 보이기도 한다.

페디먼트의 성인에 대해서는 여러 가설이 있다(Bloom, 1998, pp.281-284; White, 2004). 그 첫째가 길버트(Gilbert, 1877), 존슨(Johnson, 1932) 등이 주장한 바와 같이, 하천의 측방침식에 의해서 페디먼트가 생긴다는 것이다. 페디먼트 위에 하천이 흐르고 있을 뿐만 아니라, 사면 위의 일부 지역에는 옛 하천퇴적물이 남아 있으므로 하천이 페디먼트의 형성에 어떤 방식이든 영향을 미쳤을 것임에는 틀림없다. 그러나 페디먼트와 배후산지가 직선으로 만나는 것을 보면, 전적으로 하천의 영향에 의해 페디먼트가 생겼다고 믿기는 어렵다. 배후산지에서 흘러나오는 하천이라면, 당연히 그 계곡 입구가 배후산지를 향하여 구부러져 들어가 있어야 하기 때문이다.

이러한 설명과는 달리, 맥기(McGee, 1897), 로슨(Lawson, 1915) 등은 페디먼트 사면 위를 특정한 유로를 지니지 않고 흘러내리는 포상류(sheet flow)나 릴류(rill flow), 그리고 포상홍수(sheet flood)가 페디먼트의 평탄한 사면을 만든다고 주장하였다. 그러나 이들 지형형성작용은 지면침식력이 크지 않기 때문에 이들만의 힘으로 생경한 기반암을 깎아 평탄한 산록면을 만들었다고 보기는 어렵다.

이에 대해 뷔델(Büdel, 1957), 트위달(Twidale, 1967) 등은 기반암이 심층풍화를 받아 풍화층이 두꺼운 사면 위에서 포상류, 릴류 등의 사면류에 의해 굳지 않은 풍화산물이 씻겨 제거되는 과정이 되풀이되면서 페디먼트가 생겨났다고 주장한다. 뷔델에 의하면, 페디먼트의 지면이 평탄한 것과 마찬가지로, 풍화기저면(weathering front) 역시 평탄하며, 이것 때문에 페디먼트의 평탄성도 유지되는 것으로 설명한다.

이러한 설명에 의하면, 건조지역의 페디먼트는 현재의 건조기후에서 생겨난 것이 아니라, 과거의 온난습윤한 기후하에서 생겨난 유물 지형이다. 기반암의 심층풍화가 이루어지려면, 건조기후보다는 보다 온난습윤한 기후조건이어야 하기 때문이다. 실제로 건조기후하의 페디먼트에서는 온난습윤한 기후하에서 생긴 것으로 추정되는 여러 지형이 관찰되기도 한다. 뷔델은 이러한 페디먼트에 대하여 계승 페디먼트(traditional pediment, 독일어 Traditions-Pedimente)라 불렀다(Büdel, 1981, pp.188-196). 이와 같이 풍화에 초점을 맞추어 페디먼트의 성인을 설명할 경우, 완사면각이 급한 것이나 경사변환점을 잇는 선이 직선을 이루는 것도 이해 가능한 측면이 있다. 즉, 기반암의 노출 가능성이 높은 배후산지와 심층풍화층이 두꺼운 페디먼트 간에는 풍화의 진전속도가 다르기 때문에 그와 같은 지형 특징들이 나타난다고 볼 수 있다.

3) 삼각주

삼각주(三角洲, delta)는 하천이 바다 또는 호수로 유입하는 하구에 생겨나는 퇴적지형이다. 이러한 하구 퇴적지형에 대하여 '삼각주'라는 이름을 붙인 것은 지형의 모습이 그리스어 'Δ(delta)'를 닮았다고 보았기 때문이다.[13] 그러나 삼각주의 형태는 꼭 그러

13 그리스의 학자 헤로도토스(Herodotos)가 나일강 하구의 퇴적지형, 즉 삼각주에 대해 그 모양이 그리스

한 것만 있는 것은 아니다(그림 5.81).

하구에 삼각주가 생기는 것은 바다나 호수로 하천이 흘러들게 되면 그 영향으로 유속이 줄어들어 실어온 물질을 더는 운반하지 못하고 하구 언저리에 쌓아놓기 때문이다(그림 5.81, 5.82). 이와 같이 삼각주는 운반물질을 실어오는 하천과 바다(또는 호수)와의 상호작용에 의해서 생기는 지형이다. 쉽게 말하면, 하천의 운반물질 양이 바다나 호수에 의해 침식 제거되는 물질의 양보다 많아야 삼각주가 생긴다. 그러나 하천과 바다(또는 호수)와의 관계가 기후변화, 지각운동 등에 의해서도 달라지는 것이므로 실제로는 이들 관계가 그리 단순하지는 않다.

삼각주의 유형은 형태적인 특징에 중점을 두어 둥근 모양(호상, 弧狀, arcuate, lobate), 새발 모양(조족상, 鳥足狀, birdfoot), 뾰족한 모양(첨상, 尖狀, cuspate), 그리고 염하류 삼각주(鹽下流 三角洲, estuary delta)[14]로 구분하기도 한다(그림 5.81). 이와는 달리, 스코트와 피셔(Scott and Fisher, 1969)는 삼각주를 형성 원인에 토대를 두어 건설삼각주(high constructive delta)와 파괴삼각주(high destructive delta)로 구분할 것을 제안하였다.

건설삼각주는 바다보다는 하천이 우세하게 작용하여 만들어진 삼각주이다. 이는 다시금 하천퇴적지형이 새발 모양으로 발달한 조족상 삼각주와 퇴적지형의 끝자락이 귓불 모양으로 둥글게 생긴 귓불 삼각주(lobate delta)로 나눌 수 있다. 이러한 삼각주의 전형적인 사례는 미시시피강 하류에서 찾아볼 수 있다(그림 5.81의 B). 이에 대하여 파괴삼각주는 바다의 파랑, 조류 등이 하천보다는 삼각주의 형성에 더 큰 영향을 미치는 경우이다. 파괴삼각주는 다시금 파랑에 의한 삼각주와 조류에 의한 삼각주로 나눌 수 있다. 파랑에 의한 것은 론강이나 나일강 하구에 발달된 호상 삼각주에서 그 예를 찾을 수 있으며(그림 5.81의 A), 파랑의 영향으로 강 하구에 원호 모양의 사주가 발달한 것이 특징이다. 조류에 의한 삼각주는 셴강 등지에서 보듯이 조류 때문에 사주가 바다를 향해 방사상으로 뻗어 있으며, 그것의 배후, 즉 내륙으로는 간석지가 발달한 경우인데, 염하류 삼각주가 그에 속한다(그림 5.81의 D).

문자 Δ를 닮았다고 여겨 삼각주(delta)라 이름 붙인 것이 기원이다.

14 염하류 삼각주(estuary delta)를 우리나라에서는 만입 삼각주라고 부르기도 한다. 그러나 염하류(estuary)는 만입(embayment)과는 다른 것이기 때문에 정확히 일치하는 개념은 아니다.

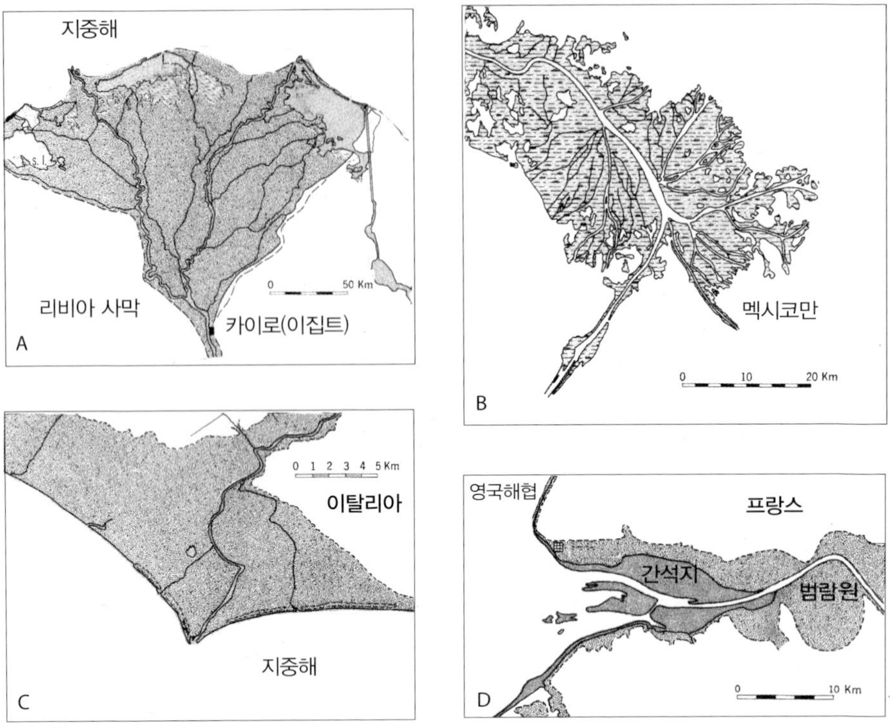

그림 5.81 여러 종류의 삼각주

A: 호상 삼각주, 나일강. B: 조족상 삼각주, 미시시피강. C: 첨상 삼각주, 티베르강. D: 염하류 삼각주, 센강 (Strahler and Strahler, 1992, p.394).

그러나 대부분의 삼각주는 하천과 바다의 영향을 동시에 받으며, 그 정도에 따라 삼각주의 지형적인 특징이 조금씩 달리 나타난다. 삼각주를 지형 특성에 따라 구분한다면, 대체로 상부 삼각주(upper delta), 하부 삼각주(lower delta), 해저 삼각주(subaqueous delta) 등으로 나눌 수 있다(그림 5.83). 상부 삼각주는 하천에 의해 생겨나는 삼각주로서 하천이 좁은 하곡을 벗어나 넓은 충적평야로 접어드는 일대에 형성된다. 상부 삼각주는 하천이 만들어내는 모래톱, 하중도 등이 어우러진 충적평야이며, 이들 사이로 하천은 여러 줄기로 분기된 분류(分流, distributary)를 이루어 흘러내린다. 상부 삼각주의 지면 고도는 평균 고조면(高潮面)보다 높아서 바다의 영향을 크게 받지 않는다.

이와는 달리 하부 삼각주는 상부 삼각주보다 하류에 생기는 것으로 지면 고도가

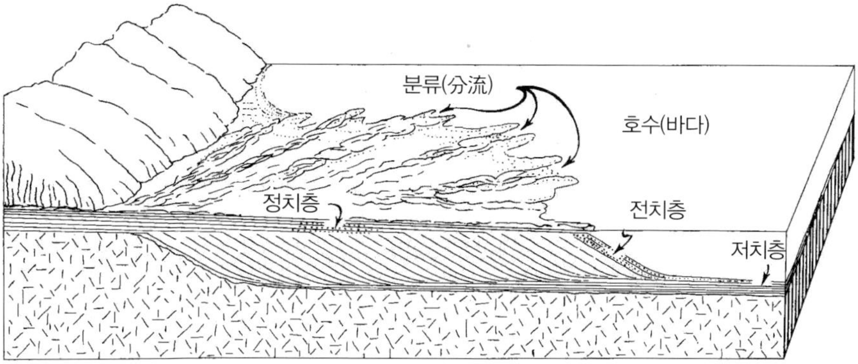

그림 5.82 삼각주 퇴적구조

바다(또는 호수)로 흘러드는 하천의 하구에서는 퇴적물이 다량으로 쌓여 삼각주가 만들어진다. 삼각주에는 흔히 정치층(頂置層, top–set bed), 전치층(前置層, foreset bed), 저치층(底置層, bottom–set bed)의 퇴적구조가 생겨난다(Strahler, 1969, p.455).

낮기 때문에 바다의 영향을 직접 받는 곳이다. 즉, 하부 삼각주는 하천의 영향으로 하천퇴적물도 쌓이지만, 이와 동시에 조류의 영향을 받아 바다 퇴적물이 쌓이는 삼각주이다. 따라서 하부 삼각주에는 간석지, 빈제(濱堤, beach ridge) 등 해안에서 볼 수 있는 지형들이 분포한다. 해저 삼각주는 늘 바닷물에 잠겨 있는 부분으로, 바다의 퇴적작용에 의해 생긴다. 하천에 의해 운반된 물질은 바다에 이르면, 유속이 급격히 떨어지면서 하천 물과는 무관하게 바닷물에 의해 재이동 퇴적된다. 이런 과정을 통하여 바닷물 속에 생겨나는 퇴적지형이 해저 삼각주이다.

삼각주의 퇴적물은 대체로 바다에 가까울수록 세립이며, 정치층(頂置層, top-set bed), 전치층(前置層, foreset bed), 저치층(底置層, bottom-set bed)의 퇴적구조를 보인다(그림 5.82). 정치층은 상부 및 하부 삼각주에 쌓이는 퇴적층인 데 비하여, 전치층과 저치층은 해저 삼각주에 쌓이는 퇴적층이다. 이들 퇴적층은 층리도 차이가 있다. 정치층과 저치층은 대체로 수평층인 반면, 전치층은 바다를 향하여 경사진 층구조를 보인다. 전치층의 경사는 조립질의 경우 20° 이상에 달하기도 한다.

우리나라의 대표적인 삼각주로 꼽히는 낙동강 삼각주의 경우도 하곡에 가까운 부분은 상부 삼각주, 그리고 바다에 인접한 부분은 하부 삼각주로 구분할 수 있다(그림 5.83, 권혁재, 1973; 조화룡, 1987, p.70). 상부 삼각주는 낙동강이 서강, 동강 등 여러 개의 물줄기로 갈라지면서 곳곳에 하천퇴적물을 쌓아 만든 하중도로 구성되어 있다.

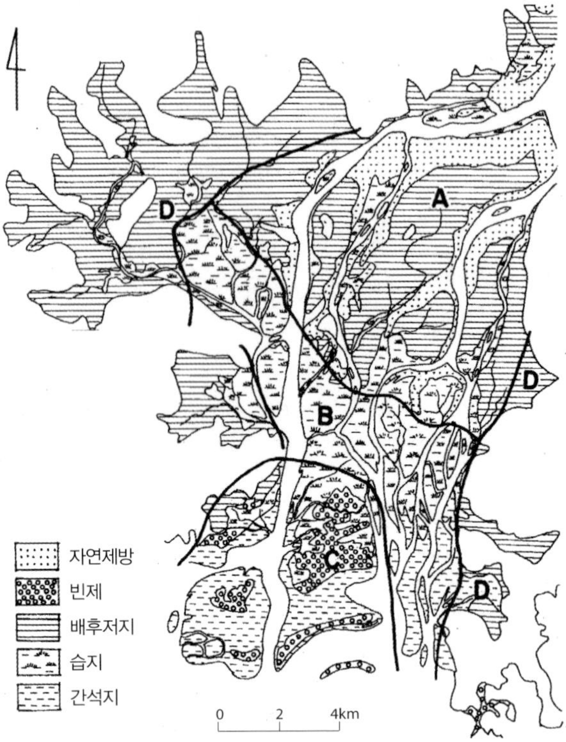

그림 5.83 낙동강 삼각주의 지형 구분

A: 상부내만 삼각주. B: 하부내만 삼각주. C: 해안성 삼각주. D: 삼각주성 주변 분지. 상부 삼각주는 A와 B, 그리고 하부 삼각주는 C이다(조화룡, 1987, p.70).

하중도는 기반암이 드러나 있는 곳도 있지만, 대체로 넓은 범람원이다. 그중 지면 고도가 높은 자연제방은 일찍부터 주거지와 농경지로 이용되어왔다.

이와는 달리, 하부 삼각주에는 지금은 거의 흔적을 찾기 어렵지만, 1970년대 이전만 하더라도, 2~3개의 빈제(濱堤)와 그 사이에는 간석지가 있었다. 당시에 빈제는 주거지나 공동묘지로 이용하기도 하였다. 하부 삼각주에 바로 인접한 바다에는 진우도, 신자도, 대마등 등의 사주섬들이 분포한다. 이들 사주섬의 장축이 하천의 유향(流向)을 직각 또는 대각선으로 가로지르는 것을 보면 하천으로부터 바다에 공급된 토사가 바닷물에 의해 다시 이동 퇴적되어 사주섬이 생겨난 것으로 보인다(김성한, 2005).

낙동강 삼각주에 대하여 지형 특징이 전형적인 삼각주와는 다른 것으로 보고 한

때 삼각주로 분류하는 것에 반대하는 학계의 의견도 있었다. 특히 기반암이 여러 곳에 드러나 있는 등 삼각주의 퇴적층이 두껍지 않고, 정치층, 전치층, 저치층의 퇴적구조가 나타나지 않는 점에서 미시시피강, 나일강 등 국제 간에 잘 알려진 삼각주와는 같지 않다는 것이 주된 이유였다. 그러나 근래의 학계에서는 삼각주가 바다나 호수에 흘러드는 강 하구에 생겨난 충적평야를 지칭하는 것으로 널리 사용하고 있으므로, 낙동강 하구 일대의 평야 지형에 대하여 성인에 관한 것을 구체적으로 논할 것 없이 삼각주라 부르는 것도 별 무리가 없을 것이다.

4) 하안단구

하안단구(河岸段丘, river terraces)는 과거에 하상 또는 범람원이었던 곳이 현재의 범람원 고도보다도 더 높은 곳에 위치한 계단 모양의 하천지형이다(그림 5.60, 5.84). 따라서 하천이 범람하더라도 물이 하안단구에 미치지 않는 경우가 대부분이다. 그러나 우리나라 하천은 하안에 제방을 쌓는 등 지형을 인위적으로 변형시킨 경우가 많아 낮은 고도의 하안단구는 범람원과 구분하기 어려운 것들도 적지 않다.

하안단구가 하천의 지형형성작용에 의해 생겨난 지형이라는 점을 강조하기 위하여 때로는 하안단구 대신에 하성단구(河成段丘, fluvial terrace)라는 용어를 사용하기도 한다. 그러나 하천의 지형형성작용과는 무관하게 지층구조 등의 영향으로 생겨난

그림 5.84 하안단구(오대천, 평창)

두 개의 계단상 지형 중 낮은 것(흰눈이 쌓인 곳)은 범람원, 높은 것(사진 중앙의 집들이 입지한 곳)은 하안단구이다. 하안단구의 단구애는 하천침식, 단구면은 하천퇴적(또는 하천침식)으로 생긴다.

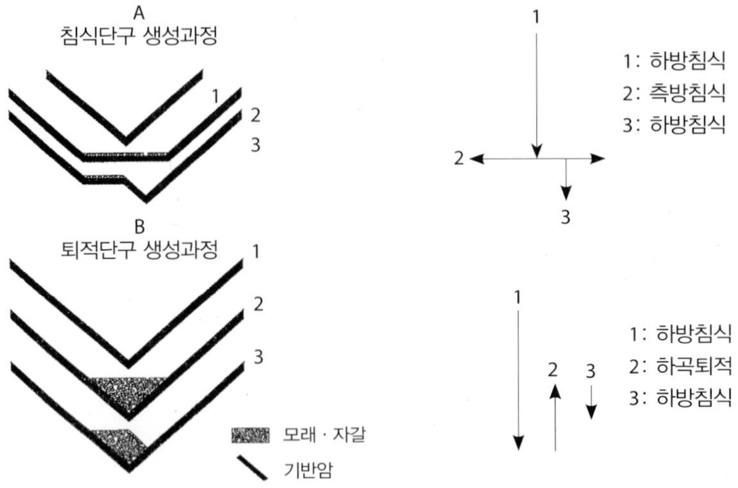

그림 5.85 침식단구와 퇴적단구

A: 침식단구(rock–floored terrace, strath terrace) 형성과정(1: 하방침식, 2: 측방침식, 3: 하방침식). B: 퇴적단구(accumulation terrace, fill terrace) 형성과정(1: 하방침식, 2: 하곡퇴적, 3: 하방침식)(Ahnert, 1998, p.184).

하안의 단구 지형에 대해서는 구조단구라 부르고 있으므로 하성단구란 용어를 사용하면서까지 하천에 의한 지형형성작용을 받은 단구라는 점을 강조하지 않아도 무방할 것이다. 하안단구는 단구면(段丘面, terrace surface)과 단구애(段丘崖, terrace scarp)로 이루어져 있다(그림 1.5, 5.84). 단구면은 지면 경사가 거의 없는 평탄한 지형이다. 단구면이 이와 같이 평탄한 것은 하천 침식작용이나 퇴적작용을 받았기 때문이다. 따라서 단구면 위에는 기반암이 하천침식을 받은 흔적이 있거나, 하천퇴적물이 기반암 위에 얹혀 있다(그림 5.85).

하안단구가 계단 모양을 이루는 것은 단구애가 있기 때문이다. 단구애는 단구면이 생길 때, 즉 범람원과 같은 곡저의 평야지형이 만들어질 때 형성되는 것이 아니라, 곡저의 평야지형이 침식을 받을 때 생겨난다. 다시 말하여 단구면과 단구애는 같은 시기에 생기는 것이 아니다(그림 5.85). 이와 같이 범람원을 포함하는 곡저평야가 침식을 받아 단구애가 생기면서 단구화되는 것은 지반융기 또는 해수면 하강 등으로 침식 기준면이 낮아지거나, 기후변화가 일어나 유량 및 퇴적물의 양이 달라지는 경우이다(그림 5.86, 5.87).

지반융기 또는 해수면 하강은 하천의 위치에너지를 증가시키는 것이므로, 결과적으로 하천의 침식력을 증대시켜 하상을 수직적으로 깎아대는 하각작용이 활발해진다. 그러나 하천의 어느 부분이든 똑같은 방식으로 하각작용이 진행되는 것은 아니며, 어느 부분에서는 침식 또 어느 부분에서는 퇴적이 진행되면서 전체적으로는 점차 하상이 낮아지는 방식으로 하각작용이 일어난다. 또한 어느 부분에서 하각작용이 일어나게 되면, 그것에 인접한 직상류는 하천경사가 상대적으로 급해지는 것이므로, 하천침식은 상류 방향으로 진행된다. 이러한 하천침식을 두부침식(頭部浸蝕, headward erosion)이라 한다. 이와는 달리, 하각작용이 일어난 곳의 직하류는 오히려 하천 경사가 감소하여 퇴적이 일어난다. 하각작용과 두부침식이 이러한 방식으로 계속되면, 하도 주변의 범람원은 하상 비고가 점차 커지게 되어 홍수 시에도 물이 잘 넘치지 않는 땅, 즉 하안단구로 변하게 된다.

지반융기나 해수면 하강은 침식기준면을 낮추어 하천침식을 강화하는 방향으로 작용하므로 하안단구의 형성에 중요한 역할을 한다. 이와 같이 하안단구가 지반융기에 의해 영향을 받아 생겨나는 지형이라면, 역으로 이러한 하안단구를 통하여 지반융기의 양상을 밝힐 수도 있다.

지반융기와는 달리, 해수면 하강이 하안단구에 미치는 영향은 하천의 하류지역에 국한된다. 또한 해수면 하강을 포함한 해수면 변동은 기후변화와 관련된 현상이므로 하안단구에 미치는 영향이 지반운동에 의한 것보다는 더 복잡한 양상을 띤다(그림 5.86). 기후변화라면, 제4기의 기후변화, 즉 빙하기와 간빙기의 반복과 관련된 기후변화가 중요하다. 이러한 기후변화는 해수면 변동만 초래하는 것이 아니라, 육상의 풍화 및 침식 작용에도 영향을 미친다. 다시 말하여, 빙하기 동안 하천의 상류에 해당되는 중·고위도 지방의 높은 산지에서는 빙하 또는 주빙하 환경하에 놓이게 됨으로써 식생은 감소하고 물리적 풍화가 활발해진다. 따라서 지면에는 암설 중심의 풍화산물이 많아지고, 이들의 상당수는 솔리플럭션(solifluction) 등으로 하천에 공급되지만, 하천은 유량이 적어 퇴적물을 효과적으로 운반해 가지 못한다. 이와 같은 일이 지속되면, 하곡은 조립퇴적물로 메워지게 되므로, 그 이전에 하안단구가 있었을지라도 퇴적물로 매몰되고 단지 넓은 범람원만이 하곡에 자리를 잡게 된다(그림 5.86의 B와 C). 이와는 달리, 간빙기가 되면 기후가 온화해지면서 강수량도 대체로 증가한다. 또

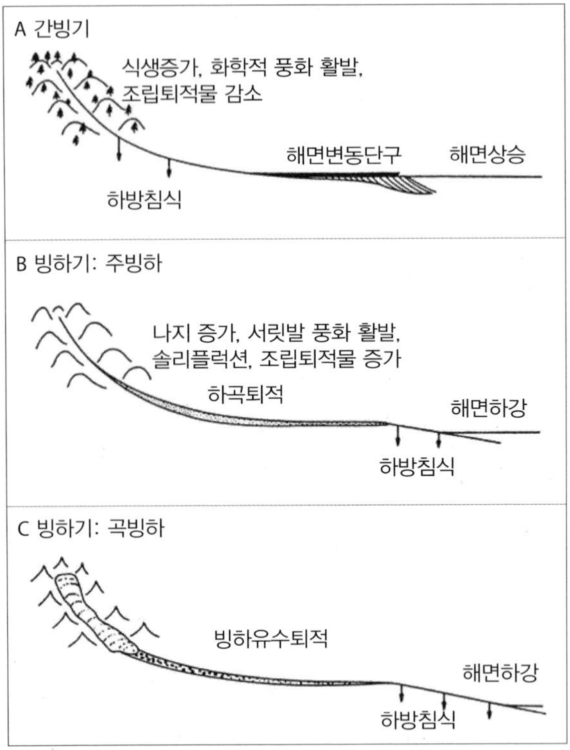

그림 5.86 제4기 기후변화와 하천지형 변화

A: 간빙기. 상류: 식생 증가, 화학적 풍화 활발, 조립퇴적물 감소, 유량 증가로 하천침식 활발 → 하안단구 생성. 하류: 해수면 상승, 유로 단축, 하천퇴적 활발 → 기존 하안단구 매몰, 새로운 범람원 생성. B: 빙하기(주빙하). 상류: 식생 감소, 물리적 풍화 활발, 솔리플럭션, 조립퇴적물 증가, 유량 감소로 하천퇴적 활발 → 기존 하안단구 매몰, 새로운 범람원 생성. 하류: 해수면 하강, 유로연장, 하천침식 활발 → 하안단구 생성. C: 빙하기(곡빙하). 상류: 빙하유수성 평야 생성. 하류: 해수면 하강, 유로연장, 하천침식 활발 → 하안단구 생성(Chorley *et al*., 1984, p.357. 원자료: Clayton, 1977, p.157).

한 고산지의 산 사면에서는 식생이 많아지고, 물리적인 풍화보다는 화학적인 풍화가 우세해진다. 따라서 산지로부터 하천에 공급되는 퇴적물은 조립질보다는 세립질이 더 많아지며 퇴적물의 총량이 줄어든다. 그런 반면에 하천의 유량은 증가하기 때문에 하천침식이 활발해지며 계곡 내의 범람원은 침식을 받게 되어 하안단구가 생겨난다(그림 5.86의 A). 이와 같이 빙하기 및 간빙기의 기후변화에 의해 생겨난 단구를 기후단구(climatic terrace)라 부른다.

그러나 이와 같은 하천지형의 변화는 주로 하천의 중·상류에서 나타나는 것이며, 하천의 하류는 이와는 정반대의 지형형성과정을 겪게 된다. 기후가 한랭해지는 빙하기에는 빙하가 늘어나면서 바닷물이 줄어 해수면이 낮아진다. 조사에 의하면, 지난 마지막 빙하기 동안에 해수면이 심지어 약 140m 낮아졌다고 한다. 이와 같이 해수면이 낮아지면, 하천의 하구에서는 과거 바다 속이었던 땅으로 유로가 더 연장되면서, 그 이전에 범람원이 있었던 하구 및 하류 지역에서는 하천침식이 활발해진다. 그 결과 범람원이 하안단구로 변화된다(그림 5.86의 B와 C). 이런 과정을 거쳐 생겨나는 하안단구를 해면변동단구(thalassostatic terrace)[15]라 부른다. 우리나라에서는 동해안의 하안단구 중에 이와 같은 해면변동에 의한 퇴적과 침식이 작용하여 생성된 단구들이 있는 것으로 알려진다. 포항 냉천의 하류에 발달된 하안단구는 그러한 좋은 예이다(최성길, 1991).

빙하기 때와는 달리, 간빙기 동안에는 해수면이 상승하게 되므로, 빙하기 동안에 하구나 하류였던 곳은 다시금 바닷물에 잠길 뿐만 아니라, 과거에 단구였던 하구 및 하류 주변 일대도 자주 범람하면서 하천으로부터 운반된 다량의 퇴적물이 쌓이게 된다. 이것은 결국 이미 있던 하안단구마저 새롭게 쌓이는 퇴적물에 매몰되게끔 만들고, 그 결과로 하구 일대에는 넓은 충적평야가 생겨난다(그림 5.86의 A).

이상과 같이 기후변화와 관련된 단구들은 대체로 하천의 양안에 걸쳐 거의 비슷한 하상 비고를 가진 짝단구(paired terrace)를 이루는 경우가 많다(그림 5.87의 A). 그러나 하안단구는 반드시 기후변화나 지반융기가 전제되지 않더라도 형성된다는 점에 유의할 필요가 있다. 다시 말하여, 유량이나 퇴적물의 변화를 초래하는 유역분지의 변화나, 지반융기 또는 해수면 변화가 없어도 하천침식이 장시간에 걸쳐 진행되면 하안단구가 생겨난다. 이와 같은 단구들은 대체로 규모가 크지 않으며, 동일한 고도의 단구는 하안의 한쪽에서만 나타난다. 즉, 양안에 단구들이 있어도 하상 비고가 서로 같지 않은 것이 특징이다. 이러한 단구를 외짝단구(unpaired terrace)라 부른다(그림 5.87의 B).

하안단구는 분류 기준에 따라 여러 가지로 구분할 수 있다. 형성 원인을 기준으로 퇴적단구(fill terrace, depositional terraces)와 침식단구(strath terrace, erosional terrace)로 구분하는 경우가 일반적이다(그림 5.88). 퇴적단구는 말 그대로 하천퇴적으로 생긴 단구

---

15 'thalasso'는 그리스어로 바다(sea)를 뜻한다.

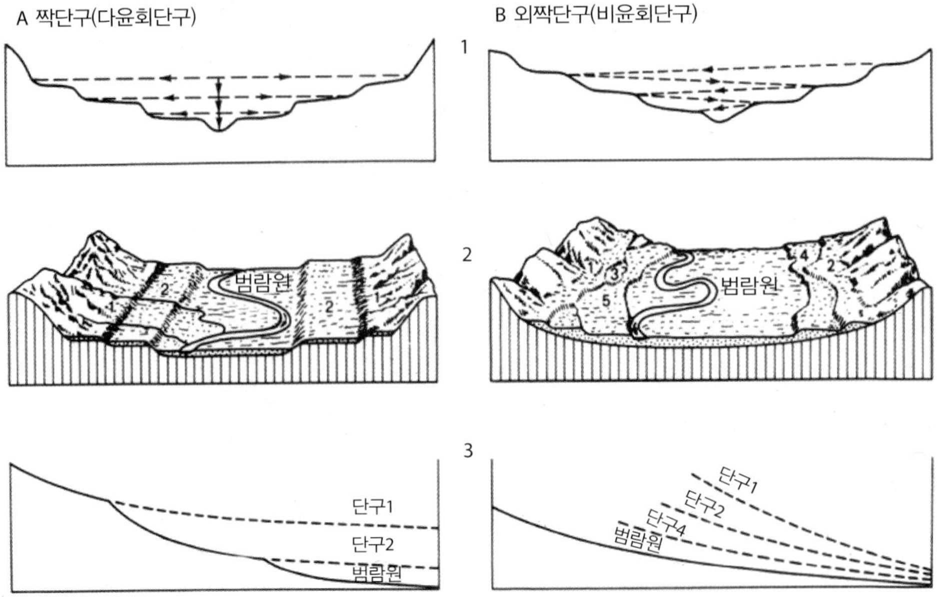

그림 5.87 짝단구(다윤회단구)와 외짝단구(비윤회단구)

1. 하안단구 형성과정, 2. 하안단구 분포, 3. 하안단구 종단곡선. A: 짝단구(다윤회단구)는 해수면 하강, 지반융기에 의해 하천침식력이 강화되어 범람원(또는 곡저평지)이 하천의 하각작용 및 두부침식을 받을 때 생긴다. 이러한 하각작용 및 두부침식은 상류 방향으로 진행되면서 점차 영향력이 약화된다. 그와 동시에 침식으로 한 단계 낮아진 하상에서는 다시금 측방침식 및 퇴적작용이 활발해지면서 또 다른 곡저평지가 생겨난다. 이러한 과정이 되풀이되면 하천의 양안 사면에 동일한 고도의 단구들이 계단상으로 분포하게 된다. B: 외짝단구(비윤회단구)는 해수면 하강이나 지반융기의 영향을 크게 받지 않는 가운데 하천이 곡저평지를 좌우로 이동하면서 서서히 침식할 경우 생겨난다. 이때 생성된 하안단구는 하곡의 양안 사면에 분포하지만 그 높이가 서로 일치하지 않는 것이 특징이다(Chorley *et al*., 1984, p.356. 원자료: Sparks, 1972, pp.296–297; Thornbury, 1969, p.157).

인데, 단구 퇴적층은 범람원 퇴적층과 다르지 않다(그림 5.88의 B, 그림 5.89의 왼쪽 사진). 다만, 경사 급한 산지에 인접해 있는 경우에는 사면으로부터 퇴적물이 내려와 쌓이기 때문에 흔히 범람원 퇴적층 상부에 사면퇴적물이 얹혀 있다. 이와는 달리, 침식단구는 과거에 하상 암반이었던 곳이 단구화된 경우이다. 그러나 하상 암반이라 하더라도 다소간의 퇴적물이 쌓이게 마련이므로, 침식단구일지라도 하천퇴적물이 덮여 있다(그림 5.88의 A, 그림 5.89의 오른쪽 사진). 문제는 퇴적물의 두께인데, 대체로 수 m 이내로 얇은 것이 특징이다. 이와 같이 단구에 퇴적물이 얹힌 경우에는 퇴적단구인지 침식단구인지 구분하기 어려운 경우도 있다. 대체로 드러난 노두의 반 이상에 걸쳐 퇴적층이 나타나면 퇴적단구, 그와는 반대로 기반암이 절반 이상의 두께로 나타나면

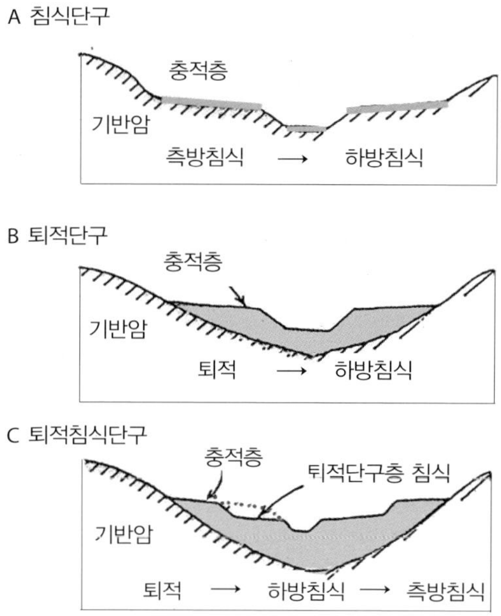

그림 5.88 하안단구 종류

A: 침식단구(기반침식면 위에 단구퇴적층이 얇은 것이 특징), 측방침식으로 곡저평지가 넓어진 이후 하방침식이 활발해질 경우. B: 퇴적단구(옛 범람원이 단구화된 것으로 퇴적층이 두꺼움), 하곡의 퇴적 이후 하방침식이 진행될 경우. C: 퇴적침식단구(퇴적단구가 다시금 침식받아 생겨남), 하곡의 퇴적 이후 하방침식, 그리고 다시금 측방침식이 진행될 경우(Easterbrook, 1969, p.188).

침식단구로 구분한다.

하안단구는 하천이 있는 곳이면 세계 어느 곳에서도 관찰할 수 있는 흔한 하천 지형이다. 우리나라에서도 대부분의 하천에서 규모와 특징이 다른 하안단구들을 찾아볼 수 있다. 특히 강원도와 같이 산지가 많은 곳에서는 평탄한 지형이라고 해야 거의 전부가 범람원 아니면 하안단구이기 때문에 하안단구는 범람원과 더불어 주민들의 주된 주거지와 농경지로 이용된다.

단구애의 비고가 커서 단구 형태가 매우 분명한 단구들은 우리나라에서는 감입사행하곡이 발달한 한강, 낙동강 등 대하천의 중·상류에서 널리 나타난다(그림 5.90, 5.91). 그중 남한강의 덕포리-하송리(영월), 여량리(정선), 덕송리(정선) 등지의 단구들은 그 존재가 일찍부터 학계에 잘 알려졌다(임창주, 1989). 그러나 하안단구는 하천의 중·상류에서만 나타나는 것은 아니며, 한강 본류와 같이 해발고도가 낮은 곳에서도 분포한다. 팔당협곡 하류인 범말 부락 일대는 그 좋은 사례이다(그림 5.92). 이곳의 단

그림 5.89 퇴적단구와 침식단구의 단면

왼쪽 사진: 퇴적단구, 한탄강 하안, 전곡. 오른쪽 사진: 침식단구, 군선강 하안, 강릉. 단구애 높이의 절반 이상이 퇴적층이면 퇴적단구, 그 이하이면 침식단구로 구분한다. 그러나 야외에서 위의 사진에서처럼 단구애의 단면을 볼 수 있는 경우가 많지 않기 때문에 그 구분이 쉽지 않다.

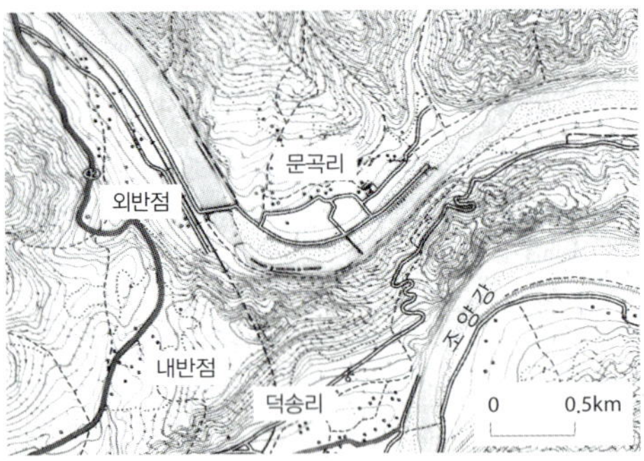

그림 5.90 하안단구(조양강, 남한강의 지류, 정선)

하안사면에서 등고선 간격이 넓은 곳이 하안단구(내반점, 덕송리)이다. 이곳에서는 2단 내지 3단의 단구를 관찰할 수 있으며, 높은 단구는 하상 비고가 100m 이상에 달한다.

그림 5.91 하안단구 퇴적층(내반점, 조양강 하안사면, 정선)

하상 비고 100m 이상의 고도에 분포하는 하안단구 퇴적층으로 자갈(원력, 아원력)이 많고, 사층리도 관찰된다. 옛 조양강의 하상역층으로 추정된다.

구는 단구애의 고도가 비고 3~4m 정도에 불과하지만, 그 형태가 분명하며 단구면의 규모가 커서 과거에는 '범말'이라는 자연부락이 입지한 바 있으며, 현재는 대규모 아파트 단지(서울 강동구 하일동 및 하남시 미사동)가 들어서 있다. 단구 퇴적층은 단구애를 따라 드러나 있는데, 퇴적층의 하부에는 한강과 같이 큰 강에서나 볼 수 있는 둥근 자갈(圓礫)이 많으며, 상부에는 강이 범람할 때 수직으로 쌓이는 모래, 이토, 점토 등 세립퇴적물이 많다. 이 밖에도 계단상의 형태가 분명한 하안단구들은 태백산지에서 발원하여 동해로 흘러드는 많은 하천들에서도 잘 관찰된다. 쌍천, 군선강, 신리천, 청간천 등이 그 좋은 예이다.

그림 5.92 한강 하류의 하안단구

왼쪽 지도에 하안단구로 표시된 곳(●)(옛 자연부락 범말 일대: 하남시 망월동과 강동구 하일동의 경계 지역)은 현재 대규모 아파트 단지가 들어서 있다. 건설공사 시 드러난 노두(오른쪽 사진)를 보면, 퇴적층 하부에는 하상역층, 상부에는 모래층이 쌓여 있다. 모래층에 대해 OSL 연대측정을 한 결과, 약 4만 년 전에 한강이 이곳을 흘렀던 것으로 추정된다(지도: 국토지리정보원, 1:50,000).

5) 하천침식지형

하천의 침식작용은 크게 볼 때, 하방침식(下方浸蝕, downward erosion),[16] 측방침식(側方浸蝕, lateral erosion), 두부침식(頭部浸蝕, headward erosion)으로 나눌 수 있다.

하방침식은 하천 물에 의해 하상퇴적물이나 암반이 침식을 받아 하상의 수직 고도가 낮아지는 현상이다. 이러한 하상침식은 하폭이 좁아지거나 하상경사가 급한 곳처럼 상대적으로 에너지가 큰 물이 영향을 미치는 하상에서 활발하다. 이밖에도 하도 내에서 나선형으로 회전하는 물 흐름도 하방침식을 일으키는 원인이 된다(그림 5.24). 이러한 물 흐름 중에 하방침식은 하상에서 수면을 향하여 상승하는 물보다는 수면에서 하상을 향하여 침강하는 물 흐름에 의해 발생한다. 여울보다는 소(沼)의 수심이 깊은 것도 소에서 침강하는 물 흐름이 지배적으로 나타나기 때문이다.

---

16 하각(下刻) 또는 하각작용(下刻作用)이라고도 한다.

그림 5.93 하천침식으로 생겨난 V자곡(옐로스톤, 미국)

중앙 상단: 옐로스톤 폭포. 하천이 기반암을 활발하게 침식하는 곳에서는 V자곡과 직류하도가 잘 발달한다.

그림 5.94 캐스케이드 폭포(황지천, 구문소 상류, 태백)

황지천의 사행목이 절단된 이후 두부침식이 진행되면서 캐스케이드 폭포(계단식 폭포)가 생겨났다.

하안침식은 유로에 접한 하안이 수평적으로 침식받는 현상이다. 하천의 유로가 측방 이동하면서 곡류하는 것도 바로 이러한 하안침식에 의한 것이다. 측방침식은 최심하상선이 하안에 좀 더 근접해 있으면서 침강하는 물 흐름이 지배적인 공격사면에서 가장 활발하다. 이와는 달리 그 반대쪽에 위치한 활주사면에서는 침식보다는 퇴적이 활발하기 때문에 하안톱과 같은 퇴적지형이 생겨난다(그림 5.51). 하안침식은 하안의 구성물질과도 관련이 있다. 점토보다는 모래, 자갈 등 점성이 낮은 물질로 이루어진 하안에서 침식이 더 활발하다. 점성이 낮은 물질은 침식에 약하기 때문이다. 하상 및 하안이 모래와 자갈 중심인 곳에서 망류하천이 잘 발달하는 것도 그런 곳에서는 하안침식이 더 잘 일어나기 때문이다.

두부침식은 하천침식이 하류에서 상류 방향으로 진행되는 것을 일컫는다. 두부침식이 활발한 곳은 대체로 하상 경사가 급한 곳이며, 그런 곳에는 흔히 폭포(water fall)나 큰 여울이 발달한다(그림 5.93, 5.96). 폭포나 큰 여울은 암맥이 하천을 가로질러 놓인 곳, 성질이 다른 암석들의 경계지, 단층이 발생한 곳, 지반이 융기하는 곳 등에서 잘 생겨난다. 이러한 폭포 중에는 층계 모양으로 여러 개의 작은 폭포들이 연이어 발달한 캐스케이드(cascade) 폭포(階段式 瀑布)도 있다(그림 5.94).

폭포는 에너지가 센 물이 흐르는 곳이기 때문에 침식이 활발하여 다른 곳에서 보기 어려운 독특한 하식(河蝕)지형들이 생겨난다. 물이 떨어져내리는 폭포의 하단부

그림 5.95 폭포와 폭호(비룡폭포, 설악산)

폭포 하단부에 와류가 생기면서 침식이 일어나 원형의 폭호(瀑壺, plunge pool)가 생겨났다.

그림 5.96 두부침식으로 생긴 폭포(직탕폭포, 한탄강, 철원)

층을 이루어 쌓인 용암으로 인하여 폭포 상부의 하상은 비교적 평탄하다. 폭포가 수직인 것은 용암의 주상절리 때문이다.

에는 강한 수압과 함께 물의 소용돌이가 발생하면서 침식이 일어나 폭호(瀑壺, plunge pool)라 불리는 원형 내지 타원형의 소(沼)가 발달한다(그림 5.95). 또한 폭포가 걸린 기반암의 하부에서도 물의 소용돌이에 의해 기반암의 하부가 상류 쪽으로 패여 나가는 두부침식이 일어난다. 이러한 두부침식 때문에 폭포가 걸쳐 있는 기반암은 경사가 커지면서 불안정해져 때로는 그 일부가 자체 무게를 이기지 못하고 무너지기도 한다. 그런 암반 붕괴가 반복되면 폭포의 형태가 달라지면서 폭포의 위치도 보다 상류 방향으로 이동한다. 그러나 나이아가라 폭포의 경우처럼 수평층(상부층은 단단한 석회암, 하부층은 약한 셰일)이 넓은 범위에 걸쳐 분포하는 곳에서는 두부침식에 의하여 폭포가 상당한 거리를 상류로 이동할지라도 폭포의 급사면이 유지되기도 한다.

하상의 기반암이 하천 물에 의해 침식받는 것은 여러 요인에 의해 일어난다. 무엇보다도 기반암이 풍화를 받아 물에 의해 침식받기 쉬운 상태로 변질되는 것이 기반암 침식에 적지 않은 영향을 미친다. 또한 그것 못지않게 하상의 자갈들이 물에 의해 운반되는 과정에서 기반암에 부딪치면서 기반암을 깎고 갈아대는 마식작용이 일어나 기반암이 침식을 받는다. 마식작용으로 생겨난 하상의 침식지형 중에는 냄비나 솥처럼 둥글게 패인 포트홀(pothole)이 잘 알려져 있다(그림 5.97, 5.98, 5.99). 포트홀은 생김새가 나마(gnamma)와도 비슷하다(그림 3.20). 그러나 나마는 풍화로 생기는 풍화지형인 데 비하여, 포트홀은 마식에 의한 침식지형이라는 점에서 성인이 서로 다르

그림 5.97 포트홀(화천)

사진 오른쪽 화강암 암반 위의 구멍 지형이 포트홀인데, 이는 고수위 시에 물이 흐르면서 그에 실려온 자갈에 의해 마식을 받아 생겨난 것이다.

그림 5.98 하상침식(교동가마소, 포천)

용암이 군데군데 패인 것은 수위가 현재보다 더 높았을 당시에 이곳을 흐르던 하천에 의해 침식을 받았기 때문이다. 그중에는 하상 자갈에 의해 갈린 원형 내지 타원형의 포트홀이 많다.

그림 5.99 하상침식과 포트홀(고석정, 한탄강, 철원)

왼쪽 사진의 사각형 부분을 근접 촬영한 오른쪽 사진을 보면, 한탄강 하상이 현재보다 높았을 당시에 하천 물이 흐르면서 암반(화강암)을 깎아 만든 포트홀(점선 부분, 직경 약 1.5m)이 있으며, 그 상부에는 물이 넘어온 통로였던 두 개의 안부(鞍部)가 보인다. 이들 지형이 있는 곳은 현 하천 수위보다 3~4m 정도 높은 곳이어서 홍수 시를 제외하고는 물이 닿지 않는 곳이다.

다. 이동하는 자갈에 의한 기반암의 마식은 하천뿐만 아니라, 해안에서도 파랑에 의해 일어나기 때문에 해안의 파식대 위에서도 포트홀을 찾아볼 수 있다(그림 6.36).

지반 융기 등의 원인으로 하천의 하각작용과 두부침식이 활발하게 일어나는 곳에서는 옛 하상이 물 위로 드러나 하안단구나 구릉지를 이루기도 한다. 그런 곳 중에는 옛 하상의 흔적인 포트홀이 남아 있는 경우도 있다. 이러한 포트홀은 옛 하천의 남아 있는 역사 기록과 마찬가지이므로 이를 토대로 옛 하천의 유로 변화 또는 침식

그림 5.100 자연교(자연교 국립기념물, 미국)

하천이 기반암인 사암층을 침식하여 만든 자연교(自然橋, natural bridge)로 흔히 감입사행천의 사행목에 동굴이 생기면서 사행이 절단될 때 잘 생겨난다. 이와 형태가 유사한 것으로 아치(arch)가 있다. 그러나 아치는 풍화로 인하여 구멍이 생긴 것이므로 성인은 같지 않다.

과정을 유추해낼 수 있다(그림 5.99).

지반의 융기로 인하여 하각작용이 활발한 곳에서는 하천의 물길이 그대로 기반암을 뚫고 들어가듯이 하식이 진행되기도 한다. 그런 곳에는 예외 없이 협곡(gorge, canyon)이나 감입하곡(嵌入河谷, incised valley)이 발달된다. 감입하곡 중에는 때로는 하천이 기반암에 하식동굴이나 자연교를 만들면서 기반암 속을 가로질러 통과하기도 한다. 이러한 모습은 사암이나 석회암이 있는 곳에서 잘 나타난다.

미국의 자연교 국립기념물(Natural Bridges National Monument)은 이름 그대로 자연교가 많은 곳으로 잘 알려진 곳이다(그림 5.100). 우리나라에서도 그처럼 많은 것은 아니지만, 낙동강의 상류인 황지천에서 하천이 석회암 동굴 속을 관통하여 흐르는 모습을 찾아볼 수 있다(그림 5.55). 석회암 지역에서 하천이 관류하는 동굴이 생기는 것은 석회암이 물에 의해 용식을 받기 때문이다. 일단 용식을 받아 석회암에 구멍이 생기면 그곳으로 하천 물이 더 많이 흘러들기 때문에 하식과 풍화가 더욱 활발히 일어나 구멍이 점차 커져 동굴이 된다. 이러한 동굴은 천장을 지지하고 있던 암석들이 하중을 견디지 못하고 무너져내리기 때문에 점차 자연교와 같은 모습으로 달라진다. 이와 같이 생성된 자연교 또한 시간이 지남에 따라 결국은 붕괴되면서 자연교 자리에는 새로운 하곡이 생겨난다. 황지천은 동점동 일대에서 사행하도의 목 부분에 동굴이 뚫리면서 하천 물이 전부 동굴로 빠져나가는 형태로 감입사행하도의 절단이 일어났다. 이와 같이 동굴이 생기면서 감입하곡이 절단된 것인지는 가리기 어렵지만, 감입하곡이 절단된 모습은 우리나라의 한강이나 낙동강 중·상류에서도 드물지 않게 찾아볼 수 있다.

참고문헌

권혁재, 1973, 낙동강 삼각주의 지형연구, 지리학, 대한지리학회, 8, 8-23.

김만규, 2016, 홍천 내촌천의 하곡과 사력퇴의 발달양상, 한국지형학회지, 23(4), 43-55.

김성환, 2005, 낙동강 하구둑 건설과 삼각주연안 사주섬 지형변화, 서울대학교 박사학위논문.

김용전, 이찬주, 2014, 내성천의 하도변화 분석: 영주댐 건설 이전(1970~2011), 한국지형학회지, 21(1), 17-31.

김종연, 김주용, 2005, 하남시 일대 한강 하류 하천 퇴적층의 연구 1: 퇴적층의 특징에 대한 고찰, 한국지형학회지, 12(4), 43-54.

김종욱, 1983, 사천 와룡산 서쪽 산록면의 형상과 형성과정에 관한 연구, 지리학논총, 서울대학교 사회과학대학 지리학과, 10, 359-369.

김종욱, 1991, 하천지형 발달에 관여하는 주요 변수들간의 기능적인 관계에 관한 연구, 지리학, 대한지리학회, 26(1), 1-29.

김종욱, 1998, 로키 산맥 소하천의 조립질 하상퇴적물에 관한 연구, 대한지리학회지, 33(1), 1-16.

김종욱, 1999, 영서 및 영동 하천의 하상퇴적물의 입경과 하도 경사에 관한 연구, 대한지리학회지, 34(4), 355-370.

김진관, 양동윤, 김주용, 박종관, 2004, 유량-탁도 관계를 이용한 산지 소하천에서의 토사유출량 산정에 관한 연구, 한국지형학회지, 11(3), 25-36.

김태호, 2004, 제주지방-자연 및 생태환경, 한국지리지 전라·제주편, 546-548.

박동원, 1985, 남한강에 있어서 하계망과 지질구조선의 관계에 관한 연구, 지리학논총, 서울대학교 사회과학대학 지리학과, 12, 99-109.

박종관, 2005, 유역지형학적 관점에서 본 영국의 하천복원 관리 기법, 한국지형학회지, 12(1), 151-166.

박지훈, 2005, 강릉 사천천 곡저 퇴적물의 화분분석, 한국지형학회지, 12(3), 69-77.

박희두, 1995, 충주분지의 지형분석: 퇴적물 분석을 중심으로, 한국지형학회지, 2(1), 21-42.

반용부, 1986, 낙동강 삼각주의 지형과 표층퇴적물 분석, 경희대학교 박사학위논문.

성효현, 이자영, 2000, 하천유역구분을 위한 DEM 구축기법에 관한 연구: 대전시 건천 유역을 사례로, 한국지형학회지, 7(2), 1-12.

손명원, 1993, 낙동강 상류와 왕피천의 하안단구, 서울대학교 박사학위논문.

손일, 탁한명, 박경, 2008, 합천 대병고원의 하천쟁탈에 관한 연구, 한국지형학회지, 15(3), 35-47.

송언근, 조화룡, 1989, 한국에 있어서 감입곡류 하천의 분포 특성, 한국제4기학회지, 3(1), 17-54.

신현정, 유호상, 이관홍, 2012, 형태적 수렴 특성을 이용한 하구 분류, 한국지형학회지, 19(3), 1-22.

양희경, 2001, 산지하천의 하도지형 발달 연속체에 관한 연구: 경기도의 수입천과 조종천을 사례로, 한국지형학회지, 8(1), 27-38.

윤순옥, 사이토 쿄지, 황상일, 오구치 다카시, 다나카 유키야, 2010, 한반도 남부 선상지 계량적 지형 특성과 일본, 타이완, 필리핀 선상지와의 비교연구, 대한지리학회지, 45(4), 431-443.

이민부, 이광률, 김남신, 2005, 추가령 열곡 내 포천 이동 선상지의 지형 형태 분석, 한국지형학회지, 12(2), 1-10.

이의한, 2011, 범람원과 삼각주, 한국지형학회지, 18(2), 15-23.

이진용, 2009, 양구군 해안분지 지역에 대한 수리지질 및 수문학적 연구의 중요성, 지질학회지, 45(4), 405-414.

이찬주, 2018, 내성천 하도의 장기 변화 분석: 지형 및 지표피복을 중심으로, 서울대학교 박사학위논문.

임창주, 1989, 남한강의 하안단구에 관한 연구, 동국대학교 박사학위논문

장재훈, 1984, 한국의 산록완사면에 관한 지형연구, 경희대학교 박사학위논문.

장재훈, 2002, 한국의 화강암 침식지형, 성신여자대학교출판부.

장호, 최성길, 김주용, 신현조, 2007, 한반도 남동부 하서천 유역의 하성단구 분포와 형성연대, 한국지형학회지, 14(1), 1-13.

조화룡, 1987, 한국의 충적평야, 교학연구사.

최성길, 1991, 한국 동해안 냉천 하구부의 해면변동단구와 영일만 북안의 해성단구, 지리학논집, 17(1), 61-73.

황상일, 1998, 경주 하동 주변의 선상지 지형 발달과 구조운동, 한국지형학회지, 5(2), 189-200.

Ahnert, F., 1998, *Introduction to Geomorphology*, London, Arnold, 135-219.

Anderson, M. G., Walling, D. E. and Bates, P. D.(eds.), 1996, *Floodplain Processes*, New York, John Wiley & Sons.

Andrews, E. D., 1980, Effective and bankfull discharges of streams in Yampa River Basin, Colorado and Wyoming, *Journal of Hydrology*, 46, 311-330.

Baker, V. R., Kochel, R. C. and Patton, P. C.(eds.), 1988, *Flood Geomorphology*, New York, John Wiley & Sons.

Bloom, A. L., 1998, *Geomorphology: a systematic analysis of Late Cenozoic landforms*, New Jersey, Prentice Hall, 199-275, 280-285.

Bourne, J. A. and Twidale, C. R., 1998, Pediments and alluvial fans: genesis and relationships in the western piedmont of the Flinders Ranges, South Australia, *Australian Journal of Earth*

Sciences, 45(1), 123-135.

Brown, A. G. and Quine, T. A.(eds.), 1999, *Fluvial Processes and Environmental Change*, New York, John Wiley & Sons.

Bull, W. B., 1964, Geomorphology of segmented alluvial fans in western Fresno County, California, *United States Geological Survey Professional Paper*, 352E, 89-128.

Bull, W. B., 1968, Alluvial fans, *Journal of Geological Education*, 16, 101-106.

Bull, W. B., 1977, The alluvial fan environment, *Progress in Physical Geography*, 1, 222-270.

Bull, W. B., 1991, *Geomorphic Responses to Climatic Change*, Oxford, Oxford University Press.

Büdel, J., 1957, Die Doppleten Einebnungsflächen der feuchten Tropen, *Zeitschrift für Geomorphologie*, *N. F.*, 1, 201-228.

Büdel, J., 1981, *Klima Geomorphologie*, Berlin, Gebrüder Borntraeger, 188-196.

Chang, H., 1987, *Geomorphic development of intermontane basins in Korea*, Ph. D. Dissertation, Tsukuba University.

Cheong, C. S., Hong, D. G., Lee, K. S., Kim, J. W., Choi, J. H., Murray, A. S., Chwae, U., Im, C. B., Chang, C. J. and Chang, H. W., 2003, Determination of slip rate by optical dating of fluvial deposits from the Wangsan fault, SE Korea, *Quaternary Science Review*, 22, 1207-1211.

Chorley, R. J., Schumm, S. A. and Sugden, D. E., 1984, *Geomorphology*, London, Methuen, 1-16, 278-370.

Chow, V. T., 1959, *Open-Channel Hydraulics*, New York, McGraw-Hill.

Clayton, K. M., 1977, River terraces, in Shotton, F. W.(ed.), *British Quaternary Studies*, Oxford, Oxford University Press, 152-167.

Disse, M. and Engel, H., 2001, Flood events in the Rhine Basin: genesis, influences and mitigation, *Natural Hazards*, 23, 271-290.

Doehring, D. O., 1970, Discrimination of pediments and alluvial fans from topographic maps, *Bulletin of Geological Society of America*, 81, 3109-3116.

Dune, T. and Leopold, L. B., 1978, *Water in Environmental Planning*, New York, W.H. Freeman and Company, 493-505.

Easterbrook, D. J., 1969, *Principles of Geomorphology*, New York, McGraw-Hill, 188.

Ferguson, R. I., 1993, Understanding braiding processes in gravel-bed rivers: progress and unsolved problems, in Best, J. L. and Bristow, C. S.(eds.), *Braided Rivers*, Special Publication of the Geological Society of London, 75, 73-87.

Gilbert, G. K., 1877, *Report on the Geology of the Henry Mountains*, United States Department of the Interior, Washington DC.

Gregory, K. J. and Walling, D. E., 1973, *Drainage Basin and Form and Process: a geomorphological approach*, London, Edward Arnold.

Gurnell, A. and Petts, G.(eds.), 1995, *Changing River Channels*, New York, John Wiley & Sons.

Hack, J. T., 1957, Studies of longitudinal stream profiles in Virginia and Maryland, *United States Geological Survey Professional Paper*, 294B.

Happ, S. C., Rittenhouse, G. and Dobson, G. C., 1940, Some principles of accelerated stream and valley sedimentation, *Technical Bulletin of the United States Department of Agriculture*, 695, 22-31.

Hey, R. D., Bathurst, J. C. and Thorne, C. R.(eds), 1982, *Gravel-Bed Rivers*, New York, John Wiley & Sons.

Hjulström, F., 1935, Studies of morphological activity of rivers as illustrated by the River Fyris, *Bulletin of the Geological Institute University of Uppsala*, 25, 221-527.

Hooke, R. LeB and Rohrer, W. L., 1977, Relative erodibility of source-area rock types, as determined from second-order variations in alluvial fan size, *Bulletin of the Geological Society of America*, 88, 1177-1182.

Horton, R. E., 1932, Drainage basin characteristics, *Transactions American Geophysical Union*, 13, 350-361.

Horton, R. E., 1945, Erosional development of streams and their drainage basin: hydrological approach to quantitative morphology, *Bulletin of the Geological Society of America*, 56, 275-370.

Howard, A. D., 1967, Drainage analysis in geologic interpretation: a summation, *Bulletin of the American Association Petroleum Geologists*, 51, 2246-2259.

Johnson, D. W., 1932, Rock plains in arid regions, *Geographical Review*, 22, 656-665.

Keller, E. A. and Melhorn, W. N., 1978, Rhythmic spacing and origin of pools and riffles, *Bulletin of the Geological Society of America*, 89, 723-730.

Kim, J. K., Onda, Y., Yang, D. Y. and Kim, M. S., 2013, Temporal variations of reservoir sediment sources in a small mountainous catchment in Korea, *Earth Surface Processes and Landforms*, 38(12), 1380-1392.

Kim, J. W., 1989, Funktionale Fluvialmorphologie der Kall, *Aachener Geographische Arbeiten*, 21.

Klingeman, P. C., Beschta, R. L., Komar, P. D. and Bradley, J. B., 1998, *Gravel-Bed Rivers in the Environment*, Colorado, Water Resources Publications.

Knighton, D., 1984, *Fluvial Forms and Processes*, London, Edward Arnold, 50.

Knighton, D., 1998, *Fluvial Forms and Processes*, London, Arnold.

Langbein, W. B., 1947, Topographic characteristics of drainage basins, *United States Geological*

Survey Water Supply Paper, 968C, 125-157.

Larson, P. H., Kelley, S. B., Dorn, R. I. and Seong, Y. B., 2016. Pace of landscape change and pediment development in the northeastern Sonoran Desert, United States, *Annals of the American Association of Geographers*, 106(6), 1195-1216.

Lawson, A. C., 1915, The epigene profiles of the desert, *Bulletin, University of California Publications, Department of Geology*, 9, 23-48.

Leeder, M. R., 1979, Bedload dynamics: grain to grain interaction in water flows, *Earth Surface Processes*, 4, 229-240.

Leopold, L. B., 1994, *A View of the River*, Cambridge, Harvard University Press.

Leopold, L. B. and Maddock, T. J., 1953, The hydraulic geometry of stream channels and some physiographic implications, *United States Geological Survey Professional Paper*, 252.

Leopold, L. B. and Wolman, M. G., 1957, River channel patterns: braided, meandering and straight, *United States Geological Survey Professional Paper*, 282B, 39-85.

Leopold, L. B., Wolman, M. G. and Miller, J. P., 1964, *Fluvial Processes in Geomorphology*, San Francisco, W. H. Freeman.

McGee, W. J., 1897, Sheetflood erosion, *Bulletin of the Geological Society of America*, 8, 87-112.

McKnight, T. L. and Hess, D., 2005, *Physical Geography: a landscape appreciation*, New Jersey, Pearson Prentice Hall, 445-446.

Miller, V. C., 1953, A quantitative geomorphic study of drainage basin characteristics in the Clinch mountain area: Virginia and Tennessee, *Office Naval Research Project NR 389-402, Technical Report*, 3, Columbia University.

Morisawa, M., 1968, *Streams: their dynamics and morphology*, New York, McGraw-Hill.

Morisawa, M., 1985, *Rivers: form and process*, London, Longman.

Oberlander, T. M., 1989, Slope and pediment systems, in Thomas, D. S. G.(ed.), *Arid Zone Geomorphology*, London, Belhaven, 56-84.

Patton, P. C., 1988, Drainage basin morphometry and flood, in Baker, V. R. *et al.*(eds.), *Flood Geomorphology*, New York, John Wiley & Sons, 51-64.

Ray, R. G. and Fischer, W. A., 1960, Quantitative photography: a geologic research tool, *Photogrammetric Engineering*, 25, 143-150.

Richards, K., 1982, *Rivers: form and process in alluvial channels*, London, Methuen.

Ritter, D. F., Kochel, R. C. and Miller, J. R., 1995, *Process Geomorphology*, Iowa, Wm. C. Brown, 136-190, 231-269.

Rubey, W. W., 1952, Geology and mineral resources of the Hardin and Brussels quadrangles in Illinois, *United States Geological Survey Professional Paper*, 218.

Scheidegger, A. E., 1965, The algebra of stream-oder numbers, *United States Geological Survey Professional Papers*, 525B, B187-189.

Schumm, S. A., 1956, The evolution of drainage systems and slopes in badlands at Perth Amboy, New Jersey, *Bulletin of the Geological Society of America*, 67, 597-646.

Schumm, S. A., 1977, *The Fluvial System*, New York, John Wiley & Sons.

Schumm, S. A., 1981, Evolution and response of the fluvial system, sedimentologic implications, *Society of Economic Paleontologists Special Publication*, 31, 19-29.

Schumm, S. A., 1985, Patterns of alluvial rivers, *Annual Review of Earth and Planetary Sciences*, 13, 5-27.

Schumm, S. A., Mosley, M. P. and Weaver, W. E., 1987, *Experimental Fluvial Geomorphology*, Chichester, John Wiley & Sons.

Scott, A. J. and Fisher, W. L., 1969, Delta systems and deltaic deposition, in Fisher, W. L. *et al.*(eds.), *Delta Systems in the Exploration for Oil and Gas*, University of Texas.

Shreve, R. L., 1966, Statistical law of stream numbers, *Journal of Geology*, 74, 17-37.

Smart, J. S., 1968, Statistical properties of stream lengths, *Water Resources Research* 4, 1001-1014.

Sparks, B. W., 1972, *Geomorphology*, London, Longman, 294-303.

Strahler, A. N., 1952, Hypsometric (area-altitude) analysis of erosional topography, *Bulletin of the Geological Society of America*, 63, 1117-1142.

Strahler, A. N., 1964, Quantitative geomorphology of drainage basins and channel networks, in Chow, V. T.(ed.), *Handbook of Applied Hydrology*, New York, McGraw-Hill, section 4-II.

Strahler, A. N., 1969, *Physical Geography*, New York, John Wiley & Sons, 449-500.

Strahler, A. H. and Strahler, A. N., 1992, *Modern Physical Geography*, New York, John Wiley & Sons, 298-342, 366-369.

Thornbury, W. D., 1969, *Principles of Geomorphology*, New York, John Wiley & Sons.

Thorne, C. R., Bathurst, J. C. and Hey, R. D.(eds), 1987, *Sediment Transport in Gravel-Bed Rivers*, New York, John Wiley & Sons.

Twidale, C. R., 1967, On the origin of piedmont angle as evidenced in South Australia, *Journal of Geology*, 75, 393-411.

Twidale, C. R., 1978, On the origin of pediments in different structural settings, *American Journal of Sciences*, 278, 1138-1176.

White, K., 2004, Pediment, in Goudie, A. S.(ed.), *Encyclopedia of Geomorphology*, London, Routledge, 768-771.

제6장

해안지형

그림 6.1 바닷물에 의한 침식과 퇴적(황우지 해안, 서귀포)

사진에서는 바닷물에 의해 자갈이 운반되어 쌓인 자갈해빈과 바닷물에 의해 암반(조면안산암)이 침식을 받아 생긴 해식애를 볼 수 있다. 해식애 하단의 동굴(황우지 12굴)은 일제강점기 말엽에 일제가 굴착한 것이다.

1. 파랑과 조석

1) 파랑

(1) 파랑의 발생과 변형

파랑(波浪, sea waves)의 특징은 파장(波長), 파고(波高), 주기(週期)의 관점에서 파악할 수 있다(그림 6.2). 파장은 마루에서 마루 사이의 수평거리, 파고는 마루와 골 사이의 수직적인 고도차, 그리고 주기는 파랑이 마루를 통과하여 다음 마루를 통과할 때까지 걸리는 시간이다. 파랑은 여러 원인에 의해 발생하지만 가장 흔한 것은 바람에 의해 발생하는 파랑, 즉 풍랑(風浪, wind waves)이다.[1] 이러한 파랑은 바람의 속도와 지속시간, 그리고 바람 부는 거리(fetch length)에 영향을 받는다. 바람의 속도가 빠를수록, 그리고 바람의 지속시간이 길수록 큰 파랑이 발생하며, 바람 부는 거리가 길수록 파랑의 주기가 길어진다. 따라서 주기가 긴 큰 규모의 파랑은 바람의 속도가 빠르고, 바람의 지속시간이 길며, 바람 부는 거리가 길 때 생겨난다.

바람에 의한 파랑은 발생지에서는 주기와 파고가 다양한 것들이 동시에 발생한다. 그러나 주기가 다른 파랑은 전진속도 또한 다르기 때문에 발생지에서 멀어질수록 각기 분리되어 주변으로 퍼져나간다(그림 6.3). 이러한 현상을 파랑의 분산(wave dispersion)이라 부른다. 파랑의 분산이 일어나는 이유는 다음의 식을 토대로 설명할 수 있다.

$$L = g \cdot T^2/2\pi \qquad V = g \cdot T/2\pi$$

L: 파장(m), V: 파속(m/sec), g: 중력가속도(9.8m/sec²), T: 주기(sec)

위 식에 따르면, 파랑의 주기(T)가 길면, 파장(L)도 길고, 파속(波速, V)도 빠르다. 파랑의 주기가 6초인 것과 14초인 것을 예로 들면, 주기가 6초인 파랑은 파장 56m, 파속 9m/sec인 반면, 주기가 14초인 파랑은 파장 306m, 파속 22m/sec이다. 따라서

1 지형학에서는 '풍랑' 대신 좀 더 포괄적인 용어인 '파랑'을 널리 사용해왔기 때문에 여기서는 이를 구분하지 않고 파랑이라고 표현하였다.

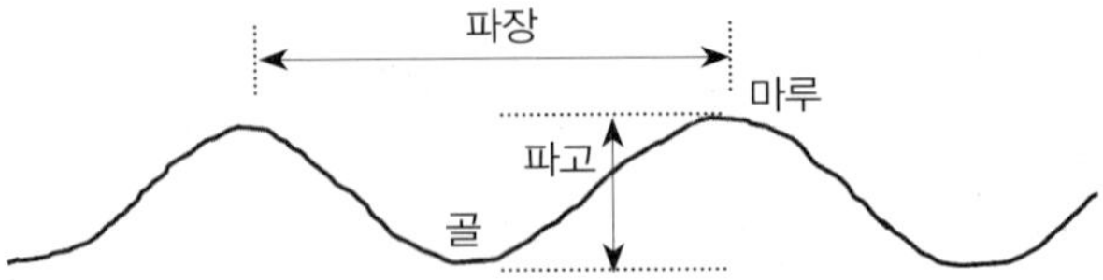

그림 6.2 파랑의 구성요소

파장(wave length), 파고(wave height), 마루(波高点, wave crest), 골(波低点, wave trough). 주기(週期, period): 파랑이 마루를 통과한 이후 그다음 마루를 통과할 때까지 걸리는 시간.

그림 6.3 파랑의 발생과 분산

주기와 파고가 다른 여러 종류의 파랑들이 발생지에서 동시에 생겨나더라도 주기가 다른 파랑은 전진속도가 다르기 때문에 주변으로 퍼져나가면서 분산된다(Ritter *et al.*, 1995, p.434 부분 수정).

이들 파랑은 발생지에서 동시에 생겼을지라도, 파랑의 전진속도, 즉 파속이 다르기 때문에 발생지에서 멀어지면서 서로 분리되는 것이다.

파랑은 발생지에서 멀어질수록 주기와 파고가 일정한 파랑인 스웰(swell)로 변한다. 스웰은 주기는 길지만, 파고가 낮으며 파정(波頂)이 둥글고, 물 분자는 궤도운동(orbital motion)을 한다. 궤도운동이란 물 분자가 원 모양의 궤도를 따라 회전하는 것이다. 따라서 물 분자, 즉 바닷물이 실제로 전진하지는 않지만, 물 표면에 생기는 파랑은 전진한다. 이러한 스웰은 에너지의 큰 손실 없이 수천 km의 바다를 이동하는 것으로 알려진다.

그러나 먼바다의 스웰도 수심이 얕은 해안에 접근하게 되면, 해저에 파랑이 끌리면서 모습이 변형된다. 파랑의 형태가 달라지는 것은 바다 수심이 파장의 1/2 이하일 때이다. 이때의 파랑은 주기는 달라지지 않지만, 파속과 파장이 줄어들고 파고가 증가한다. 파장이 줄고 파고가 증가하면, 파랑의 경사가 급해지는 것이므로 파랑은 불안정한 상태가 된다. 파랑이 해안에 접근하면 할수록 파랑경사(wave steepness)는 더욱 커지기 때문에 결국은 파랑이 부서지면서 쇄파(碎波, breaker)로 변형된다(그림 6.4, 6.5, 6.6). 파랑은 파랑경사가 약 0.14(=1/7, 파고/파장) 이상에 달하면 불안정해진다

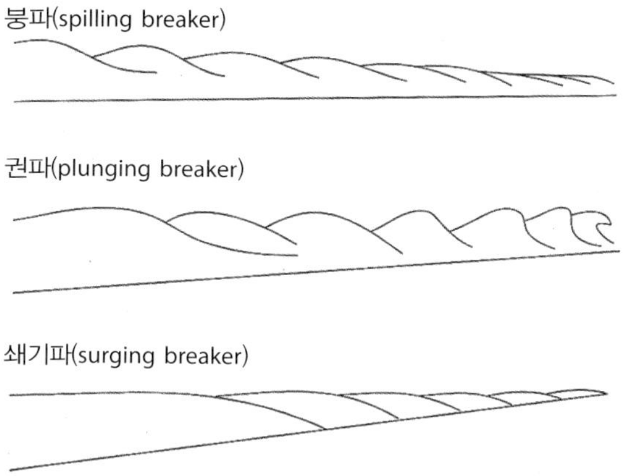

그림 6.4 쇄파의 종류
(Ritter *et al.*, 1995, p.437 부분 수정)

그림 6.5 쇄파(붕파, 경포해안, 강릉)
파랑이 해안에 접근하면, 파장은 짧아지는 반면, 파고가 높아져 쇄파가 생긴다(그림 6.6 참조).

(Pethick, 1984, p.15). 그러나 그 기준은 바다의 조건에 따라 다르다. 즉 깊은 바다에서는 파랑경사가 약 0.17 이상일 때, 그리고 파장에 비하여 수심이 얕은 바다에서는 파고가 수심의 0.8배 이상일 때 파랑이 불안정해지며 깨어지는 변형이 일어난다(Dean and Darlymple, 2004, pp.96-97).

쇄파 형태는 해저 및 파랑의 경사조건에 영향을 받으며, 붕파(崩波, spilling breaker), 권파(卷波, plunging breaker), 쇄기파(碎磯波, surging breaker) 등 여러 유형이 있다(그림 6.4). 해저경사가 완만하고 파랑경사가 급할 때 잘 발생하는 붕파는 파정(波頂)의 일부가 부서져 포말이 일면서 긴 거리에 걸쳐 서서히 붕괴되는 파랑으로, 에너지가 넓은 범위에 분산되므로 해저지형에 미치는 영향이 크지 않다. 이에 비하여 해저경사가 급

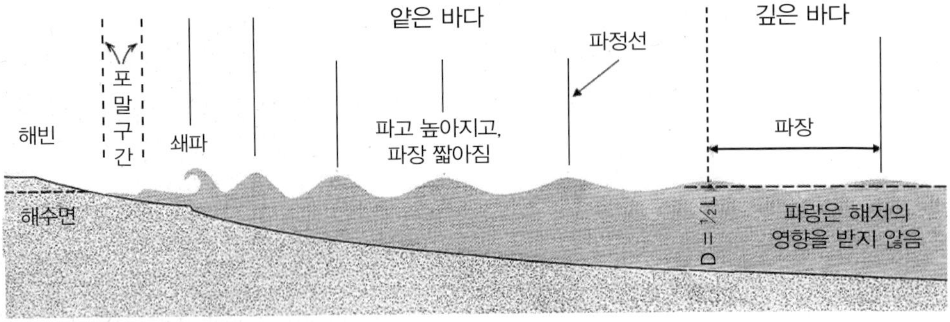

그림 6.6 얕은 바다에서 일어나는 파랑의 변형

먼바다의 스웰이 수심(D)이 파장(L)의 1/2 이하인 얕은 바다에 이르면 주기는 변하지 않지만, 파장이 짧아지고 파고가 높아지는 변화가 일어나면서 점차 불안정해져 해안 인근에서는 쇄파로 변형된다(Strahler and Strahler, 1992, p.379).

한 곳에서 중간 정도의 파랑경사 조건이면 발생하는 권파는 파정이 둥글게 말리면서 부서지는 파랑으로 짧은 거리 구간에서 급격하게 붕괴되기 때문에 해저에 가하는 에너지가 큰 편이다. 이와 같이 에너지가 큰 파랑은 해안 및 해저 지형의 침식을 가져오는 원인이 된다. 권파와는 달리, 낮은 파랑경사에서 발생하는 쇄기파는 파정이 부서지지 않은 채 해안을 향하여 서서히 차오르듯 밀려올라가는 파랑이다.

먼바다의 스웰이 해안의 얕은 바다에 이르면, 물 분자의 움직임 또한 궤도운동에서 병진운동(竝進運動)으로 바뀐다. 즉, 깊은 바다의 스웰은 물 분자가 궤도운동하는 진동파(振動波, oscillatory wave)이지만, 얕은 바다의 파랑은 물 분자가 병진운동하는 이동파(移動波, translational wave)로 변형되어 해안을 향하여 접근한다. 진동파와는 달리 이동파는 전진과 후퇴를 반복하지만 결과적으로 전진운동이 더 우세하여 물 분자는 점차 해안으로 이동한다. 이와 같이 물 분자가 해안을 향하여 움직인다는 것은 모래, 자갈 등의 해저물질도 더불어 해안으로 운반된다는 것을 의미한다. 해저로부터 공급된 물질이 해안에 쌓여 해빈과 같은 퇴적지형이 만들어지는 것도 이러한 파랑의 운반작용 때문이다.

(2) 파랑의 굴절

파랑이 해안에 접근하면 수심이 얕아지면서 그 영향으로 파랑의 형태뿐만 아니라 파랑의 전진속도 또한 느려진다. 수심이 파장의 1/20 이하인 얕은 바다에서는 파속과 파장이 아래의 식에서 보듯이 수심에 비례하므로 수심이 얕아질수록 파랑의 전진속도는 느려질 수밖에 없다(Pethick, 1984, pp.16-18; Haslett, 2000, p.23).[2]

$$V = (g \cdot d)^{0.5} \qquad L = T \cdot (g \cdot d)^{0.5}$$

V: 파속(m/sec), L: 파장(m), T: 주기(sec), g: 중력가속도(9.8/m^2), d: 수심(m)

위의 식에 의하면, 해안에 인접한 바다의 수심(d) 조건이 같지 않다면 파랑의 전진속도(V) 또한 그 영향으로 달리 나타난다. 다시 말하여 수심이 깊은 곳에서는 파랑의 전진속도가 상대적으로 더 빠르고, 얕은 곳에서는 더 느리다. 이처럼 해안 인근 바다 수심의 영향으로 파랑의 속도가 달라지면 그 이전, 즉 먼바다에서는 직선이었던 파정선(波頂線)이라도 해안에 접근하면서 곡선처럼 구부러지는 파랑의 굴절(refraction of wave)이 일어난다(그림 6.7). 여기서 파랑이 굴절된다는 것은 파랑의 마루를 이은 선, 즉 파정선이 곶을 향하여 굴절된다는 것을 말한다. 이처럼 굴절되는 이유는 곶의 앞바다가 만보다는 수심이 더 얕기 때문이다. 따라서 수심이 얕은 곶의 앞바다에서는 파랑의 전진속도가 느려지지만, 수심이 깊은 만에서는 진행속도가 그보다는 더 빨라진다. 이와 같이 곶의 앞바다와 만에서 파랑의 전진속도가 다르다면, 파랑은 굴절될 수밖에 없다. 즉 만에서는 파정선 간의 간격이 넓어진 채로 해안을 향하여 휘어져 분산되는 반면, 곶에서는 파정선 간의 간격이 좁아지면서 몰려드는 방식으로 파랑이 굴절된다. 파랑 에너지는 파정선에 직각으로 작용하므로 파정선이 굴절되면 만보다는 곶의 해안에 에너지가 집중되어 파랑침식이 활발하게 된다. 따라서 곶의 해안에는 파랑침식으로 생긴 해식애, 파식대 등 해식지형이 발달한다. 이와는 달리 만에서는 파랑 에너지가 분산되므로 침식이 활발하지 않으며, 인근의 곶이나 바다에서 침식된 물질이 만의 해안으로 밀려와 쌓인다. 따라서 만의 해안에는 해식지형보다는 해빈이나 갯벌과 같은 퇴적지형이 발달하는 경우가 많다.

---

2 수심이 파장의 1/20 이하인 얕은 바다에서는 파장과 파속을 구하는 수식이 깊은 바다의 경우와 다르다. 깊은 바다에서는 파장과 파속이 파랑의 주기에 의해 결정되지만, 얕은 바다에서는 주기가 아니라 수심에 의해 결정된다.

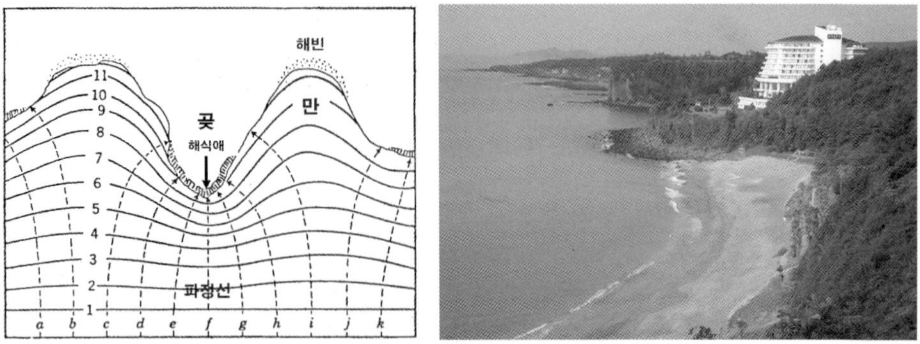

그림 6.7 파랑의 굴절과 해안 침식 및 퇴적

곶의 앞바다는 만에 비하여 수심이 얕으므로 파랑의 전진속도가 느려져 파랑이 굴절된다. 파랑의 굴절로 인하여 곶에서는 침식, 만에서는 퇴적이 일어난다(왼쪽 그림: Strahler and Strahler, 1992, p.385. 오른쪽 사진: 중문해안, 제주도).

(3) 쓰나미

쓰나미(津波, tsunami, harbor wave)는 단층, 지진, 화산폭발, 사태 등이 원인이 되어 발생하는 거대한 파랑이다(그림 6.8). 쓰나미는 일본어로 '항구(쓰, tsu, 津, harbor)'에서 발생하는 '파랑(나미, nami, 波, wave)'을 뜻한다. 일본은 유라시아 지각판과 태평양 지각판, 그리고 필리핀 지각판이 충돌하는 지각판의 경계부를 끼고 있어 지각이 갈라져 움직이는 단층이 잦게 발생한다. 따라서 이러한 단층이 일으키는 규모가 큰 지진도 잦은 편이다. 해저에서 큰 단층과 지진이 일어나 대규모의 파랑이 발생하면, 특히 인구가 밀집된 항구가 가장 심각한 해일 피해를 입기 때문에 '항구의 파랑'이란 뜻을 지닌 '쓰나미'란 일본어가 생겨난 것으로 추정된다.

쓰나미는 여러 원인에서 발생하지만, 특히 해저 50km 이내의 지하에서 발생하는 리히터 규모 6.5 이상의 지진이 주된 원인이다. 쓰나미는 파고는 낮으나, 파장과 주기가 매우 긴 것이 특징이다. 먼바다의 심해에서 쓰나미가 발생할 경우, 파고는 불과 1m 이내라 하더라도, 때로는 파장이 200~300km, 그리고 주기가 10~13분에 달하기도 하기 때문에 파속이 상상하기 어려울 만큼 매우 빠르다. 그 한 예로 수심 3,000m인 바다에서 주기가 10분인 쓰나미가 발생하면, 쓰나미의 파장은 약 103km, 그리고 파랑의 진행속도는 무려 시속 약 616km에 달한다. 이와 같이 파고가 낮고, 파장이 길며, 파속이 빠른 파랑은 먼바다에서는 바로 배 밑을 파랑이 지나가더라도

그림 6.8 단층과 해일

해저 단층이 발생하면(A) 해안에서는 비정상적으로 바닷물이 빠져나간다(B). 그러나 바로 뒤이어 부풀어오른 물이 해안으로 밀려들면서 해일이 발생한다(C). 그림은 해저에서 정단층이 발생한 경우지만, 역단층도 그 원리는 크게 다르지 않다(Chernicoff, 1999, p.280).

사람이 거의 느끼지 못한다.

그러나 쓰나미가 해안에 이르면, 파고가 때로는 수십 m에 이르는 거대한 파랑으로 변하여 해안을 덮치기 때문에 심각한 해일 피해를 입게 된다. 2011년 3월 11일 일본 도호쿠(東北) 지방 인근의 태평양에서 발생한 쓰나미는 파고가 30m 이상에 달하여 바닷물이 해안에서 10km 떨어진 내륙까지 밀려들기도 하였다. 이러한 급작스런 해면 상승은 해안지형을 바꿀 정도로 엄청난 파괴력을 지니고 있어 당시에 항구를 비롯한 해안가 취락에서는 재산 피해는 말할 것도 없고 인명 피해만 해도 만 명 이상에 달하는 심각한 재난이 발생하였다.

태평양 연안에 위치한 일본, 미국 등 여러 나라에서는 쓰나미에 의한 해일 피해를 주요 자연재해의 하나로 여기고 쓰나미 예보 및 경보를 위한 통신망을 결성하고 있다. 그중 미국은 주로 태평양에 면한 서부의 해안 일대가 쓰나미의 영향을 받는 곳인데, 그곳에서는 쓰나미에 대한 주민 교육을 지속적으로 시행하고 있다. 교육 및 홍보 자료 중에는 쓰나미 발생 시 주민들의 대피 장소와 더불어, 해일에 의한 침수 범위를 표시한 지도도 포함되어 있어 쓰나미 경보 사이렌이 울리면 주민들이 신속하게 안전한 곳으로 대피할 수 있게 배려하고 있다. 우리나라는 일본이나 미국처럼 해일이 자주 발생하는 지역은 아니지만 제주도, 동해안 등지에 해일이 발생할 가능성이 있어 근래에는 해일 발생 시의 대피로 등을 표시한 안내 입간판을 세우는 등 만일의 재난에 대비하고 있다.

2) 조석과 근해변 해류

(1) 조석

지구에 대한 태양과 달의 인력(引力)에 영향을 받아 세계의 거의 모든 해안에서 해면은 하루에 한 번 또는 두 번씩 주기적으로 승강운동을 한다. 이러한 규칙적인 해면 승강 운동이 조석(潮汐, tide)이다. 흔히 1일 2회의 조석은 반일주기 조석(半日週期 潮汐, semi-diurnal tide), 1일 1회의 조석은 일주기 조석(日週期 潮汐, diurnal tide)이라 부른다. 조석을 일으키는 힘, 즉 기조력(起潮力, tidal force)은 천체의 질량에 비례하고 천체간 거리의 세제곱에 반비례한다. 태양의 질량은 달에 비할 수 없을 만큼 크지만, 멀리 떨어져 있기 때문에 지구에 대한 달의 기조력이 태양의 약 두 배에 달한다.[3] 조석은 이러한 달과 태양의 기조력에 의해 발생하는 것이므로, 기조력에 영향을 미치는 지구와 태양 및 달의 위치 관계는 조석을 이해하는 데 매우 중요하다.

기조력에 의해 최고 높이에 도달한 해면 상승이 고조(高潮, 만조, high tide), 그리고 최저 지점까지 내려간 해면 하강이 저조(低潮, 간조, low tide)이다. 하루 중에도 고조와 저조는 한 차례 또는 두 차례씩 반복된다. 이는 지구가 1일 1회씩 자전하기 때문에 나타나는 현상이다. 반일주기 조석(1일 2회의 조석)을 기준으로 볼 때, 고조에서 다음 저조까지는 약 6시간 12~13분, 그리고 고조에서 다음 고조까지는 그 두 배, 즉 약 12시간 25분이 걸린다. 따라서 대략 1일 동안에 각 2회의 고조와 저조가 있다. 그러나 각 2회의 고조와 저조가 발생하는 데 걸리는 시간은 24시간이 아니라 24시간 50

---

3 태양의 질량은 달의 약 2,700만 배이므로 그만큼 기조력이 클 수 있지만, 지구와의 거리가 달보다 약 390배나 멀리 떨어져 있어 그 힘이 약 5,900만(=약 390^3)분의 1로 약해진다. 따라서 태양의 기조력은 달의 27/59(약 0.46)에 지나지 않는다. 즉 달의 기조력은 태양의 약 두 배이다.

분(=12시간 25분×2회)이므로 조석은 하루에 50분씩 늦게 나타난다. 이처럼 조석이 매일 조금씩 늦는 이유는 지구 자전과 같은 방향으로 달이 지구 주위를 한 달에 한 번씩 공전하기 때문이다. 다시 말하여 지구 위의 어느 한 지점을 중심으로 볼 때 지구가 1회 자전하여 원래의 위치로 돌아오더라도 그동안에 달이 공전하여 약 12°(= 360°/약 30일) 더 떨어진 위치로 이동하기 때문에 그만큼 더 지구가 자전해야 원래의 위치로 돌아갈 수 있게 된다. 12°를 시간으로 환산하면 약 50분이 된다.[4]

저조와 고조의 수직적인 고도 차이를 조차(潮差, 潮汐干滿 差, tidal range), 그리고 조차가 나타나는 수평적인 범위, 즉 고조 때 물에 잠기지만 저조 때는 뭍으로 드러나는 땅을 조간대(潮間帶, intertidal zone)라 부른다(그림 6.10). 조차의 크기는 장소에 따라 다르며, 조석이 변하듯이 같은 해안일지라도 매일 달라진다. 조차가 달리 나타나는 원인은 다양하다. 같은 해안에서도 시간이 지남에 따라 조차가 달라지는 것은 지구와 달, 그리고 태양과의 관계가 달라지기 때문이다. 달은 지구 주위를 약 한 달에 한 번씩 공전하기 때문에 지구, 달, 태양의 위치가 이에 상응하여 달라진다. 조석은 지구에 대해 작용하는 달과 태양의 인력에 의해 발생하는 것이므로 조차는 이들의 인력이 최대에 달할 때 가장 크다. 이럴 경우란 지구, 달, 태양이 일직선상에 놓일 때, 즉 그믐(삭, 朔)과 보름(망, 望) 때이다(그림 6.9의 왼쪽 그림). 조차는 그믐과 보름 이후 1~2일 이내에 평균 조차보다도 더 크게 되는데, 이때의 조석을 사리(대조, 大潮, spring tide)라 부른다. 이와는 달리, 지구, 달, 태양이 직각을 이루는 상현과 하현에는 기조력이 크게 줄어들기 때문에 평균 조차보다 더 작아진다. 이때의 조석이 조금(소조, 小潮, neap tide)인데, 상현과 하현 이후 1~2일 이내에 나타난다(그림 6.9의 오른쪽 그림). 그믐과 보름, 그리고 상현과 하현은 2주마다 반복되므로, 사리와 조금은 2주일에 한 번씩, 즉 한 달에 두 번씩 나타난다. 따라서 해안에서는 한 달에 두 번씩 평소보다 해면이 크게 높아지는 때와 낮아지는 때를 경험하게 된다. 사리 때의 조차는 평균 조차보다 약 20% 더 큰 반면, 조금 때의 조차는 평균 조차보다 약 20% 더 작다.

달의 공전궤도는 다소 타원이기 때문에 주기적으로 달과 지구 사이의 거리가 멀어지거나 가까워지는데 이것 또한 조석에 영향을 미친다. 즉, 달이 근지점(近地點,

---

4 (12°/360°)×24시간×60분≒50분.

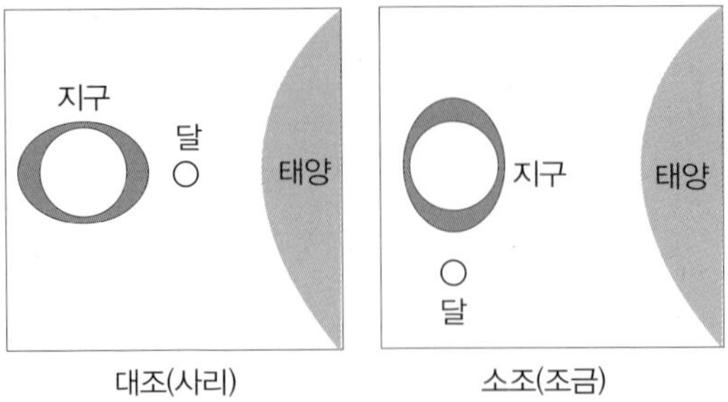

그림 6.9 대조와 소조 때의 지구, 달, 태양의 관계

태양, 달, 지구가 직선상에 놓일 때, 즉 보름 또는 그믐 때는 대조(사리), 그리고 태양, 달, 지구가 직각을 이룰 때, 즉 상현 또는 하현일 때는 소조(조금)가 나타난다.

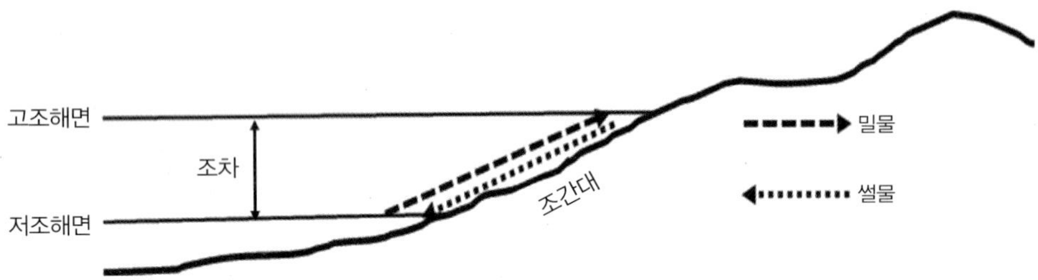

그림 6.10 밀물과 썰물, 조차와 조간대

perigee)을 통과할 때는 기조력이 커지면서 조차가 커지는 반면, 원지점(遠地點, apogee)을 통과할 때는 기조력이 작아지면서 조차가 작아진다. 그러나 근지점 통과 후 다시 근지점을 통과하는 데 걸리는 시간, 즉 근점월(近點月)은 약 27.5일인 데 비하여, 그믐에서 그믐, 또는 보름에서 보름까지 걸리는 시간, 즉 삭망월(朔望月)은 약 29.5일이므로 대략 2일간의 시차가 발생한다.[5] 이 때문에 사리가 정확히 그믐이나 보름이 아니라, 그것이 지난 후 1~2일 이내에 나타나는 것이다. 그러나 그믐 또는 보름이 달이 근지점을 지날 때와 정확히 일치되기도 하며, 이때의 사리는 조차가 특별히 더 커진다.[6]

조차는 장소에 따라서도 달라진다. 대체로 대양에서는 1m 이내이지만, 수심이 얕은 대륙붕에서는 조차가 커서 평균 2~5m에 이른다. 흔히 조차가 2m 이내일 때는 소조차(micro tidal range), 2~4m는 중조차(meso tidal range), 4m 이상일 때는 대조차(macro tidal range) 해안으로 구분한다. 북아메리카의 펀디만이 세계에서 조차가 가장 큰 곳

5 달이 지구를 공전하는 동안에 지구도 태양 주위를 공전하기 때문이다.

6 이때의 사리는 음력 7월 15일(백중) 무렵에 나타나기 때문에 '백중사리'라 부른다.

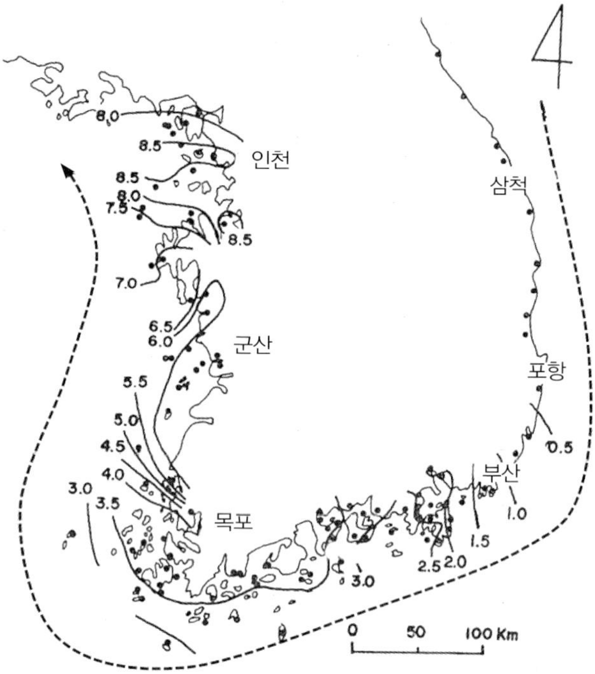

그림 6.11 중 · 남부 해안지방의 대조차

지도에서 화살표 방향으로 가면서 조차가 큰데, 특히 경기만(인천 일대), 아산만 등지에서 조차가 가장 크다(조화룡, 1987, p.40).

으로 알려졌는데 무려 15m에 달한다. 우리나라의 황해안도 잘 알려진 대조차 해안 중 하나이다. 그중 아산만이 조차가 가장 커 약 8.5m이며, 이곳에서 북쪽과 남쪽으로 갈수록 작아진다(그림 6.11). 반면 동해안은 0.2~0.3m에 불과할 정도로 조차가 작다.

조차는 대체로 대양에 면한 해안에서는 작지만, 육지로 둘러싸인 만과 같은 바다이면서 수심이 얕은 곳에서는 크다. 특히 만의 입구가 나팔 모양으로 넓고, 그곳으로부터 급격하게 폭이 좁은 강의 하구로 조류가 밀려드는 곳에서는 조차가 매우 크다. 펀디만이나 아산만도 그러한 지형조건을 갖춘 곳이기 때문에 조차가 큰 것이다.

조류(潮流, tidal current)는 조차에 의해 발생하는 바닷물의 흐름으로, 고조 때 수위가 높아지면서 해안을 향해 밀려들어오는 것은 밀물(창조류, 漲潮流, flood current), 저조 때 수위가 낮아지면서 바다로 쓸려나가는 것은 썰물(낙조류, 落潮流, ebb current)이다. 밀·썰물의 유속은 조차가 클수록, 그리고 조류가 폭이 좁은 지형을 통과할수록 더 빠르다. 이순신 장군이 왜군을 상대로 대승을 거둔 장소의 하나인 울돌목(鳴梁, 진도)

그림 6.12 조차가 큰 해빈(원산도, 보령, 서해안)

조차가 큰 해빈에서는 대조(사리)에서 소조(조금)로 가면서 해수면이 점차 낮아지기 때문에 물때마다 선상(線狀)의 흔적이 남아 있다. 그 이유는 만조 시 밀려온 조립퇴적물이 썰물 때 바다로 돌아가지 못한 채 그 자리에 남기 때문이다.

은 바로 그러한 조건을 갖춘 대표적인 곳이다. 울돌목은 해저 암반이 해수면 가까이에 솟아 있어 수심이 깊지 않은데다 수로의 폭이 약 300m에 불과하여 조류의 유속이 매우 빨라 때로는 초속 약 6m 이상에 달하는 것으로 알려진다.[7] 조류에 의한 물질 이동은 해저에서 굳지 않은 물질이 밀물에 떠서 해안 가까이 운반되어 쌓이고, 썰물에 의해 그 전에 쌓인 해저물질의 일부가 침식받아 다시 바다로 되돌아가는 양상을 보인다. 따라서 조차가 큰 해안에서는 사리에서 조금에 이르는 동안에 바닷물의 수위가 매일 조금씩 낮아지면서 그때마다 다른 높이에 쌓아놓은 퇴적물이 선상(線狀)으로 길게 뻗어 있는 모습도 볼 수 있다(그림 6.12).

조류가 강줄기를 거슬러 상류로 진행하면, 강물이 효과적으로 바다로 배출되지 못하기 때문에 강물의 수위가 높아지며 그 영향이 점차 상류 쪽으로 전달된다. 이렇게 강을 역류해 올라가는 조류를 조석보어(해소, 海嘯, tidal bore)라[8] 한다. 조석보어의 전면에는 밀고올라가는 조류의 힘에 의해서 때로는 낙차 수 m 정도의 작은 폭포가 일시적으로 생기기도 한다. 규모가 큰 조석보어의 좋은 예로는 브라질의 아마존강, 중국의 첸탕강 등을 들 수 있다. 특히 아마존강의 조석보어는 세계적으로 유명한데, 때로는 8m 이상의 낙차를 보이는 폭포가 상류 쪽으로 이동하며, 조류가 하구로부터 500km 떨어진 상류에까지도 영향을 미치는 것으로 알려진다.

---

7 '울돌목(명량)'이라는 이름이 붙은 것은 유속이 큰 조류가 이동하면서 해저와 해안의 암반에 부딪쳐 소리를 내기 때문이다.

8 조석에 의한 해일이라는 의미에서 '조석해일'이라고도 부른다.

(2) 근해변해류

해안 가까이 흐르는 근해변해류(近海邊海流, nearshore current)는 조류와 더불어 해안지형을 변화시키는 중요한 기구이다. 스웰이 얕은 바다에 이르러 쇄파로 변하여 해안에 밀려와 육지에 부딪치면 바닷물은 해안을 따라 평행하게 흐르다가 다시금 바다로 되돌아간다. 이와 같이 해안 인근의 바다에서 세포 모양으로 순환하는 바닷물이 근해변해류이다(그림 6.13).

근해변해류의 공간 범위는 대체로 해저의 사주(砂洲, offshore bar)와 해안의 정선(汀線, shoreline) 사이의 바다이다(그림 6.14). 정선이란 바닷물과 육지가 맞닿는 곳으로 선(線)으로 나타난다. 먼바다의 스웰이 해안에 접근하면서 쇄파로 달라지는 위치는 대체로 수심이 낮은 해저의 사주가 있는 곳이다. 파랑이 사주를 넘으면서 생겨난 쇄파는 해안에 밀려와 부딪친 후 사주와 해안 사이에 일시적으로 갇혀 해안선과 평행하게 흐르는 연안류(沿岸流, longshore current)가 된다. 그러나 그곳에 점점 더 많은 쇄파와 연안류가 몰려들어 바다의 수위가 높아지면 마치 저수지 둑이 터지듯이 일시에 바닷물이 물줄기를 이루어 바다를 향해 역류하기도 한다. 이처럼 파랑과는 달리 해안에서 바다로 역류하는 바닷물이 이안류(離岸流, rip current)이다(그림 6.13).

이안류는 대체로 해저의 사주에 생긴 좁은 골을 통과하여 바다로 흐르기 때문에 해류의 폭이 수십 m 이내로 좁은 경우가 많고, 발생 범위도 해안에서 수백 m 이내로 넓지 않다. 그러나 유속이 매우 빨라서 해수욕장이 있는 바다에서 이안류가 발생하면 수영하던 사람들이 갑작스럽게 발생한 빠른 이안류에 휩쓸려 먼바다로 이끌려 나가 재난을 당할 수 있다. 이러한 이안류에 갇히면 해안을 향하여 수영하는 것은 오히려 위험하다. 이안류의 흐름이 빨라 이를 이겨내기가 쉽지 않기 때문이다. 그보다는 이안류의 폭이 좁으므로 해안과 평행한 방향으로 수영을 해야 빠져나올 수 있다.

해안과 평행하게 흐르는 연안류는 해안 및 해저의 물질을 침식 운반하는 중요한 기구이다. 이러한 연안류에 의한 물질 이동을 연안표류(沿岸漂流, longshore drift)라 부른다. 해안에서의 물질 이동은 연안표류 이외에도 해빈표류(海濱漂流, beach drift)에 의해서도 일어난다. 연안표류가 해저 사주와 해빈 사이의 바다에서 연안류에 의해 일어나는 물질 이동인 데 비하여, 해빈표류는 해빈에서 파랑의 힘에 의해 밀려왔다가 중력에 의해 다시 쓸려나가는 바닷물에 의한 물질 이동이다(그림 6.15). 그러나 연안표

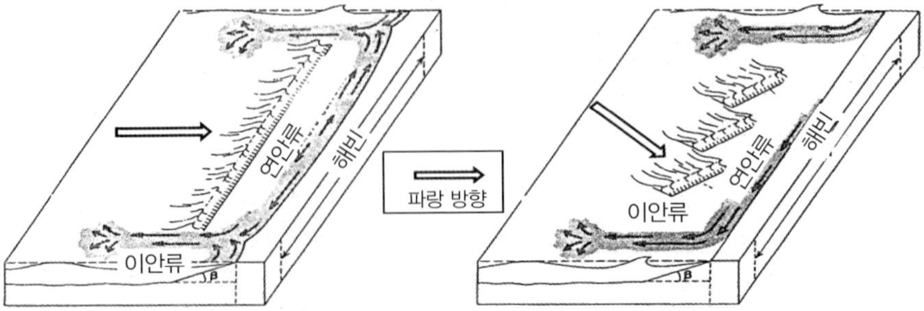

그림 6.13 연안류와 이안류

연안류는 해안에 평행하게 흐르는 해류이며, 이안류는 해안을 떠나 바다로 돌아가는 해류이다. 이들 해류는 파랑의 접근 방향에 따라 다른 패턴을 보인다. β: 해빈경사(Chorley *et al*., 1984, p.376 부분 수정).

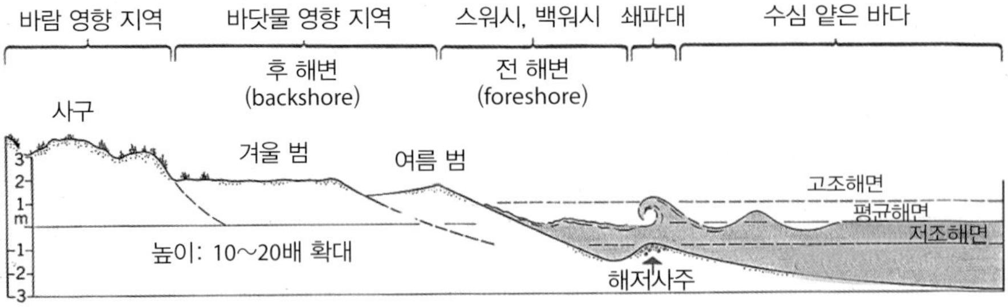

그림 6.14 사빈과 사구

우리나라, 미국 등 여러 나라의 해안에서는 폭풍이 불 때를 제외하고 대체로 겨울에 에너지가 큰 파랑이 접근하여 해빈침식이 활발하고, 여름에는 반대로 해빈에 퇴적물이 많이 쌓이면서 해빈의 규모가 커진다. 그림에서 겨울 범(winter berm) 전면에 여름 범(summer berm)이 있는 것으로 표시한 것도 그 때문이다(Strahler and Strahler, 1992, p.382).

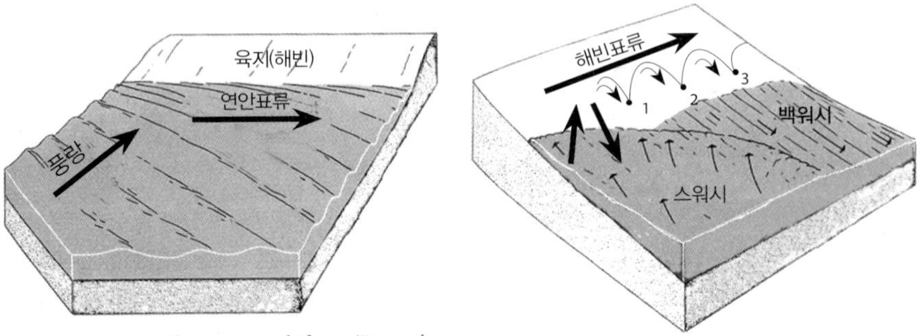

그림 6.15 연안표류와 해빈표류

연안표류는 해저 사주와 해빈 사이를 흐르는 연안류에 의한 물질 이동이며, 해빈표류는 스워시(swash)와 백워시(backwash)에 의한 물질 이동이다. 오른쪽 그림에서 물질이 1번에서 2번, 3번 위치로 이동하는 것은 파랑에 의한 스워시의 방향과 중력에 의한 백워시의 방향이 같지 않기 때문이다(Strahler and Strahler, 1992, p.383).

류로 이동된 것이 다시금 해빈표류로 바뀌어 이동하고, 또 그와는 반대로 해빈표류에 의한 물질이 연안표류에 의해 멀리 이동하므로 양자간에 전혀 무관한 물질 이동이라고 할 수는 없다.

2. 해안퇴적지형

1) 해빈

해빈(海濱, beach)은 바닷물에 의해 자갈, 모래 등이 운반 퇴적되어 만들어지는 해안퇴적지형이다(그림 6.16). 해빈은 파랑에너지가 집중되는 곳보다는 바다가 육지 깊숙이 구부러져 들어가 파랑에너지가 상대적으로 약한 해안의 만입부에 주로 분포한다. 해빈의 공간 범위는 대체로 평균저조 시의 정선(汀線)으로부터 육지 식생이 나타나는 곳까지이다. 그러나 정선은 조석이나 해면 변동에 의해서 그 위치가 달라질 수 있으므로 해빈의 범위도 고정적인 것은 아니다.

해빈은 해빈면(海濱面, beach face)과 해빈평탄면(海濱平坦面, 범, berm)으로 구성된다. 해빈면은 파랑이 밀려들었다가 다시 되돌아나가는 해빈의 경사진 사면을 말한다(그림 6.17). 해빈면의 경사는 구성물질의 안식각(安息角, angle of repose)에 영향을 받는다. 물질 입자가 클수록 안식각이 크므로 모래보다는 자갈 해빈면의 경사가 더 크다. 해빈평탄면은 해빈면의 배후, 즉 후해변(後海邊, backshore)에 생긴 평탄한 퇴적지형이다(그림 6.14). 해빈평탄면에 퇴적물이 쌓일 때는 평상시보다는 폭풍이 불거나 대조 때처럼 바닷물의 수위가 높을 때이다. 퇴적물이 해빈평탄면에 쌓이게 되는 것은 파랑이 해빈면을 타고 올라오는 과정에서 지면과 마찰이 일어나고, 또 바닷물이 지면에 스며들기 때문에 유속이 줄어들어 파랑이 다시 바다로 되돌아나갈 때는 가지고 온 퇴적물을 가져가지 못하고 그 자리에 쌓아놓기 때문이다. 이렇게 생겨난 해빈평탄면은 해수면이 낮은 평상시에는 그 가장자리가 침식을 받기 때문에 해빈면과 만나는 해빈평탄면의 가장자리(berm crest)는 경사가 급한 편이다(그림 6.17).

해빈은 퇴적물질을 기준으로 모래가 많은 모래해빈, 즉 사빈(砂濱, sand beach)과 자갈이 많은 자갈해빈(shingle beach, gravel beach)으로 구분한다. 사빈은 파랑에너지가

그림 6.16 사빈(왼쪽 사진, 우이도, 신안)과 자갈해빈(오른쪽 사진, 백령도, 옹진)

사빈은 파랑에너지가 작은 곳, 자갈해빈은 파랑에너지가 큰 곳에서 발달한다. 사빈에서는 모래가 바람에 실려 날아가 육지에 쌓이므로 사빈의 배후에는 흔히 사구가 발달한다(사빈 사진의 왼쪽 상단: 우이도 사구).

그림 6.17 해빈면, 범, 스워시, 백워시

왼쪽 사진: 경포해안, 강릉. 오른쪽 사진: 맹방해안, 삼척. 스워시와 백워시가 일어나는 곳은 해빈면이다. 그러나 태풍 등의 원인으로 큰 파랑이 접근하면 범(berm, 해빈평탄면) 위에도 파랑이 미치면서 퇴적물이 쌓인다. 오른쪽 사진에서는 높은 파랑이 접근했을 때 조개껍질 등의 퇴적물이 스워시에 의해 실려와 범 위에 쌓인 것을 볼 수 있다.

작은 곳, 그리고 자갈해빈은 파랑에너지가 큰 곳에서 잘 생긴다. 그러나 모래든 자갈이든 해빈퇴적물은 바다로 유입하는 하천이나 인근의 해안에서 공급되는 것이므로, 하천의 유역분지나 해안 육지의 지형 및 지질 조건에 따라 퇴적물의 특성이 달라진다. 따라서 같은 해안이라도 그러한 조건의 변화에 따라 해빈퇴적물의 양은 물론이고 입자 크기도 달라질 수 있다(그림 6.19).

해빈퇴적물의 특성은 이처럼 기원지의 암석 특성에 의해 지배된다. 예를 들어 강릉 경포대 해안의 사빈은 그 일대의 기반암인 대보화강암에서 기원한 굵은 모래가 많은 반면, 세립질의 변성 퇴적암류가 널리 분포하는 태안반도 일대의 해안에는 가

그림 6.18 홍조단괴 해빈(우도, 제주도)

홍조단괴는 해저에서 홍조류(석회조류)에 의해 생긴다. 우도에서는 홍조단괴가 파랑에 의해 해안으로 밀려와 쌓여 생긴 해빈을 볼 수 있다.

는 모래로 이루어진 사빈이 많다. 사빈의 입자 중에는 흔히 석영 모래가 많다. 석영은 생성 당시 저온저압하에서 생겨난 것이므로 다른 광물에 비하여 지상의 풍화환경에 더 안정적이기 때문이다. 그러나 제주도의 해안처럼 때로는 현무암 기원의 검은 모래가 많은 사빈(삼양 해안)이나, 패사 등 해저생물유체가 많은 사빈(협재 해안), 그리고 드물기는 하지만 석회조류인 홍조류가 만든 홍조단괴 해빈(우도 해안)도 있다(그림 6.18). 이밖에도 미국의 펜사콜라(Pensacola) 해안처럼 석고 모래가 쌓인 해빈도 있다.

어떤 경로든 일단 바다에 유입된 물질은 파랑과 연안류에 의해 이동 퇴적된다. 물질의 이동 및 퇴적 과정은 위에 기술한 바와 같이 대체로 해빈표류와 연안표류로 나눌 수 있다(그림 6.15). 그중 해빈의 형성에 직접적인 영향을 미치는 것은 주로 해빈표류이다. 해빈표류는 해빈에 들고나는 바닷물, 즉 스워시(swash)와 백워시(backwash)에 의해 물질이 이동하는 현상이다. 스워시는 해빈으로 밀려올라가는 바닷물, 백워시는 해빈에서 바다로 되돌아나가는 바닷물이다. 스워시가 해빈을 타고 올라갈 때는 파랑의 힘 때문에 파랑의 접근 방향이 해빈 위에서도 대체로 그대로 유지되지만, 이 바닷물이 백워시가 되어 다시금 바다로 돌아나갈 때는 중력의 영향을 받기 때문에 파랑의 접근 방향 그대로 되돌아나가지 못한다. 이와 같이 들고나는 바닷물 방향이 달라 해안선과 이들 바닷물 간의 각(角)도 달라진다. 따라서 파랑에 실려온 퇴적물은 원래의 위치로 돌아가지 못하고 위치 이동하게 된다(그림 6.15의 오른쪽 그림). 이

그림 6.19 해빈과 해안단구 퇴적물(양남, 경주)

왼쪽 사진: 자갈해빈, 오른쪽 사진: 해안단구 퇴적층(왼쪽 사진의 원 부분). 자갈해빈이라도 에너지가 작은 파랑이 미치는 곳에는 모래가 쌓이기도 한다. 왼쪽 사진 상단의 산지에는 여러 단의 해안단구가 있으며, 그곳의 퇴적층 중에는 원마도가 높은 해빈자갈(입자크기, 수 cm 이내)들이 층을 이루어 쌓여 있다.

러한 과정이 반복되면 결국 퇴적물은 해빈을 따라 연안류가 흐르는 방향으로 지속적으로 움직이게 된다. 움직이는 과정에서 모래, 자갈 등의 조립퇴적물은 서로 부딪치면서 갈려지기 때문에 퇴적물의 원마도 역시 연안류가 흐르는 방향으로 높아지는 경향을 보인다.

원마도(圓磨度, roundness)란 모래, 자갈 등의 표면과 모서리가 갈려진 정도를 말하는 것으로 여러 방법이 있지만 갈려진 정도에 따라 등급[9]을 정하여 원마도를 가리는 방법이 널리 사용된다(Gardiner and Dackombe, 1987, p.111의 Fig. 6.5). 이런 방법을 적용하여 밝힌 사빈퇴적물의 원마도 변화는 권혁재의 연구(1977)에서도 확인된다. 그림 6.20을 보면, 강릉해안(주문진-안인)에서는 하구에 가까운 곳의 사빈 모래가 원마도가 가장 낮으며, 이곳으로부터 사빈을 따라 남쪽으로 가면서 원마도가 증가한다. 이로 미루어볼 때, 강릉해안에서는 사빈 모래가 주로 남쪽으로 이동하고 있음을 알 수 있다. 이처럼 모래가 남쪽으로 이동한다는 것은 달리 말하면 이곳의 연안류 역시 평균적으로 볼 때 남쪽을 향하여 흐른다는 것을 의미한다.

해빈 위에서 퇴적물의 이동을 주도하는 해빈표류와는 달리, 연안표류는 해안에

9 원마도를 등급(0.1~0.9)을 두어 구분하는데, 수치가 높을수록 원마도가 높다.

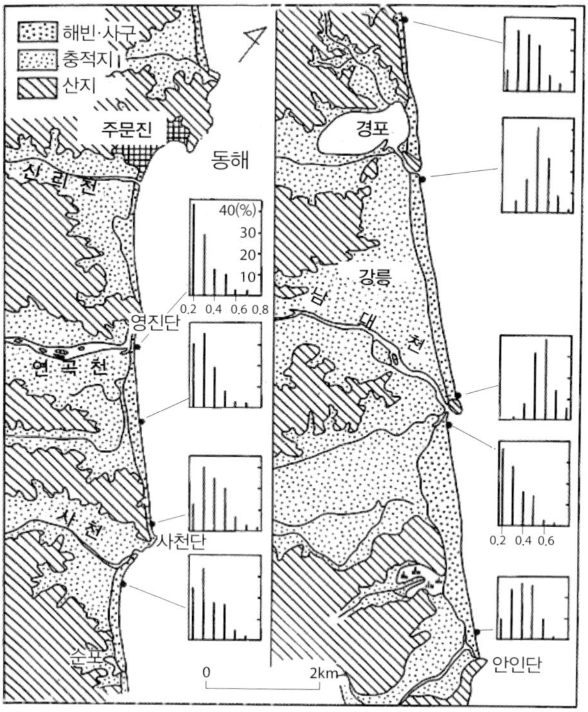

그림 6.20 사빈 모래의 이동과 원마도 변화

주문진에서 강릉 사이의 사빈. 그래프의 x축은 모래의 원마도(갈려진 정도, 1에 가까울수록 높다), y축은 비율(조사한 전체 모래 중 동일한 원마도를 보이는 모래의 비율). 하구에서 멀어질수록 사빈 모래의 원마도는 증가한다(권혁재, 1977).

평행하게 흐르는 연안류에 의해 바다 퇴적물이 이동하는 현상이다. 즉 연안류는 해빈표류로 바다에 유입된 물질이나 해빈에 접한 바다 밑의 퇴적물을 실어 운반하는 역할을 한다. 이렇게 연안류에 의해 운반되는 물질의 일부는 해빈에 유입되면서 해빈표류 방식으로 이동하기도 하며, 해빈표류로 이동되는 물질의 일부는 다시금 연안류에 유입되어 연안표류 방식으로 이동하기도 한다.

해빈의 바로 배후에는 때로는 빈제(濱堤, beach ridge)라 불리는 제방 모양의 퇴적 구릉이 발달하기도 한다(그림 6.21). 모래 빈제는 해빈평탄면(berm)의 고도가 점진적으로 높아지면서 생겨난 것인 반면, 자갈 빈제는 간헐적으로 폭풍이 불 때 높은 에너지를 지닌 파랑에 의해 해빈평탄면 위에 다량의 자갈이 덧쌓이면서 생긴 것이 많다. 이러한 빈제는 정선과 평행하게 발달하며, 여러 개의 구릉열을 이루기도 한다. 퇴적 구

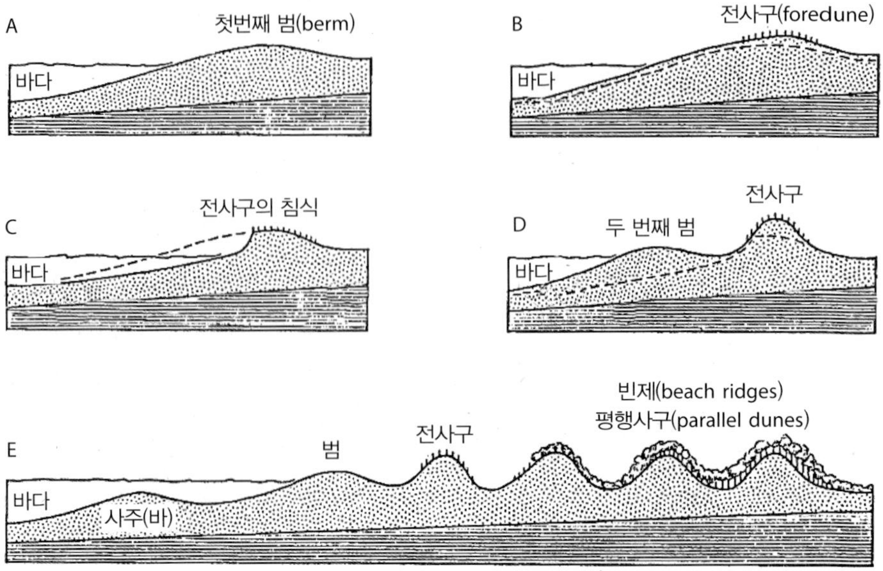

그림 6.21 빈제의 형성과정

생성 순서: 범(A) → 전사구(B) → 전사구 침식(C) → 새로운 범과 저지대(D) → 빈제(평행사구)(E)(Bird, 1969, p.132).

릉이 이렇게 열 짓듯이 발달하는 것은 폭풍 파랑이 해안에 영향을 미치는 고도가 같지 않은 데에도 원인이 있다. 그러나 개중에는 해면변동이 일어나면서 정선의 위치가 달라지는 것에도 원인이 있다.

해면변동에 의한 빈제는 해수면이 상승하거나 하강할 때 다 같이 생길 수 있다. 해수면이 상승하는 곳의 빈제들은 내륙의 오래된 빈제가 해안의 새로운 빈제보다 고도가 더 낮은 반면, 해수면이 하강하는 곳의 빈제들은 해안의 새로운 빈제가 내륙의 오래된 빈제보다 고도가 더 낮다. 그러나 해면변동이 일어나지 않더라도 해빈에 모래가 지속적으로 공급되는 곳에서는 해빈의 배후에 여러 개의 빈제 구릉열이 발달하기도 한다. 즉 모래가 많은 사빈에서 해빈평탄면 위에 식생이 정착하게 되면 바람에 의해 실려온 모래가 더 활발하게 쌓이게 되어 전사구(前砂丘, foredune)라 불리는 사구 구릉이 발달한다(그림 6.21의 B). 이러한 전사구가 높은 에너지의 파랑에 의해 침식받으면, 패여나간 전사구의 전면에 시간이 지나면서 새로운 해빈평탄면이 자리를 잡게 된다(그림 6.21의 D). 또한 새로운 해빈평탄면과 한때 바다 침식을 받았던 그 배후의 전사구 사이에는 저지대(swale)가 생긴다(그림 6.21의 D에서 두 번째 범과 전사구 사이).

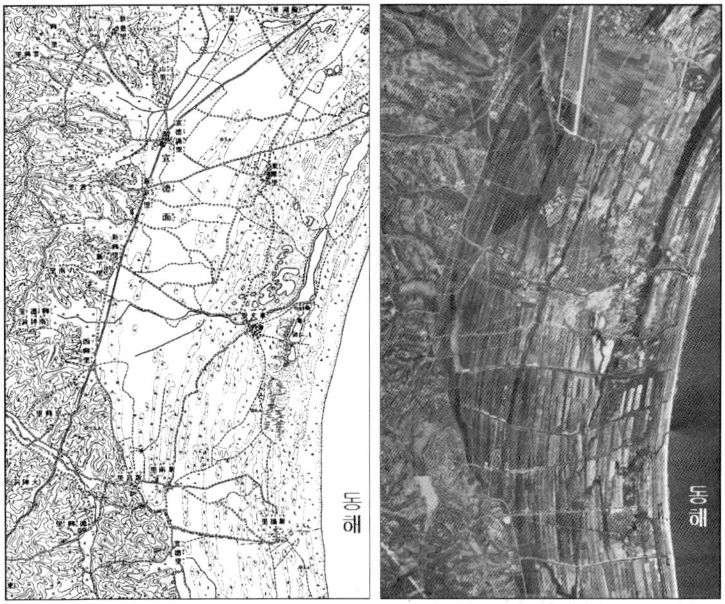

그림 6.22 빈제

왼쪽 지도: 1918년 제작 지형도, 정평 도폭, 함흥 남쪽 해안. 오른쪽 사진: 2017년 6월 구글 영상. 지도를 보면 경작지와 식생 분포지가 해안선과 평행하게 열짓듯이 나타난다. 이는 이곳에 빈제들이 발달한 때문인데, 이런 지형 특성 때문에 오늘날에도 해안과 평행하게 뻗은 길쭉한 경작지를 조성한 것으로 보인다.

모래 공급량이 많은 해안에서는 이런 과정이 여러 차례 되풀이되면서 해빈과 평행한 여러 개의 빈제들이 발달한다(그림 6.21의 E).

우리나라에서는 함흥, 장연, 강릉, 부산 등지의 해안에서 빈제 구릉들을 찾아볼 수 있다. 특히 함흥 남쪽의 해안은 1910년대에 제작한 지형도를 보면, 10개 이상의 빈제와 그 사이의 저지대가 넓은 범위에 걸쳐 분포하고 있다(그림 6.22). 그림 6.22의 오른쪽 사진을 보면, 현재는 대부분이 농경지로 개간되었지만, 길게 열짓듯이 자리잡고 있는 해안에 평행한 농경지들이 그 땅이 과거 한때 빈제였다는 것을 잘 말해준다.

2) 연안사주

연안사주(沿岸砂洲, barrier island, barrier bar)는 육지에 인접한 얕은 바다에서 해안과 평행하게 발달하여 해안의 전면을 가리거나, 만입지를 완전히 혹은 부분적으로 가로막고 있는 길쭉한 섬 또는 제방 모양의 퇴적지형이다(그림 6.23). 연안사주 위에는 흔히 사구가 있고, 사주의 안쪽, 즉 육지 쪽에는 석호(潟湖, lagoon)나 간석지와 같은 습지가 분포한다. 연안사주의 크기는 폭이 수 m, 길이가 수백 m에 불과한 것에서부터, 폭이 1km 이상, 길이가 수십 km에 달하는 대규모의 것까지 다양하다. 연안사주의 고도는 평균 고조해면보다는 높지만 해발 수십 m 이내로 전반적으로 그리 높지는 않다.

연안사주는 세계 해안의 약 13%에 걸쳐 분포할 정도로 보편적인 해안지형의 하나이다. 연안사주가 널리 발달한 곳은 대체로 해저 경사가 완만하면서 물질의 공급이 많은 곳이다. 이와 같은 지형조건과 더불어 물질을 운반 퇴적하는 바다의 조건은 연안사주의 형성에 중요한 역할을 한다. 연안사주는 이론적으로 보면, 해수면이 상승하거나 하강할 때 다 같이 생겨날 수 있다. 어떤 원인에 의해서건 해수면이 하강하면, 바닷물 속에 있던 사주가 해수면 위로 드러나면서 연안사주로 성장할 수 있다. 또한 이와는 반대로 해수면이 상승하면서 지면이 바닷물에 잠기고, 그에 따라 지면에 놓여 있던 모래 등 굳지 않은 물질들이 바닷물에 의해 해안 가까이 이동 퇴적됨으로써 연안사주가 생겨날 수도 있다. 해수면 변화에 대한 정보가 미흡했던 과거에는 대체로 해저에 생긴 사주가 지반 융기로 인하여 해수면 위에 드러난 것으로 해석하였다. 그러나 근래에는 후빙기의 해수면 상승과 더불어 연안사주가 생겨난 것으로 보는 견해가 지배적이다.

우리나라 동해안에서 사주 위의 사구 모래에 대해 연대 측정한 결과들을 보면, 대체로 수백 년에서 수천 년 사이에 퇴적된 것으로 밝혀지고 있다(Choi *et al.*, 2014). 이로 미루어볼 때 대부분의 사주가 후빙기 해면 상승과 관련되어 생성된 것이 아닌 가 추정된다. 이러한 해수면 상승과 더불어 연안사주가 생겨날 경우 초기에 생긴 연안사주는 해면 상승과 더불어 점점 육지 쪽으로 이동하여 만의 입구를 가로질러 자리잡거나 해안에 가까운 바다에서 해안에 평행하게 발달된다. 그러나 일단 해수면이 안정되고 나면 사주로 공급되는 물질이 줄기 때문에 이미 생겨난 연안사주가 침식을 받기도 한다. 그림 6.24의 강릉해안(옥계)의 해안사주도 이와 같은 해수면 상승과 더불어 생겨난 연안사주에서 비롯된 것으로 추정된다. 해안사주는 이곳 이외에도 경포해안, 정동진해안 등 여러 곳에서 찾아볼 수 있다. 해안사주와 연안사주는 지형의 성인이 크게 다른 것은 아니지만, 구분한다면 해안사주는 육지에 붙어 있는 사주, 연안사주는 그렇지 않은 사주라고 할 수 있다.

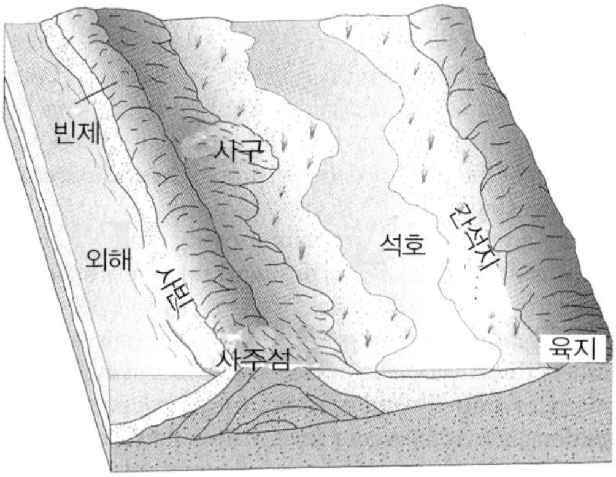

그림 6.23 사주섬

사주섬의 외해 쪽 해안에는 사빈, 그리고 사빈 배후에는 빈제가 있으며, 빈제와 그 너머에는 사구가 분포한다. 또한 사주섬으로 가로막힌 육지 쪽 바다는 석호이다. 조수간만의 차가 큰 곳에서는 석호의 해안에 간석지가 널리 발달한다(McKnight, 2005, p.552 부분 수정).

그림 6.24 해안사주(1910년대. 옥계, 강릉)

해안사주는 후빙기의 해면 상승과 더불어 생겨났다. 사주 배후는 지면 고도가 낮아 논으로 개간했으며, 하천은 홍수 시를 제외하고는 하구가 거의 막혀 있다. 이곳 이외에도 정동진 등지에서 같은 유형의 해안지형을 찾아볼 수 있다.

3) 사취

사취(砂嘴, spits)는 사주의 한 종류로 사주의 한쪽 끝이 육지나 섬에 붙어 있는 긴 제방 모양의 퇴적지형이다. 사취 중에는 바다로 뻗은 모래 둑의 끝부분이 육지 쪽으로 갈고리 모양으로 구부러지거나, 갈퀴 모양으로 갈라진 것이 있는데, 이러한 사취를 분기사취(分岐砂嘴, recurved spits)라 부르기도 한다(그림 6.25).

사취는 해안선의 드나듦이 있고, 모래 등 운반물질의 공급이 많은 해안에서 잘 생긴다. 사취가 만들어지는 것은 주로 연안표류에 의해서이다. 즉, 하천이나 해안 또는 해저에서 공급되는 다량의 물질이 해안을 따라 흐르는 연안류에 의해 특정 방향

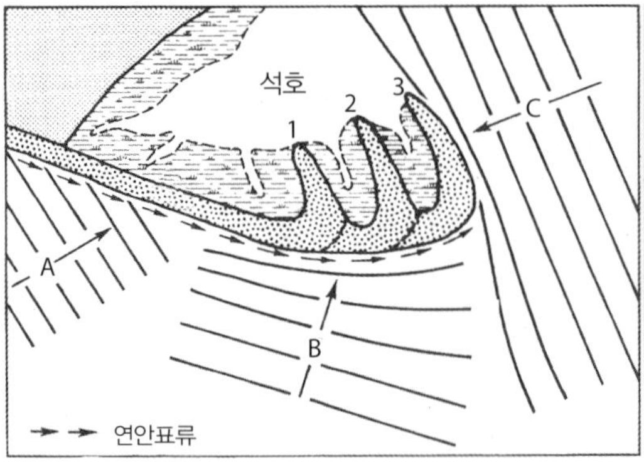

그림 6.25 분기사취

왼쪽 그림에서 A, B, C는 파랑의 접근 방향, 1, 2, 3은 분기사취의 발달 순서이다. 사취와 육지로 둘러싸인 바다는 석호이며 해안에는 간석지가 발달하였다. 오른쪽 사진은 하천(남천)이 서해로 유입하는 일대에 생긴 사취로 그 형태나 형성과정이 왼쪽 그림과 거의 유사한 것으로 추정된다(왼쪽 그림: Bird, 1969, p.109. 오른쪽 사진: 풍천, 황해도, 2016년 10월 구글 영상).

으로 계속 운반 퇴적되기 때문에 생겨난다. 연안류에 의해 발생하는 연안표류가 일정한 방향성을 지니는 것은 파랑의 주된 접근 방향이 정선에 대해 대각선을 이루기 때문이다(그림 6.25의 왼쪽 그림). 한쪽 끝부분이 구부러진 분기사취는 접근 방향이 서로 다른 파랑들이 있어 이들이 물질 이동에 영향을 미치기 때문이다. 다시 말하여 사취가 성장하는 과정에서 파랑의 주된 접근 방향과는 다른 방향의 파랑들이 영향을 미칠 경우 사취의 끝이 구부러지게 된다. 또한 끝이 여러 개로 갈라진 분기사취가 발달하는 것은 사취의 끝이 구부러진 후 다시금 같은 과정으로 사취가 성장하는 일이 반복되었기 때문이다(그림 6.25의 왼쪽 그림에서 1, 2, 3). 이와 같은 전형적인 분기사취는 아니지만, 우리나라 북부지방의 풍천 해안(황해도, 그림 6.25의 오른쪽 사진)에서도 분기사취를 찾아볼 수 있다. 이곳의 분기사취는 바다로 통하는 하천(남천)의 하구 전면을 가로질러 발달했으며, 폭이 넓은 사취의 끝부분이 그림 6.25에서 보는 것과 마찬가지로 육지를 향하여 구부러진 모습을 보인다. 이러한 사취의 형태를 볼 때 모래의 주요 공급원은 하천이라 하더라도 다른 사취에서와 마찬가지로 해안을 따라 흐르는 연안류가 이곳의 사취 형성에 결정적인 역할을 한 것으로 보인다.

사취 중에는 해빈퇴적물이 바다를 향하여 삼각형의 꼭짓점처럼 뾰족하게 성장하면서 생기는 첨상사취(尖狀砂嘴, cuspate spits)도 있다(그림 6.26). 첨상사취(또는 육계사

그림 6.26 첨상사취(진하해수욕장, 울산)

첨상사취는 삼각형의 꼭짓점처럼 뾰족하게 바다로 돌출한 사주이다. 사진은 간조 시에 찍은 것으로 만조 시에는 물이 차서 섬(명선도)과 육지가 연결되지는 않는다.

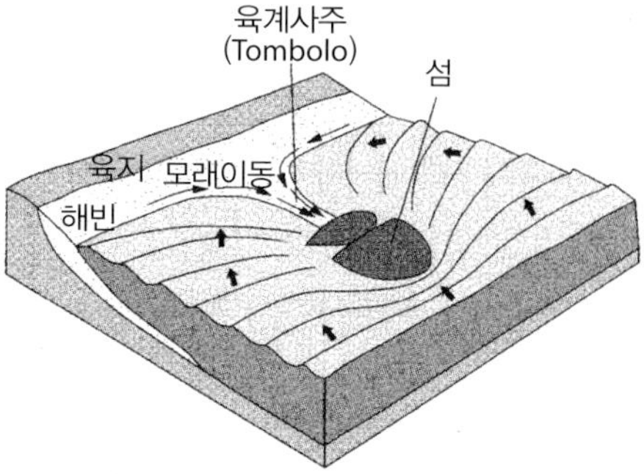

그림 6.27 육계사주의 형성과정

해안 가까이에 섬이 있으면, 파랑이 굴절되어 그 배후에 퇴적물이 많이 쌓이면서 육계사주가 생긴다. 첨상사취의 생성원리도 이와 다르지 않다(Haslett, 2000, p.54).

그림 6.28 육계사주(성산, 제주도)

오른쪽으로 성산 일출봉, 왼쪽으로 고성리에 연결되는 육계사주이다. 사주의 외해 쪽 해안(남쪽)에는 파식대(신양리층)가 발달하였다.

주)가 생기는 것은 접근 방향이 다른 두 개의 파랑이 서로 마주치면서 해안으로 접근하기 때문이다(그림 6.27). 이러한 파랑이 발생하는 지형조건은 대체로 해안 가까이에 섬이 있을 때이다. 섬이 외해로부터 해안을 향하여 접근하는 파랑을 막아주는 동시에 파랑의 방향을 굴절시키기 때문이다. 다시 말하여 섬과 해안 사이의 바다에는 파랑들이 마주치면서 서로의 에너지를 약화시키기 때문에 물질의 퇴적작용이 활발하여 첨상사취가 생긴다. 울산의 진하해수욕장은 그러한 좋은 예이다(그림 6.26). 이밖에도 고성의 삼포해수욕장을 보면, 동해안에서는 보기 드물게 수심 얕은 곳이 넓은데 이 또한 해안에 근접하여 섬이 있어 해저에 첨상의 퇴적지형이 발달되었기 때문이다.

첨상사취가 바다를 향하여 성장하면 때로는 섬과 육지 또는 섬과 섬이 모래 둑으로 연결되기도 한다. 이러한 모래 둑을 육계사주(陸繫砂洲, tombolos)라 부른다(그림 6.27, 6.28). 제주의 성산 일출봉에서 고성리로 이어지는 모래 둑도 일종의 육계사주이다. 그러나 바로 인접한 해안에 파식대가 발달한 것을 보면, 모래 퇴적층은 두껍지 않은 것으로 보인다.

4) 해안사구

해안사구(海岸砂丘, coastal sand dune)는 해빈의 모래가 바람에 의해 실려 날아가 해빈의 배후에 쌓여 생겨난 모래구릉이다(그림 6.29, 6.30).[10] 해안사구는 해빈에 세립 모래가 많고, 식생과 같은 장애물이 있어 바람에 실려 날아오는 모래들을 붙들어 둘 수 있는 조건이 갖추어질 때 잘 발달한다. 따라서 모래 공급원인 해빈 모래의 특성이나 바람의 강도와 빈도, 그리고 식생조건은 해안사구의 발달에 중요한 역할을 한다. 이밖에도 해안의 지형조건도 사구의 발달에 적지 않은 영향을 미친다. 해안의 경사가 완만하여 폭이 넓은 사빈이 발달한 곳일수록 모래 공급원의 규모도 크기 때문에 사빈의 배후에 사구가 생겨날 가능성이 높다. 또한 우리나라의 서해안처럼 조수간만의 차가 커서 썰물 시 육화되는 사질(砂質) 조간대가 넓은 곳일수록 사구 발달에 유리하다. 조간대의 모래가 조류와 파랑, 그리고 연안류에 의해 해빈을 향하여 운반될 뿐만 아니라, 썰물 시 건조해진 조간대 모래의 일부가 바람에 실려 해빈이나 해빈의 배후로 날아가 쌓일 수 있기 때문이다. 그러나 조수간만의 차가 작더라도, 해빈에 모래가 풍부하게 쌓이는 환경이면, 해빈의 배후에 역시 마찬가지로 사구가 생길 수 있다.

해안사구의 모래는 공급원에 따라 다르다. 대체로 석영이 대부분이지만, 패사(貝砂)가 섞여 있는 경우도 있다. 입자크기는 0.1~0.3mm이다. 또한 사빈의 모래에 비하여 사구 모래는 분급이 양호하며, 원마도가 더 높다. 사빈의 모래 중에 특히 세립 모래가 선택적으로 바람에 실려 이동되며, 그런 과정에서 모래끼리 서로 부딪치면서

10 해안사구는 파랑이 아니라 바람에 의해 생기는 지형이다. 따라서 바람지형에서 다룰 수도 있지만, 해안사구는 해빈(사빈)의 모래가 날아가 쌓여 생기는 지형이므로 해안지형에 포함하여 기술하였다.

그림 6.29 해안사구(신두리, 태안)

해안에서 육지로 가면서 사빈, 전사구, 사구저지대, 배후사구(취식와지 포함)가 순차로 나타난다. 이곳 사구의 대부분은 식생으로 덮여 있지만, 배후사구 중에는 식생으로 덮여 있지 않아 모래의 이동이 매우 활발한 사구도 있다.

갈려지기 때문이다.

바람의 영향은 지면 가까이 부는 바람의 속도, 모래 크기와 점성, 그리고 식생 조건에 따라 다르다. 모래의 이동을 주도하는 바람에 의한 전단력은 공기 밀도(1.225kg/m^3)[11]에 풍속을 곱한 값이다. 이러한 전단력이 그와는 반대로 작용하는 저항한계값(entrainment threshold value)을 넘게 될 때 비로소 모래는 이동한다. 저항한계값은 모래의 무게(=질량×중력가속도)와 점성에 의해 지배된다. 즉 모래의 입자가 커서 무겁고 점성이 클수록 저항한계값이 커지므로 바람에 의해 이동될 가능성은 줄어든다. 모래의 점성은 습도와도 관련이 있는데, 습기를 머금고 있으면, 그만큼 점성이 커져 이동이 제한된다. 습기 이외에 모래 입자 사이에 염류가 집적될 경우에도 점성이 커져 바람에 의해 이동하는 모래의 양이 줄어든다. 식생은 지면의 요철을 크게 만들어 지면 가

11 찬 공기가 따뜻한 공기보다 밀도가 더 높다.

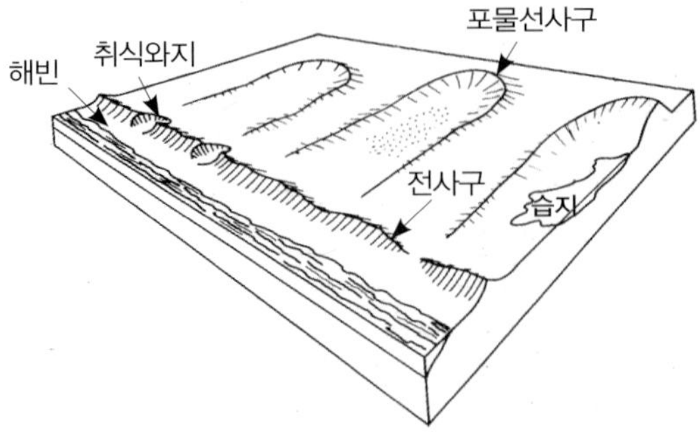

그림 6.30 해안사구(모식도)
전사구(foredune), 취식와지(blowout), 포물선사구(parabolic dune)(Livingstone and Warren, 1996, p.99).

까이 부는 바람의 풍속을 떨어뜨리는 효과가 있기 때문에 날아오는 모래가 그 주변에 쌓이도록 만든다.

바람에 의해 이동하는 모래는 조립질인 것은 구르거나 튀어서 이동하고, 세립질인 것은 날아서 이동한다. 그러나 이러한 운반 양식은 풍속의 크기에 따라 달라질 수 있다. 즉, 풍속이 커지면 조립질 모래도 바람에 실려 날아가며, 풍속이 작아지면 세립질 모래도 구르거나 튀어 운반된다. 이렇게 사빈의 모래가 바람에 실려가 쌓이는 일이 반복되면 바람받이 사면인 사빈의 배후 지역은 모래의 퇴적으로 인하여 지면고도가 높아져 모래 구릉, 즉 해안사구가 만들어진다. 이처럼 모래 공급원인 사빈과 해안사구는 상호작용하는 관계에 있다. 사빈의 모래가 바람에 날아가 해안사구에 쌓이는가 하면, 해안사구의 모래가 역으로 바람이나 파랑, 지표유출에 의해 침식받아 다시금 사빈으로 돌아가기도 한다.

해안사구는 대체로 후빙기의 해수면 상승으로 모래의 공급이 늘어나면서 생겨난 홀로세(Holocene) 사구가 많다. 그러나 그만큼은 아니지만 이전 시기인 플라이스토세(Pleistocene)에 생성된 사구도 홀로세 사구와 더불어 같은 해안에 분포하기도 한다. 이들 사구는 때로는 홀로세 사구가 플라이스토세 사구를 덮어씌워 발달하여 구분이 어려운 경우도 있지만, 해안에 좀 더 가까운 위치에는 홀로세 사구, 그리고 그 배후에는 플라이스토세 사구가 발달된 경우도 적지 않다.

해안사구는 사구의 위치에 따라 전사구(foredune)와 배후사구(hind dune)로 나눌 수 있다. 과거에는 사구의 발달 순서에 따라 1차 사구(primary dune)와 2차 사구(secondary dune)로 분류하였지만, 오늘날에는 이러한 용어들을 잘 사용하지 않는다.

전사구와 배후사구 사이에는 때로는 지면 고도가 낮은 사구 저지대(dune slack)가 나타나기도 한다.

전사구는 사빈에 바로 인접한 배후에 생기는 모래 구릉으로 모래의 공급원인 해빈과 평행하게 발달한다. 이러한 전사구가 해수면 하강 등의 원인으로 바다 쪽으로 전진하게 되면, 옛 전사구 앞에 새로운 전사구가 생겨남으로써 사구 구릉들이 해안선에 평행하게 열을 지어 발달하기도 한다. 이와 같은 전사구들을 평행사구(parallel dunes)라 부른다. 이들 사구 구릉열 사이에는 흔히 저지대(swale)가 나타나는데, 지하수면이 지면 가까이 놓여 있기 때문에 때로는 습지를 이루기도 한다. 우리나라의 동해안에서 빈제(濱堤, beach ridge)[12] 또는 해안사구가 나타나는 곳을 보면 모래 구릉들은 해송 등이 자라는 숲이나 취락이 들어선 반면, 그 사이의 저지대는 일찍부터 논, 밭 등으로 이용되어왔다.

전사구는 흔히 사초(砂草) 등의 초본 식생으로 덮여 있는 것들이 많다. 식생은 사빈으로부터 바람에 실려 날아온 모래가 그 주변에 쌓이게 하는 원인이 된다. 따라서 식생이 사구 위에 정착되기 시작하면 사구의 고도가 더 높아진다. 이와 같이 전사구의 고도가 높아지면, 사빈의 모래가 전사구를 거쳐 그 배후지역, 즉 배후사구로 운반되는 것을 감소시키는 효과가 나타난다. 미국 오리건주의 한 해안을 예로 들면, 전사구의 모래가 비산(飛散)되는 것을 막기 위하여 사람들이 번식력이 강한 외래종 사초를 도입하면서 예상치 못한 문제들이 발생하였다. 즉 사초로 인하여 모래가 많이 쌓여 전사구의 고도가 높아지는 바람에 그 배후지역인 사구 저지대(dune slack)로 공급되는 모래의 양이 줄어들었을 뿐만 아니라, 사구 저지대를 거쳐 배후사구로 공급되는 모래의 양도 더불어 줄어들었다. 이로 인하여 사구 저지대의 모래밭에 서식하던 조류를 포함하여 여러 종류의 동물 서식지도 달라졌을 뿐만 아니라 배후사구가 점차 식생으로 덮이면서 활사구(活砂丘, active dune)의 면적도 줄어드는 변화가 나타났다. 이러한 사례는 사빈, 전사구, 사구저지대, 배후사구 등의 지형과 이들 지형의 변화를 가져오는 바다, 바람, 모래, 생물이 유기적으로 연결된 체계로서 작동하고 있음을 잘 보여준다.

---

12 빈제는 해수에 의해 생겨나는 모래 구릉이며, 그 위에 해안사구가 발달된 경우가 많다.

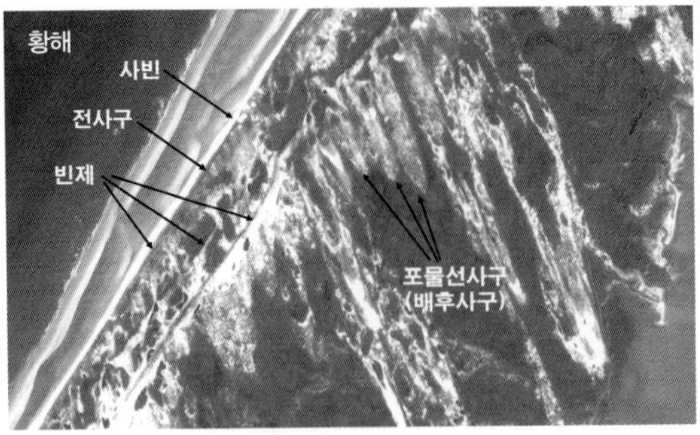

그림 6.31 해안사구(용연, 황해도)
한반도에서는 보기 드물게 모래의 이동이 활발한 곳으로 빈제는 최소 3개 정도가 있으며, 그 배후의 사구 중에는 포물선사구도 관찰된다(2015년 8월 구글 영상).

배후사구는 전사구의 모래가 배후지로 날려가 쌓여 생기거나, 해면변동 등 여러 원인으로 새로운 전사구가 생기면서 종전의 사구가 그 배후에 남게 된 것이다. 배후사구의 종류는 다양하다. 모래의 공급량이 적은 곳에서는 바르한 사구(barchan dune)나 바르하노이드 사구(barchanoid ridge), 그리고 모래의 공급량이 많은 곳에서는 횡사구(transverse dune)도 생겨난다. 또한 식생으로 덮인 사구가 바람에 의해 침식받는 과정에서 취식와지(吹蝕窪地, blowout), U자형 사구(U-shaped dune), 포물선 사구(parabolic dune), 머리핀 사구(hairpin dune) 등이 발달되기도 한다(그림 6.30, 6.31). 이들 사구는 중심축이 대체로 탁월풍의 방향과 일치하는데, 초기에는 취식와지가 생기고, 이것이 취식이 진행됨에 따라 점차 포물선 사구, 머리핀 사구 등으로 변화되기도 한다.

우리나라에서는 소규모의 사구는 동해안의 곳곳에, 그리고 규모가 큰 사구는 서해안의 태안반도, 장연 등지에 널리 분포한다(그림 6.31). 이밖에도 서해의 섬 지역에도 사구가 많은데, 안면도, 대청도, 우이도 등지는 그중 잘 알려진 사구 분포지이다. 서해안의 규모가 큰 사구들에 대해서 빙하기 때 생기고, 현재는 파괴되는 과정에 있는 고(古)사구라고 해석하기도 하였다. 그러나 근래에 이들 사구 모래에 대해 OSL 연대측정한 결과를 보면,[13] 모래 입자들이 비교적 고화되었으며, 적색으로 산화된 모습을 보일지라도 지난 5,000년 이래 쌓인 것으로 밝혀졌다(Munyikwa *et al.*, 2008; 홍성찬

13 광여기(光勵起) 루미네선스 연대측정(optically stimulated luminescence dating methods). 이는 퇴적물(석영, 장석 등)이 특정한 장소에 쌓이게 되면 햇빛이 차단된 채 매몰되는데, 그때 이후 경과된 시간을 실험실에서 측정해내는 연대측정법이다.

외, 2010). 이것이 맞는 것이라면, 서해안에서 빙하기 때 생긴 것으로 알려진 많은 사구들이 실제로는 후빙기 이래 생겨난 것으로 생각된다. 또한 현재도 모래가 이동되면서 사구의 모습이 변하는 것을 보면 화석화된 고사구가 아니라는 것을 말해준다.

사구 중에는 유리공업의 원료나 건축 재료를 얻기 위하여 모래를 대량으로 채취하는 바람에 훼손된 것들이 많다. 안면도의 장곡리 사구도 그러한 예인데, 인위적으로 훼손되기 전에는 여러 개의 사구열을 어렵지 않게 찾아볼 수 있었다. 이와는 달리 신두리 사구는 일부 훼손된 것은 사실이지만 아직도 원형을 많이 간직하고 있다. 신두리 사구를 보면, 전사구의 모래 구릉 배후에 넓고 평평한 사구 저지대가 있으며, 이것의 후면에 배후사구가 생성되어 있다(그림 6.29). 모래는 해빈으로부터 전사구, 그리고 전사구로부터 사구 저지대를 거쳐 배후사구로 운반되어 쌓인다. 사구 규모는 전사구보다도 배후사구가 더 크다. 배후사구는 주로 초본과 식생으로 뒤덮인 모래 구릉과 취식와지로 이루어졌으며, 모래 구릉 중에는 탁월풍(북서계절풍)의 방향으로 길게 늘어선 것들도 관찰된다. 이러한 배후사구 너머에는 산지 사이의 저지대에 규모가 큰 습지(두웅습지)가 자리 잡고 있는 곳도 있다.[14] 작은 습지는 사구 저지대의 일부에도 있는데, 이러한 습지는 강수 시에만 일시적으로 생겼다 사라지는 것이 특징이다. 이와 같은 사구는 인위적인 변화에 매우 민감하면서도, 모래와 습지가 어울린 독특한 생태계를 이루기 때문에, 우리나라는 물론이고, 세계 여러 나라에서 이를 보호하려고 노력하고 있다.

5) 간석지

간석지(干潟地, 갯벌, intertidal flat)는 밀물 시에는 물에 잠기지만, 썰물 시에는 해수면 위로 바다 밑의 땅이 드러나는 조간대의 해안퇴적지형이다(그림 6.10, 6.32). 흔히 간석지라 하면 점토, 이토 등의 세립물질이 쌓인 곳만을 떠올리지만, 우리나라의 간석지 중에는 모래, 자갈 등의 조립물질이 쌓인 곳도 많다.

간석지의 구성물질은 대체로 하천이나 해안에서 비롯된 것이다. 특히 하천은 간

14 두웅습지는 2002년 습지보호지역으로 지정되었으며, 2007년 람사르 협약(Ramsar Convention)에 등록되었다.

석지 퇴적물의 주요 공급원이다. 하천에 의해 바다로 흘러든 물질들은 바닷물이 잔잔한 만입지나 섬의 후미진 곳에서 쌓이기 때문에 그런 곳을 중심으로 간석지가 발달한다. 서해의 경우, 우리나라의 한강, 금강 등, 중국의 황허강, 양쯔강 등 크고 작은 강들이 막대한 퇴적물을 바다로 운반하기 때문에 해안의 곳곳에 넓은 간석지가 많다. 이러한 하천적인 요인 이외에도 후빙기에 해수면이 상승하면서 과거 빙하기 동안에 육지였던 곳이 바닷물에 잠기면서 고화되지 않은 물질들이 해안 가까이로 이동 퇴적된 것도 간석지의 발달을 도왔던 것으로 보고 있다.

간석지에 퇴적물을 실어나르는 것은 주로 조류이기 때문에, 조수간만의 차가 크고 바다의 수심이 얕아서 조류가 넓은 범위에 걸쳐 영향을 미칠 수 있는 곳이 간석지 발달에 유리하다. 우리나라의 서해안은 이와 같은 조건들을 두루 갖추고 있어 간석지가 많다. 특히 경기만을 비롯하여 금강, 만경강, 동진강 하구 일대에 큰 규모의 간석지가 분포한다.

간석지 물질은 대체로 밀물에 실려와 쌓이고, 썰물에 의해 이미 쌓인 퇴적물의 일부가 침식받아 바다로 돌아가는 패턴을 보인다. 밀물과 썰물은 갯골(tidal channel)을 통하여 간석지에 들고나기 때문에 갯골은 간석지 물질의 주요 이동 통로라 할 수 있다(그림 6.32). 갯골의 형태는 다양한데, 경사가 완만한 곳에서는 수지상(樹枝狀) 갯골, 경사가 비교적 급한 곳에서는 평행상(平行狀) 갯골이 발달하는 경향이 있다.

간석지가 발달한 곳은 대체로 조차가 큰 곳인데, 사리의 밀물 때에 퇴적물이 쌓인 곳은 다음번 사리가 돌아올 때까지 한동안(약 2주) 뭍으로 드러나기 때문에 그 위에서 식물이 자랄 수 있다. 이렇게 간석지에 식물이 자라기 시작하면 바닷물의 유속을 떨어뜨려 더 많은 운반물질이 그 주위에 쌓이게 되며, 이런 과정이 반복되면 간석지의 지면 고도는 점점 더 높아지게 된다.

간석지 중에 지면 고도가 높아져 염생식물[15]이 널리 자라는 곳을 염생습지(鹽生濕地, salt marsh)라 한다(그림 6.33). 우리나라에서는 염생습지 중에 평균 고조 시의 물에 잠기지 않고 뭍으로 드러나는 곳에서는 나문재, 퉁퉁마디, 해홍나물 등, 그보다는 지면이 낮아 평균 고조 시의 물에 잠기는 곳에서는 칠면초 등이 자란다. 이러한 염생습

15 염생식물(鹽生植物, halophyte)은 소금기가 있는 땅에서 잘 자라는 식물을 말한다.

그림 6.32 간석지와 갯골(새만금 방조제 안쪽, 김제)

지면이 높은 간석지는 염생식물이 자라고 있어 다소 붉은 색깔을 띠고 있으며, 갯골은 수지상의 하계를 보인다 (2012년 네이버 위성지도 이미지).

그림 6.33 염생습지(순천만)

습지 중 지면 고도가 높아 평상 시 고조 때에도 잘 침수되지 않은 곳에는 갈대, 보다 고도가 낮아 고조 때에 침수되는 곳에는 칠면초 등이 자란다.

지를 포함하여 지면 고도가 높은 간석지는 토지가 부족한 우리나라에서는 일찍부터 농경지로 개간해왔다. 고려시대에 한때 왕궁이 입지하였던 강화도를 예로 들면, 곡물 생산을 증대하기 위하여 당시에 이미 상당한 간석지를 농경지로 개간하였다. 현재 강화도에서 해안에 넓은 골짜기가 있는 곳은 거의 전부가 간척사업을 벌여 일군 땅이라고 해도 지나친 말이 아니다.

그러나 근대적인 대규모 간척사업은 일제강점기에 시작되었다. 당시의 간척지

중에는 옥구(만경강 하구 일대) 일대의 것이 잘 알려졌다. 우리의 기술로 행한 대규모 간척사업의 효시는 1960년대의 계화도(부안) 간척사업이다. 그 이후에도 시화방조제(안산), 새만금방조제(군산-고군산군도-부안)를 건설하는 등 수많은 간척사업을 벌여온 결과 오늘날에는 해안선이 달라질 정도로 해안지형이 변모되었다. 이러한 간척사업은 농경지, 주거지, 산업용지 등을 확보하는 순기능도 있지만, 해안 및 습지 생태계를 교란시키거나 파괴하는 등 역기능도 만만치 않기 때문에 그 찬반을 둘러싸고 많은 논란이 있다.

3. 해안침식지형

바닷물에 의한 침식작용은 파식대, 해식애, 해식동굴 등과 같은 독특한 해안지형을 만들어낸다(그림 6.34). 바닷물의 침식작용은 크게 굴식작용(掘蝕作用, quarrying)과 마식작용(磨蝕作用, abrasion)으로 나눌 수 있다.

굴식작용은 바닷물이 절리, 쪼개짐, 층리 등으로 갈라진 암석의 틈새를 더욱 벌려 그 일부를 뜯어내는 작용을 말한다. 이는 파랑에 의한 수압과 암석 틈새의 공기압이 상호 작용하여 발생한다. 이러한 침식작용은 현무암, 점판암, 편암 등 절리나 쪼개짐이 잘 발달한 암석이 분포하는 곳에서 활발하다.

마식작용은 암체에서 분리된 암편이 파랑에 의해 이리저리 움직이면서 기반암의 표면을 긁거나 가는 작용을 말한다. 이러한 마식작용이 우세하게 작용하면, 파식대의 표면이 더 평활하게 되며, 그 위에 포트홀(pothole)이라 불리는 마식구멍이 생기기도 한다. 해빈의 자갈들 중에는 하천에 의해 공급된 것들도 많지만, 해안의 암체에서 파랑의 굴식작용에 의해 공급된 암편이 다시금 파랑에 의해 마식 도구가 되어 암반을 긁고 갈거나 다른 자갈과 부딪치고 갈려지는 과정에서 생기는 것들도 많다. 해빈 자갈은 마식을 받으면 받을수록 원마도가 높아진다. 이러한 자갈 중에 만입지에 쌓인 것들은 원마도가 높은 반면에, 곶과 같이 바다로 돌출하여 파랑의 에너지가 불규칙하게 영향을 미치는 환경하에서 쌓인 것들은 원마도가 대체로 높지 않고, 분급도 불량한 경우가 많다.

그림 6.34 해안침식지형

P(shore platform, 파식대), N(notch, 노치), C(sea cliff, 해식애), T(coastal terrace, 해안단구), A(arch, 아치), S(sea stack, 시스택)(Strahler and Strahler, 1992, p.380).

1) 파식대

파식대(波蝕臺, wave cut bench, shore platform)는 해식애의 하단부에 파랑침식으로 생겨나는 기반암 침식면을 말한다(그림 6.35, 6.36). 파식대가 평탄한 것은 파랑에너지에 의해 기반암이 뜯겨나가거나 갈려지기 때문이다. 파식대의 경사, 표면 형태 등의 지형 특징은 침식하는 파랑에너지와 이에 저항하는 기반암의 조건에 영향받는다.

대체로 파랑에너지가 크고 수평층이 분포하는 곳에서는 파식대의 경사가 완만하고 파식대의 표면이 평활하다. 그러나 파랑에너지가 큰 곳일지라도 지층 경사가 급한 경우에는 파식이 선택적으로 일어나기 때문에 파식대의 경사가 급하고 표면이 거친 것이 보통이다. 특히 연암과 경암이 호층(互層)을 이루면서 지층의 경사가 바다 쪽으로 들려지듯이 기울어진 경우에는 파식대의 표면이 더욱 거칠다. 그러나 파랑에너지가 작으면 기반암에 대한 침식력이 크지 않으므로, 파식대는 잘 생기지 않는다. 파식대의 규모와 표면의 경사는 파랑에너지나 기반암의 조건 이외에 조차(潮差)와도 관련이 있다. 조차에 따라 파랑의 영향을 받는 땅의 면적이 달라질 뿐만 아니라 파랑에너지에 노출되는 시간도 달라지기 때문이다. 장소마다 같은 것은 아니지만, 우리나라에서는 대체로 조차가 큰 서해안의 파식대가 조차가 작은 동해안의 파식대에 비하여 규모가 더 크다(이수용·최광희, 2015). 또한 파식대는 현재도 생성되고 있지만 그 일부는 지난 간빙기에 생성된 것으로 알려진다(Choi *et al.*, 2012).

그림 6.35 해식애와 파식대(적벽강, 부안)

해식애는 파랑침식이 활발한 곳에 많으며, 그 하단에는 흔히 파식대가 발달한다. 파식대 위에는 퇴적물이 드물지만, 이에서 멀어질수록 자갈, 모래 등이 많이 쌓인다(사진 하단).

그림 6.36 파식대 위에 발달된 포트홀(사계리 해안, 제주도)

이곳의 기반암은 굳지 않은 제4기 퇴적층이어서 쉽게 마식을 받아 포트홀들이 생겨났다.

파식대는 고도를 기준으로 조간대 파식대, 고조면 파식대, 저조면 파식대로 나눌 수 있다. 조간대 파식대는 평균 고조면과 평균 저조면 사이의 파식대로 파랑에너지가 큰 환경에서 잘 생긴다. 조간대 파식대의 상부면은 평균 고조면, 즉 정선각(汀線角, shoreline angle) 고도까지, 그리고 하부면은 평균 저조면 이하의 해저까지 연속되는 경우가 많다. 평균 저조면 이하의 해저에서도 파랑에너지에 의해 침식이 일어나기 때문이다. 고조면 파식대는 평균 고조면 이상의 고도에서 생기는 것으로, 폭풍에 수반되는 파랑침식이 활발하거나 해수면 하강으로 인하여 과거의 파식대가 고조면 이상의 높이에 남게 된 경우이다. 저조면 파식대는 파랑에너지가 작은 환경이지만 용식에 취약한 암석(석회암 등)이 분포하는 곳에서 잘 발달한다. 이런 유형의 저조면 파식대는 열대기후 지역의 해안에 많다. 이처럼 파식대는 고조면이든 저조면이든 해수면 고도 수준에서 생기는 지형이지만, 지반이 융기하거나 기후변화가 일어나 해수면이 하강하면, 파식대는 더 이상 바다의 영향을 받지 않는 지형, 즉 해안단구로 달라진다.

파식대 표면에는 파랑에 의해 자갈들이 이리저리 이동하는 과정에서 암반을 마식하기 때문에 포트홀(pothole)이 생기기도 한다. 포트홀은 냄비 모양의 구멍으로 크기와 형태는 다양하지만, 내부는 표면이 매끄러우며, 바닥에 자갈들이 있는 경우도 많다. 포트홀은 기반암이 풍화침식에 약하고, 마식 도구인 자갈이 많은 해안에서 잘 발달한다. 제주도의 사계리, 신양리 등지의 해안은 그 대표적인 곳이다(그림 6.36).

2) 해식애, 노치, 해식동굴, 시스택

해식애(海蝕崖, sea cliff)는 파랑침식으로 생겨난 해안가의 급경사 사면이다(그림 6.35, 6.37). 해식애 형태는 파랑에너지와 이에 저항하는 기반암의 특성에 의해서 결정된다. 예를 들어 현무암, 안산암 등과 같이 주상절리가 발달된 암석이나 두꺼운 경암 지층이 파식을 받게 되면 해식애의 경사는 대체로 크다. 제주도 서귀포 일대의 해안에 급경사의 해식애가 널리 발달한 것도 그러한 예이다. 이와는 달리 화강암 풍화층이나 굳지 않은 퇴적층이 있는 곳에서는 풍화층이나 퇴적층이 파랑에 의해 쉽게 무너져내리기 때문에 경사 급한 해식애가 잘 발달하지 않는다.

해식애가 발달하는 곳은 대개 높은 에너지를 지닌 파랑이 집중되는 해안이므로 해식애의 하부에는 파식대가 더불어 발달하는 경우가 많다. 또한 파식대로 연결되는 해식애의 하단에는 때로는 노치(notch), 해식동굴과 같은 침식지형이 생겨나기도 한다(그림 6.34, 6.37).

노치는 해식애의 하단부가 파랑침식을 받아 마치 서양의 벽난로처럼 움푹 패여 들어간 지형이다. 해식애는 노치가 생기면 경사가 더 급해지므로 불안정해져 붕괴될 수 있다. 노치 중에는 해면 하강이나 지반 융기에 의해 현 해수 수준보다 더 높은 위치에 놓인 것도 있다. 이러한 노치는 해면 변화나 지반 융기를 규명하는 지형 증거로도 활용된다. 노치는 파랑에너지가 그리 크지 않은 곳에서, 그리고 기반암의 풍화나 용식작용이 활발한 곳에서 잘 발달한다. 고(高)에너지 환경, 즉 높은 에너지를 지닌 파랑침식이 활발하게 되면, 노치보다 더 높은 고도의 기반암까지 침식을 받게 되기 때문에 노치의 오목하게 패인 정도가 분명치 않게 된다.

해식동굴(sea cave)은 해식애의 하단부가 파랑침식을 받아 암벽의 일부가 다른 부

그림 6.37 해식동굴과 노치(적벽강, 부안)

왼쪽 사진: 해식동굴. 오른쪽 사진: 노치(해식해의 하단부가 패여들어간 곳). 노치가 생겨 해식애의 하부가 육지로 들어가고 상부가 바다로 돌출하게 되면 해식애의 불안정성이 증가해 붕괴될 수 있다.

그림 6.38 시스택(외돌개, 서귀포)

사진 중앙에 섬처럼 독립된 암괴가 시스택(sea stack)이다. 이곳의 시스택은 해안육지가 파랑침식을 받아 육지로부터 분리되면서 생겨난 것이다.

위보다 더 깊이 패여 들어가면서 생겨나는 동굴이다(그림 6.37의 왼쪽 사진). 해식동굴은 절리가 발달하거나 단층의 경계부와 같이 침식이나 풍화에 약한 부분이 있는 곳을 중심으로 잘 생긴다. 해식동굴 중에는 파식이 진행되면서 앞뒤로 구멍이 뚫려 아치(arch) 지형으로 변화되는 것도 있다. 아치는 세월이 지나면서 천장이 풍화침식을 받아 무너져내려 암괴 또는 작은 돌섬으로 남기도 한다. 이렇게 육지와 분리된 암괴 또는 작은 돌섬을 시스택(sea stack)이라 부른다(그림 6.38). 시스택은 파랑침식이 활발한 곳 이외에도 해면 상승이나 지반 침강이 일어나 해안의 육지가 해면 이하로 침수된 곳에서도 널리 나타난다.

4. 기타 해안지형

1) 해안단구

해안단구(海岸段丘, coastal terraces)는 파식대나 해빈이 지반 융기 또는 해면 하강으로 인하여 현재는 해수의 영향을 받지 않을 만큼 높은 위치에 놓인 테라스(terrace) 또는 계단 모양의 지형이다(그림 6.39, 6.40, 6.41). 해안단구는 단구면과 단구애로 이루어져 있다. 단구면은 파식대 또는 해빈 기원의 평탄한 지면, 단구애는 해식애 기원의 급경사 사면이다.

해안단구 중에 단구 형태가 더 분명한 것은 파식대 기원의 단구이다. 이런 단구는 단구면의 바다 쪽 전면이나 육지 쪽 배후가 해식애에서 비롯된 급경사 사면인 경우가 많기 때문이다. 파식대는 높은 에너지를 지닌 파랑이 집중되는 곶에서 잘 생기며, 그 배후에는 흔히 해식애가 발달한다. 이러한 파식대와 해식애는 기반암인 경우가 많으므로 지반 융기나 해면 하강이 일어나 해안단구로 변화된다 하더라도 옛 모습이 크게 변형되지 않은 채 남아 있을 가능성이 높다. 그러나 파식대 기원의 해안단구에는 해빈퇴적물은 있어도 대체로 두껍지 않으며, 분급이 불량하고 조립질이 많다. 파식대에 퇴적물이 두껍게 쌓이는 경우는 해퇴(海退)가 진행될 때이다. 퇴적층의 두께나 퇴적상은 해퇴와 더불어 새로이 생겨나는 해안선의 형태에 따라 달라진다. 이렇게 생겨나는 단구퇴적물 중에는 배후산지에서 비롯된 사면퇴적물이나 하천퇴적물이 해빈퇴적물 위에 쌓여 있는 경우도 많다.

해빈 기원의 해안단구는 곶에 비하여 상대적으로 낮은 에너지를 지닌 파랑의 영향을 받는 만 안쪽의 해안이 단구로 변화된 경우가 많다. 이러한 단구는 단구면은 있지만 단구애가 없는 경우가 많아 단구의 형태가 분명치 않은 반면, 퇴적층은 두껍고 분급이 양호하며 세립인 경우가 많다. 이처럼 단구의 모습이 분명치 않기 때문에 단구의 식별과 분류가 용이하지 않으며, 단구 대신에 이수해빈(離水海濱, emerged

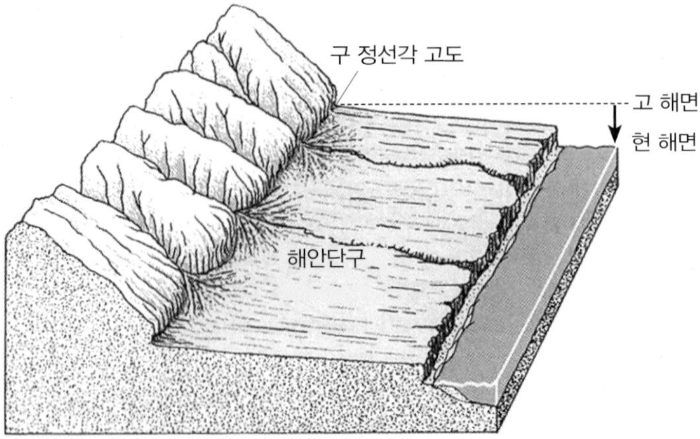

그림 6.39 해안단구

해안단구는 단구면과 단구애로 구성되며, 단구면은 옛 파식대(또는 해빈), 단구애는 해식애에서 비롯된 것이다. 구(舊) 정선각 고도는 단구면이 과거에 파식대였을 당시의 해면고도이다. 그림에서 구 정선각 고도로 표시된 곳의 배후지가 급경사인 것은 파식을 받아 해식애가 생겨났기 때문이다. 여러 단의 해안단구가 있을 경우, 흔히 구 정선각 고도를 분류 기준으로 삼는다(Strahler and Strahler, 1992, p.397 부분 수정).

beach)[16]이라 부르기도 한다. 그러나 단구가 생성되는 과정에서 원래 만이었던 곳이 곶과 같은 환경으로 변화된 경우에는 단구면 생성 이후 해식을 받아 단구애가 생기기 때문에 파식대 기원의 단구와 마찬가지로 단구 형태가 분명하다.

해안단구가 관련 학계의 큰 관심을 끌었던 것은 해안단구를 토대로 지반운동의 양상이나, 해면 변동의 역사를 밝힐 수 있기 때문이다. 그간의 연구는 해안단구의 분류와 공간적인 분포, 그리고 해안단구의 생성과 지형변화를 밝히는 것이 주를 이루어왔다. 그러나 해안단구의 분류만 하더라도, 여러 문제점이 있었다. 단구 분류는 대체로 단구면 고도와 단구퇴적물 연대를 기준으로 한다. 단구면 고도만 하더라도 단구의 지표면 고도, 단구의 기반암 고도, 단구의 퇴적층 고도, 구(舊) 정선각(old shoreline angle)의 고도 중 어느 것을 기준으로 정하느냐에 따라 분류체계가 달라질 수 있다. 사실 단구의 구성요소인 단구면과 단구애만 하더라도 생성 시기가 동일한 것이 아니다. 즉 단구면이 먼저 생기고, 이후 지반 융기 또는 해면 하강이 일어나면서 단구면의 하단부가 침식을 받을 때 비로소 단구애가 생긴다.

---

16 지반융기에 의해 생긴 것에 대해서는 융기해빈(raised beach)이라 부르기도 한다.

단구 분류에서 단구면의 생성 시기를 더 중시한다면, 단구면의 생성이 시작될 때 생겨나는 지형을 기준으로 단구를 분류하는 것도 한 방안이 될 수 있다. 그러한 지형이란 바로 단구면과 해식애가 만나는 지점, 즉 정선각이 나타나는 경사 급변점이다. 그러나 이러한 경사 급변점은 생성 이후 배후의 해식애가 침식받는 과정에서 사면퇴적물 등으로 덮이기 때문에 야외에서 이를 관찰하기란 쉽지 않다. 이런 이유로 흔히 단구면과 배후산지가 만나는 지점의 고도나 단구면의 하단부와 단구애가 만나는 지점의 고도를 기준으로 단구를 분류하기도 한다. 이러한 방식으로 단구를 분류할 경우에도 단구면의 고도 자료가 정확한 것은 아니기 때문에 다른 지역의 단구와 대비하는 것이나 이를 토대로 지반 융기나 해면 변동에 관한 정확한 정보를 얻어내는 것이 쉽지 않다.

우리나라에서는 해안단구가 특히 강릉에서 부산 사이의 동해안에 널리 분포한다. 이곳에서는 장소에 따라 여러 단(段)의 해안단구를 찾아볼 수 있다. 단구의 모습이 좀 더 뚜렷하고 규모도 큰 것은 제2단구, 제3단구, 제4단구이다.[17] 특히 제2단구는 전면에 해식애, 그리고 배후에 급사면 산지가 있어 계단상의 모습이 매우 분명한 곳도 많다. 그러나 앞서 기술한 바와 같이 단구 분류상의 여러 문제가 있어 분류방식과 분류체계는 학자 간에 일치하지 않는다.

근래에는 동해안의 해안단구에 쌓인 모래퇴적물에 대해 OSL(optically stimulated luminescence) 연대측정을 행하여 단구퇴적물의 생성 연대를 밝힌 바 있다(김종욱 외, 2005; 2007a; 2007b). 석영, 장석 등 무기질 광물은 퇴적되어 빛이 차단되면 주변의 자연방사선을 흡수하여 저장하는데, 이들을 채취하여 실험실에서 빛이나 열을 가하게 되면 저장된 에너지를 다시금 빛 에너지로 바꾸어 방출하는 성질이 있다. OSL 연대측정법은 이러한 성질을 이용하여 이들 광물이 언제 퇴적된 것인지를 알아내는 연대측정방법이다. OSL 연대측정법으로 단구 생성 연대를 규명한 결과를 보면, 해발 10~20m의 제2단구는 약 8만 년 전, 그리고 해발 30~40m의 제3단구는 약 12만 5천

17 여기서는 가장 낮은 고도의 단구를 제1단구로 정하고, 그보다 높은 단구들을 고도에 따라 제2단구, 제3단구 등으로 분류했지만, 때로는 이와는 정반대의 순서로 단구를 분류하기도 한다. 이밖에도 고위, 중위, 저위 단구 등으로 분류하기도 한다.

그림 6.40 해안단구(흥해, 동해안)

흥해 해안에는 여러 단의 해안단구가 발달하였다. 단구의 모래퇴적물에 대해 OSL 연대측정한 결과, 해발 10~20m의 단구는 약 8만 년 전(왼쪽 사진, 단구애는 해식애), 해발 30~40m의 단구(오른쪽 사진, 광산채굴로 생긴 단면)는 약 12만 5천 년 전에 생성된 것으로 추정된다.

년 전에 생성된 것으로 추정된다(그림 6.40).

동해안의 해안단구는 기반암이 심하게 풍화되었으며 그 위에 오래된 해빈퇴적층이 얇게 쌓인 것들이 많다(그림 6.40, 6.41). 이런 유형의 단구는 바닷물의 침식작용으로만 형성된 것이 아니라, 육지였을 때 이미 평탄면의 원형이 생성된 것으로 해석하기도 하였다. 다시 말하여 보통의 산록완사면에서 보듯이 육상에서 두꺼운 풍화층이 생기고, 뒤이어 풍화산물이 탈거 또는 삭박되는 과정을 거쳐 단구면의 원형이 생겨난 것으로 보았다. 이러한 지형조건을 지닌 산록완사면이 해침을 받게 되면, 바닷물에 의해 쉽게 풍화산물이 제거되면서 풍화기저면 기원의 평탄한 해안단구가 생길 수 있다. 이러한 이유 때문에 강릉, 감포 등지의 해안단구에 대하여 해안단구라 부르지 않고, 계단상의 지형이라는 뜻을 담아 '단상지(段狀地)'라 지칭하였다(김상호, 1981). 그러나 따지고 보면 이들 단구에 바다퇴적물이 쌓여 있는 것도 분명한 사실이므로 바다의 영향으로 생겨난 단구라는 의미에서 해안단구라 정의하는 것도 무리는 없다. 이밖에도 해안단구에 대하여 해성단구(海成段丘, marine terrace)라는 용어를 사용하기도 한다. 그러나 해안단구라는 용어에는 바닷물에 의한 지형형성작용이 가해져서 만들어진 단구라는 뜻이 포함되어 있으므로, 굳이 해성작용을 강조하는 용어를 사용하지 않아도 무방할 것이다.

그림 6.41 해안단구(정동진, 동해안)

오른쪽 상단 사진: 금진항 배후의 해안단구. 오른쪽 하단 사진: 왼쪽 지도의 검은색 원(●) 지역의 노두. 이곳에서는 자갈과 모래가 쌓인 해빈퇴적층을 관찰할 수 있다(지도: 국토지리정보원, 1:50,000).

2) 석호

만(灣)의 전면에 연안사주 또는 사취가 발달하여, 외해와 부분적으로 때로는 거의 완전하게 분리된 호수나 바다를 석호(潟湖, lagoon)라 부른다(그림 6.42, 6.43). 사주가 세계 해안의 약 13%에 걸쳐 나타나듯이, 사주와 해안 사이의 석호 역시 그런 정도의 분포를 보인다. 그러나 사주나 사취의 모습이 다양한 것과 마찬가지로, 이들에 의해 바다가 가로막혀 생겨나는 석호 역시 그 형태가 다양하다. 해안에 평행하게 연안사주(사주 섬)가 발달된 곳은 대개 사주의 양쪽 끝 또는 그 중간이 바깥 바다로 열려 있으며, 해안과 사주 사이에 놓인 석호가 호수라기보다는 마치 폭이 좁은 수로와 같은 모습이다. 사주 섬들로 이루어진 북해 연안의 프리지아 제도(Frisian Islands)는 좋은 예이다. 이와는 달리 우리나라 동해안의 석호들처럼 사주에 의해 거의 완전하게 바다와 분리된 석호는 사주와 육지로 사방이 막힌 호수에 하천물이 흘러드는 모습이어서 바다라기보다는 민물 호수처럼 보인다. 그러나 이러한 석호라 하더라도, 바닷물이 좁은 수로를 통하여 호수에 드나들기 때문에 순수한 바닷물보다는 염도가 낮지만, 민

그림 6.42 석호(경포호, 강릉)

사진 중앙의 정자는 월파정, 배후의 낮은 산지는 저위침식면(영동면)에 속하는 낮은 구릉지이며, 높은 산지는 태백산맥이다. 경포호는 바닷물이 강문을 통해 드나드는 석호로 호안(湖岸)의 경포대는 예로부터 경치가 아름다워 관동팔경의 하나로 손꼽히고 있다.

물 호수보다는 염도가 높은 기수(汽水, brackish water)인 경우가 많다. 이러한 수질 특성 때문에 석호에는 민물 생태계와 더불어 내염성의 동식물이 한데 어우러진 독특한 기수생태계가 나타난다.

우리나라에서는 조차가 작은 동해안에 석호가 널리 분포한다. 이곳의 석호는 후빙기 해면 상승으로 하곡이 만으로 달라진 후, 사취 또는 사주가 생겨나면서 만의 입구를 빗장 지르듯 가로질러 막았기 때문에 생성된 것으로 보고 있다. 동해안의 석호 중에는 영랑호, 청초호, 향호, 경포호 등이 잘 알려졌다. 이들 외에도 크고 작은 석호들이 주로 강릉 이북의 동해안에 널리 분포한다. 이와는 달리 강릉 이남의 동해안에는 석호보다는 해안단구가 곳곳에 분포한다. 이러한 차이는 해안의 지형조건이 서로 달랐기 때문이다. 즉, 강릉 이남의 해안에서는 지반융기율이 상대적으로 컸기 때문에 해침(海浸)에 의한 석호보다는 이수(移水) 내지 융기에 의한 해안단구들이 곳곳에 생성된 것으로 볼 수 있다. 동해안에서 비교적 큰 규모의 석호가 있는 곳은 대체로 퇴적물의 유입량이 적은 소하천의 하류 일대이다(그림 6.43). 반면 강릉의 남대천처럼 큰 하천의 하류에는 석호는 없고 넓은 충적평야만이 발달되어 있다. 이러한 충적평야의 일부에서도 한때 호수 또는 소택지가 있었음을 말해주는 토탄이 발견되고 있어 큰 하천의 하류에도 그 규모는 정확히 알 수 없지만 석호가 자리 잡고 있었음을 짐작할 수 있다. 그러나 이러한 석호는 큰 하천이 다량의 토사를 운반하여 쌓아놓는 바람에 점차 메워지면서 현재의 충적평야로 변모된 것으로 보인다. 이와는 달리 소하천 하류의 석호는 유입되는 퇴적물의 양이 많지 않았기 때문에 그만큼 메워지는 속도가

그림 6.43 경포호(1910년대, 강릉)

작은 하천이 유입하는 곳에는 석호(경포호)가 있지만, 큰 하천(남대천) 하류에는 석호가 없다. 당시의 경포호 규모는 현재와 다른데, 자연적인 변화도 있지만 호수의 가장자리를 농경지, 관광지 등으로 개발한 때문이다.

느려 호수의 모습을 오래도록 간직할 수 있었다.

이와 같은 동해안과는 달리 서해안은 석호가 많지 않다. 또한 석호가 있어도 대청도(농여해변 동쪽)[18] 등지에서 보듯이 조차가 크기 때문에 밀물 시에는 사주의 대부분이 바닷물에 잠기고 또 썰물 시에는 사주는 물론 그 주변의 간석지도 다 함께 뭍으로 드러나기 때문에 석호라는 느낌을 주지 않는다.

5. 해안 분류

해안선(海岸線, coastline)은 바다와 육지 사이의 경계선으로 해면 변동이나 지각운동은 물론, 바다와 육지의 지형형성작용에 의해 달라질 수 있다. 이처럼 해안선은 바다와 육지 사이에서 발생하는 각종의 지형형성작용들이 총체적으로 결집되어 나타난 결

18 대청도(농여해변의 동쪽)에는 사주와 석호가 발달하였다. 사주는 미아동해변 인근에서 백령도 방향으로 길게 뻗어 있으며, 밀물 시에는 물에 잠기지만 썰물 시에는 1km 이상이 뭍으로 드러난다. 석호는 사주와 농여해안 사이의 얕은 바다이다.

과라고 볼 수 있다. 해안을 분류하는 것은 이러한 해안선 일대의 지형 특성을 유형화하는 것이므로 그 의미가 작지 않다.

지금까지 여러 학자들이 해안 분류를 시도했는데, 그중 존슨(Johnson, 1919), 발렌틴(Valentin, 1952), 셰파드(Shepard, 1963) 등의 분류체계가 널리 알려졌다. 존슨은 해안을 침수, 이수, 중성, 복합 해안으로, 발레틴은 전진해안과 후퇴해안으로, 그리고 셰파드는 1차 해안과 2차 해안으로 분류하였다. 존슨의 분류는 간명한 장점이 있지만 해면 변동에 관한 연구가 미흡했던 당시에 행한 것이라 현재에는 맞지 않는 내용도 포함되어 있다. 예를 들면 이수 해안의 예로서 연안사주를 들고 있지만, 이는 오히려 침수 시에 나타나는 경우가 많다. 존슨의 분류보다는 발렌틴이나 셰파드의 분류체계는 진일보한 것이지만, 우리 학계에는 그리 잘 알려지지는 않았다.

참고로 셰파드의 분류체계를 간략히 소개하면, 그는 바닷물의 지형형성작용에 의해 변형되지 않은 것은 1차 해안, 변형된 것은 2차 해안으로 분류하였다(표 6.1). 나아가 1차 해안은 다시금 육상침식해안, 육상퇴적해안, 화산해안, 지각변동해안으로, 2차 해안은 바다침식해안, 바다퇴적해안, 유기물해안으로 나누었다. 이러한 분류 체계에 의하면, 우리나라의 서남해안, 스페인의 비스케만 등지의 리아(ria) 해안, 그리고 노르웨이, 뉴질랜드 등지의 피오르(fjord) 해안은 육상침식해안이다. 리아 해안은 하천침식을 받은 산지와 계곡이 해면 상승으로 바닷물에 잠기면서 수많은 섬과 반도들이 생겨난 해안으로 해안선의 드나듦이 심한 특징이 있다(그림 6.44의 A). 이에 대하여 피오르 해안은 빙식곡(U자곡)에 해면 상승으로 바닷물이 들어와 생겨난 폭이 좁지만 길이가 매우 긴 협만, 즉 피오르가 발달된 해안을 말한다(그림 6.44의 B). 노르웨이 일대의 피오르는 과거에 바이킹족들이 공격과 방어에 유리한 이러한 협만의 지형조건을 활용하여 해상 활동을 전개했던 것으로도 알려진다.

이밖에도 열대의 해안 중에는 맹그로브가 자라는 해안이 있는가 하면, 산호가 발달된 산호초 해안도 있다. 맹그로브 해안에서는 맹그로브의 뿌리가 바다의 부유 토사를 고착시키는 역할을 하기 때문에 시간이 지나면서 점차 바다가 육화되는 변화를 겪는다(그림 6.45). 산호초는 발달 위치나 형태에 따라 거초(裾礁, fringing reef), 보초(堡礁, barrier reef), 환초(環礁, atoll) 등으로 구분하기도 한다. 거초는 해안에 바로 인접한 산호초이며, 보초는 해안에서 다소 떨어진 바다 속의 산호초, 그리고 환초는 가운데에 석

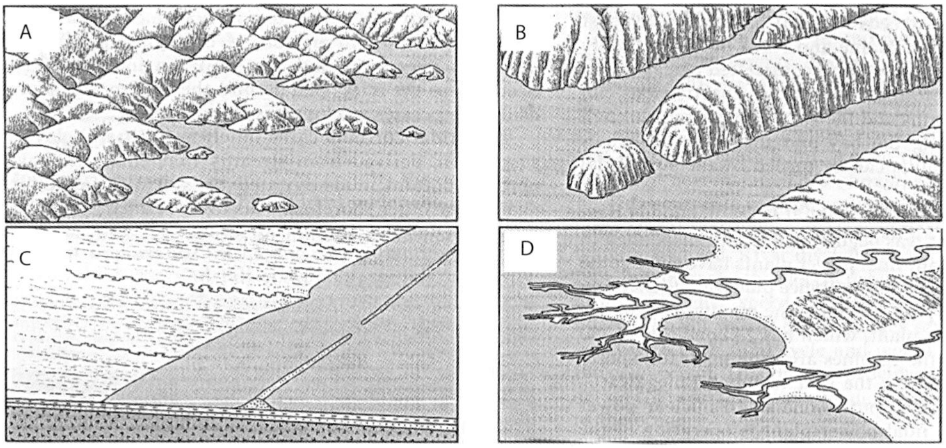

그림 6.44 여러 종류의 해안선

A: 리아해안. B: 피오르해안. C: 사주해안. D: 삼각주해안(Strahler and Strahler, 1992, p.388).

표 6.1 해안 분류

1차 해안: 주된 지형형성기구가 바닷물이 아닌 해안
육상침식해안–침수해안(리아해안, 피오르해안)
육상퇴적해안–하천, 빙하, 바람, 사태에 의해 퇴적물이 쌓인 해안
화산해안–화산활동에 의해 변형된 해안
지각변동해안–습곡, 단층 등 지각변동에 의해 변형된 해안
2차 해안: 주된 지형형성기구가 바닷물인 해안
바다침식해안–파랑침식으로 직선화되거나, 드나듦이 불규칙해진 해안
바다퇴적해안–사주, 사취 등이 발달한 해안
유기물해안–산호초, 맹그로브, 염생습지가 발달한 해안

Chorley *et al*., 1984, p.403. 원자료: Shepard, 1963.

호를 두고 원형으로 둘러싼 산호초를 말한다. 산호섬에서 지반이 침강하거나 해수면이 상승하면 섬의 해안을 둘러싼 거초가 보초를 거쳐 환초로 변화되는 과정을 겪는다. 이러한 산호섬은 원래 화산섬이었지만 그 위에 산호가 성장하면서 산호섬으로 변화된 것이 대부분이다.

우리나라도 예외는 아니지만 세계의 거의 모든 해안이 단 한 가지의 지형형성작용만 받고 있는 것은 아니기 때문에 어떤 종류의 해안분류체계라도 완벽할 수는 없다. 우리나라의 동해안은 섬과 반도가 많지 않은 등 해안선이 비교적 단조롭지만, 서

그림 6.45 맹그로브 해안(팡야만, 태국)

맹그로브의 뿌리가 부유 토사를 고착시키기 때문에 시간이 지나면서 점차 바다가 육화되는 지형변화가 일어난다.

해안과 남해안은 섬과 반도가 많은 등 해안선의 드나듦이 심하다. 이와 같이 해안의 지형 특성이 다르기 때문에 이를 기준으로 한때 동해안은 융기해안 또는 이수해안, 그리고 서해안은 침강해안 또는 침수해안(沈水海岸, submergent coast)이라 불러왔다. 융기해안과 침강해안은 지반운동을 기준으로 해안을 분류한 용어로 오늘날 중시하는 해면 변동에 의한 해안 변화를 그 안에 포함하고 있지 않다. 이에 대하여 이수해안과 침수해안은 존슨의 분류체계에 따른 것으로 현재도 널리 사용하는 분류 용어이지만, 우리나라의 동해안을 이수해안, 서해안이나 남해안을 침수해안이라 부를 경우, 아래와 같은 문제가 있기 때문에 주의가 필요하다.

그간 동해안을 이수해안(離水海岸, emergent coast)이라 불러온 것은 그곳에 널리 분포하는 해안단구와 사주가 이수해안의 증거라고 믿었기 때문이다. 그러나 해안단구는 현재의 해안선 형성에 결정적인 영향을 미친 후빙기 이래의 해면 상승에 의해 생겨난 것이 아니며, 플라이스토세 동안에 발달된 파식대, 해빈 등이 지반 융기와 해면 하강에 의해서 계단상의 지형으로 남게 된 것이다. 또한 사주만 하더라도 해면 하강이 아니라 후빙기에 해면이 상승하면서 해류와 파랑에 의해 해안 및 해저 물질이 이동 퇴적되어 생겨난 것이다. 따라서 사주는 바닷물의 이수가 아니라 육지의 침수 때문에 생성된 지형이다. 다시 말하여 해안단구는 해면 하강, 즉 이수와 지반융기가 함께 작용한 지형인 데 비하여, 사주는 해면 상승, 즉 해안 육지의 침수로 생긴 지형이므로, 동해안은 침수와 이수의 증거를 다 간직하고 있다. 그러나 동해안이든 서해안이든 지난 후빙기 이래 해수면이 상승하면서 침수되는 과정을 겪은 것이 확실하므로, 큰 틀에서 분류한다면 다 같이 이수해안이 아니라 침수해안으로 분류하는 것이 타당하다. 이처럼 동해안을 침수해안이라 분류한다면, 이수와 융기가 결부된 지형인 해안단구가 있는 해안을 침수해안이라 부르게 되어 시각적으로 파악되는 지형 경관과 맞지 않는 분류가 될 수도 있다. 사실 이러한 것 때문에도 해안 전체를 들어 침수해안, 이수해안 등으로 분류하는 것은 해안의 특성을 지나치게 단순화한 것이라 하겠다. 굳이 큰 틀에서 해안을 분류한다면, 동해안은 복합해안(compound coast)이라고 할 수 있을 것이다.

이와 같이 해안 분류에서는 대상 해안의 규모도 문제가 된다. 동해안, 서해안 등의 차원보다는 좀 더 작은 규모의 해안에 대하여 분류를 시도하는 것이 더 합리적이다. 그때의 분류 기준으로는 셰퍼드의 분류에서처럼 해안의 주된 지형형성작용을 그 기준으로 활용할 수 있을 것이다(표 6.1).

우리나라에서 서해안과 남해안이 해안선의 출입이 심하고, 동해안은 그보다는 출입이 크지 않은 특징이 있는데 이는 무엇보다 해안에 인접한 산지들의 지형적인 특성에 기인한다. 서해안과 남해안 쪽으로는 태백산맥과 낭림산맥에서 갈라져나온 북부의 강남, 적유령, 묘향, 언진, 멸악산맥 등과 중·남부의 광주, 차령, 노령, 소백산맥 등의 산지들이 해안선을 가로지르는 방향으로 뻗고 있는 데 반하여, 동해안 쪽으로는 함경산맥과 태백산맥 등 주요 산지들이 해안에 평행하게 달리고 있다. 따라서 동해안 쪽으로는 길이가 짧으나 하곡의 경사가 급한 골짜기들, 그리고 서해안과 남해안 쪽으로는 길이는 장대하지만 하곡의 경사가 완만하고, 많은 경우 해안에 이르러서는 골짜기의 형상이 불분명한 것들이 많다. 이러한 지형조건 때문에 동해안은 비교적 단조롭고, 서해안과 남해안은 복잡한 것이다. 그러나 여기서 동해안이 단조롭다는 것은 거시적인 관점에서 그렇다는 것이며, 대축척지도(1:50,000 지형도 등)에서 보면 동해안도 드나듦이 전혀 없는 것은 아니다.

6. 해수면 변동

해수면은 고정된 것이 아니고, 기후변화, 지각운동, 바닷물의 밀도 변화 등 여러 원인에 의하여 승강운동을 해왔다. 특히 제4기 기후변화와 관련된 해수면 변동(sea level change)은 매우 큰 폭으로 일어났으며, 그 결과 해안지형은 적지 않은 변화를 겪게 되었다. 해안에서 쉽게 관찰할 수 있는 해안단구, 간석지, 사주, 석호 등의 지형은 대부분 이러한 해수면 변동의 영향을 받아 생겨난 지형이다. 따라서 제4기 동안에 일어났던 해수면 변동의 양상을 알아내는 것은 해안지형의 이해에 중요한 토대가 된다.

해수면은 바닷물의 총량이 늘거나 줄어들기 때문에 이에 상응하여 상승하거나 하강하기도 한다. 이러한 해수면 변동은 국지적인 것이 아니라, 범지구적인 규모에서 일어나는 것이기 때문에 범지구적 해면변동(eustatic movement of sea level)이라 부른다. 바닷물이 늘거나 줄어드는 현상은 특히 빙하기와 간빙기가 되풀이되었던 제4기 동안에 가장 두드러지게 나타났다. 빙하기 동안에는 많은 물이 빙하로 변화되는 바람에 해수면이 내려간 반면, 간빙기 동안에는 그 반대로 얼음이 녹으면서 해수면이 상승하였나. 빙하의 확대 및 축소와 관련된 이러한 해면변동에 대하여 빙하성 해면변동(glacio-eustatic movement)이라 부른다.

제4기 동안에 적어도 네 차례 이상의 빙하기와 세 차례 이상의 간빙기가 번갈아 나타났으므로, 해수면 또한 이에 상응하여 여러 차례에 걸쳐 승강운동을 하였다. 그러나 해수면 변동은 빙하 관련이 아니더라도, 지각운동 등 여러 원인에 의해서 일어나는 것이기 때문에 빙하성 해면변동에 의한 것만을 따로 가려내기가 쉽지 않다.

지반이 비교적 안정된 곳이기 때문에 빙하성 해면변동을 밝히기에 적당한 장소 중 하나로 알려진 버뮤다(Bermuda)섬에서 해안의 산호초와 퇴적물을 대상으로 해면변동을 조사한 연구에 의하면(Harmon *et al.*, 1983), 지난 250ka BP(25만 년 전)[19] 동안에 두 차례에 걸쳐 현재의 해수면보다 높았다고 한다. 즉, 약 200ka BP 무렵에 2m 정도, 그리고 마지막 간빙기인 125ka BP 무렵에 약 5~6m 정도 현 해수면보다 더 높았으

19 BP는 방사성탄소 연대측정법에서 활용되는 단위로 'Before Present'(현 시점에서부터 과거)의 영문 첫 글자를 딴 것인데, 방사성탄소 연대측정의 기준인 1950년을 현 시점으로 본다.

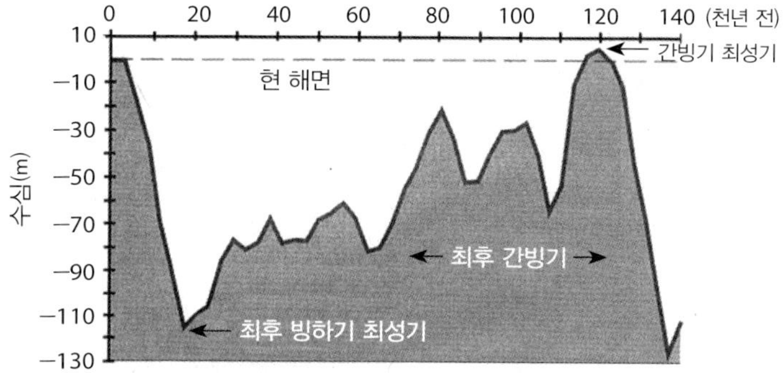

그림 6.46 최후 간빙기 이래의 해수면 변동

그림의 해면변동곡선은 휴온반도(뉴기니)의 해안단구 퇴적물을 토대로 만든 것이다. 이를 보면, 지난 간빙기의 최성기(약 12만 년 전)에 해면은 현재보다 약 6m 정도 높았으며, 이와는 반대로 최후 빙하기의 최성기(약 2만 년 전)에는 현 해면보다 약 120m 정도 낮았다(Burbank and Anderson, 2001, p.19. 원자료: Chappell *et al.*, 1996).

며, 약 80ka BP 무렵에는 현재의 해수면 수준에 이르렀다고 한다. 이들 시기의 중간에는 해수면이 현재보다 더 낮았는데, 지금까지의 여러 연구에 의하면(Chappell *et al.*, 1996; Williams *et al.*, 1998, pp.107-125), 마지막 빙하기의 최성기(약 20ka BP)에는 현재보다 무려 100m 이상 낮았다(그림 6.46).

이와 같은 빙하성 해면변동은 기후변화에 기인한 것이며 이는 다양한 방법으로 조사할 수 있다. 그중 하나는 심해저의 퇴적물에 포함된 조개, 뼈 등 탄산염으로 이루어진 생물 유체를 대상으로 그 안에 포함된 산소동위원소의 비율을 조사하여 기후변화의 역사를 추적하는 것이다(그림 6.47). 산소동위원소는 ^{16}O과 ^{18}O을 이용하는데 그 비율의 변화는 다음의 식을 이용하여 구한다.

$$\delta^{18}O = 1000 \times (^{18}O/^{16}O\ \text{sample} - ^{18}O/^{16}O\ \text{standard}) \div {}^{18}O/^{16}O\ \text{standard}$$

위에서 $\delta^{18}O$이 -값을 가지면 가질수록, 표준에 비하여 ^{18}O이 부족한 경우, 즉 보다 가벼운 산소동위원소가 많은 경우(isotopically lighter)를 뜻한다. ^{18}O은 ^{16}O에 비하여 무겁기 때문에 물이 증발할 때, $H_2{}^{18}O$ 분자보다는 $H_2{}^{16}O$ 분자가 더 쉽게 증발하게 된다. 따라서 빙하기 때와 같이 기온이 낮아지면 가벼운 $H_2{}^{16}O$이 상대적으로 더 많

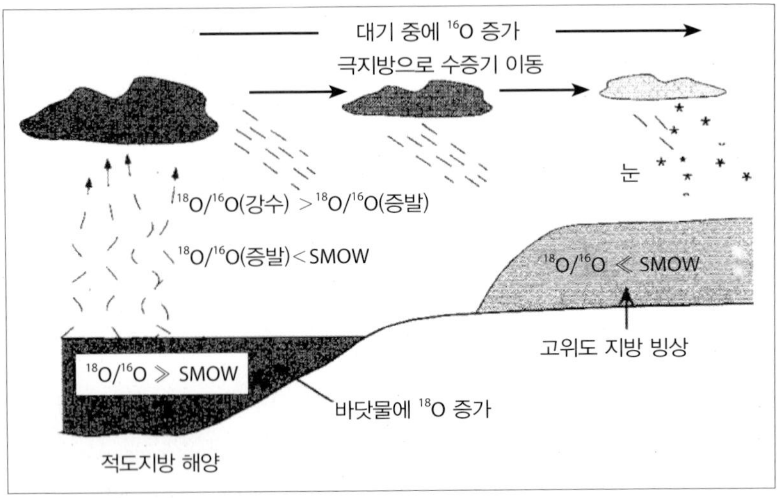

그림 6.47 빙하기 때의 ^{16}O와 ^{18}O 변화

SMOW(Standard Mean Ocean Water): $^{18}O/^{16}O$의 표준값. 빙하기 때 대기 중에는 보다 가벼운 ^{16}O, 바다에는 보다 무거운 ^{18}O이 많다. 열대의 대기 중에 증발된 ^{18}O은 수분의 응결이나 강수를 통하여 손쉽게 빠져나가기 때문에 고위도로 이동하는 대기에는 ^{16}O이 상대적으로 증가한다. 따라서 고위도의 빙하 속에는 ^{16}O이 더 많게 되며, 바다 생물체 속에는 ^{18}O이 더 많이 축적된다(Burbank and Anderson, 2001, p.17).

이 바다로부터 증발되어 빙하의 얼음 속에 저장된다(그림 6.47). 이와는 달리, 바닷물에서는 $H_2{}^{16}O$이 더 많이 증발되었으므로 $H_2{}^{18}O$이 상대적으로 더 많아져 위 식의 $\delta^{18}O$은 +값을 보이게 된다. 즉 더 무거운 산소동위원소가 많은 경우(isotopically heavier)가 된다. 이와는 달리 간빙기가 되면 기온이 올라가 빙하가 녹으면서 그로부터 다량의 $H_2{}^{16}O$이 빠져나와 바다로 흘러들어가므로, 바닷물에는 $H_2{}^{16}O$이 더 많아지면서 $H_2{}^{18}O$은 상대적으로 그 비율이 줄어든다. 따라서 $\delta^{18}O$은 -값을 보인다.

이와 같은 산소동위원소 비율의 변화는 국지적인 것이 아니라 범지구적인 현상이므로, 이를 토대로 지구적인 규모에서 일어났던 기후변화와 해면변동의 역사를 추적할 수 있다. 다시 말하여 대기 중의 산소동위원소 비율 값($\delta^{18}O$)이 감소하던 시기에는 기후가 한랭해져 해수면이 하강하고, 그 값이 증가하던 시기에는 기후가 온난해져 해수면이 상승해왔다. 조사에 의하면, 지난 130ka 이래 MIS(marine oxygen isotope stage, 해양 산소동위원소 시기)[20] 5e 동안에 해면이 가장 높았으며, 현재의 해면보다도 약

20 MIS는 해양에서 퇴적물을 대상으로 산소동위원소 비율을 조사하여 이를 토대로 전 지구적인 온난기와

6m 정도 더 높았다. 반면 MIS 2 동안에는 해면이 가장 낮았는데, 현재보다도 약 120m 정도 더 낮았다(그림 6.46). 여기서 MIS 5e는 마지막 간빙기의 최성기, 그리고 MIS 2는 마지막 빙하기의 최성기를 말한다. 그러나 특정 지역에서의 해면변동은 범지구적인 기후변화 이외에 국지적인 지각변동 등 다른 요인에 의해서도 영향을 받기 때문에, 세계 여러 지역에서 해수면 변동을 조사한 결과들이 서로 일치하지 않는 경우도 많다.

한랭기를 구분한 것이다. 현재로부터 과거로 갈수록 1, 2, 3, 4, 5 등으로 숫자가 증가하며, 그중 홀수는 상대적으로 온난한 시기, 짝수는 상대적으로 한랭한 시기를 뜻한다. 또한 이들 각 시기에서 일어났던 소폭의 기후변동을 보다 세밀하게 구분하기 위해 영어의 소문자 a, b, c, d, e를 사용하였는데, 그중 a, c, e는 상대적으로 온난한 시기, b, d는 한랭한 시기를 말한다.

참고문헌

강대균, 2003, 해안사구의 물질 구성과 플라이스토세층: 충청남도의 해안을 중심으로, 대한지리학회지, 38(4), 505-517.

강지현, 서종철, 류호상, 김태석, 오정식, 이재호, 오수정, 안세진, 2017, 우리나라 해안사구의 현황과 사회·경제적 특성 고찰, 한국지형학회지, 24(3), 149-159.

권혁재, 1975, 한국의 해안지형과 해안분류의 제문제, 고려대 교육논총, 3, 73-88.

권혁재, 1977, 주문진~강릉 간의 해안지형과 해빈퇴적물질, 고려대 교육논총, 7, 45-58.

권혁재, 1980, 지형학, 범문사, 262-313.

김상호, 1981, 감포·포항단상지의 고찰(上), 지리학연구, 6, 1-16.

김종욱, 장호완, 최광희, 전이원, 이주영, 2006, 동해안지역 해안단구의 지형특성 및 생성연대 정립 연구, 한국수력원자력 연구보고서.

김종욱, 장호완, 최정헌, 최광희, 변종민, 2005, 포항 북부 흥해읍 일대의 해안단구 지형 특성과 단구 퇴적물 연대, 한국지형학회지, 12(1), 103-116.

김종욱, 장호완, 최정헌, 최광희, 변종민, 2007a, 울진 후정-죽변 일대의 해안단구 퇴적물에 대한 OSL 연대측정, 한국지형학회지, 14(1), 15-27.

김종욱, 장호완, 최정헌, 최광희, 변종민, 2007b, 경주시 양남-양북 일대의 해안단구 지형 특성과 단구 퇴적물에 대한 OSL 연대측정, 한국지형학회지, 14(3), 1-14.

박천영, 최광희, 김종욱, 2009, 대청도 옥죽동 해안사구의 지형특징 및 발달과정에 관한 고찰, 한국지형학회지, 16(1), 101-111.

서종철, 2001, 서해안 신두리 해안사구의 지형변화와 퇴적물 수지, 서울대학교 박사학위논문.

서종철, 2010, 사구울타리 설치 후 해빈과 전사구의 지형변화: 신두리 해안사구를 사례로, 한국지형학회지, 17(1), 85-93.

성효현, 방경화, 2005, 만리포 해빈퇴적물의 동절기 퇴적환경, 한국지형학회지, 12(2), 87-98.

신영호, 유근배, 2011, 홀로세 해안사구 성장기와 습윤-건조 조건, 대한지리학회지, 46(5), 569-582.

신영호, 이현아, 유근배, 2015, 방사림이 조성된 병술안 해안사구 퇴적물의 지화학적 단순성, 대한지리학회지, 50(4), 375-391.

신원정, 김종욱, 김종연, 최정헌, 2017, 우이도 해안사구의 지형특성과 형성과정, 한국지형학회지, 24(2), 1-13.

신원정, 양동윤, 김종연, 최정헌, 2017, 영광 하사리 해안 퇴적층 내의 연안 범람 증거, 한국지형학회지, 24(3), 83-103.
유근배, 신영호, 김대현, 김성환, 2012, 신두해안사구지대로 유입되는 영양염류의 시공간적 특성, 대한지리학회지, 47(2), 193-207.
이수용, 최광희, 2015, 파식대-해식애의 형태에 대한 조차와 암석면 반발강도의 영향, 한국지리학회지, 4(2), 241-250.
장동호, 2011, 한국의 간석지 연구, 한국지형학회지, 18(4), 59-78.
장동호, 2014, 안면도 바람아래해수욕장 주변의 동계 지형 변화 및 퇴적환경 특성 분석, 한국지형학회지, 21(1), 95-109.
조화룡, 1987, 한국의 충적평야, 교학연구사.
최광희, 김윤미, 2015, 우리나라 해안사구의 분포와 보전현황, 한국지형학회지, 22(3), 123-137.
최광희, 김종욱, 2005, 탄성파 굴절법을 이용한 해안단구의 고파식대면 탐사, 한국지형학회지, 12(3), 89-97.
최광희, 김종욱, 최정헌, 변종민, 홍성찬, 신영규, 이석조, 2008, 원산도 해안사구 퇴적층에 대한 OSL 연대측정과 그 의미, 한국지형학회지, 15(4), 39-51.
최성길, 1995, 한반도 중부 동해안 저위해성단구의 대비와 편년, 대한지리학회지, 30(2), 103-119.
최성길, 1996, 한국 동남부해안 포항 주변지역 후기갱신세 해성단구의 대비와 편년, 한국지형학회지, 3(1), 29-44.
최성길, 2007, 단구지형으로부터 본 한국 동해안의 후기 갱신세 환경변화와 지구적 규모의 환경변화 비교, 한국지형학회지, 14(1), 29-39.
최정헌, 정창식, 장호완, 2004, 석영을 이용한 OSL(Optically Stimulated Luminescence) 연대측정의 원리와 응용, 지질학회지, 40(4), 567-583.
한민, 김종욱, 양동윤, 김종연, 2014, RFID tag를 활용한 연안 조립퇴적물 이동 추적 가능성에 대한 연구, 한국지형학회지, 21(3), 1-13.
한민, 김주용, 양동윤, 2016, 고창 연안 퇴적물의 입도 특성을 이용한 홀로세 퇴적층 퇴적 환경 분석, 한국지형학회지, 23(4), 31-42.
황만익, 1968, 동해안 정동리 일대의 해안 평탄지 지형 연구, 지리학, 3, 1-10.
황상일, 윤순옥, 2008, 한반도 중부 동해안 석호 및 주변 유역의 지형특성과 하구부 퇴적환경, 한국지형학회지, 15(3), 17-33.
홍성찬, 최정헌, 김종욱, 2010, 홀로세 중기 이후 신두리 해안사구의 성장: 기후변화 및 해수면 변동과의 관련 가능성, 한국지형학회지, 17(2), 87-98.
Bird, E. C. F., 1969, *Coasts*, Massachusetts, MIT Press.
Bird, E. C. F., 2000, *Coastal Geomorphology*, New York, John Wiley & Sons.
Burbank, D. W. and Anderson, R. S., 2001, *Tectonic Geomorphology*, Oxford, Blackwell Science,

13-32.

Chappell, J., Omura, A., Esat, T., McCulloch, M., Pandolfi, J., Ota, Y. and Pillans, B., 1996, Reconciliation of late Quaternary sea levels derived from coral terraces at Huon Peninsula with deep sea oxygen isotope records, *Earth and Planetary Science Letters*, 141, 227-236.

Chernicoff, S., 1999, *Geology*, Boston, Houghton Mifflin, 279-281.

Choi, J. H., Kim, J. W., Murray, A. S., Hong, D. G., Chang, H. W. and Cheong, C. S., 2009, OSL dating of marine terrace sediments on the southeastern coast of Korea with implications for Quaternary tectonics, *Quaternary International*, 199, 3-14.

Choi, K. H., Choi, J.-H. and Kim, J. W., 2014. Reconstruction of Holocene coastal progradation on the east coast of Korea based on OSL dating and GPR surveys of beach-foredune ridges, *The Holocene*, 24, 24-34.

Choi, K. H., Seong Y. B., Jung P. M. and Lee, S. Y., 2012, Using cosmogenic 10Be dating to unravel the antiquity of a rocky shore platform on the west coast of Korea, *Journal of Coastal Research*, 20(3), 641-657.

Choi, K. H., Yoon, K. S., Choi, J. H., Shin, Y. K., Lee, J. C., Suh, M. H., Munyikwa, K. and Oh, K. H., 2007, Anthropogenic geomorphological changes during the last century in the Kangneung area along the east coast of Korea, *Journal of Coastal Research*, SI 50, 1015-1022.

Chorley, R. J., Schumm, S. A. and Sugden, D. E., 1984, *Geomorphology*, London, Methuen, 371-409.

Davies, J. L., 1977, *Geographical Variation in Coastal Development*(Clayton, K. M., ed.), New York, Longman.

Dean, R. J. and Dalrymple, R. A., 2004, *Coastal Processes with Engineering Applications*, Cambridge, Cambridge University Press.

Gardiner, V. and Dackombe, R., 1987, *Geomorphological Field Manual*, London, Allen & Unwin, 111.

Harmon, R. S., Mitterer, R. M., Kriausakul, N., Land, L. S., Schwarcz, H. P., Garrett, P., Larson, G. J., Vacher, H. L. and Rowe, M., 1983, U-series and amino-acid racemization geochronology of Bermuda: implications for eustatic sea-level fluctuation over the past 250,000 years, *Palaeogeography, Palaeoclimatology, Palaeoecology* (1-2), 44, 41-70.

Haslett, S. K., 2000, *Coastal System*, London, Routledge.

Johnson, D. W., 1919, *Shore Processes and Shoreline Development*, New York, John Wiley & Sons.

Komar, P. D., 1976, *Beach Processes and Sedimentation*, New Jersey, Prentice-Hall.

Livingstone, I. and Warren, A., 1996, *Aeolian Geomorphology: an introduction*, Essex, Longman, 93-100.

McKnight, T. L. and Hess, D., 2005, *Physical Geography: a landscape appreciation*, New Jersey, Pearson Prentice Hall, 550-559.

Munyikwa, K., Choi, J. H., Choi, K. H., Byun, J. M., Kim, J. W. and Park, K., 2008, Coastal dune luminescence chronologies indicating a mid-Holocene highstand along the east coast of the Yellow Sea, *Journal of Coastal Research*, 24(2B), 92-103.

Pethick, J., 1984, *An Introduction to Coastal Geomorphology*, London, Edward Arnold.

Pirazzoli, P. A., 1996, *Sea-Level Changes: the Last 20,000 Years*, Chichester, John Wiley & Sons.

Ritter, D. F., Kochel, R. C. and Miller, J. R., 1995, *Process Geomorphology*, Iowa, Wm. C. Brown, 429-483.

Shackleton, N. J. and Opdyke, N. D., 1973, Oxygen isotope and paleomagnetic stratigraphy of Equatorial Pacific core V-28-238, *Quaternary Research*, 3, 39-55.

Shepard, F. P., 1963, *Submarine Geology*, New York, Harper & Row.

Strahler, A. H. and Strahler, A. N., 1992, *Modern Physical Geography*, New York, John Wiley & Sons, 378-400.

Summerfield, M. A., 1991, *Global Geomorphology*, Essex, Longman Scientific & Technical, 313-367.

Valentin, H., 1952, Die Küsten der Erde, *Petermanns Geographische Mitteilungen, Ergänzungsheft*, 246.

Williams, M., Dunkerley, D., Deckker, P. D., Kershaw, P. and Chappell, J., 1998, *Quaternary Environments*, London, Arnold, 107-125.

Yang, D. Y., Han, M., Kim, J. C., Cho, Y.-K., Kim, J.-Y., Yi, S., Katsuki, K. and Williams, H. F. L., 2017, Shell and gravel layers caused by storm-induced rip currents during the Medieval Warm Period and Little Ice Age in South Korea, *Palaeogeography, Palaeoclimatology, Palaeoecology*, 487, 204-215.

제7장

바람지형

그림 7.1 성사구(星砂丘, star dune, 데스밸리, 미국)

성사구는 정상에서 사방으로 몇 개의 모래구릉 능선들이 갈라져나간 형태를 보인다(그림 7.20). 이러한 사구 형태는 세 방향 이상의 탁월풍들이 강하게 영향을 미칠 때 발달한다. 또한 성사구는 대체로 규모가 크며, 위치 이동이 잘 일어나지 않는다.

1. 바람과 건조지역

바람은 물, 빙하와 더불어 지표면을 변화시키는 중요한 기구들 중 하나이다. 바람에 의해 지표물질이 침식되어 다른 장소로 날려가 쌓이는 과정에서 일어나는 지형변화는 바람의 영향을 받지 않는 곳이 없듯이 지구상의 어느 육지이든 정도만 다를 뿐 다 일어난다. 그러나 바람에 의한 지형형성작용은 강한 바람이 자주 불고, 침식에 약한 물질이 지면에 노출된 곳이 넓을수록 더 활발하다. 건조 및 반건조 지역은 바로 그러한 전형적인 곳이다. 이들 지역은 비가 적을 뿐만 아니라 그마저도 간헐적으로 내리는 곳이어서 전체적으로 식생의 피복이 많지 않고, 지표물질이 굳지 않은 채 지면에 노출된 면적이 넓기 때문이다.

건조 및 반건조 지역은 지구 전체 육지의 약 36%에 달할 정도로 넓은 범위에 걸쳐 있다(그림 7.2). 그중 절반 정도, 즉 육지의 약 1/5은 식생 피복이 아주 빈약한 사막이며, 사막의 약 1/3 내지 1/4은 모래로 덮여 있다. 이와 같이 모래로 덮여 있는 모

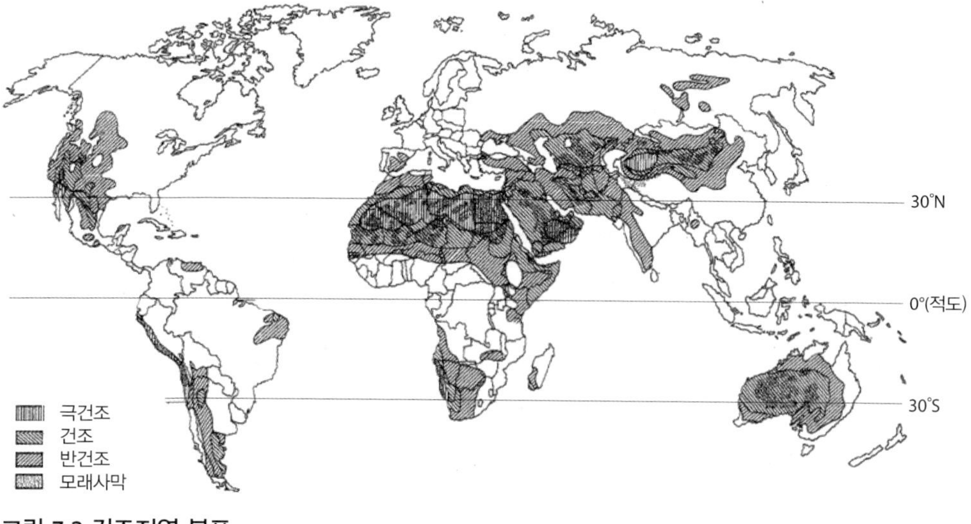

그림 7.2 건조지역 분포

연평균 10℃ 이하 지역은 제외. 건조도 기준: 가능증발산량(PET)에 대한 강수량(P)의 비. 극건조(hyperarid): P/PET < 0.03, 건조(arid): 0.03 < P/PET < 0.20, 반건조(semiarid): 0.20 < P/PET < 0.50. 가능증발산량(potential evapotranspiration)은 토양에서 증발되는 수분의 양과 식물 잎에서 증산되는 수분의 양을 합친 것으로 강수량에 비해 가능증발산량이 많을수록 건조하다(Bloom, 1998, p.278).

래사막을 에르그(erg), 모래보다는 주로 암석이나 자갈이 그대로 지면에 노출된 암석사막을 하마다(hamada) 또는 레그(reg)라 부른다. 하마다와 레그는 다 같이 지표에 암석이 많은 사막이지만, 하마다는 기반암이 그대로 드러나 있는 암석사막인 반면, 레그는 사막포도와 같이 자갈들이 지표에 많이 집적된 암석사막이다. 바람이 일으키는 지표면 변화는 이러한 암석사막들보다는 모래사막에서 더 두드러진다.

모래의 기원은 하상, 사빈, 고(古) 사구, 사암 등 다양하다. 모래는 입자 크기가 비교적 작고, 점성 또한 크지 않아 자갈이나 점토에 비하여 바람에 의해 보다 손쉽게 침식 운반된다. 따라서 모래사막 등 다량의 모래가 쌓여 있는 곳에서는 사구(砂丘)와 같은 독특한 바람지형이 널리 발달한다(그림 7.1). 그러나 모래는 모래사막에만 있는 것은 아니며 해안의 사빈에도 많기 때문에 사구는 사빈의 배후에서도 생겨난다.

2. 바람의 특성과 물질 이동

바람의 특성 중에 풍속, 풍향, 바람 부는 시간, 불어가는 거리 등이 지형변화에 중요한 변수들이다. 특히 풍속은 무엇보다 중요한 변수이다(그림 7.3). 지면에서는 마찰력 때문에 풍속이 크지 않지만, 고도가 높아질수록 마찰력의 영향이 감소되어 풍속은 점차 커진다. 그러나 바람에 실려 이동되는 물질은 중력에 의해 지배를 받기 때문에 고도가 높아질수록 오히려 이동되는 물질의 양은 감소된다. 바람에 의해 이동되는 주된 지표 물질은 모래, 실트, 점토 등이다. 모래 중에는 입자 크기가 작은 세사(細砂, fine sand, 0.062~0.25mm)의 비중이 가장 높다. 이러한 모래는 대체로 고도 2m 이내의 범위 내에서 대부분이 이동되며, 마찰력에 의해 크게 지배되는 접지대기층을 제외하고는 지면에 가까울수록 이동하는 모래의 양이 더 많아진다(그림 7.4).

모래 등의 지표물질이 바람에 실려 이동하는 과정을 보면, 풍속이 커지면서 지표물질이 그 자리에서 버틸 수 있는 한계속도 이상에 달할 때 처음에는 흔들거리듯 움직이다가 마침내 바람에 실려 다른 장소로 이동하게 된다. 그러나 이렇게 움직이는 지표물질은 풍속에 의해서만 지배되는 것은 아니다. 입자 크기는 물론, 물질의 점성이나 습도 등의 영향도 받는다. 이들 중 특히 입자 크기는 풍속과 더불어 물질 이동

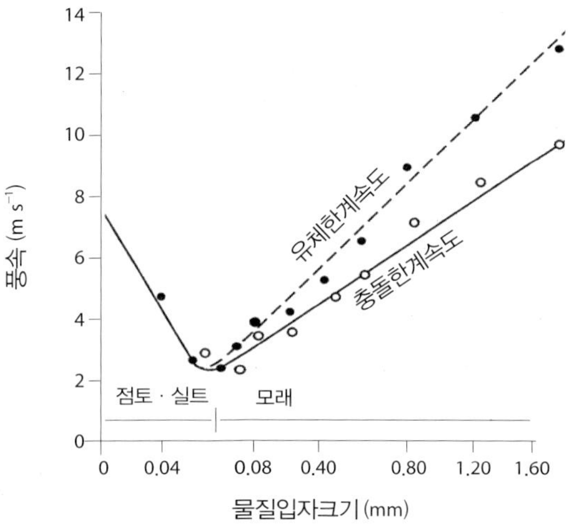

그림 7.3 풍속과 물질입자크기

점토를 제외하고는 물질입자크기가 클수록 높은 풍속에서 이동된다. 또한 같은 크기의 물질이라도 충돌한계속도(impact threshold)값이 유체한계속도(fluid threshold)값보다 더 작다(Livingstone and Warren, 1996, p.14).

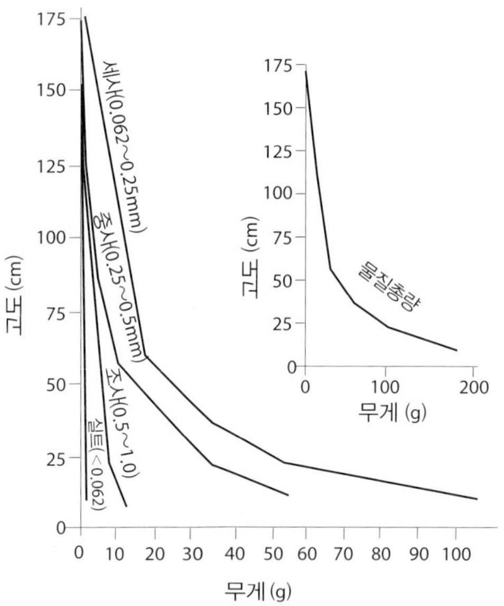

그림 7.4 고도와 운반물질량

모래는 대체로 높이 2m 이내에서 운반되며, 무게 때문에 고도가 낮을수록 더 많이 운반된다. 그러나 지면에 접한 고도에서는 지면과의 마찰 때문에 오히려 운반량이 줄어든다(Chorley *et al*., 1984, p.413. 원자료: Sharp, 1964).

에 중요한 역할을 하는 변수이다. 사실 다른 조건이 같다면, 풍속이 크면 클수록, 그리고 입자크기가 작으면 작을수록 지표물질이 바람에 의해 침식받아 이동될 가능성이 높다. 이밖에도 물질 입자의 점성이 크거나 수분이 많을 경우 동일한 크기의 물질이라도 이동에 더 큰 풍속이 요구되므로 정도는 다르지만 이들 역시 물질 이동에 영향을 미친다.

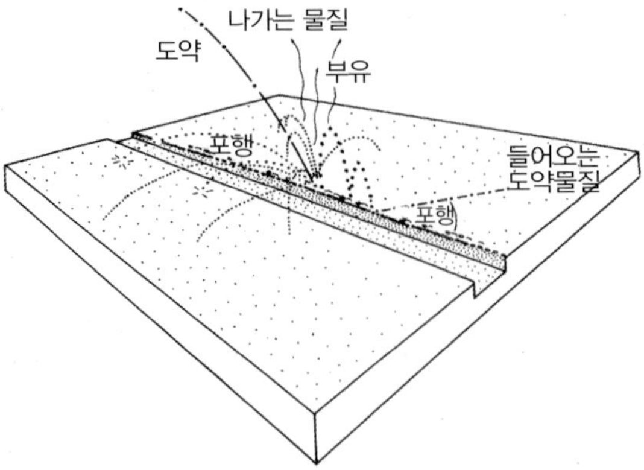

그림 7.5 바람에 의한 모래의 이동 양식

부유(suspension), 도약(saltation), 포행(creep) (Livingstone and Warren, 1996, p.13).

지표물질이 바람에 의해 막 움직이기 시작할 때의 풍속을 전단한계속도(剪斷限界速度, threshold value of shear velocity)라 하며, 유체한계속도(流體限界速度, fluid threshold velocity)[1]라고도 부른다(Bagnold, 1941, p.33). 전단한계속도는 다음의 식을 이용하여 산출할 수 있다(Ritter *et al*., 1995, p.276).

$$V_{*\tau} = A[\{(\rho s - \rho a)/\rho a\}gD]^{1/2}$$

V*τ: 전단한계속도, A: 상수(0.1), ρs: 물질 밀도, ρa: 공기 밀도, D: 물질입자크기, g: 중력가속도

위 식에서 보듯이 전단한계속도는 물질 밀도, 입자 크기, 공기 밀도 등에 의해 영향을 받는다. 즉 물질 밀도가 높고, 입자가 클수록, 그리고 공기 밀도가 낮을수록 지표 물질이 침식받아 이동하는 데 필요한 전단한계속도가 크다. 사막 모래의 평균적인 전단한계속도는 약 16km/hr인 것으로 알려진다. 다시 말하면 시속 16km의 바람이 불 때 대부분의 사막 모래는 움직이기 시작한다.

모래 등의 지표물질이 바람에 실려 이동하는 방식에는 포행(匍行, creep), 도약(跳躍, saltation), 부유(浮遊, suspension) 등이 있다(그림 7.5). 물질 입자가 작은 것일수록 공중에 떠서 부유하거나, 지면을 도약하여 이동하는 반면, 입자가 큰 것일수록 지면을 포

1 유체한계속도란 바람(유체)이 물체(모래 등)에 가하는 힘에 의하여 물체가 움직이기 시작할 때 바로 그 순간의 풍속을 말한다.

행하는 방식으로 운반된다. 사막이나 사빈 등지의 모래 중에는 부유하는 것들도 있지만 포행하거나 도약하는 방식으로 이동하는 것들이 더 많다.

포행은 모래 입자가 지면에 접촉하면서 구르거나 미끄러져 이동하는 것으로 이에는 여러 유형이 있다. 작은 모래가 날아와 큰 모래에 충돌할 때, 그 힘에 의해 큰 모래가 밀려나면서 지면을 구르거나 미끄러지는 포행, 그리고 모래 입자들 간의 충돌로 생긴 오목한 와지로 주변의 모래들이 구르거나 미끄러지는 포행이 대표적인 것들이다. 이밖에도 날아드는 모래가 높은 에너지를 가진 채 지면과 충돌하게 되면, 지면에 놓인 여러 모래 입자들이 그 힘에 의해 동시에 옆으로 밀려나는 방식, 즉 'reptation'[2]으로 이동되는 것도 있다(Livingstone and Warren, 1996, pp.17-18).

모래 입자가 지면을 통통 튀어서 이동하는 것이 도약(saltation)[3]이다(그림 7.5, 7.6). 입경이 0.1mm 정도인 모래들은 그보다 크거나 작은 것들보다 바람에 의해 보다 쉽게 도약하는 방식으로 이동된다. 이와는 달리 0.1mm보다 작은 모래들은 입자 간의 점성이 증가하는 반면, 입자 표면의 거친 정도는 줄어들기 때문에, 오히려 바람의 영향에 저항하는 힘이 더 커지는 경향이 있다. 이런 이유로 입자 크기와 전단 풍속과의 관계를 조사해보면, 크기가 0.06mm 이하가 되면 오히려 유체한계속도가 더 증가하는 것으로 나타난다(그림 7.3). 그러나 입경이 그 이상의 것들은 대체로 입자 크기와 유체한계속도가 비례한다. 즉 입자 크기가 클수록 물질이 이동하는 데 더 큰 풍속이 요구된다.

풍속이 증가하여 유체한계속도를 넘으면 모래는 바람의 힘만으로도 움직인다. 그러나 다른 모래 입자들이 날아와 지표에 놓인 모래에 부딪치는 상황이라면, 부딪치는 힘이 모래의 이동에 가세하는 것이므로 유체한계속도보다도 더 낮은 풍속에서 지표에 놓인 모래는 바람에 실려 이동할 수 있다. 이렇게 모래가 이동할 때의 한계속도를 유체한계속도와 구분하여 충돌한계속도(impact threshold velocity)라 부른다. 당연한 말이지만, 모래의 입자 크기가 동일하다면, 유체한계속도보다는 충돌한계속도가 더 작다. 이를 달리 말하면, 자연 상태에서는 모래 입자 간의 충돌이 많이 일어나므

---

2 라틴어 'reptare(= to crawl)'에서 비롯된 용어로 '포행'이라 번역할 수 있다.

3 어원은 라틴어 'saltare(= to leap)'이다.

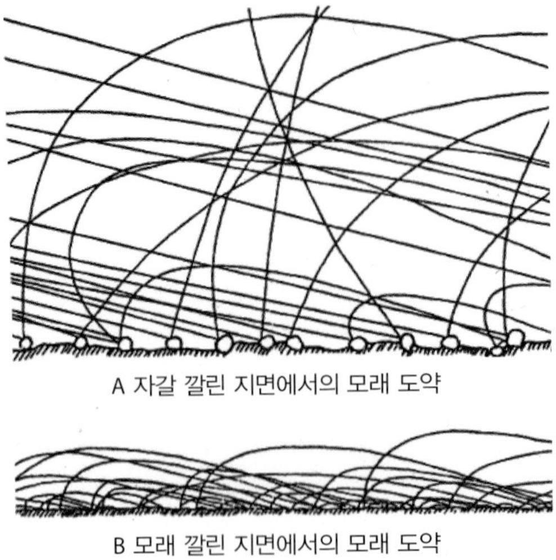

그림 7.6 자갈과 모래 위에서의 도약운동

자갈 위에서 바람에 의해 날아오는 모래는 더 높이 그리고 더 멀리 도약한다. 따라서 바람에 실려온 모래는 자갈이 덮인 지면을 그대로 통과해 그 주변의 모래가 있는 곳에 쌓일 가능성이 높다(Bagnold, 1941, p.36).

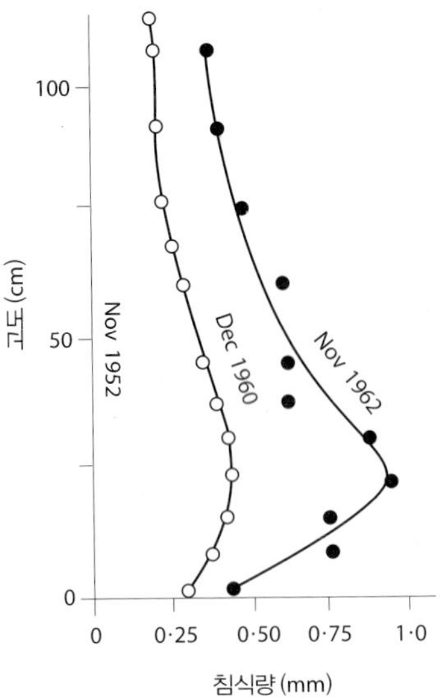

그림 7.7 바람에 의한 마식량

그림은 미국 모하비 사막에서 합성수지 막대를 지면에 수직으로 세워 1952년 11월~1962년 11월까지 바람에 날려온 모래에 의해 막대가 마식받은 깊이를 고도별로 조사한 것이다(Chorley *et al*., 1984, p.415. 원자료: Sharp, 1964).

로 실험실에서 구한 유체한계속도보다도 더 낮은 속도에서 지표의 모래들이 바람에 실려 이동한다.

전단속도, 즉 그것이 유체한계속도이든 충돌한계속도이든 고정된 것이 아니고 모래가 도약 이동을 시작하기 전과 후에 따라 값이 달라진다. 즉 모래가 막 움직이기 시작하는 순간의 풍속이 더 크며, 일단 한번 움직인 후에는 더 낮은 풍속에서도 모래는 바람에 의해 계속 도약 이동한다.

도약하는 모래는 처음에는 대체로 수직 방향으로 튀어오른 후 수평 또는 대각선 방향으로 날아간다. 모래가 튀어오르는 고도나 날아가는 거리는 풍속이나 입자 크기 이외에도 지면조건에 의해서도 달라진다. 지면에 모래가 덮인 곳보다는 자갈이나 기반암이 놓여 있는 곳에서 도약하는 모래들이 더 높이 도약하고, 더 먼 거리를 날아 이동하는 경향이 있다(그림 7.6).

모래 입자가 크면 도약보다는 포행한다. 그러나 바람에 의해 이동하는 모래의 양은 포행보다는 도약에 의한 것이 훨씬 더 많다. 이동 모래의 크기는 평균 0.15~0.25mm인데, 포행에 의해 이동하는 것은 전체의 7~25%에 불과하고, 나머지는 도약에 의해 이동한다.

3. 바람침식지형

바람에 의한 침식작용, 즉 풍식작용은 대체로 취식과 마식으로 나눌 수 있다. 취식(吹蝕, deflation)은 바람에 의하여 지표물질이 실려 이동하는 방식으로 일어나는 침식작용이다. 취식에 의해 이동되는 모래는 0.1~1.0mm 크기의 것들이 대부분이다. 평균적으로 보면, 이들 모래의 약 4/5는 도약, 나머지 1/5은 포행에 의해 운반된다. 입자 크기로 보면 세사(細砂) 내지 중사(中砂)는 대부분 도약, 그리고 조사(粗砂) 내지 소력(小礫)은 주로 포행에 의해 이동된다.

바람 마식(wind abrasion, sand-blast action)은 바람에 실려 이동하는 모래에 의해 부딪쳐 갈려지면서 지면침식이 일어나는 현상을 말한다. 마식은 부딪쳐오는 모래의 운동에너지와 부딪치는 목표 물질의 결집강도에 의해 영향을 받는다. 마식이 활발한 곳은 대체로 풍속이 크며, 풍화나 침식에 약한 암석이 분포하고, 식생이 빈약한 곳이다.

마식률은 날아와 부딪치는 모래의 속도와 양에 영향을 받는다. 조사에 따르면(Sharp, 1980), 초당 $1cm^2$의 면적에 1g의 모래($1.0g/cm^2 \cdot sec$)가 바람에 실려날아올 때, 마식률은 최대에 달하는 것으로 알려진다. 샤프(Sharp, 1964)에 따르면, 마식률의 최댓

값은 지면으로부터 높이 23cm 지점에서 나타났다(그림 7.7).[4] 즉 이 고도보다 낮거나 높을수록 마식률은 감소한다. 지면에 접근할수록 마찰력이 커져 풍속이 감소하므로 바람에 의해 운반되는 모래의 양이 더불어 감소되기 때문에 마식률은 감소한다. 또한 고도가 높아질수록 풍속은 커지지만, 상대적으로 도약하는 모래의 양이 줄어들기 때문에 마식률이 감소된다(그림 7.4). 따라서 마식은 대체로 2m 이상의 고도에서는 미미한 것으로 알려진다. 마식의 특성이 이와 같으므로 지면에 돌출한 큰 바위가 바람에 실려 날아오는 모래에 의해 마식을 장기간에 걸쳐 받는다면, 지면에 가까운 부분이 더 빠른 속도로 패여나가면서 바위 밑부분이 쏙 들어간 버섯바위로 모습이 달라지기도 한다.

바람에 의한 마식작용을 받아 생기는 주요 지형으로는 삼릉석, 버섯바위, 야당 등을 들 수 있다. 삼릉석(三稜石, ventifacts, dreikanter)은 한 면 또는 그 이상의 면들이 마식을 받아 갈려진 돌을 말한다(그림 7.8, 7.9, 7.10). 돌이 마식을 받게 되면 마식받은 면과 그렇지 않은 면이 예각으로 만나는 모서리가 발달한다. 마식받은 돌 중에는 이러한 모서리가 세 개인 것이 많았기 때문에 '삼릉석'[5]이라는 이름이 붙게 되었다. 그러나 삼릉석의 형태는 매우 다양하다. 돌 표면이 매끈하게 잘 갈려진 면(polished surfaces)을 지닌 것이 있는가 하면, 돌 표면에 무수한 작은 홈(pits)이나, 선상(線狀)의 홈통(flutes, grooves)이 있는 것들도 있다(Ritter *et al.*, 1995, p.280의 fig.8.8). 마식면은 대체로 탁월풍의 풍향과 직각을 이루며, 지면과 마식면 사이의 경사는 30~60° 이다. 이러한 마식면이 한 개가 아니라 때로는 두 개 이상인 것은 마식받는 동안에 탁월풍의 풍향이 달라졌거나 돌이 어떤 원인에 의해서건 움직였기 때문이다. 마식받은 돌이 움직이지 않았음에도 서로 다른 방향을 보이는 마식면들이 있다면 그것은 탁월풍의 방향이 달라졌기 때문이다.

지면에서 돌이 움직이는 것은 다양한 원인에 의해서이다. 바람침식에 의해서도 돌이 움직이거나 회전한다. 돌의 바람받이 면은 바람에 실려온 모래에 의해 마식을

---

4 모하비 사막(캘리포니아)에서 10년간(1952년 11월~1962년 11월) 마식량을 조사한 결과이다. 그러나 그 이후 5년간 조사한 결과는 최대 마식량의 고도가 10~15cm로 그보다 다소 낮았다.

5 'Dreikanter'는 독일어로, 'Drei'는 3, 'Kanter'는 모서리를 뜻한다. 이를 한자로 '三稜石'이라 하였다. 여기서 '릉(稜)'이란 튀어나온 돌의 모서리를 의미한다.

그림 7.8 모래에 의한 마식작용(우이도, 신안)

탁월풍(북서계절풍)은 오른쪽에서 왼쪽으로 분다. 이 바람에 실려 날아온 모래에 의해 마식을 받아 암반(응회암) 표면에 길이가 1~3cm 정도의 홈(pits) 또는 홈통 모양(flutes, grooves)의 마식지형들이 생겨났다.

그림 7.9 삼릉석(우이도, 신안)

암반(응회암)의 능선(ridge, 카메라 캡 오른쪽)은 바람의 마식작용으로 생겨난 것이다. 이곳에서는 방향이 서로 다른 계절풍들(북서계절풍과 남동계절풍)이 영향을 미쳤기 때문이다.

그림 7.10 삼릉석의 마식면(우이도, 신안)

산재한 삼릉석의 표면에 선형의 작은 홈통들(카메라 캡 오른쪽)이 새겨진 것을 볼 수 있다. 홈통 방향은 북서계절풍과 일치하는 것이 많지만, 다른 방향도 관찰할 수 있다.

받지만 그 반대쪽의 면, 즉 바람그늘에서는 바람이 돌을 지나면서 발생하는 와류에 의해 돌의 하부 지면이 침식을 받아 낮아지면서 무게중심이 불안정해진 돌이 움직이게 되는 것이다(그림 7.11). 간헐적인 호우에 의해 발생하는 지표유출도 바람과 마찬가

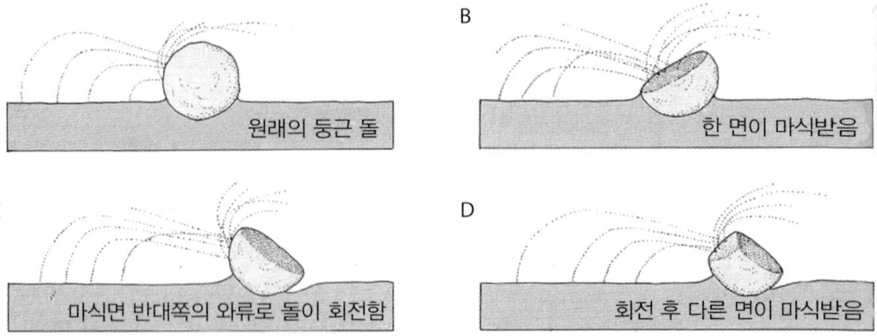

그림 7.11 삼릉석의 생성과정

그림에서는 지면에 놓인 돌이 모래에 의해 마식을 받을 때 돌에 일어나는 변화를 보여준다. 돌의 한 면이 마식을 받는 동안에(B) 그 반대쪽 면의 하부에서는 바람이 와류하면서 침식이 일어나 지면이 낮아지기 때문에 결국 돌이 구르게 되고(C), 이어서 다른 쪽 면이 다시 마식을 받게 된다(D). 이런 경우라면 탁월풍의 풍향이 달라지지 않더라도 두 개 이상의 마식면들이 생겨난다(Hamblin and Christiansen, 1998, p.427).

지로 돌 주변의 지표물질을 침식하기 때문에 이것이 반복되면 결국은 돌이 불안정해져 움직이거나 구르게 된다. 우리나라는 건조한 지역은 아니지만 우이도 사구(신안, 전남) 인근에 노출된 기반암 표면에서 마식에 의해 생겨난 것으로 보이는 홈 또는 홈통 모양의 풍식지형이 관찰된다(그림 7.8, 7.9, 7.10; 김종연, 2016). 이곳에서 이러한 풍식지형이 생겨난 것은 북서계절풍의 영향이 클 뿐만 아니라 기반암이 바람침식에 비교적 약한 응회암인 것에서도 그 원인을 찾을 수 있다.

삼릉석과 마찬가지로 버섯바위 역시 돌출한 기반암의 하부가 바람에 의해 마식을 받기 때문에 생겨난다. 기반암의 하부가 특히 마식을 많이 받는 것은 암반을 침식할 만큼의 에너지를 지닌 비사(飛砂)가 대체로 지면 고도 20~30cm에 더 많이 집중되기 때문이다(그림 7.7).

야당(yardang)은 기반암이 바람침식을 받아 그 일부가 지면에서 돌출된 채 남아 있는 기반암 구릉이다(Strahler and Strahler, 1992, p.402의 fig.21.2). 바람침식은 대체로 구릉 정부보다는 야당과 야당 사이의 골 또는 안부(鞍部)에서 더 활발하다. 야당은 탁월풍 방향으로 길게 뻗은 유선형으로 위에서 내려다보면 선박과 같은 형태를 지닌 것들이 많다. 크기는 작은 것은 수 m에 불과하지만, 때로는 길이 수 km, 높이 100m 이상에 달하기도 한다. 이러한 야당은 대부분의 사막에서 볼 수 있지만, 특히 강한 바람이 잦을 뿐만 아니라 침식에 약한 셰일, 실트스톤, 사암 등의 암석이 분포하는 사막에 많다. 큰 규모의 야당이 있는 곳으로는 사하라의 티베스티 산맥이 잘 알려졌다.

기반암이 드러난 곳에서 바람침식으로 야당이 생성된다면, 자갈과 모래가 굳지 않은 채 뒤섞여 쌓인 곳에서는 사막포도(砂漠鋪道, desert pavement, stone pavement)가 생성된다. 사막포도는 지면이 돌들로 촘촘히 덮여 있어 마치 돌로 지면을 포장한 것과도 같은 느낌을 주는 지형이다(그림 7.12). 이러한 사막포도가 생겨나는 것은 입자가 작은 모래는 바람이나 지표유출에 의해 침식을 받아 쉽게 제거되지만, 돌은 그렇지 않아 대체로 놓인 그 자리에 그대로 남기 때문이다. 다시 말하여, 지면침식이 지속될수록 더 많은 모래가 제거되는 반면, 돌은 그렇지 않아 점차 지면이 돌들로 빼곡하게 뒤덮이게 된다. 이와 같이 바람에 의해 모래가 제거되는 것 이외에도 간헐적인 강우에 의해 발생하는 사면류나 포상홍수도 모래 등의 세립물질을 제거하기 때문에 결과적으로 사막포도의 생성에 기여한다. 또한 토양 수분의 결빙과 융해가 빈번하게 반복되는 곳에서는 자갈과 같은 조립퇴적물이 동결과 융해 과정에서 지면을 향해 올라오기 때문에 지면에 자갈이 많이 집적된다.

지면에 일단 사막포도가 생겨나면, 촘촘히 놓인 돌들이 바람에 의해 모래가 침식받는 것을 막아준다. 또한 사막포도가 생겨나면, 도약하는 방식으로 이동하는 모래들은 지면의 돌들과 충돌하면서 더 높이 그리고 더 멀리 이동하기 때문에 주변으로부터 사막포도가 있는 곳으로 모래가 날아와도 그곳에 잘 쌓이지 않는다(그림 7.6). 따라서 주변은 모래가 많지만 사막포도는 모래로 덮이지 않은 채 그 모습을 오랫동안 유지할 수 있다.

이와 같이 사막포도의 자갈들이 오랫동안 지면에 노출된 채로 남아 있기 때문에 자갈 중에는 사막칠(砂漠漆, desert varnish)이 쌓여 검게 보이는 것들이 많다. 이런 자갈들은 대개 공기에 노출된 면만 검은색을 띠며, 그 반대쪽, 즉 지면에 접한 면은 원래의 자갈색을 그대로 지닌 경우가 많다. 사막칠이 만들어지는 데는 오랜 시간이 소요되므로 그동안 돌이 거꾸로 뒤집히는 등의 큰 움직임이 없어야 사막칠이 생길 수 있다. 사막칠은 자갈 자체에서 생긴 물질은 아니며, 물질의 절반 이상이 주변에서 날려와 침적된 점토이다. 점토 다음으로 많은 것은 산화철과 산화망간인데, 사막칠의 색이 대체로 검은색을 띠는 것은 산화망간 때문이다. 이러한 사막칠은 자갈 표면에만 생기는 것은 아니며, 공기 중에 노출된 기반암의 표면에도 생긴다. 아치스 국립공원

그림 7.12 사막포도와 사막칠(데스밸리, 미국)

사막포도는 지표면이 마치 포장한 것처럼 자갈로 덮인 지형이며, 사막칠은 자갈이나 암석의 표면을 코팅하듯이 얇게 덮고 있는 물질을 말한다. 사막포도의 자갈 중에는 이러한 사막칠 때문에 표면이 검은 것들이 많다.

그림 7.13 사막칠 위의 암각화(아치스, 미국)

암각화는 1650~1850년경 이곳에 살던 인디언이 검게 사막칠이 덮인 사암의 암벽 표면을 긁어내는 방식으로 그림을 그린 것이다. 이 암각화를 보면 당시의 인디언들이 말을 타고 산양을 사냥하면서 살았던 것을 알 수 있다.

(미국)에서는 이런 사막칠로 덮인 사암 암벽에 인디언이 17~19세기에 그린 암각화가 남아 있다(그림 7.13).

4. 바람퇴적지형

1) 사구

바람에 의해 모래가 날아와 쌓여 생기는 바람퇴적지형 중에는 사구(砂丘, aeolian sand dunes), 뢰스(loess) 등이 대표적이다(그림 7.14). 사구[6]는 바람에 의해 생긴 모래 구릉이다. 사구는 대체로 후사면(後斜面, back slope), 정부(頂部, crest), 활주사면(滑走斜面, slip slope)으로 구성된다(그림 7.15의 A). 바람에 의해 이동하는 모래는 먼저 사구의 바람받이 사면인 후사면을 주로 도약하는 방식으로 타고 올라가 사구의 정부에 이르며, 다시금 그곳에서 포행하는 방식으로 바람그늘 사면인 활주사면을 미끄러져내려간다.

6 사구는 물속에서도 생기며, 바람에 의한 사구를 달리 구분한다면 'aeolian sand dune(풍성사구)'라 부를 수 있다.

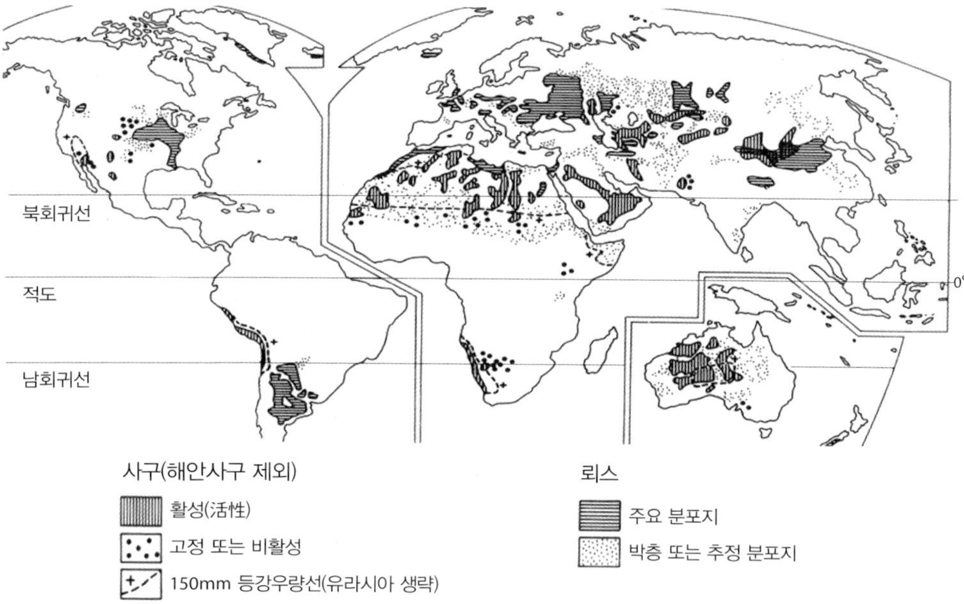

그림 7.14 사구와 뢰스의 분포

사구와 뢰스는 대체로 건조 지역에 분포한다. 다만 뢰스는 빙하기 때 쌓인 것들이 많기 때문에 그 경계를 넘어선 지역에도 분포한다(Chorley *et al.*, 1984, p.411).

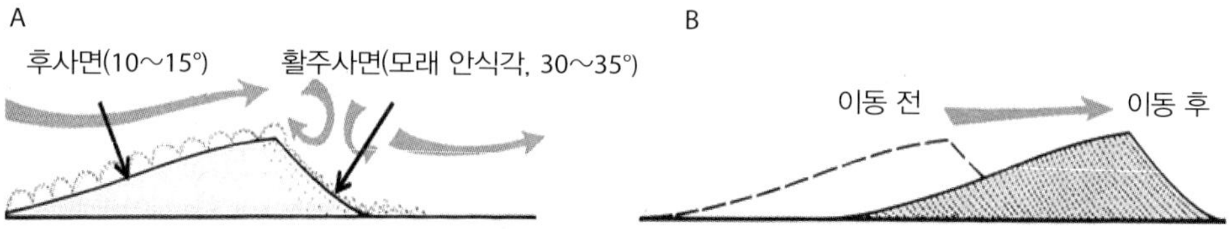

그림 7.15 사구 형태와 사구의 이동

A: 사구의 후사면(back slope)과 활주사면(slip slope). 후사면 위에는 흔히 물결자국이 생긴다. B: 사구가 이동하기 때문에 사구에는 사층리(cross bedding)가 발달한다(Hamblin and Christiansen, 1998, p.431).

모래가 사구의 정부를 넘어 활주사면을 미끄러져내려갈 때는 개개의 모래가 포행하기도 하지만 집단을 이루어 미끄러져내리는 방식, 즉 슬럼프나 활동(滑動)에 의해 이동하는 것들도 많다(그림 7.16).

이와 같은 방식의 모래 이동이 지속되면, 사구의 위치가 바람이 불어가는 방향으로 조금씩 이동한다(그림 7.15의 B). 그러나 탁월풍이라 하더라도 바람의 풍향은 대체로 계절에 따라 다른 경우가 많기 때문에 사구 모래의 이동 방향 또한 그에 상응하여

그림 7.16 활주사면에서의 모래 이동(우이도 사구, 신안)

사구의 후사면에서는 도약이나 포행에 의해서 모래가 이동하지만, 활주사면에서는 많은 양의 모래가 활동(slide)이나 슬럼프(slump) 방식으로 이동한다. 사진의 활주사면에서는 병 모양의 슬라이드(bottle slide)가 여러 곳에서 일어나고 있다. 이곳의 사구는 산지의 고갯마루에 자리잡고 있어 북서계절풍뿐만 아니라 남동계절풍의 영향도 받기 때문에 사구 정부(頂部)의 위치가 계절 변화한다.

그림 7.17 풍성사암과 사층리(체커보드 메사, 자이언 캐년, 미국)

이곳의 메사는 암벽에 방향이 다른 사층리들이 교차하는 모습이 아름다운 곳이다.

그림 7.18 사구퇴적물 내의 사층리(대청도)

사구 위를 불어가는 바람의 풍향이 달라지면, 사진에서처럼 경사 방향이 다른 사층리가 생긴다.

달라진다. 따라서 사구 퇴적층에서는 경사 방향과 경사각이 각기 다른 사층리들이 교차하는 모습을 흔히 볼 수 있다(그림 7.17, 7.18). 사구퇴적물이 굳어져 암석화된 풍성사암도 이러한 사층리가 그대로 남아 있기 때문에 이를 토대로 당시의 환경을 추정할 수 있다. 이런 종류의 풍성 사암은 세계의 곳곳에 많지만, 특히 자이언 캐년의 체커보드 메사(Checkerboard Mesa, 미국)는 장관을 이루고 있어 사람들이 즐겨 찾기도 한다(그림 7.17).

사구 표면에는 바람에 의해 모래들이 이동하면서 물결자국(연흔, 漣痕, ripple mark)[7]이 생긴다. 물결자국은 도약하는 모래들에 의한 지면 충격, 그리고 이것과 직간접적으로 연계된 모래의 포행에 의해 생겨난다. 물결자국의 크기는 풍속이나 모래 입자 크기 등에 따라 다르며, 규모는 대개 파장이 수 cm~수십 m, 높이는 1~30cm이다(Livingstone and Warren, 1996, pp.23-26).

사구의 형태를 보면 바람받이 사면인 후사면은 10~15° 로 경사가 급하지 않지만, 활주사면은 경사가 30~34° 에 이를 정도로 급하다(그림 7.15, 7.19). 활주사면의 경사각은 모래의 안식각(安息角, angle of repose)과 대체로 일치한다(그림 7.15의 A). 사구의 높이는 대부분 3~100m 정도이지만, 때로는 수백 m에 달하여 산처럼 보이는 것도 있다. 사구 높이(Dh)와 사구 사이의 간격(Ds)은 다음의 식과 같은 관계에 있다(Ritter *et al.*, 1995, p.285).

$$Dh = cDs^n$$

Dh: 사구 높이, Ds: 사구 간격 c: 상수

위 식에 의하면, 사구 간격이 넓을수록 사구 높이는 증가한다. 즉 큰 사구일수록 분포 간격이 넓고 작은 사구일수록 조밀하게 분포한다.

사구는 모래와 바람의 상관관계에 의해 생성되는 지형이므로, 사구 형태는 무엇보다 공급되는 모래의 양이나 탁월풍의 풍향 및 풍속에 영향을 받는다. 이밖에도 정도는 다르지만 식생 피복이나 토양 습도 등도 사구 형태에 영향을 미친다(그림 7.21).

모래 공급량은 가장 중요한 변수의 하나로 공급이 많지 않은 곳에서는 바르한(barchan)(그림 7.20, 7.24), 그리고 공급이 많은 곳에서는 횡사구(橫砂丘, transverse dune)가 발달한다(그림 7.19, 7.20, 7.24). 바르한은 이동이 빠른 대표적인 이동성 사구이며, 평면형은 초승달 모양으로 사구의 중앙보다 양 날개가 바람이 불어가는 방향으로 휘어져

---

7 물결자국은 물결처럼 높낮이가 반복되는 지형으로 바람 이외에 흐르는 물에 의해서도 생긴다.

그림 7.19 횡사구(오리건 사구, 미국)

탁월풍의 풍향을 가로질러 발달한 횡사구이다. 이곳의 사구는 해안사구이지만 폭만 해도 수 km, 길이는 무려 60km에 달하여 모래사막이나 다름없다. 탁월풍은 주로 해안(왼쪽)에서 내륙(오른쪽)으로 불기 때문에 사구의 후사면이 왼쪽, 활주사면이 오른쪽에 발달되어 있다.

있다. 사구가 이러한 형태를 보이는 것은 중앙부에는 모래가 많이 쌓여 고도가 높고 사구 부피가 커서 이동이 느리지만, 양 날개는 상대적으로 고도가 낮고 사구의 부피가 작아서 이동이 빠르기 때문이다.

바르한이 있는 곳에서 모래의 공급량이 증가되면, 바르한의 날개도 중앙과 마찬가지로 고도가 높아지고, 이동 속도 또한 느려지면서 인접한 바르한의 날개와 연결되는 변화가 일어난다. 이렇게 생겨난 사구가 바르하노이드(barchanoid)이다(그림 7.24). 이 사구는 능선의 높은 곳은 원래 바르한의 정부이며 낮은 곳은 바르한의 날개이므로, 높은 곳이 바람 불어오는 쪽, 그리고 낮은 곳이 바람 불어가는 쪽으로 모래 구릉의 능선이 휘어진 형태를 보인다. 여기서 모래의 공급량이 더 증가한다면, 사구는 탁월풍의 풍향과 직각을 이루는 횡사구(transverse dune, 橫砂丘)로 달라진다(그림 7.24).

횡사구와는 달리 탁월풍과 동일한 방향으로 모래 구릉이 뻗어 있는 사구가 종사구(縱砂丘, longitudinal dune, linear dune, seif dune)이다. 종사구의 생성에는 모래 공급량 이외에도 탁월풍의 풍향이 중요한 역할을 한다. 바그놀드(Bagnold, 1941, pp.222-224)에 의하면, 바르한 사구가 탁월풍의 주풍향과 대각선을 이루는 또 다른 제2의 탁월풍의 영향을 받게 되면, 바르한의 일부가 변형되면서 종사구의 일종인 세이프(seif) 사구로

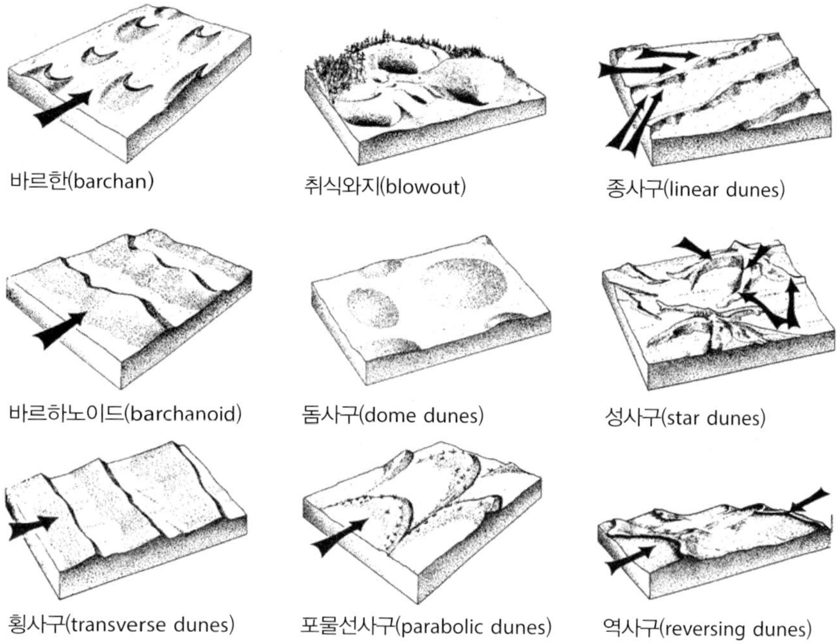

그림 7.20 여러 종류의 사구

화살표: 탁월풍(Bloom, 1998, p.297).

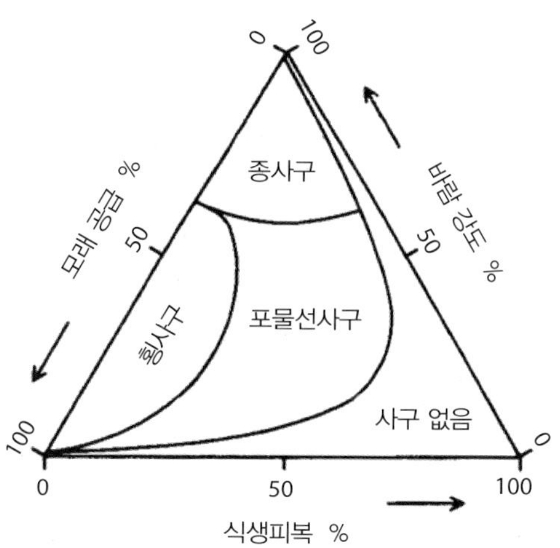

그림 7.21 사구 형태와 바람 강도, 모래 공급량, 식생피복 간의 관계

종사구는 식생피복과 모래 공급량이 적지만, 바람이 강한 조건에서 발달하며, 횡사구는 식생피복은 적지만, 모래 공급량이 많고, 바람도 강하지 않은 조건에서 발달한다(Chorley *et al*., 1984, p.426).

달라진다(그림 7.22).

이밖에도 사구의 생성이나 변화에 식생도 적지 않은 영향을 미친다. 해안사구

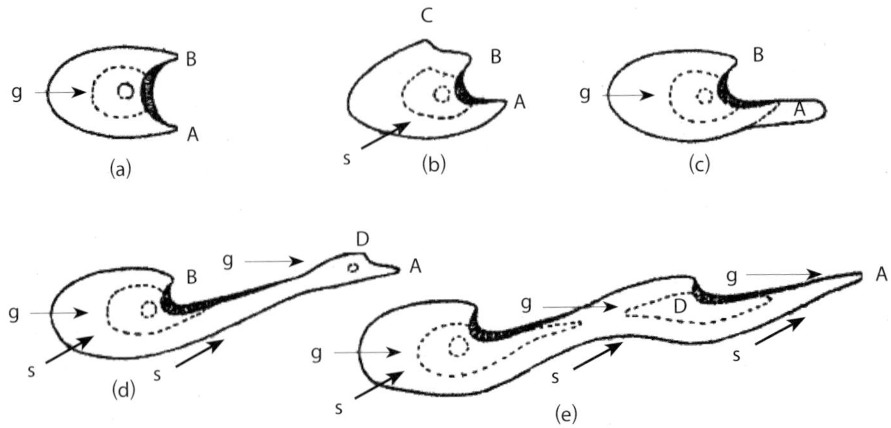

그림 7.22 세이프 사구의 발달과정

주된 탁월풍(g)과는 풍향이 다른 제2의 탁월풍(s)의 영향을 받게 되면 사구는 바르한(그림 a)에서 점차 세이프 사구(그림 e)로 변화된다(Bagnold, 1941, p.223).

는 그러한 좋은 예이다.[8] 해안사구 중에 사빈의 바로 배후에 생기는 것은 전사구(fore dune)(그림 7.27)이며, 이런 전사구의 배후지에 발달하는 사구는 배후사구(hind dune)이다. 정선(汀線) 변화 등에 의해서 새로운 전사구가 기존 전사구의 전면에 생겨나는 과정이 여러 차례 되풀이되면 여러 개의 사구 구릉이 해안선에 평행하게 열지어 발달하기도 한다. 이러한 사구 구릉열을 평행사구(parallel dune)라 부른다.

전사구의 생성과 성장에는 사초 등의 식생이 중요한 역할을 한다. 대체로 식생의 식피면적이 늘고 식생이 높이 자랄수록 모래가 많이 쌓여 사구의 고도와 규모가 커진다. 식생이 자라면 마찰력이 커져 풍속을 감소시키므로 바람에 실려온 모래가 식생이 없을 때보다 더 많이 쌓이기 때문이다. 식생이 막 정착하기 시작하면서 생겨나는 사구 성장의 초기 단계에 있는 사구를 초기사구(初期砂丘, 胚砂丘, embryo dune)라 한다(그림 7.28). 전사구는 이러한 초기사구가 성장하여 완연한 모래 구릉으로 성장한 것이다. 식생이 사구에 미치는 영향은 넵카(nebkha)에서도 찾아볼 수 있다. 넵카는 식생의 배후에 모래가 쌓인 작은 둔덕 모양의 사구로 식생이 바람의 진행에 장애물 역할을 하기 때문에 생긴다(그림 7.23).

8 해안사구에 대한 자세한 내용은 제6장 해안지형을 참조하기 바람.

그림 7.23 넵카(오리건 해안사구, 미국)
넵카(nebkha)는 식생의 배후에 모래가 쌓여 생기는 작은 사구이다.

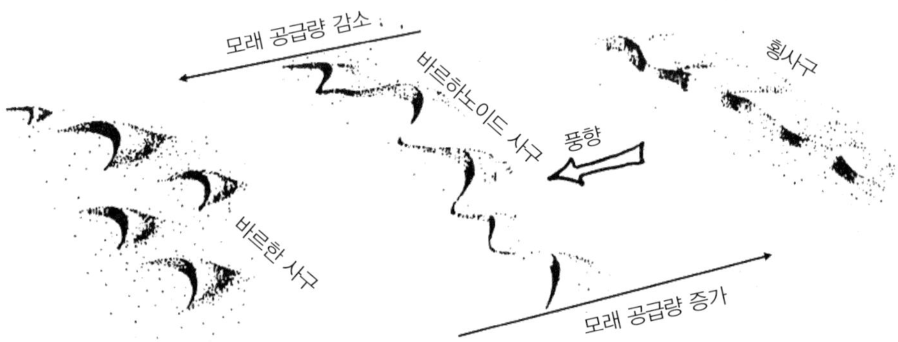

그림 7.24 모래 공급량과 사구 형태의 변화
사구는 모래 공급량의 감소(또는 증가)에 따라 그 형태가 달라진다(Chorley *et al*., 1984, p.421).

전사구 등 해안사구에서 식생 피복이 여러 원인으로 제거되거나 훼손되면, 그곳을 중심으로 바람에 의한 취식이 활발해져 취식와지(吹蝕窪地, blowout)가 생긴다. 취식와지는 어찌 보면 바르한과는 정반대의 모습을 지니고 있다(그림 6.30, 7.20). 즉 사구의 날개가 탁월풍이 불어오는 전면을 향해 뻗어 있다. 이는 취식이 사구의 중앙에서 가장 활발하고, 이로부터 운반되는 모래 역시 날개가 아니라 중앙의 바로 배후에 쌓이기 때문이다. 평행사구에서 취식이 강도 높게 진행되면 처음에는 취식와지가 생겨나고, 다시금 이것이 더욱 성장하면서 포물선사구(parabolic dune)나 머리핀 사구(hairpin dune)로 변화되기도 한다(그림 6.30, 6.31, 7.25).

사구 중에는 탁월풍이 계절에 따라 거의 정반대로 불기 때문에 사구 정부의 위

그림 7.25 포물선 사구(원정리, 경흥)

이곳에서는 경작으로 인하여 변화된 지면에서 모래가 재이동 퇴적되어 포물선 사구가 생겨난 것으로 보인다(2016년 3월 구글 영상).

그림 7.26 하천 주변에 발달한 사구(두만강 하안, 방천, 중국)

사구는 모래가 많은 하천의 하안에서도 발달한다. 두만강 하안의 방천사구는 그 대표적인 곳이다.

그림 7.27 전사구(오리건 해안, 미국)

전사구에서 사초가 성장하면 전사구는 성장하지만, 전사구의 배후로 이동하는 모래의 양은 감소한다. 사빈: 사진의 오른쪽, 사구저지대: 사진의 왼쪽

그림 7.28 초기사구(원산도, 보령)

식생 정착 초기에 생기는 초기사구는 식생이 많아져 그곳에 쌓이는 모래의 양이 증가하면 전사구로까지 성장한다.

치가 계절에 따라 변화하는 역사구(逆砂丘, reversing dune)도 있다(그림 7.20). 정부의 위치만 달라지는 것이 아니라 형태도 변화하여 사구 능선에 장벽을 세운 것과도 같은 모습을 보이기도 한다. 이러한 역사구는 그레이트 샌드듄(Great Sand Dunes) 국립공원(미국 콜로라도) 등지의 것이 잘 알려졌다. 전형적인 것은 아니지만 우리나라의 우이도 사구(전남 신안)에서도 인위적인 변형이 일어나기 전의 항공사진을 보면 이와 유사한 사구 특징을 찾아볼 수 있다(신원정 외, 2017).

사구 중에는 위치 이동이 거의 일어나지 않는 것도 있다. 성사구(星砂丘, star dune)

가 대표적인 경우이다(그림 7.1, 7.20). 성사구는 높이 수백 m에 달하는 큰 규모의 것들이 많고, 위치가 거의 달라지지 않기 때문에 사막을 통과하는 사람들의 이정표가 되기도 한다. 이와 같은 성사구는 모래 공급이 많으면서 탁월풍이 셋 이상의 방향에서 영향을 미칠 때 발달한다.

사구는 흔히 사막이나 해안에 발달하지만, 모래가 많은 하안의 배후에서도 찾아볼 수 있다. 리오그란데(Rio Grande)강 인근의 그레이트 샌드듄(미국)이나 두만강 하류의 방천사구(중국)는 그러한 좋은 예이다(그림 7.26). 두만강 하류는 동계에 북서계절풍이 강하게 불 뿐만 아니라, 하상이나 하안에 모래가 많기 때문에 사구가 발달하기에 좋은 조건을 갖추고 있다(이민부 외, 2006). 두만강 하류에서는 방천뿐만 아니라 인근의 원정리(경흥, 북한)에서도 규모는 크지 않지만 사구를 찾아볼 수 있다. 원정리 사구는 경작지로 개간된 하안톱 위에서 발달한 것으로 위성영상(구글)에서 보면 포물선사구의 형태를 보인다(그림 7.25). 이곳의 포물선사구는 작물의 경작과정에서 나지가 드러나면서 취식와지가 생기고, 이것이 성장하여 포물선사구로까지 성장한 것으로 추정된다.

2) 뢰스

뢰스(loess, 독일어 Löß)는 모래보다 더 작은 물질(0.01~0.05mm 크기, 주로 실트)로 이루어진 퇴적물이다(Livingstone and Warren, 1996, pp.57-62; Pye and Sherwin, 1999). 구성 광물은 석영, 장석, 운모, 방해석(탄산칼슘) 등이 많다. 뢰스는 암석처럼 단단한 것은 아니지만 그 안에 포함된 탄산칼슘 등이 물질 입자들을 교결시키기 때문에 퇴적물치고는 고결도가 높은 편이다. 또한 도약이나 포행하면서 쌓이는 사구 모래와는 달리 뢰스 퇴적물은 바람에 날아와 수직적으로 내려앉듯이 쌓이므로 사구에서와 같은 사층리는 생기지 않는다. 뢰스가 잘 쌓이는 곳은 대체로 산이나 구릉과 같이 돌출 지형이 있어 풍속이 줄어드는 곳이다. 뢰스가 넓은 범위에 걸쳐 두껍게 쌓이면 지면의 기복이 감소되면서 원래의 지형과는 다른 고원이나 대지와 같은 평탄지가 생겨나기도 한다. 중국의 황토고원은 그 좋은 예이다(그림 7.29).

뢰스의 공급원은 빙하유수성 퇴적평야, 모래사막, 큰 하천의 하상 및 범람원 등 다양하다. 유럽에서는 뢰스가 주로 과거의 빙하 분포지 주변을 따라 분포한다(그림

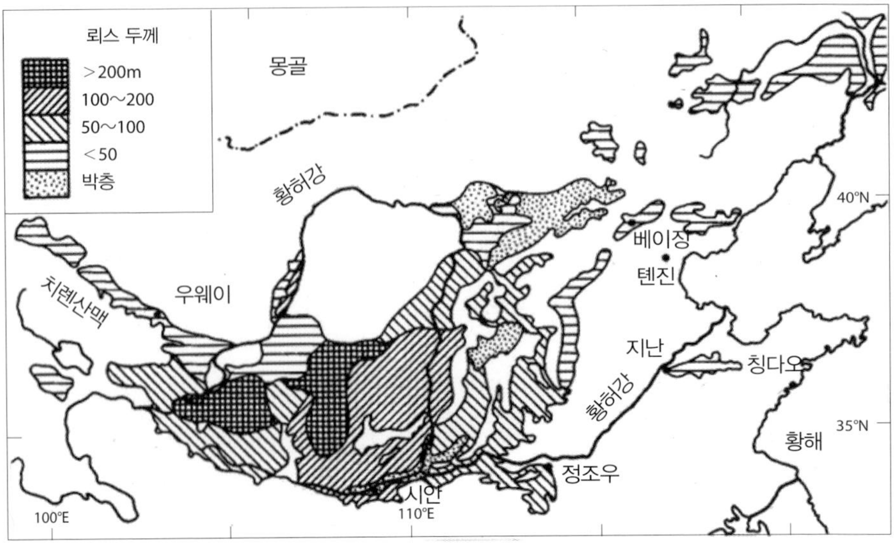

그림 7.29 중국의 뢰스(황토) 분포

중국의 대표적인 뢰스 분포 지역은 황토고원이며, 지도에서 보듯이 뢰스가 50m 이상의 두께로 쌓인 곳이 많다 (Chorley *et al*., 1984, p.428).

7.14). 뢰스의 구성물질은 빙하지형인 모레인이나, 빙하유수성 퇴적평야로부터 날아온 것들이다. 이들 지형의 퇴적물 중에는 실트 크기의 암분(岩粉, rock flour)이 많아 이들이 바람에 날려가 쌓여 뢰스가 된 것이다. 유럽에서는 뢰스가 쌓인 곳은 비옥하기 때문에 일찍부터 밀, 호밀 등의 곡물농업이 발달하였으며, 인구밀도 또한 다른 지역에 비하여 높은 지역이었다. 유럽과 마찬가지로 북아메리카의 경우도 주로 과거의 빙하 분포지 주변을 따라 뢰스가 분포한다.

중국의 황토고원은 뢰스가 매우 두껍게 넓은 범위에 걸쳐 쌓여 있는 가장 대표적인 지역이다. 뢰스 퇴적층이 두꺼운 곳은 심지어 200m 이상에 달하며, 뢰스가 쌓인 땅의 면적은 무려 64만km^2에 달한다. 이곳의 뢰스는 빙하지대에서만 공급된 것은 아니며, 사막이나 하천의 하상 및 범람원 등 다양한 공급원으로부터 날아온 것으로 추정한다. 제4기의 빙하기 동안에는 지표면의 상당 부분이 지금보다 더 건조한 상태였기 때문에 뢰스가 날아와 쌓이기에 좋은 조건이었을 것으로 본다. 이런 이유로 현재 분포하는 뢰스를 대부분 현재가 아니라 과거 빙하기 동안에 생겨난 것으로 추정한다. 중국의 황토고원에서는 뢰스 퇴적층이 수직으로 잘 쪼개지기는 하지만, 굴을 파기에 쉽고 잘 무너지지 않는 성질이 있기 때문에 혈거(穴居) 생활하는 전통 농가가 많았으며, 토양이 비옥하여 농업인구밀도가 높은 편이다. 그러나 이와 같은 주거 및 농경 활동으로 인하여 토양침식이 더욱 가속화되는 심각한 환경문제가 제기되고 있다. 또한 이곳에서 해동기인 건조한 봄철에 모래 섞인 먼지바람, 즉 황사가 빈번하게 발생하여 중국은 물론 우리나라에까지 결코 작지 않은 피해를 주고 있다.

우리나라는 거대한 뢰스 공급원인 중국과 인접해 있을 뿐만 아니라, 과거 빙하기 동안에 황해 바다가 거의 대부분 육화되었기 때문에, 이들 지역으로부터 뢰스가 날아와 쌓였을 가능성이 있다(박충선 외, 2007). 그러나 뢰스가 쌓였을지라도 그 층이 두껍지 않으면, 시간이 지남에 따라 침식 이동되어 다른 퇴적물과 섞이거나 유실될 수 있어 뢰스층을 발견하기란 쉽지 않다. 이러한 이유로 중국과는 달리 우리나라 학계에서는 중국 기원의 뢰스 존재 유무를 둘러싸고 논란이 있다. 그러나 중국의 황토 고원은 아닐지라도 빙하기 때 육화되었던 황해로부터 뢰스가 날아와 서해안 일대에 쌓였을 개연성은 충분히 있다.

5. 건조지역에서의 지형 발달

기후는 지형을 변화시키는 중요한 변수들 중 하나로 오랜 기간에 걸쳐 특정의 기후가 지배하게 되면 그곳에는 그 기후에 적응한 특징적인 지형들이 발달한다. 열대기후 지역에서 심층풍화와 삭박작용에 의해 생성되는 삭박평야(etchplain), 그리고 한대기후 지역에서 빙하침식작용에 의한 U자곡은 그러한 좋은 예들이다.

같은 맥락에서 건조지역에서도 이러한 건조기후의 영향을 받은 특징적인 건조지형들이 생겨날 수 있다(그림 7.30; Cooke *et al.*, 1993; Abrahams and Parsons, 1994). 건조지형으로는 우선 첫째로, 위에 기술한 바와 같이, 바람에 의한 침식작용과 퇴적작용의 결과로 생성되는 지형들을 들 수 있다. 그러나 아무리 건조지역이라 하더라도 바람만이 지형을 변화시키는 유일한 지형형성기구는 아니다. 건조지역에서도 간헐적이지만 강도 높은 비가 내리기 때문에 이로 인하여 발생하는 사면류나 하천이 바람 못지않게 지표면을 변화시킨다(Bull and Kirkby, 2002). 그뿐 아니라 건조지역은 계절적인

그림 7.30. 건조지역에서의 지형변화(데스밸리, 미국)

데스밸리(Death Valley)는 건조지역으로 계곡 내의 완경사 산록에는 페디먼트와 바하다, 그리고 플라야의 저지대에는 사구가 발달하였다.

기온 변화는 물론 하루 중에도 일 최고기온과 최저기온의 차가 매우 크기 때문에 지표물질의 물리적인 풍화도 활발하다. 이와 같은 여러 종류의 지형형성작용들이 장기간에 걸쳐 지표면에 가해진다면 다른 기후지역과는 분명히 다른 특징을 지닌 건조지형들이 생성될 수 있다(그림 7.31).

이런 관점에서 볼 때, 사구 등의 바람지형 이외에도 와디(wadi), 플라야(playa), 바하다(bajada), 페디먼트(pediment), 도상구릉(inselberg) 등은 건조지역을 대표하는 지형들이다(그림 7.32). 이들 중 강우 시에만 물이 흐르는 건조하천(또는 건조하곡) 와디나 건조지역 구조분지 내의 플라야를 제외하고는 페디먼트, 도상구릉 등은 건조지역뿐만 아니라 온난습윤지역에서도 비록 동일한 형태는 아니지만 분포한다.

건조지형은 세계 여러 지역에서 찾아볼 수 있다. 여기서는 일찍부터 이에 관한 연구가 진행되었던 데스밸리(미국)를 중심으로 그 지형적인 특징을 간략히 소개한다. 데스밸리는 여러 개의 단층에 의해 지각의 일부가 함몰되어 생긴 지구(地溝, graben)이다. 이곳의 지형을 보면, 지구를 둘러싼 도상구릉으로부터 계곡(또는 분지) 내의 평야지인 플라야로 내려가면서 페디먼트, 바하다(또는 충적선상지)가 순차로 나타난다. 이

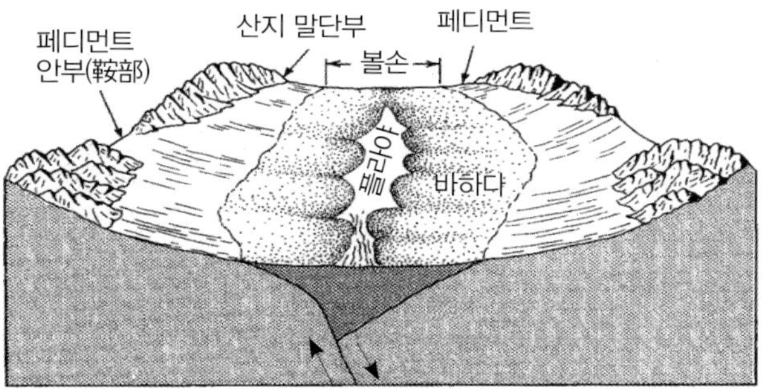

그림 7.31 건조지형

데스밸리와 같이 단층에 의해 생긴 건조계곡(또는 분지)의 경우, 산지에서 평지로 가면서 페디먼트(pediment), 바하다(bajada), 플라야(playa) 등의 지형이 순차로 발달한다. 볼손(bolson)은 건조지역의 구조분지를 말한다 (Bloom, 1998, p.282).

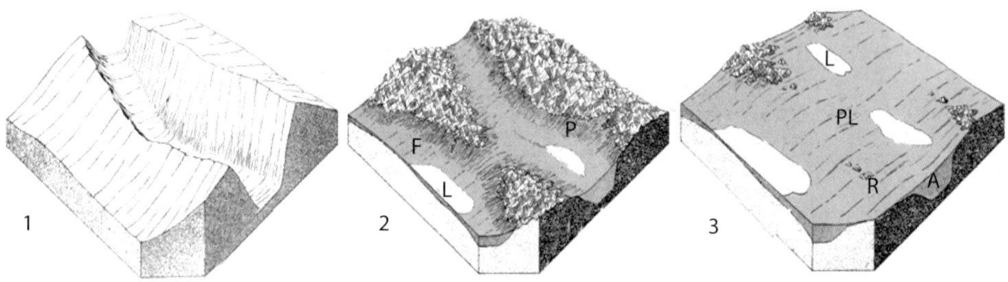

A: 충적층　F: 바하다　P: 페디먼트　PL: 페디먼트 평원　R: 잔류구릉　L: 플라야

그림 7.32 건조지역의 지형 발달

1: 단층이 일어나 지구(地溝) 생성. 2: 침식이 일어나 페디먼트 생성. 3: 페디먼트가 확대되면서 페디먼트 평원과 잔류구릉 생성(Strahler and Strahler, 1992, p.350).

들 지형은 시간이 지나면서 페디먼트가 더욱 확대되는 반면, 도상구릉이 줄어들면서 데이비스의 준평원과 같은 평탄한 지형으로 변화된다(그림 7.32). 이러한 건조지역의 종말지형이 페디먼트 평원(pediplain)이다. 또한 페디먼트 평원에 이르는 일련의 지형 형성과정이 페디먼트화 작용(페디먼트 형성작용, pediplanation)이다. 페디먼트 평원에는 도상구릉이 축소되고 페디먼트가 확대되는 과정에서 뒤에 남게 된 잔류구릉(residual hills)들이 평탄면 위에 돌출해 있는 경우가 많다.

페디먼트는 배후산지의 말단에 발달된 완경사 산록침식면으로 산지에서 풍화 침식 받은 물질들이 평지를 향하여 이동하는 과정에서 거치게 되는 운반 사면으로서

그림 7.33 페디먼트와 잔류구릉(데스밸리, 미국)
페디먼트(pediment)가 확대되면서 침식에 견뎌 남은 잔류구릉(residual hill)이 생겨났다.

의 기능도 한다. 그런 과정에서 페디먼트 위에 운반물질의 일부가 얇게 쌓이기도 한다. 그러나 사면의 원형이 주로 침식작용에서 비롯되기 때문에 페디먼트는 퇴적지형이 아니라 침식지형이다(그림 7.33). 페디먼트의 지면침식에는 하천의 측방침식이나 사면류 및 포상홍수에 의한 면상(面狀)침식도 중요한 역할을 한다.[9]

페디먼트는 열대사바나와 같은 습윤기후 지역에서도 찾아볼 수 있다. 건조한 데스밸리와는 달리 그런 곳에서는 삭박평야였던 곳에서 풍화와 삭박이 지속되면서 도상구릉 주변의 삭박면 일부가 페디먼트로 남게 된 것이다. 이런 습윤지의 페디먼트는 대체로 기반암이 심층 풍화된 특징을 보인다. 우리나라의 곳곳에 분포하는 산록완사면도 데스밸리와 같이 건조기후하에서 생성된 것이 아니라, 현재보다 더 온난한 간빙기 내지 제3기 기후하에서 생성된 것으로 보고 있다. 다시 말하여 우리나라에서 페디먼트가 있다 하더라도 그것은 과거에 건조한 기후가 있었다는 증거가 아니며, 오히려 온난습윤한 기후가 오랜 기간에 걸쳐 한반도의 상당 부분을 지배했었다는 증거가 될 수 있다.

페디먼트와는 달리 충적선상지(또는 바하다)는 산지로부터 주로 하천에 의해 침식

9 페디먼트에 관한 자세한 내용은 제5장 하천지형을 참조하기 바람.

그림 7.34 플라야(데스밸리, 미국)

플라야는 건조지역에서 단층으로 생긴 분지(또는 계곡) 내의 저지대이다. 간헐적인 호우 시에는 일시적으로 호수(플라야 호수)가 되기도 한다. 사진에서 계곡 저지대의 흰색 부분은 소금이 쌓인 곳이다.

그림 7.35 플라야에서의 소금 집적(데스밸리, 미국)

플라야 바닥의 소금층(사진에서 흰색 부분)은 주변 산지로부터 호우 시에 염분이 씻겨와 물에 용액 상태로 고여 있다가 건조한 기후로 인하여 수분이 증발하면서 소금이 되어 쌓인 것이다.

운반된 물질들이 평지 또는 평지에 가까운 산록 하단부에 쌓이면서 생겨난 산록퇴적지형이다. 충적선상지와 바하다는 지형형성과정이 동일한 지형으로 충적선상지는 개별적으로 독립 분포하는 것, 그리고 바하다는 충적선상지들의 연합체를 일컫는다.

데스밸리에서는 독립적으로 분포하는 충적선상지도 있지만 이들의 연합체인 바하다가 계곡의 산록을 따라 마치 산지가 앞치마 두른 듯 길게 분포하는 경우가 많다. 페디먼트와 마찬가지로 충적선상지 역시 습윤한 기후하에서도 발달하기 때문에 건조지역에만 고유한 지형은 아니다.

데스밸리에서는 단층으로 인하여 지면이 낮아진 저평한 계곡평지 내지 분지가 발달되어 있다. 이러한 곳이 볼손(bolson)이며, 그 바닥의 저평한 곳을 플라야(playa)라 부른다. 플라야는 주위의 하천 물이 흘러들어 모이는 곳이므로 강우 시에는 일시적으로 호수가 생기기도 한다(그림 7.34). 데스밸리의 플라야는 낮은 곳은 해수면 이하의 땅(예를 들면 Badwater Basin, 해수면 이하 깊이 86m)이므로 계곡에 흘러든 물이 계곡 밖으로 배출되지 않고 건조한 기후의 영향으로 그 안에서 증발되거나 스며든다. 따라서 플라야에는 하천이 운반해온 소금이 쌓여 두꺼운 곳은 수십 m도 넘는다(그림 7.35).

참고문헌

김종연, 2016, 전남 신안군 우이도 풍식력에 대한 연구, 한국사진지리학회지, 26(4), 91-107.

박충선, 윤순옥, 황상일, 2007, 한국 뢰스 연구의 성과 및 논의, 한국지형학회지, 4(4), 29-45.

신원정, 김종욱, 김종연, 최정헌, 2017, 우이도 해안사구의 지형특성과 형성과정, 한국지형학회지, 24(2), 1-13.

이민부, 김남신, 이광률, 한욱, 김석주, 2006, 두만강 하류 사구의 분포와 변화에 관한 연구, 대한지리학회지, 41(3), 331-345.

Abrahams, A. D. and Parsons, A. J.(eds.), 1994, *Geomorphology of Desert Environments*, London, Chapman & Hall.

Bagnold, R. A., 1941, *The Physics of Blown Sand and Desert Dunes*, London, Methuen.

Bloom, A. L., 1998, *Geomorphology: a systematic analysis of Late Cenozoic landforms*, New Jersey, Prentice Hall, 277-307.

Bull, L. J. and Kirkby, M. J.(eds.), 2002, *Dryland Rivers: hydrology and geomorphology of semi-arid channels*, Chichester, John Wiley & Sons.

Chorley, R. J., Schumm, S. A. and Sugden, D. E., 1984, *Geomorphology*, London, Methuen, 410-430.

Cooke, R. U. and Warren, A., 1973, *Geomorphology in Deserts*, London, Batsford.

Cooke, R. U., Warren, A. and Goudie, A., 1993, *Desert Geomorphology*, London, UCL Press.

De Blij, H. J., Muller, P. O. and Williams, R. S., Jr., 2004, *Physical Geography: the global environment*, Oxford, Oxford University Press, 598-609.

Goudie, A. S., Livingstone, I. and Stokes, S.(eds.), 1999, *Aeolian Environments, Sediments & Landforms*, Chichester, John Wiley & Sons.

Hamblin, W. K. and Christiansen, E. H., 1998, *Earth's Dynamic System*, New Jersey, Prentice Hall, 420-441.

Knight, J., 2008, The environmental significance of ventifacts: a critical review, *Earth-Science Reviews*, 86, 89-105.

Knight, J. and Burningham, H., 2003, Recent ventifact development on the central Oregon Coast, Western USA, *Earth Surface Processes and Landforms*, 28, 87-98.

Livingstone, I. and Warren, A., 1996, *Aeolian Geomorphology: an introduction*, Singapore, Longman.

Pye, K. and Sherwin, D., 1999, Loess, in Goudie, A. S. *et al.*(eds.), 1999, *Aeolian Environments, Sediments & Landforms*, Chichester, John Wiley & Sons, 213-238.

Pye, K. and Tsoar, H., 1990, *Aeolian Sand and Sand Dunes*, London, Unwin Hyman.

Ritter, D. F., Kochel, R. C. and Miller, J. R., 1995, *Process Geomorphology*, Iowa, Wm.C. Brown, 271-295.

Sharp, R. P., 1964. Wind-driven sand in Coachella Valley, California, *Geological Society of America Bulletin*, 75, 785-804.

Sharp, R. P., 1980. Wind driven sand in the Coachella Valley, California: further data, *Geological Society of America Bulletin*, 91, 724-730.

Strahler, A. H. and Strahler, A. N., 1992, *Modern Physical Geography*, New York, John Wiley & Sons, 348-351, 401-412.

Summerfield, M. A., 1991, *Global Geomorphology*, New York, Longman Scientific & Technical, 235-259.

제8장

빙하지형

그림 8.1 아타배스카 빙하(Athabasca Glacier)(재스퍼 국립공원, 캐나다)

콜롬비아 빙원(Columbia Icefield)에서 갈라져나온 여러 곡빙하 중 하나로 기후온난화로 인하여 지난 125년 동안 무려 1.5km나 후퇴한 것으로 알려진다. 후퇴과정에서 남겨진 측모레인 구릉들이 빙하의 양 옆에 병풍처럼 들어서 있고, 말단부의 전면에는 빙하침식을 받은 기반암 구릉지(사진의 중앙)가 가로질러 놓여 있다. 빙하에서 흘러나오는 융빙수 하천은 기반암 구릉지의 오른쪽을 돌아 빙하 전면의 호수로 유입한다.

1. 빙하의 분포 범위

빙하(氷河, glacier)가 존재하려면 무엇보다도 얼음이 녹지 않고 남아 있을 수 있는 한랭한 기후가 가장 중요한 전제조건이다. 그런 기후가 나타나는 곳은 극 중심의 고위도 지방이거나 해발고도가 높은 고산지(高山地)이므로 빙하는 그런 곳에 제한적으로 분포한다.

빙하 면적은 지구 전체 육지의 약 10%이며, 그중 약 84%가 남극대륙, 그리고 약 11%가 그린란드에 분포한다. 이 밖에도 로키산맥, 알프스산맥 등 중·고위도 지방의

표 8.1 플라이스토세(Pleistocene)의 빙하기와 간빙기

	현재 이전	독일 북부	알프스		영국	북아메리카
1만 년	−10,000		홀로세 시작			
후기		바익셀(Weichsel)	뷔름(Würm)	(빙하기)	데벤시안(Devensian)	위스콘신(Wisconsin)
플라이스토세	−70,000					
		엠(Eem)	리스/뷔름(Riss/Würm)	(간빙기)	입스위치안(Ipswichian)	상가몬(Sangamon)
	−120,000					
13만 년		잘레(Saale)	리스(Riss)	(빙하기)	월스토니안(Wolstonian)	일리노이안(Illinoian)
	−180,000					
		홀스타인(Holstein)	민델/리스(Mindel/Riss)	(간빙기)	혹스니안(Hoxnian)	야머스(Yamouth)
중기	−260,000					
플라이스토세		엘스터(Elster)	민델(Mindel)	(빙하기)	앵글리안(Anglian)	칸산(Kansan)
	−420,000					
		크로머(Cromer)	귄츠/민델(Günz/Mindel)	(간빙기)	크로메리안(Cromerian)	애프토니안(Aftonian)
				(빙하기)	비스토니안(Beestonian)	
70만 년				(간빙기)	패스토니안(Pastonian)	
	−820,000					
전기		멘압(Menap)	귄츠(Günz)	(빙하기)	바벤티안(Baventian)	네브라스칸(Nebraskan)
플라이스토세	−1.2million					
		발(Waal)	도나우/귄츠(Donau/Günz)	(간빙기)	안티안(Antian)	미지(未知)
	−1.4million					
		에부론(Eburon)	도나우(Donau)	(빙하기)	월토니안(Waltonian)	미지(未知)
165만 년	−1.7million					
		테겔렌(Tegelen)	비버/도나우(Biber/Donau)	(간빙기)		미지(未知)
	−2.2million					
		브뤼겐(Brüggen)	비버(Biber)	(빙하기)		미지(未知)
	−2.4million					

빙하기(Glacial period)와 간빙기(Interglacial period)를 구분하는 명칭이 지역마다 같지는 않다. 예를 들어 마지막 빙하기만 하더라도 알프스에서는 뷔름(Würm), 북부 독일에서는 바익셀(Weichsel), 북아메리카에서는 위스콘신(Wisconsin), 영국에서는 데벤시안(Devensian) 빙하기라 부른다(Ahnert, 1998, p.280 부분 수정. 원자료: Walter, 1992).

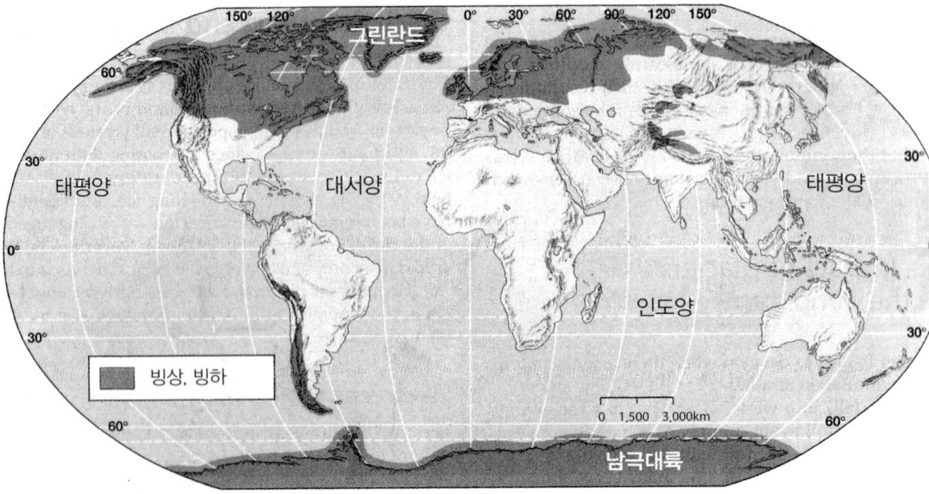

그림 8.2 제4기 빙하기 동안의 빙하 분포

현재는 남극대륙과 그린란드에만 빙상이 있지만, 빙하기 동안에는 유럽의 스칸디나비아 반도 일대와 북아메리카의 캐나다 및 미국 북부에도 규모가 큰 빙상이 있었다. 빙상보다 작은 규모의 빙하들은 과거 빙하기 때보다는 분포 범위가 줄어들었지만 현재도 중 · 고위도 지방의 고산지에 널리 분포한다(McKnight and Hess, 2005, p.512).

고산지에 빙하가 있지만, 소규모로 여기저기 흩어져 있어 많은 듯 보여도 실제로는 지구 전체 빙하의 약 5%에 불과하다.

이와 같은 빙하의 규모나 분포 범위는 고정된 것이 아니고 지구적인 규모의 기후변화에 따라 달라져왔다. 지구 역사상 선캄브리아기, 고생대 페름기, 신생대 제4기 등 여러 시기에 빙하가 현재보다 더 넓은 범위에 걸쳐 분포하였던 빙하기가 있었다. 그중에도 빙하의 영향이 현재의 지형에 가장 뚜렷하게 각인된 것은 신생대 제4기의 플라이스토세(Pleistocene) 동안이다. 빙하에 대한 관심과 연구가 비교적 일찍부터 시작되었던 알프스를 중심으로 보면, 플라이스토세 동안에 도나우, 비버 빙하기를 비롯하여 귄츠, 민델, 리스, 뷔름 빙하기 등 적어도 6차례 이상의 빙하기가 있었으며, 빙하기에는 현재와는 비교도 안 될 정도로 더 넓은 범위에 걸쳐 빙하가 분포하였다(표 8.1, 그림 8.2).

빙하기에 유럽에서는 현재도 산악빙하가 있는 알프스산맥은 물론이지만, 스칸디나비아 반도, 러시아 대평원, 독일 북부 등지에 두께만 해도 무려 2km 이상에 달하

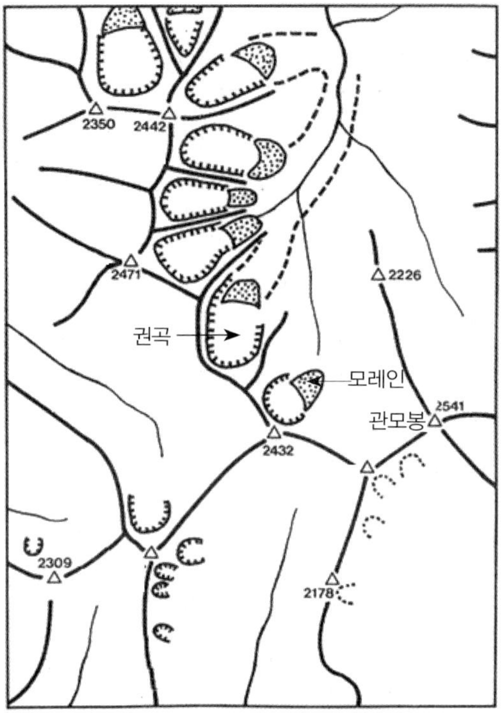

그림 8.3 우리나라 빙식지형(권곡, 관모봉)

1945년 독일의 라우텐자흐(Lautensach)는 저서 『Korea』에서 관모봉 일대에 빙하기 때 생긴 권곡이 분포하는 것으로 서구에 소개하였다(Dege and Dege (trans.), 1988, p.76. 그림의 원저자: Kano, 1937).

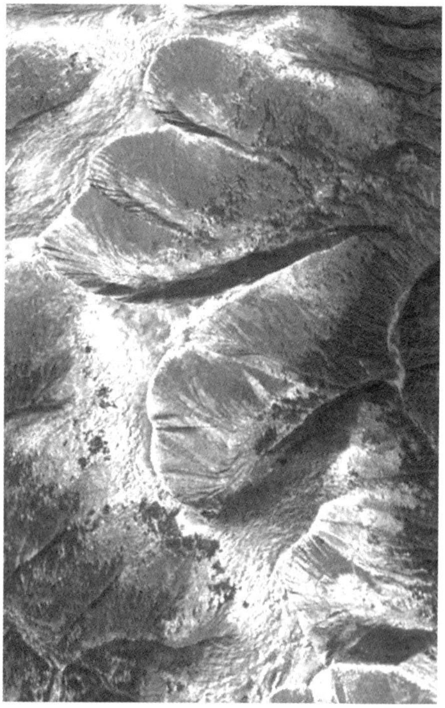

그림 8.4 관모봉 일대의 권곡

산의 능선 가까이에 분포하는 반원형 와지들은 지난 빙하기 때 생긴 권곡이다(2017년 구글 영상).

는 큰 규모의 빙상이 있었다. 빙하기 때 이러한 큰 규모의 빙상은 유럽 이외에도 북아메리카의 미국 북부와 캐나다에 분포하였다.

그러나 현재는 유럽이든 북아메리카든 대부분의 빙하는 사라지고 그린란드를 제외하고는 주로 소규모의 산악빙하 내지 곡빙하가 여기저기 흩어져 분포한다. 유럽에서는 알프스산맥, 스칸디나비아의 고산지 등지에, 그리고 북아메리카에서는 로키산맥을 따라 소규모의 빙하가 분포한다. 그렇지만 과거에 빙하가 있었던 곳에는 U자곡, 권곡 등의 빙하침식지형이나 모레인 등의 빙하퇴적지형이 널리 남아 있기 때문에 이를 토대로 과거 빙하의 존재나 그 규모를 가늠해볼 수 있다.

우리나라 역시 빙하기 동안에 빙하가 있었다. 그러나 빙하는 관모봉, 백두산을 비롯하여 해발 2,000m 이상의 고산지에 소규모로 분포했던 것으로 추정하고 있다

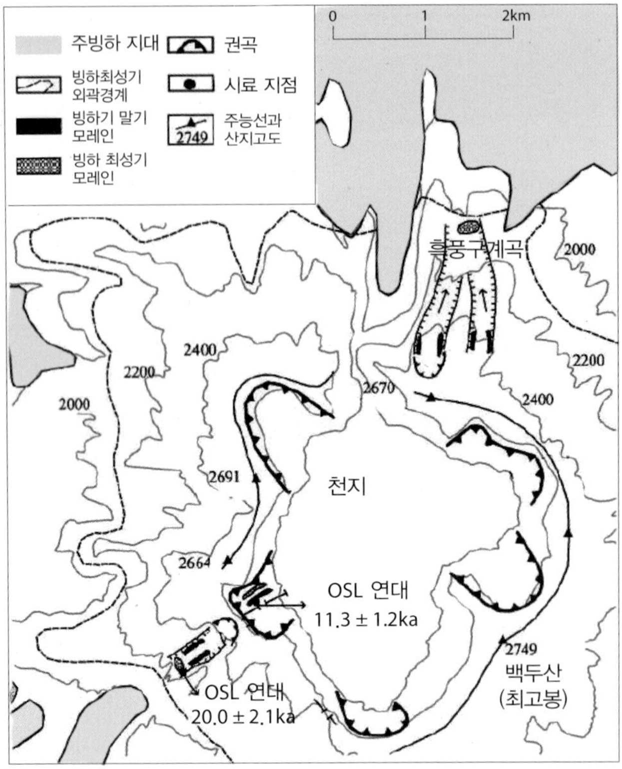

그림 8.5 백두산 천지 일대의 빙하 분포

지난 빙하기의 최성기(약 2만 년 전)에 흑풍구계곡을 포함하여 천지 일대에 빙하가 널리 분포하였다(Zhang *et al.*, 2009 부분 수정).

(그림 8.3, 8.4, 8.5). 그렇게 보는 이유는 이들 산지를 제외하고는 빙하의 존재를 입증할 만한 빙하지형들이 관찰되지 않기 때문이다. 어떤 이는 빙식곡과 유사한 형태의 골짜기가 설악산에 있는 것을 들어 중·남부 지방에도 빙하가 있었다고 주장하기도 한다. 그러나 빙하의 존재 유무는 골짜기의 형태만을 가지고 주장하기는 어렵고, 또 다른 증거들, 즉 빙하가 쌓아놓은 모레인이나 마식으로 생겨난 찰흔 등이 여러 곳에서 관찰될 수 있어야 한다. 앞에 소개한 관모봉 일대의 산지는 일제강점기 동안에 일인 학자에 의해서 여러 개의 권곡이 분포하고, 일부는 그 하부에 모레인이 있는 것으로 조사된 바 있으며(Kano, 1937; Sasa and Tanaka, 1938), 근래에는 이들 권곡빙하의 기원에 관한 새로운 연구도 발표된 바 있다(이현희 외, 2015). 이러한 관모봉 못지않게 과거 빙하기 동안에 빙하가 있었을 것으로 추정되는 산지 중 하나는 우리나라 최고봉인 백

두산이다(Zhang *et al.*, 2009). 최근 백두산의 빙하지형을 조사한 자료에 의하면(이성이 외, 2012), 지난 최후 빙하기 동안에 백두산에 곡빙하들의 연합체인 빙모(ice cap)가 있었으며, 이후 기후가 더 온난해짐에 따라 빙모의 규모가 줄어들면서 각개로 고립 분포하는 곡빙하들로 변모되었고, 최후에는 곡빙하의 상부 일부만이 화산체 내부에 권곡빙하의 형태로 남아 있었다.

빙하는 대체로 만년설 분포 고도 이상에서 생성된다. 그러나 만년설이 축적되고 그것이 빙하빙으로 생성되는 곳의 한계 고도가 그렇다는 것이며, 빙하의 말단부는 심지어 수목선 고도 이하로까지 낮아지기도 한다. 뉴질랜드 남섬의 빙하들이 그 좋은 예이다. 특히 서던 알프스(Southern Alps) 서사면에 발달된 폭스 빙하(Fox Glacier)와 프란츠 조세프 빙하(Franz Josef Glacier)는 유동률이 매우 클 뿐만 아니라, 빙하의 말단부가 울창한 온대우림의 분포 한계 고도 이하로까지 내려와 있어 흰색의 빙하와 녹색의 숲이 어울린 독특한 경관을 이루고 있다(김종욱, 1998).

2. 빙하의 생성과정

빙하의 구성물질인 빙하빙(氷河氷, glacier ice)은 눈이 변하여 생긴 얼음 결정체이다. 그러나 눈에서 출발하여 빙하빙이 생성되는 과정은 공장에서 얼음이 만들어지듯 순식간에 일어나는 것은 아니다. 빙하빙이 생성되기 위해서는 증발량보다는 강수량이 많아야 하고, 눈이 두껍게 쌓일 수 있는 지형조건이 필수적이다. 따라서 알프스 등지의 산악빙하에서 보듯이, 빙하는 암반이 돌출한 정상부보다는 눈의 축적에 유리한 골짜기나 오목한 와지(窪地)에 주로 분포한다.

갓 쌓인 눈은 대체로 육각형 구조를 가지고 있으며, 밀도가 0.06~0.07g/cm^{3}로 가볍고 그 사이에 기공(氣孔)이 많다. 그러나 눈이 두껍게 쌓여 압력이 증대하고 눈의 일부가 녹고 얼기를 무수히 되풀이하게 되면 눈은 보다 치밀한 구조를 가진 만년설(萬年雪, firn)로 변화된다. 만년설의 밀도는 0.4~0.8g/cm^3 정도인데, 이것이 더 큰 압력하에서 재결정되면서 그 속에 포함된 기공이 거의 사라지게 되면, 빙정의 규모와 밀도가 다 같이 큰 빙하빙이 생성된다(그림 8.6). 빙하빙의 밀도는 0.85~0.9g/cm^{3}로

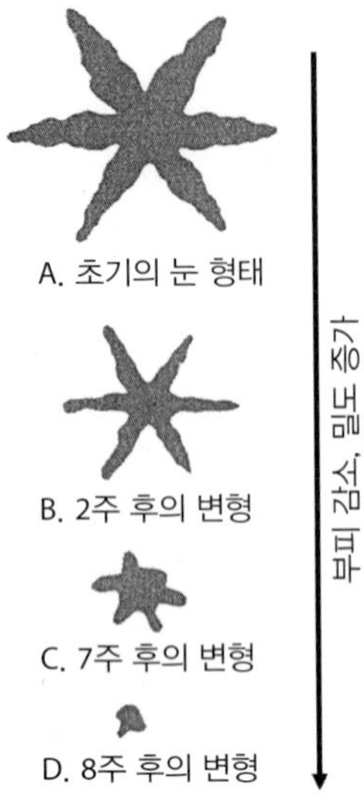

물질	밀도(g/cm³)
눈(new snow)	0.05~0.07
만년설(firn)	0.4~0.8
빙하빙(glacier ice)	0.85~0.9

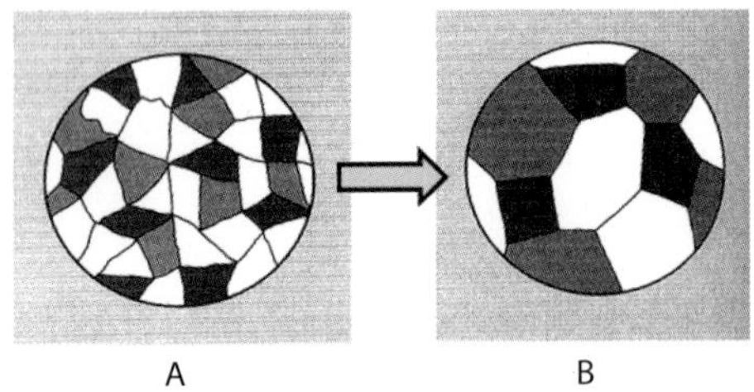

그림 8.6 빙하빙의 생성과정

오른쪽 하단의 그림은 만년설에서 빙하빙으로 달라지면서 빙정의 규모가 커지는 것을 표현한 것이다. 빙하빙의 빙정은 큰 것은 10cm에 이르는 것도 있다(Ritter *et al.*, 1995, p.298 부분 수정).

거의 물의 밀도에 가깝다.

빙하빙의 생성에 걸리는 시간은 기온과 습도 조건에 따라 다르다. 기온이 낮고 건조할수록 빙하빙의 생성에 더 긴 시간이 소요되며, 그 반대로 기온과 습도가 높을수록 생성에 더 짧은 시간이 걸린다. 예를 들어 연평균 0°C 정도로 비교적 온난하고 습기가 많은 환경에서는 수십 년 내에도 빙하빙이 생겨나지만, 혹독하게 춥고 건조한 조건에서는 빙하빙의 생성에 수백 년 이상이 소요된다.

3. 빙하의 종류

빙하는 형태, 크기, 위치 등을 기준으로 빙상(氷床, ice sheet), 빙모(氷帽, ice cap), 산악빙하(山岳氷河, alpine glacier), 빙붕(氷棚, ice self) 등, 온도를 기준으로 온난빙하(warm glacier, temperate glacier)와 한랭빙하(cold glacier, polar glacier)로 나눌 수 있다.

1) 빙상, 빙모, 산악빙하, 빙붕

빙상은 면적이 5만 km^2 이상에 달하는 거대한 빙하로 남극 빙하(1,300만 km^2)와 그린란드 빙하(170만 km^2)가 이에 속한다. 빙상은 이와 같이 규모가 크기 때문에 대륙빙하(continental glacier)라고도 부른다. 빙상의 단면을 보면, 중앙부가 가장자리보다 더 높이 솟은 돔 형태로 마치 큰 그릇에 빙하가 소복하게 담겨 있는 것처럼 보이기도 한다. 빙상이 이런 모습을 지니게 된 것은 가장자리보다는 중앙부의 빙하가 더 두꺼워 그 무게로 인하여 중앙부의 땅이 가장자리보다 더 많이 침강했기 때문이다. 빙상의 두께는 때로는 3~4km 이상에 달하기도 한다. 이와 같이 두꺼운 빙하로 인하여 밑바닥의 땅이 침강하였기 때문에 남극대륙은 빙하 밑바닥의 고도를 기준으로 본다면 대륙이 아니라 여러 개의 섬들로 이루어졌다고도 할 수 있다. 빙상과 같이 지면을 두껍게 덮고 있는 거대한 빙하가 녹게 되면 그에 눌려 있던 땅은 반작용으로 융기한다. 빙하기 동안에 빙상이 있었던 유럽의 스칸디나비아 반도 일대(보트니아만과 발트해 주변지역)의 지반이 현재도 융기하는 것은 바로 이러한 이유 때문이다. 이 일대에서 과거 빙상의 중심부였던 곳은 지난 빙하기 이래 무려 275m나 융기하였다(Ahnert, 1998, p.26의 fig. 4.1; Farrand, 1968).

빙모는 면적이 5만 km^2 이하로 빙상보다는 규모가 작지만, 형태는 빙상과 크게

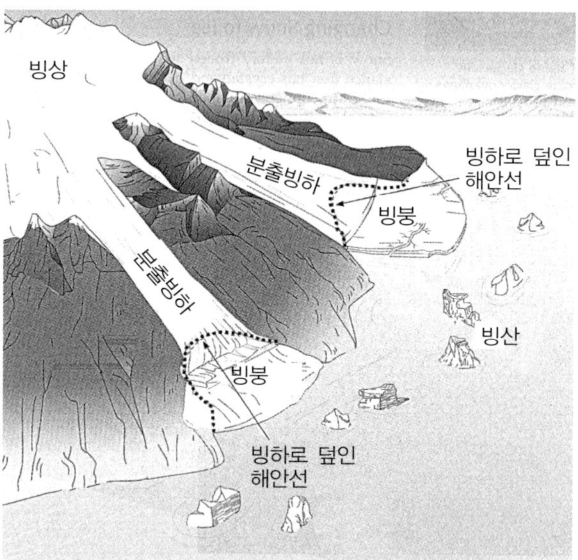

그림 8.7 빙상, 분출빙하, 빙붕, 빙산
(McKnight and Hess, 2005, p.517 부분 수정)

그림 8.8 산악빙하(밴푸 국립공원, 캐나다)

만년설이 빙하빙으로 변화되기 위해서는 축적된 눈이 많아야 하므로 빙하는 돌출한 산지의 능선이나 정상보다는 대체로 사면의 오목한 와지에서 생성된다. 그러나 빙하의 규모가 커지면 빙하는 고체지만 지형적인 장애물을 넘어 보다 낮은 계곡이나 평지로 유동한다. 그런 과정에서 빙하가 쪼개지는 등의 변형이 일어나기 때문에 빙하 표면에는 여러 종류의 크레바스가 생겨난다. 사진 오른쪽 하단의 작은 구릉은 측모레인이다. 이로 미루어 볼 때 현재의 빙하 규모는 과거보다 축소된 것으로 보인다.

다르지 않다. 즉 빙모 역시 산지들을 빙하가 덮어씌워 발달한 돔 형태의 빙하이다. 따라서 빙하는 대체로 중앙의 높은 곳으로부터 가장자리를 향하여 유동한다. 빙모의 예로는 반즈 빙모(Barnes Ice Cap, 캐나다), 바트나이외쿨 빙모(Vatnajökull Ice Cap, 아이슬란드) 등을 들 수 있다. 빙모는 이들 외에도 스칸디나비아, 러시아, 캐나다 등 북극권 내의 산지는 물론, 히말라야산맥, 안데스산맥, 로키산맥 등지에 분포한다.

빙하가 있는 곳에서는 때로는 빙하에 의해 사방이 둘러싸인 채 돌출해 있는 기반암 구릉지가 마치 섬처럼 남아 있기도 한다. 이러한 섬 모양의 구릉지가 누나탁(nunatak)이다. 누나탁이 많으면서 빙모에 버금가는 규모를 지닌 빙하가 빙원(氷原, icefield)이다. 캐나다의 콜롬비아 빙원은 그 좋은 예이다(그림 8.1). 빙모와 빙원의 구분은 엄격한 것은 아니지만 대체로 산지 대부분이 빙하에 의해 덮인 것은 빙모, 그렇지 않고 누나탁들이 여기저기에 돌출해 있는 것은 빙원으로 구분한다.

산악빙하는 분포 면적 1,000km^2 이하의 빙하로 히말라야산맥, 알프스산맥, 로키산맥, 안데스산맥 등 주로 중·고위도의 고산지에 분포한다(그림 8.1, 8.8, 8.12). 산악빙하는 빙하가 발달된 위치와 지형 특징에 따라 곡빙하(valley glacier), 산록빙하(piedmont glacier), 권곡빙하(cirque glacier) 등으로 세분할 수 있다. 곡빙하는 계곡 내에 발달된 빙하로 마치 입안의 혀가 밖으로 길게 내민 것처럼 계곡을 따라 낮은 곳으로 유동한다(그림 8.1). 산록빙하는 산 언저리인 산록을 따라 발달된 빙하이며, 권곡빙하는 산악에 야외극장처럼 파인 와지, 즉 권곡에 발달된 빙하이다(그림 8.11). 권곡빙하가 녹아 사라지면 그 자리에 물이 고여 권곡호수(cirque lake, tarn)가 생기기도 한다.

이 밖에도 빙상으로부터 빙체의 일부가 바다를 향하여 뻗어내리는 분출빙하(噴出氷河, outlet glacier)도 있으며, 이러한 분출빙하가 바다 멀리까지 돌출한 빙붕(氷棚, ice shelf)도 있다(그림 8.7). 빙붕은 빙체가 육지의 빙하에 연결된 채로 선반처럼 바다 위에 떠 있는 빙하이다. 남극대륙의 로스 빙붕(Ross Ice Shelf)은 대표적인 사례이다. 로스 빙붕은 면적 48만 7,000km^2, 길이 800km이며, 높이만 해도 15~50m에 달하는 거대한 빙하이다. 로스 빙붕 이외에도 남극대륙에는 라센(Larsen) 빙붕 등 여러 개의 빙붕이 있다. 이들은 근래에 지구온난화로 그 규모가 점점 줄어드는 경향이다. 이러한 빙붕의 변화는 인근의 해류나 바다 생태계의 변화 등 예기치 못한 환경문제를 야기할 가능성이 있기 때문에 우려하고 있다.

빙하가 바다나 호수로 유입하는 곳에서는 빙하 말단부의 일부가 떨어져나가 빙산(氷山, iceberg)이 되어 물 위를 떠돌기도 한다.[1] 빙산은 수면 위로 드러난 부분은 작지만 수면 아래에 잠겨 있는 것은 그것의 약 9배에 달하며, 바다에서는 해류를 따라 이리저리 이동하기 때문에 항해하는 선박에 치명적인 위험을 초래하기도 한다. 1912년 4월 15일, 1,500명 이상의 인명이 희생되었던 타이타닉호의 침몰 사건도 선박이 북대서양을 항해하던 중 바다에 떠돌던 빙산과 충돌하면서 일어난 것이다.

2) 온난빙하, 한랭빙하

온난빙하는 그 안에 물을 포함할 정도로 빙하치고는 온도가 비교적 높아 연중 압력

1 빙하로부터 소규모의 빙체가 분리되는 현상을 영어로 'calving'(원래는 '암소가 송아지를 낳다'라는 뜻이 있음)이라고 한다.

융해온도(pressure melting point)[2]하에 있는 빙하이다. 달리 말하면 온난빙하는 전체적으로 어는점 정도의 온도를 보인다. 온난빙하가 생성되는 곳은 연평균기온이 0°C 이하이지만 여름에는 빙하 표층이 수 m 이상 녹았다가 겨울이 되면 다시 동결되는 일이 반복되는 곳이다. 이처럼 빙하가 녹고 다시 동결되는 과정이 되풀이되면 빙하의 온도는 상승하게 된다. 그것은 빙하 녹은 물이 빙하로 스며들어 동결되는 과정에서 잠열이 발생하여 빙하의 온도를 높이기 때문이다. 온난빙하는 기저부도 동결온도 이상이어서 융빙수가 빙하 내부는 물론 기저부에도 있다.

이처럼 융빙수가 있기 때문에 온난빙하는 대체로 지면 위를 미끄러지는 방식, 즉 기저활동(基底滑動, basal sliding)으로 유동한다(그림 8.9, 8.10). 따라서 한랭빙하에 비하여 온난빙하는 유동속도가 더 빠르며, 빙하에 의한 지면침식도 더 활발하게 일어난다. 온난빙하의 말단부에서는 특히 여름철에 융빙수가 물줄기를 이루어 흘러나오면서 빙하가 침식 운반해온 다량의 물질을 운반하여 쌓아놓기 때문에 빙하 하류의 계곡에서는 빙하유수성 평야라 불리는 평야지형이 생겨나기도 한다(그림 8.18, 8.22, 8.26). 이러한 유형의 온난빙하의 예로 알프스산맥, 로키산맥 등 중·고위도 지방의 곡빙하를 들 수 있다.

한랭빙하는 전체 온도가 연중 압력융해온도 이하, 즉 어느점 이하인 빙하이다. 이와 같이 온도가 낮기 때문에 온난빙하와는 달리 잘 녹지 않으며, 그 안에 융빙수가 포함되어 있지 않다. 그러므로 빙하의 규모가 줄어드는 것은 얼음이 녹아서 그런 것이 아니고, 수증기로 기화(氣化)되거나 풍식(風蝕)을 받을 때, 또는 빙하 하단부의 일부가 떨어져나가는 경우이다. 한랭빙하의 기저부 역시 어는점 이하의 온도이기 때문에 그곳에도 융빙수는 거의 없으며, 빙하가 지면에 동결 부착되어 있는 것이 특징이다. 따라서 한랭빙하는 지면 위를 미끄러지는 방식이 아니라 빙하의 물질 특성과 빙하 자체의 무게 때문에 내부구조의 변형이 일어나면서 유동한다. 그러므로 한랭빙하는 온난빙하에서처럼 지면에 가하는 침식작용이 활발하지 않다. 이러한 한랭빙하가

---

2 특정의 압력하에서 얼음(빙하빙)이 녹는 온도를 말한다. 얼음이 얼고 녹는 것은 온도뿐만 아니라 압력과도 관계가 있으며, 압력이 높을수록 더 낮은 온도에서 얼거나 녹는다. 빙하는 하부일수록 높은 압력하에 있기 때문에 압력융해온도가 더 낮게 나타난다.

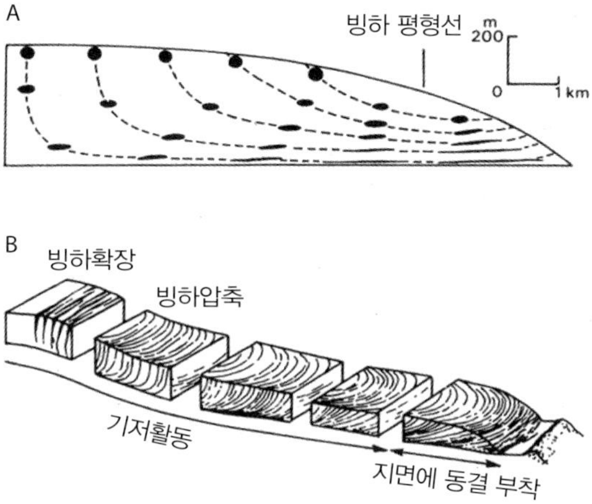

그림 8.9 빙하유동과 내부변형

A: 빙하 내에서의 물체 이동 방향과 그에 따른 압력의 변화. 압력이 증가할수록 원형이 타원형 내지 선형으로 달라진다. 빙하평형선(equilibrium line)의 왼쪽은 축적대, 선의 오른쪽은 소모대이다. B: 빙하 유동에 따른 크레바스의 변형(Chorley *et al.*, 1984, p.441).

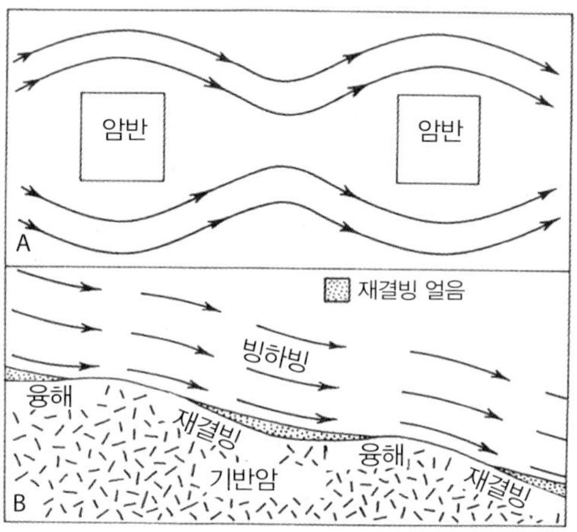

그림 8.10 장애물과 빙하유동

A: 빙하기저부 활동. 빙하가 장애물(암반)을 만나면, 변형이 일어나면서 이를 우회한다. B: 빙하기저부에서의 융해와 재결빙(Chorley *et al.*, 1984, p.438).

생기려면 기온이 매우 낮은 곳이어야 하므로 한랭빙하는 극지방을 중심으로 분포한다. 빙하 중에는 온난빙하처럼 표층이 여름철에 녹지만, 기저부는 한랭빙하처럼 지면에 동결 부착된 아극빙하(subpolar glacier)도 있다. 이는 큰 범주에서 본다면 한랭빙하의 한 종류로 볼 수 있다.

4. 빙하의 지형형성작용

빙하는 고체이면서도 액체처럼 유동하는 독특한 특성을 지니고 있다. 빙하의 유동

그림 8.11 권곡빙하(재스퍼 국립공원, 캐나다)

권곡은 빙하침식으로 생겨난 와지이며, 그 안에 있는 빙하는 권곡빙하, 빙하가 녹은 후 생기는 호수는 권곡 호수이다.

그림 8.12 산악빙하(레이니어 국립공원, 미국)

레이니어(Rainier)는 화산이지만 해발고도가 높아 산 정상부에는 산악빙하가 발달되어 있다.

은 빙하 내부가 변형되거나(內部變形, internal deformation), 지면에 접한 빙하 기저부가 미끄러지고(基底滑動, basal sliding), 변형되는(下部變形, bed deformation) 과정에 의해 촉발된다(그림 8.9, 8.10, 8.13). 극지방의 한랭빙하는 주로 내부변형에 의해 이동하는 반면, 중·고위도 지방의 온난빙하는 기저활동과 하부변형에 의해 이동한다.

빙하의 내부변형은 주로 빙하에 가해지는 전단력에 의해 지배된다. 또한 전단력 만큼은 아니지만, 빙하온도 역시 내부변형에 영향을 미친다. 글렌(Glen, 1955)에 의하면, 빙하의 내부변형과 전단력 및 빙하온도와의 관계는 다음과 같은 수식(글렌 법칙, Glen's law)으로 표현할 수 있다(Glen, 1955; Ritter *et al.*, 1995, p.304; Chorley *et al.*, 1984, p.437).

$$\varepsilon` = A\tau^n$$

$\varepsilon`$: 내부변형률, A: 상수(빙하온도와 관련된 상수), τ: 전단력, n: 상수(2~4, 평균 3)

위의 식에 의하면, 전단력(τ)이 2배로 증가될 때, 내부변형률($\varepsilon`$)은 평균 8배 증가한다. 다시 말하여 전단력이 산술적으로 증가하면, 빙하의 내부변형은 지수적으로 증가한다. 그만큼 빙하는 전단력에 민감하게 반응하여 변형이 일어난다. 이밖에도 빙하의 온도가 낮아져 빙하빙의 재결정작용이 일어나면 이에 상응하여 전단력에 저항하는 힘이 커진다. 따라서 동일한 전단력이 가해지더라도 빙하온도가 낮으면 빙하의 내부변형률도 더불어 감소한다. 조사에 의하면, 빙하온도가 -10°C에서 -25°C로

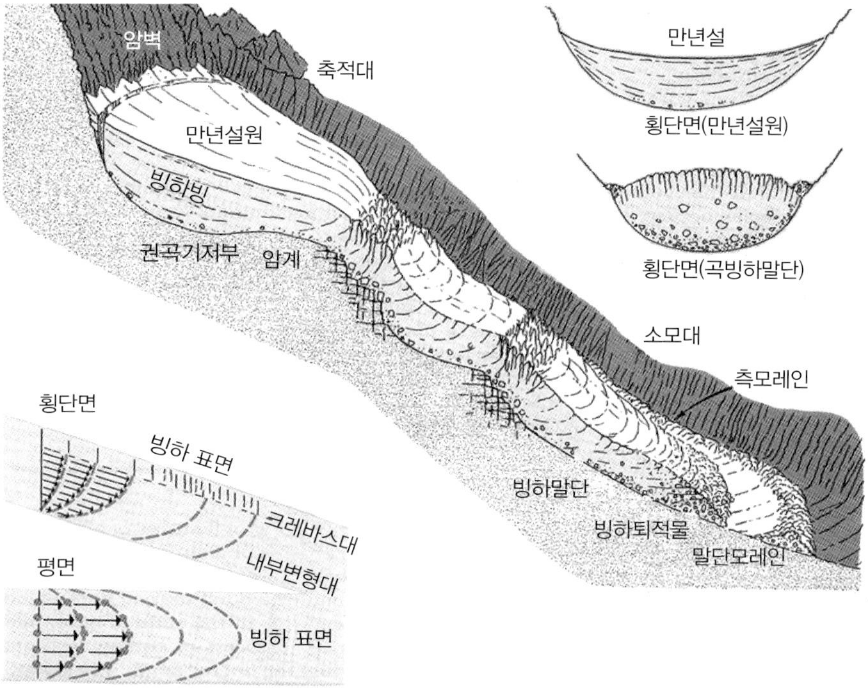

그림 8.13 산악빙하의 구조와 유동

그림은 산악 와지인 권곡에 만년설이 쌓여 권곡빙하가 되고, 점차 그 규모가 커지면서 곡빙하의 형태로 빙하가 유동하는 모습을 보여준다. 빙하의 유동은 마찰을 적게 받는 중앙의 표면에서 가장 빠르며, 가장자리와 바닥으로 갈수록 느리다(Strahler and Strahler, 1992, p.414).

낮아지면, 내부변형률이 5배 감소한다(Chorley *et al.*, 1984, p.437).[3]

극지방의 한랭빙하는 유동량이 연간 수 cm에 불과할 정도로 작다. 그러나 중·고위도 지방의 온난빙하는 하루에도 수십 cm 이상 유동하기도 한다. 빙하는 고체이지만 액체처럼 유동하기 때문에 빙하 전체가 한 덩어리가 되어 동일한 속도로 유동하지는 않는다. 유동속도는 마찰의 영향이 작은 빙하 중앙부 표면에서 가장 빠르고, 그곳으로부터 가장자리나 기저부로 갈수록 속도가 느려진다(그림 8.13). 빙하의 유동에서 특기할 만한 것은 빙하는 지면 경사와는 큰 상관없이 빙하 표면의 경사 방향을 따라 움직인다는 사실이다. 따라서 빙하는 하부 지면에 돌출한 장애물이 있어도 이를 넘어 유동할 수 있다.

3 빙하온도가 −22°C일 때의 변형률은 0°C일 때의 변형률의 1/10에 불과하다.

빙하가 유동하게 되면 속도가 부위마다 다를 뿐만 아니라, 빙하와 계곡 사면 간에 마찰이 일어나고, 빙하 기저부의 지형조건이 같지 않으므로, 빙하에 가해지는 압축력이나 확장력이 달리 작용하면서 빙하의 표면이 쪼개진다(그림 8.9, 8.13). 이렇게 쪼개져 폭이 수십 cm 내지 수 m 정도 벌어진 빙하 표면의 틈새를 크레바스(crevasses)라 부른다. 크레바스는 수직으로 발달되는 것이 많으며 그 깊이는 30m 이내의 것들이 대부분이다. 이러한 크레바스는 빙하 표면의 융빙수나 퇴적물이 빙하 내부로 유입되는 통로의 역할을 한다.

크레바스는 여러 종류가 있다. 곡빙하를 보면, 사면과의 마찰이 큰 가장자리에서는 대각선 방향의 크레바스(chevron crevasses), 압축력의 영향이 큰 곳에서는 중앙에서 가장자리로 가면서 벌어진 크레바스(splaying crevasses), 그리고 확장력이 지배적인 곳에서는 빙하의 유동 방향을 횡으로 가로지르는 크레바스(transverse, arcuate crevasses)가 잘 생긴다(Chorley *et al.*, 1984, p.441의 fig. 17.11).

빙하의 유동과정에서 발생하는 지형형성작용은 빙하침식작용과 빙하퇴적작용으로 나눌 수 있다. 빙하침식작용에는 마식(磨蝕, abrasion)과 굴식(掘蝕, plucking)이 있다. 마식은 빙하가 운반하는 자갈에 의해 암반이나 자갈이 갈려지는 작용을 말한다. 마식지형으로는 찰흔(擦痕, striation)과 그루브(groove)를 들 수 있다(그림 8.14, 8.15). 찰흔에는 마식과정에서 암석 표면의 일부가 뜯겨져나간 초승달 모양의 가우지(crescentic gouges)와 채터마크(chatter mark), 그리고 암석 표면이 긁혀 생긴 선형(線形) 자국이 있다.[4] 이에 대하여 그루브는 마식으로 생긴 작은 도랑 또는 홈통 모양의 지형이다. 이들 마식지형은 빙하가 사라진 후에도 오랫동안 남게 되므로 과거의 빙하 존재 유무는 물론 그 유동 방향을 알아내는 중요한 단서가 되기도 한다. 마식과는 달리 굴식은 물이 동결하면서 기반암을 뜯어내는 작용을 말한다. 빙하가 유동하는 곳에 암반이 돌출해 있는 경우, 빙하가 전진하면서 마주치는 암반의 전면에서는 압력 증가로 인하여 융빙과 더불어 마식이 우세하게 일어난다. 그러나 그 반대쪽의 암반 사면에서는 압력 감소로 인하여 융빙수가 재결빙하면서 굴식이 일어난다(그림 8.10). 마식이 일

4 찰흔은 원래 가우지, 채터마크, 선형 자국을 다 포괄하는 용어지만, 때로는 선형 자국만을 의미하는 용어로도 사용된다.

그림 8.14 마식지형: 찰흔(재스퍼 국립공원, 캐나다)

흰색 선(상하 방향): 찰흔, 사진 중앙의 검은색 점: 사진기 캡.

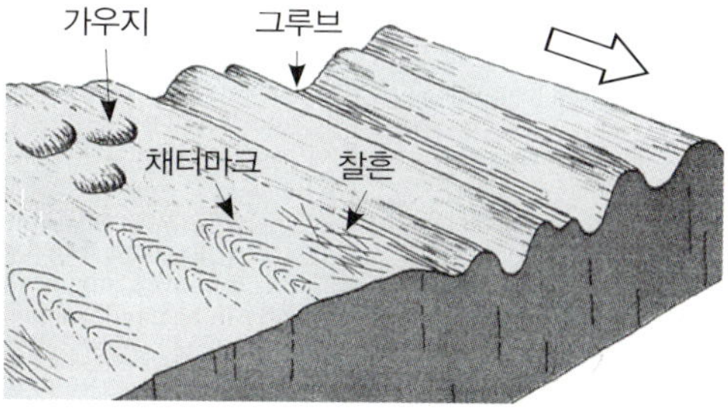

그림 8.15 마식지형: 찰흔, 가우지, 채터마크, 그루브

빙하가 화살표 방향으로 이동하면서 마식하기 때문에 그림과 같은 지형들이 발달한다(Strahler and Strahler, 1992, p.427).

그림 8.16 빙력토(왼쪽 사진, 재스퍼 국립공원, 캐나다), 빙하표석(오른쪽 사진, 요세미티 국립공원, 미국)

빙력토(till): 빙하가 직접 운반해 쌓아놓은 퇴적물로 분급 불량하며, 각진 자갈과 둥근 자갈이 혼재한다. 빙하표석: 오른쪽 사진의 화강암 암반 위 큰 자갈로 빙하에 의해 운반되었다.

어난 암반의 표면은 매끄럽고 경사가 완만하지만, 굴식이 일어난 암반의 표면은 암석이 뜯겨져나가 거칠며 사면 경사도 급하다.

빙하는 고체이지만 액체처럼 유동하면서 침식한 물질은 물론, 주변으로부터 빙하에 유입된 물질을 컨베이어벨트처럼 운반하여 주변 지역에 쌓아놓는다. 이러한 빙하의 운반 및 퇴적 작용은 물이나 바람에 의한 것과는 다르기 때문에 빙하퇴적물이 쌓여 생겨난 퇴적지형 또한 다른 곳에서는 찾아볼 수 없는 독특한 특성을 지니고 있다.

빙하가 직접 운반해 쌓아놓은 빙하퇴적물은 빙력토(氷礫土, till)이다(그림 8.16). 빙

그림 8.17 빙하호수(재스퍼 국립공원, 캐나다)

사진 중앙의 호수는 빙하호수이다. 과거 한때 빙하가 호수의 위치까지 전진했으나 현재는 온난화로 인하여 후퇴하고 그 자리에 호수가 생겨났다.

그림 8.18 빙하 말단과 융빙수 하천(재스퍼 국립공원, 캐나다)

빙하가 그 자리에 정체되어 있으면서 녹을 경우 빙하 말단에서는 융빙수 하천이 흘러나온다.

력토의 구성물질은 1m도 넘는 큰 암괴에서부터 세립인 실트나 점토에 이르기까지 그 크기가 다양하며, 분급이 불량하고, 층리 또한 나타나지 않는다. 자갈은 모서리가 각이 진 각력(角礫)이 많지만, 개중에는 잘 갈려진 원력(圓礫)들도 섞여 있다. 이는 빙하의 운반 및 퇴적 작용과 관련이 있다. 각력은 대체로 빙하 표면 위에 실려서 운반된 빙하표면 퇴적물(supraglacial deposits)이며, 원력은 빙하 밑바닥을 통하여 운반된 빙하기저 퇴적물(subglacial deposits)이다. 빙하 표면의 자갈은 운반 도중에 마모되지 않지만, 빙하 바닥의 자갈은 기반암이나 다른 자갈들과 부딪치면서 마모되기 때문에 이처럼 원마도의 차이가 있다.

빙하의 운반 및 퇴적 작용은 빙하 표면이나 밑바닥뿐만 아니라 가장자리, 말단 등 그 위치에 따라 달리 나타난다. 따라서 빙력토의 특성도 위치와 장소에 따라 같지 않다. 예를 들면 빙하 밑바닥에 쌓인 기저빙력토(基底氷礫土, basal till, lodgement till)는 빙하의 하부가 녹으면서 쌓인 퇴적물로 분급이 불량하며 자갈 중에는 갈려진 것이 많다. 또한 퇴적된 이후 빙하에 의해 압착될 때 빙하의 유동 방향으로 전단력이 작용하기 때문에 퇴적물 내의 자갈들이 특정 방향으로 기울어져 있다(Chorley *et al.*, 1984, pp.448-452). 이에 대하여 빙하의 말단부, 즉 소모대(ablation zone)에 쌓인 소모빙력토(消耗氷礫土, ablation till)는 빙하 표면 위에서 이동된 것들이 빙하가 녹으면서 그 자리에 쌓였기 때문에 분급이 불량하고 부딪쳐 갈려지지 않아 각력이 많고 압착되지 않았으므로 굳지 않은 것이 특징이다.

빙하는 자갈뿐만 아니라 수 m 이상의 커다란 암괴들까지도 먼 장소에까지 운반하여 쌓아놓는다. 이러한 큰 암괴를 가리켜 빙하표석(氷河漂石, erratics, erratic boulder)이라 부른다(그림 8.16, 8.25). 빙력토가 빙하퇴적물 전체를 일컫는 데 비하여, 빙하표석은 각개의 암괴를 지칭한다는 점에서 차이가 있다. 빙하표석은 이동하면서 갈려지지 않아 원마도가 낮으며, 커다란 암괴가 독립적으로 분포하거나, 놓인 장소의 기반암과는 다른 종류의 암석인 경우도 많다. 빙하에 관한 과학적 사실이 잘 알려지지 않았던 과거에는 빙하표석을 홍수 퇴적물이라 여기기도 하였다. 그러나 오늘날에는 빙하표석이 과거에 있었던 빙하의 분포 범위를 밝혀주는 증거의 하나로 보고 있다.

5. 주요 빙하지형

1) 빙하침식지형

주요 빙하침식지형으로는 U자곡(氷蝕谷, U shaped trough), 권곡(圈谷, cirque), 양배암(羊背岩, rôches moutonnées) 등을 들 수 있다(그림 8.19).

U자곡은 곡빙하의 침식으로 생겨난 영어 U자 모양의 계곡(trough)을 말한다.[5] 원래 하천에 의해 생겨난 계곡(V자곡)일지라도 그 안에 곡빙하가 발달되게 되면 U자곡으로 달라진다(그림 8.19, 8.21, 8.24). 그것은 지면과 접하는 곡빙하의 양쪽 사면과 계곡 바닥에서 빙하침식이 일어나 지면이 깎여나가기 때문이다. 이런 과정에서 U자곡의 기반암 표면에는 찰흔이나 그루브가 생겨나기도 한다.

U자곡은 곡빙하가 발달한 상태에서는 형태가 뚜렷하지 않지만, 기후가 온난해져 빙하가 사라지면 U자곡의 모습이 분명하게 드러난다. U자곡의 양안사면은 빙하침식으로 경사가 급한 경우가 많다. 이러한 급사면에서는 압박을 가하던 빙하가 사라지면서 사면이 불안정해져 암석낙하, 암설류 등이 잘 발생한다. 이와 같이 빙하후퇴 이후 사면의 불안정성이 증가하여 발생하는 지형형성작용을 준빙하작용(準氷河作

5 하천침식에 의한 계곡은 valley, 빙하침식에 의한 계곡은 trough라는 용어를 써서 구분하기도 한다.

用, paraglacial processes)이라 한다. 준빙하작용이 활발해지면 U자곡 양안사면의 하단부에는 암석낙하에 의한 애추사면이나 암설류에 의한 암설추(岩屑錐, debris cone)가 발달한다(그림 8.23). 또한 소하천이나 유수에 의해 퇴적물이 쌓이면서 충적선상지(또는 충적추)가 생겨나기도 한다.

U자곡의 급경사 계곡사면에는 폭포가 발달한 곳도 많다. 폭포 상부의 작은 계곡은 U자곡도 있지만, 하천침식에 의한 V자곡도 있다. 이들 계곡은 모두 마치 절벽사면 위에 걸려 있는 모습이기 때문에 현곡(懸谷, hanging valley, hanging trough)이라 부른다. 여기서 'hanging valley'는 하천침식곡, 'hanging trough'는 U자곡인 현곡을 말한다(그림 8.21, 8.24). U자곡의 평지에는 빙하에서 발원한 하천이 망류하면서 퇴적물을 쌓아놓기 때문에 빙하유수성 퇴적평야가 발달한다(그림 8.22). 곡빙하가 아직 남아 있는 계곡에서는 이러한 망류하천을 따라 좀 더 상류 쪽으로 올라가게 되면, 말단 모레인(terminal moraine, end moraine)과 곡빙하를 만나게 된다.

곡빙하의 하단부에는 빙하의 성장이나 쇠퇴 과정에서 생겨난 다양한 지형이 발달한다. 쇠퇴하는 빙하의 하단부에는 빙하가 녹으면서 표면이 여기저기 함몰되거나 빙하퇴적물이 두껍게 쌓여 있다(그림 8.18). 이러한 빙하의 측면에는 측모레인, 그리고 전면에는 말단모레인이 있으며, 때로는 말단모레인과 곡빙하 사이에 빙하호수가 자리 잡기도 한다(그림 8.17). 빙하호수가 있는 곳에서는 호수에서 흘러나오는 하천이 말단모레인 구릉을 침식하여 협곡을 만들면서 빙하유수성 퇴적평야를 향하여 흘러내리는 모습을 볼 수 있다.

권곡(cirque)은 빙하침식으로 생긴 와지 또는 작은 분지이다(그림 8.11, 8.19, 8.20). 권곡은 주로 계곡의 상부에 잘 생기며, 이곳에 생긴 빙하를 권곡빙하라 부른다. 권곡이 분지와 같은 와지를 이루는 것은 권곡빙하의 기저부와 그 주변을 따라 물리적 풍화와 빙하침식이 활발하게 일어나기 때문이다. 물리적 풍화가 가장 활발한 곳은 권곡의 상부 급사면이다. 이곳에서는 풍화를 받아 암벽에서 떨어져나온 암설들이 권곡빙하로 공급된다. 권곡빙하(또는 곡빙하)와 그 배후의 암벽 사이에는 흔히 베르크쉬룬트(bergschrund)라 불리는 큰 크레바스가 발달하기도 한다. 이는 빙하 유동 때문에 생겨나는 것인데, 이러한 크레바스를 통하여 융빙수나 암설이 빙하로 유입된다.

산지 능선을 사이에 두고 두 개의 권곡이 생겨나 시간이 지나면서 점차 능선을

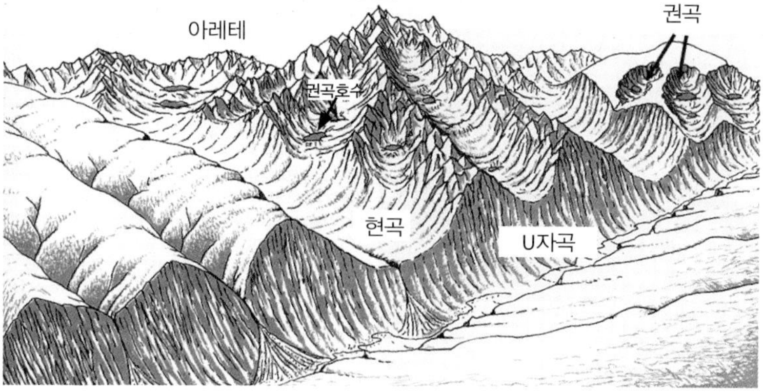

그림 8.19 주요 빙하침식지형

아레테(arête), 호른(horn), 권곡(cirque), U자곡(U shaped trough), 현곡(hanging trough)(Strahler and Strahler, 1992, p.417).

그림 8.20 권곡(요세미티 국립공원, 미국)

반원형의 야외극장처럼 파인 와지가 권곡이다. 현재 빙하는 사라지고, 권곡의 입구와 그 주변에는 모레인이 쌓여 있다.

그림 8.21 빙식곡과 현곡(글레이셔 국립공원, 미국)

글레이셔(Glacier, 빙하)의 이름 그대로 빙하가 많은 국립공원이지만, 현재는 빙하가 빠른 속도로 후퇴하고 있으며, 후퇴한 자리에는 빙식곡(U자곡)과 현곡이 남아 있다.

향하여 그 규모가 확대되면 능선이 침식받아 마치 톱날 모양으로 달라지기도 한다. 이와 같이 좁고 날카로우면서 높이가 들쭉날쭉한 능선을 아레테(arête)라 부른다(그림 8.19). 이 능선의 일부에는 침식으로 말안장처럼 생긴 안부능선(鞍部稜線, col)도 있어 산지를 넘나드는 교통로로 이용되기도 한다. 권곡이 세 개 또는 그 이상으로 발달하면서 점차 산 정상부로 확대되면, 산 정상부가 황소 뿔처럼 날카로운 산봉우리로 변하기도 한다. 이러한 뾰족한 산 정상부를 호른(horn)이라 한다. 스위스의 마터호른

그림 8.22 빙하유수에 의해 생겨난 망류하천(레이니어 국립공원, 미국)

하상물질은 대부분 자갈인데, 주로 여름철에 운반된다.

그림 8.23 애추사면과 암설추(밴푸 국립공원, 캐나다)

U자곡의 암벽 하단부에 애추(또는 애추사면)와 암설추(debris cone)가 널리 분포한다.

(Matterhorn)은 그 대표적인 곳이다.

권곡빙하의 말단부에는 기반암이 돌출하여 권곡과 그 하부 계곡과의 경계부를 이루기도 한다. 이러한 기반암 돌출부를 권곡턱(cirque lip)이라 부르며, 모레인으로 덮여 있는 경우도 많다. 권곡턱은 권곡 바닥보다 고도가 더 높기 때문에 문턱과도 같은 모습이며, 비고가 큰 경우에는 그 높이가 수십 m 이상에 달하기도 한다.

양배암(羊背岩, rôches moutonnées)은 빙하가 암반을 침식하는 과정에서 생기는 빙하침식지형이며, 서양 숟가락을 엎어놓은 것처럼 보인다(그림 8.24의 오른쪽 사진). 서양 숟가락에 비유한 것은 암괴 전면은 완만한 반면, 그 반대쪽의 암괴 사면은 급하기 때문이다. 이러한 양배암의 모습은 빙하퇴적지형의 한 종류인 드럼린과도 비슷하다. 그러나 드럼린은 전면이 급하고, 그 반대쪽이 완만한 점에서 차이가 있다.

양배암의 전면에는 마식작용에 의한 찰흔, 그루브 등이 남아 있는 경우가 많다. 양배암이 이처럼 마식을 받는 과정에서 양배암과 접한 빙하의 하부가 일부 녹으면서 융빙수가 생긴다. 그러나 빙하가 양배암을 타고 넘어가는 반대쪽인 후(後)사면에서는 빙하가 암반에 가하는 압력이 감소되면서 융빙수가 다시금 결빙된다. 융빙수가 동결되면 그 과정에서 암반의 일부가 뜯겨져나가기 때문에 양배암의 후사면은 매끄러운 전(前)사면과는 달리 거친 모습을 보인다.

그림 8.24 U자곡과 양배암(요세미티 국립공원, 미국)

왼쪽 사진: 빙하침식으로 U자곡이 생겨났으며, 이 계곡의 오른쪽 사면에는 요세미티 폭포가 있다. 오른쪽 사진: 중앙의 바위산은 양배암이다. 빙하가 오른쪽에서 왼쪽으로 바위산을 타고 넘어갔기 때문에 바위산의 오른쪽 사면에는 찰흔이 남아 있다.

2) 빙하퇴적지형

주요 빙하퇴적지형으로는 모레인(moraine)을 들 수 있다(그림 8.25, 8.26, 표 8.2). 모레인은 빙하퇴적물인 빙력토(氷礫土, till)로 이루어진 구릉 모양의 지형이다. 모레인의 어원은 프랑스령 알프스(French Alps)에서 빙하의 가장자리에 생긴 암설 구릉을 'moraine'이라 부른 데서 연유한다. 모레인을 빙퇴석이라 부르는 경우도 있다. 그러나 빙퇴석은 빙하에 의해 쌓인 조립퇴적물을 의미하므로, 모레인의 구성물질, 즉 빙력토의 일부만을 지칭하는 것이 된다. 따라서 모레인에 대해서는 원어 그대로 '모레인'이라 하든지 아니면 '빙퇴석 지형'이라 지칭하는 것이 바람직하다.

모레인은 발달 위치, 형태 등을 기준으로 여러 종류로 나눌 수 있다(표 8.2). 빙하의 가장자리와 말단에 생기는 것이 종(終)모레인(end moraine)이며, 이는 말단(末端)모레인(terminal moraine), 측(側)모레인(lateral moraine), 후퇴(後退)모레인(recessional moraine)으로 세분할 수 있다. 말단모레인은 빙하 말단에서 빙하의 진행 방향을 가로질러 제방처럼 쌓인 빙하퇴적물 구릉이다. 비유하자면 빙하라는 불도저가 전진하면서 빙하퇴적물을 제방 형태로 밀어올려 만든 구릉이다. 말단모레인은 빙하가 최대로 확장되었을 때 그 외곽 범위를 말해주는 것이므로 옛 빙하의 분포 범위를 규명하는 중요한 단서이기도 하다. 측모레인은 빙하 측면에 쌓인 것으로 곡빙하를 예로 들면 빙하와 그 측면 산지 사이에 생긴 제방 형태의 빙하퇴적물 구릉이다. 따라서 측모레인은

표 8.2 모레인 종류

End Moraines(종모레인)	유동하는 빙하의 전면이나 측면에 생김
Terminal moraines(말단모레인)	빙하 최대 확장 시 그 외곽에 생김
Lateral moraines(측모레인)	산악(곡)빙하의 측면에 생김
Recessional moraines(후퇴모레인)	후퇴하는 빙하가 일시적으로 정지하거나 전진할 때 생김
Ground Moraines(저모레인)	빙하기저부에서 빙하퇴적물이 공급되어 생김
Interior and Minor Varieties(기타 모레인)	
Washboard moraines(빨래판 모레인)	빙하 전진 방향을 가로질러 빨래판의 작은 돌출부처럼 생겨남
Interlobate moraines(합류 모레인)	귓불 형태의 두 빙하가 만나는 곳에서 생김
Medial moraines(중앙모레인)	두 개의 곡빙하가 만나는 곳에서 생김
Rogen moraines(로겐모레인)	빙하기저부에서 빙하 유동방향을 가로질러 생김

Ritter *et al.*, 1995, p.341.

빙하의 진행 방향과 평행한 것이 특징이다. 후퇴모레인은 기후가 온난해져 빙하가 후퇴하는 과정에서 생기는 구릉으로 흔히 빙하와 말단모레인 사이에 분포한다(그림 8.25, 8.26). 후퇴모레인은 빙하가 후퇴하는 과정에서 일시적으로 한랭한 기후가 나타나 후퇴하던 빙하가 잠시 머물러 있거나 소폭으로 전진할 때 생겨난다.

빙하퇴적물은 빙하의 가장자리와 말단뿐만 아니라 빙하의 밑바닥에서도 쌓인다. 빙하 밑바닥에 퇴적물이 쌓여 생긴 지형이 저(底)모레인(ground moraine)이다(그림 8.26). 저모레인에는 드럼린(drumlin), 플루트(flute) 등이 있다. 드럼린은 장축이 빙하의 유동 방향과 일치하며 양배암과는 달리 머리가 꼬리보다 폭이 넓고 고도가 높다. 규모는 길이 1~2km, 폭 400~600m, 높이 5~50m로 다양하다. 드럼린의 형성과정에 대해서는 여러 견해가 있다. 빙하 기저부의 빈 공간으로 주변 퇴적물이 밀려들어와 생긴다거나, 빙하가 움직이면서 기존 퇴적물이나 암석을 침식하는 과정에서 상대적으로 덜 침식받은 부분이 구릉으로 남게 된 것이라는 해석이 그것이다. 플루트의 형성과정도 이와 크게 다르지 않다(그림 8.27). 즉 빙하 바닥에 암괴가 돌출한 곳이 있을 경우 암괴를 빙하가 타고 넘어갈 때 그 배후에 생기는 빈 공간으로 빙하가 지면에 가하는 압력 차이로 인하여 주변 퇴적물이 밀려들어와 플루트가 생긴다.

모레인 중에는 두 개의 빙하가 만나는 곳에서 생기는 합류모레인(interlobate moraine)과 중앙모레인(medial moraine)이 있다. 합류모레인은 귓불 형태로 전진하는 두

그림 8.25 곡빙하에 의한 지형변화

오른쪽 사진의 흰색 점선은 측모레인을 토대로 구성한 과거 빙하의 분포 범위이다(왼쪽 모식도: McKnight and Hess, 2005, p.535. 오른쪽 사진: 재스퍼 국립공원, 캐나다).

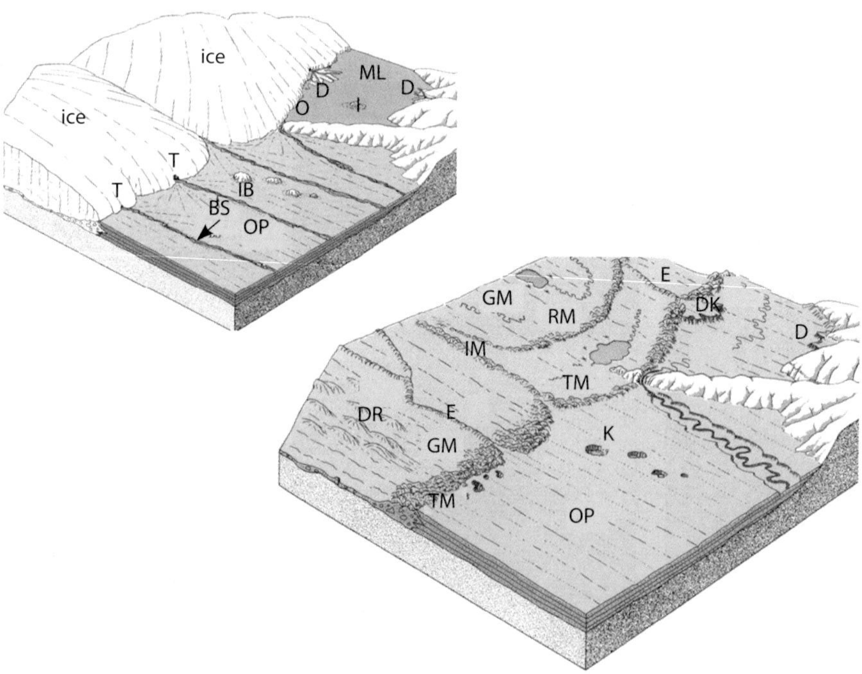

그림 8.26 빙상에 의한 지형변화

왼쪽 그림: 빙하(빙상)가 있을 때의 지형. 오른쪽 그림: 빙하가 사라진 이후의 지형. ML: 빙하 주변 호수, I: 빙산, D: 삼각주, O: 호수 출구, OP: 빙하유수퇴적평야, BS: 망류하천, IB: 빙하에서 분리된 빙체(dead ice), T: 빙하 속 터널, TM: 말단모레인, RM: 후퇴모레인, IM: 합류모레인, GM: 저모레인, E: 에스커, DR: 드럼린, DK: 케임 삼각주, K: 케틀(Strahler and Strahler, 1992, p.429).

개의 빙하가 만나는 접촉부에서 생기는 것이며, 중앙모레인은 두 개의 곡빙하가 합류하는 곳에서 생겨나 빙하의 중앙부를 따라 길게 뻗어 있는 것이다. 이밖에도 빙하 바닥에서 빙하의 전진 방향을 가로질러 생기는 로겐모레인(rogen moraine, Sugden and John, 1976, pp.243-245), 빙하 말단부에서 빙하의 전진 방향을 가로질러 마치 빨래판의 작은 돌출부처럼 빙하퇴적물이 쌓여 생긴 빨래판모레인(washboard moraine) 등이 있다 (Easterbrook, 1999, pp.344-345).

빙하 주변에는 융빙수에 의해 퇴적물이 쌓인 에스커(esker), 케임(kame), 빙하유수성 퇴적평야(outwash plain, sandur) 등이 생겨나기도 한다(그림 8.26). 융빙수는 빙하 표면이나 밑바닥을 때로는 하천처럼 흘러내리면서 퇴적물을 운반한다. 융빙수가 빙하 밑바닥에서 물줄기를 이루어 흘러내리면 그 유로를 따라 퇴적물이 쌓여 빙하퇴적물 기원의 하천퇴적층이 생긴다. 기후가 온난해져 빙하가 녹더라도 이러한 하천퇴적물은 유로를 따라 그대로 남기 때문에 빙하가 녹은 후에는 오히려 주변 평지에 비하여 더 돌출한 제방 형태의 퇴적물 구릉을 이룬다. 다시 말하여 빙하 밑의 하도였던 곳이 빙하가 녹은 후에는 주변보다 더 높은 제방 모양의 지형이 된다. 이러한 퇴적물 구릉 지형을 에스커(esker)라 부른다(그림 8.26, 8.28). 에스커의 구성물질은 모레인과는 달리 융빙수에 의해 퇴적된 것이므로 모레인에 비하여 분급이 양호한 편이다.

빙하의 기저부뿐만 아니라 빙하 표면에도 융빙수에 의한 퇴적물이 쌓인다. 이러한 퇴적물은 쌓일 때는 빙하 위에 있지만, 빙하가 녹게 되면 그대로 내려앉으면서 주변 평지보다 더 돌출한 지형이 된다. 이러한 지형을 총칭하여 케임(kame)이라 부른다 (그림 8.26, 8.28). 케임에는 케임단구(kame terrace), 케임삼각주(kame delta) 등이 있다. 케임단구는 보통의 하안단구와는 달리 주변 산지와의 접촉 경계부에 있는 빙하 위에 쌓인 하천퇴적층이 그 하부의 빙하가 녹는 바람에 생겨난 단구이다. 산지에 인접한 곳에서는 하부에 빙하가 없기 때문에 빙하가 사라지더라도 퇴적물이 내려앉지 않지만, 좀 더 빙하 쪽에 쌓인 곳은 그 하부가 빙하이므로 빙하가 녹으면서 그 위의 퇴적층이 내려앉아 계단상의 지형인 케임단구가 생겨나는 것이다. 케임삼각주는 빙하에서 흘러나오는 하천이 호수로 유입하면서 하구 중심으로 삼각주가 생성된 후 빙하가 녹게 되면 생긴다. 빙하가 녹으면, 더 이상 하천물도 흐르지 않고 호수의 물 또한 마르게 되면서 삼각주는 탁상지 형태의 케임삼각주로 달라진다.

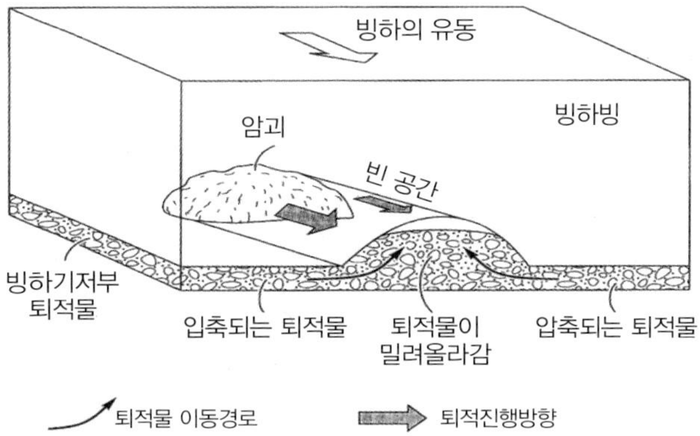

그림 8.27 플루트(flute)의 형성과정

빙하가 작은 암반을 지나게 되면 암반의 배후에 압력이 낮은 공간이 생기며, 빙하에 의해 압력을 받는 주변의 퇴적물이 그곳으로 밀려들어 유선형의 플루트가 생겨난다(Sugden and John, 1976, p.239).

기후가 온화해지면 빙하가 녹으면서 말단부에서는 빙하의 일부가 작은 조각으로 분리되기도 한다. 이렇게 빙하의 본체에서 분리되어 마치 작은 고립 구릉처럼 남게 된 빙체(氷体)가 죽은 얼음(dead ice)이다. 시간이 지나 이 얼음마저 사라지면 그 장소에는 와지가 생기는데, 이를 케틀(kettle)이라 한다(그림 8.26). 이러한 케틀에 물이 고여 생긴 호수가 케틀호수(kettle lake)이다.

빙하 안팎에는 빙하가 직접 쌓은 빙하퇴적물만 있는 것은 아니다. 빙하에서 흘러나오는 융빙수 하천이 빙하퇴적물을 다시 운반해 쌓아놓은 빙하유수 퇴적물(glacio-fluvial deposits)과 이들로 이루어진 빙하유수성 퇴적평야도 발달한다(그림 8.29). 융빙수 하천은 실트나 점토 입자 크기의 돌가루(岩粉, rock flour)를 많이 포함하기 때문에 우윳빛을 띠며, 하류를 향하여 흐르는 동안 그 농도가 줄면서 빛의 산란에 의해 코발트빛깔을 띠기도 한다(그림 8.30).

빙하유수 퇴적물은 빙하퇴적물에서 비롯된 것이지만 하천에 의해 운반되는 과정에서 보통의 하천퇴적물과 마찬가지로 분급이 일어나며 층리도 생긴다. 또한 자갈들은 원래의 빙하퇴적물보다 원력이 많다. 이러한 퇴적물을 운반하는 하천은 대체로 자갈하상을 지닌 망류하천이다. 망류하천은 여러 개의 물줄기로 나뉘어져 흐르기 때문에 하천의 운반능력이 떨어지는 것으로 생각하기 쉽지만 실제는 그렇지 않다. 충적평야의 사행하천보다 빙하지역의 망류하천이 오히려 경사가 더 크고 유속 또한 빠

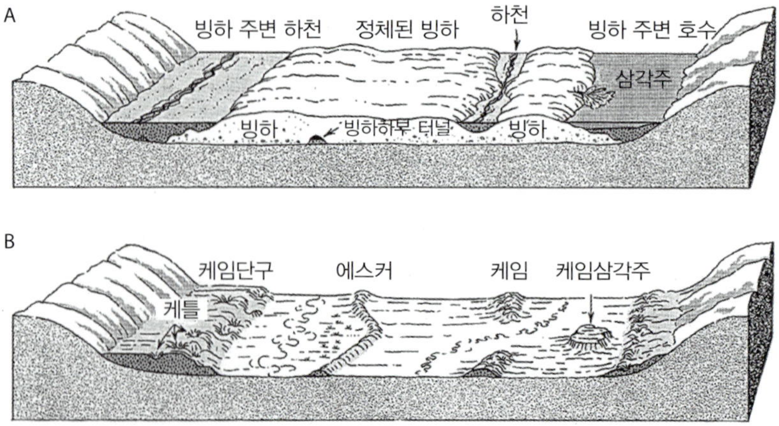

그림 8.28 케임(kame)과 에스커(Esker)

A: 빙하 소멸 이전의 지형 경관. B: 빙하 소멸 이후의 지형 경관(Strahler and Strahler, 1992, p.432).

그림 8.29 망류하도와 빙하유수성 퇴적평야(재스퍼 국립공원, 캐나다)

빙하유수성 퇴적평야 위를 흐르는 하천은 대부분 망류한다.

그림 8.30 빙하 암분(밴프 국립공원, 캐나다)

하천이 호수로 유입하는 곳은 빙하 암분(岩粉)이 많이 쌓이기 때문에 우윳빛을 띤다(호수 오른쪽 부분).

르기 때문에 조립퇴적물을 더 효율적으로 운반한다. 그러나 늘 같은 정도로 퇴적물이 운반되는 것은 아니며 겨울철보다는 주로 해빙기인 여름철에 다량의 퇴적물이 운반된다.

빙하가 후퇴한 자리에는 빙하호수가 자리 잡기도 한다(그림 8.17). 이러한 빙하호수에 주변으로부터 얼음 녹은 물이 흘러들면서 퇴적물이 쌓이는데, 수분이 동결되는 겨울철에는 유량이 줄면서 주로 유기물, 점토 등 검은색의 세립퇴적물이 얇게 쌓이는 반면, 여름철에는 유량이 증가하면서 실트 등 밝은색의 조립퇴적물이 좀 더 두껍게 쌓인다. 퇴적층은 매년 수 cm 내외로 쌓이는 것이 일반적이다. 이와 같이 빙하호수 밑바닥에 매년 계절을 달리하며 검은색과 밝은색의 퇴적물이 교대로 쌓인 퇴적물을 빙호점토(氷縞粘土, varved clay)라 부른다. 빙호점토는 빙하의 후퇴 시기 및 그와 관련된 기후변화를 알아내는 단서가 된다.

참고문헌

김종욱, 1998, 뉴질랜드의 지형, 지리 · 환경교육, 한국지리 · 환경교육학회, 6(2), 51-69.

이성이, 성영배, 강희철, 최광희, 2012, 백두산 빙하지형의 존재 가능성과 제4기 화산활동과의 관계, 대한지리학회지, 47(2), 159-178.

이현희, 성영배, 유병용, 2015, 형태요소와 확률 분석을 이용한 관모봉 권곡의 빙하기원설에 관한 소고, 한국지형학회지, 22(2), 1-11.

Ahnert, F., 1998, *Introduction to Geomorphology*, London, Arnold, 26, 261-285.

Briggs, D. and Smithson, P., 1984, *Fundamentals of Physical Geography*, New Jersey, Rowman & Littlefield, 263-291.

Chorley, R. J., Schumm, S. A. and Sugden, D. E., 1984, *Geomorphology*, London, Methuen, 431-464.

Dege, K. and Dege, E.(trans.), 1988, *Korea: a geography based on the author's travels and literature*, Springer-Verlag, Berlin, p.76 (Lautensach, H., 1945, *Korea, eine Landeskunde auf Grund eigener Reisen und der Literatur*, Leipzig, K. F. Köhler-Verlag).

Easterbrook, D. J., 1999, *Surface Processes and Landforms*, Prentice Hall, 333-363.

Embleton, C. and King, C. A. M., 1968, *Glacial and Periglacial Geomorphology*, London, Edward Arnold.

Farrand, W. R., 1968, Postglacial isostatic rebound, in Fairbridge, R. W.(ed.), 1968, *The Encyclopedia of Geomorphology*, New York, Reinhold Book Corporation, 884-888.

Glen, J. W., 1955, The creep of polycrystalline ice, *Proceedings of the Royal Society of London*, Series A, 228, 519-538.

Kano, T., 1937, On the glacial topography of the northeast Korean mountains (in Japanese with English summary), *Geographical Review of Japan*, 13(12), 1124-1143.

McKnight, T. L. and Hess, D., 2005, *Physical Geography*, New Jersey, Pearson Prentice Hall, 510-539.

Ritter, D. F., Kochel, R. C. and Miller, J. R., 1995, *Process Geomorphology*, Iowa, Wm. C. Brown, 296-352.

Sasa, Y. and Tanaka, Y., 1938, Glaciated topography in the Kanbô massif, *Journal of Faculty of Science*, Hokkaido Imperial University, 4(1-2), 193-212.

Strahler, A. H. and Strahler, A. N., 1992, *Modern Physical Geography*, New York, John Wiley &

Sons, 413-444.

Sugden, D. E. and John, B. S., 1976, *Glaciers and Landscape*, London, Edward Arnold.

Summerfield, M. A., 1991, *Global Geomorphology*, New York, Longman Scientific Technical, 261-290.

Walter, R., 1992, *Geologie von Mitteleuropa*, Stuttgart, E. Schweizerbart'sche Verlagsbuchhandlung.

Zhang, W., Cui, Z. and Yan, L., 2009, Present and Late Pleistocene equilibrium line altitudes in Changbai Mountains, Northeast China, *Journal of Geographical Sciences*, 19, 373-383.

제9장

주빙하지형

그림 9.1 백두산

천지의 외륜산지는 높은 곳이 해발 2,500m를 넘는 고산지로 주빙하 지역에서 흔히 생겨나는 애추사면이나 솔리플럭션 단구 등을 어렵지 않게 찾아볼 수 있다. 또한 이들 지형 주변에는 물에 의해 생겨나는 충적추(사진 중앙부)가 곳곳에 발달하였다.

1. 주빙하 기후와 지형

주빙하(周氷河, periglacial)란 말 그대로 빙하 주변을 뜻한다. 지형학에서는 현재 또는 과거에 빙하 주변을 중심으로 분포하는 독특한 지형이나 그와 관련된 지형형성작용을 설명하기 위하여 주빙하라는 용어를 사용하였다. 그러나 오늘날에는 빙하와는 상관없이 한랭한 기후조건과 관련하여 발생하는 자연현상에 대하여도 폭넓게 주빙하라는 수식어를 붙이는 경향이 있다.

빙하 주변부의 기후를 의미하는 주빙하 기후(periglacial climate)만 해도 빙하의 존재 유무와는 무관하게 수분의 동결과 융해가 빈번하게 반복되는 한랭한 기후를 뜻한

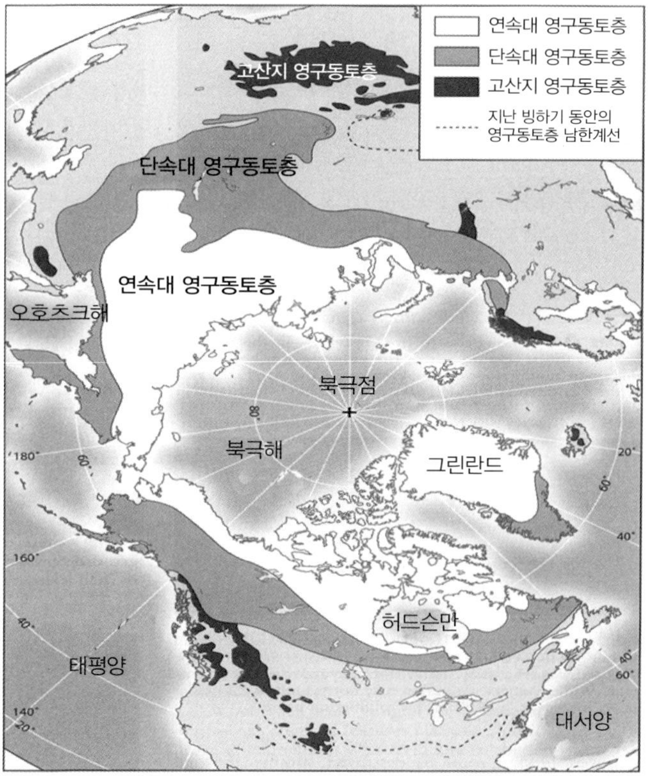

그림 9.2 영구동토층 분포

영구동토층은 크게 연속대와 단속대로 나눌 수 있다. 연속대 동토층의 남쪽 한계는 연평균기온 −6°C, 단속대 동토층의 남쪽 한계는 −1°C선과 대체로 일치한다. 이밖에도 북위 50°선 이남의 고산지에는 고산지 동토층(간헐적 동토층)이 분포한다(De Blij *et al.*, 2004, p.593).

다. 다시 말하여 주빙하 기후는 빙하 주변부는 물론 빙하가 없는 고산지에서도 나타난다. 고산지에서는 대체로 수목선 고도 이상의 지역이 그러한 곳인데, 수목선 이하라 하더라도 수분의 동결과 융해가 빈번하다면 광의의 주빙하 기후에 속한다.

주빙하 지역의 범위를 때로는 지표면 하부에 영구동토층이 있는 곳에 한정하는 경우도 있다. 영구동토층의 존재는 주빙하 지역의 특징을 가장 뚜렷하게 보여주는 것임에는 틀림없다. 그러나 오늘날에는 대체로 주빙하를 보다 폭넓게 해석하는 것이 일반적이므로 주빙하 지역을 영구동토층의 분포 지역에만 한정하는 것은 주빙하의 의미를 좁게 해석하는 것일 수 있다.

주빙하지형(periglacial landform)이란 주빙하 환경하에서 생겨난 각종 지형을 일컫는다. 지형학 분야에서 주빙하지형을 중시하는 여러 가지 이유가 있다. 극지방을 비롯하여 고산지방 등 주빙하 환경하에 놓인 곳의 공간적인 범위가 넓을 뿐만 아니라(그림 9.1, 9.2), 그러한 곳은 인간의 개발 행위에 매우 민감한 영향을 받는 환경 생태계이므로, 이에 대한 과학적인 연구가 점점 더 요구되는 추세이기 때문이다. 주빙하지형에 관한 연구는 대체로 영구동토층의 존재와 그 분포 범위를 밝히는 것, 다양한 주빙하 지형형성작용과 주빙하지형의 특성을 밝히고 이를 토대로 과거의 환경을 복원하는 것 등이 주류를 이룬다.

2. 영구동토층

영구동토층의 존재가 주빙하 환경의 필수조건은 아니지만, 영구동토층과 관련하여 발생하는 지형변화는 주빙하지형 연구의 주요 주제 중 하나이다. 영구동토층(永久凍土層, permafrost)이란 2년 이상의 기간에 걸쳐 0°C 이하인 토양이나 암석을 말한다. 영구동토층이 있는 곳이라 하더라도 그 지표면은 일사량이 많은 여름철에 녹고 그렇지 않은 겨울에 어는 일이 반복된다. 이러한 영구동토층 상부의 지표층을 활동층(活動層, active layer)이라 부른다. 활동층과는 달리 그 하부의 영구동토층은 연중 0°C 이하를 유지한 채 온도의 계절 변화가 거의 일어나지 않는다. 그러나 지하로 갈수록 지열의 영향이 커지므로 일정한 깊이에 이르면 0°C 이상이 되어 영구동토층은 나타나지 않

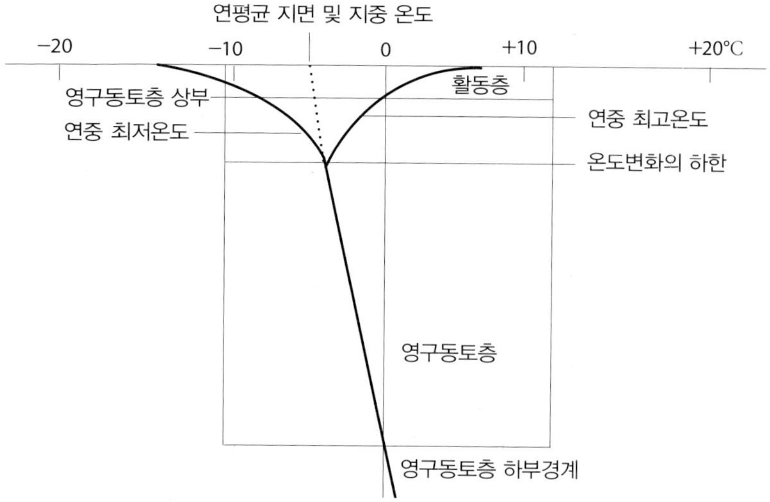

그림 9.3 지중온도 변화와 영구동토층

영구동토층의 표층은 여름에 0℃ 이상이 되어 토양에 포함된 얼음이 녹아 활동층이 된다(Ritter *et al*., 1995, p.358).

는다(그림 9.3).

영구동토층의 두께는 심지어 1km를 넘는 곳도 있다. 대체로 고위도의 대륙 내부일수록 두꺼우며, 바다, 호수, 하천 등지에서는 두껍지 않다. 이는 고위도의 대륙 내부일수록 한랭한 기후가 지배적이므로 땅의 동결이 활발하지만, 지표면이 물로 덮여 있는 곳에서는 한랭기후의 영향이 물에 의해 차단되기 때문이다.

영구동토층은 주빙하지형 발달에 중요한 역할을 한다. 영구동토층의 표층인 활동층은 짧은 여름 동안에 녹으면서 사면퇴적물의 하방 이동을 유발한다. 솔리플럭션에 의한 물질 이동은 그 좋은 예이다. 활동층의 두께는 대개 수 m 이내이다. 여름에 녹았던 활동층이 겨울이 되어 다시 얼게 되면, 동결작용이 지표면에서부터 시작되어 지하로 확장되기 때문에 그 압력에 의하여 아직 얼지 않은 하부의 토양이 요동 교란되어 인볼루션(involution)이라 불리는 독특한 토양구조가 생겨난다(그림 9.5). 이러한 수분의 동결과 융해에 기인한 토양물질의 요동 현상을 동결교란(凍結攪亂, cryoturvation)이라 부른다.

활동층 하부의 영구동토층은 모든 부분이 다 얼어 있지는 않으며 얼지 않은 채

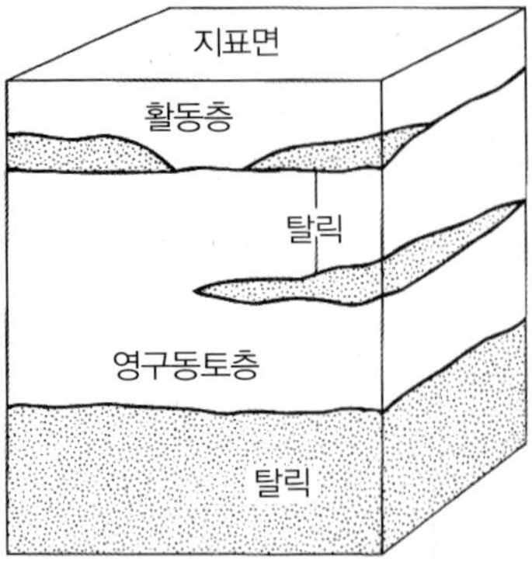

그림 9.4 탈릭

탈릭(talik)은 영구동토층이 있는 곳에서 얼지 않은 채 남아 있는 부분으로 영구동토층 내는 물론 그 상부와 하부에서도 나타난다(Ritter *et al*., 1995, p.358).

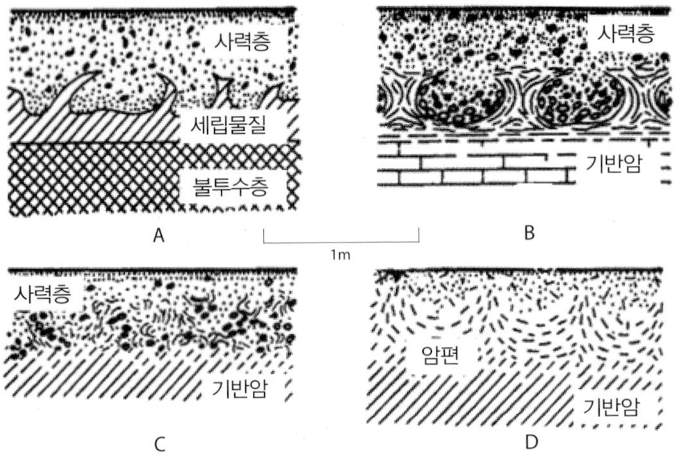

그림 9.5 여러 종류의 인볼루션

A: 세립물질(실트, 점토)이 사력층 속으로 밀려올라감. B: 세립물질이 사력층 속으로 밀려올라가면서 포켓 구조가 생김. C: 사력층과 세립물질이 여기저기 뒤틀어진 구조. D: 서릿발 풍화로 쪼개진 암편(岩片)들이 꽃줄 모양으로 밀고올라옴(Chorley *et al*., 1984, p.563, 그림 출처: West, 1977, p.92).

남아 있는 탈릭(talik)도 있다(그림 9.4). 탈릭은 영구동토층뿐만 아니라 활동층과 영구동토층 사이 또는 강이나 호수 밑바닥에서 나타난다.

영구동토층은 북위 50° 선 이북에 광범하게 분포한다. 영구동토층은 흔히 연속대(連續帶, continuous zone)와 단속대(斷續帶, discontinuous zone)로 나눈다. 연속대는 영구동토층이 연속적으로 분포하는 곳으로 강이나 호수 밑바닥을 제외하고는 영구동토층의 두께가 대체로 두껍다(그림 9.2). 단속대는 영구동토층이 탈릭에 의해서 끊겨 있으며, 영구동토층의 두께도 두껍지 않다. 연속대의 분포 한계는 연평균기온 -6°C, 그리고 단속대의 분포 한계는 -1°C선과 대체로 일치한다. 이밖에도 영구동토층은 마치 섬처럼 고립된 분포를 보이기도 한다. 이를 간헐적 영구동토층(sporadic permafrost)이라고도 하며, 주로 북위 50°선 이남의 고산지에서도 발견되므로 고산지 동토층이라고도 한다. 이러한 동토층은 빙하기 때는 현재보다 넓은 범위에 걸쳐 있었지만, 빙하기 이후 기후가 온난해지면서 그 범위가 축소되어 섬처럼 남게 된 것이다.

이와 같이 영구동토층은 기후가 한랭해지면 그에 상응하여 두께가 두꺼워지고 분포 범위도 넓어지는 반면, 온난해지면 영구동토층의 두께가 얇아지고 분포 범위도 축소된다. 근래에는 지구온난화가 가속화되고 있을 뿐만 아니라, 영구동토층이 있는 곳에서 산업 및 주거 활동이 증가하면서 영구동토층이 녹아 지면이 함몰되는 등의 환경변화가 일어나는 곳이 늘고 있다. 그런 곳 중에는 석회암 지역의 카르스트처럼 지면이 함몰되어 생겨난 와지나 작은 호수들이 여기저기 흩어져 분포하는 곳도 있다. 이러한 영구동토층의 함몰 지형을 열 카르스트(thermokarst)라 부른다.

3. 주빙하 지형형성작용

주빙하 환경하의 지형형성작용은 크게 수분의 동결 및 융해 작용에 의한 것과 매스무브먼트에 의한 것으로 나눌 수 있다. 특히 수분의 동결과 융해 작용은 주빙하 지형형성작용의 핵심으로 이것에 의한 풍화작용이나 물질 이동은 주빙하지형의 생성에서 매우 중요한 역할을 한다(그림 9.6). 그러나 수분의 동결과 융해 작용은 주빙하 지역만이 가지는 고유한 특성은 아니며, 그보다 기온이 높은 냉대 및 온대 지역에서도 겨울철에 흔히 발생한다. 다만 주빙하 지역에서는 다른 곳에 비하여 수분의 동결 정도가 더 심하고, 동결과 융해의 반복이 더 빈번하게 일어나는 점이 다르다. 이 때문에 주빙하 지역에서는 다른 지역에서는 찾아보기 어려운 그곳만의 독특한 지형들이 발달한다.

주빙하 기후하에서 토양의 수분이 동결되면 땅속에 빙체(氷体), 즉 토빙(土氷, ground ice)이 생긴다. 토빙은 암석이나 토양 또는 퇴적물 속에 생긴 얼음을 말하며, 그 종류는 다양하다. 주된 것으로는 상주(霜柱, needle ice), 얼음렌즈(ice lens), 얼음쐐기(ice

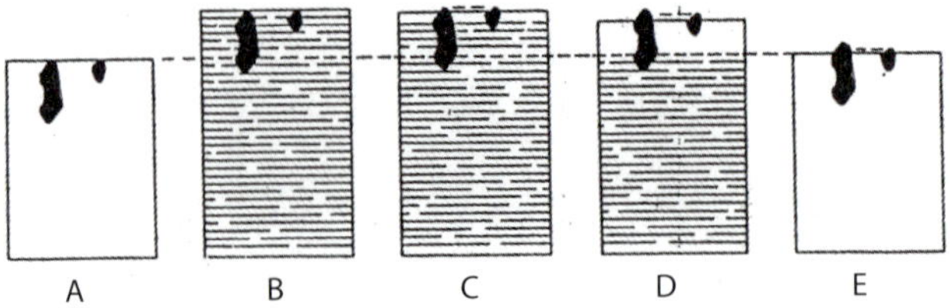

그림 9.6 수분의 동결 및 융해의 반복과 조립물질의 이동

A: 토양수분동결 이전. B: 수분동결로 지면이 들려짐. C: 융빙 시작. D: 큰 돌의 하부는 동결 상태이지만, 작은 돌 하부는 그렇지 않아 융빙과 더불어 작은 돌이 더 많이 내려앉음. E: A와 마찬가지로 완전한 해빙, 그러나 A와는 달리 지면 위로 돌들이 솟아 있으며, 큰 돌이 작은 돌보다 상대적으로 더 많이 솟아 있음(Büdel, 1981, p.53).

그림 9.7 상주(성판악 인근, 한라산)

상주는 토양 수분이 얼어 생기는 토빙의 일종으로 대체로 지면에 수직 방향으로 성장한다.

wedge), 빙구(氷丘, pingo) 등이 있다.

토빙이 생기는 것은 기온이 내려가 토양 수분이 얼기 때문이다. 토빙의 규모가 커지는 것은 수분이 얼어 생긴 작은 빙체를 향하여 아직 얼지 않은 수분이 이동하여 빙체에 들러붙는 빙체분리(氷体分離, ice segregation)가 일어나기 때문이다. 수분과 빙체가 토양 내에 함께 포함되어 있을 경우 수분이 빙체에 들러붙는 것은 얼음 표면의 포화수증기압이 물 표면의 포화수증기압보다 낮기 때문이다. 빙체분리는 수분의 이동이 원활하면서도 수분이 머물 수 있는 정도의 공극이 발달된 토양, 즉 실트 중심의 토양이 있는 곳에서 가장 전형적이다. 빙체분리에 의한 토빙의 발달은 토양뿐만 아니라 암석 내에서도 일어나며, 이로 인하여 단단한 암석이 쪼개지기도 한다(Murton *et al.*, 2006). 주빙하 환경하에서 빈번하게 일어나는 암석 붕괴 현상은 서릿발 풍화 이외에도 이러한 빙체분리가 주된 역할을 한다.

상주는 바늘 모양의 빙체가 수직적으로 성장하면서 생겨난 토빙이다(그림 9.7).

상주가 만들어지는 것은 수분이 얼면서 빙체가 토양 내의 공극을 따라 하방으로 성장하기 때문이다. 이와 같이 빙체가 하방으로 성장하는 것은 토양 중의 수분이 모세관 힘(capillary force)에 의해 지면을 향하여 올라오면서 빙체에 들러붙기 때문이다. 상주는 작은 것은 수 mm에 불과하지만, 큰 것은 10cm 이상에 달하며, 상주에 의해 토양입자는 물론이고 작은 자갈도 지표면에서 분리되어 들려지기도 한다. 과거에 농촌에서 봄철에 보리밟기를 해주는 농사 전통이 있었던 것도 바로 이러한 상주와 관련이 있다. 추운 겨울에 밭이 얼면서 토양 속에 상주가 생겨나면 토양물질이 들려지는데, 봄이 되어 상주가 녹으면 토양에 공극이 많아져 보리 뿌리가 제대로 착근하지 못하고 말라죽을 수 있기 때문에 토양 내의 공극을 메워주기 위해 보리밭을 밟아주는 것이다.

상주가 수직적으로 성장한 빙체라면 얼음렌즈는 수평적으로 성장한 빙체이다. 얼음렌즈는 두께가 수 cm 이내에 불과한 것도 있지만 수 m 이상에 이르는 것도 있으며, 얼음렌즈가 성장하는 과정에서 지면을 들어올리기 때문에 도로가 파손되는 등의 환경 문제를 일으키기도 한다(Rempel, 2007; French, 1988). 얼음렌즈는 토양의 공극이나 갈라진 틈새의 수분이 얼면서 생기는데, 규모가 커지는 것은 주변으로부터 수분이 빙체를 향하여 이동하여 그 표면에 흡착되기 때문이다. 수분이 이동하는 과정에서 점토, 실트 등의 세립물질 또한 수분과 더불어 이동하게 된다. 이러한 세립물질은 빙체가 사라진 후에도 원래의 위치로 돌아가지 않기 때문에 빙체가 있었던 자리에는 세립물질의 집적층과 더불어 수분의 동결과 융해에 의한 동결구조(凍結構造, cryogenic structure)가 화석처럼 남게 된다(오경섭, 1989). 동결구조는 얇은 층이나 렌즈 모양 등 다양한 형태를 보인다. 현재는 온난한 지역이라도 지난 빙하기 동안에는 이러한 동결구조가 토양 내에 생길 수 있기 때문에 이를 토대로 그 지역에 있었던 과거의 기후변화를 알아낼 수 있다.

빙체 중에는 땅속에 마치 쐐기를 박아놓은 것처럼 생긴 얼음쐐기(ice wedge)도 있다(그림 9.8). 또한 드물기는 하지만 빙체가 작은 구릉의 크기까지 성장하는 빙구(氷丘, pingo)도 있다. 이들 얼음쐐기와 빙구는 지형 경관상 구분되는 뚜렷한 특징을 보이므로 뒤에서 개별적인 주요 주빙하지형을 다룰 때 좀 더 상세히 기술하였다.

얼음렌즈의 형성과정에서도 살펴보았듯이, 빙체가 땅속에서 생기고 녹는 과정에

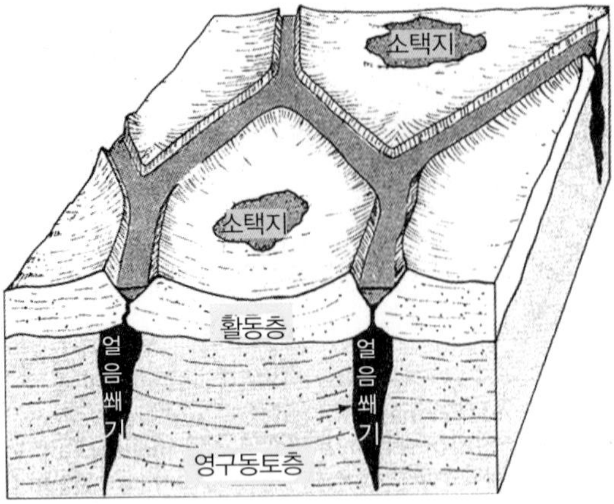

그림 9.8 얼음쐐기 다각형

얼음쐐기는 수분이 동결과 융해를 반복할 때 생기며, 평면형이 다각형일 경우 얼음쐐기 다각형이라 부른다. 저지대에는 소택지가 생기기도 한다(Butzer, 1976, p.342).

서 크고 작은 토양물질의 이동이 수반된다. 물질의 이동과정은 복합적인데, 빙체가 생기면서 토양물질을 들어올리거나(heaving), 옆으로 밀어대며(thrusting), 때로는 결빙 과정에서 땅이 수축하면서 균열이 생겨 쪼개지거나(cracking), 빙체가 성장하면서 쐐기 모양으로 땅이 벌어지는 것(wedging) 등으로 나눌 수 있다.

빙체의 성장과정에서 토양물질이 상방으로 들려지는 현상 중에는 상주에 의해 물질이 들려지는 것 이외에도 땅속의 돌들이 수분의 동결과 융해 과정에서 점차 지표면으로 밀려올라오는 현상도 있다(그림 9.6, Easterbrook, 1999, p.402). 토양이 지면으로부터 동결되면서 동결면(凍結面, freezing front)이 하부로 확장되면 이에 접한 돌이 얼어붙으면서 지면을 향해 끌려올려간다. 이러한 현상을 동결 끌어당김(frost-pull)이라 한다. 동결과 더불어 땅속에서 지면을 향해 밀려올라간 돌은 땅이 다시 녹는다 하더라도 원래의 자리가 이미 주변의 다른 토양물질들로 채워졌기 때문에 그 위치로 돌아가지 않는다.

이와는 달리 토양과 암석의 열전도율 차이로 돌의 이동을 설명하기도 한다. 즉 토양에 비해 돌의 열전도율이 상대적으로 높아 먼저 동결되기 때문에 돌 주변과 그 하부에 얼음이 생기면서 이로 인하여 돌이 위로 밀려올라가는 일이 생긴다. 일단 이동한 돌은 땅이 녹아도 원래 있던 자리를 세립의 토양물질이 채우고 있어 원래의 위치로 돌아가지 않는다. 이러한 현상을 동결 밀어냄(frost push)이라 한다.

동결 끌어당김(frost-pull)이나 동결 밀어냄(frost push) 모두 토양의 동결 및 융해 작

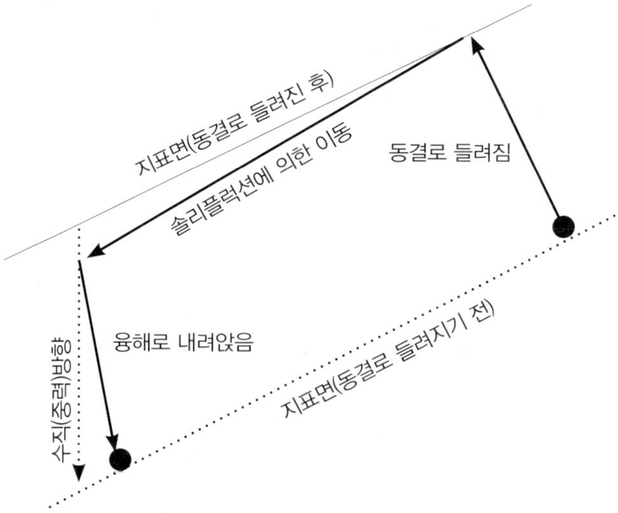

그림 9.9 솔리플럭션과 서릿발 포행에 의한 물질 이동

지표물질(자갈 등)이 수분의 동결로 인하여 지면에 직각으로 들려진 후 얼음이 녹게 되면, 일정 거리를 솔리플럭션에 의해 이동한 후 내려앉는다. 이때 물질이 내려앉는 방향은 수직이지만 실제로는 다소 상방 사면에 내려앉는다. 이처럼 주빙하 지역에서는 솔리플럭션과 서릿발 포행이 동시에 발생하기도 한다(Ritter *et al*., 1995, p.370).

용에 기인하여 돌이 지면을 향해 이동하는 과정을 설명하고 있다. 이런 이동에는 돌이 땅속에 놓여 있는 자세와 그 형태도 영향을 미친다. 대체로 뾰족하며 직립인 돌이 넓적하며 수평인 돌보다 더 빠른 속도로 땅속에서 지면으로 올라온다. 주빙하 기후 지역에서는 지표에 드러난 암반이 서릿발 풍화를 받아 생성되는 돌들도 많지만, 이와 같이 땅이 얼고 녹는 과정에서 땅속의 돌들이 지면을 향하여 올라오기 때문에도 지면에 돌이 많이 깔려 있는 경관을 볼 수 있다. 돌 이외에도 위에 기술한 바와 같이 세립의 토양물질 역시 동결이나 융해 과정에서 이동되므로 수분의 동결과 융해는 토양 전반에 걸쳐 물질 이동을 일으키는 원인이 된다.

주빙하 환경하에서는 토빙의 생성과 관련되어 발생하는 지형형성작용 이외에도 암석낙하, 서릿발 포행(frost creep), 솔리플럭션(solifluction) 등 매스무브먼트가 지표면을 변화시키는 주된 지형형성작용의 하나이다(그림 9.9).

암반이 노출된 급경사면에서 수분의 동결과 융해가 반복되면 서릿발에 의한 물리적 풍화가 활발해지기 때문에 암설이 암벽으로부터 분리되어 지면을 향해 떨어지는 암석낙하가 발생한다. 또한 이렇게 떨어져내린 암설이 암벽 사면의 하부에 쌓이

그림 9.10 애추사면(레이니어 국립공원, 미국)
레이니어(Rainier) 화산은 정상부에 빙하가 있으며, 그 주변의 급사면에는 애추가 널리 발달하였다.

그림 9.11 애추사면(백두산, 천지 호안사면)
천지를 둘러싼 외륜구릉에는 급사면 암벽이 많으며, 그 하단부에는 거의 예외 없이 애추가 발달하였다.

게 되면 절벽 하부에는 애추 또는 애추사면이 생겨난다. 이런 지형들은 주빙하 환경하의 고산지에서 흔하게 관찰할 수 있다(그림 9.10, 9.11). 우리나라 중·남부 지방의 산지에서도 애추를 어렵지 않게 찾아볼 수 있으며, 이들의 상당수는 과거 빙하기 동안에 생긴 것으로 추정한다(그림 9.12, 9.13). 애추에 암설이 공급되는 것은 주로 암석낙하에 의해 이루어지지만, 애추 물질의 사면 하방 이동은 서릿발 포행이나 사면류 또는 암설류에 의해서 일어난다. 애추사면에서의 서릿발 포행에 대해서는 애추포행(talus creep)이라고도 한다. 사면류나 암설류에 의한 애추 물질의 이동이 활발한 곳에서는 원래의 애추 모습이 변형되면서 충적추(alluvial cone)가 생기기도 한다. 천지의 외륜산지 사면에서는 애추사면 이외에도 이러한 형태의 충적추를 어렵지 않게 찾아볼 수 있다(그림 9.1).

서릿발 포행이란 수분의 동결과 융해에 기인하여 지표물질이 들려지고, 내려앉으면서 하방 이동하는 매스무브먼트이다(그림 9.9). 토양물질은 동결되면 그 하부에 얼음이 생겨 지면에 직각으로 들려지며, 얼음이 녹게 되면 중력의 영향을 받아 대체로 수직으로 내려앉는다. 지면이 경사진 경우, 그 위의 토양물질이 동결로 들려지는 것은 지면에 직각이지만, 융해로 내려앉는 것은 수직 방향이기 때문에 이것이 반복되면 토양물질은 점차 사면의 경사 방향을 따라 하방 이동한다. 위에서 대체로 수직이라고 한 것은 토양물질이 중력의 영향을 받는 것은 수직 방향이지만, 물질의 점성

그림 9.12 나무로 덮여 있는 애추(양산)

현재는 나무숲 속에 애추가 있어 암설의 분포 범위를 정확하게 알기 어렵다. 이런 유형의 애추는 대부분 현재보다는 과거 빙하기 때 생긴 것으로 추정된다.

그림 9.13 나무숲에 둘러싸인 애추(두타연, 양구)

우리나라에 흔한 애추로 사진에서처럼 나무숲에 둘러싸여 있지만 그 배후에는 급사면 암반이 있는 경우가 많다.

이나 물질 상호간의 간섭 때문에 토양물질이 정확히 수직으로 내려앉지 않으며, 그보다는 다소 짧게 이동한 위치, 즉 보다 사면 상부 쪽에 내려앉기 때문이다.

솔리플럭션은 수분으로 포화된 사면물질이 집단을 이루어 느리게 하방 이동하는 현상이다. 토양 중에 불투수층이 있어 그 상부의 물질이 수분으로 포화될 수 있는 조건이면 어디든지 솔리플럭션은 발생할 수 있다. 다시 말하여 주빙하 환경이 아니더라도 솔리플럭션은 일어난다. 이런 이유로 주빙하 환경하의 솔리플럭션에 대해서는 젤리플럭션(gelifluction)이라는 별도의 용어를 사용하기도 한다.

주빙하 환경하의 젤리플럭션은 영구동토층이 있는 곳에서 잘 발생한다. 영구동토층 최상부인 수 m 이내의 땅은 여름철에 얼음이 녹아서 활동층이 된다. 활동층의 토양수는 그 하부의 영구동토층이 불투수층이기 때문에 하방 이동이 제한되어 활동층은 수분으로 쉽게 포화된다. 포화된 활동층의 사면물질은 1° 정도의 완만한 사면에서도 하방 이동하며, 이동속도는 토양포행보다는 빠르지만 1년에 수십 cm 이내에 불과할 정도로 느리다(French, 1988).

젤리플럭션(솔리플럭션)이나 서릿발 포행은 대개 동시에 발생한다. 즉 겨울철 결빙에 의해 암설들이 지면에서 들려진 후 여름이 되어 그 주변의 땅이 녹게 되면 젤리플럭션이 일어나면서 암설들이 집단적으로 사면 하방 이동한다. 그런 과정에서 토양 수분이 점차 줄어들면 이동하던 암설들이 중력 방향으로 내려앉게 된다.

눈 덮인 기간이 긴 고산지의 주빙하 지역에서는 눈이 쌓이고 녹는 일이 반복되

그림 9.14 설식와지(레이니어 국립공원, 미국. 2006년 8월 5일 촬영)

설식와지(nivation hollow)는 연중 긴 기간 동안 눈 덮인 곳에서 융빙수와 매스무브먼트에 의한 지면침식을 받아 생겨난 와지이다. 이곳의 설식와지는 한여름에도 잔설이 있다.

면서 지표면이 풍화되고, 또 풍화된 물질이 융빙수 내지 매스무브먼트에 의해서 침식 제거되면서 와지가 잘 생긴다. 이와 같은 한랭한 환경하에서는 겨울에 기반암이 눈으로 덮여 있더라도 기온이 낮기 때문에 암반에 생긴 절리나 층리, 또는 암석의 공극으로 스며든 물이 동결되면서 쪼개지거나 부스러진다. 이렇게 생산된 암설들은 눈이 녹는 여름이 되면 비록 잔설이 있는 곳이라 하더라도 융빙수에 의해 운반되면서 지면침식이 일어난다. 또한 눈이 녹아 이미 나지로 드러난 곳에서도 잔설에서 생기는 융빙수에 의해 지면이 침식받거나, 지면에 놓인 물질들이 포행이나 솔리플럭션에 의해 더 낮은 곳으로 이동된다. 이와 같이 연중 긴 기간 동안 눈 덮인 곳에서 일어나는 지면침식 현상을 설식(雪蝕, nivation), 그리고 설식으로 생겨난 와지를 설식와지(雪蝕窪地, nivation hollow)라 한다(그림 9.14, Thorn, 1988).

산악빙하 주변의 설식와지를 보면, 한여름철이어도 잔설의 일부가 남아 있거나, 잔설마저 녹아 없지만 식생의 피복이 거의 없이 나지인 채로 남아 있는 설식와지가 많다. 이와는 달리 태백산지(대관령 인근)에 분포하는 것으로 알려진 설식와지는 와지 내에 식생들이 자라고 있어 현 기후의 영향도 물론 배제할 수 없지만 현재보다는 과거 빙하기 때 설식이 보다 활발했던 것으로 추정된다(기근도, 2002).

4. 주요 주빙하지형

1) 영구동토층과 관련된 지형

(1) 얼음쐐기와 얼음쐐기 다각형

지표면에서 땅속으로 쐐기 모양으로 박혀 있는 빙체(氷体)를 얼음쐐기(ice wedge)라 부른다. 얼음쐐기는 겨울철에 지면이 냉각 수축되어 지표에 수직적인 균열이 생긴 후, 여름철에 기존의 균열을 따라 수분이 침투하여 겨울이 되면서 다시금 그 수분이 새롭게 어는 과정을 수없이 반복할 때 생겨난다(그림 9.15). 얼음쐐기의 평면형은 다각형을 이루는 경우가 많아 얼음쐐기 다각형(ice wedge polygon)이라 부른다. 얼음쐐기는 성장하면서 주변에 힘을 가하게 되므로 얼음쐐기에 접한 토양이나 암석은 그 힘에 의해 지면 방향으로 밀려올라가 지면 고도가 높아지는 반면, 얼음쐐기로 둘러싸인 중앙부의 땅은 얼음쐐기가 있는 곳보다 상대적으로 지면 고도가 낮아져 호소나 습지가 생기기도 한다(그림 9.8).

일단 얼음쐐기가 생기면 토양구조가 변형된 것이므로 기후가 온난해져 빙체가 녹는다 하더라도 토양에 생긴 쐐기구조(ice wedge cast)는 대체로 그대로 남게 된다. 그러나 쐐기구조는 얼음쐐기가 녹는 과정에서 변형이 일어나기 때문에 원래의 모습 그대로는 아니다. 얼음쐐기가 있었던 자리에 새로운 퇴적물이 밀려들어가 채워진 것은 다 같은 모습이지만, 얼음쐐기에 의해 밀려올라갔던 빙체의 가장자리가 그대로인 것

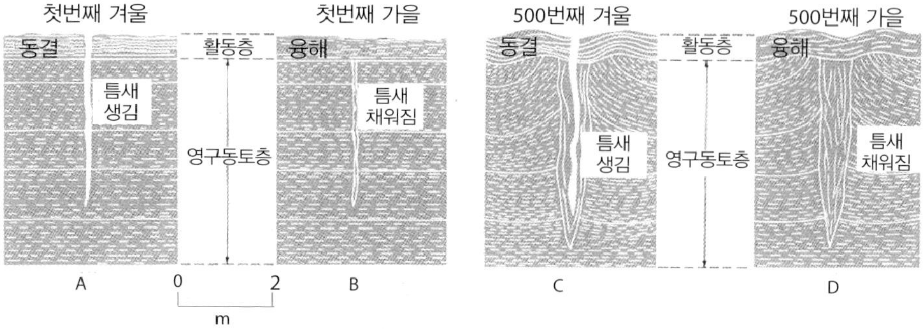

그림 9.15 얼음쐐기의 형성과정

겨울에 지면이 냉각 수축되어 수직 균열이 생긴 후, 여름에 그 균열을 따라 수분이 침투하여 겨울에 다시 얼기를 수없이 반복할 때 얼음쐐기가 생겨난다(Lachenbruch, 1962).

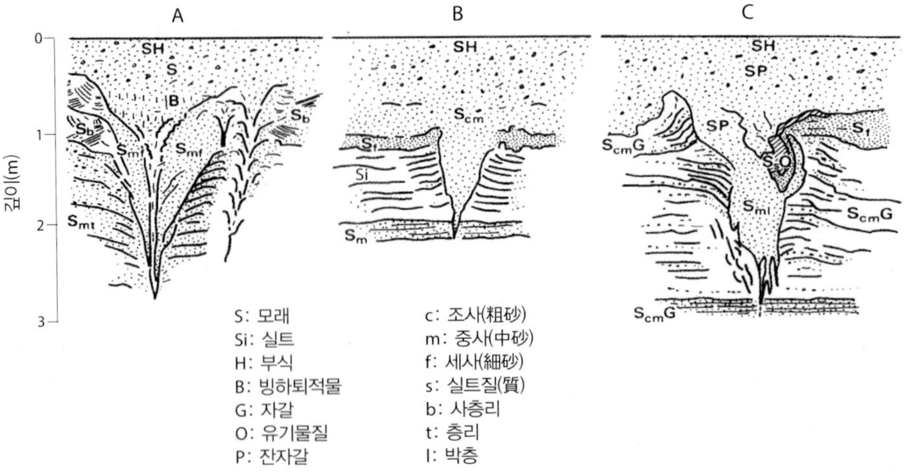

그림 9.16 쐐기구조

A: 쐐기가 다른 물질로 채워지고, 가장자리에서 슬럼프가 일어남. B: 쐐기 가장자리가 밀려올라감. C: 복합적인 쐐기구조(Chorley *et al.*, 1984, p.561, 그림 출처: French, 1976, p.241).

도 있고, 빙체가 녹으면서 가장자리에서 슬럼프가 일어나 원래와는 반대로 아래로 밀려내려간 구조를 보이는 것도 있다(그림 9.16). 우리나라처럼 현재는 온난한 기후 환경하의 지역임에도 이러한 토양의 쐐기구조가 발견된다면 이를 증거로 그곳이 과거 한때 주빙하 환경하에 놓였음을 추정할 수 있다.

(2) 빙구와 팔사

빙구(氷丘, pingo)는 언덕 또는 구릉을 뜻하는 이누이트 인디언의 말에서 기원한 용어로 영구동토층 분포지역에서 땅속에 얼음이 들어 있는 돔 형태의 구릉을 지칭한다(그림 9.18; Pissart, 1988; Mackay, 1998). 빙구는 높이가 수 m~70m, 폭이 30m~1,000m 정도의 구릉이다. 빙구가 생겨나는 것은 얼음이 볼록렌즈 형태의 빙체로 성장하면서 그 위의 지면을 들어올리기 때문이다. 빙구 중에는 한정된 지형 공간 내의 수분이 얼면서 빙체로 성장하는 폐쇄체계빙구(그림 9.17)와 외부로부터 수분이 지속적으로 공급되면서 빙체가 성장하는 개방체계빙구가 있다(그림 9.18, 9.19).

폐쇄체계빙구(closed system pingo)는 호수나 저습지와 같이 수분이 많은 곳에서 잘 생기는 반면, 개방체계빙구(open system pingo)는 주변의 높은 곳 또는 대수층으로부

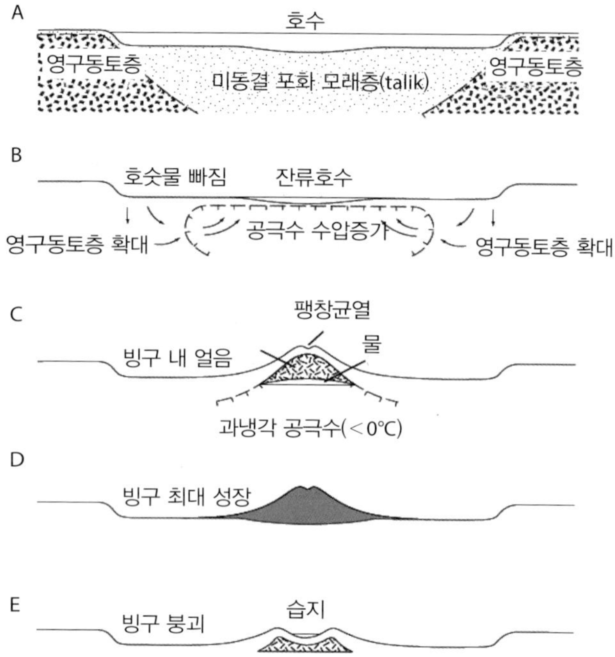

그림 9.17 폐쇄체계빙구의 성장과 붕괴(Tuktoyaktuk 반도, 캐나다)

물 공급이 한정된 장소(호수)에서 일어나는 빙구 생성과 붕괴 과정을 설명하고 있다. A: 초기 지형. B: 영구동토층 확대와 호수 축소. C: 빙구 생성과 지면 융기. D: 빙구 최대 성장. E: 빙구 붕괴(Williams and Ferrigno, 2012, A451, 그림 출처: Mackay, 1998).

터 지하수가 계속 공급되는 환경에서 생겨난다. 폐쇄체계빙구는 기후가 더욱 한랭해져 그간 얼지 않은 채 남아 있던 호수나 저습지마저 동결되면서 빙체가 생기고 이것이 더욱 성장하여 빙구가 된 경우이다(그림 9.17). 개방체계빙구는 지면으로 용출하는 지하수가 지표 가까이에서 결빙되어 빙체가 생기고, 이 때문에 빙체 하부에서는 지하수의 수압이 증가하여 그 힘에 의하여 빙체가 점차 지표로 밀려올라가면서 빙구로 성장한 것이다(그림 9.19). 빙구의 성장률은 대체로 연간 수 cm에서 수 m 정도인 것으로 알려진다.

영구동토층이 단속적으로 분포하는 주빙하 지역에서는 얼음과 토탄을 포함한 토양층이 솟아올라 높이 1~7m, 폭 10~30m, 길이 15~150m의 작은 구릉이 되기도 한다. 이러한 주빙하지형을 팔사(palsa)라 부른다(그림 9.20, Seppälä, 1988). 팔사는 구릉 안에 빙체가 있다는 점에서 빙구와도 다를 바 없어 작은 빙구라 부르기도 한다. 그러

그림 9.18 개방체계빙구(스발바르 제도, 노르웨이)

사진 하단의 구릉이 개방체계빙구이다. 개방체계빙구는 지하수가 지속적으로 공급되는 조건하에서 발달된다(사진촬영: Ole Humlum, 출처: Williams and Ferrigno, 2012, A452).

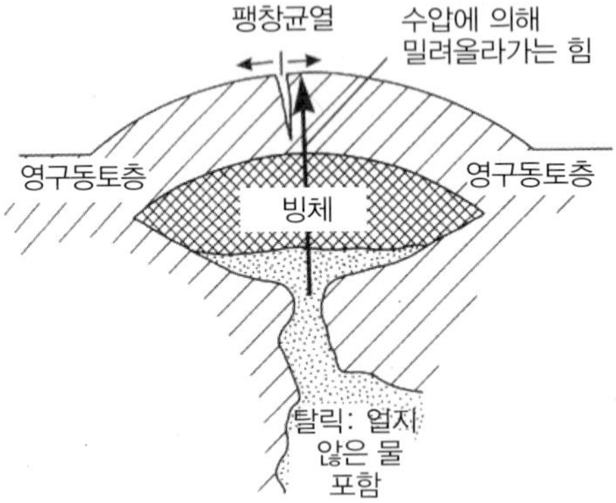

그림 9.19 개방체계빙구

개방체계빙구는 지하수가 지속적으로 공급되는 환경에서 빙체가 성장하여 빙구가 된 경우이다. 빙구로 성장하면서 지면을 들어올리므로 융기된 지표면이 갈라져 함몰되기도 한다(Müller, 1968, p.846 부분 수정).

그림 9.20 팔사(바랑에르피오르, 노르웨이)

팔사(palsa)는 습지에서 생기며, 구릉 안에 얼음과 토탄이 포함되어 있다(사진촬영: Harald Svensson, 출처: Williams and Ferrigno, 2012, A453).

나 팔사는 습지에서 발달하며, 구릉 안에 토탄이 포함되어 있고, 얼음렌즈가 층을 이루어 구릉 안에 포함되어 있는 점에서 보통의 빙구와는 차이가 있다. 이밖에도 빙구는 영구동토층이 있는 곳에서 고립 분포를 보이지만, 팔사는 영구동토층이 지형 생성의 전제조건이 아니며, 대체로 습지를 중심으로 집단 분포하는 점도 보통의 빙구와는 다른 점이다.

팔사가 발달하는 것은 토탄이 있는 습지의 경우 주변 육지에 비하여 겨울에 눈이 적게 쌓이기 때문에 한랭한 대기의 영향이 차단되지 않고 그대로 토탄 속으로 전달되어 그 속에 얼음렌즈가 생기기 때문이다. 이렇게 생긴 얼음렌즈는 토탄 속에서 생기기 때문에 여름이 되어도 잘 녹지 않으며, 시간이 지나면서 점차 주변으로부터 수분을 끌어들여 성장한다. 그 과정에서 위를 덮고 있는 토양층을 들어올리기 때문에 작은 구릉처럼 성장하게 된다. 팔사는 북극 주변부인 캐나다, 아이슬랜드, 러시아, 스웨덴 등지에 널리 분포한다.

(3) 구조토

수분의 동결과 융해가 반복되면서 물질의 분급이 일어나면 지표면의 형태가 변형되면서 구조토(構造土, patterned ground)가 생긴다. 구조토는 지표면에 생겨난 일종의 무늬 구조이다(그림 9.21, 9.24). 구조토는 물질 이동이 쉽게 일어나는 기후 환경이면서 토양 중에 조립암설과 세립토사가 함께 섞여 있는 평탄지나 완경사지에서 잘 발달한다. 그러나 구조토는 영구동토층이 있는 곳에서만 생겨나는 것은 아니며, 주빙하 기후조건이 탁월한 곳이면 어디에서나 발견된다.

구조토의 형태는 다각형(多角形, polygons), 원형(圓形, circles), 망상형(網狀形, nets), 계단형(階段形, steps), 선형(線形, stripes) 등 다양하다(그림 9.21, Easterbrook, 1999, pp.418-422). 한 사면에서도 경사의 완급 정도에 따라 구조토의 형태가 달리 나타난다. 경사가 거의 없는 평탄한 곳에서는 원형이 많고, 경사가 급할수록 물질의 사면하방이동이 우세하기 때문에 경사진 곳에서는 선형이 많다. 대체로 1~2° 의 사면에서는 원형 및 다각형, 3~5° 에서는 망상형 및 계단형, 그리고 7~10° 에서는 선형 구조토가 잘 생긴다.

평탄한 사면 위에서 발달하는 다각형 및 원형 구조토는 중앙에 세립물질, 그리고 외곽에 조립암설이 집적된 경우가 많다(그림 9.24, 최정헌 외, 2008). 그중에는 외곽에 암설 대신에 작은 도랑이 있는 것도 있다. 암설의 크기는 구조토의 크기에 비례하며, 땅속으로 가면서 입자 크기가 작아지는 경향이 있다. 망상형 구조토는 물질의 분급 정도는 크게 다를 바 없지만, 경사가 더 급한 곳에서 나타나며, 형태상 다각형 및 원형 구조토와 선형 구조토의 중간적인 특징을 보인다.

계단형 구조토는 장축이 사면경사 방향을 횡(橫)으로 가로지르고 있으며, 망상형 구조토보다도 경사가 조금 더 급한 곳에서 발달한다. 구조토의 형태 및 사면경사를

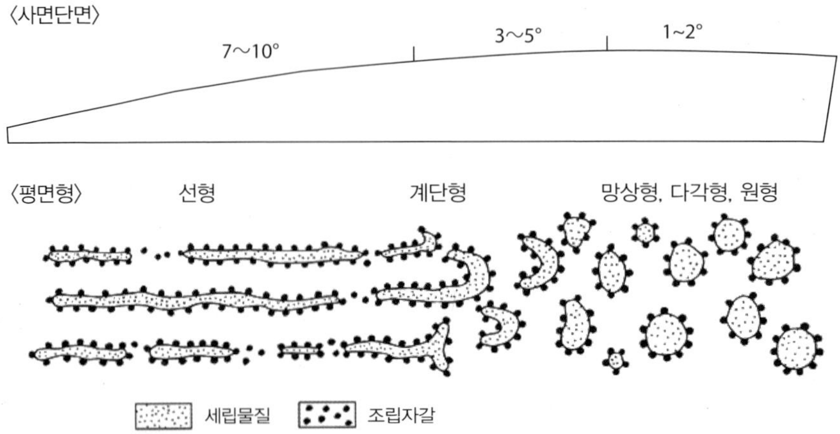

그림 9.21 사면경사와 구조토

지면경사에 따라 물질이동률이 달라지므로 구조토의 형태도 지면경사에 따라 달라진다. 지면이 평탄한 곳에서는 원형, 다각형, 망상형, 그리고 급한 곳에서는 선형 구조토가 발달한다(Ritter *et al*., 1995, p.379).

볼 때 원래 원형 및 다각형, 또는 망상형 구조토였던 것이 계단형으로 변형된 것으로 보고 있다.

선형 구조토는 구조토 중에는 가장 경사가 급한 사면에서 발달한다. 선형구조를 이루는 물질은 암설이 많지만 세립물질인 경우도 있다. 북극권 내의 지역인 스발바르제도에서 이러한 선형 구조토를 조사한 바에 의하면(Büdel, 1981, p.70), 선형의 세립물질이 지면에서는 폭이 불과 10cm 이내이지만, 활동층 하부, 즉 땅속 약 30cm 깊이에 이르면 그 폭이 더욱 넓어지는 동시에 세립물질과 조립물질이 더 확연하게 분리 집적된 모습을 보였다(그림 9.22). 이러한 물질 간의 분리 집적은 수분의 동결과 융해에 의한 세립물질과 조립물질 간의 물질 이동이 활동층의 표층뿐만 아니라 하부에까지 활발하게 일어나고 있음을 말해준다. 여기서 흥미로운 것은 활동층 아래에 현재와는 또 다른 화석화된 활동층이 있다는 점이다. 이 활동층은 현재는 영구동토층의 일부이지만 과거 기후최적기 동안에는 활동층이었으며, 이후 새로운 활동층에 의해 덮이면서 영구동토층으로 달라진 것으로 추정한다. 이처럼 구조토는 기후 환경의 변화를 예민하게 반영하는 지표의 하나이다.

구조토는 우리나라의 백두산 일대에서도 발견된다(최인숙 외, 2010). 백두산 인근의 한 평탄한 산록면에 발달된 구조토를 보면, 군데군데 식생피복이 벗겨져나간 맨

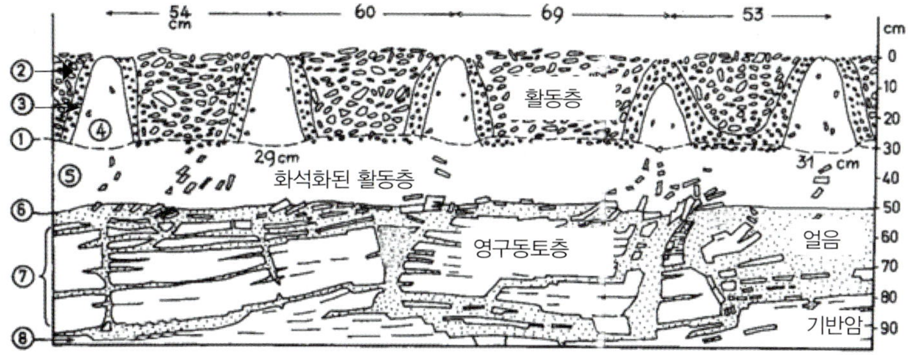

그림 9.22 선형 구조토 사면의 노두 단면(바렌츠섬, 스발바르 제도)

① 영구동토층면(permafrost table), ② 조립자갈, ③ 잔자갈, ④ 세립물질(실트), ⑤ 화석화된 활동층(실트, 기후최적기), ⑥ 화석화된 활동층과 빙각(ice rind)과의 경계, ⑦ 빙체가 생긴 지층, ⑧ 기반암(Büdel, 1981, p.70).

그림 9.23 구조토(백두산 인근 산지)

나지에 드러난 물질들을 보면, 조립물질이 가장자리, 세립물질이 중앙에 모여 있다.

그림 9.24 다각형 구조토(스발바르 제도, 노르웨이)

물질의 분급이 일어나 외곽에는 자갈, 중앙에는 세립물질이 모여 있다(사진촬영: 최정헌 박사, 한국기초과학지원연구원).

땅이 드러나 있으며, 그곳의 토양물질들은 분급된 것처럼 보인다(그림 9.23). 이를 자세히 살펴보면, 대체로 중앙부의 물질은 모래 크기 정도의 세립 토사이며 가장자리로 가면서 잔자갈이 많다. 이러한 지표물질의 분급이 오로지 수분의 동결과 융해에 의한 것인지는 의문의 여지가 있다. 그러나 강수에 의해 발생하는 지표유출이 우세할 경우에는 이러한 형태의 지형이 발달하기 어렵다는 점, 나아가 이 지역이 주빙하 기후하에 있다는 점 등을 고려하면, 이러한 토양구조의 생성에는 주빙하 지형형성과정이 더 우세하게 작용한 것으로 추정된다.

구조토 중에는 반구(半球) 형태로 솟아 있는 유상구조토(瘤狀構造土, earth hummock, thufur)도 있다(Schunke and Zoltai, 1988). 유상구조토는 높이가 20~100cm, 기저부 직경이 50~150cm 크기로 마치 작은 무덤처럼 보이며, 식생으로 덮여 있다. 유상구조토는 모래와 실트(모래 30%, 실트 70%)로 이루어진 토양에서 잘 생기며, 깊이 수십 cm 이내의 토양층이 볼록하게 솟아오르는 과정에서 토양 내부가 심하게 요동된 토양구조를 보인다. 즉 정상적인 토양구조라면 A층이 B층보다 상부에 있지만, 유상구조토는 A층 밑에 B층, 그리고 그 밑에 다시 A층이 나타나기도 한다. 유상구조토의 발달을 가져오는 물질의 이동 내지 요동 현상은 토양 수분의 함량이 높고, 계절적인 동결작용이 토양 깊숙한 곳까지 영향을 미치며, 동결에 의해 토양물질이 쉽게 들려지는 조건일 때 잘 발생한다. 이밖에도 식생은 볼록한 형태의 유상구조토가 생성되고, 그 형태가 유지되는 데 중요한 역할을 한다.

유상구조토는 대체로 영구동토층이 분포하는 곳에서 널리 나타나지만, 그렇지 않은 고산지역에서도 발달한다. 우리나라의 한라산에서도 유상구조토가 분포하는 것으로 일찍부터 알려졌다(김도정, 1970). 현재 한라산이 국립공원으로 보호되고 있어 접근이 쉽지 않아 유상구조토의 분포 범위를 확실하게 알 수는 없지만, 그 분포 범위는 고산지이면서 경사가 완만한 윗세오름 주변 일대(해발 1,500~1,700m)일 것으로 추정된다. 이곳 이외에도 유상구조토는 백록담 화구 내의 저지대(김태호, 2001), 지리산 세석(장호, 1983), 오대산 질뫼늪(손명원, 박경, 1999) 등지에도 분포한다.

2) 매스무브먼트와 관련된 지형

(1) 젤리플럭션 귓불, 젤리플럭션 단구, 주빙하 평탄면

주빙하 환경하에서 발생하는 젤리플럭션(솔리플럭션)은 여러 종류의 지형을 만든다. 젤리플럭션에 의한 물질의 이동률은 장소마다 동일한 것은 아니다. 다른 곳보다 상대적으로 이동이 빠른 곳을 중심으로 사면물질이 귓불(또는 혀)처럼 하방으로 불거져 내린 젤리플럭션 귓불(gelifluction lobes)이 생기기도 한다.

젤리플럭션 귓불은 10~20°로 경사진 산지 사면에서 잘 발달하며, 말단부의 높이가 1~5m, 폭이 30~50m 크기의 것이 많다. 또한 여러 개가 층을 이루어 젤리플럭

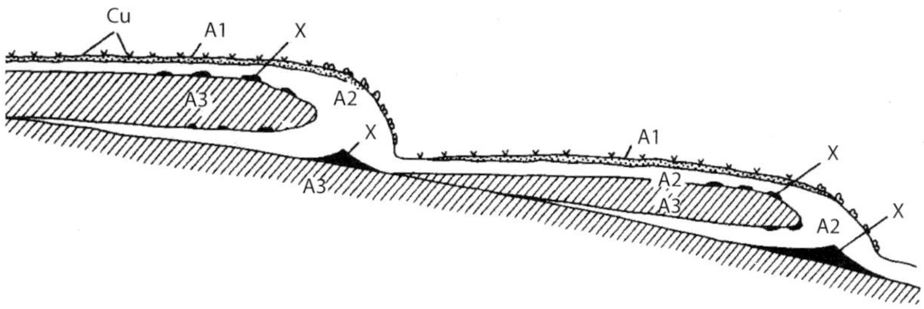

그림 9.25 젤리플럭션 단구(Hohe Tauern, 해발 2,300m)

Cu: 식생피복. A1~A3: 토양층(A1: 검은색 유기물층, A2: 회색 사토, A3: 적갈색 풍화토). X: 흑갈색 부식토(Büdel, 1981, p.84. 원자료: Troll, 1944).

션 단구(gelifluction terraces)를 이루기도 한다. 그림 9.25는 젤리플럭션 단구의 종단면인데, 이를 보면 정상적인 토양층서는 A1층, A2층, A3층의 순서로 나타나지만, A3층 하부에 A2층이 있음을 알 수 있다. 이것은 수분으로 포화된 토양물질이 사면 하방을 향하여 흘러내리듯 이동하였기 때문에 나타난 현상이다. 젤리플럭션은 전체적으로 보면 구성물질이 다 함께 집단 이동하는 것처럼 보이지만, 그중 조립 암편들은 동결 및 융해 작용의 영향을 받아 서릿발 포행하기도 한다. 젤리플럭션 단구로 추정되는 지형은 백두산 천지의 외륜 사면에서도 관찰된다.

주빙하 지역의 산지에서 수분의 동결과 융해에 의해 기반암이 풍화되고 또 그렇게 생산된 풍화산물들이 젤리플럭션, 서릿발 포행 등의 매스무브먼트에 의해 지속적으로 침식 제거되면 산지 사면에 때로는 페디먼트(또는 단구)와 같은 계단상의 평탄한 침식지형이 생성된다. 이러한 지형을 주빙하 평탄면(cryoplanation surfaces) 또는 주빙하 단구(cryoplanation terraces)라 부른다(Priesnitz, 1988; Thorn, 2004; 오종주 외, 2012).[1] 이들 지형은 평탄면의 경사가 1~12°로 완만한 것이 특징인데, 이러한 형태의 침식면은 다양한 지형형성작용에 의해서 생성될 수 있기 때문에 지형의 성인을 둘러싸고 논란이 있다(Thorn, 2004).

1 cyroplanation 대신 altiplanation이라 부르기도 한다. 또한 주빙하 단구(cryoplanation terrace) 이외에 주빙하 페디먼트(cryopediment)라는 용어를 사용하기도 한다.

(2) 성층 사면퇴적물

주빙하 지역의 산지에서는 서릿발 풍화로 생성된 크고 작은 암설들이 암석낙하, 서릿발 포행, 솔리플럭션, 암설류 등 다양한 종류의 매스무브먼트에 의해 사면을 하방 이동하여 경사진 사면 위에 쌓인다. 이렇게 쌓인 사면퇴적물은 물질의 입자 크기는 물론이고 이들이 쌓이는 퇴적과정이 서로 같지 않기 때문에 퇴적상도 다양하다. 이러한 사면퇴적물 중에는 조립인 퇴적물과 세립인 퇴적물이 층층이 교대로 쌓인 경우도 있으며, 이를 성층(成層) 사면퇴적물(stratified slope deposits, grèzes litées)이라 부른다(DeWolf, 1988; 박철웅, 2008). 성층 사면퇴적물은 크게 암석낙하에 의한 것(stratified scree)과 솔리플럭션에 의한 것(grèzes litées)으로 나눌 수 있다.

암석낙하에 의해 생겨나는 성층 사면퇴적물은 애추사면에서 전형적으로 관찰할 수 있다. 층리(層理, bedding)가 생겨나는 것은 암벽에서 서릿발 풍화 등에 의해 입자 크기가 다른 암설들이 낙하하여 암벽의 하단부에 쌓이는 과정에서 물질의 분급이 일어나고, 쌓인 후 조립물질 사이의 세립물질이 퇴적층 하부로 빠져나가면서 또 한 번의 분급이 일어나기 때문이다.

이보다는 일찍부터 지형학자의 관심을 끌었던 것은 솔리플럭션에 의해 생겨나는 성층 사면퇴적물이다. 솔리플럭션에 의해 사면물질들이 하방 이동하는 과정에서 물질 간에 분급이 일어날 뿐만 아니라, 같은 사면 위에서 솔리플럭션이 반복될 경우 그 이전의 사면퇴적물과 새로운 퇴적물 간에 입자 크기 등에서 차이가 있어 층리가 나타날 수 있다.

이와 같은 솔리플럭션에 의한 사면퇴적물 중에는 층리가 있고, 물질의 분급이 나타나는 점 등에서 때로는 하천퇴적물과 비슷한 특징을 보이기도 한다. 그러나 그런 경우라 하더라도 이러한 사면퇴적물은 구성물질 중에 모서리가 각진 조립퇴적물이 많으며, 사면의 경사 방향으로 퇴적층이 기울어져 있는 점 등에서 보통의 하천퇴적물과는 다른 특징을 지니고 있다. 사면퇴적물에 각진 물질이 많은 것은 서릿발 풍화 등으로 생산된 후 주로 매스무브먼트에 의해서 이동 퇴적되었으므로 이동과정에서 마모되지 않았기 때문이다.

근래의 연구에 의하면, 이와 같이 성층 사면퇴적물이 주빙하 기후하에서 널리 나타나는 것은 사실이지만, 그 모두가 주빙하 기후하에서 생겨나는 것만은 아닌 것으로 밝혀지고 있다(Van Steijn *et al*., 2002). 따라서 현재 온난한 기후하에 있는 중·고위도 지방의 산지에 성층 사면퇴적물이 있다고 해서 그 존재만으로 과거에 그곳에서 주빙하 기후가 탁월했다는 지형 증거로 삼기에는 부족한 측면이 있다고 하겠다.

(3) 암석빙하

암석빙하(岩石氷河, rock glacier)는 혀 또는 귓불 모양의 암설 집단으로 빙하가 유동하는 것과도 비슷한 외형을 보이기 때문에 그런 이름이 붙었다(그림 9.26, Ritter *et al*., 1995, pp.383-385). 암석빙하는 주빙하 환경하의 고산지에서 찾아볼 수 있다. 그중에도 특히 권곡이나 애추사면처럼 다량의 암설이 집적되어 있는 곳에서 암석빙하는 잘 발달한다.

암석빙하가 유동하는 것은 그 안에 얼음이 포함되어 있기 때문이다. 즉 암설들 하부에 커다란 빙체가 있거나, 암설들 사이에 작은 얼음조각들이 끼어 있어 이로 인하여 암설들이 집단을 이루어 하방 이동하는 것이다. 커다란 빙체가 있는 암석빙하 중에는 그 상부가 권곡빙하로 그대로 연결되는 것들도 있다. 그런 암석빙하는 온난해짐에 따라 빙하가 녹는 과정에서 조립퇴적물들이 녹는 빙하 위에 그대로 쌓이면서 생성된 것이다. 그러나 빙하가 없는 곳에서도 암석빙하는 생겨나며, 그런 암석빙하는 대체로 암설들 사이에 작은 얼음조각들이 포함되어 있다. 이런 유형의 암석빙하

그림 9.26 암석빙하(로키산맥, 캐나다)

암석빙하는 마치 빙하처럼 흘러내리는 암설들의 집단을 말한다. 사진 중앙의 암석빙하는 상방 사면으로부터 현 위치로 이동하였다.

가 생겨나는 것은 주변으로부터 암설이 집적된 곳으로 수분이 공급되어 암설들 사이에 머물러 있으면서 동결과 융해를 반복하기 때문이다.

(4) 암괴원과 암괴류

암괴원(岩塊原, block field)은 경사가 크지 않은 비교적 평탄한 사면 위에 쌓인 암괴들의 집단으로 암괴 집단의 장축이 사면의 경사 방향과 일치한다. 암괴원의 크기는 다양하지만, 폭 60~120m, 길이 350m~1.3km인 경우가 많다. 구성 암괴의 크기는 기원암의 특성에 따라 다르며, 수십 cm의 작은 것에서부터 수 m의 거력에 이르기까지 매우 다양하다. 암괴원의 경사는 3~12° 이며, 이보다 더 가파른 경사의 암괴원은 암괴사면(block slope)이라 부르기도 한다.

암괴원의 구성 암괴들은 모서리가 각진 것들이 많지만, 그렇지 않은 것들도 있다. 주빙하 환경하에서 생기는 암괴원은 대부분 각진 암괴들로 기반암이 주로 서릿발 풍화를 받아 생겨난 것들이다(그림 9.28). 즉 기반암이 풍화를 받아 그로부터 떨어져나온 암괴들이 고도가 낮은 곳을 향하여 서릿발 포행, 솔리플럭션 등으로 서서히 움직이면서 모여들어 암괴원이 생겨난다. 이러한 암괴원의 경우, 세립의 기질물질이 있는 하층부와는 달리 표층에는 주로 암괴들만이 모여 있는 것도 있다. 이는 지표수나 지하수에 의해 표층의 암괴들 사이에 끼여 있는 세립물질이 제거되었기 때문이다. 움직임이 활발한 암괴원의 경우, 구성 암괴는 장축이 대체로 사면의 경사 방향과 일치하는 것이 많다.

암괴원 중에는 구성 암괴의 모서리가 둥근 것들도 있다. 이러한 암괴원은 현재는 주빙하 기후와는 거의 상관없는 온난한 기후지역에서도 찾아볼 수 있다. 부산의 범어사(권순식, 1978), 광주의 무등산(박승필, 1996), 함양의 백전(하대평) 등지의 암괴원이 그 좋은 사례이다(그림 9.29의 왼쪽 사진). 이들 암괴원은 과거에 온난한 기후조건하에서 심층풍화가 진행되면서 새프롤라이트와 핵석이 생겨난 이후, 다시금 한랭한 기후가 도래함에 따라 핵석 주변의 새프롤라이트가 제거되면서 핵석들이 지표에 드러난 것이다. 이와 같이 암괴원의 구성 암괴가 핵석에서 비롯된 것들이므로 주빙하 환경 하의 암괴들과는 달리 모서리가 각이 지지 않고 둥근 것이 많다.

암괴들이 집단을 이루는 지형 중에는 암괴들이 모여 마치 하천처럼 줄기를 이루

그림 9.27 암괴류(장산, 부산)

암괴류는 암설들의 집단이 계곡의 하천처럼 사면 위를 흘러내리는 모습을 보인다.

그림 9.28 암괴원(레이니어 국립공원, 미국)

암괴원(사진 중앙에서 하단)은 비교적 완만한 경사면 위에 넓게 쌓인 암설 집단을 말한다.

그림 9.29 암괴원(왼쪽 사진, 함양)과 애추(오른쪽 사진, 두타산)

암괴원(왼쪽 사진)은 평지나 다름없는 사면 위에 1m 이상 크기의 모서리가 둥근 암괴들이 모여 있는 반면, 애추(오른쪽 사진)는 가파른 사면 위에 수십 cm 정도의 각진 암괴들이 촘촘히 쌓여 있다. 이러한 차이는 암괴들의 생성과정이 서로 다른 데서 비롯된 것이다.

면서 사면의 경사 방향을 따라 뻗어내린 것도 있다. 이러한 암괴 집단은 형태상 암괴원과도 특징이 다르므로 구분하여 암괴류(岩塊流, block stream)라 부른다(그림 9.27). 암괴류 역시 암괴원과 마찬가지로 주빙하 기원의 것이 있는가 하면 그렇지 않은 것이 있다. 밀양의 만어사(전영권, 1995; Seong and Kim, 2003), 부산의 장산 등지에 분포하는 암괴류는 구성 암석들 중에 모서리가 둥근 것이 많아 암괴의 상당수는 핵석에서 기원한 것으로 추정된다. 이와는 달리 극지방이나 고산지에는 주빙하 기원의 암괴류가 널리 분포한다.

참고문헌

권순식, 1978, 부산시 범어사 주변의 blcok field에 관하여, 지리학논총, 서울대학교 사회과학대학 지리학과, 5, 49-54.

권순식, 1987, 한반도 화강암 풍화층에 발달된 제4기 후반의 주빙하 결빙구조에 관한 연구, 지리학논총, 서울대학교 사회과학대학 지리학과, 별호4.

기근도, 2002, 소황병산 일대의 주빙하 환경, 한국지형학회지, 9(1), 45-59.

김도정, 1970, 한라산의 구조토 고찰, 낙산지리, 1, 3-10.

김태호, 2001, 한라산 백록담 화구저의 유상구조토, 대한지리학회지, 36, 233-246.

박승필, 1996, 무등산 지역의 지형특성에 관한 연구, 한국지형학회지, 3(2), 115-134.

박철웅, 2008, 해남 남서부지역의 Stratified Slope Deposit의 기후지형학적 특성, 한국지형학회지, 15(2), 11-24.

손명원, 박경, 1999, 오대산국립공원 내 질뫼늪의 지형생성환경, 한국지역지리학회지, 5, 133-142.

오경섭, 1989, Bt Band의 형성과정, 제4기학회지, 3(1), 35-46.

오종주, 박승필, 성영배, 2012, 무등산 평활사면(cryoplanation surface)의 형성시기와 분포특성, 한국지형학회지, 19(1), 83-97.

장호, 1983, 지리산지 주능선동부(세석-제석봉)의 주빙하지형, 지리학, 27, 31-50.

전영권, 1995, 만어산의 Block Streams에 관한 연구, 한국지형학회지, 2(1), 43-54.

최인숙, 성영배, 김종욱, 박승필, 이춘경, 2010, 백두산 일대의 구조토 보고, 한국지형학회지, 17(1), 1-14.

최정헌, 임현수, 윤호일, 정창식, 임창복, 김종욱, 장호완, 2008, 남극 킹조지섬에 분포하는 원형구조토(sorted-circles)에 대한 OSL 연대측정 적용가능성 연구, 지질학회지, 44(4), 523-539.

Büdel, J., 1981, *Klima Geomorphologie*, Berlin, Gebrüder Borntraeger, 40-92.

Butzer, K. W., 1976, *Geomorphology from the Earth*, New York, Harper & Row, 335-352.

Chorley, R. J., Schumm, S. A. and Sugden, D. E., 1984, *Geomorphology*, London, Methuen, 560-567.

Clark, M. J.(ed.), 1988, *Advances in Periglacial Geomorphology*, Chichester, John Wiley & Sons.

De Blij, H. J., Muller, P. O. and Williams, R. S., Jr., 2004, *Physical Geography: the global environment*, Oxford, Oxford University Press, 589-597.

DeWolf, Y., 1988, Stratified slope deposits, in Clark, M. J.(ed.), *Advances in Periglacial*

Geomorphology, Chichester, John Wiley & Sons, 91-110.

Dixon, J. C. and Abrahams, A. D., 1992, *Periglacial Geomorphology*, Chichester, John Wiley & Sons.

Easterbrook, D. J., 1999, *Surface Processes and Landforms*, New Jersey, Prentice Hall, 400-427.

Embleton, C. and King, C. A. M., 1968, *Glacial and Periglacial Geomorphology*, London, Edward Arnold.

French, H. M., 1976, *The Periglacial Environment*, London, Lonman.

French, H. M., 1988, Active layer processes, in Clark, M. J.(ed.), *Advances in Periglacial Geomorphology*, Chichester, John Wiley & Sons, 151-199.

King, C. A. M., 1976, *Periglacial Processes*, Benchmark Papers in Geology, Pennsylvania, Dowden, Hutchinson & Ross, Inc.

Lachenbruch, A. H., 1962, Mechanics of thermal contraction cracks and ice wedge polygons in permafrost, *Geological Society of America Special Paper*, 70.

Mackay, J. R., 1998, Pingo growth and collapse, Tuktoyaktuk Peninsula area, western Arctic coast, Canada: a long-term field study, *Géographie physique et Quaternaire*, 52(3), 271-323.

Müller, F., 1968, Pingos, modern, in Fairbridge, R. W.(ed.), *The Encyclopedia of Geomorphology*, Stroudsburg, Dowden, Hutchinson & Ross, Inc., 845-847.

Murton, J. B., Peterson, R. and Ozouf, J.-C., 2006, Bedrock fracture by ice segregation in cold regions, *Science*, 314, 1127-1129.

Pissart, A., 1988, Pingos: an overview of the present state of knowledge, in Clark, M. J.(ed.), *Advances in Periglacial Geomorphology*, Chichester, John Wiley & Sons, 279-413.

Priesnitz., K., 1988, Cryoplanation, in Clark, M. J.(ed.), *Advances in Periglacial Geomorphology*, Chichester, John Wiley & Sons, 49-67.

Rempel, A. W., 2007, Formation of ice lenses and frost heave, *Journal of Geophysical Research*, 112, F02S21.

Ritter, D. F., Kochel, R. C. and Miller, J. R., 1995, *Process Geomorphology*, Iowa, Wm. C. Brown, 354-399.

Schunke, E. and Zoltai, S. C., 1988, Earth hummocks(Thufur), in Clark, M. J.(ed.), *Advances in Periglacial Geomorphology*, Chichester, John Wiley & Sons, 231-245.

Seong, Y. B. and Kim, J. W., 2003, Application of in-situ produced cosmogenic 10Be and 26Al for estimating erosion rate and exposure age of tor and block stream detritus: case study from Mt. Maneo, South Korea, *Journal of the Korean Geographical Society*, 38(3), 389-399.

Seppälä, M., 1988, Palsas and related forms, in Clark, M. J.(ed.), *Advances in Periglacial Geomorphology*, Chichester, John Wiley & Sons, 247-278.

Summerfield, M. A., 1991, *Global Geomorphology*, New York, Longman Scientific Technical, 293-311.

Thorn, C. E., 1988, Nivation: a geomorphic chimera, in Clark, M. J.(ed.), *Advances in Periglacial Geomorphology*, Chichester, John Wiley & Sons, 3-31.

Thorn, C. E., 2004, Cryoplanation, in Goudie, A. S.(ed.), *Encyclopedia of Geomorphology*, 204-205.

Troll, C., 1944, Strukturböden, Solifluktion und Frostklimate der Erde, *Klimaheft Geologische Rundschau*, 34, 545-694.

Van Steijn, H., Boelhouwers, J., Harris, S. and Hétu, B., 2002, Recent research on the nature, origin and climatic relations of blocky and stratified slope deposits, *Progress in Physical Geography*, 26(4), 551-575.

Washburn, A. L., 1980, *Geocryology*, New York, John Wiley & Sons.

West, R. G., 1977, *Pleistocene Geology and Biology*, London, Longman.

Williams, R. S., Jr., and Ferrigno, J. G.(eds.), 2012, State of the Earth's cryosphere at the beginning of the 21st century-glaciers, global snow cover, floating ice, and permafrost and periglacial environments, *United States Geological Survey Professional Paper* 1386-A.

제10장

카르스트 지형

그림 10.1 돌리네(민둥산, 정선)

사진 중앙의 오목한 와지가 돌리네이다. 돌리네는 석회암 분포지에서 흔히 볼 수 있으며, 사진에서처럼 저평한 와지는 밭으로 이용하는 경우가 많다.

1. 정의와 주요 분포지역

카르스트(karst)란 석회암, 돌로마이트, 석고 등의 암석이 용식(溶蝕, solution)을 받아 생겨난 각종 지형을 일컫는다(Jennings, 1985, pp.1-7; Ford and Williams, 2007, pp.1-4).[1] 이에 대하여 주빙하 지역의 열(熱)카르스트처럼 형태는 비슷하지만 용식에 의해 생겨난 지형이 아닌 경우에는 위(僞)카르스트(pseudo karst)라 부른다.

카르스트의 어원은 '물 없는 황량한 곳' 또는 '거친 암석 경관이 나타나는 곳'을 의미하는 슬로베니아어 'kras' 또는 이탈리아어 'Carso'가 독일어 'Karst'를 거쳐 영어 'karst'로 정착된 것으로 추정한다. 카르스트는 우리에게는 학술 용어로 익숙하지만, 슬로베니아에서는 특징적인 석회암 용식 지형이 나타나는 트리에스테만 북동부 지역을 가리키는 이름이기도 하다. 이처럼 카르스트 지형은 경관상 주변 지역과는 확연히 구분되는 독특한 특징이 있어 그것이 분포하는 지역마다 각기 다른 이름으로 불리는 경우도 있고, 관련된 학술 명칭도 많다(Ritter *et al*., 1995, p.403의 Table 12.1).

카르스트는 다른 암석들보다는 특히 석회암이 용식되어 만들어지는 경우가 대부분이다. 석회암은 세계 여러 지역에서 가장 흔한 퇴적암의 하나이므로, 이것이 용식되어 만들어지는 카르스트 지형 또한 세계 곳곳에서 드물지 않게 찾아볼 수 있다. 카르스트 지형이 발달된 지역들 중에는 토양층이 없이 크고 작은 암석들이 그대로 지면에 드러나 있거나, 하계의 발달이 미약하여 사람들이 살기에 그리 좋은 조건이 아닌 곳도 많다. 그러나 카르스트의 독특한 지형경관이나 석회동굴은 주요 관광자원이기 때문에 중국의 구이린, 베트남의 하룽베이 등에서 보듯이 카르스트가 있는 곳들의 상당수는 유명 관광지이다. 우리나라에서도 삼척의 환선굴, 울진의 성류굴, 단양의 고수동굴 등은 사람들이 즐겨 찾는 관광지이다.

석회암을 모재로 발달하는 카르스트 지형은 탄산칼슘이 물과 이산화탄소에 의해 녹아서 생기는 것이므로, 수분이 많은 온난습윤한 기후 지역에 많다. 이와는 달리 수분이 적은 건조지역이나 빙하 및 주빙하 지역에서는 카르스트 지형이 드물다. 온

1 이들 암석 이외에도 석영사암이나 규암 역시 주요 구성물질인 석영이 용식을 받게 되면 카르스트 지형이 발달한다(Wray, 1997).

대습윤기후가 지배적인 우리나라에서는 주로 조선누층군의 석회암이 있는 평남, 황해, 강원 남부, 충북 동북부, 경북 북부 등지를 중심으로 돌리네, 석회동굴 등의 카르스트 지형이 분포한다(그림 10.1).

2. 카르스트 형성작용

카르스트 형성작용(karstification)의 핵심은 암석의 용식작용, 즉 탄산염화작용(carbonation)에 있다. 탄산염화작용은 광물과 탄산수 사이의 화학적인 반응을 말한다. 카르스트 지형은 석회암의 주성분인 탄산칼슘(calcite, $CaCO_3$)이 용식되는 과정에서 생겨나는 것이 대부분이므로, 탄산칼슘과 탄산수($H_2CO_3 = H_2O + CO_2$) 사이에서 발생하는 탄산염화작용은 카르스트 지형 발달에 매우 중요한 역할을 한다. 이는 아래와 같이 화학식으로 표현할 수 있다.

$$CaCO_3 + H_2O + CO_2 \leftrightarrow Ca^{++} + 2HCO_3^-$$

위의 식에서 보듯이, 탄산염화작용은 탄산칼슘, 물, 그리고 이산화탄소가 중요한 변수이다. 탄산칼슘은 탄산수에 의해 용해되어 칼슘이온과 탄산이온으로 이온화되므로 결국 고체인 탄산칼슘이 탄산염화작용을 받게 되면 액화되어 사라지는 것이라 할 수 있다. 따라서 탄산칼슘이 주성분인 석회암은 암석이지만 물에 녹아 땅에 구멍이 생기거나 지면이 함몰되는 변화가 일어난다. 이런 과정으로 생겨나는 것이 카르스트 지형이다.

위의 화학반응은 가역적이다. 즉 칼슘이온과 탄산이온이 결합하는 환경이라면 마치 바닷물에서 소금이 생기듯 이들 성분이 포함된 용액에서 고체인 탄산칼슘이 생겨난다. 어떤 장소에서 이러한 화학반응이 지속적으로 일어난다면 탄산칼슘이 다량 집적되어 그곳에 없던 새로운 지형, 즉 카르스트 지형이 만들어진다. 이와 같이 카르스트 지형을 단적으로 말하면 이산화탄소와 물에 의해 발생하는 탄산칼슘의 화학반응, 즉 탄산염화작용의 결과물이라 할 수 있다. 따라서 카르스트 지형을 이해하기 위

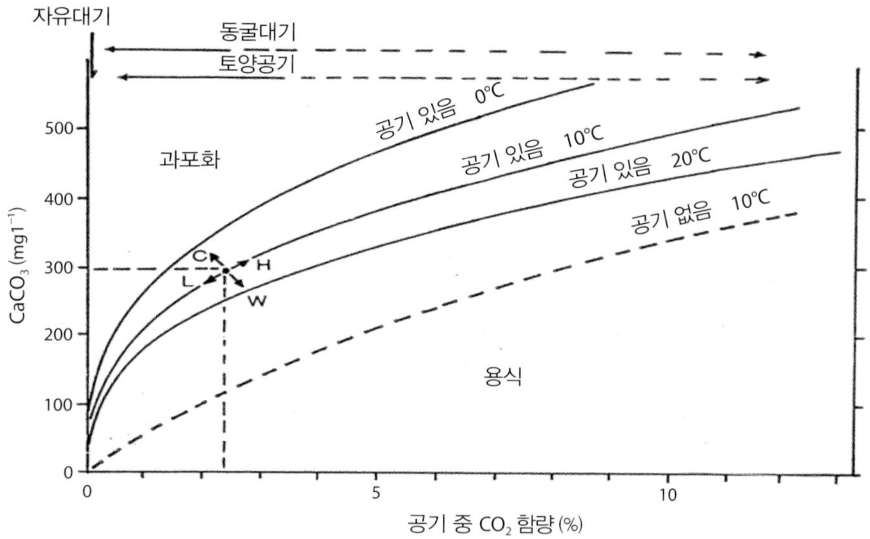

그림 10.2 이산화탄소량, 온도, 탄산칼슘 용해량의 관계

수온 10°C에서 300mg l^{-1}의 탄산칼슘($CaCO_3$)으로 포화된 물(그림의 검은 점)이 냉각된다면(그림의 C), 불포화 상태가 되어 더 많은 탄산칼슘이 녹게 되며, 반대로 온도가 높아지면(그림의 W) 이산화탄소(CO_2)가 분리되어 공기 중으로 빠져나가면서 물속에 탄산칼슘이 침전된다. 또한 온도는 같지만 접하는 대기의 CO_2 함량이 증가하면(그림의 H), 더 많은 탄산칼슘이 녹으며, 반대로 CO_2 함량이 감소하면(그림의 L) CO_2가 빠져나가면서 탄산칼슘이 침전된다. 그림의 실선은 물이 공기와 지속적으로 접할 때, 파선(– –)은 공기와 접하지 않을 때의 탄산칼슘 용해량 변화를 나타낸 것이다(Jennings, 1985, p.21).

해서는 탄산칼슘, 이산화탄소, 그리고 물과의 상호작용관계를 먼저 살펴볼 필요가 있다.

탄산염화작용의 주요 변수인 탄산칼슘의 용해량은 탄산가스압에 비례하고, 수온에 반비례한다(그림 10.2). 다시 말하면 물에 이산화탄소가 많이 녹아 있을수록, 그리고 물의 온도가 낮을수록 탄산칼슘은 더 많이 녹는다. 수온과 이산화탄소량의 변화에 따라 탄산칼슘의 용해량이 어떻게 달라지는지를 조사한 자료에 의하면, 온도가 10°C, 그리고 물에 접하는 공기의 이산화탄소량이 2.3%인 조건에서 물이 탄산칼슘을 녹일 수 있는 최대 용해량, 즉 포화량은 300mg l^{-1}인 것으로 알려진다. 이렇게 탄산칼슘으로 포화된 물의 온도를 냉각시킬 경우, 물은 불포화 상태로 변하면서 더 많은 탄산칼슘이 녹게 된다. 이와는 정반대로 물의 온도를 높이면 물에서 이산화탄소가 분리되어 공기 중으로 빠져나가면서 물속에 녹았던 탄산칼슘이 거꾸로 침전되기 시작한다. 또한 탄산칼슘으로 포화된 물의 수온을 동일하게 유지한 가운데, 공기의 이산화탄소 함량만 늘리면 더 많은 탄산칼슘이 녹고, 반대로 이산화탄소 함량을 줄이면 물속에 탄산칼슘이 침전되기 시작한다(그림 10.2).

이와 같이 이산화탄소량의 변화는 탄산염화작용에서 매우 중요한 역할을 한다. 그러나 자유대기에 포함된 양은 약 0.037%(370ppm)에 불과할 정도로 그리 많은 것은 아니다. 이와는 달리 토양에는 유기물의 분해나 식물 뿌리의 호흡을 통하여 공급되는 것들이 있어 자유대기보다는 이산화탄소량이 훨씬 더 많다. 따라서 같은 조건이라면 대기 중에 노출된 석회암보다는 토양에 덮여 있는 석회암이 더 빨리 용식된다. 토양공기의 이산화탄소량은 장소에 따라 차이가 있지만 평균 약 1~3%이며, 때로는 그 이상에 달하기도 한다. 동굴대기 또한 토양처럼 많은 것은 아니지만 이산화탄소의 농도가 높아 평균 약 0.5~2%에 달한다. 이산화탄소량은 기후에 따라서도 편차가 있다. 기후가 온난습윤한 곳은 지표에 식생들이 많이 있기 때문에 그렇지 않은 곳보다 상대적으로 더 많은 이산화탄소가 토양공기나 동굴대기에 포함되어 있다. 이에 더하여 온난습윤한 곳은 강수량도 많으므로 탄산염화작용이 활발하게 일어난다. 즉 온난습윤지역은 한랭하거나 건조한 기후지역에 비하여 카스르트 지형이 더 잘 발달하는 경향이 있다.

탄산칼슘의 용해에 물과 이산화탄소가 결합해서 만들어지는 탄산수(H_2CO_3)가 중요한 역할을 하는 것은 사실이지만, 탄산칼슘은 탄산수에 의해서만 녹는 것은 아니며 순수한 물에서도 녹는다. 그러나 녹는 정도가 미약하여 카르스트 지형형성에 미치는 영향은 크지 않다. 자료에 의하면, 탄산칼슘은 16°C의 순수한 물에 13mg l^{-1}, 또는 25°C의 순수한 물에 15mg l^{-1} 정도의 비율로 녹는다(Jennings, 1985, p.19). 이에 비하여 물의 온도가 10~20°C, 그리고 이산화탄소량이 2.3%인 조건에서는 탄산칼슘의 용해량이 약 250~300mg l^{-1}에 달하므로, 이산화탄소가 포함되지 않은 순수한 물의 탄산칼슘 용해량은 미미하다고 하겠다. 한 가지 유의할 점은 순수한 물일 때는 온도에 비례하여 탄산칼슘의 용해량이 증가하지만, 이산화탄소가 포함될 때는 그와는 반대로 온도에 반비례하여 탄산칼슘의 용해량이 증가한다는 사실이다. 이는 물과 이산화탄소의 성질이 같지 않은 데서 비롯되는 것으로 기체인 이산화탄소는 온도가 낮아야 물에 더 많이 용해될 수 있기 때문이다.

탄산염화작용에서는 물과 이산화탄소의 공급량 못지않게 석회암의 특성도 중요

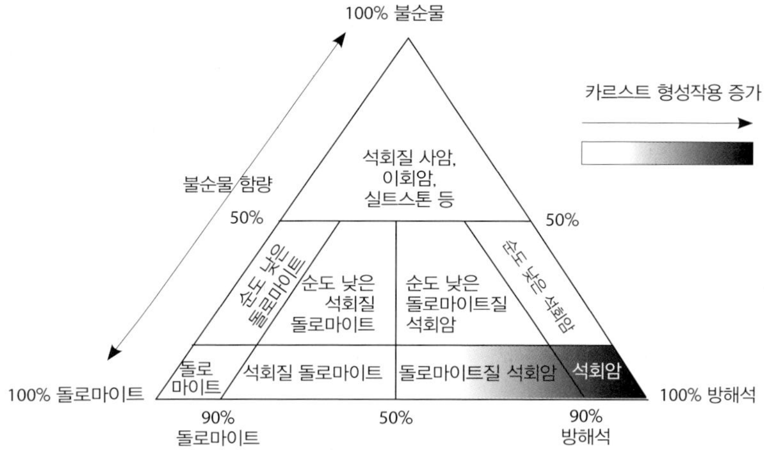

그림 10.3 카르스트 지형이 잘 발달하는 암석

석회암(limestone)의 주된 광물은 방해석(calcite, 탄산칼슘)이며 이의 함량이 높을수록 카르스트 형성작용이 활발하게 일어난다. 돌로마이트(dolomite, 백운석)는 탄산칼슘과 탄산마그네슘이 함께 섞여 있는 광물로 탄산칼슘의 함량이 방해석보다는 낮기 때문에 돌로마이트가 많은 암석(dolostone, 백운암)은 석회암에 비하여 카르스트 형성작용이 활발하지 않다(Leighton and Pendexter, 1962; Jennings, 1985, p.8; Drew, 1985, p.10).

한 역할을 한다. 당연한 말이지만 용식은 탄산칼슘의 함량이 높은 석회암일수록 더 잘 일어난다. 용식의 산물인 카르스트는 탄산칼슘의 함유량이 최소 60% 이상에 달해야 발달하며, 그 함유량이 90% 이상에 달하는 곳에서는 거의 예외 없이 카르스트가 생성되는 것으로 알려져 있다(그림 10.3). 그러나 탄산칼슘의 함유량만이 결정적인 변수는 아니다. 탄산칼슘의 함량이 높은 석회암이 기반일지라도 이산화탄소의 공급이 많지 않은 환경이거나, 석회암의 공극률(기공률, porosity)이나 투수율(permeability)이 낮으면 카르스트 발달이 미약할 수 있다. 여기서 공극률은 암석 부피에서 암석 내의 빈 공간, 즉 공극이 차지하는 비율, 그리고 투수율이란 암석 내에서 물 등의 유체가 얼마나 쉽게 통과하는지를 가리는 지표로 공극 형태, 분포 등에 의해 좌우된다. 암석의 공극률이 높으면 대체로 투수율도 높지만, 반드시 일치하는 것은 아니다. 셰일(shale)의 경우 공극률은 높지만 물의 표면장력 때문에 투수율은 낮다. 이에 비하여 석회암은 공극률은 낮아도 공극이 크고 공극 간의 연결이 원활한 경우가 많아 투수율이 높은 편이다. 석회암의 이러한 특성도 카르스트 지형이 잘 발달하는 원인이 된다.

석회암의 암질(岩質)과 용식과의 관계는 수분이 석회암 속에서 체류하는 시간, 그리고 수분이 암석을 얼마나 용이하게 통과하는지에 따라 다르다. 즉, 암석의 공극률이나 투수율에 따라 탄산염화작용의 진행속도가 달라진다. 대체로 수분이 석회암 내에 체류하는 시간이 길수록, 그리고 보다 용이하게 투수되는 암석일수록 용식작용은 더 활발하다. 그러나 석회암에 비가용성 물질이 많이 포함되어 있으면 풍화과정에서 잔류물인 점토가 많이 생겨나므로 결과적으로 투수율이 떨어져 용식이 둔화된다.

카르스트는 석회암 지역에만 있는 것은 아니며, 돌로마이트(dolomite, $CaMg(CO_3)_2$)가 있는 곳에서도 발달한다. 돌로마이트 역시 그 화학식에서 알 수 있듯이 일정량의 탄산칼슘을 포함하기 때문이다. 이 밖에도 석고나 암염 역시 물에 의해 용식되므로 석회암이나 돌로마이트 지역에서 보는 것과 비슷한 모습의 용식지형이 발달한다. 이러한 용식지형 역시 넓은 의미에서 카르스트 지형의 범주에 포함된다.

3. 주요 카르스트 지형

1) 돌리네, 우발라, 폴리에

돌리네(doline)는 슬로베니아어 'dolina(계곡)'에서 비롯된 용어로 석회암의 용식과 지반의 함몰로 생기는 와지(窪地, depression hollow)를 말한다(그림 10.1, 10.4, 10.5, 10.7). 돌리네는 싱크홀(sinkhole)이라고도 부른다. 그러나 실크홀은 용식과는 관련 없이 지반이 함몰되어 생긴 지표면의 구멍 지형을 뜻하는 것으로 널리 사용하므로 혼란을 피하는 의미에서 여기서는 돌리네로 일원화하여 기술한다. 돌리네의 형태는 접시 또는 사발 모양의 것이 많으며, 크기는 직경이 수 m에 불과한 것에서부터 수백 m에 이르기까지 다양하다. 돌리네는 와지 형성의 원인을 기준으로 용식 돌리네(solution doline)와 함몰 돌리네(collapse doline, subsidence doline)로 나눌 수 있다(그림 10.6).

용식 돌리네는 단구면처럼 평탄하거나 지면 경사가 완만한 곳에서 잘 발달한다. 그런 곳에서는 평탄하므로 지하수가 땅속에 머물러 있는 시간이 더 길어 용식이 일어날 가능성이 그만큼 더 높기 때문이다. 또한 용식 돌리네는 석회암에 절리가 많아

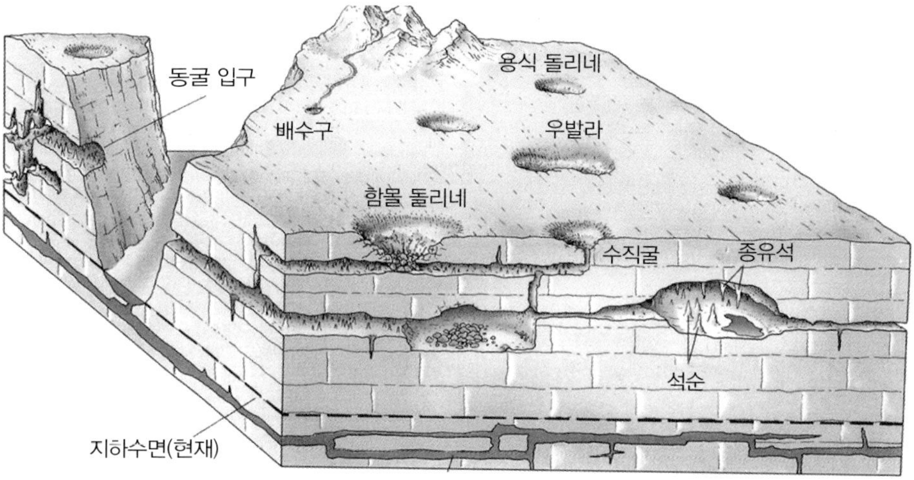

그림 10.4 여러 종류의 카르스트 지형

지표면: 돌리네(doline: 용식 돌리네, 함몰 돌리네), 우발라(uvala). 지하: 석회동굴, 석회동굴 내의 종유석(stalactite), 석순(stalagmite). 지하수면 상부의 석회동굴은 지하수면이 현재보다 더 높았던 과거에 생긴 것이다(De Blij and Muller, 1996, p.455).

수분 침투가 용이한 곳이거나 용해된 물질이 쉽게 이동 제거됨으로써 지속적으로 용식이 일어날 수 있는 환경에서 잘 생긴다. 하안단구 퇴적물 하부의 석회암에서 용식이 잘 일어나는 것도 단구의 지면 고도가 인근 하천의 하상보다 높아 탄산칼슘으로 포화된 지하수가 더 쉽게 빠져나갈 수 있기 때문이다.

그러나 석회암에 기공이 많으면 그렇지 않은 치밀한 석회암보다 오히려 카르스트가 잘 생기지 않는다. 기공이 많은 경우에는 물이 잘 빠지기 때문에 암석 내에 물이 머물면서 화학반응할 기회가 줄어들기 때문이다. 이처럼 암석이 보다 치밀하면서도 절리 발달이 양호한 석회암이 카르스트 발달에 최적의 조건이다. 그런 암석에서도 용식은 절리들이 교차하는 곳에서 특히 더 활발하다. 절리는 물과 공기의 이동 통로이므로 절리들이 교차하면서 만나는 곳은 더 많은 물과 공기가 있고, 이들과 직접 접촉하는 암석의 면적도 그만큼 넓기 때문이다. 암석이 용식을 받아서 지면에 오목하게 패여나간 와지가 생기면, 그곳을 향하여 물이 더 많이 모여들어 용식은 더욱 가속적으로 일어난다. 즉 와지의 규모가 더욱 커진다.

용식 돌리네 중에는 접시처럼 직경에 비하여 와지 내의 지면이 깊지 않은 것이 많지만, 굴뚝처럼 좁고 깊은 용식 구멍, 즉 카르스트 침니(karst chimney)도 있다. 이러

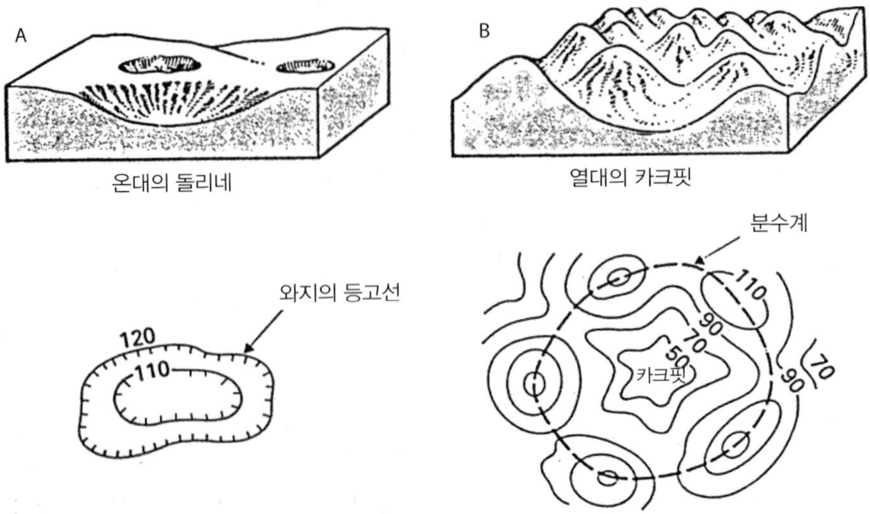

그림 10.5 온대의 돌리네와 열대의 카크핏

기후환경에 따라 카르스트 지형이 달리 나타난다. 온대습윤지역에서는 돌리네(A), 열대습윤지역에서는 카크핏(B)이 전형적으로 발달한다. 카크핏은 구릉으로 둘러싸인 저지대로 용식받아 생겨난다(Drew, 1985, p.49 부분 수정. 원자료: Williams, 1969; 1972).

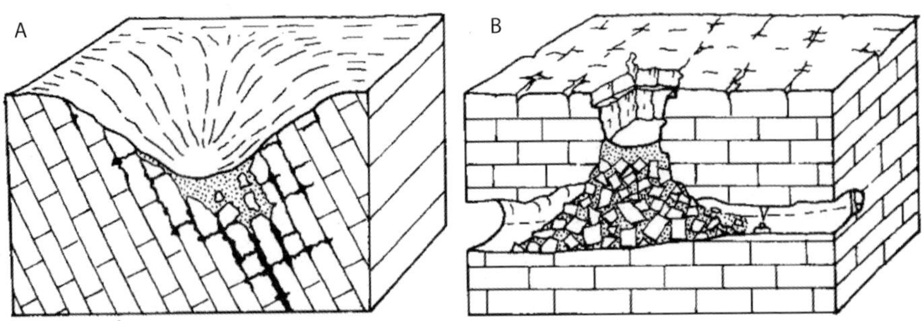

그림 10.6 돌리네 종류

A: 용식 돌리네(solution doline). B: 함몰 돌리네(collapse doline). 용식 돌리네는 지표에서부터 용식이 일어나 점차 지면이 낮아지는 방식으로 생기지만, 함몰 돌리네는 지하에 동굴이 먼저 생기고 이것의 천장이 무너져 내리면서 생겨난다(Jennings, 1985, p.107).

한 용식 구멍이 생기는 것은 지표의 물이 석회암에 발달된 수직 절리를 따라 더 깊은 곳으로 스며들면서 그 주변의 암석을 녹이기 때문이다. 이밖에도 용식 돌리네는 암석이 대기 중에 노출된 곳보다는 식생 및 토양으로 피복된 곳에서 잘 발달한다. 그런 조건하에서는 식생이나 토양을 통하여 많은 이산화탄소가 공급될 뿐만 아니라 토양

그림 10.7 돌리네(성남동, 삼척)
사진 중앙의 와지가 돌리네이다. 돌리네의 저평한 와지는 대부분 밭으로 개간되었다.

중에 수분이 남아 있을 가능성이 높기 때문이다.

암석이 용식을 받게 되면 용해물질은 이온상태로 물에 섞여 쉽게 제거되는 반면, 암석에 포함된 불순물 중 비가용성 물질은 그 자리에 남게 된다. 비가용성 물질 중에는 점토가 많으며, 점토가 물에 씻겨 돌리네 내의 저평한 곳으로 이동 퇴적되면 돌리네 바닥에 불투수층이 생긴다. 이러한 불투수층 때문에 돌리네 중에는 와지 안에 호수, 즉 돌리네 호수(doline lake)가 있는 것도 있다. 이러한 돌리네 호수는 와지의 지면고도보다 지하수면이 더 높은 경우에도 생긴다.

우리나라도 그렇지만 세계의 많은 용식 돌리네들의 경우, 지하수면보다 돌리네 바닥의 지면이 더 높은 경우가 많다. 따라서 돌리네에 흘러드는 지표수가 배수구(sinkhole) 등을 통하여 쉽게 지하로 빠져나가기 때문에 강우 시를 제외하고는 돌리네 내에 고여 있는 물을 보기 어렵다. 따라서 돌리네를 농경지로 활용하더라도 물이 적게 소요되는 밭으로 이용한다. 이처럼 농경지로 이용할 수 있는 것은 돌리네의 외곽사면으로부터 풍화산물이 사면류 등에 의해서 돌리네 내의 저지대로 운반되어 쌓여 경작에 필요한 토양층이 만들어지기 때문이다.

함몰 돌리네는 용식동굴의 천장 일부가 무너져내려 생겨난 구멍 지형이다(그림 10.6의 B). 따라서 함몰 돌리네는 그대로 지하동굴로 이어지는 입구인 경우가 많다. 함몰 돌리네의 형태는 굴뚝 형태가 많고, 내벽의 기울기 또한 용식 돌리네에 비하여 더 큰 것이 특징이다. 함몰이 일어나는 가장 큰 원인은 용식에 의해 암석이 녹아 땅속에 빈 공간, 즉 공동(空洞)이 생겨나기 때문이다. 이러한 공동이 지하수로 채워진 상태에서는 수압이 공동의 천장을 지지해주기 때문에 함몰이 잘 일어나지 않는다. 그러나

그림 10.8 우발라(성남동, 삼척)

사진 중앙의 상단에서 하단으로 이어지는 계곡이 우발라이다. 사면경사가 완만하여 대부분 밭으로 개간했으며, 사진 중앙의 인공 구조물이 있는 곳에는 계곡물이 빠져나가는 배수구가 있다.

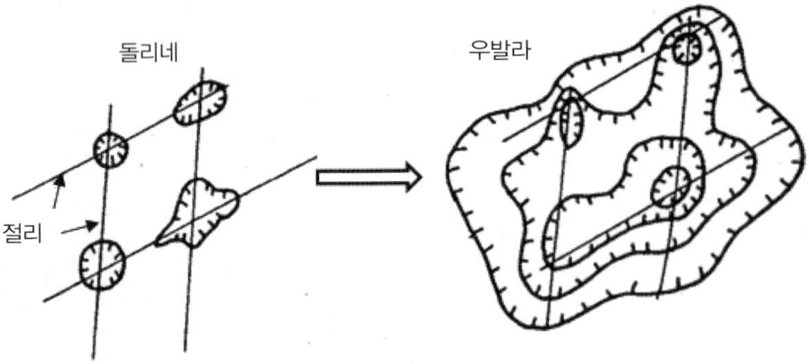

그림 10.9 우발라의 생성과정

석회암의 절리들이 교차하는 곳에서 용식이 가장 활발하기 때문에 돌리네는 그런 곳을 중심으로 생긴다. 또한 용식이 더욱 진행되면 돌리네의 규모가 커지면서 우발라가 생겨나기도 한다. 이러한 우발라의 저지대에는 돌리네에서 비롯된 작은 와지들이 남아 있는 경우도 많다(White, 1988, p.31).

어떤 원인에 의해서든지 지하수가 다른 곳으로 빠져나가면 압력이 감소되면서 지반 함몰이 잘 일어난다. 지반 함몰의 원인에는 자연적인 것도 있으며, 인위적인 것도 있다. 예를 들어 인근 하곡에서 하천침식이 진행되면서 지하수면이 낮아지거나, 주민들이 지하수를 과도하게 끌어 사용하면 그것이 원인이 되어 지반이 함몰되기도 한다. 함몰 돌리네는 내벽면의 경사가 크기 때문에 지반 붕괴 등 매스무브먼트가 잘 발생한다. 따라서 생성된 후 시간이 경과되면 원래의 모습이 변형되어 용식 돌리네와 구분이 쉽지 않는 경우도 있다.

돌리네 중에는 두 개 이상이 합쳐져서 계곡처럼 길쭉한 와지가 되기도 한다. 이러한 와지를 우발라(uvala, compound doline)라고 한다(그림 10.4, 10.8). 우발라의 바닥에

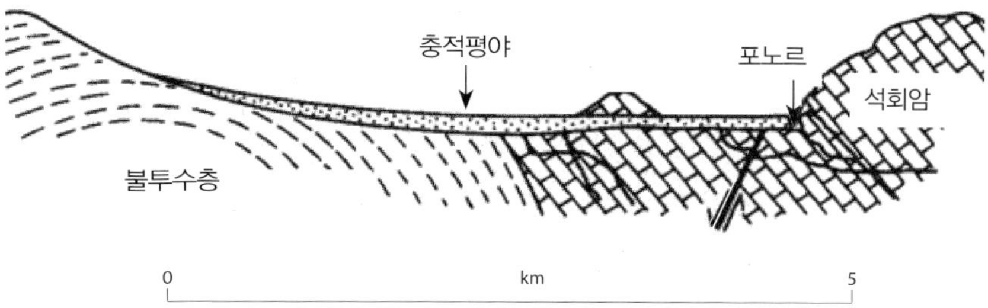

그림 10.10 폴리에

폴리에는 석회암 분포지에서 사방이 산지로 둘러싸인 분지 내의 평야지형이다. 포노르는 폴리에의 물이 빠져나가는 배수 구멍이다(Chorley *et al*., 1984, p.187).

는 원래의 돌리네 자리에 생겼던 작은 와지들이 남아 있으며(그림 10.9), 이 때문에 우발라 바닥은 작은 기복이 있는 것처럼 보이기도 한다. 그러나 돌리네와 우발라가 형태상 확연히 구분되지 않는 경우도 많아서 우발라를 달리 구분하지 않고 돌리네로 총칭하기도 한다.

폴리에(poljes, 카르스트 평야)는 세르보-크로아티아어(Serbo-Croat)로 '평야(field)'를 뜻한다. 폴리에는 석회암 지역에서 사방이 산지로 둘러싸인 계곡 또는 분지 내에 발달된 평야를 말한다(그림 10.10). 폴리에는 계곡 또는 분지의 밖으로 통하는 출구가 없는 것이 대부분이지만, 출구가 있는 경우도 있으며 그런 폴리에를 개방 폴리에(open poljes)라 부른다. 폴리에의 규모는 길이 2km, 폭 수백 m에 불과한 것에서부터 길이 수십 km, 폭 수 km에 달하는 거대한 것까지 다양하다. 특히 디나르알프스에는 규모가 큰 폴리에가 많은 것으로 알려져 있다. 이런 큰 폴리에는 지질구조적으로 지반이 함몰되거나 낮은 곳에 발달하기 때문에 폴리에의 장축이 대개 단층선이나 습곡축과 일치한다. 이와는 달리 규모가 작은 폴리에 중에는 용식이 진행되면서 여러 개의 우발라가 연합하거나 건조계곡이 확대되어 생겨난 것도 있다. 이런 폴리에는 지반운동보다는 용식이 지형 생성의 주된 원인이므로 용식 폴리에(corrosion poljes)라고 부른다.

규모가 큰 폴리에는 주변 산지들과는 달리 퇴적물이 두껍게 쌓여 있는 평야이며 토양도 대체로 비옥하여 농경지로 널리 이용된다. 폴리에의 퇴적물은 주변 산지의 풍화산물이 하천이나 사면류에 의해 운반되어 폴리에로 유입된 것이다. 폴리에 내의 하천은 샘에서 흘러나온 물이 모여 생긴 것인데, 폴리에 평야 위를 흐르다가 포노르(ponor)라 불리는 배수 구멍으로 사라지는 것이 대부분이다(그림 10.10).

2) 건조계곡, 막힌 계곡

건조계곡(dry valley)이란 원래는 하천에 의해 침식받아 생겨난 계곡이지만 더 이상 물이 흐르지 않는 계곡을 말한다(그림 10.11). 건조계곡의 형성과정은 여러 가지로 설명할 수 있다. 기반암인 석회암의 투수성이 낮고, 절리 간격이 넓어 단지 소량의 물만이 암석 내로 침투할 수 있는 조건인 경우, 내린 강수의 대부분은 지하로 스며들지 않고 지표 위를 흐르면서 지면을 침식하게 된다. 따라서 그런 곳에서는 석회암 지역이지만 하곡이 생겨난다. 그러나 그런 곳에서도 시간이 지나면서 암석 내로 침투한 물이 용식을 일으키기 때문에 절리를 따라 용식이 진행되면서 암석 내의 공극이 커지게 된다. 그렇게 되면 지표수의 상당량이 그대로 땅속에 흘러들기 때문에 지표 위를 흐르는 물의 양이 줄어들면서 계곡 내의 하천에서도 더 이상 물이 흐르지 않게 된다. 즉 건조계곡이 생겨난다.

그러나 건조계곡은 석회암의 투수율이 클 때도 생긴다. 본류 계곡에서의 하천침식률이 지류보다 빠를 경우 본류 계곡의 하상 고도가 낮아지는 만큼 지류로 유입되

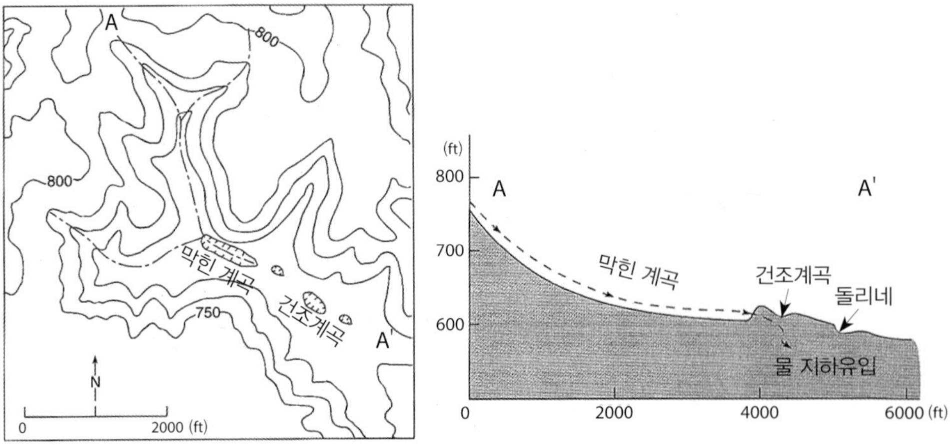

그림 10.11 건조계곡과 막힌 계곡(인디애나, 미국)

건조계곡(dry valley)은 하곡이지만 더 이상 물이 흐르지 않는 계곡, 막힌 계곡(blind valley)은 보통의 하곡과는 달리 하류로 가면서 전면이 암벽으로 막혀 있는 계곡이다. 물은 암벽 하단부 인근에서 지하로 흘러든다(Ritter *et al*., 1995, p.419).

는 지하수위도 더불어 낮아진다. 이런 조건하에서 지류 계곡의 기반암이 기공이 많은 석회암이라면 지하수가 빠르게 본류 계곡으로 빠져나가기 때문에 결국 지류 하천은 물이 마르면서 건조계곡으로 변화된다.

카르스트 지형 중에는 하천에 의해 침식받아 생긴 계곡임에도 불구하고 하류 쪽으로 가면서 넓은 개활지로 이어지는 것이 아니라 마치 장벽처럼 기반암 절벽에 의해 계곡이 막혀 있는 것이 있다. 이러한 계곡을 막힌 계곡(blind valley)이라 부른다. 계곡을 따라 흐르던 물은 절벽 하단부에 있는 용식구멍 또는 석회동굴로 빠져들어간다. 이렇게 땅속으로 유입된 물은 석회동굴을 통과한 이후 다시금 지표로 흘러나와 보통의 하천처럼 물줄기를 이루어 흐르기도 한다.

3) 라피에

라피에는 석회암이 용식을 받아 홈통 또는 작은 도랑 모양으로 패여나간 암석 표면의 미지형(微地形)이다(그림 10.12, 10.13, 10.14). 라피에(lapiéz)는 프랑스어이며, 독일어로는 카렌(Karren)이라 부른다. 라피에는 원래는 암석 표면의 홈통 또는 도랑 모양의 지형만을 의미했지만, 때로는 이들 사이에 돌출부(ridge)까지 포함하여 암석 표면의 용식 지형 일체를 일컫는 용어로도 사용한다.

라피에 중에 구멍 형태인 것을 구멍 라피에(hole lapiéz)라 부른다(그림 10.13). 구멍 라피에는 처음에 암석 표면 위에 작은 와지가 생긴 후 그곳을 중심으로 용식이 가속적으로 일어나 구멍이 커지고 깊어지면서 생겨난다. 구멍 라피에는 대기 중에 노출된 암석보다는 토양층 하부의 석회암에서 잘 발달한다. 절리가 없는 경사진 석회암의 표면에는 대체로 릴 라피에(rill lapiéz)가 생긴다. 릴 라피에는 폭과 깊이가 수 cm에 불과하지만, 절리가 있는 석회암에서는 용식이 절리를 따라 활발하게 진행되므로 규모가 큰 절리 라피에(joint lapiéz)가 발달한다(그림 10.14). 절리 라피에는 규모가 크기 때문에 지표수가 그곳으로 더 많이 스며들어 용식이 가속적으로 일어난다. 따라서 암석 내에 용식으로 생긴 공간이 더 커지면서 주변으로부터 용식되고 남은 풍화산물들이 이곳으로 이동되어 쌓이기도 한다. 이처럼 절리는 라피에의 발달에 큰 영향을 미치는데, 절리가 조밀하게 발달된 곳에서는 암석 표면에 능선 모양의 날카로운 돌출부를 지닌 라피에가 잘 생긴다. 이밖에도 토양이나 사면물질로 덮인 곳에서는 용

그림 10.12 라피에(성남동, 삼척)

사진의 라피에(암석 표면의 홈통 지형)는 토양층 하부에서 용식이 진행되었기 때문에 그 형태가 대체로 부드러운 곡선을 보인다.

그림 10.13 구멍 라피에(성남동, 삼척)

석회암 중앙부의 구멍이 구멍 라피에이다. 구멍 라피에는 토양층 하부에서 용식이 진행될 때 생긴다.

그림 10.14 절리 라피에(성남동, 삼척)

절리 라피에는 석회암의 절리를 따라 용식이 진행된 결과 생겨난다. 용식을 받으면 암석 틈새의 양쪽 절리면들이 서로 일치하지 않는다.

식 효과가 암석 표면에 넓게 퍼져 작용하므로 암석이 마모받은 것처럼 홈통과 홈통 사이의 능선이 부드러운 곡선인 라피에가 발달한다(그림 10.12).

4) 다각형, 카크핏, 원추 및 탑 카르스트

석회암에서 절리가 교차하는 곳들을 중심으로 용식이 진행되면 그곳에 와지들이 생겨나면서 와지와 와지 사이에는 폭이 좁은 능선이 남기도 한다. 이렇게 생성된 와지들은 다각형인 경우가 많아 다각형 카르스트(polygonal karst)라 한다. 그중 외곽의 석회암 고립 구릉들 내부에 발달된 별 모양 내지 원형의 분지를 흔히 카크핏(cockpits)

이라 부른다(그림 10.5). 이러한 카크핏이 생기는 과정을 살펴보면, 절리는 암석 내에 물과 이산화탄소가 출입할 수 있는 통로이기 때문에 먼저 절리들이 교차하는 지점을 중심으로 용식이 활발하게 일어나면서 오목한 와지들이 생겨난다(그림 10.18). 이후 용식이 지속적으로 진행되면서 이들 와지는 수직적으로는 지하수면까지 지면 고도가 낮아지고, 수평적으로는 더욱 넓어지면서 분지 형태의 카크핏이 발달한다. 카크핏을 둘러싸고 있는 구릉은 하단부의 용식으로 대체로 사면 경사가 급하다. 이와 같이 카크핏이 대체로 지하수면 고도에서 생겨나는 것은 그런 고도에서는 용식이 수직보다는 수평으로 더 활발하기 때문이다. 이밖에도 용식이 수평적으로 더 활발하게 진행되는 데에는 분지 내에 쌓인 점토가 일정 부분 역할을 한다. 분지 바닥에 쌓인 점토는 투수성이 낮기 때문에 유입되는 물은 하방보다는 측방으로 흐르면서 카크핏 외곽 구릉의 하단부를 용식하므로 카크핏의 규모가 커지게 되는 것이다. 점토가 아니라도 석회암층 하부에 불투수층인 셰일이나 실트스톤이 있으면, 동일하게 카크핏이 생겨날 수 있다.

카크핏을 둘러싼 구릉의 하단부가 더욱 침식을 받게 되면 카크핏의 규모는 커지는 반면, 서로 연결되어 있던 구릉들은 점차 분리되면서 고립 구릉으로 달라진다. 이

그림 10.15 첨탑 카르스트(pinnacle karst, 베트남 북부)

이곳의 카르스트는 큰비가 내릴 때 낮은 곳이 물에 잠긴다. 그럴 때면 사진 중앙의 사람이 서 있는 일대는 호수로 변한다. 첨탑 암벽의 구멍은 타포니이다.

그림 10.16 탑 카르스트(tower karst, 베트남 북부)

주변의 저평한 농경지와는 대조적으로 탑처럼 돌출한 석회암 고립 산지로 사면경사가 가파른 것이 특징이다. 이런 탑 카르스트는 열대 및 아열대습윤기후 지역에서 잘 발달하는 경향이 있다.

그림 10.17 열대의 카크핏과 원추 카르스트(보홀섬, 필리핀)

카크핏(cockpits)은 저지대, 원추 카르스트(cone karst)는 왕릉처럼 생긴 구릉이다(사진 제공: 착한여행사).

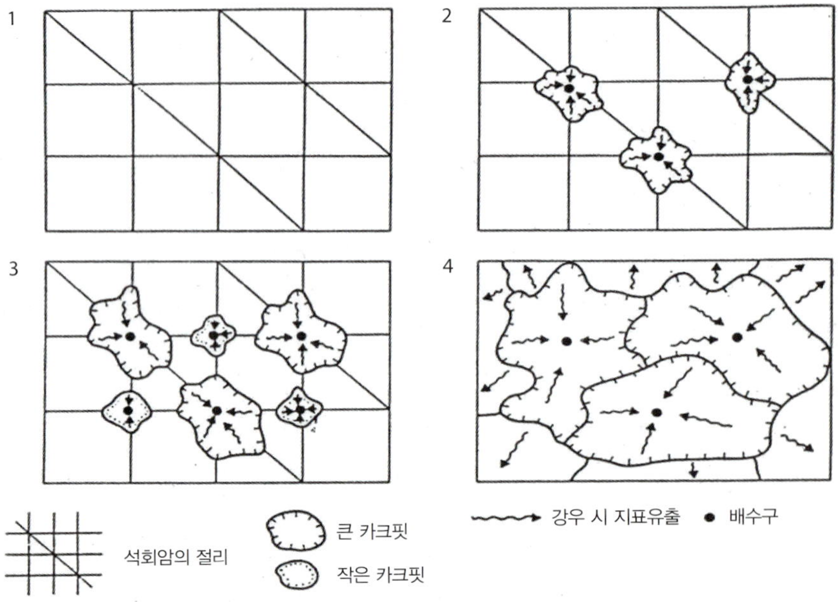

그림 10.18 카크핏과 원추 카르스트의 형성과정

카크핏은 용식으로 생긴 와지이다. 그림은 열대습윤기후 지역에서 석회암에 발달한 절리를 중심으로 용식이 진행되면서 카크핏과 원추 카르스트가 생겨나는 과정을 설명하고 있다. 1: 초기 지형. 2: 절리교차지점 중심으로 카크핏 생성 시작. 3: 크고 작은 카크핏 발달. 4: 카크핏끼리 연합되고, 그 사이에는 원추(탑) 카르스트 발달(Drew, 1985, p.50. 원자료: Williams, 1972).

와 같은 고립 구릉들이 원추 카르스트(cone karst) 또는 탑 카르스트(tower karst)이다(그림 10.16, 10.17). 원추 카르스트와 탑 카르스트는 형태만 다를 뿐 형성과정은 동일하다. 원추 카르스트는 비고가 낮고 정부(頂部)가 둥글며 사면 경사가 완만한 구릉이다. 이를 멀리서 보면 마치 왕릉처럼 보이기도 하는데, 필리핀 보홀(Bohol)섬의 초콜릿 구릉(Chocolate Hills)은 그 좋은 예이다(그림 10.17). 이에 대하여 탑 카르스트는 말 그대로 탑처럼 구릉 정부도 날카롭고, 사면 경사가 급한 것이 특징이다. 중국의 구이린이나 하롱베이 등 베트남 북부 지역은 탑 카르스트가 널리 분포하는 곳으로 유명하다. 탑 카르스트 중에 산지의 정부와 능선이 마치 칼날처럼 뾰족한 것에 대해서는 첨탑 카르스트(pinnacle karst)라 부르기도 한다(그림 10.15). 이런 원추 카르스트나 탑 카르스트가 분포하는 곳에서는 때로는 그 사이의 카크핏이 더욱 커지면서 완연한 평야지형인 카르스트 평야(karst plain)가 발달하기도 한다.

카크핏이나 원추 및 탑 카르스트는 와지를 중심으로 용식이 활발하게 진행되면서 생겨난 지형이므로 어찌 보면 온대에 전형적인 돌리네와도 형성과정이 크게 다르지 않다. 다만 용식이 더 활발한 조건하에서 그러한 지형이 발달하는 것이므로 온대보다는 용식이 활발한 습윤열대 및 아열대 기후 지역에서 널리 나타난다(그림 10.5).

5) 석회동굴

석회암의 용식작용은 지표에서도 일어나지만 지면 아래에서 더욱 활발하다. 용식은 주로 석회암의 절리나 층리면을 따라 진행되며, 용식과정에서 암석이 녹아서 제거되기 때문에 그런 곳을 중심으로 빈 공간들이 생겨나게 된다. 이와 같은 암석 내의 빈 공간들은 용식의 진전에 따라 때로는 서로 연결되면서 동굴의 형태를 갖추게 된다. 이렇게 생성된 석회동굴(limestone cave)은 층리를 따라 수평으로, 그리고 절리를 따라 수직으로도 공동(空洞)이 연결되면서 동굴의 길이는 물론 내부 공간도 더 커진다.

석회암의 용식작용은 카르스트 지하수면(karst water table)에서 활발하다(그림 10.19의 C). 카르스트 지하수면이란 공극 등 석회암 내의 빈 공간이 지하수로 채워져 있는 상한 고도를 말한다. 카르스트 지하수면 이상인 곳, 즉 통기대(通氣帶, vadose zone)에서는 지하수가 중력에 의하여 땅속 깊이 흘러내리면서 석회암을 용식한다. 이렇게 흐르는 지하수의 양이 많은 곳에서는 그만큼 용식이 더 많이 일어나기 때문에 파이프

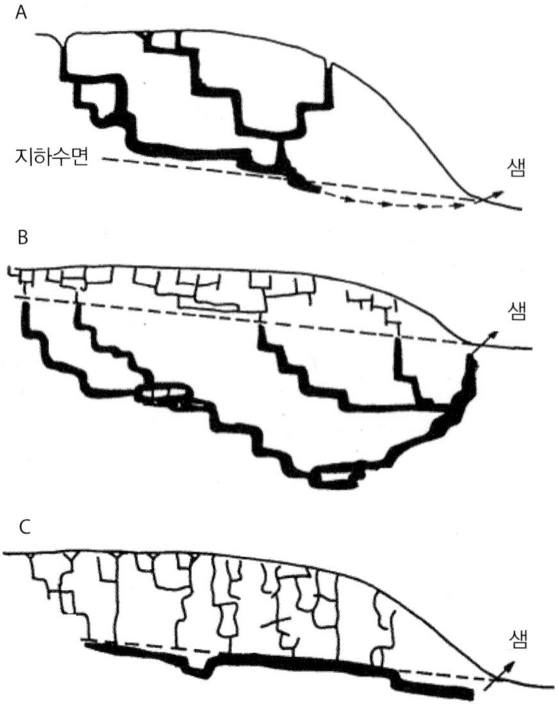

그림 10.19 석회동굴 생성

A: 통기대 동굴. B: 지하수면 이하의 동굴. C: 지하수면 동굴(White, 1988, p.267).

(pipes)나 수직 공동(shafts)이 생기기도 한다(그림 10.19의 A). 카르스트 지하수면은 유입되는 지하수의 양에 따라 고도가 달라진다. 평균적으로 볼 때 보다 많은 시간 동안 지하수면이 정체되어 있는 고도 수준에서 용식이 가장 활발하다. 따라서 석회동굴 중에는 지하수면 고도 수준에서 생성된 것들이 많다. 이밖에도 다량의 이산화탄소가 녹아 있는 지하수가 흘러들어 석회암을 녹여낸 후, 다른 장소로 용이하게 흘러 빠져나가는 곳에서 석회동굴은 잘 발달한다.

석회동굴의 생성과 변화는 동굴 밖의 지형조건과도 밀접한 관련이 있다(그림 10.20). 예를 들어 인근 하곡에서 하천의 하각작용이 진행되면서 하상이 낮아지면 카르스트 지하수면도 더불어 낮아지므로 석회동굴의 성장과 확대는 멈추게 된다. 그러나 이후 하천의 하각작용이 둔화되면 카르스트 지하수면이 일정 고도 수준에서 정체되면서 그곳 중심으로 용식이 활발해져 기존의 석회동굴과는 다른 고도에서 새로운 석회동굴이 생겨난다. 이런 일들이 되풀이되면, 기존의 동굴 아래로 또 다른 동굴이 층을 이루는 복잡한 형태의 석회동굴이 발달한다. 세계적으로 유명한 미국의 매머드

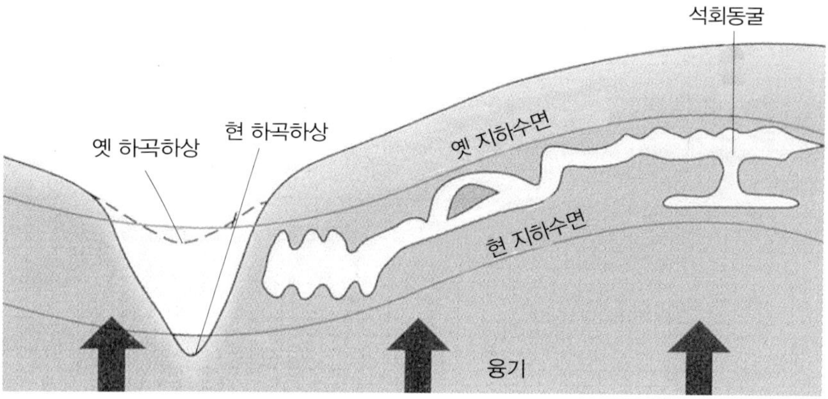

그림 10.20 석회동굴과 지하수면 변화

우리나라의 많은 석회동굴이 그러하듯이, 동굴 내에 지하수가 가득 차 있지 않은 것은 지반이 융기하거나, 인근 계곡에서 하상침식이 진행되면서 지하수위가 변동되었기 때문이다. 그림처럼 지하수위가 낮아져 동굴의 지하수가 빠져나가고 그 대신 동굴 내에 자유대기가 많아지면, 동굴 천장이나 벽면을 통해 흘러나오는 지하수에 용액 상태로 포함되어 있던 탄산칼슘이 동굴 내에 집적되어 종유석, 석순 등의 스펠레오뎀이 발달한다(De Blij and Muller, 1996, p.453).

동굴(Mammoth Cave)은 이런 동굴이 5개의 층을 이루는 것으로 알려졌다.

그러나 석회동굴의 생성에 관한 이론들에 의하면, 석회동굴은 지하수면뿐만 아니라 그 이상이나 이하의 고도 수준에서도 생성된다(그림 10.19). 이는 석회동굴의 생성에 지하수조건 이외에도 단층, 절리, 층리, 지반운동 등 암석 및 지질 조건, 나아가 지표에서의 지면침식이나 사면경사 등의 지형조건도 영향을 미치기 때문이다.

석회동굴의 내부에서는 석회암을 통과하면서 탄산칼슘을 녹여낸 지하수가 암석을 빠져나와 동굴 내의 대기와 접하면서 이산화탄소는 방출되고 물에 녹아 있던 탄산칼슘이 침적(沈積)되는 변화가 일어난다. 이와 같은 변화는 아래의 화학식으로 표현된다.

$$Ca^{2+} + 2HCO_3^- \rightarrow CaCO_3 + H_2O + CO_2$$

이렇게 동굴의 천장, 바닥, 벽 등에 탄산칼슘이 집적되어 생긴 지형들을 총칭하여 스펠레오뎀(speleothem, 석회동굴 내의 2차 생성물)이라 한다(그림 10.4, 10.21, 10.22). 스펠레오뎀은 고대 그리스어로 '동굴 퇴적물(cave deposits)'을 뜻한다. 동굴 내의 스펠레오

그림 10.21 동굴커튼(환선굴, 삼척)
동굴 천장에 커튼처럼 매달린 것이 동굴커튼이며, 동굴 베이컨(bacon)이라고도 한다.

그림 10.22 휴석(환선굴, 삼척)
작은 논둑처럼 보이는 것이 휴석, 휴석으로 둘러싸인 작은 소(沼)가 휴석소이다.

뎀은 모습이 다양하고 독특하여 사람의 눈길을 끌기 때문에, 이것이 잘 발달된 석회동굴은 유명 관광지로 개발된 경우가 많다.

스펠레오뎀에는 종유석(鐘乳石, stalactite), 석순(石筍, stalagmite), 석회화단구(石灰華段丘, travertine terrace) 등이 있다. 종유석은 동굴 천장에서 지하수가 흘러나오는 곳을 중심으로 탄산칼슘이 집적되어 생기는 것으로 겨울철 지붕 추녀 끝에 생기는 고드름처럼 천장에 매달려 성장한다. 종유석의 생성과정을 보면, 초기 단계에서 빨대 모양의 작은 종유관(鐘乳管, cave straw)이 생기고, 이것이 점차 종유석으로 성장한다(그림 10.23의 B). 동굴 천장에 매달린 스펠레오뎀 중에는 종유관이나 종유석 이외에도 동굴곡석(洞窟曲石, cave helictite)이 있다(그림 10.26의 왼쪽 상단 사진). 종유관이 수직으로 곧게 자라는 것과는 달리 동굴곡석은 성장과정에서 동굴 내의 바람의 영향이나 모세관 현상 등에 의해서 옆으로 구부러지거나 심지어 그 끝이 천장을 향하는 것도 있다.

동굴의 천장으로부터 흘러나온 물이 동굴 바닥에 떨어지는 곳에서도 물에 포함된 이산화탄소가 방출되면서 탄산칼슘이 집적된다. 이렇게 집적되어 생기는 지형이 석순이다. 석순은 종유석과는 정반대로 동굴 바닥으로부터 천장을 향해 성장해가는 것이 특징이다. 종유석과 석순은 세월이 지나면서 성장하여 하나로 연결된 탄산칼슘 돌기둥인 석주(石柱, dripstone column)가 되기도 한다(그림 10.23의 A, 10.26).

동굴 천장에서 지하수가 동굴 바닥을 향하여 자유 낙하하는 과정에서 생기는 종

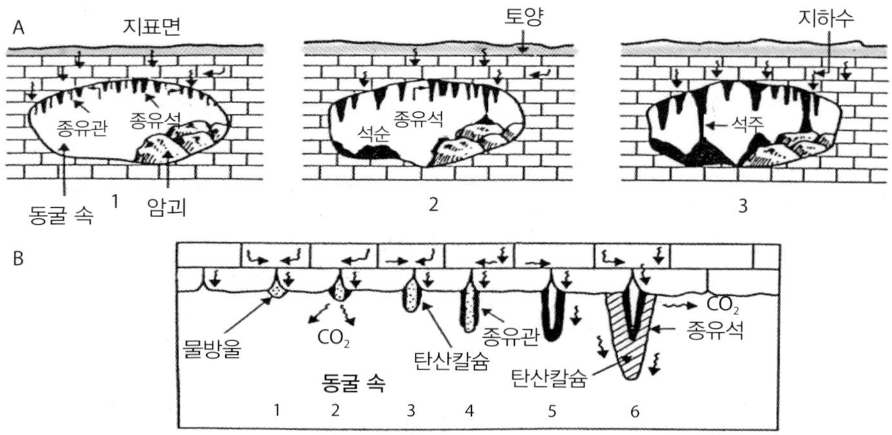

그림 10.23 석회동굴 내의 스펠레오뎀

A: 종유관, 종유석, 석순 및 석주의 발달단계. 1단계: 동굴 천장에 빨대 모양의 종유관(鐘乳管, straw)이 생긴다. 2단계: 종유관이 성장하여 종유석(鐘乳石, stalactite)이 되고, 바닥에서는 석순(石筍, stalagmite)이 성장한다. 3단계: 종유석과 석순이 연결되면서 석주(石柱, column)가 생긴다. B: 종유관과 종유석의 생성과정. 석회암의 틈새에서 흘러나오는 지하수가 동굴 공기와 만나면 이산화탄소와 물이 분리되면서 지하수가 나오는 곳에 탄산칼슘이 집적된다. 탄산칼슘의 집적이 계속되면 처음에는 종유관이 생기고, 그것이 성장하여 종유석이 된다(Drew, 1985, p.60).

유석이나 석순과는 달리 지하수가 동굴 벽면에 붙어서 동굴 바닥으로 흘러내리는 곳에서는 유석(流石, flowstone)이 생긴다(그림 10.25). 유석은 마치 점성이 큰 풀죽이 벽면 위를 서서히 흘러내리는 것처럼 보인다. 유석 중에 커튼이나 휘장처럼 동굴 벽면이나 천장에 매달려 있는 것이 동굴커튼(cave curtain, drip curtain, cave bacon)이다(그림 10.21). 지하수가 많지 않은 곳에서는 지하수가 동굴 벽면이나 천장에서 그대로 증발하면서 탄산칼슘이 그 자리에 들러붙어 동굴팝콘(cave popcorn)이 생긴다(그림 10.24). 이는 팝콘처럼 생겨 그런 이름이 붙었는데, 벽면이나 천장은 물론 유석, 석주, 석순 등의 표면에서도 발달한다. 이와는 달리 지하수가 빠른 속도로 흐르는 물밑 바닥에서는 동굴진주(cave pearl)가 생긴다. 동굴팝콘은 입자 표면이 거칠고 벽면에 고착되어 있지만, 동굴진주는 진주처럼 표면이 매끄럽고 둥글며 물밑 바닥에 붙어 있지 않은 것들도 있다. 동굴진주가 생기는 것은 흐르는 물에 굴러 이동하는 모래 등의 물질 입자에 탄산칼슘이 코팅하듯이 들러붙어 성장하기 때문이다. 동굴진주는 성장하면서 진주끼리 달라붙거나 물밑 바닥에 들러붙기도 한다.

그림 10.24 동굴팝콘(환선굴, 삼척)

석회암에서 흘러나오는 지하수가 동굴의 천장이나 벽면에서 증발하면서 탄산칼슘이 집적되어 동굴팝콘이 생겨난다. 이와 비슷한 것으로 동굴진주(cave pearl)가 있는데, 동굴팝콘과는 달리 물속에서 생긴다.

그림 10.25 유석(황룡동굴, 중국)

유석은 동굴 벽면을 타고 흘러내리는 지하수에 포함된 탄산칼슘이 집적되어 생긴다. 따라서 벽면에 붙어서 성장하는 것이 특징이며, 벽은 물론 동굴 천장과 바닥까지 쌓인 것도 있다.

그림 10.26 종유관, 종유석, 석순, 석주, 곡석(황룡동굴, 중국)

사진 중앙의 돌기둥이 석주이며, 동굴 천장에는 곡석(왼쪽 상단 사진), 종유관, 종유석, 동굴 바닥에는 석순이 있다.

그림 10.27 석회화단구(매머드 온천, 옐로스톤, 미국)

석회화단구는 탄산칼슘이 계단 형태로 쌓인 지형이다. 이곳의 석회화단구는 그 일부만이 지하수가 흐르면서 탄산칼슘이 쌓이고 있으며, 지하수의 용출 위치와 용출량에 따라 단구의 모습도 달라지고 있다.

그림 10.28 휴석과 석회화단구(황룡, 중국)

논둑처럼 보이는 것이 휴석이다. 낮은 곳에서 이를 바라보면 계단처럼 보이는데, 이를 석회화단구라 한다. 곳에 따라 나무가 침적물로 덮이는 것을 보면 이곳에서는 현재도 탄산칼슘의 집적이 빠른 속도로 진행되고 있음을 알 수 있다.

석회화단구(石灰華段丘, travertine terraces)[2]는 동굴의 천장, 벽 등에서 흘러나온 지하수가 동굴 바닥 위를 흘러내리는 과정에서 그 안에 포함된 탄산칼슘이 단구 형태로 집적되어 생겨난다. 석회화단구를 구성하는 단구면과 단구애는 외형상 마치 논과 논둑처럼 보인다. 단구면은 평면이라기보다는 물이 담긴 논처럼 와지 내지 소(沼), 즉 휴석소(畦石沼, rimstone pool)이며, 단구애는 소의 가장자리를 둘러싼 논둑처럼 생긴 휴석(畦石, rimstone)이다(그림 10.22, 10.28). 휴석이 생기는 것은 물이 흐르면서 지면이 높은 곳을 넘어갈 때 물이 일시적으로 정체되거나 유속이 느려지므로 그런 곳을 중심으로 탄산칼슘이 많이 침전되기 때문이다.

석회화단구는 동굴 내에서도 생성되지만, 탄산칼슘을 함유한 온천수나 지하수가 지표로 용출되는 곳에서도 생긴다. 미국 옐로스톤 국립공원의 매머드 온천(Mammoth Hot Spring)과 중국의 황룡은 그 좋은 예이다. 매머드 온천은 온천물이 흘러나오는 곳

2 물에 녹은 탄산칼슘이 침전되어 생겨난 석회암이 트래버틴(travertine)이며, 이는 지하수가 흘러나오는 온천이나 석회동굴 내에서 잘 생긴다.

을 중심으로 여러 층의 석회화단구가 발달하였다(그림 10.27). 이곳에서는 현재 물이 흐르는 석회화단구는 고화되지 않았지만, 단구의 형태가 분명하고, 탄산칼슘의 흰색을 그대로 간직하고 있다. 그러나 물이 더는 흐르지 않아 단구의 성장이 멈춘 곳에서는 먼지, 모래 등이 덮이면서 흰색도 바래고, 풍화침식을 받아 단구의 형태를 잃어버린 것도 있다. 매머드 온천과는 달리 중국의 황룽은 물이 담긴 계단식 논처럼 휴석과 휴석소, 그리고 석회화단구가 발달하였다(그림 10.28). 이곳 역시 현재도 탄산칼슘의 집적이 많아 일부 지역에서는 이로 인하여 나무들이 매몰되어가는 것을 볼 수 있다.

4. 석회암 분포지의 토양

토양은 모재의 특성 이외에도 기후, 식생, 지형 등의 영향을 받는다. 석회암 분포지의 토양도 기반암 이외에 그것이 놓인 장소의 다양한 환경조건에 의해 영향을 받기 때문에 특성을 달리하는 여러 종류의 토양이 발달한다. 이런 석회암 분포지 토양 중에는 적색을 띠는 것이 많다(그림 10.29). 토양이 적색을 띠는 것은 토양에 포함된 철분이 산화되었기 때문이다. 석회암이 물과 이산화탄소에 의해 용식을 받게 되면 주성분인 탄산칼슘은 이온 상태로 물에 섞여 제거되지만, 비가용성의 불순물은 남아 토양이 된다. 비가용성의 불순물 중에는 철분을 함유한 물질이 많이 섞여 있기 때문에 토양이 적색을 띠는 것이다.

그러나 적색토는 석회암 분포지에서만 생성되는 것은 아니다. 석회암이 아니라도 토양 내에서 규산용탈작용이 일어나 규산이 제거되고, 철분이 가용성 물질로 녹아 토양 하부로 이동되어 집적되는 일들이 반복되는 곳이라면 마찬가지로 적색토가 발달한다. 따라서 카르스트 지형이 발달한 곳에서 토양이 적색을 띠는 것이 석회암의 고유한 특성에서 비롯된 것으로 보기는 어렵다. 지중해 연안의 적색토인 테라로사(terra rossa)도 이에 해당된다.

테라로사의 성인에 관하여 논란이 있지만, 대체로 석회암이라는 모재의 특성에서 비롯된 것이 아니라 건습이 반복되는 지중해성 기후와 지중해 연안의 식생인 가리그(garrigue)의 영향을 받아 생성된 것으로 추정한다. 테라로사를 여전히 간대토양

그림 10.29 석회암 분포지의 토양(성남동, 삼척)
사진의 암석은 석회암이며, 그 주변의 토양은 대체로 적색을 띠고 있다.

(intrazonal soil)의 하나로 보기도 하지만, 이와 같이 기후나 식생의 영향을 많이 받아서 생성된 토양이라면 모재의 특성이 반영된 간대토양이라고 보기는 어렵다. 참고로, 마버트(C. F. Marbut)의 토양분류체계에서도 석회암 지역의 대표적인 간대토양으로 테라로사가 아니라 렌지나(rendzina)를 들고 있다. 따라서 우리나라의 석회암 지역에 분포하는 적색의 토양을 테라로사라고 부르는 것보다는 토양의 색깔을 강조하는 의미에서 적색토라 부르거나, 새로운 토양분류체계에 의거하여 얼티솔(ultisols)이라 부르는 것이 바람직하다. 이는 성인적인 토양 분류보다는 형태론적인 토양 분류를 지향하는 근래의 토양 분류와도 일맥상통하는 것이기도 하다. 단양의 삼화동 카르스트 일대에 분포하는 적색토를 연구한 강영복(1994)에 의하면, 이러한 적색토는 현재의 생물 및 기후 환경과는 일치하지 않는 고(古)토양인 것으로 알려진다.

5. 우리나라의 카르스트 지형

우리나라에서는 조선누층군 석회암이 기반을 이루는 충북 동부, 강원 남부, 경북 북부 일대에 석회동굴, 돌리네 등 카르스트 지형이 널리 나타난다. 그간 지형학계에서는 다수의 학자들이 이들 지역에 분포하는 카르스트 지형에 대해 형태 특성, 형성 과정, 수문, 토양 등에 관심을 두고 연구해왔다(강영복, 1994, 1998; 박선엽, 2011; 서무송, 1996, 1998; 서원명, 2003; 탁한명, 손일, 2014).

카르스트 지형 중 특히 석회동굴은 관광명소의 하나로 사람들이 즐겨 찾는 곳이다. 관광객에게 개방된 석회동굴만 해도 단양의 고수동굴, 영월의 고씨굴, 정선의 화암굴, 삼척의 환선굴과 대금굴, 울진의 성류굴 등 적지 않다. 특히 삼척 일원에는 석회동굴이 많아 2002년 세계동굴엑스포를 개최한 바 있다. 석회동굴은 공동의 형태도 다양하고 내부 통로가 복잡하여 동굴 그 자체도 관심을 끌지만, 다른 곳에서는 보기 어려운 종유석, 석순 등 스펠레오뎀이 있기 때문에도 더욱 주목을 받는다. 그러나 오래 전부터 개방한 굴일수록 관광객이 출입하는 과정에서 오염되고 훼손되어 원래의 색깔과 모습을 잃은 경우도 많다.

석회동굴과 달리 돌리네는 지표에 생긴 와지이므로 땅이 넓고 평평한 곳은 거의 예외 없이 밭으로 개간되었다. 과거 한때 지전(池田)부락이라 불렸던 단양의 못밭부락이 그러한 좋은 예이다(그림 10.30). '지전(池田)'은 '못밭'을 일제강점기에 한자 이름으로 바꾼 것이다. 연못 모양의 돌리네를 주로 밭으로 개간하였기 때문에 '못밭'이라는 이름이 붙은 것으로 보인다. 이곳에 '못밭'이라는 이름을 지명에 쓸 만큼 돌리네가 많은 것은 무엇보다 남한강이 만든 평탄한 대지면 위에서 돌리네가 발달하였기 때문이다.

삼척시 성남동 일대에도 하안단구면 위에 크고 작은 돌리네들이 집중 분포한다(그림 10.31). 성남동 일대의 지형을 살펴보면, 인근의 오십천이 과거 어느 땐가에 현재 돌리네가 분포하는 산지 일대를 흘렀으며, 이후 지반융기 또는 해수면 하강과 더불어 하천의 하각작용이 활발해지면서 구 범람원 또는 하상이 하안단구로 달라진 것으로 추정된다. 나아가 이와 같이 하안단구가 생성되는 과정에서 지하수위도 더불어 낮아졌기 때문에 그곳의 석회암이 더 활발하게 용식되면서 단구면 위의 곳곳에서 돌리네가 발달한 것으로 보인다. 이런 지형발달과정을 거쳤기 때문에 돌리네의 안팎에는 오십천에서 비롯된 것으로 추정되는 둥근 자갈들이 산재한다(그림 10.33). 자갈은 돌리네와 돌리네 사이의 능선은 물론 돌리네 외곽 사면에도 흩어져 분포한다. 그뿐 아니라 돌리네의 와지에서는 점토 중심의 퇴적층 속에서 얇은 자갈층도 관찰된다.

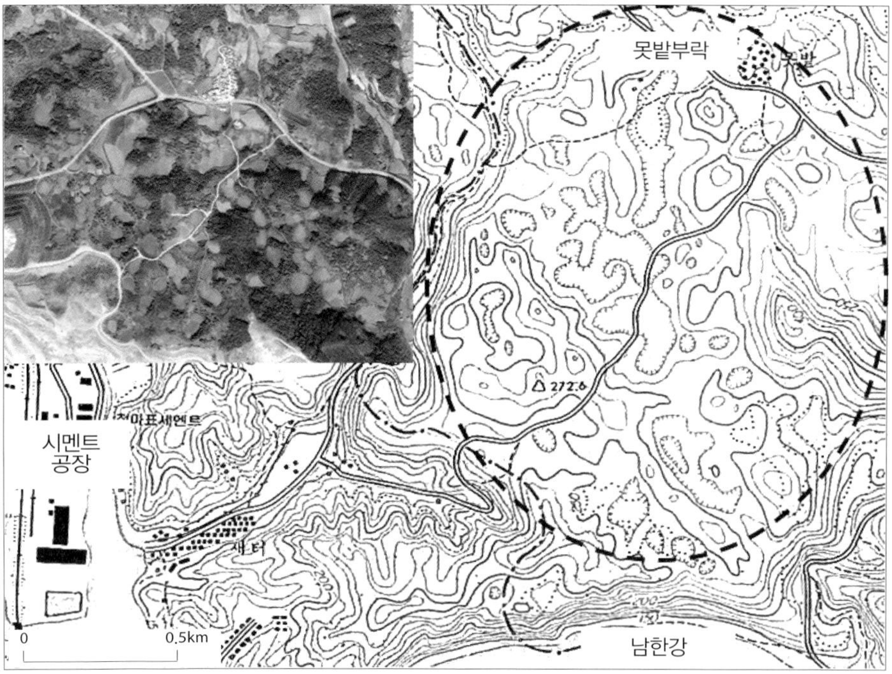

그림 10.30 카르스트 지형(가곡면 여천리, 단양)

사진에서 원형의 밝은색 부분과 지도에서 파선(– –) 안쪽의 와지는 돌리네이다. '못밭'이라는 자연부락 이름이 생겨난 것도 연못 모양의 돌리네가 주로 밭으로 이용되었기 때문이다(네이버 위성지도 이미지, 국토지리정보원 발간의 1:25,000 지도).

그러나 자갈층의 기질물질이 점토인 것을 보면, 원래의 하천 퇴적층이라기보다는 주변의 사면으로부터 점토 중심의 풍화산물과 함께 이동되어 쌓인 것으로 보인다. 그런가 하면 근래에 도로공사로 인하여 드러난 곳을 보면, 완연한 하천자갈 퇴적층이 거의 교란되지 않은 채 쌓여 있는 곳도 있다(그림 10.32). 이런 사실들을 종합적으로 고려할 때 성남동 돌리네는 오십천의 하안단구가 생성되면서 그 위에서 발달한 것이 분명하다고 하겠다.

성남동의 돌리네 중에는 지면의 일부가 무너지면서 직경 수 m의 배수구가 생긴 것들도 있다. 이런 배수구가 생겨난 것은 돌리네의 지하에서 용식에 의해 공동이 생긴 이후 지면을 떠받치고 있는 천장이 무너져내렸기 때문이다. 따라서 이곳의 돌리네 지하에는 석회동굴과 같은 공동이 많을 것으로 짐작된다. 이밖에도 성남동의 돌리네에는 사면이나 능선부에 석회암이 그대로 드러난 곳도 있으며, 이들 암석의 표

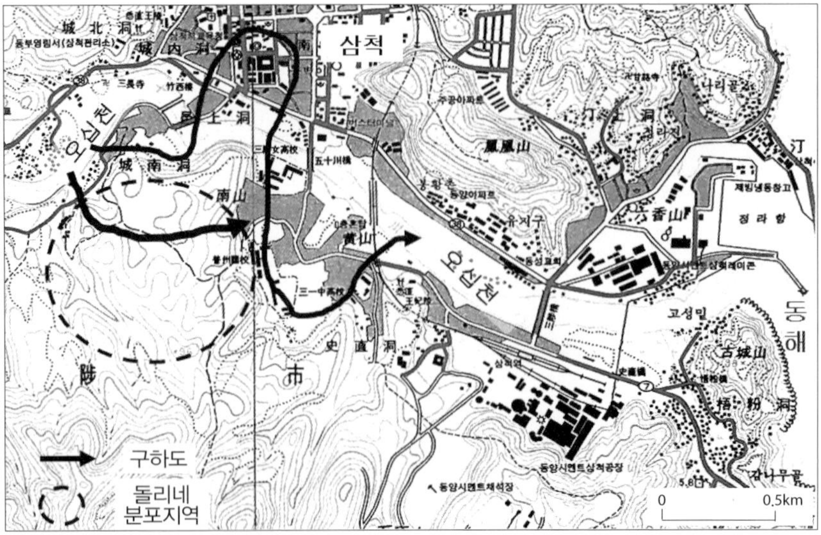

그림 10.31 카르스트 지형(성남동, 삼척)

파선 안쪽에 돌리네가 집중 분포한다. 이곳의 돌리네는 과거에 오십천이 만든 하안단구의 단구면 위에서 발달하였다. 따라서 돌리네 주변에서는 여기저기 흩어져 있는 하상자갈들을 찾아볼 수 있다(국토지리정보원 발간의 1:25,000 지도).

그림 10.32 돌리네 주변의 하천 퇴적층(성남동, 삼척)

돌리네 지역을 가로지르는 도로의 절개부를 보면, 풍화는 되었지만 거의 교란되지 않은 채 쌓여 있는 하상역층을 볼 수 있다. 이것은 돌리네 지역이 원래 하안단구였음을 입증하는 지형 증거의 하나이기도 하다.

그림 10.33 돌리네 주변의 자갈(성남동, 삼척)

이곳의 자갈은 오십천이 만든 하안단구에서 비롯된 것으로 모서리가 각진 자갈보다 마모된 자갈이 더 많다. 하천에서 이러한 자갈들이 쌓이는 곳은 유속이 큰 하상이다.

면에서 절리 라피에, 구멍 라피에 등이 관찰되기도 한다. 이러한 리피에는 지표환경에서 생긴 것도 있지만, 대체로 지하에서 생긴 후 지면에 노출된 것이다.

참고문헌

강영복, 1994, 카르스트현상의 토양지형생성적 특성: 단양군 삼화동 지역의 사례 연구, 한국지학회지, 1(2), 85-102.

강영복, 1998, 동강유역의 카르스트 지형, 한국지형학회지, 5(2), 131-142.

강영복, 유영근, 2000, 평창군 미탄면 카르스트 지형에 발달한 토양특성, 한국지형학회지, 7(2), 13-32.

박선엽, 2011, 한국 지리학계의 카르스트 연구, 한국지형학회지, 18(4), 127-140.

서무송, 1996, 한국의 석회암지형, 세경자료사.

서무송, 1998, 동강 유역의 석회암 동굴에 관한 연구: 백용 석회암 동굴의 2차 생성물을 중심으로, 한국지형학회지, 5(2), 143-159.

서원명, 2003, 단양 삼태산 일대의 석회암 지형, 한국지형학회지, 10(2), 283-298.

탁한명, 손일, 2014, 카르스트 우발라에 발달한 수리시설에 관한 연구: 강원도 정선군 남면 광덕리를 사례로, 대한지리학회지, 49(5), 639-655.

Ahnert, F., 1998, *Introduction to Geomorphology*, London, Arnold, 250-260.

Chorley, R. J., Schumm, S. A. and Sugden, D. E., 1984, *Geomorphology*, London, Methuen, 181-190.

De Blij, H. J. and Muller, P. O., 1996, *Physical Geography of the Global Environment*, New York, John Wiley & Sons, 451-459.

Drew, D., 1985, *Karst Processes and Landforms*, London, Macmillan Education.

Easterbrook, D. J., 1999, *Surface Processes and Landforms*, New Jersey, Prentice Hall, 194-211.

Ford, D. and Williams, P., 2007, *Karst Hydrogeology and Geomorphology*, Chichester, John Wiley & Sons.

Jennings, J. N., 1985, *Karst Geomorphology*, Oxford, Basil Blackwell.

Leighton, M. W. and Pendexter, C., 1962, Carbonate rock types, in Ham, W. E.(ed.), Classification of Carbonate Rocks, *American Association of Petroleum Geologists Memoir*, 1, 33-61.

Ritter, D. F., Kochel, R. C. and Miller, J. R., 1995, *Process Geomorphology*, Iowa, Wm. C. Brown, 400-427.

Summerfield, M. A., 1991, *Global Geomorphology*, Essex, Longman Scientific & Technical, 148-153.

White, W. B., 1988, *Geomorphology and Hydrology of Karst Terrains*, Oxford, Oxford University Press.

Williams, P. W, 1969, The geomorphic effects of groundwater, in Chorley, R. J.(ed.), *Water, Earth and Man*, London, Methuen, 269-284.

Williams, P. W., 1972, The analysis of the spatial characteristics of karst terrains, in Chorley, R. J.(ed.), *Spatial Analysis in Geomorphology*, New York, Harper & Row, 135-163.

Wray, R. A. L., 1997, A global review of solutional weathering forms on quartz sandstones, *Earth Science Reviews*, 42(3), 137-160.

제11장

판구조론과 세계의 대지형

그림 11.1 지각판의 섭입과 화산(레이니어 화산, 미국)

레이니어 화산은 세인트 헬렌스, 후드 등 수많은 화산이 집중 분포하는 캐스케이드(Cascade) 산맥에 속한다. 이처럼 캐스케이드 산맥에 화산이 많은 것은 해양지각인 후안드푸카(Juan de Fuca) 지각판이 육지지각인 북아메리카 지각판 하부로 파고들면서 고온 고압하에서 녹은 물질이 지각의 약한 틈새를 비집고 지표로 분출하기 때문이다.

1. 지구의 내부구조와 암석권

지구의 내부구조는 지각, 맨틀, 핵으로 이루어져 있다. 지표면에서 지구 중심까지 깊이는 약 6,370km, 지각과 맨틀, 맨틀과 핵의 경계부 깊이는 각각 약 40km와 2,895km이다(그림 11.2).

지각(地殼, crust)은 5~40km의 두께이며 구성암석의 특성에 따라 대륙지각(大陸地殼, sial)과 해양지각(海洋地殼, sima)으로 나눌 수 있다(그림 11.3). 대륙지각에는 화강암질 암석이 많다. 화강암질 암석은 다른 조암광물에 비하여 상대적으로 비중(比重)이 크지 않은 석영, 장석 등 규장질 광물(felsic mineral)을 많이 포함하고 있으므로 대륙지각의 평균 비중은 2.7g/cm^3 정도로 크지 않다. 이처럼 비중은 작지만 그 두께는 평균 약 40km이며, 높은 산지일수록 더 두꺼워 때로는 60km 이상에 달하기도 한다. 이에 대하여 해양지각은 주로 현무암질 암석이다. 현무암질 암석은 화강암질 암석에 비하여 휘석, 감람석 등 비중이 큰 철-마그네슘 광물(mafic mineral)을 많이 포함하고 있기 때문에 해양지각의 평균 비중은 약 3.0g/cm^{3}로 대륙지각보다 더 높다. 그러나 해양지각의 평균 두께는 약 5km로 대륙지각보다 훨씬 더 얇다. 이와 같이 대륙지각과 해양지각은 구성물질의 차이 때문에 두께도 서로 다르고, 지각판의 움직임이나 그런 과정에서 생겨나는 지각운동도 달리 나타난다.

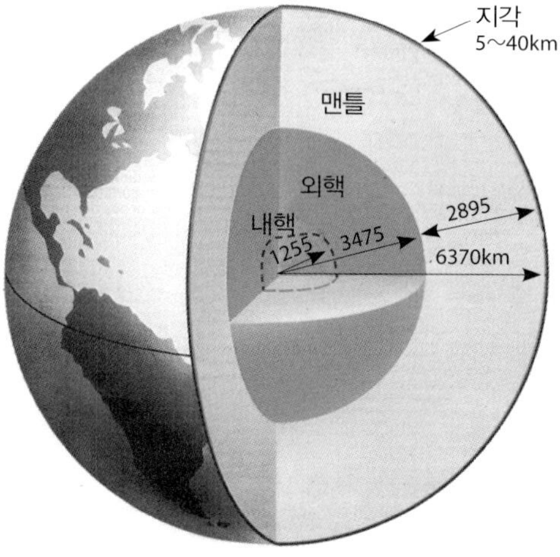

그림 11.2 지구의 내부구조

지구는 물질 성분과 두께가 다른 지각, 맨틀, 핵으로 이루어져 있다(Strahler and Strahler, 1992, p.228).

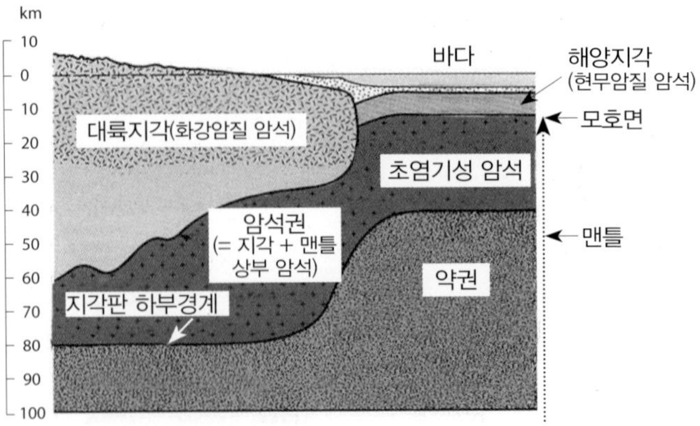

그림 11.3 지각과 암석권

대륙지각은 화강암질 암석, 해양지각은 현무암질 암석으로 되어 있다. 암석권은 지각은 물론 그 하부에 있는 맨틀 상부의 암석을 포함한다(Strahler and Strahler, 1992, p.229 부분 수정).

맨틀(mantle)은 하부로 내려가면서 암석권, 약권, 중간권으로 구성되어 있다. 암석권(lithoshpere)이나 지각판(lithospheric plate)은 지각은 물론 그 하부에 있는 맨틀 상부의 암석까지 다 포함한다(그림 11.3). 여기서 암석권은 지구 내부구조를 권역별로 구분한 용어인 반면, 지각판은 판자와 같은 모습의 암석권 형태를 강조한 용어이다. 암석권 하부의 약권(弱圈, asthenosphere)은 구성물질의 열적 차이 때문에 대류(對流)가 일어나면서 밀랍처럼 유동한다. 이러한 약권의 성질 때문에 상부에 놓인 지각판은 그 위에 실려 수평적으로 이동하면서 각종의 지각운동을 일으킨다.

지각과 맨틀은 지진파 P파와 S파의 불연속적인 변화를 기준으로 구분한다. 유고슬라비아의 지진학자 모호로비치치(Mohorovičić)가 이러한 지진파의 불연속면을 최초로 발견했기 때문에 흔히 모호면(Mohorovičić discontinuity)이라 부른다. 모호로비치치가 지진파를 이용하여 지각과 맨틀을 구분할 수 있었던 것은 물질의 밀도에 따라 지진파의 진행속도가 다르기 때문이다. 지각은 화강암질 암석과 현무암질 암석을 다 합하여 평균 비중이 2.8g/cm^{3}이지만, 초염기성(超鹽基性) 암석으로 이루어진 맨틀은 비중이 4.9g/cm^{3}로 그보다는 더 높다. 지진파는 밀도가 작은 지각보다는 밀도가 큰 맨틀을 통과할 때 진행속도가 더 빠르다. 따라서 지각과 맨틀 간에는 지진파 진행속도의 불연속적인 변화가 나타나므로 이를 토대로 지각과 맨틀의 분포 경계를 알아낼 수 있다.

맨틀 하부의 핵(核, core)은 주로 철과 니켈로 이루어졌다. 그에 따라 비중도 약 10.9 g/cm^{3}로 지각이나 맨틀보다 훨씬 더 크다. 핵은 액체 상태의 외핵과 고체 상태의 내핵으로 나눌 수 있다. 외핵은 액체와 같은 성질을 지니기 때문에 지구가 하나의 거대한 자성체와 같이 자력선을 방출하는 것으로 알려진다. 이러한 자력선은 태양복사의 형태로 지구를 향하여 밀려오는 양성자와 전자를 차단해 지구를 보호하는 역할을 한다. 남극과 북극 지방의 오로라(aurora)는 자력선에 의해 포획된 전자들이 서로 부딪쳐 충돌하면서 빛을 내기 때문이다.

2. 판구조론

1) 대륙이동설과 판구조론

판구조론(板構造論, plate tectonics)은 지각판의 움직임과 관련하여 지각운동을 설명하는 지구구조이론이다. '구조론(tectonics)'은 '지각운동에 관한 연구(the study of tectonic activity)'란 뜻을 지니고 있다. 판구조론에 의하면, 지구는 10여 개의 지각판으로 구성되어 있고, 이들이 맨틀의 약권에 실려 마치 나무판자처럼 움직이면서 어떤 곳에서는 만나 충돌하는가 하면, 또 다른 곳에서는 서로 다른 방향으로 갈라지거나 엇갈려 이동하면서 지각을 변형시킨다.

판구조론의 이론적 토대는 베게너(A. Wegener)가 주장한 대륙이동설(大陸移動說, continental drift theory)에서 찾을 수 있다. 1915년 독일의 기상학자이자 지구물리학자인 베게너는 아프리카 서쪽 해안과 남아메리카의 동쪽 해안이 마치 하나를 둘로 갈라놓은 것처럼 일치하는 점에 착안하여 이들 대륙이 갈라져 이동했다고 주장하였다.

베게너에 의하면, 지구에는 고생대 말엽(페름기)까지 판게아(Pangaea)라 불리는 하나의 거대한 대륙, 즉 초대륙(超大陸, supercontinent)이 있었다(그림 11.4). 이후 판게아는 테티스해(海)를 사이에 두고 북쪽의 로라시아(Laurasia) 대륙과 남쪽의 곤드와나(Gondwana) 대륙으로 분리되었으며, 시간이 지나면서 이들 대륙은 다시금 더 쪼개져 이동하면서 서서히 오늘날의 대륙과 같은 모습을 지니게 되었다(그림 11.5).

베게너에게 대륙 이동에 관한 생각의 실마리를 제공하였던 아프리카 대륙과 남

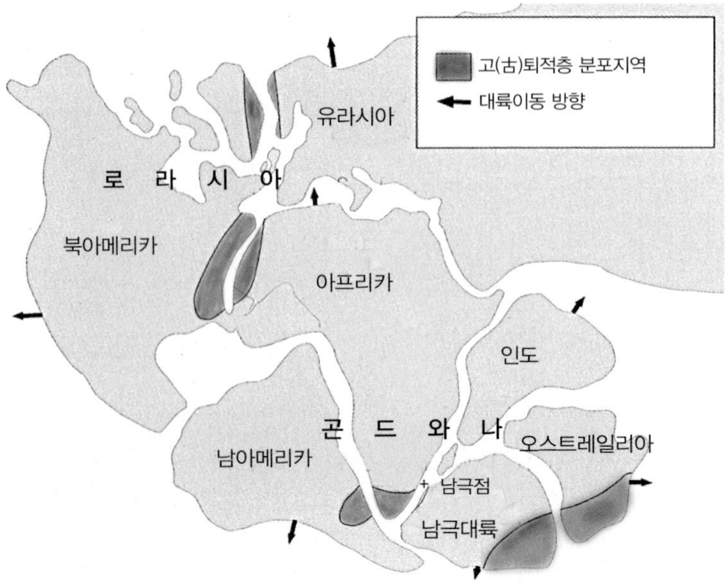

그림 11.4 초대륙 판게아

판게아(Pangaea)는 고생대 말엽 테티스해를 사이에 두고 남쪽의 곤드와나(Gondwana) 대륙과 북쪽의 로라시아(Laurasia) 대륙으로 분리되었다. 지도에서는 대륙들이 분리되기 이전에 같은 환경에서 쌓인 것으로 추정되는 퇴적물의 분포 범위(그림에서 굵은 실선 안쪽의 지역)와 분리되어 나간 대륙들의 이동 방향(화살표)을 보여 주고 있다(De Blij *et al.*, 2004, p.402).

아메리카 대륙은 중생대 쥐라기 말엽 곤드와나 대륙으로부터 분리된 것으로 설명한다. 베게너 이후 이들 지역의 지질 및 고생물을 정밀하게 조사한 연구들에 의하면, 아프리카 대륙과 남아메리카 대륙은 해안선이 일치하는 것 이외에도 동일한 지질구조를 보이고 있으며, 일부 생물의 분포가 일치한다. 그뿐 아니라 고생대 페름기-석탄기 동안에 쌓인 것으로 추정되는 빙하퇴적층이 남아메리카, 아프리카, 오스트레일리아 및 남극대륙에서 공통으로 발견된다. 이러한 사실들은 이들 지역이 하나의 대륙, 즉 곤드와나 대륙의 일부였다가 분리되었다는 것을 의미한다. 즉 베게너의 대륙이동설을 뒷받침하는 증거로 볼 수 있다. 그러나 이와 같은 대륙의 분리와 이동에 관한 많은 과학적 설명이나 연구 결과가 모두 베게너에 의하여 이루어진 것은 아니며, 베게너의 주장에 동조하는 여러 과학자들에 의하여 체계화된 것이다.

오늘날 우리는 대륙이 이동한다는 것을 의심 없이 믿고 있지만, 베게너 생존 당시에는 허황된 이론으로 치부하기도 하였다. 거대한 대륙이 움직인다는 것 자체가

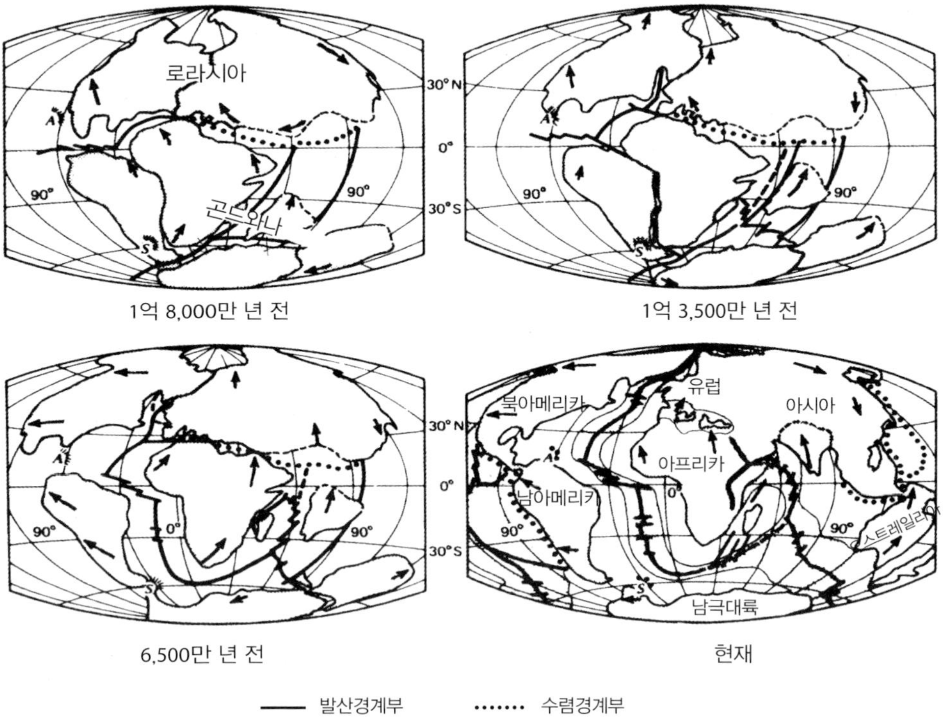

그림 11.5 지각판 이동

고생대 말엽, 즉 페름기(2억 2,500만 년 전)에는 하나의 대륙(超大陸, 판게아)이었지만, 이후 1억 8,000만 년 전부터 곤드와나 대륙과 로라시아 대륙으로 분리되었다. 중생대 쥐라기 말엽(1억 3,500만 년 전)에는 남아메리카가 아프리카로부터 분리되고, 지중해가 점점 유라시아와 아프리카로 둘러싸이기 시작하였다. 또한 중생대 백악기 말엽(6,500만 년 전)에는 북대서양과 남대서양이 하나의 바다로 연결되었다. 이후 신생대 동안에는 북아메리카와 유럽이 분리되는가 하면, 인도가 아시아에 옮겨가 붙고, 오스트레일리아가 남극대륙으로 분리되면서 오늘날의 모습을 갖추게 되었다(Chorley *et al*., 1984, p.113).

믿기 어려웠을 뿐만 아니라, 대륙이 움직이는 데 필요한 엄청난 에너지의 공급원이 무엇인지를 입증하기 어려웠기 때문이다. 이러한 이유로 베게너의 대륙이동설은 한동안 지지를 받지 못하였다. 그러나 1960년대 이래 지구탐사기술의 혁신적인 발달에 힘입어 그간 잘 알지 못했던 심해의 지형 및 지질, 고지자기 등에 관한 연구들이 활발하게 진행되면서 대륙이 움직인다는 것을 입증하는 많은 증거들을 찾아내게 되었다. 즉 해저지각에서의 대칭적인 고지자기역전(古地磁氣逆轉), 그리고 이것에 기초하여 제기된 해저확장설(海底擴張說, theory of sea floor spreading)이나 변환단층(變換斷層, transform fault)의 존재 등은 대륙이 움직인다는 사실을 보다 확실하게 뒷받침하게 되

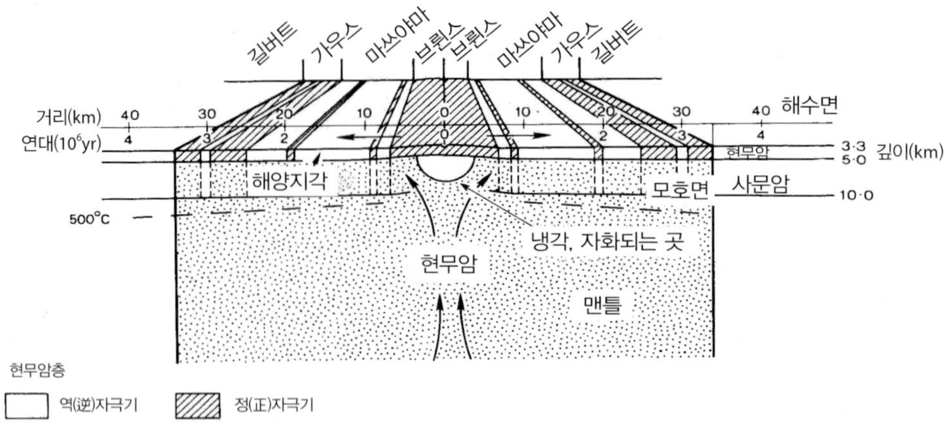

그림 11.6 지자기역전과 해저지각의 확장

용융상태의 마그마가 분출하면 냉각되면서 당시의 지자기 방향으로 자화(磁化)된다. 이를 이용하여 해저지각을 조사한 결과, 해령을 사이에 두고 자극 방향과 생성 시기를 달리하는 지각들이 대칭 분포하였다. 이러한 현상은 지각이 같은 장소에서 생겨나 갈라져 이동하지 않고는 설명이 되지 않는 것이다. 지자기의 극점은 여러 차례 뒤바뀌어왔다. 70만 년 전~현재까지는 브륀스 정(正)자극기, 그리고 250만 년 전~70만 년 전까지는 마쓰야마 역(逆)자극기가 있었으며, 그 이전에는 가우스 정자극기와 길버트 역자극기가 있었다(Chorley *et al.*, 1984, p.109).

었다(그림 11.6, 11.7). 이에 따라 한동안 주목받지 못했던 대륙이동설은 부활하였고, 이것과 궤를 같이하는 많은 연구가 판구조론의 틀 속에서 더욱 활발하게 진행되어 왔다.

고지자기에 관한 연구를 보면, 현무암과 같이 철분을 다량 함유한 암석은 용융 상태에서 굳어질 때 그 당시의 지자기 방향을 띤 채 자화(磁化)되므로 이들 암석에 남아 있는 잔류자기를 조사하면, 생성 당시의 지자기 방향을 알아낼 수 있다. 이런 방법으로 마쓰야마(Matuyama) 등이 다양한 연대의 암석을 조사한 결과, 지구자기는 지난 400만 년 이래 여러 차례에 걸쳐 북자극과 남자극이 서로 뒤바뀌는 역전이 있었다. 그 역전 주기는 약 1백만 년이었다고 한다. 현재부터 과거로 가면서 브륀스 정(正)자극기(Brunhes normal epoch), 마쓰야마 역(逆)자극기(Matuyama reverse epoch), 가우스 정(正)자극기(Gauss normal epoch), 길버트 역(逆)자극기(Gilbert reverse epoch)가 바로 그것이다(그림 11.6). 이러한 지자기에 관한 연구는 해저에서 새로운 지각이 생겨나는 방식으로 해양지각이 확장되어왔음을 뒷받침한다. 그러하기 때문에, 해령의 중심축에

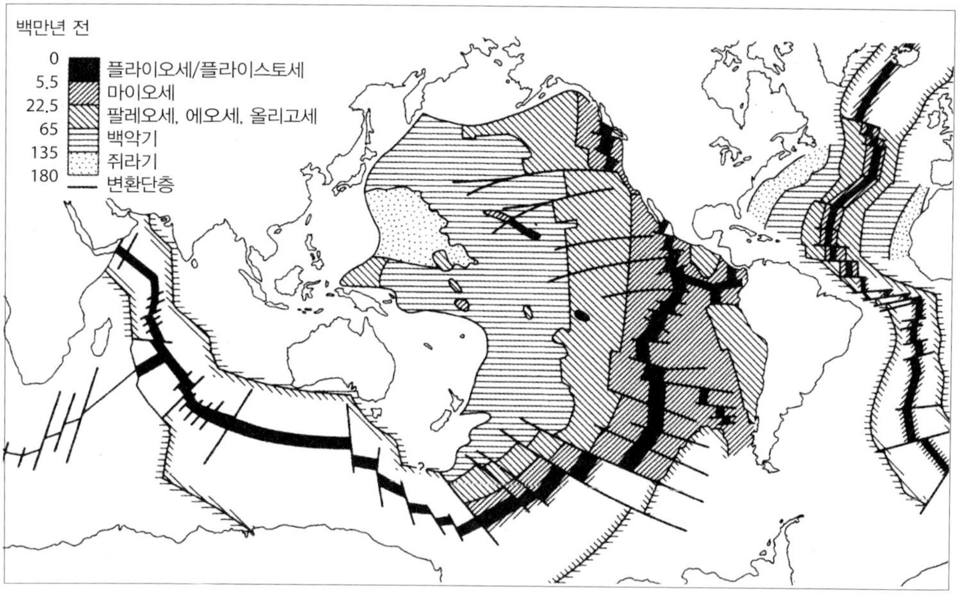

그림 11.7 해저지각의 연대와 분포 패턴

새로운 지각이 만들어지는 열곡(해령의 정상부)을 중심으로 양쪽 방향으로 멀어질수록 연대가 오래며, 동일한 연대의 암석들이 대칭 분포한다. 또한 선캄브리아기 암석이 많은 육지지각과는 달리 해양지각에는 중생대(쥐라기) 이전의 암석이 없다. 이러한 사실들은 해저에서 해양지각이 생성되어 수평으로 이동하여 육지지각과 병합되거나 지각 하부로 소멸된다는 것을 의미한다(Chorley, 1984, p.114. 원자료: Gass *et al*., 1972, p.243).

서 양 방향으로 멀어지면서 암석의 생성 연대가 더 오래며, 중심축을 기준으로 동일한 연대의 암석들이 대칭적인 분포 패턴을 보이는 것이다(그림 11.6, 11.7). 이는 해령의 중심축으로부터 암석이 생성된 후 서로 갈라져 반대 방향으로 수평 이동하지 않고는 설명이 되지 않는 현상이다.

오늘날 대륙이동을 포함한 판구조론은 점차 정설화되는 단계에 있다. 따라서 크고 작은 지각운동은 물론이고, 큰 규모의 지형이 생성되고 변화되는 과정을 설명할 때 그 기초로서 판구조론에 입각하여 지각운동을 설명하는 경우가 많다. 예를 들어, 습곡산맥, 열곡 및 지구대, 화산에 이르기까지 수많은 지형들에 대하여 판구조론에 입각하여 생성과정을 해석하는 추세이다.

2) 지각판 이동과 지각판 경계부 특징

현재까지 알려진 지각판은 모두 15개[1]이며, 그중 8개는 크고, 나머지는 작은 것들이다. 규모가 큰 지각판은 태평양, 북아메리카, 남아메리카, 유라시아, 아프리카, 오스트레일리아, 인도, 남극대륙 지각판이다(그림 11.8).

지각판의 경계부는 움직임의 방향이 서로 다른 지각판과의 접촉 부위이므로 지각이 불안정하다. 경계부는 크게 세 가지로 분류할 수 있다. 지각이 수렴하는 곳(converging boundaries), 발산하는 곳(diverging boundaries), 그리고 서로 다른 방향으로 엇갈리는 곳(transform boundaries)이 그것이다(그림 11.8).

두 개의 지각판이 수렴하는 곳에서는 해양지각이 대륙지각 하부로 파고들거나, 대륙지각끼리 충돌하여 지각을 들어올린다(그림 11.9). 해양지각이 대륙지각의 하부로 파고드는 곳, 즉 섭입(攝入, subduction)하는 곳에서는 흔히 해구가 발달한다. 또한 경계부 인근의 육지에서는 지각이 약한 부분을 중심으로 마그마가 분출하는 등 화산활동이 잦다(그림 11.9). 해구는 점토, 연니(軟泥, ooze)[2] 등의 해저 퇴적물과 모래, 점토 등의 육상 기원 퇴적물이 해양 지각판의 섭입과 더불어 대륙 지각판 하부로 끌려들어가는 곳이다. 이런 움직임 때문에 해구는 수심이 깊지만, 퇴적물은 두껍게 쌓이지 않는다. 이와는 달리 해구와 육지 사이에 놓인 곳에서는 지각판의 이동에 의해 육상 기원의 퇴적물이 마치 쐐기 모양으로 압축되면서 융기된다. 이렇게 융기된 지형이 구조정부(構造頂部, tectonic crest)인데 그중에는 해안을 따라 길게 뻗은 섬의 형태를 지닌 구조호(構造弧, tectonic arc)도 있다. 구조정부(또는 구조호)와 도호(육지) 사이의 얕은 바다는 전호곡(前弧谷, forearc trough)이다. 그곳에서는 육상 기원의 퇴적물이 두껍게 쌓인다(그림 11.10).

대륙지각 하부로 섭입된 해양지각과 이것에 실려온 퇴적물은 지하 깊은 곳으로 들어가면서 고온 고압하에 놓이게 되므로 용융되어 현무암질 마그마로 변한다. 현무

1 홋카이도, 리베라 지각판을 또 다른 작은 지각판으로 보고 17개로 분류하기도 한다. 이처럼 작은 지각판의 개수는 증가하는 추세인데, 이는 지각판에 대한 연구가 더욱 진전됨에 따라 그간 알려지지 않았던 지각판들이 새롭게 분류에 포함되기 때문이다.

2 부유생물(플랑크톤)의 유해가 30%, 그 나머지는 점토광물로 구성된 세립질의 심해퇴적물(진흙)로 성분에 따라 크게 석회질연니와 규질연니로 구분한다.

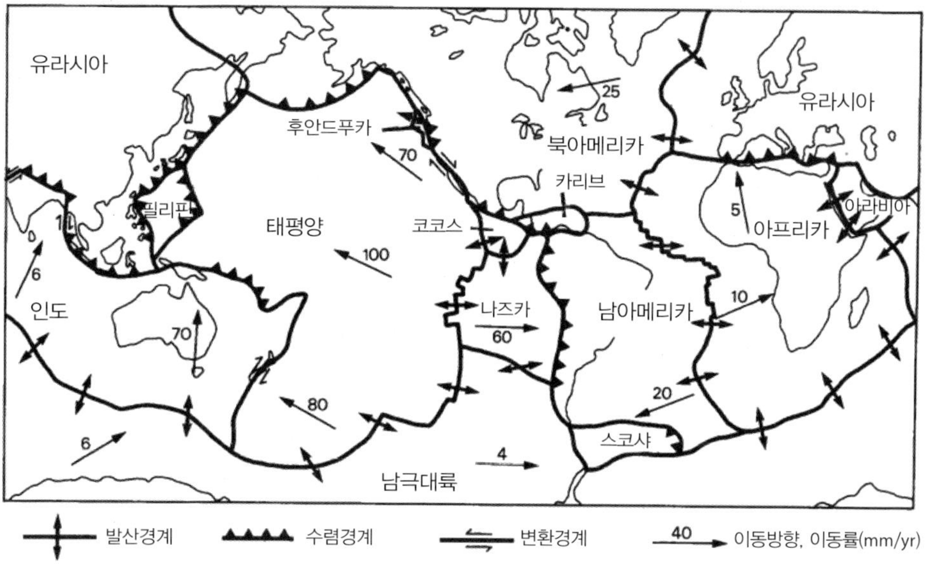

그림 11.8 주요 지각판

큰 지각판: 태평양, 북아메리카, 남아메리카, 유라시아, 아프리카, 오스트레일리아, 인도, 남극대륙. 그중 인도와 오스트레일리아는 그림에서처럼 하나로 보기도 한다. 작은 지각판: 필리핀, 나즈카, 코코스, 카리브, 스코샤, 아라비아, 후안드푸카(Summerfield, 1991, p.46).

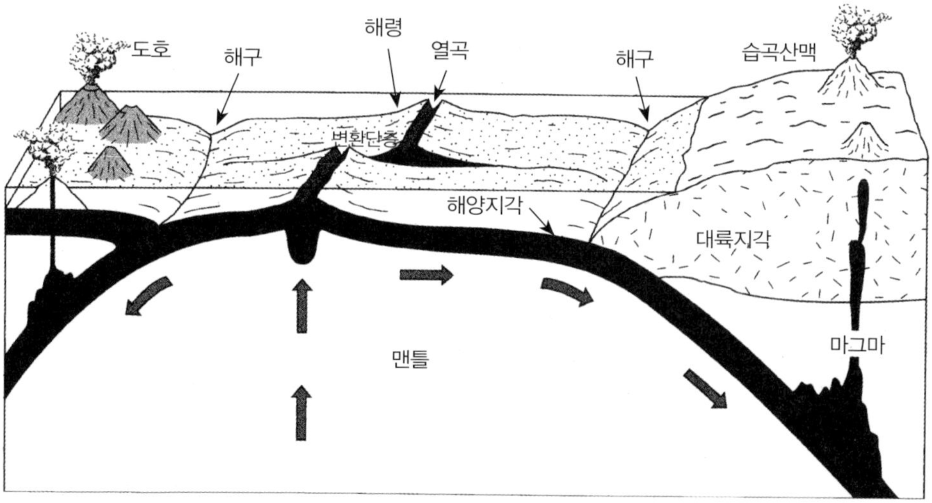

그림 11.9 지각판 이동

맨틀의 유동에 의해 지각판이 이동한다. 지각판과 지각판이 맞닿는 경계부는 수렴하는 곳, 발산하는 곳, 엇갈리는 곳으로 나눌 수 있다. 지각판이 수렴하는 곳에서는 습곡산맥(fold mountains), 해구(海溝, oceanic trench, deep-sea trench), 도호(島弧, island arc) 등, 지각판이 발산하는 곳에서는 열곡(rift valley), 그리고 지각판이 엇갈려 이동하는 곳에서는 변환단층(變換斷層, transform fault)이 생겨난다(Easterbrook, 1999, p.221).

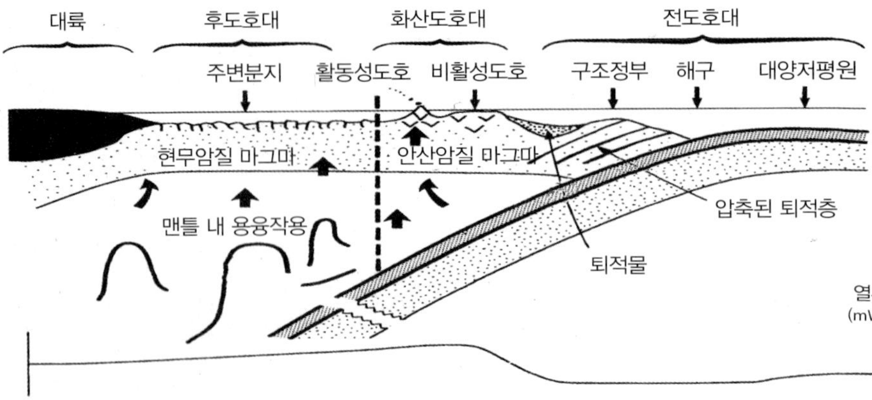

그림 11.10 도호와 지각변동

도호(島弧, island arc)를 중심으로 전(前)도호대(fore arc zone)와 후(後)도호대(back arc zone)로 나눌 수 있다. 전도호대에는 해양지각의 섭입에 의한 영향으로 해구와 구조정부(構造頂部, tectonic crest, outer arc ridge), 후도호대에는 주변분지(marginal basin)가 발달한다. 우리나라의 동해도 이러한 주변분지에 속한다. 주변분지는 지각판(유라시아)이 충돌대를 향하여 움직이는 과정에서 지각에 확장력이 가해져서 생기며, 지각이 갈라진 틈새로 현무암질 마그마가 분출한다. 이는 안산암질 마그마가 분출하는 도호(화산도호대) 지역과는 다른 것이다(Summerfield, 1991, p.61).

암질 마그마는 때로는 지각의 약한 틈새를 비집고 분출하며, 지각 심부로부터 상승하는 과정에서 마그마의 성질이 달라져 안산암질 내지 유문암질 마그마로 변질되기도 한다.

안산암질 마그마는 유문암질 마그마보다 더 깊은 지하에서 생기며, 한 장소에서 반복적으로 분화하는 경향이 있기 때문에 대개 거대한 화산체를 형성한다. 안데스 산맥이나 캐스케이드 산맥에 분포하는 수많은 화산들이나 일본의 후지산, 뉴질랜드의 에그몬트(Egmont) 화산은 이러한 유형에 속한다. 이와는 달리 유문암질 마그마는 보다 지표에 가까운 곳에서 생겨나며, 강력한 화산 분화를 수반하는 경우가 많다.

해양지각판이 육지지각판 하부로 섭입되는 일이 지속적으로 일어나면 해양지각판의 규모가 점차 줄어들면서 끝내는 사라지기도 한다(Summerfield, 1991, pp.59-60). 이런 과정에서 호상(弧狀) 화산섬(volcanic island arc)이 컨베이어벨트에 실린 물건처럼 해양지각판에 실려 이동해 대륙지각판과 충돌하기도 한다. 이렇게 충돌한 화산섬은 대륙지각과 병합되면서 융기되어 산맥을 형성한다. 이러한 사례는 북아메리카 서부의 해안산맥, 캐스케이드 산맥 등에서 찾아볼 수 있다. 이곳에서는 여러 차례에 걸쳐 이와 같은 충돌이 일어났는데, 그중에는 현재 뉴기니의 위치로부터 무려 1만 km나 이동해온 것도 있다(Strahler and Strahler, 1992, pp.250-251).

이와는 달리 지각판의 경계부 중에는 큰 규모의 대륙지각끼리 만나 충돌하는 곳도 있다(그림 11.8). 이런 유형의 지각판 충돌은 아틀라스 산맥으로부터 터키와 이란을 거쳐 히말라야 산맥에 이르는 유라시아 지각판 남쪽의 경계부에서 그 전형적인 사례를 찾아볼 수 있다. 이곳의 지각판 경계부는 크게 유럽, 이란, 히말라야로 나눌 수 있다. 유럽의 경계부는 아프리카 지각판, 이란의 경계부는 아라비아 지각판, 그리고 히말라야의 경계부는 호주-인도 지각판이 각각 유라시아 지각판과 충돌하는 양상이다.

이처럼 지각판끼리 충돌하게 된 것은 해양지각판을 사이에 두고 떨어져 있다가 그중 활동성이 큰 대륙지각판이 마주보고 전진해왔기 때문이다. 이런 과정에서 해양지각판과 구조호가 횡압력을 받아 압착되면 조산운동이 일어나 습곡산맥이 형성된다. 인도 지각판과 유라시아 지각판의 충돌에 의해 생겨난 히말라야 산맥이 바로 이러한 경우에 속한다(그림 11.11). 히말라야 산맥이 세계 최고(最高)의 산맥이 된 것도 위의 두 지각판이 충돌하면서 지각을 들어올렸기 때문인데, 지각판의 이동률은 현재도 연간 3~5cm에 달한다.

인도 지각판과 유라시아 지각판의 충돌은 히말라야 산맥의 생성뿐만 아니라, 히말라야 산맥의 북쪽 내지 북서쪽에 분포하는 수많은 주향이동단층의 생성 원인이 되었다(그림 11.11). 또한 이러한 지각운동 과정에서 유라시아 지각판이 쪼개져 중국 아지각판(亞地殼板, subplate)이 분리되게 되었다. 이렇게 지각판끼리 충돌하는 곳에서는 구성암석의 성질도 달라진다. 즉 지각이 압착되면서 구성암석과 퇴적물에 변성작용이 일어나 변성암체가 생성된다.

지각판이 충돌하는 곳과는 달리, 갈라져 발산하는 경계부에서는 쪼개진 지각의 틈새에서 마그마가 용출하면서 새로운 지각이 생겨난다(그림 11.9). 대서양, 태평양 등의 해저에 발달된 해령(海嶺, 海底山脈, mid-ocean ridge)과 그것의 정상부에 있는 열곡이 그러한 예이다. 열곡(裂谷, rift valley)은 폭만 해도 수십 km에 이르는 광대한 골짜기로, 이로부터 용암이 분출하면서 새로운 지각이 만들어지며 먼저 생성된 기존의 지각을 옆으로 밀어낸다. 이러한 과정이 되풀이되면서 해양지각판은 옆으로 밀려나듯이 수평 이동을 한다.

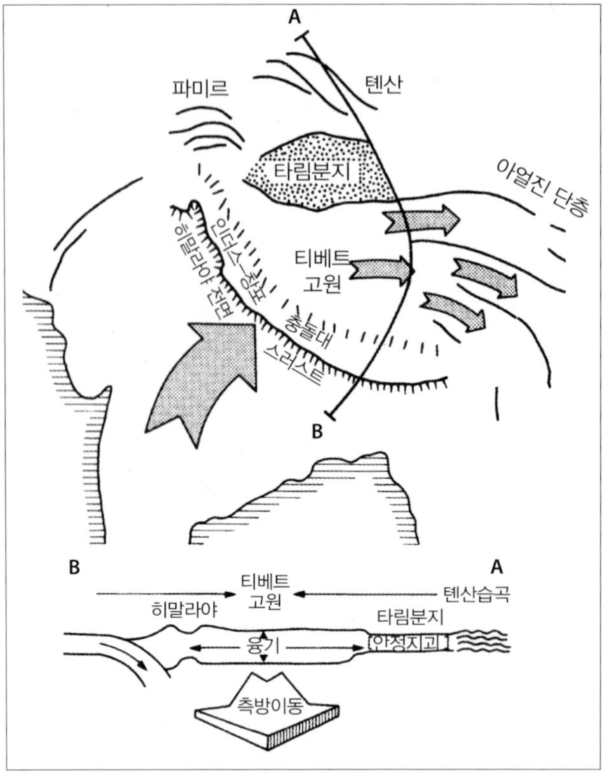

그림 11.11 지각판 충돌대(suture zone)에서의 지각변동

인도 지각판이 유라시아 지각판의 하부로 들어가면서 그 힘에 의하여 히말라야 산맥과 티베트 고원이 융기하였다. 그 과정에서 아얼진 단층(Altyn Tagh fault) 등 많은 주향이동단층이 생겨났다(Summerfield, 1991, p.73).

태평양에서 해양지각판이 이동한다는 것은 열점으로부터 먼 곳의 화산섬 연령이 오래되고, 가까운 화산섬일수록 연령이 오래지 않다는 사실에서 잘 알 수 있다. 태평양의 섬은 대부분 화산섬으로 열점(熱點, hot spot)에서 마그마가 분출하여 생겨난 것이다. 열점은 맨틀로부터 용융 상태의 마그마가 솟구치는 곳이며 그 위치가 달라지지 않는다. 그러나 지각은 맨틀의 유동과 더불어 이동하기 때문에 지각 위에 놓인 화산섬은 지각판에 실려 서서히 열점의 위치를 벗어나게 된다. 이와 더불어 원래 열점이 있는 장소에서는 새로운 분화에 의하여 화산섬이 다시 생겨나며, 이 화산섬이 다시금 지각판과 함께 이동해 열점의 위치를 벗어나는 일이 반복된다. 이에 따라 열점에서 멀어질수록 오래된 화산섬이 놓이는 방식으로 섬들이 배열하게 된 것이다.

이러한 화산섬들은 열점에서 벗어나서 멀리 이동하는 과정에서 냉각되면서 암석의 밀도가 커진다. 이런 이유로 생성된 지 오래된 화산섬일수록 지반이 가라앉아 섬이 해수면 아래에 잠겨 있는 해산(海山, seamount)으로 변모하게 된다.

이와 같은 화산섬의 이동과 변화는 하와이-엠퍼러 해산열도(海山列島)(Hawaiian-Emperor Seamount Chain)에서 찾아볼 수 있다. 이 해산열도는 하와이 열도(하와이 제도와 그 북서쪽의 해산열도)와 엠퍼러 열도(하와이 열도에서 북쪽으로 뻗어 있는 해산열도)로 나눌 수 있다. 이들은 모두 하나의 열점에서 분화된 화산섬 내지 해산이며, 하와이에서 멀어질수록 생성연대가 오래되었다. 생성연대는 하와이 열도는 40만~2,770만 년 전, 그리고 엠퍼러 열도는 3,900만~8,500만 년 전으로 알려진다.

태평양과 마찬가지로 대서양의 해저 한가운데에도 해저산맥인 중앙 대서양 해령이 있다. 그러나 대서양을 사이에 두고 마주보고 있는 아프리카 대륙과 남아메리카 대륙에는 지각판 경계부에서 흔히 나타나는 특징들을 찾아볼 수 없다. 이는 원래 하나의 대륙지각판이었지만 중앙부가 쪼개지면서 열곡을 중심으로 둘로 나누어져 각기 다른 방향으로 이동하였기 때문이다. 대륙지각판이 쪼개져 열곡이 생긴 사례는 아프리카 대륙과 아라비아 반도 사이의 홍해에서도 찾아볼 수 있다. 홍해에서처럼 대륙지각판이 쪼개져 생긴 열곡은 지면 고도가 낮기 때문에 물이 고여 바다나 호수가 생긴다. 이러한 열곡이 생기면 그곳에서 새로운 지각이 생겨나기 때문에 쪼개진 대륙지각들은 그 사이가 더욱 더 벌어지게 된다. 중앙 대서양 해령의 열곡에서도 이와 동일한 방법으로 새로운 해양 지각이 생겨나면서 두 대륙, 즉 아프리카 대륙과 남아메리카 대륙 간의 거리가 점점 더 벌어져 오늘날과 같은 모습을 이루게 된 것으로 보고 있다. 이와 같은 방식의 지각판 이동이 있었던 곳에서는 대륙과 해양의 경계부라 하더라도 조산운동이나 화산활동을 수반하는 지각운동은 일어나지 않는다.

지각판의 경계부 중에는 수렴하거나 발산하는 곳이 아니라 경계부를 사이에 두고 서로 다른 방향으로 엇갈리는 곳도 있다. 지각판들이 엇갈리는 것은 이동률이 각기 다르기 때문이다. 지각판들이 엇갈리면서 생겨난 단층은 주향이동단층과 유사한 것으로 변환단층(transform fault)이라 부른다. 변환단층은 해양지각판이 갈라져 정반대 방향으로 이동하는 판의 경계부 인근에서 잘 관찰된다. 그곳에서는 변환단층에 의하여 판의 경계부가 직각 방향으로 잘려진 것을 찾아볼 수 있다(그림 11.9).

지각판이 엇갈리며 생겨난 단층은 대륙에서도 나타난다. 북아메리카의 캘리포니아에 큰 지진을 여러 차례 일으킨 샌 안드레아스 단층(San Andreas Fault)이 대표적이다. 태평양 지각판과 북아메리카 지각판의 경계부에 위치한 이 단층은 길이 약 1,000km, 폭 약 500km 범위 내에 여러 개의 단층을 포함하며, 지난 2,500만 년 이래 약 1,000km 이상 이동한 것으로 알려져 있다(그림 12.17). 뉴질랜드 남섬의 알파인 단층(Alpine Fault) 또한 동일한 유형의 단층이다. 알파인 단층은 태평양 지각판과 호주 지각판이 충돌하면서 생겨난 단층인데, 현재도 단층을 경계로 지각이 수직으로 연간 약 22mm, 수평으로 연간 약 40mm 정도 움직이고 있다. 서던 알프스 산맥(Southern Alps)은 이와 같은 지각판의 움직임에 의해 생겨난 산맥으로 높은 곳은 해발 3,000m 이상에 달한다.

3. 세계의 대지형

1) 대륙과 해양의 면적과 고도 분포

지구 표면은 대륙이 29%, 해양이 71%를 차지한다. 고도별 분포를 보면, 대륙의 평균 고도는 875m, 해양의 평균 깊이는 3,729m이다(그림 11.12). 그러므로 만일 육지를 모두 깎아 지표면을 평평하게 고른다면, 지구 표면은 수심 2,000m 이상의 깊은 바다로 변하게 될 것이다. 주요 지형별 면적 분포를 보면, 대양저평원, 해저산맥, 대륙대지의 순으로 넓다. 그중 대양저평원은 가장 넓어 지표면의 약 30%나 차지하며, 다음으로 해저산맥이 약 23%, 그리고 대륙대지가 약 19%에 이른다.

2) 대륙의 지형

대륙의 지형을 큰 규모에서 분류한다면, 조산운동의 시기를 기준으로 신기조산대, 고기조산대, 순상지와 대륙대지[3]로 나눌 수 있다. 신기조산대(新期造山帶, younger fold

3 순상지는 구릉지, 대륙대지는 평원이므로 지형적으로는 차이가 있지만 조산운동 시기는 두 지형 모두 동일하다. 따라서 지구적인 규모에서 지형을 분류할 때 때로는 동일한 지형 단위로 분류하기도 한다.

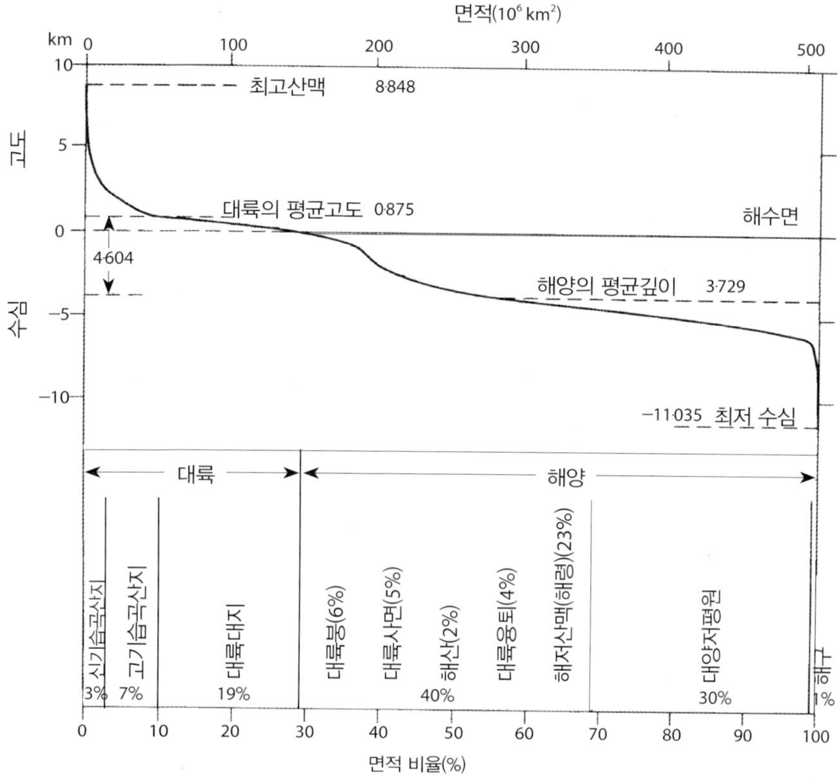

그림 11.12 지표면의 고도 분포 및 주요 지형별 면적 비율

육지에서는 대륙대지(continental platform, 19%), 바다에서는 대양저평원(ocean basin floor, 30%)이 가장 넓다(Chorley *et al*., 1984, p.99).

mountains)는 조산운동이 중생대 말엽에 시작되어 신생대에 절정에 달했던 곳으로 환태평양 조산대와 히말라야-알프스 조산대가 이에 속한다(그림 11.13, 11.14). 환태평양 조산대는 안데스 산맥, 캐스케이드 산맥, 알류산 열도, 일본 열도, 타이완섬, 필리핀 제도, 그리고 히말라야-알프스 조산대는 알프스 산맥, 히말라야 산맥, 대순다 열도로 이어지는 일대가 이에 속한다. 신기조산대는 생성된 지 오래지 않았으므로, 이에 속하는 산지들은 대체로 높고 험준하며, 화산과 지진이 빈발하는 곳이 많아 간간이 대규모의 인명 피해와 재산 손실이 발생하기도 한다. 그중 환태평양 조산대는 특히 활화산이 많아 '불의 고리(ring of fire)'라 부른다.

고기조산대(古期造山帶, older fold mountains)는 주로 고생대에 조산운동이 일어났던 곳이다(그림 11.13). 유럽을 기준으로 보면, 고생대의 조산운동은 칼레도니안 조산운동

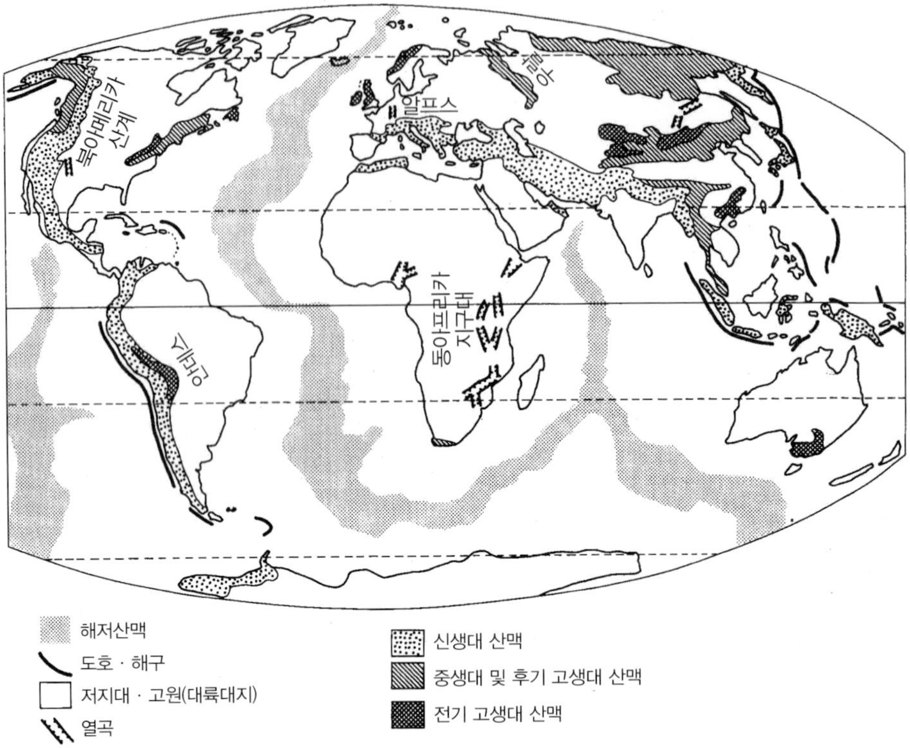

그림 11.13 세계의 주요 지형

산맥은 신생대 산맥(신기습곡산맥), 중생대 및 후기 고생대 산맥(우랄, 애팔래치아 산맥 등 고기습곡산맥), 전기 고생대 산맥(칼레도니아 산맥 등 고기습곡산맥)으로 나눌 수 있다(Summerfield, 1991, p.35).

과 바리스칸(혹은 헤르시니안) 조산운동으로 나눌 수 있다. 칼레도니안 조산운동은 고생대의 사일루리아기에 절정을 이루었던 조산운동으로 스코틀랜드, 북부 에이레, 스칸디나비아 산맥 등지가 이에 속한다. 이에 대하여 바리스칸 조산운동은 사일루리아기보다 후기인 석탄기에 조산운동이 절정에 달하였으며, 아르덴 고지를 비롯하여 중부유럽의 편암산지, 오베르뉴 고원 등이 이에 속한다. 바리스칸 산지는 고도가 그리 높지는 않으므로 그림 11.13에서는 별도로 표시하지 않았다. 유럽 이외의 지역에서는 미국의 애팔래치아 산맥, 러시아의 우랄 산맥, 아시아의 텐산 산맥, 난링 산맥 등이 고기조산대의 산지에 속한다.

조산운동이 일어난 후 지각이 안정되면 지면이 침식을 받아 점차 습곡산지의 고도가 낮아진다. 고기습곡산지가 신기습곡산지보다 대체로 고도가 더 낮은 것도 바로

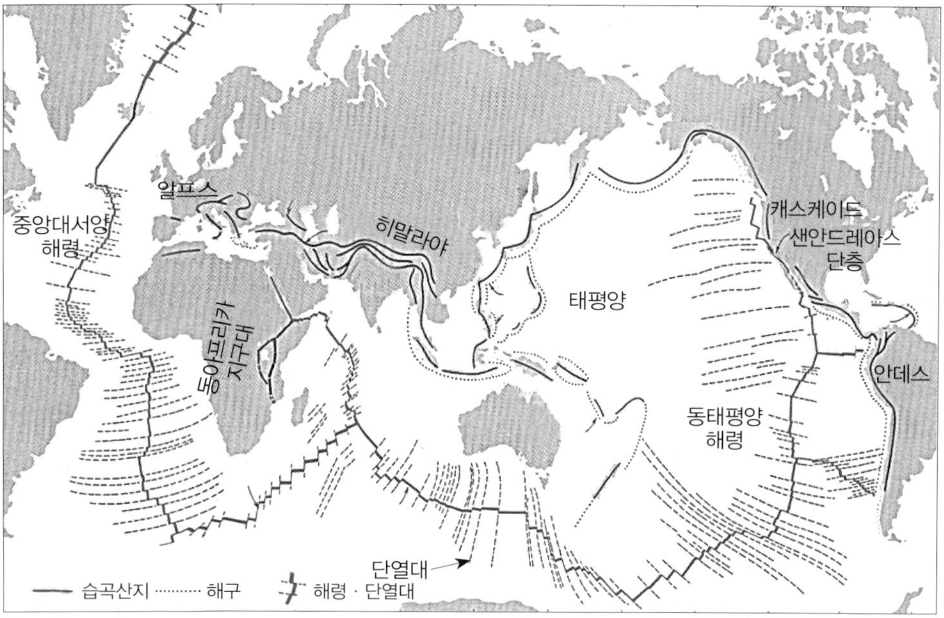

그림 11.14 신기습곡산지와 해저지형

주요 신기습곡산지로는 환태평양 조산대, 히말라야–알프스 조산대의 산지, 주요 해저지형으로는 동태평양 해령, 중앙대서양 해령 등을 들 수 있다(Strahler and Strahler, 1992, p.234).

그러한 이유이다. 그러나 칼레도니안 산지와 바리스칸 산지는 꼭 그렇지는 않다. 먼저 생긴 칼레도니안 산지가 오히려 뒤에 생긴 바리스칸 산지보다 더 높은 산지를 이루기도 한다. 이는 지형 발달에 지반운동 이외에도, 기후 변화 등 다른 조건들이 영향을 미쳤기 때문이다. 이곳에서는 제4기 동안에 대규모의 빙상이 발달하여 지형 발달에 적지 않은 영향을 미쳤다. 즉, 현재 칼레도니안 산지가 있는 일대는 대부분 과거에 대륙 규모의 거대한 빙하가 놓였던 곳으로 당시에는 빙하에 의해 짓눌렸던 곳이었으나 후빙기에 들어서 빙하가 사라진 이후에는 그 반작용으로 지반 융기가 일어나고 있는 곳이다.

순상지(楯狀地, continental shield)와 대륙대지(大陸臺地, continental platform)는 선캄브리아기에 조산운동이 일어났던 곳이다. 그러나 고생대 이래에는 조산운동을 받지 않아 지반이 대체로 안정되어 있다. 기반암 중에는 오래된 선캄브리아기의 결정질 암석이 많다. 순상지는 방패 모양의 땅이라 하여 순상지란 이름이 붙었다. 그러나 실제로는 비고가 크지 않은 구릉지 경관이 널리 나타난다. 이와는 달리 대륙대지는 넓은 평원이나 대지를 이루고 있으며, 순상지보다 더 넓은 면적을 차지한다. 이밖에도 순상지는 선캄브리아기의 암석이 지표에 그대로 노출된 곳인 반면, 대륙대지는 땅속 깊은 곳의 기반암은 선캄브리아기 암석이라 할지라도, 그 위에 고생대에서 신생대에 이르는 동안에 쌓인 퇴적층이 수십 m 내지 수백 m의 두께로 덮여 있는 점에서 차이가 있다. 대륙대지에서 이와 같은 퇴적층이 쌓인 것은 선캄브리아기 이래 지층의 커다란 교란을 수반하는 조산운동은 없었지만, 지반이 수직적으로 침강하거나 융기하는 조륙운동이 일어났기 때문이다. 지반 위에 퇴적층이 쌓이는 것은 조륙운동이 일어나 지반이 침강하여 바다나 호수가 생겨날 때이다.

순상지 중에는 발트 순상지, 우크라이나 순상지, 로렌시아 순상지, 브라질 순상지, 앙가라 순상지 등이 잘 알려졌다. 이밖에도 아프리카 대륙의 중남부와 오스트레일리아 대륙의 서부는 대부분이 순상지이다. 대륙대지는 이들 순상지 주변에 분포하며, 러시아 대륙대지, 시베리아 대륙대지 등이 대표적이다. 대륙대지란 이름이 붙지 않았어도 순상지 주변의 퇴적암 평원 또는 대지는 대부분 대륙대지라 보아도 별 무리가 없다.

우리나라도 순상지의 땅이 넓은 곳이다. 낭림육괴, 경기육괴 등 '육괴(陸塊)'라 불리는 지역이 바로 그러한 곳이다. 이들 육괴의 면적이 넓기 때문에 세계지도에서는 한반도를 하나로 묶어 순상지와 대륙대지의 범주에 포함시키는 경우도 있다. 그러나 선캄브리아기 이래 모든 지역이 안정적이었던 것은 아니다. 여러 지역에서 특히 중생대에 송림변동, 대보조산운동, 불국사변동 등 지각변동이 일어났다. 그중 쥐라기 때의 대보조산운동은 우리나라의 지사상(地史上) 가장 격렬했던 지각운동이었던 것으로 알려져 있다.

3) 해양의 지형

대륙과 마찬가지로, 해양 역시 크게 볼 때, 대륙주변부, 대양저평원, 해저산맥 등 세 부분으로 나눌 수 있다(그림 11.15). 대륙주변부는 다시 대륙붕, 대륙사면, 대륙융퇴로 세분할 수 있다(그림 11.16).

대륙붕(大陸棚, continental shelf)은 수심 200m 이내의 바다로 해양이지만 대륙지각인 곳이며, 해수면이 100m 이상 내려갔던 빙하기에는 상당 부분이 육화되었던 곳이

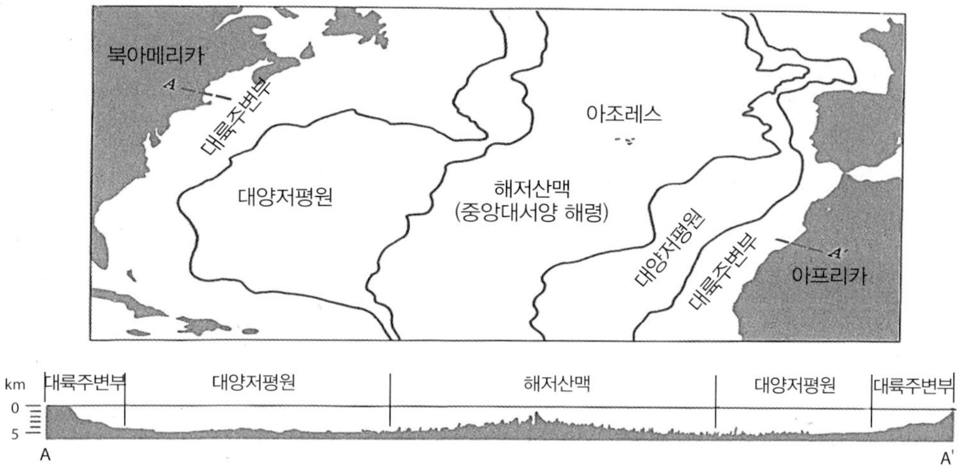

그림 11.15 해저의 주요 지형

북아메리카(A)와 아프리카(A′) 사이의 해저산맥(중앙대서양 해령) 주변에는 해양지각인 대양저평원이 넓게 분포하며, 대륙에 인접한 곳에는 육지지각인 대륙주변부가 나타난다(Strahler and Strahler, 1992, p.240. 원자료: Heezen *et al.*, 1959).

다. 이러한 대륙붕은 석유, 천연가스 등 자원 개발과 관련하여 중요시되는 곳이기도 하다. 대륙붕과 심해저 사이의 대륙사면(大陸斜面, continental slope)은 육지지각의 전면으로 대륙붕에 비하여 경사가 급하며, 그 위에 해저협곡이 발달되어 있는 곳도 있다. 대륙붕의 퇴적층은 자체의 무게나 지진에 의해서 붕괴되어 대륙사면에 생긴 해저협곡을 통하여 대양저평원에 운반된다. 이런 과정에서 발생하는 해저퇴적물의 흐름이 저탁류(底濁流, turbidity current)이다. 저탁류에 의한 물질의 운반과 퇴적이 반복되면 대륙사면의 하단부에는 대륙융퇴(大陸隆堆, continental rise)라 불리는 퇴적지형이 생겨난다.

대양저평원(大洋底平原, ocean basin floor, abyssal plain)은 수심 약 5km의 해저지형으로 지구상에서 가장 넓은 면적을 차지한다. 기반암은 현무암질 암석이다. 선캄브리아기 암석이 많은 육지와는 달리, 암석의 생성 연대도 대부분 신생대이며, 길어도 중생대를 넘지 않는다. 대양저평원은 이름 그대로 전체적으로 평탄한 지형이다. 이와 같이 평탄한 것은 조산운동이 일어나지 않는 곳일 뿐만 아니라 오랫동안 세립퇴적물이 쌓여 땅의 높낮이가 줄어들었기 때문이다. 태평양에 분포하는 대양저평원 위에는 화산섬과 해산이 널리 분포한다. 화산섬은 화산활동에 의해 해면 이상의 고도까지 성장한 화산체인 반면, 해산이나 기요(guyot)는 해면 이하, 즉 물속에 잠겨 있는 화산

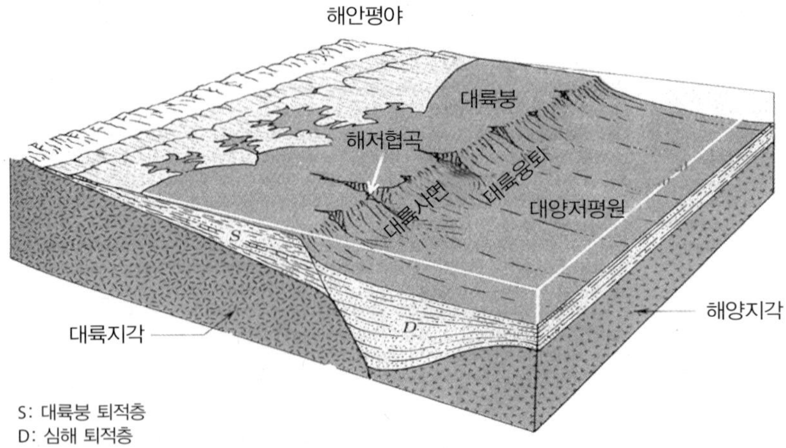

그림 11.16 대륙주변부

대륙주변부는 표층은 퇴적물로 덮여 있지만 대륙지각인 곳으로 대륙붕(continental shelf), 대륙사면(continental slope), 대륙융퇴(continental rise)로 이루어져 있다(Strahler and Strahler, 1992, p.24).

체들이다. 그중 기요는 정상부가 평탄한 평정해산(平頂海山, flat-topped seamount)이다. 기요가 생기는 것은 화산섬이 침강하거나 해수면이 상승하는 과정에서 육지와 바다의 지형형성작용에 의해 침식을 받았기 때문이다.

해저산맥(海底山脈, 海嶺, mid-ocean ridge)은 태평양, 대서양, 인도양 등의 해저에 솟아 있는 산맥이다. 해저산맥은 수심 약 5km인 대양저평원으로부터 2~3km의 높이로 솟아 있어 산맥치고는 그리 높다고는 할 수 없다. 그러나 폭이 2,000~4,000km, 그리고 길이가 8만 km에 달하여 지구상의 어느 산맥과도 비교가 안 될 정도로 거대한 규모의 산맥이다. 또한 해저산맥의 정상부에는 폭 수십 km의 열곡이 있어 그곳으로부터 용암이 지속적으로 분출되고 있는 점도 육지에서 볼 수 있는 보통의 산맥과는 다른 점이다.

참고문헌

손문, 송철우, 김민철, 천범, 정수환, 조형성, 김홍균, 김종선, 손영관, 2013, 한반도 남동부 마이오세 지각변형, 분지발달 그리고 지구조 의미, 지질학회지, 49(1), 93-118.

신재열, Mike Sandiford, 2012, 소규모 맨틀 대류에 의한 한반도의 신제3기 이후 융기 운동, 대한지리학회지, 47(3), 328-346.

원종관, 이하영, 지정만, 박용안, 김정환, 김형식, 1989, 지질학원론, 우성문화사, 518-544.

Bridges, E. M., 1990, *World Geomorphology*, Cambridge, Cambridge University Press.

Briggs, D., Smithson, P., Addison, K. and Atkinson, K., 1997, *Fundamentals of Physical Environment*, London, Routledge, 27-47.

Chernicoff, S., 1999, *Geology*, Boston, Houghton Mifflin Company, 17-30.

Chorley, R. J., Schumm, S. A. and Sugden, D. E., 1984, *Geomorphology*, London, Methuen, 98-122.

Chough, S. K. and Sohn, Y. K., 2010, Tectonic and sedimentary evolution of a Cretaceous continental arc-backarc system in the Korean peninsula: new view, *Earth-Sciences Reviews*, 101, 225-249.

De Blij, H. J., Muller, P. O. and Williams, R. S., Jr., 2004, *Physical Geography: the global environment*, New York, Oxford University Press, 401-423.

Easterbrook, D. J., 1999, *Surface Processes and Landforms*, New Jersey, Prentice Hall, 215-259.

Foresman, T. and Strahler, A. H., 2012, *Visualizing Physical Geography*, John Wiley & Sons, 274-281.

Gass, I. G., Smith, P. J. and Wilson, R. C. L., 1972, *Understanding the Earth*, Chichester, Artemis Press.

Hamblin, W. K. and Christiansen, E. H., 1995, *Earth's Dynamic System*, New Jersey, Prentice Hall, 459-495.

Heezen, B. C, Tharp, M. and Ewing, M., 1959, The floors of the oceans, Part 1. The North Atlantic, *Geological Society of America Special Paper*, 65.

McKnight, T. L. and Hess, D., 2005, *Physical Geography: a landscape appreciation*, New Jersey, Pearson Prentice Hall, 380-393.

Strahler, A. N. and Strahler, A. H., 1992, *Modern Physical Geography*, New York, John Wiley & Sons, 228-257.

Summerfield, M. A., 1991, *Global Geomorphology*, New York, Longman Scientific Technical, 31-104.

Wegener, A., 1915, *Die Entstehung der Kontinente und Ozeane*, Braunschweig.

제12장

구조지형

그림 12.1 화강암 산지

북한산(사진의 왼쪽 상단)과 도봉산(사진의 오른쪽 상단)은 기반암이 쥐라기 대보화강암이며, 주변의 선캄브리아기 편마암 분포 지역보다 고도가 더 높다. 이처럼 이들 산지는 주변에 비하여 마치 섬처럼 돌출한 형태이므로 도상구릉(inselberg)이라 부른다.

1. 구조지형의 정의

지형은 지각 구성물질(암석과 지층)에 에너지와 물질(물과 퇴적물)이 투입됨으로써 침식, 운반, 퇴적이 일어나 그 결과로 생성되는 것이다. 따라서 지형은 외부로부터 주어지는 에너지나 물질은 물론, 암석이나 지층의 특성에 의해서도 영향을 받는다(그림 12.2). 암석이나 지층의 특성은 크게 구성광물의 종류나 조직 등의 암질 특성, 그리고 주향, 경사, 단층, 절리, 습곡 등의 구조적인 특성으로 나눌 수 있다.

이들 모두가 지형 발달의 주요 변수이지만, 여기서는 암석이나 지층의 구조적인 특성이 지형변화에 어떠한 영향을 미치는지를 살펴보는 데 중점을 둔다. 지형학에서는 전통적으로 이러한 구조적인 특성이 지배적인 원인으로 작용하여 생성된 지형을 구조지형(構造地形, structural landforms)이라 불러왔다. 또한 이러한 구조지형이 생성되는 근본적인 원인이 지반운동에 있다고 보기 때문에 근래에는 지각변동지형(tectonic

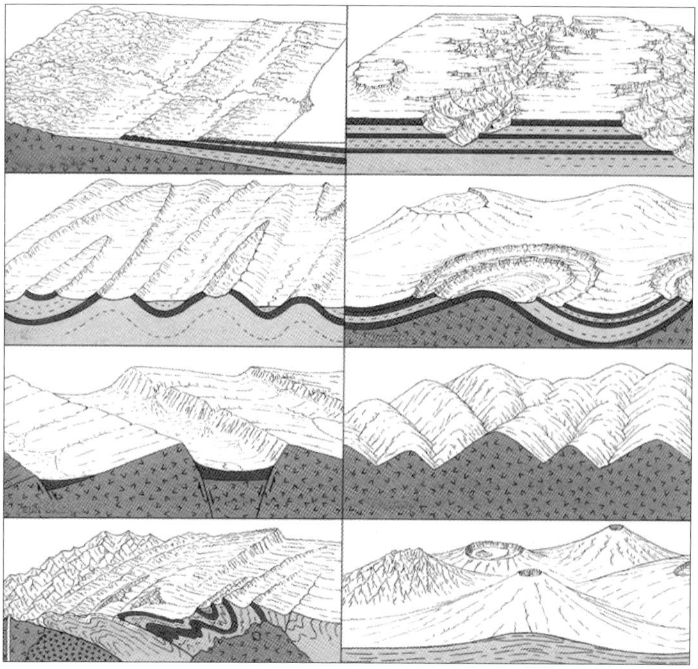

그림 12.2 지질 · 암석과 지형 발달

왼쪽 그림: 위에서부터 해안평야, 습곡산지, 단층산지, 변성암 산지. 오른쪽 그림: 위에서부터 수평층 지형, 퇴적암돔 지형, 심성암 지형, 화산지형(Strahler and Strahler, 1992, p.357).

landforms)이라는 이름하에 판구조론과 더불어 종전의 구조지형 분야를 다루는 경향이다.

2. 암석과 지형

1) 암석의 경연차

암석의 종류에 따라 구성광물의 물리·화학적 특성이 다르므로, 풍화나 침식에 대한 경연도(硬軟度)가 같지 않다. 예를 들어, 다른 조건이 동일하다면, 셰일이 역암이나 사암보다 풍화나 침식에 약하기 때문에 셰일이 분포하는 곳은 다른 두 암석이 분포하는 곳보다 지면 고도가 낮아질 가능성이 높다.

이와 같이 암석의 경연차가 지형에 반영되는 것은 사실이지만, 그 양상은 기후환경에 따라 같지 않다. 석회암을 예로 들면, 온난습윤한 기후하에서는 구성광물인 탄산칼슘이 물과 탄산가스에 잘 녹기 때문에 풍화에 약한 암석이다. 따라서 온난습윤한 곳에서는 석회암이 용식받아 생기는 돌리네, 석회동굴 등 카르스트 지형이 잘 발달한다. 그러나 건조기후 지역에서는 강수가 적은 곳이므로 용식작용이 활발하지 않아 석회암은 다른 암석에 비하여 오히려 경암이 될 수 있다.

이러한 기후조건뿐만 아니라 지각운동도 암석의 경연차에 영향을 미친다. 지각운동이 일어나 기존의 암석이 변성작용을 받게 되면, 구성광물의 물리·화학적인 특성이 변하면서 풍화나 침식에 대한 경연도가 달라진다. 예를 들면 사암보다는 이것이 변성작용을 받아 생긴 규암이 풍화침식에 더 강하다. 지각운동은 이와 같이 암질만 변화시키는 것이 아니고 단층이나 절리 등 암석의 구조도 변화시킨다. 이러한 구조 변화 때문에도 동일한 종류의 암석이 분포하는 지역이라 하더라도 장소에 따라 생성되는 지형이 같지 않다. 우리 주변에서 동일한 종류의 화강암이 분포하는 지역인데도 어느 곳은 산지, 또 어느 곳은 골짜기나 분지가 발달된 것을 흔히 보게 된다. 이것의 주된 원인 중 하나도 바로 암석의 구조가 서로 다른 데서 찾을 수 있다. 즉 동일한 화강암이라도 단층이나 절리가 조밀한 곳은 풍화나 침식에 약하기 때문에 골짜기나 분지, 그렇지 않은 곳은 산지로 남게 될 가능성이 높은 것이다.

우리나라에서는 중부지방에 널리 분포하는 화강암과 편마암을 사례로 들어 화강암이 상대적으로 풍화나 침식에 약하기 때문에 화강암이 있는 곳은 지면 고도가 낮은 분지나 평야가 발달하는 반면, 편마암은 풍화나 침식에 강하기 때문에 상대적으로 더 높은 산지를 이룬다고 알고 있는 사람들도 있다. 그러나 실제를 보면 그와는 정반대인 경우도 적지 않다. 예를 들어 관악산, 북한산, 도봉산 등은 화강암 지반이지만, 주변의 편마암 지역보다 오히려 고도가 더 높은 산지이다(그림 12.1). 그뿐 아니라 다 같이 화강암이지만 어느 곳은 산지이고 주변의 다른 곳은 낮은 분지나 평야인 경우도 많다.

이런 사례에서 알 수 있듯이, 암석의 경연차가 그대로 지형을 결정짓는 것은 아니다. 다시 말하여 지형은 암질 이외에도 지반운동, 기후, 생물, 인간 활동, 경과된 시간 등 또 다른 변수들에 의해 영향을 받는다. 지형과 이의 생성 및 변화에 관여하는 주요 변수들과의 관계를 식으로 표현하면 다음과 같다.

$$L = f(R, E, C, O, H, T)$$

L: 지형(landform), R: 암질(lithology), E: 지각운동(earth crustal movement; 조산운동, 조륙운동, 화산활동), C: 기후(climate), O: 생물(organism), H: 인간 활동(human activities), T: 시간(time)

대부분의 지형이 이와 같이 다성인적인 지형형성작용의 결과물이기는 하지만, 특정의 지형변수가 다른 변수들에 비하여 더 지배적으로 영향을 미쳐 지형의 형태적인 특성이 결정되기도 한다. 예를 들어 열대습윤기후의 지배적인 영향을 받는 곳에서 삭박면 지형이 발달하는 것이나, 석회암이 분포하는 곳에서 카르스트 지형이 발달하는 것도 그러한 경우에 해당한다. 이와 같은 맥락에서 구조지형이란 바로 암석(또는 지층) 및 지질의 구조적인 특성이 다른 지형 변수들보다 더 강도 높게 작용하여 생성된 지형을 말한다. 구조지형은 그림 12.2에서 보듯이, 암석은 물론 지층경사, 습곡, 단층 등에 의해 지배되는 지형이므로 아래에서는 이들을 중심으로 구조지형의 특성을 살펴본다.

2) 지층경사와 지형

기반암이 퇴적층인 곳에서는 지층을 구성하는 암석의 풍화나 침식에 대한 경연차 뿐만 아니라, 지층경사도 영향을 미친다(그림 12.3). 지층경사는 층리면(層理面, bedding plane)이 수평면에 대해 기울어진 정도를 말한다. 기반암이 수평층일 때는 고원, 메사, 뷰트 등, 완경사 지층일 때는 케스타, 그리고 급경사 지층일 때는 호그백이 발달한다. 또한 급경사와 완경사의 중간일 때는 동사산릉(同斜山陵 homoclinal ridge)이 생겨난다.

수평층은 퇴적층이 쌓인 후 지층의 커다란 교란을 수반하지 않은 가운데 주로 조륙운동을 받아 지반이 융기된 곳에서 잘 발달한다. 수평층이 있는 곳에서 지반 융기가 일어나면 하곡이나 지층의 가장자리부터 침식받는다. 그러나 구성 암석이 수평적으로 동질이기 때문에 하천에 의한 수직적인 침식작용과 더불어 지층경사 방향, 즉 수평 방향의 지면침식도 활발하게 일어난다. 수평층이 있는 곳에서 이와 같은 수직 및 수평 방향의 지면침식이 장기간에 걸쳐 가해지면, 고원(plateau), 메사(mesa), 뷰트(butte)와 같은 지형들이 생겨난다(그림 12.4, 12.5, 12.6).

고원과 메사는 수직고도보다는 정상부의 직경이 큰 탁상지(卓狀地, tableland)이며, 뷰트는 정상부의 직경보다는 수직고도가 더 커서 고립된 구릉이나 성탑처럼 보이는 산지이다. 메사와 고원은 형태는 비슷하지만 규모가 다르다. 고원은 대지면이 광대한 규모이며, 그 안에 메사, 뷰트 등은 물론 심지어 산지와 하곡까지도 포함한다.

이러한 고원이나 메사, 그리고 뷰트의 가장자리에는 급사면 내지 절벽이 잘 생긴

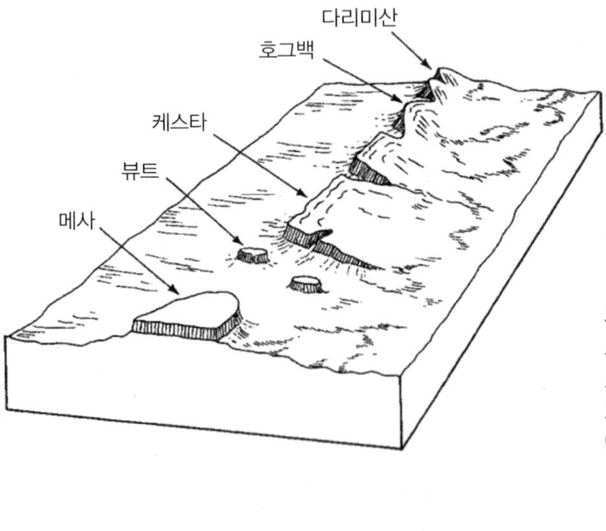

그림 12.3 퇴적층 경사와 지형 발달

수평층: 메사(mesa), 뷰트(butte). 완경사 지층: 케스타(cuesta). 급경사 지층: 호그백(hogback), 다리미산(flatiron) (Bloom, 1998, p.263).

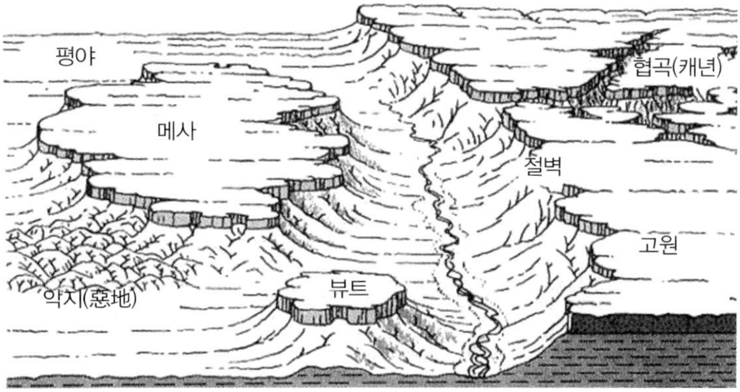

그림 12.4 수평층과 지형 발달

고원(plateau), 메사(mesa), 뷰트(butte), 평야(plain, 삭박면). 이러한 지형들은 콜로라도 고원(미국)에서 전형적으로 나타난다(Strahler and Strahler, 1992, p.358).

다. 이들 지형의 주요 구성 암석은 사암, 셰일 등인데, 상부지층이 단단한 사암, 그리고 하부지층이 연약한 셰일인 경우, 상부의 사암보다는 하부의 셰일이 더 빠른 속도로 침식받으면서 사면이 후퇴하기 때문이다. 그런 곳에서는 급사면 하단에 생긴 벽감(壁龕, niche)[1] 때문에 상부에 놓인 사암이 그 자체의 무게를 이기지 못하고 무너져 내린다. 그렇게 급사면 하단에 쌓인 퇴적물은 간헐적인 호우나 매스무브먼트에 의해 침식 제거되는 방식으로 급사면이 후퇴한다. 이와 같이 급사면이 후퇴하고 나면 그 자리에는 평탄지가 생겨난다. 이러한 평탄지는 인근의 하곡에서 보면 하안단구처럼 보이지만 하천 침식이나 퇴적에 의한 것이 아니므로 하안단구는 아니며, 삭박단구(denudation terraces) 또는 구조단구(structural benches)라 부른다(그림 12.7). 여기서 삭박단구란 사면류에 의해 풍화산물이 탈거되는 방식, 즉 삭박에 의해 생겨난 단구, 그리고 구조단구란 지층구조, 즉 수평층이 이들 단구 형성의 주된 원인으로 작용한 단구라는 것을 강조한 것이다. 그중 구조단구는 단구면이 상대적으로 풍화침식에 강한 사암인 경우가 많고, 단구면의 경사 또한 사암층의 경사와 일치하는 경향이 있다.

수평층과 관련되어 생성되는 다양한 종류의 지형들은 특히 콜로라도 고원에서 그 좋은 사례들을 찾아볼 수 있다. 중·고생대 지층이 융기된 콜로라도 고원에는 메

1 절벽 하단부에 움푹 패여들어간 부분을 말한다.

그림 12.5 사암 절벽 하단의 벽감(壁龕, niche)(메사베르데, 미국)

벽감은 사암 밑에 투수율이 낮은 셰일이 있을 때 그 경계부가 풍화 침식받아 생긴다. 인디언들은 과거 한때 메사의 대지면보다는 주거에 유리한 벽감에 집단 주거지를 마련하여 살았다.

그림 12.6 캐년, 메사 및 뷰트

캐년: 왼쪽 사진, 그랜드 캐년, 미국. 메사 및 뷰트: 오른쪽 사진, 모뉴먼트 밸리, 미국. 그랜드 캐년은 지층(중 · 고생대)이 융기하는 동안에 콜로라도강이 하방침식하여 생긴 장대한 골짜기이다. 왼쪽 사진 상부의 평탄한 대지면이 콜로라도 고원이며, 그 안에 메사와 뷰트가 널리 분포한다. 오른쪽 사진에서 뷰트는 고립구릉, 메사는 긴 탁자 형태의 산지이다.

그림 12.7 삭박단구와 사면의 평행후퇴(캐년랜드, 미국)

왼쪽 사진: 사면의 평행후퇴, 오른쪽 사진: 삭박단구와 하천침식. 수평층이 있는 곳에서는 하천의 하방침식도 활발하지만, 사면의 평행후퇴와 대지면에서의 삭박작용도 활발하다. 삭박으로 생성되는 대지면이 삭박단구인데, 지층의 영향을 반영하는 지형이므로 구조단구라고도 부른다.

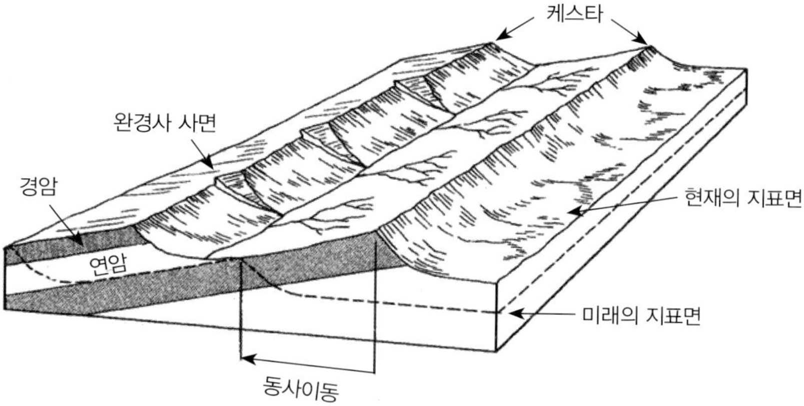

그림 12.8 케스타 지형

연 · 경암이 호층을 이루면서 완만하게 경사진 곳에서는 비대칭 구릉인 케스타가 발달한다. 케스타의 급사면과 그 하단의 계곡은 하방 및 측방 침식을 받기 때문에 시간이 지나면서 그림에서처럼 '미래의 지표면'으로 달라진다. 이러한 지형변화를 동사이동(同斜移動, homoclinal shift)이라 한다. 이처럼 동사이동이 일어난다는 것은 지형이 동적평형하에 있다는 것을 의미한다(Bloom, 1998, p.263).

사베르데(Mesa Verde) 국립공원처럼 메사란 지명이 붙은 곳이 많다(그림 12.5). 스페인어 'mesa'는 탁자(table)를 이르는 말로 탁자처럼 생긴 지형이라서 그런 이름이 붙었다. 이곳에는 이러한 메사 이외에도 메사가 침식받는 과정에서 부분적으로 잔류하게 된 뷰트도 많다. 모뉴먼트 밸리(Monument Valley)는 이들이 밀집 분포하는 곳의 하나인데, 지형경관을 보면 마치 성곽도시를 마주 대하는 것과도 같은 느낌을 받는다(그림 12.6의 오른쪽 사진).

연경암층이 호층(互層)을 이루면서 완만하게 기울어진 곳에서는 케스타(cuesta)라 불리는 비대칭 구릉이 발달한다(그림 12.8). 케스타는 파리분지나 런던분지와 같은 구조분지의 외곽을 따라 잘 나타난다(그림 12.9). 구조분지(構造盆地, structural basin)는 분지 생성이 지면침식이 아니라 지반운동에서 비롯된 것으로 지질구조적인 관점에서 분지인 경우를 말한다. 위의 파리분지나 런던분지는 연암층과 경암층이 층층이 쌓여 있으며, 이러한 지층들이 여러 개의 접시를 포개놓은 것처럼 사방의 가장자리에서 중앙부를 향하여 완만하게 기울어져 있다. 분지의 외곽에 발달된 케스타는 분지 안쪽, 즉 파리나 런던 방향으로는 완사면이어서 사람들의 접근이 용이하지만, 바깥으로는 급사면이어서 케스타 구릉은 전쟁 시에 외적을 방어하는 거점으로 이용되기도 하였다. 케스타는 이러한 구조분지뿐만 아니라 이와는 정반대의 지질구조를 가진 퇴

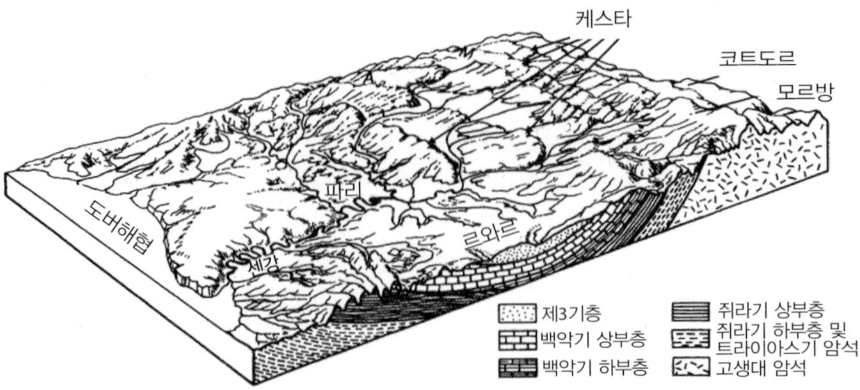

그림 12.9 파리분지와 케스타

케스타는 파리분지의 외곽을 따라 나타나는데, 파리 방향으로는 완사면, 그 반대 방향은 급사면이다 (Embleton, 1984, p.155).

적암 돔(sedimentary dome)의 외곽에서도 발달한다(그림 12.41). 퇴적암 돔은 지하의 심성암 돔이 융기하면서 그 위에 쌓인 퇴적층을 들어올릴 때 생성된다. 이렇게 융기된 퇴적암 돔의 지층들은 중앙부에서 가장자리로 가면서 기울어진 채 침식을 받기 때문에 케스타 또는 호그백과 같은 지형이 발달한다.

지층경사가 큰 곳에서는 케스타보다는 호그백(hogback)이 발달한다(그림 12.3). 'hogback'이란 돼지(hog)의 등(back) 모양으로 생긴 산지, 즉 양쪽 사면이 거의 대칭적인 급경사 산지를 말한다. 호그백의 횡단면을 보면 산릉을 중심에 두고 지층경사 방향을 취하는 후사면(後斜面, back slope)과 그 반대쪽의 전사면(前斜面, front slope)이 급사면인 채 거의 대칭을 이루고 있다. 이런 점에서 비대칭 구릉인 케스타와는 산지의 모습이 다르다. 사면의 대칭성은 흔히 지층경사가 약 35° 이상인 경우에 잘 발달하며, 그 이하인 경우에는 후사면의 경사가 전사면보다 더 완만한 동사산릉(同斜山稜, homoclinal ridge)이 발달한다. 이런 호그백의 후사면이 침식을 받으면, 후사면의 일부가 다리미 모양의 삼각단애(三脚斷崖, triangular scarp)로 달라지기도 한다. 콜로라도 볼더 시 외곽의 다리미산(Flatirons)은 그 전형적인 예이다(그림 12.10). 다리미산은 로키산맥이 라라미드(Laramide) 조산운동에 의해 융기하면서 그 위를 덮고 있던 지층이 한쪽 방향으로 크게 들려졌기 때문에 생겨난 것이다.

호그백이 발달하는 것은 이처럼 지층이 한쪽으로 크게 기울어져 융기했기 때문

그림 12.10 다리미산(Flatirons)(볼더, 콜로라도, 미국)

원래는 수평층이었지만 로키산맥의 융기로 인하여 산맥에 인접한 부분이 더 높게 들려지면서 지층이 기울어진 채로 침식을 받았다. 다리미산이라는 이름이 붙은 것은 다리미의 바닥면처럼 보이기 때문이다. 다리미산은 사면경사가 지층경사와 일치하고 있어 융기와 더불어 지층경사 방향으로 침식이 진행되었음을 알 수 있다.

인데, 로키산맥(후론트 레인지)에서는 산맥과 평원인 그레이트플레인스가 만나는 접점부를 중심으로 호그백이 발달되어 있다. 이곳의 호그백은 다코다 사암층에 발달된 다코다 호그백(Dakoda hogback)이다. 다코다 호그백은 로키산맥 줄기를 따라 와이오밍에서 콜로라도를 거쳐 뉴멕시코까지 길게 뻗어 있으며, 그 연장선상에 놓인 산지들 중에는 때로는 지층이 거의 수직으로 서 있는 바위 산지들도 있다. 콜로라도 스프링스 인근의 '신들의 정원(Garden of Gods)'은 그러한 좋은 예이다. '신들의 정원'은 적색 내지 백색 사암이 마치 여러 개의 병풍을 겹쳐 세워놓은 것처럼 서 있어 보기 드문 장관을 이루고 있다.

3. 단층지형

1) 단층 종류

지각운동 등 여러 원인으로 지반(암석이나 지층)이 견딜 수 있는 이상의 힘을 받게 되면, 그 일부가 끊어진다. 이러한 지반의 절단구조를 단열(斷裂, fractures)이라 한다. 단열 중에 지반의 뚜렷한 위치 이동(변위 1cm 이상)이 수반된 것은 단층(斷層, fault), 절단은 되었지만 뚜렷하게 식별될 만큼 위치 이동이 일어나지 않은 것은 절리(節理, joint)이다. 단층이 발생하면, 지반의 잘려진 면, 즉 단층면이 생긴다. 단층면에는 지반이

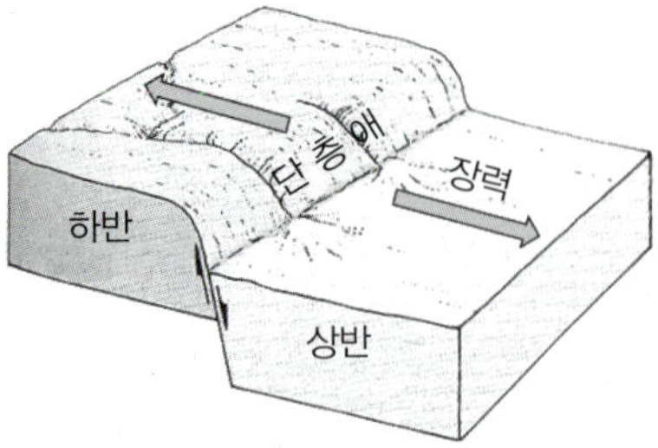

그림 12.11 정단층

정단층은 장력이 작용할 때 생겨나며, 단층면을 기준으로 상반이 하방으로 미끄러져내려간 구조를 보인다(Hamblin and Christiansen, 1995, p.173 부분 수정).

그림 12.12 정단층(삼척 근덕)

지층(사진 상단)을 보면 두 개의 정단층이 평행하게 발달된 것을 볼 수 있다.

서로 엇갈려 움직이면서 암석이 매끈하게 갈려진 단층활면(斷層滑面, slickenside)이 생겨나기도 한다. 또한 단층이 일어나 암석이 깨지고 부스러지면서 생겨난 단층점토(斷層粘土, fault gouge)와 단층각력(斷層角礫, fault breccia)이 단층에 의해 영향을 받지 않은 암석 사이에 끼어 있는 파쇄대(破碎帶, shatter belt)가 발달하기도 한다. 이밖에도 단층이 일어나 높은 압력하에서 원래의 암석이 압쇄되면 때로는 광물의 재결정이 일어나면서 압쇄암(壓碎岩, mylonite)이 생겨나기도 한다. 이들 단층활면, 단층점토, 단층각력, 압쇄암 등은 단층의 존재나 지반의 이동 양상을 밝히는 데 도움을 준다.

단층구조를 보면, 단층면을 기준으로 그 상부의 지반은 상반(上盤, hanging wall)이며, 그 하부의 지반은 하반(下盤, footwall)이다. 단층은 흔히 이러한 상반과 하반의 이동 방향이나 단층면의 경사를 기준으로 정단층(그림 12.11, 12.12), 역단층(그림 12.15), 스러스트단층(그림 12.13, 12.14), 주향이동단층(그림 12.16, 12.17, 12.18, 12.19) 등으로 구분한다(Hamblin and Christiansen, 1995, pp.171-175).

정단층(正斷層, normal fault)은 지반이 장력(張力)을 받아 상반이 단층면 위를 미끄러져 내려간 구조이다. 이와는 정반대로 역단층(逆斷層, reverse fault)은 횡압력을 받아 상반이 위쪽으로 밀려올라간 구조이다. 역단층 중 단층면 경사가 45° 이하인 것은 스러스트단층(thrust fault)이다. 조륙운동이 있는 곳에서는 지반이 융기하면서 지각이 확장되어 장력이 작용하기 때문에 정단층이 많이 발생한다. 반면에 조산운동이 있는 곳에서는 지각이 횡압력을 받아 압축되기 때문에 역단층이나 스러스트단층이 주로

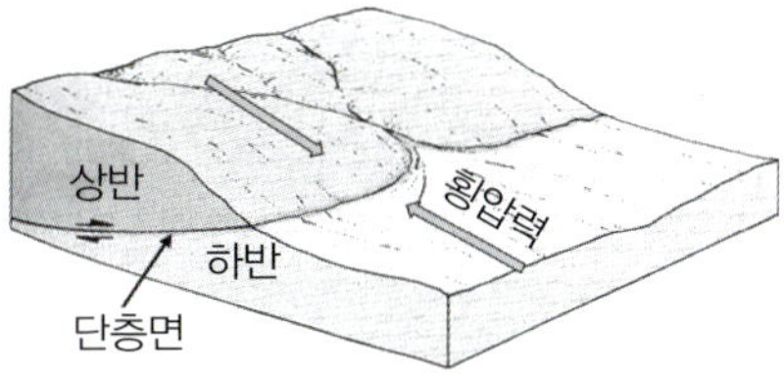

그림 12.13 스러스트단층

스러스트단층은 횡압력을 받을 때 생기며, 단층면을 기준으로 상반이 하반 위로 밀려올라간 구조를 보인다. 단층면의 경사는 45° 이하이다(Hamblin and Christiansen, 1995, p.173 부분 수정).

그림 12.14 스러스트단층(경주 양남)

고(古) 해빈 퇴적층을 자르고 있는 스러스트단층. 횡압력을 받아 왼쪽의 상반이 오른쪽의 하반 위로 밀려올라갔다. 단층면에서는 단층점토(fault gouge)를 볼 수 있다.

그림 12.15 역단층(글레이셔 국립공원, 미국)

역단층은 횡압력을 받아 상반이 하반 위로 밀려올라간 단층이며, 단층면의 경사는 커서 45° 이상에 달한다.

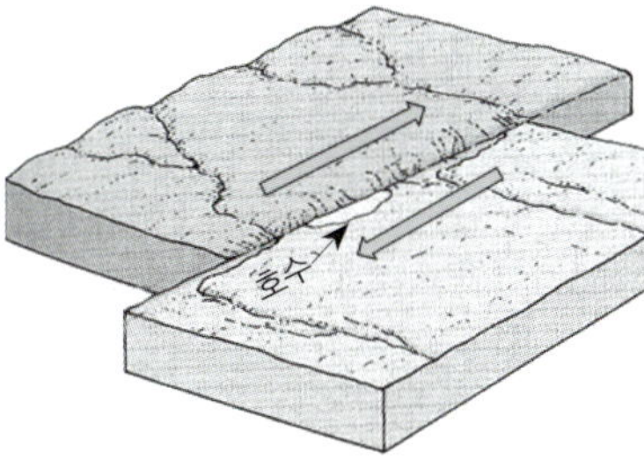

그림 12.16 주향이동단층

그림에서 단층선을 따라 하천줄기가 어긋나 있는 것을 볼 수 있다. 단층선을 따라 분포하는 호수는 'sag pond'이며, 주향이동단층이 일어난 곳에서 잘 생긴다(Hamblin and Christiansen, 1995, p.173 부분 수정).

그림 12.17 샌안드레아스 단층(미국)

화살표: 지각이 움직인 방향. 이 단층은 주향이동단층으로 북아메리카 지각판과 태평양 지각판의 경계부에 발달하였다 (Bridges, 1990, p.99).

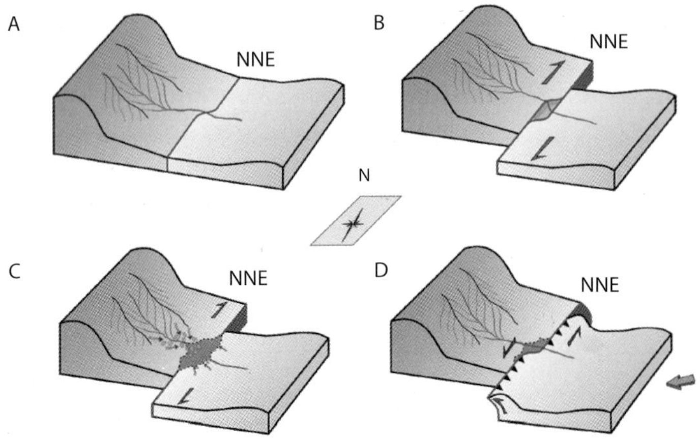

그림 12.18 양산단층과 지형변화

A: 양산단층. B: 우수주향이동단층으로 분지(pull–apart basin)가 생겨남. C: 분지 내로 퇴적물이 유입되어 쌓임. D: 기존의 주향이동단층이 다시 활성화되면서 역단층이 일어남(최진혁 외, 2009).

발생한다.

주향이동단층(走向移動斷層, strike-slip fault)은 정단층이나 역단층과는 달리 지반이 서로 다른 방향으로 엇갈리는 힘을 받을 때 생긴다. 주향이동단층은 관찰자가 단층선 너머의 지반을 바라볼 때 지반이 오른쪽으로 움직인 것을 우수(右手)주향이동단층(right lateral fault, dextral strike-slip fault), 왼쪽으로 움직인 것을 좌수(左手)주향이동단층(left lateral fault, sinistral strike-slip fault)이라 한다. 세계적으로 잘 알려진 주향이동단층으로는 미국의 샌안드레아스 단층(그림 12.17)을 들 수 있으며, 우리나라의 양산단층(그림 12.18)도 이러한 주향이동단층에 속한다.

2) 단층과 지형

단층이 일어나면 지반이 상하 또는 수평 이동하고, 단층면을 따라 암석이 부서지는 등 지표면이 변형된다(그림 12.19, 12.20, 12.21). 다시 말하여 단층에 의하여 지형이 달라진다(Chorley *et al*., 1984, pp.165-176; Ahnert, 1998, pp.233-236; Burbank and Anderson, 2001, pp.64-77). 단층운동으로 생겨난 지형 중에는 단층선 중심으로 생성되는 지형인 단층애, 단층선애, 단층선곡, 삼각말단면 등, 그리고 지반의 상하운동에 의해 생성되는 지형인 지구, 열곡, 지루 등이 있다.

(1) 단층애, 단층선애, 단층선곡, 삼각말단면

단층애(斷層崖, fault scarp)는 단층으로 생긴 급사면이다(그림 12.22, 12.23). 단층애는 한쪽 지반이 다른 쪽 지반에 비해 상대적으로 위로 들려지면서 드러난 단층면이다. 1회의 단층으로 생겨난 단층애의 수직고도, 즉 단층의 변위량은 대개 수 m 이내이다. 이러한 단층애는 후속적인 단층이 발생하지 않으면 그 형태가 그대로 유지되지는 않는다. 경사가 급한 사면일수록 매스무브먼트와 사면류에 의한 물질 이동이 활발하게 일어나기 때문이다.

그러나 단층애가 침식을 받아 사라진 후에도 지각의 약한 부위인 단층선[2]을 따라 차별침식은 지속되므로 시간이 지나면서 때로는 원래의 단층애와는 다른 급사면, 즉

---

2 단층면이 수평면과 만나 이루는 선(線)을 말한다.

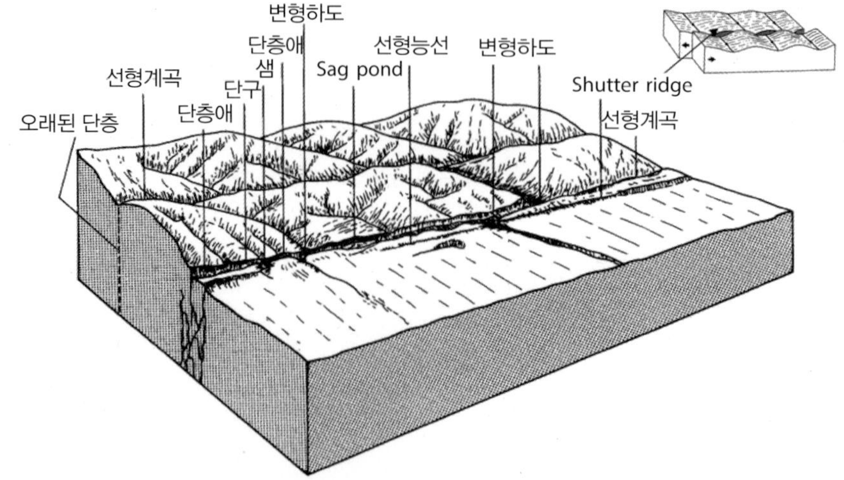

그림 12.19 주향이동단층에 의한 지형변화

주향이동단층이 발생하면, 선형계곡(linear valley)과 선형능선(linear ridge), 길게 늘어진 호수(sag pond), 변형하도(offset drainage channel), 단층애(fault scarp), 어긋나게 움직인 산지(shutter ridge) 등이 생겨난다(Summerfield, 1991, p.79, p.80).

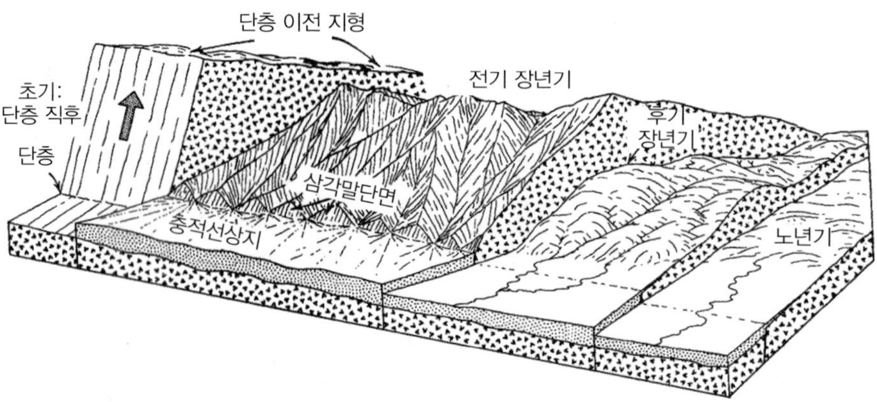

그림 12.20 단층 이후의 지형변화

단층으로 융기된 산지가 침식을 받으면, 단층선이 지나는 산록의 말단에는 삼각말단면, 그 전면에는 충적선상지(바하다)가 생긴다. 이후 침식이 더욱 진행되면 종국에는 땅속의 지반을 제외하고는 단층의 흔적을 거의 찾아볼 수 없다(Strahler, 1960, p.479).

단층선애(斷層線崖, fault line scarp)가 생겨나기도 한다(그림 12.23). 이러한 단층선애는 원래의 단층애와 같은 방향인 재종단층선애(再從斷層線崖, resequent fault line scarp), 이와는 달리 정반대의 방향인 역종단층선애(逆從斷層線崖, obsequent fault line scarp)로 나눌 수

그림 12.21 단층지괴의 급사면(시에라네바다 산맥, 캘리포니아, 미국)

산맥의 융기과정에서 단층이 일어나면서 남부 시에라네바다 산맥의 동쪽 사면에는 그림 12.20에서 보는 것과 같은 단층지괴의 급사면이 생겨났다. 이후 침식을 받았기 때문에 급사면은 위 사진과 같은 지형으로 변모되었다. 급사면이 침식 해체되는 과정에서 하천이 무엇보다 큰 역할을 했지만 빙하도 일정 부분 영향을 미쳤다. 이는 급사면 하단부에 분포하는 모레인의 존재에서도 확인된다.

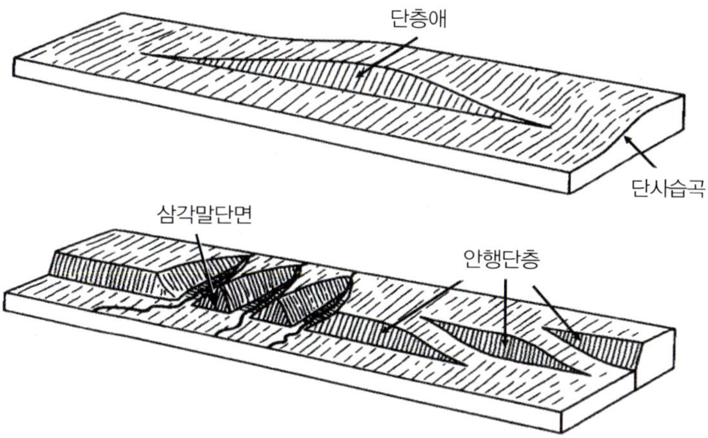

그림 12.22 단층애, 삼각말단면, 안행단층, 단사습곡

단층 중에는 안행단층(雁行斷層, en echelon fault)도 있으며, 단층선을 따라 다양한 형태의 단층애, 삼각말단면이 발달한다(Summerfield, 1991, p.79).

있다.

여러 개의 단층선이 집중된 곳은 그렇지 않은 주변 지역보다 침식과 풍화에 더 취약하기 때문에 상대적으로 낮은 골짜기가 생기기 쉽다. 이러한 골짜기는 단층선이

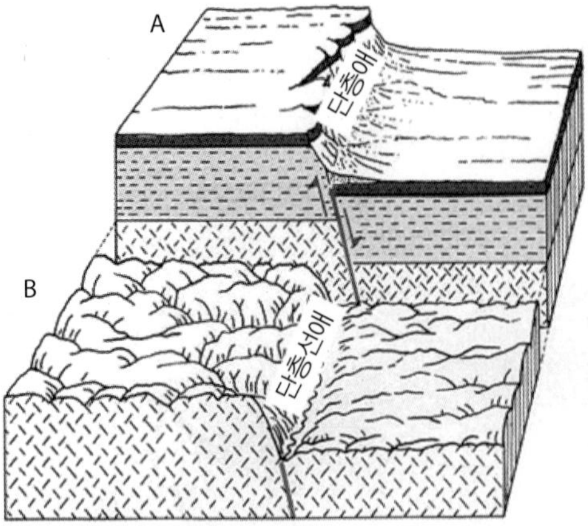

그림 12.23 단층애와 단층선애

단층애(A)는 단층으로 생긴 급사면, 단층선애(B)는 단층선을 따라 침식이 진행되면서 생겨난 급사면이다. B의 단층선애는 단층애와 같은 방향이므로 재종단층선애이다. 그 반대 방향의 단층선애는 역종단층선애라 부른다(Strahler and Strahler, 1992, p.372).

선형(線形)인 경우가 많기 때문에 대체로 선상(線狀)으로 길게 뻗은 선형구조(線形構造, lineament)를 보인다(그림 12.19, 12.20). 이처럼 단층에 의한 선형구조가 뚜렷한 골짜기가 단층선곡(斷層線谷)이다. 선형구조는 골짜기뿐만 아니라 산지 능선을 따라서도 나타난다. 따라서 단층이 여러 차례에 걸쳐 반복적으로 일어난 곳에서는 지도나 위성사진 등에서 어렵지 않게 단층선과 같은 방향인 선형구조들을 찾아볼 수 있다. 이러한 선형구조가 나타나는 곳 중에는 단층이 산지를 관통하는 관계로 단층선 주변이 침식을 받아 낮은 고개가 되고, 단층으로 잘려나간 산지는 고립구릉처럼 단층선 너머에 남게 된 곳도 있다. 이와 같이 단층으로 생긴 고개를 단층안부(斷層鞍部, kerncol), 그리고 고립구릉을 단층구릉(斷層丘陵, kernbut)이라 부른다.

단층이 일어나 한쪽 지반이 융기, 다른 쪽 지반이 침강하면, 융기된 지반이 침식받으면서 삼각말단면(三角末端面, triangular facet)이 생겨난다(그림 12.20, 12.22). 삼각말단면은 산록 말단부의 전면이 삼각형이기 때문에 그런 이름이 붙었다. 단층은 대체로 선상으로 길게 발달하므로 삼각말단면은 한 개보다는 여러 개가 단층선을 따라 길게 열을 지어 발달한다. 삼각말단면 사이에는 배후 산지에서 침식받은 물질이 하천에 의해 실려나와 계곡 입구의 평지에 쌓이는 일이 반복되기 때문에 흔히 충적선상지가 생겨난다. 이러한 충적선상지는 삼각말단면과 마찬가지로 단층선을 따라 여러 개가 측면으로 이어져 발달한 바하다(bajada)의 형태를 보인다. 미국의 데스밸리가 그러한 좋은 예이다.

(2) 지구, 열곡, 지루

융기에 의한 지각의 확장력이 특정 장소에 집중되면, 정단층의 형태로 지각이 쪼개진다. 정단층이 발생하면 지각의 일부가 끊어져 상대적으로 함몰되거나 융기되는 일이 일어난다. 이렇게 함몰되어 생긴 골짜기가 지구(地溝, graben), 그리고 융기된 산지가 지루(地壘, horst)이다(그림 12.24).

'Graben'은 원래 독일어 기원의 용어인데, 이를 우리말로 번역하면서 지구가 대상(帶狀)으로 길게 뻗은 골짜기라는 점을 강조하여 지구대(地溝帶)라 불렀다. 라인 지구대(Rhein Graben)가 그러한 예이다. 열곡(裂谷, rift valley)은 골짜기의 형성 원인이 지각판의 움직임과 관련되어 있음을 강조하는 용어로서 개념상 지구와 큰 차이는 없다(그림 12.25). 그러나 지각판들이 발산하면서 생성된 긴 골짜기에 대해서는 지구보다는 열곡이라 부르는 추세다. 이러한 연장선상에서 라인 지구대처럼 뚜렷한 것은 아니지만 우리나라의 추가령곡 역시 여러 개의 단층이 집중된 것이 원인이 되어 생겨난 골짜기임에는 틀림없으므로 근래에는 열곡이라 부르고 있다.

추가령곡을 포함하여 라인 지구대 등 지각확장운동에 의해 지각이 끊겨지며 생겨났지만 지속적으로 지각이 확대되는 곳이 아닌 열곡, 즉 비활성적인 열곡을 올라코겐(aulacogen, failed arm)이라 부른다. 지각운동은 육지뿐만 아니라 해저에서도 일어나므로 열곡은 육지는 물론 해저에서도 나타난다. 중앙대서양 해령이나 동태평양 해령 등에 발달된 열곡이 그러한 예이다. 이들 해령 정상부의 열곡 역시 그 생성 원인

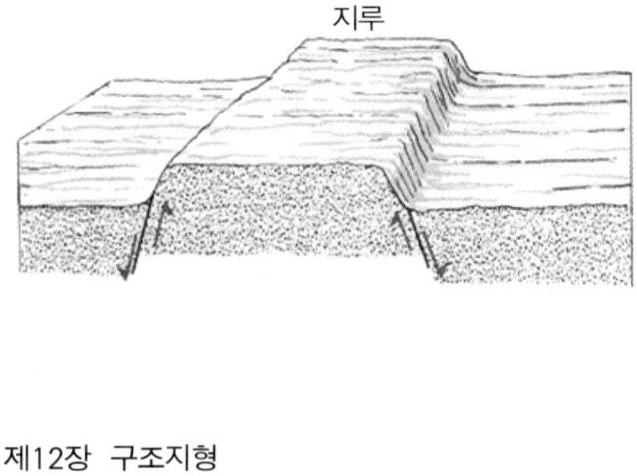

그림 12.24 지구와 지루

지구(地溝, graben)와 지루(地壘, horst) 모두 지각에 장력이 가해질 때 발달한다. 그림처럼 정단층들이 발생하면 어떤 부분은 함몰되어 지구가 되고, 그에 인접한 곳은 상대적으로 융기되어 지루가 된다(Strahler and Strahler, 1992, p.267).

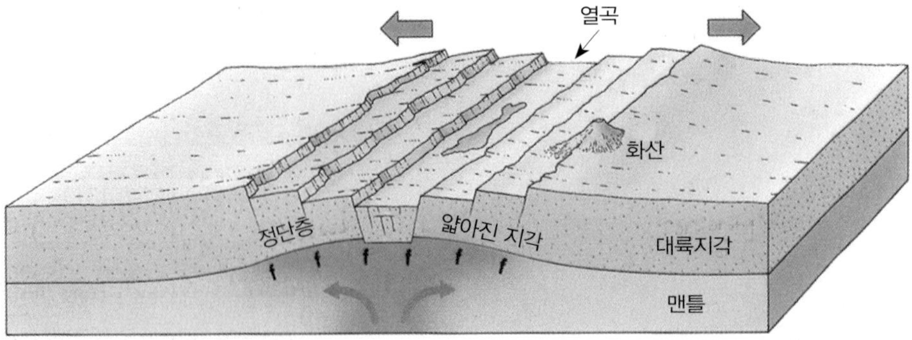

그림 12.25 열곡의 형성과정

맨틀로부터 마그마가 상승하여 수평적으로 발산하기 때문에 마그마가 상승하는 곳의 상부 지각은 부풀어오르듯 융기하는 동시에 지각의 두께가 얇아지면서 여기저기 끊어져 함몰되는 변화가 일어난다. 이렇게 함몰되어 생성된 골짜기가 열곡이다. 또한 상승하는 마그마의 일부는 지각의 약한 부분을 뚫고 지표로 분출하기 때문에 열곡 주변에는 화산이 분포한다(de Blij *et al*., 2004, p.407).

은 육지의 열곡과도 크게 다르지 않다.

지구(地溝) 주변은 지반이 상대적으로 융기하기 때문에 지루(地壘, horst) 산지가 발달한다(그림 12.24, 12.25, 12.27). 이와 같이 지구와 지루가 생겨나는 곳은 상방요곡운동(上方撓曲運動, upwarping)처럼 전체적으로 지반이 융기하면서 지각이 확장되는 곳이다(그림 12.25). 이런 조건하에서는 장력이 지각에 작용하기 때문에, 상반이 단층면을 따라 하방 이동하는 정단층이 탁월하다. 그러나 두 개의 정단층이 지형적으로 뚜렷하게 구분되는 지구와 지루를 만드는 것은 매우 예외적이며, 대개의 경우 여러 개의 단층이 집중되면서 지구 또는 지루가 발달하는 것이 보통이다. 또한 지구 중에는 골짜기 양안의 단층애가 대칭적인 경우도 있지만 그렇지 않은 비대칭적인 것도 많다(그림 12.27). 양안의 단층애가 대칭이든 그렇지 않든 이들 모두 지구의 한 종류이지만, 비대칭적인 지구는 흔히 정단층이 한쪽에만 길고 뚜렷하게 발달된 반지구(半地溝, half graben)의 경우에 많다(그림 12.27의 B). 한때 우리나라의 추가령곡에 대해서 지구란 말 대신에 구조곡이라는 용어를 선호했던 것도 그곳에서 전형적인 지구를 찾기 어렵다는 이유에서였는데, 이는 아마도 지구를 좁게 이해하여 대칭적인 지구만을 지구라고 여긴 것이 아닌가 짐작된다.

규모가 큰 열곡 중에서 우리에게 잘 알려진 것으로는 동아프리카 열곡, 라인 지구대 등을 들 수 있다. 동아프리카 열곡은 육지에서는 가장 큰 열곡으로 북쪽의 홍

그림 12.26 동아프리카 열곡

이 열곡은 북쪽의 에티오피아 고원에서 남쪽의 니아사 호수 너머까지 뻗어 있다(Summerfield, 1991, p.93).

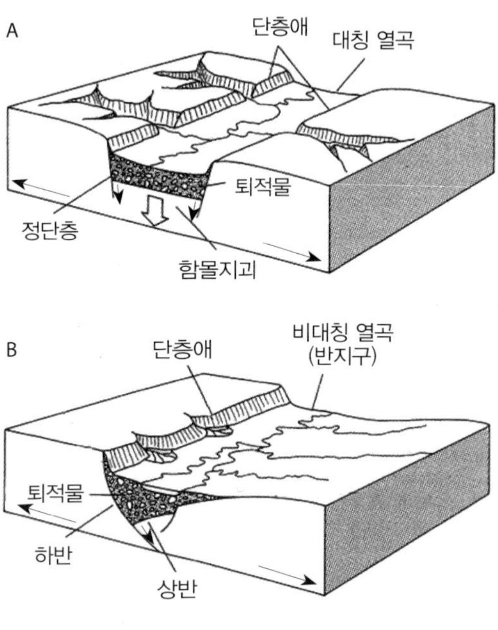

그림 12.27 대칭 열곡과 비대칭 열곡

A: 전형적인 열곡으로 양안 사면이 대칭적임. B: 양안 사면이 비대칭적임(half graben). 동아프리카 열곡에서는 B와 같은 유형도 많다(Summerfield, 1991, p.92).

해로부터 남쪽의 잠베지강에 이르는 일대에 분포한다(그림 12.26). 이 열곡은 총길이가 약 3,000km 이상이며, 하나가 아니라 그 안에 폭 30~60km인 여러 개의 열곡이 상호 연결된 일종의 열곡체계(rift valley system)를 이루고 있다. 열곡은 북쪽에서는 에티오피아 고원의 동쪽을 남북으로 자르듯 지나며, 남쪽으로 가면서 빅토리아 호수를 가운데 두고 동쪽과 서쪽의 두 줄기로 갈라진다. 동쪽 줄기는 루돌프 호수, 서쪽 줄기는 탕가니카 호수 방향으로 뻗어내리다가 탕가니카 호수 이남에서 다시 만나며 그 한 줄기는 니아사 호수로 이어진다. 이러한 동아프리카 열곡은 그 연장선상에서 열곡의 줄기가 아프리카 대륙을 벗어나 북쪽으로 홍해를 지나 시나이 반도, 사해 및 갈리리(Galilee) 호수로까지 연결된다. 그런 의미에서 근래에는 이들 열곡을 함께 묶어 아프리카-근동 열곡(African-Near Eastern Rift Valley)이라고도 부른다.

동아프리카 열곡은 제3기 말엽 이래 지각판 하부의 맨틀로부터 마그마가 상승하여 정반대 방향으로 수평 이동하였기 때문에 생겨난 것이다. 마그마의 상승은 초기에 그 상부의 지각을 돔 형태로 들어올려 지각이 확장되면서 얇아졌으며, 그런 과정에서 지각의 일부가 끊어져 침강하여 열곡이 생겨났다(그림 12.25). 지각 침강으로 생긴 열곡의 저지대에는 주변의 고지대로부터 퇴적물이 흘러들어 두껍게 쌓였다. 또한 지각이 약한 곳을 중심으로 화산 분화가 일어나 저지대의 일부가 용암에 의해서 덮이기도 하였다. 이러한 열곡의 저지대와는 달리 열곡 가장자리의 산지에서는 계단상의 단층 지형인 단층계(斷層階, fault step) 또는 지루산지가 생겨났다(그림 12.25). 지루산지의 정상부는 에티오피아 고원이 그러하듯이 대체로 평탄한 고원이나 대지를 이루고 있다.

라인 지구대는 대략 바젤에서 프랑크푸르트에 이르는 라인강 계곡을 말한다. 계곡이라고는 하지만, 넓은 곳은 거의 30km에 이르므로 계곡 내의 저지대는 평야나 다름없다. 이러한 넓은 평야 너머의 계곡 사면에는 서쪽의 보주(Bosges) 산맥, 동쪽의 슈바르츠발트(Schwarzwald) 산맥 등 지루 산지들이 라인 계곡과 평행한 방향으로 발달되어 있다. 라인 지구대 역시 동아프리카 열곡과 마찬가지로 지각에 장력이 가해져서 정단층들이 발생하면서 지각의 일부가 함몰되어 생성되었다. 이러한 지각의 움직임은 아프리카 지각판과 유라시아 지각판이 충돌하면서 알프스 산맥이 생겨난 것과 마찬가지로 지각판의 충돌에 의하여 발생한 것으로 보고 있다. 라인 지구대에서도 지각의 약한 곳에서는 화산이 분출하여 카이저스툴(Kaiserstuhl)[3]과 같은 화산지형이 생겨났다.

단층지형에서 한 가지 유의할 것은 지질구조적으로 지구 또는 지루라 할지라도 지형적으로는 그렇지 않은 경우가 있다는 사실이다. 위에 든 지구대들은 모두 지형적으로 계곡을 이루는 것들로 지질구조적으로나 지형적으로 분명한 지구대들이다. 그러나 단층에 의해 지구 또는 지루가 생겨났을지라도 오랜 세월이 지나게 되면, 침식으로 인하여 기복이 역전되기도 한다. 즉, 지구 계곡이 오히려 산 정상부가 되고, 지루 산지가 계곡이 될 수도 있다. 이처럼 단층을 포함한 지각운동이 그대로 지형의 기복을 결정하는 것은 아니며, 여러 종류의 외인적 작용들이 함께 영향을 미치면서 그 결과로서 지형이 생성되는 것이다.

4. 절리와 지형

암석이 외부로부터 압력을 받게 되면 쪼개져 움직이지 않더라도 균열이 생긴다. 이와 같은 암석의 균열 또는 단열이 절리(節理, joint)이다(그림 12.28). 절리는 측면에서 보면 선처럼 보이지만 실제는 면(面)이며, 이러한 균열면 또는 단열면을 절리면(節理面, joint surface)이라 한다.

절리는 지각운동에 의해 힘을 받거나, 암석이 냉각 수축될 때, 그리고 위에서 내리누르는 힘이 제거될 때 잘 발달한다(Ahnert, 1998, pp.230-233). 지각운동에 의한 힘은 대체로 횡압력(압축력)과 장력(확장력), 그리고 전단력의 형태로 암석에 가해진다. 지각운동으로 생기는 지각운동절리(tectonic joint)에는 횡압력 또는 장력 방향의 절리(그림 12.29), 이들 절리에 직각인 절리, 그리고 전단력의 영향으로 횡압력 또는 장력 방향의 절리를 대각선으로 자르는 절리가 있다. 지각운동을 받아 습곡이 생겨난 곳을 예로 들면, 습곡축 방향과 이것에 직각인 방향, 그리고 습곡축을 대각선 방향으로 자

3 독일 남서부(Baden-Württemberg 주)에 있는 화산.

그림 12.28 판상절리

왼쪽 사진: 고석정(철원), 오른쪽 사진: 요세미티(미국). 판상절리는 그 위를 덮고 있는 피복물질이 제거될 때 발달한다. 절리 간격은 지면에 가까울수록 대체로 조밀하다.

그림 12.29 절리와 지형(아치스 국립공원, 미국)

이곳 암석에 수직 절리들이 발달하게 된 것은 암염 돔의 상승에 기인한다. 사진에서 나무판자처럼 서 있는 암석(사암)은 두께가 얇아 풍화로 구멍이 잘 뚫린다. 이런 구멍 중에 큰 것을 아치(arch)라 부른다. 아치스 국립공원은 이름 그대로 이러한 아치가 많은 곳이다.

르는 절리들이 많다. 지각운동절리가 이와 같은 특성이 있기 때문에, 지각운동을 받은 것으로 추정되는 곳의 절리들을 조사하면 지각운동에 관한 중요한 정보를 얻을 수 있다.

고온의 암석물질이 냉각되어 생기는 냉각수축절리(contraction joint)는 땅속의 마그마나 지표의 용암이 굳어 생긴 화성암에서 잘 관찰된다(그림 12.30). 지표에서 용암이 굳어 생긴 현무암이나 안산암을 보면, 평면형이 육각형 내지 다각형인 주상절리

그림 12.30 화산암(안산암)의 주상절리(지삿개 해안, 서귀포)
주상절리는 화산암인 현무암, 안산암 등에서 전형적으로 발달한다.

(柱狀節理, columnar joint)가 많다. 이처럼 육각형 절리가 많은 이유는 용암이 수축점을 중심으로 균등하게 냉각 수축되기 위해서는 육각형의 형태로 쪼개져야 하기 때문이다. 이런 원리는 크리스탈러의 중심지 이론에서 임의의 중심지들이 시장을 균등하게 차지하기 위해서는 시장 구역을 육각형의 형태로 나누어야 한다고 주장한 것과도 맥을 같이하는 것이다. 자연환경에서는 벌집구조나 얼음쐐기 다각형 등에서 육각형 구조가 나타나는 사례를 찾아볼 수 있다. 절리 형태는 다르지만 냉각 수축에 의한 절리는 심성암에서도 발달한다.

절리 중에는 위를 덮고 있던 무거운 물질이 제거될 때 생겨나는 하중제거에 의한 절리(pressure release joint)도 있다(그림 12.28, 12.32). 두꺼운 토양층이나 풍화층이 발달된 곳에서 지반 융기와 더불어 지면침식이 활발하게 진행되면, 토양과 풍화물질이 제거되면서 기반암이 지표에 드러나게 된다. 이와 같이 토양이나 풍화물질이 제거된다는 것은 기반암을 내리누르던 압력이 제거된다는 것과도 마찬가지이며, 이에 대한 반작용으로 기반암에는 절리가 발달한다. 이런 과정으로 생겨나는 절리가 판상절리(板狀節理, sheeting joint)이다. 판상절리는 대체로 지면에 평행하며, 지면에 가까울수록 절리 간격이 조밀한 반면, 지하일수록 절리 간격이 넓은 것이 특징이다.

절리는 단열 부위를 따라 수분이나 공기가 쉽게 침투할 수 있어 암석의 풍화를 재촉하며, 이렇게 생겨난 풍화산물은 대체로 침식에 약하기 때문에 절리가 지형에

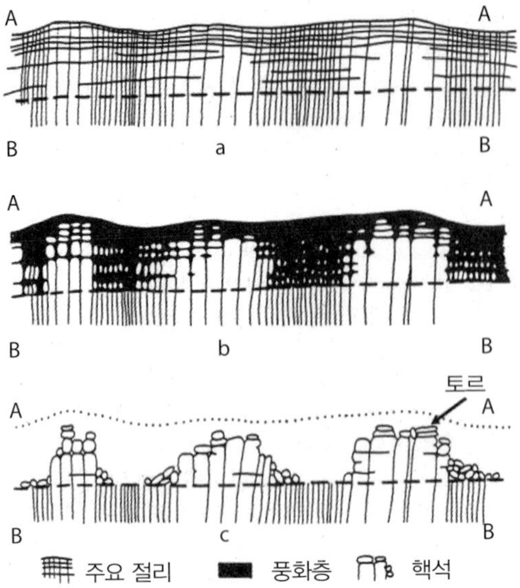

그림 12.31 토르의 형성과정

a: 초기 지형, b: 절리 조밀한 곳 중심으로 심층 풍화, c: 풍화산물이 침식 제거되면서 토르 생성. A: 지표면, B: 지하수면 이하. 토르(tor, boulder inselberg)는 핵석들이 군집을 이루어 성채 또는 탑처럼 지면에 돌출한 지형으로 기반암(주로 심성암)의 절리 간격이 풍화와 침식에 영향을 미쳐 생성된다(Gerrard, 1988, p.222 부분 수정. 원자료: Linton, 1955).

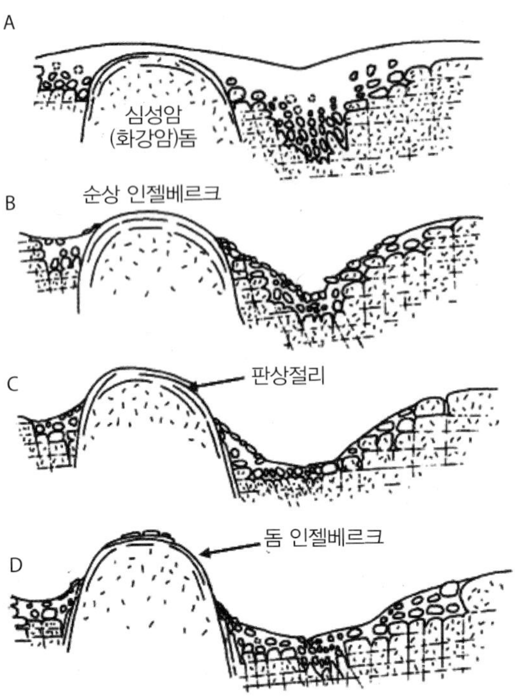

그림 12.32 돔 인젤베르크(도상구릉)의 형성과정

A: 초기 지형, B: 풍화층이 침식 제거되어 순상(楯狀) 인젤베르크 생성, C: 인젤베르크 규모 확대, D: 돔 인젤베르크(domed inselberg) 생성. 돔 인젤베르크는 지하의 심성암 돔이 지반융기와 지면침식으로 지표에 드러난 지형이다. 돔 주변 암석은 절리 간격이 조밀하여 풍화침식에 약하지만, 돔은 하나의 암괴처럼 절리 발달이 미약하여 풍화침식에 강하므로 주위에 비해 돌출한 산지로 남게 된다(Gerrard, 1988, p.217 부분 수정. 원자료: Thomas, 1978)

미치는 영향이 결코 작지 않다. 예를 들어 동일한 화강암이라 할지라도 절리 간격의 정도에 따라 풍화나 침식에 대한 경연도가 다르기 때문에 그 결과로 생겨난 지형도 형태가 다를 수 있다. 다른 조건들이 같다면 지반이 융기됨에 따라 절리 간격이 넓은 곳은 돔 인젤베르크(inselberg), 토르(tor) 등과 같이 주변 평지에 비해 돌출한 산지 또는 암괴군집을 이루지만, 절리 간격이 조밀한 곳은 풍화와 침식이 활발하여 골짜기 또는 낮은 평지가 된다(그림 12.31, 12.32). 또한 절리는 하곡 발달을 유도하는 경향이 있기 때문에 절리 방향과 하곡 방향 간에는 유의미한 상관관계가 있을 수 있다(박동원, 강필종, 1977; Ahnert, 1998, pp.230-232). 단층이나 절리가 발달한 지역에서 직각상 하계가 발달하는 것은 그 좋은 예이다. 또한 절리를 따라 암석이 더 쉽게 침식 제거되기 때문에 절리의 특성이 그대로 지형의 형태를 결정짓는 경우도 많다. 현무암이 있는 해안이나 하곡에서 주상절리의 영향으로 절벽 사면이 발달하는 것이나, 하천 상류의 작은 계곡에서 절리 방향을 따라 계곡이 발달하는 것도 그러한 사례에 속한다.

5. 습곡지형

습곡(褶曲, fold)은 지층이나 암석이 압축력을 받아 쭈그러지고 휘어지는 등 주름이 잡히는 현상을 말한다(그림 12.33, 12.34, 12.35). 지각에 압축력이 가해지는 것은 특히 조산운동이 일어날 때이므로, 조산운동을 받은 곳에서는 습곡이 널리 나타난다. 따라서 세계 여러 지역의 신기 및 고기습곡산지, 우리나라의 옥천습곡대 등지에서 습곡의 전형적인 사례를 찾아볼 수 있다.

대부분의 습곡은 압축력을 받아 하방으로 휘어진 향사(向斜, syncline)와 상방을 향해 휘어진 배사(背斜, anticline)로 이루어져 있다. 그러나 향사와 배사의 구분이 없이 지각의 한쪽 부분이 수평을 유지하면서 다른 쪽에 비하여 융기되어 지각이 한 방향으로 경사져 있는 경우도 있는데, 이것 역시 습곡의 한 종류이며 단사습곡(單斜褶曲, monocline)이라 한다(그림 12.37).

습곡은 향사와 배사의 특징과 습곡축 및 습곡축면의 경사를 기준으로 정습곡(직립습곡), 경사습곡, 침강습곡, 횡와습곡 등으로 구분한다(그림 12.33). 정습곡은 습곡축

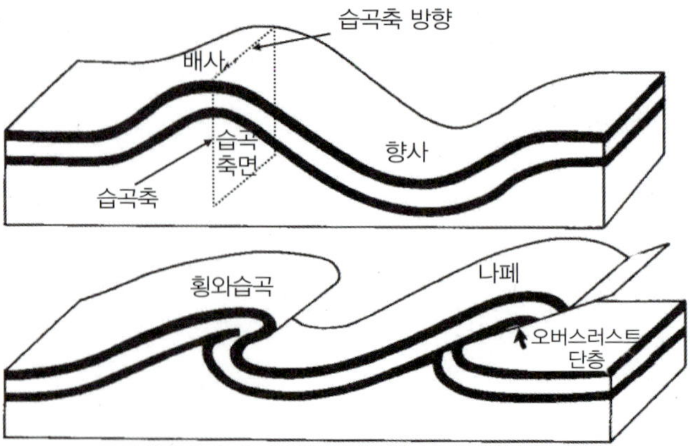

그림 12.33 습곡구조와 횡와습곡

습곡축 또는 습곡축면이 수평면에 대해 수직인 것이 정습곡(직립습곡), 수평면에 대한 경사각이 큰 것이 경사습곡, 수평에 가깝게 경사가 작은 것이 횡와습곡이다(Summerfield, 1991, p.524 부분 수정).

그림 12.34 습곡(근덕, 삼척)

지층(조선누층군)이 횡압력을 받아 휘어진 습곡구조를 볼 수 있다.

그림 12.35 습곡산맥(로키산맥, 캐나다)

로키산맥에서는 곳곳에서 지층이 상방을 향해 휘어진 배사와 하방으로 구부러진 향사를 관찰할 수 있다.

이 수평면에 대해 수직에 가까운 습곡, 경사습곡은 습곡축이 수평면과 이루는 경사각이 비교적 큰 습곡을 말한다. 이에 대하여 침강습곡은 습곡축의 정부(crest)가 수평이 아니라 한쪽 방향으로 기울어진 습곡이다(그림 12.36).

횡와습곡(橫臥褶曲, recumbent fold)은 경사각이 작아 마치 옆으로 누워 있는 것처럼 보이는 습곡이다. 이러한 횡와습곡이 더 큰 횡압력을 받게 되면, 스러스트단층이 발생하면서 단층면 상부의 지각(상반)이 하부 지각(하반) 위로 올라타 심지어 수십 km

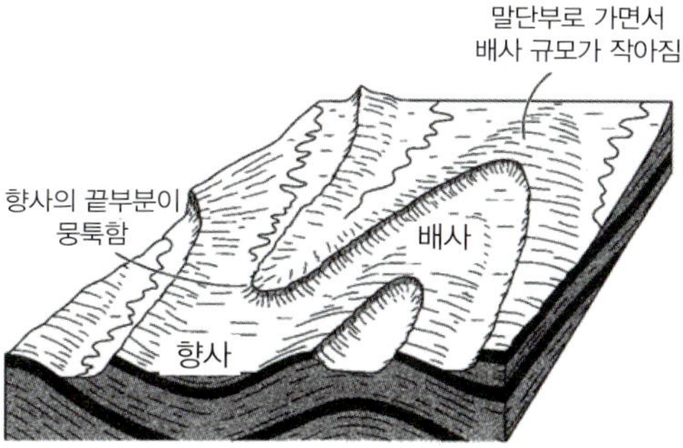

그림 12.36 침강습곡

침강습곡은 습곡축의 정부(crest)가 수평면에 대해 기울어진 습곡이다(Easterbrook, 1999, p.232 부분 수정).

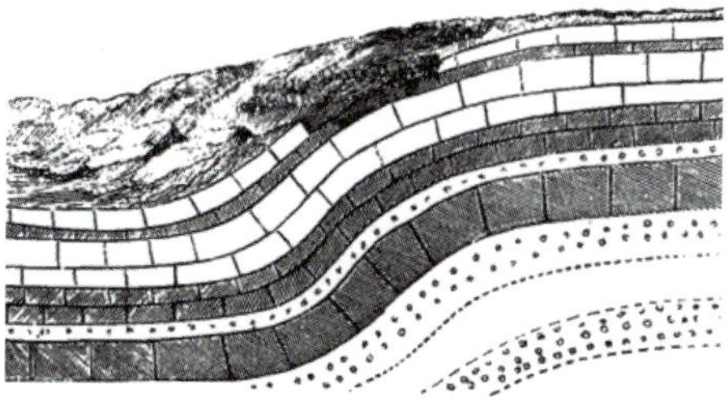

그림 12.37 단사습곡

단사습곡은 지층이 완만하게 기울거나 계단 모양으로 휘어진 습곡이다(Bloom, 1998, p.84).

그림 12.38 치프산(몬태나, 미국)

치프산(Chief Mountain)은 선캄브리아기 암석이지만, 그 하부에는 백악기 지층(셰일층)이 있다. 그 이유는 오버스러스트 단층이 일어나 현재의 위치로 옮겨오면서 오래된 선캄브리아기 지층이 그보다 후일에 퇴적된 백악기 지층을 올라타듯이 덮어씌웠기 때문이다. 시간이 지나면서 함께 이동해온 주변의 다른 산지들은 침식받아 제거되고 치프산만이 남게 되었는데, 이런 산지를 클리페(klippe)라 부른다.

이상의 거리를 이동하기도 한다. 이와 같이 주변의 땅을 덮어씌우듯이 이동한 지각이 나페(nappe)[4]이다(Chorley *et al.*, 1984, pp.165-168). 나페가 이처럼 먼 거리를 이동할 수 있는 것은 무엇보다도 지각운동과정에서 횡압력을 받았기 때문이다. 그러나 지구상의 모든 물체가 그러하듯이 나페 역시 중력의 영향을 받기 때문에 그 영향으로도

4 나페(nappe)는 프랑스어로 테이블보(table cloth, cover sheet)란 의미가 있다. 나페와 같은 뜻을 지닌 용어로 '스러스트 지각(thrust sheet)'이 있다.

나페와 그 하부의 지각 사이에 존재하는 전단면을 따라 나페가 경사 방향으로 미끄러지듯 먼 거리를 이동하는 것으로 알려져 있다. 이와 같이 나페가 이동할 때 땅속의 지하수는 하부 지각과의 접촉 경계부의 마찰을 줄여 이동을 원활케 하는 역할을 한다. 이러한 나페의 이동 방식은 일종의 중력활동(重力滑動, gravity gliding)이라고 할 수 있다. 나페는 조산운동을 받은 곳에서 볼 수 있는데, 로키산맥이나 알프스 산맥 등지에서 그러한 전형적인 사례를 찾을 수 있다. 로키산맥을 예로 들면, 오버스러스트 단층으로 생겨난 루이스 나페(Lewis nappe)는 무려 100km 이상 이동하였다. 이렇게 이동한 나페는 시간이 지나면서 침식을 받아 그 일부가 나페에서 떨어져나가기도 한다. 이러한 나페의 잔류 산지를 클리페(klippe)라 부른다. 루이스 나페의 잔류 산지인 치프산(Chief Mountain, 몬태나, 미국)은 이러한 클리페 산지로 잘 알려졌다(그림 12.38).

습곡은 형성되는 과정에서 지반이 상대적으로 융기하거나 침강하므로 이로 인하여 지형이 달라지며, 습곡구조가 지하에서 생긴 후 융기되면 차별침식을 받기 때문에 지형이 달라지기도 한다. 연 · 경암층이 호층을 이루는 곳에서 압축력을 받아 습곡이 일어나면, 습곡 초기에는 대개 배사가 그대로 산릉, 그리고 향사가 골짜기가 되기도 한다(그림 12.39의 A, 12.40). 이는 지면에 가해지는 침식작용보다는 습곡에 의한 구조 변화가 더 우세하기 때문에 구조 변화, 즉 습곡의 영향이 지형에 그대로 반영되기 때문이다.

그러나 점차 침식이 진행되면서 하천이 배사산릉을 가로지르며 수극(水隙, water gap)이라 불리는 협곡을 만드는가 하면, 원래의 습곡구조와는 달리 배사산릉이 배사곡, 그리고 향사곡이 향사산릉으로 변화되기도 한다(그림 12.39). 이는 구성 암석의 경연도가 달라 차별적인 풍화와 침식이 일어나기 때문이다. 침식과정에서 셰일과 같은 연암이 드러나면, 산릉일지라도 빠른 속도로 침식이 일어나 골짜기로 변할 수 있으며, 상대적으로 경암에 속하는 사암이나 역암을 만나면 침식속도가 느려져 원래 골짜기인 곳이 세월이 지나 산릉이 될 수 있다. 이런 과정에서 경암을 가로질러 발달한 수극에는 더 이상 물이 흐르지 않게 되기도 한다. 이러한 골짜기가 풍극(風隙, wind gap)이다.

이와 같은 풍극이나 수극 등의 지형은 모두 하천이 습곡산지를 꿰뚫어 침식하여 만들어낸 골짜기이다. 이처럼 하천이 산지를 꿰뚫어 흐를 수 있는 것은 두 가지 경우

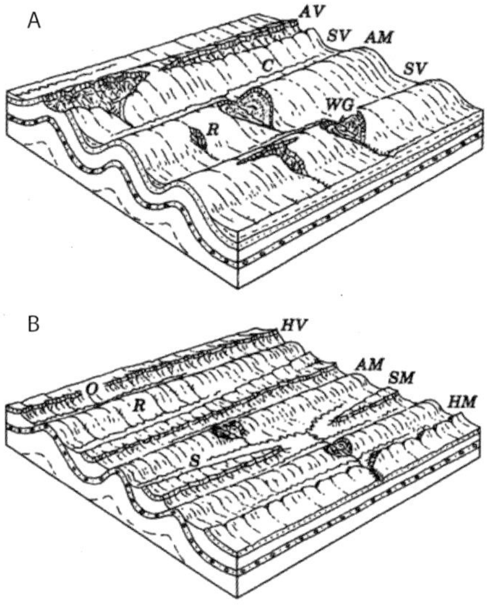

그림 12.39 습곡지형의 변화

A: 초기 습곡지형, B:침식받아 변화된 습곡지형. AV: 배사곡(背斜谷), SV: 향사곡(向斜谷), AM: 배사산릉, SM: 향사산릉, WG: 수극(水隙), S: 적재하(積載河), C: 필종하(必從河), R: 재종하(再從河), O: 역종하(逆從河), HM: 동사산릉(同斜山稜), HV: 동사곡(同斜谷)(Strahler, 1960, p.472).

이다. 즉 지각운동이 일어나기 이전부터 그 자리에 하천이 흐르고 있었거나, 아니면 기존의 습곡구조 위에 평탄한 퇴적층이 쌓여 있고 그 위에서 하천이 흐를 때이다. 전자와 같은 조건하에 있는 하천을 선행하천(先行河川, antecedent stream), 후자의 하천을 적재하천(積載河川, superposed stream)이라 부른다.[5] 선행하천이란 지질구조의 변화, 즉 지각운동 이전부터 하천이 있었기 때문에 그리 부르는 것이며, 적재하천이란 이미 지각운동이 일어난 지반 위에 하천이 적재되어 흐른다는 것을 강조한 용어이다. 그러나 선행하천이든 적재하천이든 하천이 서서히 하각 침식하면서 산지를 관통하게 된 것이지, 산지가 먼저 있고 이러한 산지를 하천이 뒤이어 꿰뚫은 것이 아니라는 점에서 유의할 필요가 있다.

침강습곡에서 상대적으로 보다 많이 융기한 배사는 다른 곳보다 침식이 더 활발하므로 배사곡이 발달한다(그림 12.36). 그러나 같은 배사일지라도 융기량이 크지 않아 지면과의 고도차가 크지 않은 곳에서는 침식이 활발하지 않으므로 배사산릉이 발

---

5 '선행하', '적재하'라고도 부른다. 참고로 초기지형의 지면경사방향으로 흐르는 하천이 필종하(consequent stream), 차별침식으로 그와는 반대 방향으로 흐르는 하천이 역종하(obsequent stream), 침식이 진행되면서 다시금 원래의 지면경사 방향으로 흐르는 하천이 재종하(resequent stream)이다(그림 12.39의 B).

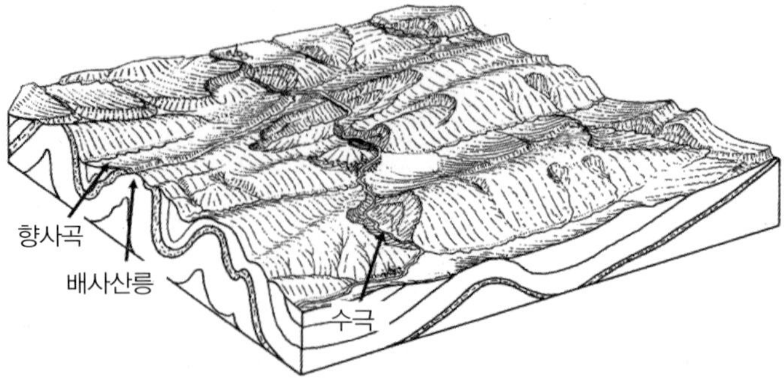

그림 12.40 쥐라산맥

쥐라산맥은 배사가 산릉, 향사가 골짜기를 이루는 곳이 많다. 또한 곳곳에서 하천이 습곡산지를 가로지르면서 생겨난 수극(水隙, water gap)을 어렵지 않게 찾아볼 수 있다(Strahler, 1960, p.475 부분 수정).

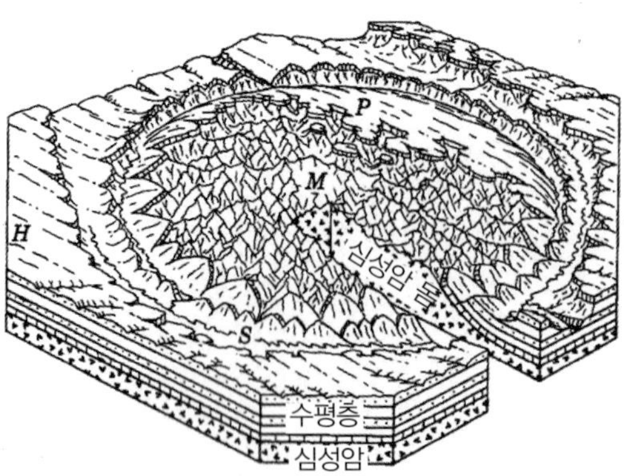

그림 12.41 퇴적암 돔

퇴적암 돔은 수평층을 그 하부의 심성암이 밀고 올라올 때 생긴다. 돔의 중앙부는 주변에 비해 고도가 높아 보다 빨리 침식되므로 지하에 있었던 심성암 돔이 지면에 드러나 있다. 반면에 돔의 외곽으로는 퇴적암에 대한 차별침식에 의해 비대칭 구릉인 케스타가 발달한다. S: 적재하, H: 수평층, M: 산지, P: 대지(Strahler, 1960, p.462).

달한다. 습곡산맥에서는 이런 유형의 침강습곡이 많기 때문에 곳곳에 들쭉날쭉한 산릉(zigzag ridges)들이 생겨난다.

유럽의 쥐라(Jura)산맥과 이란의 자그로스(Zagros)산맥은 향사가 그대로 골짜기, 배사가 그대로 산지인 습곡산지의 좋은 예들이다. 쥐라산맥(그림 12.40)은 알프스 조산운동의 중심축에서 다소 북쪽에 위치한다. 주된 구성암석은 중생대 쥐라기 석회암이며, 신생대 마이오세 동안에 횡압력을 받아 습곡이 생겼다. 이곳에서 이와 같이 습곡구조가 완연한 것은 석회암이 끊어지고 깨어지는 것보다는 휘어지는 성질이 탁월하기 때문인 것으로 알려져 있다. 이란 남서부의 자그로스산맥도 마찬가지로 배사가 산릉, 향사가 골짜기를 이루는 경우가 많다. 자그로스산맥 역시 알프스산맥과 마찬

그림 12.42 암염 계곡(아치스, 미국)

사진 중앙의 밝은색 부분이 암염 계곡(Salt Valley)이다. 그 배후의 산지에는 암염 융기와 더불어 상부의 지층(사암)이 쪼개져 두께가 얇은 판자 모양의 바위들이 생겨나 병풍처럼 서 있다(그림 12.29). 이들 바위 중에는 풍화로 구멍이 생겨난 아치 지형이 많다.

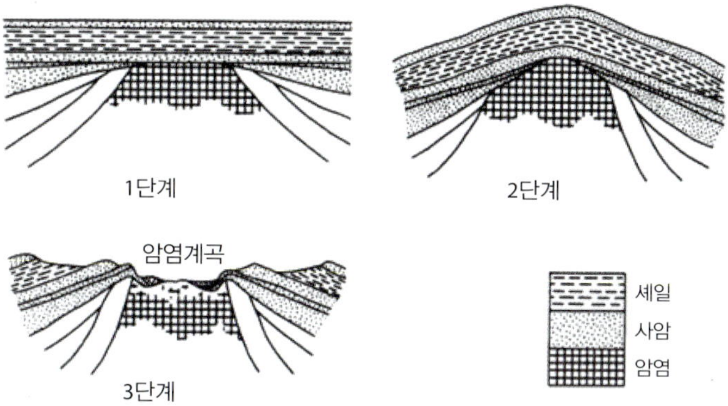

그림 12.43 암염 돔(salt dome)의 지형변화

1단계: 암염 위에 사암과 셰일이 퇴적됨. 2단계: 상부 지층들의 압력으로 암염이 융기되어 돔 지형(배사구조)이 생겨남. 3단계: 융기된 지층들이 침식 제거됨에 따라 암염 계곡(salt valley)이 발달함(Chorley *et al.*, 1984, p.147).

가지로 신생대 동안에 조산운동을 받았는데, 아라비아 지각판과 유라시아 지각판이 충돌하는 과정에서 조산운동이 일어나면서 그러한 습곡구조가 생겨난 것이다.

지각에 횡압력이 가해져 생기는 습곡구조와는 달리 지하로부터 지표를 향하여 심성암이 관입(그림 12.41)하거나 암염 돔(salt dome)이 상승하면서 땅속에서 지면을 향하여 수직적인 힘을 가하면 배사구조를 지닌 돔 형태의 산지가 발달한다(그림 12.42, 12.43). 배사구조를 지닌 돔 산지는 특히 상부에 퇴적층이 쌓여 있는 곳에서 전형적이다. 이러한 돔 산지의 중앙부는 고도가 높은 곳이므로 쉽게 침식을 받아 퇴적층이 제거되면서 기반암이 노출된다. 따라서 돔 산지의 중앙부에서는 퇴적암이 있는 가장자리와는 달리 심성암이나 암염이 지면에 드러난 곳이 많다. 배사구조가 특히 암염 상승이나 습곡 과정에서 발달된 경우에는 셰일과 같은 불투수층 하부에 천연가스나 석유와 같은 자원이 매장되어 있을 가능성이 높아 자원 탐사의 대상이 되기도 한다.

참고문헌

권동희, 1987, 한국산지에 발달한 Tor에 관한 연구, 동국대학교 박사학위논문.

김상호, 1973, 추가령열곡에 대한 고찰, 서울대 사대학보, 6(1), 156-161.

김종욱 외, 2012, 한국의 자연지리, 서울대학교출판문화원, 1-39.

김주환, 1983, 한국동남지대의 지질구조와 지형발달과의 관계, 연세대학교 박사학위논문.

박동원, 강필종, 1977, 하계망과 지질구조선의 관계에 관한 연구, 낙산지리, 4, 7-16.

박충선, 이광률, 2018, 양산 단층곡 경주 지역의 단층 지형 분석, 한국지형학회지, 25(1), 19-30.

원종관, 이하영, 지정만, 박용안, 김정환, 김형식, 1989, 지질학원론, 우성문화사, 95-109.

정창희, 1986, 지질학개론(전정판), 박영사, 285-367.

최진혁, 양석준, 김영석, 2009, 울산시 상천리 일대에 발달하는 남부 양산단층의 단층대 분류와 지질구조적 특성, 지질학회지, 45(1), 9-28.

Ahnert, F., 1998, *Introduction to Geomorphology*, London, Arnold, 230-249.

Bloom, A. L., 1998, *Geomorphology: a systematic analysis of late Cenozoic landforms*, New Jersey, Prentice-Hall, 67-91, 257-275.

Bridges, E. M., 1990, *World Geomorphology*, Cambridge, Cambridge University Press, 99-100.

Burbank, D. W. and Anderson, R. S., 2001, *Tectonic Geomorphology*, Oxford, Blackwell Science.

Chernicoff, S., 1999, *Geology: an introduction to physical geology*, Houghton Mifflin Company, Boston, 240-265.

Chorley, R. J., Schumm, S. A. and Sugden, D. E., 1984, *Geomorphology*, London, Methuen, 150-176.

Davies, G. H., 1984, *Structural Geology of Rocks and Regions*, New York, John Wiley & Sons.

De Blij, H. J., Muller, P. O. and Williams, R. S., Jr., 2004, *Physical Geography: the global environment*, Oxford, Oxford University Press, 401-413.

Easterbrook, D. J., 1999, *Surface Processes and Landforms*, New Jersey, Prentice Hall, 215-259.

Embleton, C.(ed.), 1984, *Geomorphology of Europe*, London, The Macmillan Press, 154-161.

Gerrard, A. J., 1988, *Rocks and Landforms*, London, Unwin Hyman, 208-230.

Hamblin, W. K. and Christiansen, E. H., 1995, *Earth Dynamic Systems*, New Jersey, Prentice Hall, 161-179.

Linton, D. L., 1955, The problem of tors, *Geographical Journal*, 121, 470-486.

Strahler, A. H., 1960, *Physical Geography*, New York, John Wiley & Sons, 461-480.

Strahler, A. H. and Strahler, A. N., 1992, *Modern Physical Geography*, New York, John Wiley & Sons, 355-377.

Summerfield, M. A., 1991, *Global Geomorphology*, New York, Longman Scientific Technical, 31-104, 523-524.

Thomas, M. F., 1978, The study of inselbergs, *Zeitschrift für Geomorphologie, Supplement*, 31, 1-41.

Tricart, J., 1974. *Structural Geomorphology*(translated by S. H. Beaver & E. Derbyshire), London, Longman.

Twidale, C. R., 1976, *Analysis of Landforms*, Brisbane, John Wiley & Sons, 19-169.

Twidale, C. R., 1982, *Granite Landforms*, New York, Elsevier.

제13장

화산지형

그림 13.1 한라산(제주)

한라산은 산지 전체를 보면 순상화산이지만, 정상부는 조면암 돔이다. 사진은 조면암 돔의 남쪽 사면으로 풍화 침식을 받아 사면 전체가 작은 계곡들로 해체되고 있다.

1. 마그마의 성질과 분화

화산지형은 땅속의 마그마(magma)가 지표로 분출하는 과정, 즉 분화(噴火, volcanic eruption)에 의하여 생겨나는 산지, 분화구 등의 지형을 말한다(그림 13.1). 화산 분화가 빈번한 곳은 지각판이 충돌하여 지하로 섭입하거나 지각판이 갈라지는 곳, 그리고 고온의 맨틀 물질이 상승하는 열점(熱點, hot spot)이 있는 곳이다(그림 13.2). 예를 들면 세인트 헬렌스 등 캐스케이드 산맥의 화산들은 지각판의 섭입, 라키 등 아이슬란드의 화산들은 지각판의 갈라짐, 그리고 마우나로아 등 하와이의 화산들은 열점과 관련되어 생긴 것이다.

화산지형의 특성은 무엇보다 마그마의 성질과 분화 형식에 의해 가장 크게 영향을 받는다. 마그마는 800~1200°C에 이르는 용융 상태의 암석으로 화학적인 성질에 따라 산성 마그마(규장질 마그마, felsic magma)와 염기성 마그마(고철질 마그마, mafic magma)로 나누어진다. 이러한 구분은 SiO_2 함량비를 기준으로 한 것인데, 함량비가 높을수록 산성이며, 낮을수록 염기성이다(표 13.1).[1]

산성 마그마는 저온이지만 점성이 크며, 압축가스를 많이 포함하고 있다. 이처럼 점성이 크기 때문에 분출 시 용암(鎔岩, lava)[2]이 주변으로 널리 흘러 퍼지지 않아 분화구 중심으로 돔 형태의 화산체가 잘 생긴다. 그런 과정에서 점성이 큰 마그마가 화산가스의 배출구를 막기 때문에 가스가 더욱 압축되면서 강력한 화산 폭발이 뒤따르기도 한다. 유문암질 마그마가 특히 그러하다. 유문암질 마그마가 분출하면 흔히 유문암 돔(그림 13.3)이 생겨나며, 뒤이어 때로는 큰 규모의 폭발식 분화(爆發式 噴火, explosive eruption)가 일어나 분화구 일대가 무너져내려 칼데라 분지가 생겨난다. 그럴 경우 분화구 주변 일대에는 화산재가 넓은 범위에 걸쳐 두껍게 쌓이면서 응회암대지가 만들어지기도 한다.

염기성 마그마는 온도가 높은 반면, 점성이 낮아 유동성이 크므로 주변으로 쉽게

---

1 유문암질 마그마(rhyolitic magma)는 SiO_2 함량비가 70% 이상으로 장석과 석영이 풍부한 반면, 현무암질 마그마(basaltic magma)는 그 비가 45~52%로 감람석과 휘석이 많다.

2 지하의 고온고압하에 놓인 용융 상태의 암석이 마그마(magma), 이런 마그마가 지표에 분출한 것이 용암(lava)이다.

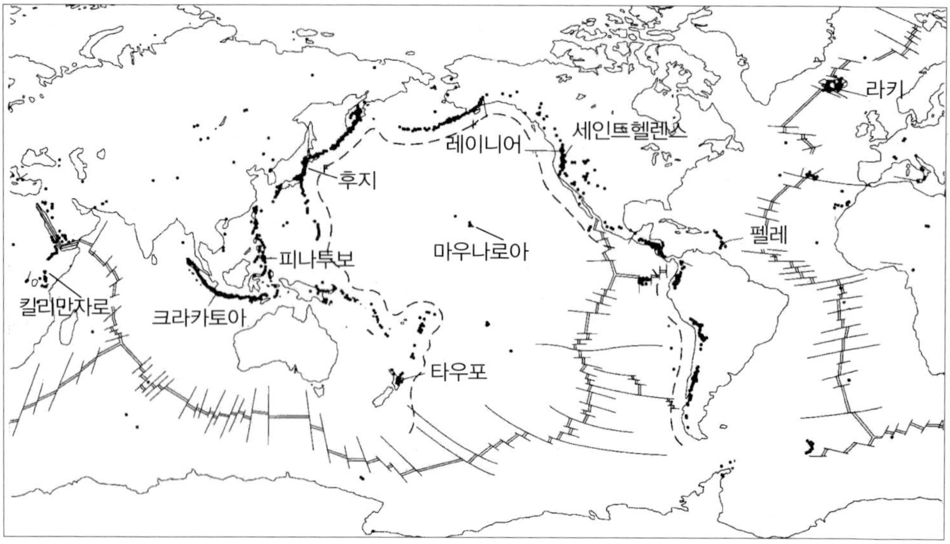

그림 13.2 활화산 분포

활화산(지도의 검은 점: ·)은 지각판끼리 만나 충돌하거나 갈라져 이동하는 곳에 많으며, 그 특성은 마그마의 성질에 따라 다르다. 해양지각이 육지지각 하부로 섭입하는 곳에서는 안산암질 마그마, 지각이 갈라지는 곳에서는 현무암질 마그마의 분출이 많다. 파선(– –): 해양의 현무암 화산과 육지의 안산암, 유문암 화산의 경계(Briggs *et al*., 1997, p.34).

표 13.1 마그마 종류와 화성암(화산암, 심성암)

마그마 종류	SiO_2 %	화산암(분출암)	심성암(관입암)
염기성마그마 (mafic magma)	45～52	현무암(basalt)	반려암(gabbro)
중성마그마 (intermediate magma)	52～62	안산암(andesite)	섬록암(diorite)
산성마그마 (felsic magma)	62～70	석영안산암(dacite)	화강섬록암(granodiorite)
	70～78	유문암(rhyolite)	화강암(granite)

Decker and Decker, 2006, p.138 부분 수정.

흘러내리는 성질을 지니고 있다. 즉, 폭발보다는 용암이 샘솟듯이 조용히 분화구로부터 흘러나오는 일출식 분화(溢出式 噴火, effusive eruption)가 많다. 유동속도는 아주 빠른 것은 15m/s에 달하지만, 대개 3m/s 정도이다. 이러한 용암의 유동속도는 가스의 함유량과도 밀접한 관계가 있다. 용암이 냉각되면 가스를 방출하기 때문에 거품이

그림 13.3 유문암 돔(Big Southern Butte, 아이다호, 미국)

산성 마그마인 유문암질 용암은 고무풀처럼 점성이 크기 때문에 돔 형태의 화산을 형성한다. 사진의 돔 화산은 주변의 평탄한 용암대지보다 수백 m 더 높게 솟아 있어 그 형태가 매우 두드러져 보인다.

그림 13.4 파호이호이 용암과 아아 용암

왼쪽 사진: 파호이호이 용암(craters of the Moon, 미국). 상단 사진: 새끼줄 용암. 오른쪽 사진: 아아 용암(Lava Butte, 미국).

일게 되며, 점성이 커져 유동속도가 줄어든다. 그러나 가스가 많이 녹아 있는 용암은 온도가 크게 내려가도 계속 유동하는 성질이 있다. 이러한 일출식 분화가 반복적으로 일어나는 곳에서는 용암대지나 순상화산이 발달하는 경향이 있다.

염기성 용암은 형태 특징에 따라 아아 용암과 파호이호이 용암으로 나눈다(그림 13.4). 아아 용암(aa lava, block lava, 塊狀鎔岩)[3]은 표피가 거칠게 벌어진 암괴들이 많다. 이와 같이 거친 것은 이동 냉각되는 과정에서 수증기, 화산가스 등이 방출되어 암괴들

3 '아아(aa)'는 어원이 불명한 하와이 원주민 말에서 비롯되었다. 아아 용암이 쌓인 곳은 표면이 거칠어 원주민들이 맨발로 다니던 시대에 그곳을 걸으면서 아픔에 겨워 내뱉던 신음소리에서 비롯되었다는 설도 있다.

이 쪼개지고, 부딪쳐 부서지기 때문이다. 이에 대하여 파호이호이 용암(pahoehoe lava)은 보다 천천히 냉각되므로 용암의 표피가 매끈하며, 용암 표면이 굳어가는 동안에도 하부의 용암은 계속하여 흐르기 때문에, 용암의 표피가 새끼줄 모양으로 주름이 잡히기도 한다. 이렇게 주름 잡힌 용암이 새끼줄 용암(ropy lava)이다. 파호이호이 용암이 덮인 곳에서는 아직 굳지 않은 용암이 흘러 빠져나가면서 용암굴(lava tube)이 생기기도 한다. 이와 같은 용암의 형태는 점성도, 냉각속도, 이동속도, 지면경사 등에 영향을 받는다. 대체로 점성도가 높은 용암이 빠른 속도로 냉각되거나 경사진 지면을 흘러내리는 곳에서는 아아 용암, 그 반대의 경우에는 파호이호이 용암이 잘 생긴다.

2. 분화 유형

분화 유형은 실제의 화산을 모델로 하여 아이슬란드식, 하와이식 등의 일출식 분화와, 스트롬볼리식, 벌컨식, 베수비오식, 플리니식 등의 폭발식 분화로 나눌 수 있다(그림 13.5; Ollier, 1988, pp.15-32; Easterbrook, 1999, pp.261-271). 일출식 분화는 커다란 폭발을 수반하지 않은 가운데 대체로 용암이 조용히 분출하여 죽처럼 흘러내리는 분화이다. 일출식 분화의 한 종류인 아이슬란드식 분화는 지각이 길게 갈라진 틈에서 용암이 분출하는 열하분출(裂罅噴出, fissure eruption)이다. 이런 분출이 여러 장소에서 반복하여 일어나면 용암대지가 생긴다. 아이슬란드식 열하분출은 지각이 갈라진 틈새에서의 분화뿐만 아니라 그것의 연장선상에 놓인 여러 분화구에서 분화되는 것까지도 다 포함한다. 같은 일출식 분화이지만 하와이식 분화는 중심 분화구가 있어 이곳으로부터 용암이 사방으로 흘러 퍼지는 방식의 분화이다. 이런 분화가 있는 곳에서는 대체로 방패 모양의 순상화산(楯狀火山, shield volcano)이 생겨난다.

폭발식 분화는 화산 폭발 시 주로 화산쇄설물을 분출한다. 그중 스트롬볼리식 분화는 그 이름이 유래한 이탈리아의 스트롬볼리 화산(리파리 제도, 시칠리섬 북쪽의 지중해)에서 보듯이 하와이식보다는 폭발적이어서 수증기 분연과 더불어 화산쇄설물과 용암이 번갈아 분출하는 것이 특징이다. 제주도의 암재구를 비롯하여 대부분의 암재구는 스트롬볼리식 분화에 의해 생겨난 것이다. 스트롬볼리식 분화보다 폭발의 강도가

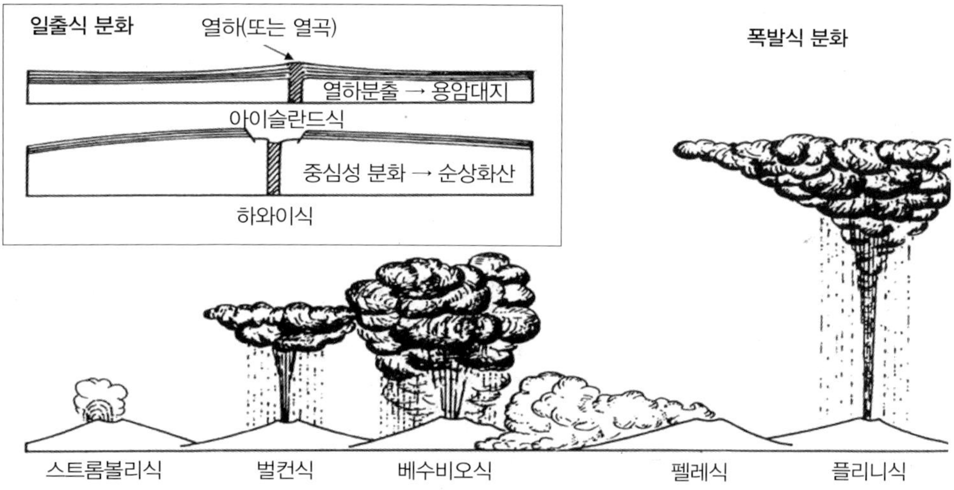

그림 13.5 분화 유형

이 분류는 실제의 화산을 모델로 한 것으로 일출식 분화에는 아이슬란드식(Icelandic)과 하와이식(Hawaiian), 폭발식 분화에는 스트롬볼리식(Strombolian), 벌컨식(Vulcanean), 베수비오식(Vesuvian), 펠레식(Peléan), 플리니식(Plinian)이 있다(Ollier, 1988, p.20).

더 큰 분화는 벌컨식이다. 벌컨식 분화 역시 벌컨섬의 화산(리파리 제도, 시칠리섬 북쪽의 지중해)에서 유래한 것인데, 스트롬볼리 화산과는 달리 벌컨 화산은 폭발성이 크므로 화산 규모에 비하여 분화구가 큰 편이다. 이러한 벌컨식 분화는 폭발 시에 콜리플라워(cauliflower) 모양의 분연을 수반하며 보다 산성인 마그마가 분출될 때 잘 나타난다. 특히 막혀 있던 화구가 일시에 터지면서 분화가 시작될 때 이런 벌컨식 분화를 보인다.

벌컨식보다 더 강력한 폭발을 수반하는 분화는 베수비오식과 플리니식 분화이다. 베수비오식은 이탈리아의 베수비오 화산에서 있었던 분화에서 유래한 것으로 벌컨식보다 더 많은 분연과 화산재를 높은 상공으로 뿜어내는 분화이다. 이러한 베수비오식보다 더 강력한 것이 플리니식이다. 플리니식 역시 베수비오 화산에서 유래했으며, 가장 강력한 분화로 어느 유형의 분화보다 더 많은 분연과 화산재를 상공에 뿜어 올린다. 플리니란 이름은 AD 79년 베수비오 화산의 분화로 목숨을 잃은 화산학자 플리니(Pliny)를 기념하여 붙인 것이다. 당시의 분화, 즉 플리니식 분화로 인하여 로마의 도시 폼페이(Pompeii)와 허큘래니엄(Herculaneum)이 고온의 화산재로 덮이면서 폼페이에서만 수천 명이 건물과 함께 삽시간에 5~8m 이상의 땅속에 파묻혀 희생된 것으로 알려져 있다. 이러한 플리니식 분화는 화산가스, 화산재 등이 혼합된 분연이 마치 소나무[4] 형태로 상공 높이 솟구쳐 올라가는 것이 특징이다.

폭발식 분화의 또 다른 유형으로 펠레식 분화(Peléan eruption)가 있다. 이는 카리브해에 위치한 마르티니크(Martinique)섬의 펠레(Pelée)산 분화에서 비롯된 것으로 수증기, 화산재 등이 섞인 고온 고밀도의 열운(熱雲, nuées ardentes, glowing clouds of ash)이 분화구로부터 터져나와 주변의 낮은 곳을 향하여 엄청난 속도로 쏟아져내리는 것이 특징이다. 기록에 의하면, 1902년 펠레산 분화 당시에 불과 수 분 이내에 주민 약 3만 명이 희생되었으며, 중심도시인 생피에르에서는 단 2명만이 살아남았다.

폭발식 분화는 육상에서만 있는 것은 아니며, 해저에서도 발생한다. 섯지분화(Surtseyan eruption)가 그러한 예이다(Decker and Decker, 2006, pp.16-26). 1963~1967년에 아이슬란드 남쪽 해안의 바다에서 수성분화(水性噴火, hydrovolcanic eruption)가 일어나 새로운 섬인 섯지(Surtsey)가 만들어진 일이 있었다. 이 섬의 이름을 따서 이와 같은 유형의 수성분화를 섯지분화라 부르게 되었다. 섯지분화는 당시에 강력한 폭발을 일으키면서 다량의 화산쇄설물을 물속은 물론 해수면 이상의 상공으로까지 방출하였고, 이들 화산쇄설물이 쌓이면서 섬이 생겨난 것이다. 이런 강력한 분화가 일어난 것은 땅속의 마그마가 지하수 또는 해수와 만나면서 더 큰 폭발을 일으켰기 때문이다. 제주도의 일출봉, 수월봉 등도 이러한 섯지분화에 의해 생성된 것으로 알려져 있다(Sohn, 1996). 수성분화는 해저에서만 일어나는 것은 아니며, 해안 육지와 같이 다량의 지하수가 마그마에 혼입될 수 있는 환경이라면 다 발생할 수 있다. 이러한 수성분화는 대부분 강한 폭발을 수반하기 때문에 화산쇄설물들은 화산재 중심의 세립 물질이 지배적이다. 같은 폭발식 분화라도 수성분화에 의한 화산쇄설물이 스트롬볼리식 분화로 생기는 화산쇄설물보다 더 세립질인 경우가 많다.

이상과 같은 분류 이외에도 화산 분출 물질에 포함된 가스, 액체, 고체의 비중을 기준으로 화산 활동을 분류하기도 한다(Gèze, 1964; Ollier, 1988, p.17). 그럴 경우, 화산가스와 화산쇄설물을 분출하는 폭발식 분화(벌컨식 분화), 액체 상태의 마그마가 흘러나와 주변으로 유동하는 일출식 분화(하와이식 분화), 점성이 커서 고체 상태로 마그마

---

4 지중해 연안의 소나무(stone pine, umbrella pine)로 나무 형태가 우산을 편 것처럼 보인다.

가 분출하는 돔 분화(domean extrusions), 그리고 이들 분화의 중간적인 성격을 지닌 분화(스트롬볼리식 분화) 등 크게 네 개의 유형으로 나눌 수 있다.

3. 화산가스와 화산쇄설물

분화 형식에 따라 차이는 있지만 화산 분화 시에는 마그마 이외에도 화산가스와 화산쇄설물이 방출된다. 지하의 높은 압력하에서 마그마에 녹아 있던 가스는 마그마가 지표로 상승하면 압력이 감소되어 마그마로부터 분리 방출된다. 이렇게 방출된 화산가스(volcanic gas)는 마그마가 상승하는 추진력으로 작용하여 화산 분화를 촉발시킨다. 화산가스는 화산에 따라 차이가 있지만 수증기(H_2O)가 대부분이며, CO_2와 SO_2가 그다음으로 많다. 이밖에도 소량이지만 H_2S, H_2, CO, HCl 등이 포함되어 있다.

화산쇄설물(火山碎屑物, pyroclasts)[5]은 입자 크기에 따라 화산먼지(火山塵, volcanic dust, 1/16mm 이하), 화산재(火山灰, volcanic ash, 1/16~2mm), 화산력(火山礫, lapilli, 2~64mm), 화산암괴(火山岩塊, volcanic block, 64mm 이상) 등으로 분류한다. 이들 중 화산재 중심의 세립 쇄설물들이 쌓인 암석이 응회암(凝灰岩, tuff, 그림 13.7), 화산력 중심의 조립쇄설물들이 쌓인 암석이 화산각력암(火山角礫岩, volcanic breccia), 그리고 2cm 이상의 용암 및 화산쇄설물들이 뭉쳐 있는 것처럼 쌓인 암석이 집괴암(集塊岩, agglomerate)이다. 화산암괴는 주먹 크기 이상의 화산쇄설물이며, 그중 둥근 것이 화산탄(火山彈, volcanic bomb)이다(그림 13.6). 화산탄이 생겨나는 것은 용암이 공중으로 튀어오르면서 냉각되고, 또 그런 과정에서 아직 굳지 않은 용암 암괴의 모서리가 공기 마찰을 받아 둥글게 변하기 때문이다. 그 모양은 방추형, 구형 등 여러 가지이다.

이 밖에도 꼭 그런 것은 아니지만 산성 용암이 폭발 분화할 때는 경석(輕石, pumice), 염기성 용암이 폭발 분화할 때는 암갈색 암재(岩滓, scoria)가 많이 쌓인다(그림 13.9, 13.10). 경석은 암재에 비하여 기공이 더 많고 밀도가 낮으며 밝은색을 띤다. 백두산 주변의 백두용암대지에는 이러한 흰빛을 띤 경석들이 많이 쌓여 있기 때문에

5 Tephra(테프라, 그리스어 기원)라고 부르기도 한다.

그림 13.6 화산탄(자연사박물관, 제주도)

구멍이 뚫린 화산탄의 내부에는 생성 당시에 이미 굳어진 표피와는 달리 아직 굳지 않은 용암이 흘러내리면서 생겨난 용암종유, 용암석순 등이 있다.

그림 13.7 화산쇄설물 퇴적층(수월봉, 제주)

수월봉 일대에서 강력한 폭발을 수반하는 수성분화가 일어나 사진과 같은 세립질 화산쇄설물이 쌓였다. 퇴적층에 포함된 작은 암괴들은 화산탄이며, 이것에 의해 눌려서 주머니처럼 아래로 늘어진 퇴적구조가 탄낭(bomb sag)이다.

그림 13.8 화산이류가 쌓인 곡저평야(워싱턴주, 미국)

사진의 곡저평야는 1980년 세인트 헬렌스 화산의 분화 시에 다량의 화산이류가 흘러와 쌓여 생겨난 것이다. 세인트 헬렌스 화산: 사진의 왼쪽 상단.

그림 13.9 화산암괴와 경석(천지의 외륜사면, 백두산)

화산암괴: 사진 중앙의 암괴. 경석: 암괴 주변의 밝은 색 퇴적물.

'백두(白頭)'란 이름이 붙은 것으로 알려진다. 암재는 마치 용광로에서 철광석을 녹여 철을 뽑아내고 나면 남게 되는 돌 찌꺼기와 같은 모습이다. 영어권 일부에서는 암재 대신에 분석(噴石, cinder)이라는 용어를 사용하기도 한다. 제주도의 오름[6] 중에는 암재

6 '오름'이란 제주도 말로 고립된 산을 의미한다.

그림 13.10 암재, 경석, 흑요석

암재(scoria): 왼쪽 위 사진(송악산, 제주), 오른쪽 위 사진(라바뷰트, 미국). 경석(pumice): 오른쪽 아래 사진의 밝은색 암괴(뉴베리 볼케이노, 미국). 흑요석(obsidian): 오른쪽 아래 사진의 검은색 암괴(뉴베리 볼케이노, 미국). 왼쪽 아래 사진은 경석을 포함하고 있는 흑요석 용암류의 말단부이다(뉴베리 볼케이노, 미국. 그림 13.14 참조).

로 이루어진 것들이 많다. 경석이든 암재든 다 같이 기공이 많은 암석이라서 물이 잘 스며들기 때문에 이들이 주로 쌓인 화산 사면위에서는 침식작용이 활발하게 일어나지 않는다. 제주도는 강수가 많은 기후임에도 불구하고, 원형이 크게 변형되지 않은 오름이 많이 남아 있는 것도 이러한 이유 때문이다.

빙하가 있는 산지에서 화산 분화가 일어나면 화산쇄설물과 더불어 얼음이 녹아 내리면서 물, 얼음, 화산쇄설물 등이 뒤섞인 화산이류(火山泥流, lahar, volcanic mudflow)가 발생한다. 기록에 의하면, 산 정상부에 빙하가 있는 미국의 세인트 헬렌스(Saint Helens)산에서 1980년 5월 18일 분화가 있었을 때 대규모의 화산이류가 발생하여 강 줄기를 따라 무려 27km 이상 흘러내렸으며, 이로 인하여 교량도 수십 개가 파괴되었고, 계곡 내에 깊이 60m 이상의 화산이류층이 새롭게 쌓이기도 하였다(그림 13.8). 그러나 화산이류는 이처럼 빙하가 있는 화산이 아니라 하더라도 강수가 많거나 지진이

그림 13.11 화산이류 퇴적층(존데이 화석층 국립기념물, 오리건, 미국)

4,400만 년 전에 큰 화산 폭발이 일어나면서 용암은 물론 화산재, 화산력 등 화산쇄설물들이 두껍게 쌓였으며, 이후 많은 비가 내리면서 대규모의 화산이류가 발생하여 사진과 같은 화산이류층이 생겨났다. 화산이류층 속에는 당시에 살았던 식물 및 동물의 화석들이 다량 포함되어 있다. 이들 화석은 이곳이 현재는 건조기후 지역이지만 당시에는 온난습윤한 기후였음을 말해주고 있다.

잦은 지역에서 화산쇄설물 중심의 분화가 있을 경우에도 발생할 수 있다(그림 13.11).

4. 주요 화산지형

화산지형을 형태적인 특징을 중심으로 구분한다면, 화구, 칼데라 등의 화구지형, 순상화산, 성층화산, 복합화산, 암재구 등의 화산지형, 고원, 대지 등의 용암대지로 나눌 수 있다. 이와는 달리 화산지형을 분화 형식, 화산 형태 등을 종합하여 마르, 용암대지, 암재구, 순상화산, 성층화산, 이중화산 등으로 분류할 수도 있다(그림 13.12). 또한 분출물질을 기준으로 염기성 용암지형은 순상용암(lava shield), 용암돔(lava dome), 원추용암(lava cone), 용암구릉(lava mound) 등, 산성 용암지형은 돔 화산, 그리고 화산쇄설물지형은 암재구, 마르 등으로 구분하기도 한다. 지형학에서는 지형의 형태적인 특성을 중시하므로 여기서는 화구지형, 화산지형, 용암대지로 나누어 각 화산지형의 특성과 형성과정을 소개한다.

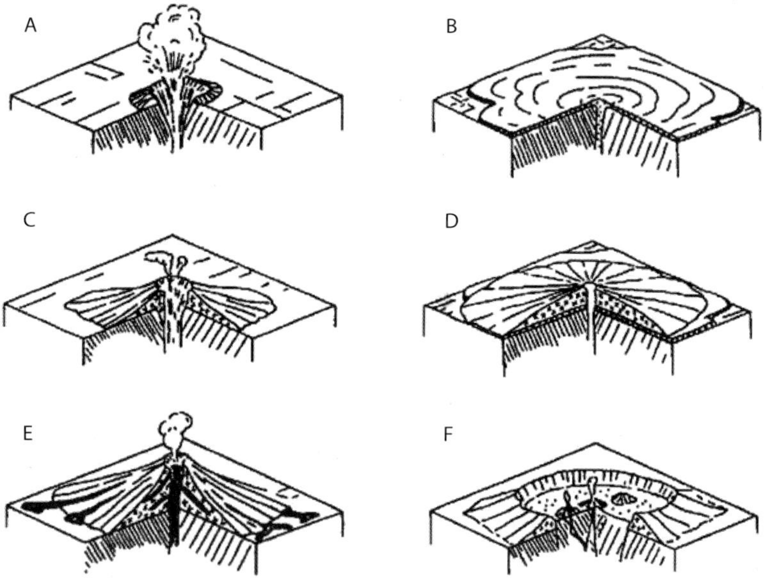

그림 13.12 화산 유형

A: 마르, B: 용암대지, C: 암재구, D: 순상화산, E: 성층화산, F: 이중화산(칼데라 내의 작은 화산은 암재구)(Ahnert, 1998, p.37).

1) 화구지형

(1) 화구와 칼데라

화구(火口, crater)는 말 그대로 화산 분화로 생긴 구멍, 즉 분화구를 말한다. 이에 대하여 칼데라(caldera)는 대규모의 화산 분화가 일어나 분화구는 물론이고, 주변 일대의 지반이 가라앉아 생겨난 분지 지형이다(그림 13.13). 땅속의 마그마가 지표로 분출되고 나면, 빈 공간이 생겨나면서 그 위를 덮고 있던 지반이 가라앉기 때문에 지표에서는 분지와 같은 함몰 지형이 나타난다. 그러므로 칼데라의 규모가 화구보다는 더 큰 것이 일반적이다. 칼데라와 화구의 구분이 애매할 경우, 직경 2km를 기준으로 그 이상의 것을 칼데라, 이보다 작은 것을 화구로 구분하기도 한다.

화구나 칼데라는 주위의 산지에 비하여 낮은 곳이므로 물이 고여 호수가 생기기 쉽다(그림 13.14, 13.15). 화구에 생긴 호수는 화구호(火口湖, crater lake), 칼데라에 생긴 호수는 칼데라호(caldera lake)라 부른다. 이러한 호수는 지표유출이나 지하수로 물이 공급되는 것이므로 유역분지가 클 경우에는 흘러드는 유량이 많아 큰 호수가 생겨난

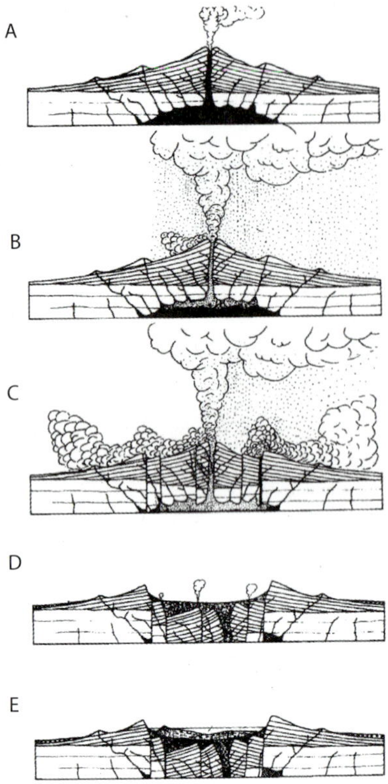

그림 13.13 칼데라의 형성과정

A와 B: 분화 초기, C: 강력한 분화, D: 칼데라 생성, E: 칼데라호 생성(Chorley *et al*., 1984, p.145).

그림 13.14 화구호와 칼데라호

화구호: 위 사진(백록담, 한라산), 칼데라호: 아래 사진(천지, 백두산). 화구호는 분화구에 생긴 호수이며, 칼데라호는 분화구와 그 주변 일대가 함몰된 분지에 생긴 호수이므로 칼데라호의 규모가 더 크다.

그림 13.15 칼데라(뉴베리 화산, 오리건, 미국)

순상화산의 하나인 뉴베리(Newberry) 화산은 제주도처럼 산록에 수많은 암재구들이 흩어져 분포한다. 소규모의 분화구가 있는 한라산과는 달리 뉴베리 화산은 정상부에 큰 규모의 칼데라가 있으며, 안에는 암재구, 유문암돔, 용암류 등이 분포한다. 특히 리틀 크레이터와 센트럴 퍼미스콘(암재구, 사진 중앙의 소화산체)은 뉴베리 칼데라를 파울리나호(사진 왼쪽)와 이스트호(사진 오른쪽)로 분리시켜놓았다. 사진 중앙의 용암류는 흑요석 용암류(Big Obsidian Flow)인데, 약 1,500년 전에 경석, 화산재 등이 먼저 쌓인 후 뒤이어 흑요석 용암류가 분출하여 함께 뒤섞인 채 죽처럼 흘러내렸다.

다. 백두산의 천지나 미국의 크레이터 레이크(Crater Lake)는 그러한 좋은 예이다. 이에 대하여 화구호는 한라산의 백록담에서 보듯이 유역분지가 작으므로 호수의 규모가 작다.

(2) 마르와 응회환

마르(maar)는 강력한 화산 폭발로 생겨나는 화구지형으로 주변 평지에 비하여 화구 내의 저지대가 낮고, 화구의 깊이에 비하여 직경이 넓은 것이 특징이다(그림 13.12의 A). 마르와 칼데라는 다 같이 산체에 비하여 화구 또는 분지가 넓은 지형이지만, 마르는 비교적 좁은 지역에서 분화가 일어나 화구 직경이 0.5~1km 정도인 반면, 칼데라는 분화 또는 함몰 범위가 넓어 분지 직경이 대개 수 km 이상에 달한다.

마르의 형성에는 지하수도 중요한 역할을 한다. 즉, 화도를 따라 상승하는 고온의 마그마가 지하수를 만나면 더 강력한 폭발을 일으키기 때문에 마르와 같이 분화구가 넓은 지형이 생긴다. 그러나 폭발로 인하여 지하수가 고갈되면, 더 이상의 강력한 분화가 일어나지 않으며, 용암류가 분출하기도 한다. 따라서 마르 중에는 분화 후기에 용암이 흘러나와 화구 주변에 쌓인 곳도 많다. 우리나라에서 마르로 잘 알려진 제주도의 산굼부리 역시 용암이 분화구 주변에 쌓여 있는 것을 볼 수 있다.

마르의 외륜구릉은 비고 50m 내외로 고도가 높지 않으며, 비대칭 구릉으로 폭발의 영향을 직접 받은 화구 안쪽의 사면은 급한 반면, 쇄설물이 쌓인 바깥쪽 사면은 대체로 완만하다. 구성물질은 화산재 등 세립의 화산쇄설물이 대부분이다. 이와 같은 마르는 외륜구릉이 주로 화산재이기 때문에 응회환(凝灰環, tuff ring)이라고도 부른다. 마르와 응회환을 굳이 구분한다면, 마르는 화구, 응회환은 외륜구릉을 강조한 용어이다.

마르는 화구 안의 땅이 주변의 평지에 비하여 낮기 때문에 주변으로부터 지하수가 흘러들 수 있는 조건이다. 원래 마르(Maar)란 용어도 독일 아이펠(Eifel) 지방에서 폭발식 분화로 생겨난 호수를 일컫는 이름이었다. 아이펠 지방의 마르는 대부분 지하수이기 때문에 수온이 낮아 어류 등 수생동물의 수는 많지 않다. 그러나 맑은 호수와 울창한 삼림이 잘 어울려 경치가 아름답기 때문에 독일에서는 유명한 보양 관광지이다. 이러한 마르와는 달리, 제주도의 산굼부리는 외륜구릉의 고도가 낮고 분화구가 넓어 전형적인 마르의 형태이지만, 분화구 내에 물은 고여 있지 않다. 이와 같이 마르 내에 물이 있고 없고는 마르의 저지대 고도와 지하수면 고도 간의 상관관계에서 결정된다. 즉 마르의 저지대가 지하수면 고도 이하이면 습지나 호수가 되고, 그렇지 않으면 물이 고이지 않는 땅이 된다. 물이 없는 산굼부리와는 달리 서홍동(서귀포) 마르는 저지대가 지하수면의 고도 이하인 곳도 있기 때문에 습지가 있으며, 물이 풍부하여 제주도에서는 보기 드물게 논이 분포한다(그림 13.16).

제주도에서는 응회환이 주로 서부 및 남부 해안을 따라 분포한다. 그중 당산봉, 수월봉, 송악산, 용머리, 서홍동 일대의 것들이 잘 알려졌다. 이처럼 응회환이 주로 해안지방에 분포하는 것은 해안은 지하수면이 높은 곳이어서 강력한 수성분화가 일어날 수 있는 조건하에 있기 때문이다. 이들 중 송악산과 서홍동의 응회환은 화구 내의 저지대에 중앙화구구가 있는 이중화산(二重火山)이다(그림 13.16). 이중화산의 외륜구릉은 세립인 화산재가 쌓인 응회환이지만, 중앙화구구는 보다 조립인 암재가 쌓인 암재구이다(그림 13.12의 F). 이와 같은 이중화산이 생겨난 것은 강력한 폭발을 수반하는 분화로 응회환이 생겨난 이후 응회환의 내부에서 그보다는 폭발성이 약한 스트롬

그림 13.16 서홍동 마르(서귀포)

이곳의 마르는 이중화산이며, 사진의 보름이오름은 중앙화구구이다. 저지대에는 습지가 있어, 논이 많아 '하논'이라 부르며, 마르의 외륜사면은 일찍부터 감귤밭으로 개간되었다.

그림 13.17 응회구(성산 일출봉, 제주도)

일출봉은 섯지분화(수성분화)로 화산쇄설물이 쌓여 생긴 응회구로 산의 정상부에는 큰 규모의 분화구가 있으며, 바다에 면한 외륜사면은 파랑침식을 받아 경사가 급한 해식애가 발달하였다. 접근이 용이한 북쪽의 해식애에서는 응회구의 퇴적상을 잘 살펴볼 수 있다.

볼리식 분화가 일어나면서 암재 중심의 화산쇄설물 구릉이 생겨났기 때문이다.

이와는 달리, 제주도 동부 해안의 일출봉(그림 13.17), 소머리 오름, 두산봉 일대에는 응회구(tuff cone, 凝灰丘)가 분포한다. 응회환이나 응회구 모두 강력한 폭발식 수성분화의 산물이다. 그러나 응회환은 분화구의 직경이 넓지만, 외륜구릉의 고도가 낮은 반면, 응회구는 화산체의 고도가 높아 산지 내지 구릉지 모습을 띠고 있는 점이 다르다. 특히 성산의 일출봉 응회구는 육계사주로 연결된 높이 약 180m의 화산섬으로 경관이 수려할 뿐만 아니라 학술적으로도 소중한 가치가 있어 현재 세계자연유산으로 등재되어 있다. 조사에 의하면 일출봉은 바다 밑에서 분화가 시작되어 화산쇄설물이 두껍게 쌓이면서 섬으로까지 성장한 화산이며, 분화 형식은 섯지분화였을 것으로 추정한다(Sohn, 1996). 일출봉 해안의 퇴적층을 보면, 화산쇄설물 중에는 매스무브먼트 퇴적층도 포함되어 있다. 이러한 매스무브먼트는 화산쇄설물에 물이 많이 포함되어 있을 때 발생하는 것이므로 이곳에서 수성분화가 있었음을 말해주는 증거이기도 하다. 응회구나 응회환은 구성물질이 주로 화산재이므로 침식에 약하여 이들이 분포하는 해안에서는 해식애가 잘 발달한다. 일출봉, 송악산, 수월봉 등지의 해안이 그러한 좋은 예이다.

2) 화산지형

(1) 성층화산

성층화산(成層火山, stratovolcano, composite volcano)은 용암류와 화산쇄설물이 분화구를 중심으로 그 주변 산록에 층층이 쌓여 이루어진 화산이다(그림 13.18). 화산체는 원추형이며, 사면은 분화구를 중심으로 대칭적이고, 사면형은 요(凹)형, 사면 경사는 대체로 화산쇄설물의 안식각과 일치한다. 성층화산은 오랜 기간에 걸쳐 특정의 장소를 중심으로 화산 분화가 반복될 때 발달한다. 따라서 화산체의 규모가 큰 것이 특징이다. 성층화산의 예로서는 미국의 샤스타산, 세인트 헬렌스산, 뉴질랜드의 에그몬트산, 일본의 후지산, 이탈리아의 베수비오산 등을 들 수 있다.

이러한 성층화산은 해양 지각판이 대륙 지각판 하부로 섭입되면서 지하 심부에서 고온고압하에 놓이게 되어 마그마가 생성되고,[7] 이것의 일부가 지각 단열대를 중심으로 분출하기 때문에 생긴다. 그러한 장소는 대체로 고정된 곳이기 때문에 화산 분출이 특정 부위를 중심으로 장기간 반복적으로 일어나면서 화산체의 규모가 커지

7 지하로 파고들어간 지각물질에 포함된 수분과 탄산칼슘 등의 광물이 물질의 용융점 온도를 낮추기 때문에 섭입된 지각이 더 잘 녹는 것으로 알려졌다.

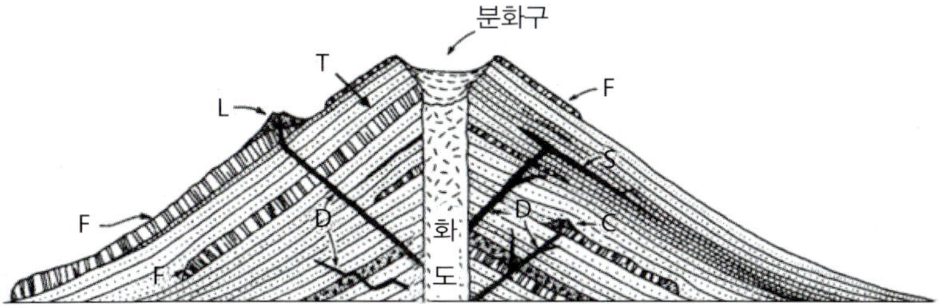

그림 13.18 성층화산 모식도

T: 화산재, F: 용암류, D: 암맥, L: 기생화산(측화산), C: 매몰 암재구, S: 관입암상(Chorley *et al.*, 1984, p.142).

그림 13.19 세인트 헬렌스 화산(성층화산, 미국)

세인트 헬렌스는 활화산으로 1980년 5월 18일에 정상부 약 400m의 산체가 일시에 날아가는 대규모 분화가 발생하였다. 그 이후에도 화산 활동이 계속되어 분화구 내에 작은 돔 화산이 솟아올랐으며, 이곳으로부터 분연이 뿜어져나오고 있어 또 다시 분화할 것으로 예측하고 있다. 산 사면과 그 주변 일대는 분화 당시에 화산쇄설물이 때로는 100m 이상의 두께로 쌓였다.

게 된다. 미국의 캐스케이드 산맥의 레이니어, 세인트 헬렌스, 샤스타 등 세계적으로 알려진 화산들은 모두 이런 유형에 속한다. 특히 세인트 헬렌스 화산은 1980년 5월 18일에도 높이 400m 이상의 산체가 공중 분해되는 대규모 분화가 있었는데, 그 이후에도 분화구 내의 돔 화산체에서 분연이 솟는 등 소규모의 분화 활동이 계속되고 있다(그림 13.19).

성층화산 중에는 대규모 분화가 일어나 정상부의 화구 일대가 무너져내려 칼데라가 생겨나기도 한다. 칼데라는 저지대이므로 지하수, 지표수 등이 흘러들어 호수로 변화되는 것이 보통이다. 백두산 천지나 크레이터 레이크(Crater Lake, 미국)는 좋은 예이다. 천지도 최대 폭 약 3.6km, 평균 수심 214m에 이르는 세계적인 규모의 칼데라 호수이지만, 크레이터 레이크는 이보다 더 커서 최대 폭 약 10km, 평균 수심 약 350m에 달하는 북아메리카 제1의 칼데라 호수이다. 이렇게 큰 칼데라가 생겨난 것은 약 7,700년 전에 마자마(Mazama)산에서 산체 1,100m가 날아가는 초대형 분화가 일어났기 때문이다.

한 장소에서 반복적으로 분화가 일어나는 성층화산과는 달리 인접한 여러 장소에서 분화가 발생하여 그 일대가 복잡한 화산체를 이루기도 한다. 이러한 화산을 복합화산(複合火山, compound volcanoes, complex volcanoes)이라 부른다. 미국의 쓰리 씨스터즈(Three Sisters, 오리건) 화산, 롱밸리 칼데라(Long Valley Caldera, 캘리포니아) 등이 그러한 예이다.

(2) 순상화산

순상화산(楯狀火山, shield volcanoes)은 중심성을 지닌 분화구로부터 점성이 낮은 현무암질 용암이 장기간에 걸쳐 반복적으로 분출할 때 생겨난다. 순상화산의 분화 형식은 하와이식이 지배적이다. 화산에 방패를 뜻하는 '순(楯, shield)'이란 이름이 붙은 것은 화산체의 사면 경사가 10° 이하로 매우 완만하여 전체적으로 보면 방패와 같은 모습을 지니고 있기 때문이다. 하와이의 마우나로아(Mauna Loa), 제주도의 한라산 등은 순상화산에 속한다(그림 13.20).

그림 13.20 순상화산과 암재구(한라산 서사면, 영실–어리목 사이)

순상화산인 한라산은 경사가 완만한 산록면의 곳곳에 암재구들이 360개 이상 분포한다. 사진 속의 구릉들은 암재구이며, 그중에는 분화구가 있는 것도 많다.

이와 같이 주로 현무암질 용암이 분출하여 생겨난 순상화산을 순상용암(lava shield)이라고 부르기도 한다. 순상화산이라고 할 때는 큰 규모의 성층화산도 이에 포함될 수 있기 때문이다. 예를 들어 미국의 뉴베리 화산, 마자마 화산 등은 성층화산이지만, 화산체의 사면 경사가 매우 완만하여 순상화산의 형태를 띠고 있다. 이런 의미에서 본다면, 순상화산은 성인과는 무관하게 단순히 화산의 형태적 특징만을 지칭하는 용어라고도 할 수 있다.

(3) 돔 화산

점성이 큰 유문암질 용암(rhyolitic lava) 내지 석영안산암질 용암(dacitic lava)이 분출하게 되면, 화구로부터 멀리 흘러내리지 못하고 화구와 그 주변에 용암이 겹쳐지고 뭉쳐지면서 쌓여 돔 화산이 생성된다(그림 13.21, 13.22, 13.23). 돔 화산을 형태 특징에 따라 좀 더 세분하면 용암원정구(鎔岩圓頂丘, cumulo dome), 종상화산(鐘狀火山, tholoid),[8] 플러그돔(plug dome) 등으로 나눌 수 있다.

용암원정구는 화구가 드러나지 않는 돔 화산으로 산 정상부의 표면이 거친 것이

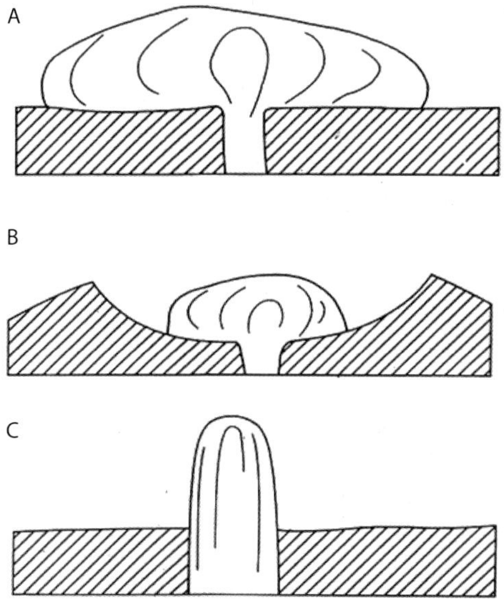

그림 13.21 돔 화산의 종류

A: 용암원정구(鎔岩圓頂丘, cumulo-dome, mamelon). B: 종상화산(鐘狀火山, tholoid). C: 플러그 돔(plug dome)(Ollier, 1988, p.37).

---

8 독일어로는 Tholoide(톨로이데)인데, 우리나라에서는 이 독일어 용어가 더 널리 알려졌다.

그림 13.22 산방산(제주도)

조면암 화산인 산방산은 일종의 용암원정구이다. 산 중턱에 동굴이 있으며, 절벽 하단부(나무숲 있는 곳)에는 애추사면이 발달하였다(그림 13.23 참조).

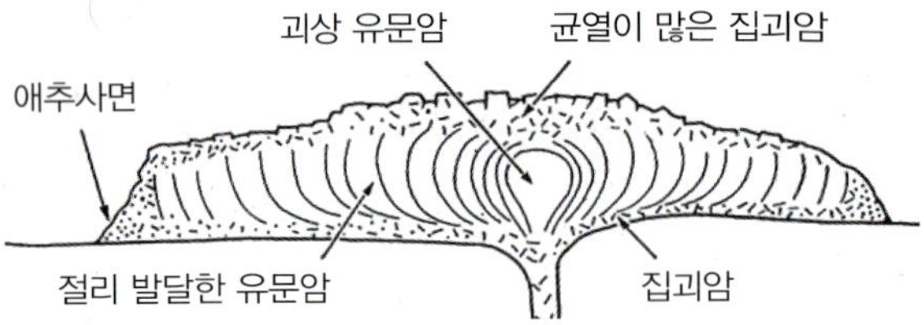

그림 13.23 용암원정구의 내부구조(타라웨라 화산, 뉴질랜드)

유문암질 용암은 점성이 커서 흘러퍼지지 않고 돔 형태를 유지한 채 주변으로 확대되는 방식으로 성장한다(Ollier, 1988, p.38).

특징이다. 제주도의 산방산도 이런 유형의 돔 화산이다(그림 13.22). 용암원정구의 전형적인 사례로 들고 있는 뉴질랜드의 타라웨라(Tarawera) 화산을 보면, 화도가 있는 중앙부에서 바깥을 향하여 절리가 마치 양파껍질 모양으로 발달되어 있는 등 암석들이 갈라져 있어 산정부의 표면이 매우 거칠다(그림 13.23).

종상화산(tholoid) 역시 둥근 돔 형상이며, 분화구가 없다. 종상화산은 흔히 성층화산처럼 큰 화산의 분화구 내에서 발달한다. 세인트 헬렌스 화산의 경우도 1980년 분화 이후에 말발굽 모양의 분화구 내에서 이와 같은 화산체가 성장하고 있다(그림 13.19). 이러한 종상화산은 더 큰 화산체로 성장하는 과정에서 수없이 생성과 소멸을 되풀이한다. 플러그 돔(plug dome)은 점성이 매우 큰 용암이 분출할 때 잘 생긴다. 플러그돔은 화도를 메운 용암이 마치 마개나 실린더처럼 지면으로 밀려나와 솟아 있는 돔 화산이다. 이러한 플러그돔은 생성 시간이 짧고, 화산체의 성장과정에서 화산의 형태 변화가 잘 일어난다.

(4) 암재구

암재구(岩滓丘, scoria cone)는 암재 중심의 다공질 화산쇄설물이 분화구 주변에 쌓여 생겨난 원추형의 작은 화산체를 말한다(그림 13.24). 미국에서는 암재구 대신에 분석구(噴石丘, cinder cone)란 용어를 사용하기도 한다.

암재구는 분화 형식은 폭발식 분화, 그리고 화산 발달 단계로 보면, 현무암질 마그마 분화의 말기에 잘 생겨난다. 암재구의 생성에 걸리는 시간은 매우 짧은 것이 특징이다. 이탈리아 나폴리 부근의 누오보(Nuovo) 화산은 1538년 며칠 동안 지속된 단 한 차례의 화산 폭발로 130m 높이의 암재구가 생겼다고 한다(Ollier, 1988, p.42). 이와 같이 한 차례의 분화로 생긴 화산을 단성화산(單成火山, monogenetic volcano)이라고 한다. 제주도의 오름은 대부분 단성화산이며, 해안에 있는 일부를 제외하고는 대부분 암재구이다. 제주도에서는 암재를 '송이'라 부르며, 다공질인데다 기공에 수분을 함유할 수 있기 때문에 분재의 재료로도 쓰인다(그림 13.10).

암재구는 원추형이 일반적이지만 분화 양상과 탁월풍의 영향에 따라 그 형태가 다양하다. 사면 경사는 25~35°로 급사면이 많다. 그러나 구성물질이 다공질이므로 화산 형태가 비교적 오랫동안 유지된다. 암재구는 대부분 정상에 분화구가 있지만 작은 것은 없는 것도 있다. 이런 암재구를 scoria mound[9]라 부르기도 한다.

암재구는 순상화산이나 성층화산처럼 큰 화산체의 산 사면에 흩어져 분포하는 경향이 있다. 이와 같이 큰 화산체에 붙어 있는 작은 화산을 기생화산(parasitic cone, adventive cone)[10]이라 부른다. 기생화산이 생겨나는 것은 마그마가 큰 화산체의 산정부에 있는 분화구를 향해 밀려올라가는 도중에 보다 약한 틈새가 있게 되면 그 쪽을 향하여 분출하기 때문이다. 기생화산은 암재구만 있는 것은 아니며, 용암으로 된 경우도 많다. 또한 암재구가 생성된 이후에 새롭게 일출식 분화가 일어나면서 암재구에서 다량의 용암이 흘러나와 암재구 주변에 널리 쌓여 용암대지가 만들어지기도 한

9 영어 'mound'는 작은 언덕이나 구릉, 즉 구(丘)를 의미한다. 그러나 우리말에서는 'scoria cone'을 암재구라고 부르고 있어 scoria mound를 이와 구분하여 부르기가 어렵다. 따라서 장차에는 scoria cone은 암재추, scoria mound는 암재구라 부르는 것이 좋을 것 같다. 그러나 아직은 이런 구분이 생소할 수 있으므로 여기서는 종전대로 scoria cone을 암재구라 하였다.

10 측화산(側火山, lateral volcano)이라고도 한다.

그림 13.24 암재구(라바뷰트, 오리건, 미국)

암재구(사진 상단의 구릉)는 스트롬볼리식 분화로 생겨났으며, 암재구가 있는 곳에서는 암재뿐만 아니라 용암이 대량으로 분출하였다. 사진 하단의 용암은 아아(aa) 용암이며, 이들이 쌓여 넓은 용암대지가 생겨났다.

그림 13.25 용암구(라바뷰트, 오리건, 미국)

용암류에서 떨어져나온 굳지 않은 용암이 주변으로 흘러내리면서 바닥에 쌓여 있던 쇄설물들이 그에 들러붙어 눈덩이처럼 뭉쳐진 것이 용암구(鎔岩球, lava ball)이다.

그림 13.26 용암제방(라바뷰트, 오리건, 미국)

계곡 양쪽에 제방처럼 솟아 있는 지형이 용암제방(鎔岩堤防, lava levee)이다. 용암제방은 용암이 계곡을 가득 메우듯이 흐를 때 쌓인 것이다.

다. 미국의 라바뷰트(Lava Butte, 오리건)는 그러한 좋은 사례이다(그림 13.24). 이곳에서는 암재구의 하단부에서 용암이 흘러나와 주변에 아아용암 중심의 용암대지가 만들어졌는데, 용암대지에서는 용암제방(鎔岩堤防, lava levee)이나 용암구(鎔岩球, lava ball)와 같은 흥미로운 지형도 관찰할 수 있다(그림 13.25, 13.26).

3) 용암대지와 응회암대지

(1) 용암대지

용암대지(熔岩臺地, lava plateau)는 다량의 용암이 분출하여 넓은 범위에 걸쳐 저지대를 메워 생겨난 대지지형이다(그림 13.27). 중심성 분화보다는 열하분출(裂罅噴出, fissure eruption)이 있을 때, 그리고 산성질 용암보다는 현무암질 용암이 반복적으로 분출할 때 용암대지가 잘 발달한다.

규모가 큰 용암대지는 데칸 고원, 콜롬비아 고원, 브라질 남부, 중앙 시베리아 등지에서 찾아볼 수 있다. 세계적으로 잘 알려진 인도의 데칸 고원은 면적이 26만 km^2로 한반도 면적보다도 더 넓다. 용암은 백악기에서 제3기 초엽에 걸쳐 분출하였으며, 그 두께는 곳에 따라 2km 이상에 달하기도 한다. 콜럼비아 고원 역시 세계적인 규모인데 제3기 말엽에 생성되었으며, 그 면적이 13만 km^2로 남한보다 더 넓다. 이처럼 큰 규모는 아니지만, 용암대지는 우리나라의 철원-평강, 신계-곡산, 백두산 주변 일대에도 분포한다.

(2) 응회암대지

용암대지 중에는 우리나라의 백두용암대지의 경우처럼 용암과 더불어 화산재가 함께 쌓여 대지를 이루기도 한다(그림 13.28). 특히 주로 화산재가 쌓여 생긴 대지지형이 응회암대지(凝灰岩臺地, ignimbrite plateau)이다.

그림 13.27 용암대지(라바베드 국립기념물, 캘리포니아, 미국)

이곳의 용암대지는 콜롬비아 고원의 일부로 주로 현무암질 용암이 널리 쌓여 있다.

그림 13.28 응회암대지(백두산 주변)

백두산 일대에는 용암이 쌓인 용암대지뿐만 아니라, 응회암대지의 면적도 넓다.

응회암대지의 좋은 사례는 뉴질랜드 북섬의 로토루아(Rotorua)와 타우포(Taupo) 주변 일대에서 찾아볼 수 있다. 이 일대에는 로토루아 호수, 타우포 호수 등 큰 규모의 칼데라 호수들이 분포한다. 이들 호수는 대규모의 폭발을 동반한 유문암질 용암의 분화에 의해 생겨난 칼데라 분지에 물이 고여 생긴 것이다. 이러한 칼데라들을 형성시킨 대규모의 분화로 인하여 그 주변 일대에는 화산재가 두껍게 쌓인 응회암대지가 생겼는데, 화산재의 두께가 때로는 수백 m에 이르기도 한다.

4) 기타 지형: 용암굴

용암굴(鎔岩窟, lava tube, lava cave)은 점성이 낮은 염기성 용암인 파호이호이 용암이 흘러내릴 때 잘 생긴다(그림 13.29, 13.30). 고온의 용융 상태인 용암이 분화구에서 분출하면, 마치 하천 물과 같이 줄기를 이루면서 주변의 저지대로 흐르게 된다. 그러나 시간이 지나면서 용암류의 가장자리는 식기 때문에 굳어져 용암 둑을 만들게 되며 용암류는 그 안에 갇혀 흐르게 된다. 이와 동시에 용암의 표면 또한 식으면서 굳어져 용암류에 마치 지붕 또는 덮개를 씌운 것처럼 된다. 이런 상태가 되면, 용암류는 용암터널 속을 흐르게 되어 잘 식지 않고 멀리 이동하게 된다. 이후 용암 분출이 멈추더라도 식지 않은 용암이 용암터널을 통하여 낮은 지대로 빠져나가기 때문에 빈 터널이 남게 된다.

이러한 과정으로 생긴 터널이 바로 용암굴이다. 용암굴은 여러 개의 줄기로 나누어지기도 하며, 이미 생긴 용암굴을 통로로 새로운 용암이 반복하여 흘러내리기도 한다. 이럴 경우, 용암굴 벽에 선반 모양의 지형 등 그 흔적이 남기도 한다. 용암굴은 지표에 가까운 지하에 생기는 것이 일반적이며, 생성 이후 쉽게 무너져내리기 때문에 만 년을 넘는 것이 많지 않다. 무너진 용암굴은 지표유출의 통로가 되어 자연스럽게 하천의 하도, 즉 하곡으로 달라진다.

용암굴의 내부에는 용암이 빠져나가면서 남긴 용암선반(lava shelves) 이외에도 미처 굳지 않은 용암이 동굴 천장에서 떨어지면서 생기는 용암종유, 용암석순 등 용암스펠레오뎀(lava speleothems)이 생성된다. 용암굴은 구성암석인 용암에 탄산칼슘이 포함된 것은 아니므로, 외부에서 유입되지 않는 한 동굴 내에 탄산칼슘의 집적은 일어나지 않는다. 그러나 동굴 위 지표면에 패사(貝砂)가 쌓인 경우에는 패사가 물에 녹아

그림 13.29 용암동굴(라바베드, 캘리포니아, 미국)

현무암질 용암인 파호이호이 용암이 분출하는 곳에서는 용암동굴이 잘 생긴다.

그림 13.30 용암동굴(협재굴, 제주도)

용암동굴이지만 일부에는 천장, 벽면, 바닥에 탄산칼슘 집적물이 있어 마치 석회동굴인 것처럼 보인다.

동굴 내로 유입되기 때문에 석회동굴에서와 같이 종유석, 석순 등이 생성되기도 한다. 2007년 6월 세계자연유산으로 등록된 제주도의 당처물 동굴이나 협재굴에서 이러한 사례를 찾아볼 수 있다(그림 13.30).

용암굴 역시 석회동굴 못지않게 길이가 긴 것이 많다. 세계 최장의 용암굴은 하와이의 카주무라(Kazumura, 총 길이 65.5km)로 알려졌으며, 우리나라의 만장굴이나 빌레못동굴도 그 길이가 세계적이다. 이처럼 긴 용암굴은 상하 간에 또는 수평적으로 크고 작은 동굴들이 갈라져나가는 등 동굴구조가 복잡한 경우가 많다.

5. 우리나라의 화산지형

우리나라에는 백두산, 제주도, 울릉도, 신계-곡산, 철원-평강 등지에 화산지형이 분포한다. 여기서는 그중 연구가 비교적 많이 되어 있는 제주도와 철원-전곡 일대의 화산지형을 사례로 들어 간략히 소개한다.

1) 제주도의 화산지형

제주도는 제3기 말 플라이오세에서 제4기에 걸쳐 생성된 화산섬으로 그 형성과정은 기반암(화강암), 용암대지, 순상화산체, 기생화산(암재구)이 형성되는 단계, 마지막으로 화산체가 침식받는 단계 등 대략 5단계로 구분된다(원종관, 1975; 김태호, 2011; 고기원 외, 2013). 화산분출은 총 79회 이상이었던 것으로 알려진다.

제주도는 전체로 보면 하나의 순상화산체이지만, 그 중심부에 있는 한라산 정상부는 돔 화산이며, 그 내부에 화구호인 백록담이 자리 잡고 있다. 또한 한라산의 산록을 따라 360여 개의 기생화산이 널리 분포한다. 기생화산의 대부분은 암재구이며, 일부는 응회환 내지 응회구이다. 광역 분포를 보이는 암재구와는 달리 응회환과 응회구는 제주도의 남쪽 해안에 집중 분포한다.

응회환 중 송악산(대정읍), 서홍동(서귀포 삼매봉 인근) 등지의 것은 이중화산의 구조를 보인다. 송악산 응회환을 예로 들면, 화구 주변에 1차 화산 폭발 시 쏟아져나온 화산재 중심의 화산쇄설물이 고리(環) 모양으로 둘러싸고 있으며(그림 13.35), 화구 중앙에는 2차로 화산 폭발이 일어나면서 생겨난 암재구가 있다. 서홍동 일대의 응회환 역시 본질적으로는 이와 다를 바 없다(그림 13.16).

기생화산 중에는 산방산(대정읍)처럼 점성도가 높은 산성 용암이 분출하여 돔 화산체를 이루는 것도 있다(그림 13.31). 산방산은 조면암 화산으로 일종의 용암원정구(cumulo dome)이다. 산방산을 종상화산(tholoid)으로 알고 있는 사람들도 있지만, 종상화산은 큰 화산체의 화구에 생긴 작은 돔 화산체를 지칭하는 용어이므로, 용암원정구라 부르는 것이 좋다(그림 13.21). 산방산의 중턱에는 불상을 모신 굴이 있다. 이 굴은 일종의 해식동굴로 알려졌는데, 산방산 일대의 지반이 융기되었기 때문에 그 같이 높은 곳에 놓이게 된 것으로 보고 있다. 산방산 산록의 말단부에는 돔 화산이 침식 해체되는 과정에서 암벽에서 떨어져나온 암괴가 쌓인 애추가 있으며, 바다에 면한 산 중턱의 암벽에는 벌집 모양의 타포니(honeycomb tafoni)도 분포한다(그림 3.8). 이곳 산방산에서 바다를 향하여 마치 용처럼 구불거리며 길게 뻗어내린 용머리 해안은 일종의 응회환이다(그림 13.32, 13.33). 용머리 해안의 암벽에서는 수성분화로 쌓인 화산쇄설물층(그림 13.34)을 관찰할 수 있다. 조사에 의하면 분화는 세 차례에 걸쳐 있었던 것으로 알려진다(Sohn, 1996).

산방산을 포함하여 제주도 남부 해안지역의 지반 융기는 대정읍에서 서귀포에 이르는 해안의 곳곳에서 그 증거를 찾을 수 있다. 해안에 현무암 내지 안산암의 수

그림 13.31 산방산과 사계리 해안(서귀포)

산방산은 조면암 돔이다. 사계리 해안의 고화된 퇴적물에는 사람과 동물의 발자국화석이 있으며, 파식대의 곳곳에 포트홀이 발달하였다(그림 6.36).

그림 13.32 화순-용머리 일대의 해안(서귀포)

수성분화로 응회환(용머리, 사진 상단)이 생성된 후, 조면암이 분출하여 돔 화산(산방산, 사진 오른쪽 상단, 그림 13.31)이 생겨났다. 이후 인근의 육지에서 일출식 분화로 용암(사진 중앙)이 분출하여 해안에 쌓였다.

직단애를 이루는 해안단구가 그것이다. 대포동 해안 등지에서는 해식을 받고 있는 해안단구의 단구애에 현무암 내지 안산암의 주상절리가 잘 드러나 있다. 지반융기에 의한 영향은 비단 이러한 단구 지형에만 국한된 것은 아니며, 천지연, 천제연, 정방 폭포 등 장대한 폭포들의 생성에도 영향을 미쳤다(그림 13.37). 이와는 대조적으로 제주도 북쪽의 해안에는 그에 견줄만한 큰 폭포가 없다는 사실은 지반 융기량이 제주도의 남쪽과 북쪽 간에 차이가 있었음을 시사한다. 지반 융기는 폭포뿐만 아니라 하곡에도 영향을 미쳐 안덕 계곡(서귀포) 등지에서 보듯이 제주 남쪽의 해안 일대에는 좁고 깊게 패인 하식곡들이 발달하기도 하였다. 이 밖에도 서귀포 해안에 수십 m 높이로 드러나 있는 서귀포층[11] 역시 이곳에서 지반융기가 있었음을 말해준다(그림 13.36).

제주도에는 협재굴, 만장굴, 김녕굴, 당처물 동굴 등 알려진 용암굴이 많다. 이들 용암굴은 제주도의 동쪽과 서쪽 지역, 그중에도 표선리 현무암 분포 지역에 많다. 벵뒤굴, 만장굴, 김녕굴 등 용암굴들이 집중 분포하는 거문오름 용암동굴계는 세계자연유산으로까지 등재되어 있다. 이들 동굴은 거문오름에서 분출된 용암이 북동쪽의

11 사암, 실트스톤, 이암이 호층을 이루며 6매의 패류화석대를 포함한다. 퇴적 시기는 제3기 플라이오세 내지 제4기 플라이스토세 초기인 것으로 추정한다.

그림 13.33 용머리 해안(서귀포)

용머리는 수차례의 수성분화로 생겨난 응회환이 오랜 파랑침식을 받은 끝에 그 일부가 남아 있는 것이다. 해안 절벽에는 화산쇄설물 퇴적층(그림 13.34)이 잘 드러나 있다.

그림 13.34 용머리 해안의 화산쇄설물 퇴적층(서귀포)

퇴적층 안에 화산력도 포함되어 있지만, 화산재의 비중이 더 높다. 이런 퇴적물은 수성분화에 의해 쌓인 것이다. 사진 안의 흰점: 500원 동전.

그림 13.35 송악산 응회환 퇴적층(서귀포)

송악산은 이중화산으로 외곽에는 응회환, 내부에는 암재구가 있다. 사진은 해안 절벽에 드러나 있는 응회환 퇴적층인데, 세립의 화산재로 이루어져 있다.

그림 13.36 해안에 노출된 서귀포층(서귀포)

이곳의 서귀포층은 약 30m 높이로 지상에 드러나 있는데, 많은 패류화석(왼쪽 상단 사진)을 포함하고 있으며, 그 상부에는 용암이 쌓여 있다. 퇴적 시기는 제3기 말 내지 제4기 초엽인 것으로 추정한다.

그림 13.37 정방폭포(서귀포)

제주도에서는 큰 폭포가 주로 남쪽의 서귀포에 있다. 정방폭포는 그중 하나로 바로 해안에 인접해 있다.

해안까지 흘러내리는 과정에서 생긴 것들이다. 협재굴이나 당처물 동굴에서는 석회 동굴에서 볼 수 있는 종유석, 석순 등이 발달되어 있다. 이는 동굴 위 지면에 퇴적된 석회질 모래가 녹아 동굴 천장으로 흘러나오면서 침적되어 생겨난 것이다. 협재굴을 보면 지표면뿐만 아니라, 동굴 내에도 다량의 모래가 퇴적되어 있다. 이로 미루어볼 때, 해안으로부터 이동되어 이곳에 쌓인 모래의 양이 상당했던 것으로 추정된다. 협재 해안으로부터 협재굴에 이르는 일대가 사구지대라는 사실을 감안하면 모래는 바람에 의해 실려 날아온 것으로 보인다. 사구의 상당 부분은 개발과 더불어 사라졌지만, 현재도 협재 해안으로부터 모래가 바람에 날리는 일이 자주 발생하기 때문에 주민들이 사빈 모래를 보호하기 위해 다각적으로 노력하고 있다. 해안사구는 협재 이외에도 구좌읍의 김녕, 평대 등지에도 분포한다.

그러나 제주도의 해안이 다른 곳에 비하여 사빈 발달이 특히 더 양호한 것은 아니다. 사빈 모래의 공급원은 결국 육지이며, 육지에서 모래를 운반하여 해안으로 실어오는 것은 하천인데, 제주도는 기반암이 용암이어서 전반적으로 하천의 발달이 미약하기 때문이다. 그런 중에도 제주도 남쪽의 사계리, 화순리, 신양리 해안, 그리고 북쪽의 협재, 금릉, 김녕, 곽지 해안에는 제주도에서는 비교적 넓은 사빈이 분포한다.

2) 철원–전곡 일대의 화산지형

철원-전곡 일대는 마식령산맥과 광주산맥 사이에 위치한 추가령 열곡에 속한다. 우리나라가 남북으로 분단되기 전까지만 해도 서울과 원산을 연결하는 주요 교통로였던 추가령 열곡은 남남서-북북동 방향의 긴 협곡으로 지체구조상 한반도를 양분하는 중요한 경계이기도 하다. 추가령 열곡은 눈길을 끄는 한탄강 협곡의 지형 특성(그림 13.38)과 열곡 내에 발달한 화산지형으로 인하여 일제강점기부터 학자들의 관심 대상이었다. 그러나 휴전선이 이 지역을 가로지르는 바람에 민간인의 출입이 통제되어 그러한 관심에 상응할 만큼 연구가 활발하지는 않았다.

지금까지 조사된 바에 의하면, 대보조산운동과 관련된 여러 개의 단층선이 이 지역을 통과하면서 화산활동을 유발하는 등 열곡 내에서의 지형 발달을 이끈 것으로 보고 있다. 그러나 단층활동을 포함하여 지반운동이 어떤 양상으로 지형 발달에 영향을 주었는지에 대해서는 아직도 규명해야 할 부분이 많다.

그림 13.38 용암대지와 협곡(철원)

왼쪽 사진: 고석정 일대, 오른쪽 사진: 직탕폭포. 고석정 일대에서는 한탄강이 용암대지뿐만 아니라 그 하부의 기반암(화강암)까지도 깊게 하방침식하여 만든 협곡을 볼 수 있다. 이곳의 하상에는 용암이 없지만, 더 상류인 직탕폭포에서는 하상에서 용암을 볼 수 있다. 직탕폭포는 용암이 두부침식을 받아 제거되는 과정에서 생겨난 것이다.

그림 13.39 암경(장탄리, 연천)과 하안단구(신답리, 전곡)

암경은 화도를 메우고 있던 용암(제3기)의 일부가 나무의 그루터기처럼 남아 있는 것이며, 하안단구는 이 일대를 덮고 있던 추가령 현무암(제4기)이 한탄강에 의해 침식받는 과정에서 생겨난 것이다.

전곡-철원 일대의 기반암은 선캄브리아기의 경기편마암 복합체와 연천층군의 변성퇴적암, 그리고 이들 암석을 대체로 북동-남서 방향으로 관입하는 중생대 화강암이다. 또한 이들 암석만큼 넓은 면적은 아니지만, 백악기 퇴적암 및 화산암류가 주로 지장봉 등지에 분포한다. 화산활동은 제4기 중엽 이후에 활발하였다. 이때 생겨난 현무암을 전곡 현무암 또는 추가령 현무암이라 부른다. 이 현무암은 대광리 단층의 연장선상에 위치한 오리산(평강, 452m)과 680m 고지(검불랑역 부근)에서 분출한 것으로 추정한다. 이들 중 오리산은 정상에 분화구가 남아 있는 등 화산 형태가 비교적 잘 보존되어 있다. 이곳에서 분출한 현무암질 용암은 먼저 인근의 저지대를 메운 다음 화지리 부근에서 옛 한탄강 유로를 따라 문산에 이르기까지 약 95km 이상 흘러내렸다.

용암은 흘러내리면서 한탄강 및 임진강의 하곡과 하안의 평지를 메워 곳곳에 크고 작은 용암대지들을 형성하였다. 철원과 평강 일대의 용암대지는 규모가 큰 편에 속하며, 특히 철원의 용암대지는 벼농사 중심의 비옥한 농경지이기도 하다. 용암이 덮인 곳임에도 이곳에서 벼농사가 가능했던 것은 용암이 덮인 이후 새롭게 생겨난 한탄강과 그 지류들에 의해 하천퇴적물이 쌓였고, 그 위에 사면류에 의해 세립의 풍화산물이 덧쌓인 곳이 많기 때문이다. 이처럼 용암 위에 하천 및 사면 퇴적물이 때로는 수 m 이상 쌓였기 때문에 토양의 보수력이 크게 나쁘지 않아 벼농사도 가능했던 것이다. 이러한 것은 같은 용암 분포지라 하더라도 벼농사가 발달되지 않은 제주도와도 다른 점이다.

용암 상부의 퇴적층을 흔히 전곡리층이라 부른다. 전곡리층의 퇴적상을 보면, 하부에서 상부로 가면서 소택지 퇴적층, 소하천 퇴적층, 사면 퇴적층으로 이루어졌다. 이에 의하면, 용암이 옛 한탄강과 그 주변의 저지대를 덮은 직후에는 큰 하천이 없이 용암대지 위에 작은 소택지들이 많이 생겨난 것으로 추정된다. 이후 소택지들을 연결하는 하천들이 발달하면서 소택지들이 소멸되는 한편, 하천의 규모가 더욱 커지면서 침식이 활발해졌다. 하천침식이 활발해진 것은 주상절리가 발달한 용암의 특성과도 관련이 있다. 주상절리가 발달한 용암대지는 하천침식을 받을 때 대체로 폭이 좁고 깊은 협곡이 발달하는 경향이 있다. 이는 유량이 같더라도 계곡의 폭이 좁은 곳에서 하천의 침식력이 더 크기 때문이다. 이런 강한 침식력을 가진 하천이 흘러내렸기 때문에 고석정(철원)이나 화적연(포천) 등지에서 보듯이 한탄강은 용암뿐만 아니라 그 하부의 기반암까지도 깊게 침식하여 다른 곳에서 보기 드문 깊은 협곡을 형성하였다(그림 13.38의 왼쪽 사진). 그런 과정에서 하안침식이 용이한 곳에서는 넓은 활주사면 위에 여러 단의 하안단구가 발달하기도 하였다. 이러한 하안단구는 전곡리, 신답리 등지에서 찾아볼 수 있다(그림 13.39).

용암 상부의 퇴적층인 전곡리층에서는 구석기 시대의 유물이 다량 출토되었으며, 이것이 계기가 되어 전곡리에 선사박물관이 건립되기도 하였다. 조사에 의하면,

그림 13.40 베개용암(사진의 하단. 영평천과 한탄강의 합류 지점)

한탄강 유로를 따라 흘러내리던 용암이 지류인 영평천 하구를 가로막는 바람에 일시적으로 생겨난 호수 물속에서 굳어지면서 베개용암이 생성되었다.

그림 13.41 백의리층(백의리, 연천)

백의리층은 추가령 현무암 하부에서 나타나며 하상역층이 대부분이다. 대표적인 분포지역은 연천군 청산면 백의리 일대로 영평천의 하안에서 현무암 하부에 노출된 이 지층을 찾아볼 수 있다. 백의리층을 덮고 있는 현무암은 아우라지(한탄강과 영평천의 합류 지점)에서 영평천을 따라 상류를 향하여 역류하여 쌓인 것이다.

전곡 일대의 현무암은 10만~27만 년 전 사이에 쌓인 것으로 추정한다(이선복, 2005). 따라서 전곡리층과 그 안에 포함된 선사시대의 유물은 10만 년을 넘지 않는 연대일 것으로 추정되지만, 이러한 연대에 대해서는 견해가 다른 학자들도 있다.

용암이 한탄강 줄기를 따라 흘러내리는 도중에 그 지류들과 만나는 곳에서는 지류를 따라 용암류가 역류하기도 하였다. 한탄강의 주요 지류인 영평천과 차탄천은 그러한 좋은 예이다. 이들 하천처럼 지류를 향하여 본류의 용암이 역류하는 곳에서는 용암이 마치 둑처럼 지류의 하구를 막기 때문에 일시적으로 호수가 생긴다. 따라서 이들 하천의 하구나 하류에서는 호수 물에 아직 굳지 않은 용암이 흘러들면서 베개용암(pillow lava)이 생겨나기도 하였다. 이러한 베개용암은 영평천과 한탄강이 만나는 일대의 것이 특히 잘 알려졌다(그림 13.40).

이와 같이 용암이 하천 줄기를 따라 흘러내리면, 용암이 덮이기 전에 쌓인 하상 퇴적물이 마치 화석처럼 용암 하부에 그대로 남아 있게 된다. 용암 하부의 이런 하천 퇴적물을 철원-전곡 일대에서는 백의리층이라고 부른다(그림 13.41). 영평천 하류에 위치한 백의리에서 이러한 퇴적층이 가장 전형적으로 나타나기 때문에 그런 이름이 붙었다. 그러나 용암 하부의 퇴적층은 백의리뿐만 아니라, 한탄강 하안의 고문리와 전곡리, 차탄천 하안의 은대리 등 여러 곳에서 관찰된다.

참고문헌

고기원, 박준범, 강봉래, 김기표, 문덕철, 2013, 제주도의 화산지형, 지질학회지, 49(2), 209-230.

김상호, 1963, 제주도의 자연지리, 지리학, 1, 2-14.

김태호, 2011, 한국의 화산지형 연구, 한국지형학회지, 18(4), 79-96.

김태호, 안중기, 2008, 제주도 스코리아콘의 유출 특성: 어승생오름 소유역을 사례로, 한국지형학회지, 15(2), 55-65.

성영배, 2007, 복수의 방사성 우주기원 동위원소를 이용한 매몰 연대측정의 가능성 탐구: 전곡현무암과 백의리층을 사례로, 한국지형학회지, 14(2), 101-107.

안웅산, 손영관, 강순석, 전용문, 최형순, 2015, 제주도 곶자왈 형성의 주요 원인, 지질학회지, 51(1), 1-19.

원종관, 1975, 제주도의 형성과정과 화산활동에 관한 연구, 건국대학교 기초과학연구소, 이학논집, 1, 7-56.

이민부, 이광률, 2013, 추가령 열곡 내 전곡 현무암층 하부 고하성층 노두 층서 분석, 한국지형학회지, 20(3), 55-63.

이민부, 이광률, 2017, 한탄강 용암대지의 재인폭포와 개석곡의 지형 형성, 한국지형학회지, 24(3), 47-59.

이선복, 2005, 임진강 유역 용암대지의 형성에 관한 신자료, 한국지형학회지, 12(3), 29-48.

이선복, 이용일, 김종욱, 2003, 임진강 유역 제4기 용암대지 형성 이전의 하안단구(장산리 단구), 한국지형학회지, 10(1), 19-32.

최광희, 윤광성, 김종욱, 2006, 공간통계기법을 이용한 하논 화산의 화구호 복원, 대한지리학회지, 41(4), 391-403.

Ahnert, F., 1998, *Introduction to Geomorphology*, London, Arnold, 36-42.

Briggs, D., Smithson, P., Addison, K. and Atkinson, K., 1997, *Fundamentals of Physical Environment*, London, Routledge, 27-44.

Chernicoff, S., 1999, *Geology: an introduction to physical geology*, Boston, Houghton Mifflin Company, 36-42.

Chorley, R. J., Schumm, S. A. and Sugden, D. E., 1984, *Geomorphology*, London, Methuen, 123-149.

Easterbrook, D. J., 1999, *Surface Processes and Landforms*, New Jersey, Prentice Hall, 260-292.

Decker, R. and Decker, B., 2006, *Volcanoes*, New York, W. H. Freeman and Company.

Fisher, R. V., Heiken, G. and Hulen, J. B., 1997, *Volcanoes*, New Jersey, Princeton University Press.

Gèze, B, 1964, Sur la classification des dynamismes volcaniques, *Bulletin volcanologique*, 27, 237-257.

Ollier, C., 1988, *Volcanoes*, Oxford, Basil Blackwell.

Sohn, Y. K., 1996, Hydrovolcanic processes forming basaltic tuff rings and cones on Cheju Island, Korea, *Geological Society of America Bulletin*, 108(10), 1199-1211.

Sohn, Y. K., Park, J. B., Khim, B. K., Park, K. H. and Koh, G. W., 2003, Stratigraphy, petrochemistry and Quaternary depositional record of the Songaksan tuff ring, Jeju Island, Korea, *Journal of Volcanology and Geothermal Research*, 119, 1-20.

Sohn, Y. K. and Park, K. H., 2004, Early-stage volcanism and sedimentation of Jeju Island revealed by the Sagye borehole, SW Jeju Island, Korea, *Geosciences Journal*, 8, 73-84.

Sohn, Y. K. and Park, K. H., 2005, Composite tuff ring/cone complexes in Jeju Island, Korea: possible consequences of substrate collapse and vent migration, *Journal of Volcanology and Geothermal Research*, 141, 157-175.

Strahler, A. H. and Strahler, A. N., 1992, *Modern Physical Geography*, New York, John Wiley & Sons, 258-280.

Summerfield, M. A., 1991, *Global Geomorphology*, New York, Longman Scientific Technical, 107-126.

Twidale, C. R., 1976, *Analysis of Landforms*, Brisbane, John Wiley & Sons, 125-158.

찾아보기

ㄱ

ㄴ